중학수학
절대강자 3·2

최상위

KB070154

중학수학
절대강자

중학수학

절대강자

특목에 강하다! 경시에 강하다!

최상위

3·2

Structure 구성과 특징

절.대.강.자
최.상.위

핵심문제

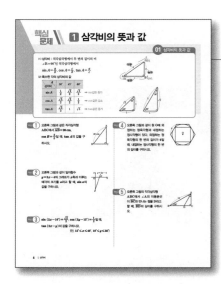

중단원의 핵심 내용을 요약한 뒤 각 단원에 직접 연관된 정통적인 문제와 원리를 묻는 문제들로 구성되었습니다.

응용문제

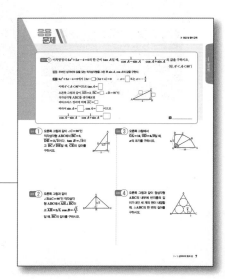

핵심문제와 연계되는 단원의 대표 유형 문제를 뽑아 풀이에 맞게 풀어 본 후, 확인 문제로 대표적인 유형을 확실하게 정복할 수 있도록 하였습니다.

심화문제

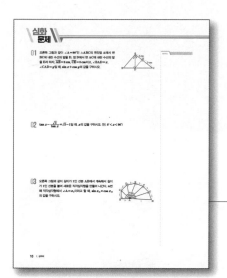

단원의 교과 내용과 교과서 밖에서 다루어지는 심화 또는 상위 문제들을 폭넓게 다루어 교내의 각종 평가 및 경시대회에 대비하도록 하였습니다.

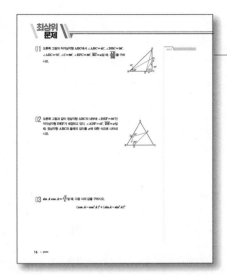

최상위문제

국내 최고 수준의 고난이도 문제들 특히 문제해결력 수준을 평가할 수 있는 양질의 문제만을 엄선하여 전국 경시대회, 세계수학올림피아드 등 수준 높은 대회에 나가서도 두려움 없이 문제를 풀수 있게 하였습니다.

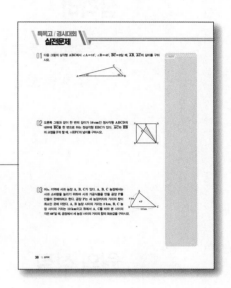

특목고/경시대회 실전문제

특목고 입시 및 경시대회에 대한 기출문제를 비교 분석한 후 꼭 필요한 문제들을 정리하여 풀어봄으로써 실전과 같은 연습을 통해 학생들의 창의적 사고력을 향상시켜 실제 문제에 대비할 수 있게 하였습니다.

---

1. 이 책은 중등 교육과정에 맞게 교재를 구성하였으며 단계별 학습이 가능하도록 하였습니다.

2. 문제 해결 과정을 통해 원리와 개념을 이해하고 교과서 수준의 문제뿐만 아니라 사고력과 창의력을 필요로 하는 새로운 경향의 문제들까지 폭넓게 다루었습니다.

3. 특목고, 영재고, 최상위 레벨 학생들을 위한 교재이므로 해당 학기 및 학년별 선행 과정을 거친 후 학습을 하는 것이 바람직합니다.

I 삼각비

1 삼각비의 뜻과 값

(1) **삼각비** : 직각삼각형에서 두 변의 길이의 비
∠B=90°인 직각삼각형에서

$$\sin A = \frac{a}{b}, \cos A = \frac{c}{b}, \tan A = \frac{a}{c}$$

(2) **특수한 각의 삼각비의 값**

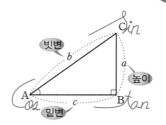

A 삼각비	30°	45°	60°	
$\sin A$	$\dfrac{1}{2}$	$\dfrac{\sqrt{2}}{2}$	$\dfrac{\sqrt{3}}{2}$	➡ sin값은 증가
$\cos A$	$\dfrac{\sqrt{3}}{2}$	$\dfrac{\sqrt{2}}{2}$	$\dfrac{1}{2}$	➡ cos값은 감소
$\tan A$	$\dfrac{\sqrt{3}}{3}$	1	$\sqrt{3}$	➡ tan값은 증가

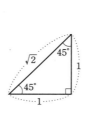
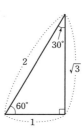

핵심 1 오른쪽 그림과 같은 직각삼각형
ABC에서 $\overline{AB}=20$ cm,
$\cos B = \dfrac{3}{5}$일 때, $\tan A$의 값을 구
하시오.

핵심 2 오른쪽 그림과 같이 일차함수
$y=3x-4$의 그래프가 x축과 이루는
예각의 크기를 a라고 할 때, $\sin a$의
값을 구하시오.

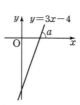

핵심 3 $\sin{(2x-10°)}=\dfrac{\sqrt{3}}{2}$, $\cos{(3y-15°)}=\dfrac{1}{2}$일 때,
$\tan{(2x-y)}$의 값을 구하시오.
(단, $15°\leq x \leq 40°$, $10°\leq y \leq 30°$)

핵심 4 오른쪽 그림과 같이 원 O에 외
접하는 정육각형과 내접하는
정사각형이 있다. 외접하는 정
육각형의 한 변의 길이가 6일
때, 내접하는 정사각형의 한 변
의 길이를 구하시오.

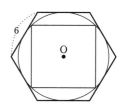

핵심 5 오른쪽 그림의 직각삼각형
ABC에서 ∠A의 이등분선
이 $\overline{BC}$와 만나는 점을 D라고
할 때, $\overline{BD}$의 길이를 구하시
오.

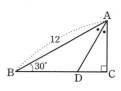

예제 **1** 이차방정식 $6x^2+5x-4=0$의 한 근이 $\tan A$일 때, $\dfrac{1}{\cos A-\sin A}-\dfrac{1}{\cos A+\sin A}$ 의 값을 구하시오.

(단, $0°<A<90°$)

Tip ▶ 주어진 삼각비의 값을 갖는 직각삼각형을 그린 후 $\sin A$, $\cos A$의 값을 구한다.

풀이 $6x^2+5x-4=0$에서 $(2x-\square)(3x+4)=0$ ∴ $x=\square$ 또는 $x=-\dfrac{4}{3}$

이때 $0°<A<90°$이므로 $\tan A=\square$

오른쪽 그림과 같이 $\overline{AB}=2$, $\overline{BC}=\square$, $\angle B=90°$인

직각삼각형 ABC를 생각해보면

피타고라스 정리에 의해 $\overline{AC}=\square$

따라서 $\sin A=\square$, $\cos A=\square$이므로

$\dfrac{1}{\cos A-\sin A}-\dfrac{1}{\cos A+\sin A}=\square$

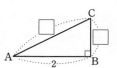

답 _____

응용 1 오른쪽 그림과 같이 $\angle C=90°$인 직각삼각형 ABC에서 $\overline{BC}=5$, $\overline{DE}=2\sqrt{2}$이다. $\tan B=\sqrt{2}$이고 $\overline{BC}/\!/\overline{DE}$일 때, $\overline{CE}$의 길이를 구하시오.

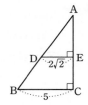

응용 3 오른쪽 그림에서 $\overline{OA}=16$, $\overline{OD}=6\sqrt{3}$일 때, x의 크기를 구하시오.

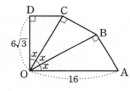

응용 2 오른쪽 그림과 같이 $\angle BAC=90°$인 직각삼각형 ABC에서 $\overline{AH}\perp\overline{BC}$이고 $\overline{AH}=2\sqrt{5}$, $\cos B=\dfrac{\sqrt{5}}{3}$일 때, $\overline{BC}$의 길이를 구하시오.

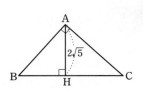

응용 4 오른쪽 그림과 같이 정삼각형 ABC의 내부에 반지름의 길이가 2인 세 개의 원이 내접할 때, △ABC의 한 변의 길이를 구하시오.

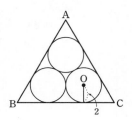

02 일반각의 삼각비

(1) 사분원에서 예각에 대한 삼각비의 값

　① sine, cosine의 값은 빗변의 길이가 1인 직각삼각형을 찾고,
　　　tangent의 값은 밑변의 길이가 1인 직각삼각형을 찾아서 구한다.

　② $0 < x < 90°$일 때, ∠x의 값이 커지면 $\sin x$, $\tan x$의 값은 증가하고
　　　$\cos x$의 값은 감소한다.

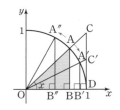

(2) 삼각비의 표 : 0°에서 90°까지의 각을 1° 단위로 나누어서 삼각비
　의 값을 반올림하여 소수점 아래 넷째 자리까지 나타낸 표이다.
　삼각비의 표에서 가로줄과 세로줄이 만나는 곳의 수가 삼각비
　의 값이다.

각도	사인(sin)	코사인(cos)	탄젠트(tan)
⋮	⋮	⋮	⋮
38°	0.6157	0.7880	0.7813
39°	0.6293	0.7771	0.8098
⋮	⋮	⋮	⋮

핵심 **1** $0° \leq x \leq 90°$일 때, 다음 중 옳지 <u>않은</u> 것을 모두 고르면?

(정답 3개)

① $x = 70°$일 때, $\sin x > \cos x$
② $\cos x$의 값이 클수록 x의 값은 커진다.
③ $\sin x - \cos x$의 값은 0보다 작다.
④ $\sin x = \cos 2x$이면 $x = 45°$이다.
⑤ $\tan x$의 최솟값은 0, 최댓값은 구할 수 없다.

핵심 **2** 다음 **보기**의 삼각비의 값을 크기가 작은 것부터 순서대로
기호로 나열하시오.

보기
ㄱ. $\sin 89°$　　　ㄴ. $\cos 90°$　　　ㄷ. $\sin 60°$
ㄹ. $\cos 43°$　　　ㅁ. $\tan 46°$　　　ㅂ. $\tan 30°$

핵심 **3** $\sqrt{(\sin A + \cos A)^2} - \sqrt{(\cos A - \sin A)^2} = \dfrac{10}{13}$
일 때, $\cos A$의 값을 구하시오. (단, $0° < A < 45°$)

핵심 **4** 오른쪽 그림에서 부채꼴
GOC는 반지름의 길이가 1인
사분원이다. ∠**ABO** = ∠x,
∠**AOB** = ∠y일 때, 다음 중
옳은 것을 모두 고르시오.

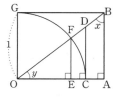

ㄱ. $\tan y$의 값을 한 선분의 길이로 나타내면
　　$\overline{CD}$와 같다.
ㄴ. $\overline{EC}$의 길이는 $1 - \cos y$의 값과 같다.
ㄷ. $\overline{EA} = \tan x - \sin x$

핵심 **5** 오른쪽 그림과 같이 반지름의
길이가 **20**인 부채꼴 **AOB**에
서 $\overline{BC} = 4.458$일 때, 다음 삼각
비의 표를 이용하여 $\overline{AC}$의 길이
를 구하시오.

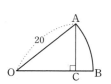

각도	사인(sin)	코사인(cos)	탄젠트(tan)
38°	0.6157	0.7880	0.7813
39°	0.6293	0.7771	0.8098
40°	0.6428	0.7660	0.8391

예제 **2** $0° < x < 45°$일 때, $\sqrt{4+8\sin x \times \cos x} + \sqrt{4-8\sin x \times \cos x}$를 간단히 하시오.

Tip $\sin^2 x + \cos^2 x = 1$임을 이용한다.

풀이 $\sqrt{4+8\sin x \times \cos x} + \sqrt{4-8\sin x \times \cos x}$

$= \sqrt{4(1+2\sin x \times \cos x)} + \boxed{}$

$= \sqrt{4(\sin^2 x + \cos^2 x + 2\sin x \times \cos x)} + \sqrt{4(\boxed{} - 2\sin x \times \cos x)}$

$= \sqrt{4(\sin x + \cos x)^2} + \sqrt{4(\boxed{})^2}$

$0° < x < 45°$일 때, $0 < \sin x < \cos x$이므로

(주어진 식) $= 2(\sin x + \cos x) - \boxed{} = \boxed{}$

답 _____

응용 **1**
오른쪽 그림과 같이 직각삼각형 ABC에서 $\angle ACB = 90°$, $\overline{AB} = c$, $\overline{BC} = a$, $\overline{AC} = b$일 때, $\sin^2 x + \cos^2 x = 1$임을 설명하시오.

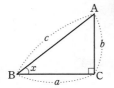

응용 **3**
오른쪽 그림에서 $\angle ABC = 90°$, $\angle BAC = 30°$, $\overline{BC} = 10$, $\overline{AE} = \overline{BE}$, □DEBF가 직사각형일 때, $\sin 75°$의 값을 구하시오.

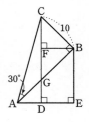

응용 **2**
오른쪽 좌표평면에서 세 점 A(1, 4), B(−2, 0), C(5, 7)로 이루어진 삼각형 ABC가 있다. 점 A에서 $\overline{BC}$에 내린 수선의 발을 점 D라 하고 $\overline{AB}$, $\overline{BC}$가 이루는 각이 $\angle a$일 때, $\tan a$의 값을 구하시오.

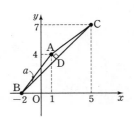

응용 **4**
오른쪽 그림과 같이 밑면의 둘레의 길이가 100π이고 높이가 53.62인 원뿔이 있다. 모선과 밑면이 이루는 각의 크기를 x라 할 때, 다음 삼각비의 표를 이용하여 x의 값을 구하시오.

각도	사인(sin)	코사인(cos)	탄젠트(tan)
46°	0.7193	0.6947	1.0355
47°	0.7314	0.6820	1.0724
48°	0.7431	0.6691	1.1106

01 오른쪽 그림과 같이 ∠A＝90°인 △ABC의 꼭짓점 A에서 변 BC에 내린 수선의 발을 D, 점 D에서 변 AC에 내린 수선의 발을 E라 하자. $\overline{AE}=2\,\text{cm}$, $\overline{CE}=3\,\text{cm}$이고, ∠BAD＝$x$, ∠CAD＝$y$일 때, $\sin x+\cos y$의 값을 구하시오.

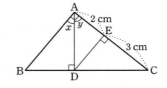

02 $\tan x-\dfrac{\sqrt{3}}{\tan x}=\sqrt{3}-1$일 때, x의 값을 구하시오. (단, $0°<x<90°$)

03 오른쪽 그림과 같이 길이가 1인 선분 AB에서 계속해서 길이가 1인 선분을 붙여 새로운 직각삼각형을 만들어 나간다. n번째 직각삼각형에서 ∠A＝x_n이라고 할 때, $\sin x_{15}\times\cos x_{15}$의 값을 구하시오.

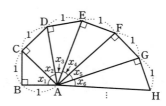

04 오른쪽 그림과 같이 원 O의 지름의 한 끝점 A에서 접선 AT를 긋고 원 O와 $\overrightarrow{\text{AT}}$ 위에 $\overline{\text{AP}}=\overline{\text{AQ}}$가 되게 점 P, Q를 잡아 지름 AB의 연장선과 $\overrightarrow{\text{QP}}$의 연장선과의 교점을 R라 하자. $\overline{\text{AQ}}=6$, $\overline{\text{AO}}=4$이고, $\angle\text{APQ}=x$일 때, $\tan x$의 값을 구하시오.

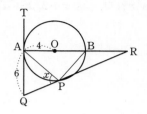

05 오른쪽 그림과 같이 반지름의 길이가 6인 사분원에서 $\cos a = \dfrac{2}{3}$일 때, □BDEC의 넓이를 구하시오.

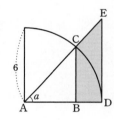

06 오른쪽 그림과 같이 정삼각형 ABC에서 두 점 D, E는 각각 $\overline{\text{BC}}$, $\overline{\text{AB}}$ 위의 점이고, $\overline{\text{AE}}=\overline{\text{BD}}$이다. $\overline{\text{CE}}$와 $\overline{\text{AD}}$의 교점을 P, $\angle\text{APE}=\angle a$라 할 때, $\sin a$의 값을 구하시오.

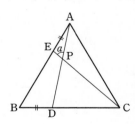

07 $\cos^3 x + 2\cos x = 4\sin^2 x$일 때, $\cos^2 x + 2\sqrt{3}$의 값을 구하시오. (단, $0° \leq x \leq 90°$)

08 오른쪽 그림과 같이 점 I는 $\angle C = 90°$인 직각삼각형 ABC의 내심이고, $\angle B = 30°$, $\overline{AB} = 6\sqrt{3}$이다. $\overline{AI}$의 연장선이 $\overline{BC}$와 만나는 점을 D라 할 때, $\overline{CD}$의 길이를 구하시오.

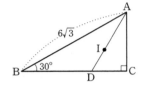

09 오른쪽 그림과 같은 한 모서리의 길이가 12인 정사면체에서 점 M은 $\overline{AD}$의 중점이고, $\angle BMC = x$일 때, $\sin x$의 값을 구하시오.

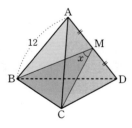

10 오른쪽 그림과 같이 ∠XPY=60°인 두 반직선에 내접하는 두 원 O, O′이 서로 외접한다. 원 O의 반지름의 길이가 **18 cm**일 때, 원 O′의 반지름의 길이를 구하시오.

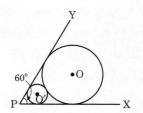

11 오른쪽 그림과 같은 정삼각형 ABC에서 변 AC의 중점을 D, $\overline{BD}$의 중점을 E, ∠BAE=∠x라 할 때, **sin x**의 값을 구하시오.

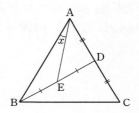

12 오른쪽 그림과 같은 △ABC는 $\overline{AB}=\overline{AC}$, ∠A=36°, $\overline{BC}$=2이다. ∠B의 이등분선이 변 AC와 만나는 점을 D라 하고 $\overline{CD}=x$라 할 때, 다음 물음에 답하시오.

(1) x의 값을 구하시오.

(2) cos 36°, cos 72°의 값을 각각 구하시오.

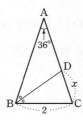

13 오른쪽 그림과 같이 한 변의 길이가 **12 cm**인 정삼각형 **ABC**에 반지름의 길이가 $2\sqrt{3}$ **cm**인 원 **O**가 $\overline{AC}$와 $\overline{AB}$의 연장선에 접하고 있다. 이 원이 $\overline{AC}$, $\overline{BC}$에 접하면서 원 **O′**까지 이동하였을 때, 중심 **O**가 움직인 거리를 구하시오.

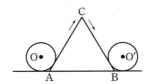

14 오른쪽 그림과 같은 직각삼각형 **ABC**에서 빗변 **AC**의 사등분 점을 **D**, **E**, **F**라고 하자. $\overline{AD}=\sin x$일 때, $\overline{BD}^2+\overline{BE}^2+\overline{BF}^2$의 최댓값을 구하시오. (단, $0 \le x \le 90°$)

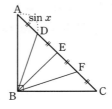

15 오른쪽 그림의 △**OAB**에서 $\angle B=90°$, $\overline{OA}=5$, $\tan(\angle AOB)=\dfrac{4}{3}$일 때, 점 **B**의 좌표를 구하시오.

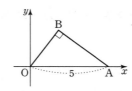

16 오른쪽 그림의 삼각형 ABC에서 $\overline{AE} \perp \overline{BC}$, $\overline{AB} \perp \overline{CD}$이고, $\tan B = \dfrac{3}{4}$일 때, 두 삼각형 ABC와 EBD의 넓이의 비를 구하시오.

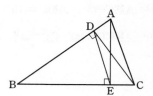

NOTE

17 오른쪽 그림과 같이 정사각형 ABCD의 변 BC를 5 : 4로 내분하는 점 P에서 출발한 빛이 변 CD와 AD 위의 점 Q, R에서 반사되어 꼭짓점 B에 도착하였다. ∠QPC의 크기를 a라 할 때, $\tan a$의 값을 구하시오.
(단, 빛의 입사각의 크기와 반사각의 크기는 같다.)

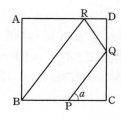

18 오른쪽 그림과 같은 직육면체에서
∠DGH=45°, ∠BGF=60°, ∠BGD=x, $\overline{GF}$=1일 때, $\cos x$의 값을 구하시오.

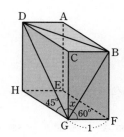

01 오른쪽 그림의 직각삼각형 ABC에서 $\angle\text{ABC}=45°$, $\angle\text{DBC}=30°$, $\angle\text{AEC}=75°$, $\angle\text{C}=90°$, $\angle\text{EFC}=30°$, $\overline{\text{EC}}=a$일 때, $\dfrac{\overline{\text{AD}}}{\overline{\text{BE}}}$를 구하시오.

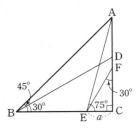

NOTE

02 오른쪽 그림과 같이 정삼각형 ABC의 내부에 $\angle\text{DEF}=60°$인 직각삼각형 DEF가 내접하고 있다. $\angle\text{ADF}=45°$, $\overline{\text{DE}}=x$일 때, 정삼각형 ABC의 둘레의 길이를 x에 대한 식으로 나타내시오.

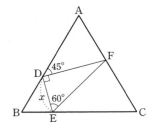

03 $\sin A \cos A = \dfrac{\sqrt{3}}{4}$일 때, 다음 식의 값을 구하시오.

$$(\cos A - \cos^3 A)^2 + (\sin A - \sin^3 A)^2$$

04 오른쪽 그림과 같이 직사각형 ABCD의 꼭짓점 C에서 대각선 BD에 내린 수선의 발을 G라 하고, 점 G에서 $\overline{AB}$, $\overline{AD}$에 내린 수선의 발을 각각 E, F라 한다. $\overline{BD}=c$, $\angle BDC=x$라 할 때 $\overline{EG}+\overline{GF}$의 길이를 c와 x를 사용하여 나타내시오.

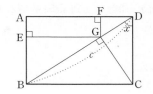

05 오른쪽 그림에서 $\overline{AE}=4$, $\angle ACB=\angle AEB=\angle EDB=90°$, $\angle ABE=45°$, $\angle BED=60°$일 때, $\tan x$의 값을 구하시오.

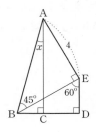

06 오른쪽 그림과 같이 $\overline{AB}=\overline{AC}$, $\angle A=90°$인 직각이등변삼각형 ABC의 두 꼭짓점 B, C에서 점 A를 지나는 직선 l에 내린 수선의 발을 각각 D, E라 하고, 직선 l이 $\overline{BC}$와 만나는 점을 F라고 하자. $\overline{BD}=3$, $\overline{CE}=6$이고, $\angle DBF=x$일 때, $\sin x$의 값을 구하시오.

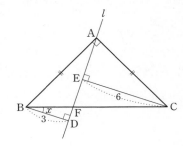

07 함수 $y=\cos^2 x+a\sin x-3$에서 x의 값의 범위가 $0°\leq x\leq 90°$일 때 최댓값이 2가 되도록 하는 양수 a의 값을 구하시오.

08 오른쪽 그림과 같이 한 변의 길이가 5인 정사각형 ABCD에서 $\overline{BC}$의 사등분점 중 점 B에 가까운 점을 E, $\overline{CD}$의 사등분점 중 점 D에 가까운 점을 F라 하자. $\angle EAF=x$라 할 때, $\sin x$의 값을 구하시오.

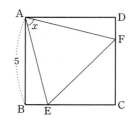

09 오른쪽 그림의 정육면체에서 $\overline{GM}=\overline{FM}$이고 $\angle GAM$의 크기를 x라 할 때 $\cos x$의 값을 구하시오.

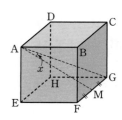

10 오른쪽 그림과 같이 한 변의 길이가 8인 정사각형 ABCD를 점 B를 중심으로 30°만큼 회전시켜 정사각형 A′BC′D′을 만들었다. $\overline{AD}$와 $\overline{C′D′}$의 교점을 E라 할 때 $\overline{ED}$의 길이를 구하시오.

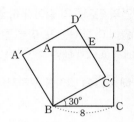

11 오른쪽 그림과 같이 크기가 같은 10개의 원이 정삼각형 ABC에 서로 접하고, 세 원의 중심 O, P, Q가 이루는 삼각형의 둘레의 길이가 54일 때, △ABC의 둘레의 길이를 구하시오.

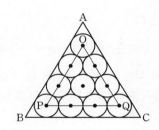

12 오른쪽 그림과 같이 ∠A=30°인 직각삼각형 ABC 안에 반지름의 길이가 각각 a, b, c인 반원 O, P, Q가 접하고 있다. 이때 $a : b : c$를 구하시오.

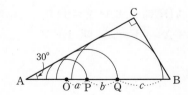

13 오른쪽 그림과 같이 밑면의 반지름의 길이가 6, 높이가 8인 원기둥에서 $\overline{AB}$는 한 밑면의 지름이고 점 O는 또 다른 밑면의 중심이다. $\overline{BC}=\overline{CD}$일 때, 점 O에서 $\overline{AC}$에 내린 수선의 발을 H, $\angle OAC=x$ 라 하자. $\sin x=\dfrac{2}{3}$일 때, $\overline{CH}$의 길이를 구하시오.

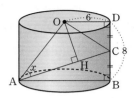

14 다음과 같은 세 직선이 있다.

$$l_1 : y=\frac{1}{2}x+6, \ l_2 : y=-\frac{3}{4}x+1, \ l_3 : y=\frac{7}{4}x-9$$

직선 l_1, l_3의 교점을 A, 직선 l_1, l_2의 교점을 B, 직선 l_2, l_3의 교점을 C라고 하자. 세 점 A, B, C를 꼭짓점으로 하는 삼각형에서 $\angle ABC=x$라 할 때 $\sin x+\cos x$의 값을 구하시오.

15 오른쪽 그림과 같은 $\triangle ADF$에서 $\angle ACE=90°$이고, $\overline{DB}=\overline{AB}=\overline{BC}=\overline{CA}=\overline{CE}=2$일 때, $\overline{EF}$의 길이를 구하시오.

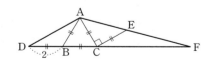

16 오른쪽 그림과 같이 정사각형 ABCD의 내부에 $\overline{AE}=\overline{EF}=\overline{FC}$, $\overline{AE} /\!/ \overline{FC}$가 되도록 두 점 E, F를 잡을 때, ∠BCF의 크기의 최솟값을 구하시오.

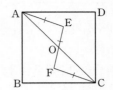

NOTE

17 오른쪽 그림과 같이 △ABC에서 ∠C의 이등분선이 변 BA와 만나는 점을 D라 하고, 변 BC의 연장선 위에 점 F를 잡아 ∠ACF의 이등분선이 변 BC의 연장선과 만나는 점을 E라 한다. $\overline{BC}=6$, $\overline{AC}=3$, ∠ACB=120°, $\overline{AE}=x$, $\overline{CD}=y$라 할 때, xy의 값을 구하시오.

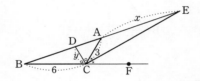

18 오른쪽 그림과 같이 수평면과 20°를 이루는 경사면이 있다. 이 경사면을 오르는 데 수평면의 A 지점에서 똑바로 오르지 않고 오른쪽으로 30° 되는 방향으로 100 m 올라갔을 때, 수평면보다 몇 m 높은 곳에 있게 되는지 구하시오. (단, sin 20°=0.3420, tan 20°=0.3640으로 계산한다.)

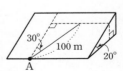

2 삼각비의 활용

(1) **직각삼각형의 변의 길이 구하기** : 직각삼각형에서 한 변의 길이와 한 예각의 크기를 알면 삼각비를 이용하여 나머지 두 변의 길이를 구할 수 있다.

(2) **일반 삼각형의 변의 길이 구하기** : 직각삼각형이 아닌 일반 삼각형에서 두 변의 길이와 그 끼인 각의 크기, 한 변의 길이와 그 양 끝각의 크기를 알면 나머지 변의 길이를 구할 수 있다.

①

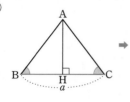

$\triangle$AHC에서
$\overline{AC} = \sqrt{\overline{AH}^2 + \overline{CH}^2}$
$= \sqrt{(c \sin B)^2 + (a - c \cos B)^2}$

②

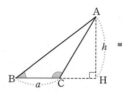

$\triangle$AHC에서 $\sin A = \dfrac{\overline{CH}}{\overline{AC}}$

$\overline{AC} = \dfrac{a \sin B}{\sin A}$

(3) **삼각형의 높이 구하기** : 삼각형의 한 변의 길이와 그 양 끝각의 크기를 알면 그 삼각형의 높이를 구할 수 있다.

①

$\Rightarrow h = \dfrac{a}{\tan x + \tan y}$

②

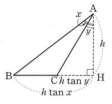

$\Rightarrow h = \dfrac{a}{\tan x - \tan y}$

핵심 1 오른쪽 그림과 같은 $\triangle$ABC에서 $\overline{AB} = 10$, $\overline{BC} = 15$, $\angle B = 60°$일 때, $\triangle$ABC의 둘레의 길이를 구하시오.

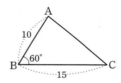

핵심 3 오른쪽 그림과 같이 강의 양쪽에 위치한 두 나무 사이의 거리를 구하기 위해 필요한 부분을 측량하였더니 $\angle B = 75°$, $\angle C = 45°$, $\overline{BC} = 54$ m일 때, 두 나무 사이의 거리 $\overline{AB}$를 구하시오.

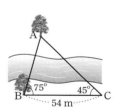

핵심 2 오른쪽 그림과 같은 $\triangle$ABC에서 $\angle B = 45°$, $\angle C = 30°$, $\overline{BC} = 16$일 때 높이 h의 값을 구하시오.

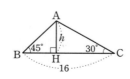

핵심 4 오른쪽 그림에서 $\overline{AB}$는 반원 O의 지름이고 $\overline{AB} \perp \overline{CD}$이다. $\angle CAD = 30°$, $\angle COD = 60°$, $\overline{AO} = 12$ cm 일 때, $\triangle$ACD의 넓이를 구하시오.

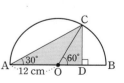

예제 1 오른쪽 그림과 같이 ∠B=60°, ∠C=45°, $\overline{BC}$=8인 △ABC에서 x, y의 값을 각각 구하시오.

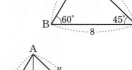

Tip 점 A에서 $\overline{BC}$에 수선을 그어 직각삼각형을 만든다.

풀이 점 A에서 $\overline{BC}$에 내린 수선의 발을 H라고 하면

△ABH에서 $\overline{AH}=x\sin 60°=\dfrac{\sqrt{3}}{2}x$, $\overline{BH}=x\cos 60°=\boxed{}x$

△ACH에서 $\overline{AH}=y\sin 45°=\boxed{}y$, $\overline{CH}=y\cos 45°=\dfrac{\sqrt{2}}{2}y$

이때, $\overline{AH}=\dfrac{\sqrt{3}}{2}x=\boxed{}y$ $\therefore y=\boxed{}x$ … ㉠

$\overline{BH}+\overline{CH}=\overline{BC}$이므로 $\boxed{}x+\dfrac{\sqrt{2}}{2}y=8$ $\therefore x+\boxed{}y=\boxed{}$ … ㉡

㉠, ㉡을 연립하여 풀면 $x=\boxed{}(\sqrt{3}-1)$, $y=4(\boxed{})$ 답 _____

응용 1 오른쪽 그림과 같은 직육면체에서 $\overline{FG}=\overline{GH}$=15 cm이고 ∠CEG=50°일 때, $\overline{DH}$의 길이를 구하시오. (단, sin 50°=0.76, tan 50°=1.2로 계산한다.)

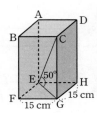

응용 3 오른쪽 그림과 같이 높이가 $40(\sqrt{3}+1)$ m인 건물의 꼭대기를 두 지점 A와 B에서 올려다 본 각의 크기가 각각 30°, 45°일 때, 두 지점 A, B 사이의 거리를 구하시오.

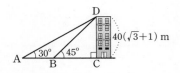

응용 2 오른쪽 그림은 시침의 길이가 20 cm인 시계이다. 정각 1시일 때는 정각 4시일 때보다 시침의 끝이 얼마나 더 높은 곳에 위치하였는지 구하시오. (단, 시침, 분침의 두께는 생각하지 않는다.)

응용 4 오른쪽 그림과 같이 두 직각삼각형이 겹쳐져 있다. ∠ABC=∠D=90°, ∠DBC=45°, ∠A=60°이고 $\overline{DC}=\sqrt{6}$ cm일 때, 겹쳐진 부분 △EBC의 넓이를 구하시오.

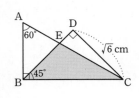

02 삼각형과 사각형의 넓이 구하기

(1) 삼각형의 넓이

삼각형의 두 변의 길이와 그 끼인각의 크기를 알면 삼각비를 이용하여 넓이를 구할 수 있다.

① ∠B가 예각일 때

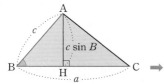

$\Rightarrow \triangle ABC = \dfrac{1}{2}ac \sin B$

② ∠B가 둔각일 때

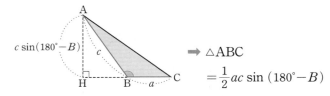

$\Rightarrow \triangle ABC = \dfrac{1}{2}ac \sin(180° - B)$

(2) 사각형의 넓이

① 평행사변형의 넓이 : 이웃하는 두 변의 길이와 그 끼인 각(예각)의 크기를 알 때,

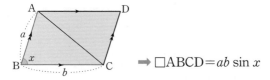

$\Rightarrow \square ABCD = ab \sin x$

② 사각형의 넓이 : 두 대각선의 길이와 두 대각선이 이루는 각(예각)의 크기를 알 때,

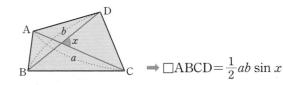

$\Rightarrow \square ABCD = \dfrac{1}{2}ab \sin x$

핵심 1 오른쪽 그림과 같이 $\overline{AB} = \overline{AC}$인 이등변삼각형 ABC에서 $\overline{AB} = 7\,cm$, ∠B=75°일 때, △ABC의 넓이를 구하시오.

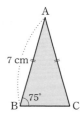

핵심 2 오른쪽 그림에서 점 O가 △ABC의 외심일 때, △OBC의 넓이를 구하시오.

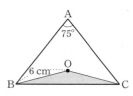

핵심 3 오른쪽 그림과 같이 평행사변형 ABCD에서 $\overline{AB} = 12\,cm$, $\overline{AD} = 10\,cm$, ∠D=45°이고 점 E는 $\overline{BC}$의 중점이다. 이때 △AEC의 넓이를 구하시오.

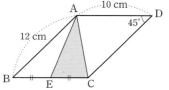

핵심 4 오른쪽 그림에서 $\overline{AB} = 10$, $\overline{BC} = 26$, $\overline{CD} = 16$, $\overline{DA} = 7$이고, ∠B=60, ∠D=150°일 때, $\square ABCD$의 넓이가 $a\sqrt{3} + b$이다. 이때 $a+b$의 값을 구하시오. (단, a, b는 유리수이다.)

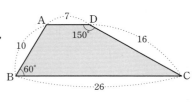

핵심 5 오른쪽 그림과 같은 $\square ABCD$에서 두 대각선 AC, BD의 교점을 O라 하자. $\overline{AC} = 12\,cm$, $\overline{BD} = 15\,cm$, ∠ACB=78°, ∠DBC=42°일 때, $\square ABCD$의 넓이를 구하시오.

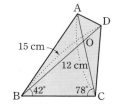

예제 **2** 오른쪽 그림과 같은 삼각형 ABC에서
$\overline{AC}=15$ cm, $\overline{AD}=9$ cm, ∠BAD=∠CAD=60°일 때, $\overline{AB}$의 길이를 구하시오.

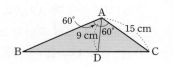

Tip △ABC=△ABD+△ADC임을 이용한다.

풀이 △ABC=△ABD+△ADC이므로

$$\frac{1}{2}\times\overline{AB}\times\boxed{}\times\sin(180°-\boxed{}°)=\frac{1}{2}\times\overline{AB}\times\boxed{}\times\sin 60°+\frac{1}{2}\times\boxed{}\times\overline{AC}\times\sin\boxed{}°$$

$$\frac{1}{2}\times\overline{AB}\times 15\times\boxed{}=\frac{1}{2}\times\overline{AB}\times\boxed{}\times\frac{\sqrt{3}}{2}+\frac{1}{2}\times\boxed{}\times 15\times\boxed{}$$

$$6\overline{AB}=\boxed{}\qquad\therefore\ \overline{AB}=\boxed{}$$

답 _____

응용 **1** 오른쪽 그림의 정사각형 ABCD에서 점 E, F는 각각 $\overline{AD}$, $\overline{AB}$의 중점이고, $\overline{BC}=16$일 때, $\sin x$의 값을 구하시오.

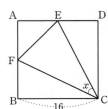

응용 **2** 오른쪽 그림과 같이 폭이 **15 cm**로 일정한 종이 테이프를 ∠ABC=60°가 되도록 접었을 때, △ABC의 넓이를 구하시오.

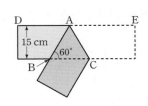

응용 **3** 오른쪽 그림과 같이 $\overline{AB}=\overline{AC}=6$ cm이고, ∠B=30°인 삼각형 ABC에서 내접원 I의 반지름의 길이를 구하시오.

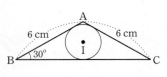

응용 **4** 오른쪽 그림과 같이 $\overline{AB}=10$ cm, $\overline{AD}=15$ cm, ∠A=106°인 평행사변형 ABCD가 있다. ∠A, ∠B, ∠C, ∠D의 이등분선을 그어 그 교점을 각각 E, F, G, H라 할 때, □EFGH의 넓이를 구하시오. (단, sin 53°=0.8, cos 53°=0.6으로 계산한다.)

01 오른쪽 그림과 같이 중심이 원점 O, 반지름의 길이가 1인 원 위의 제1사분면에 점 A가 있다. 점 A를 지나는 접선이 x축과 만나는 점을 B, 점 B를 지나고 x축과 수직인 직선이 $\overline{OA}$의 연장선과 만나는 점을 C라 할 때, 다음 중 옳은 것을 모두 고르시오.

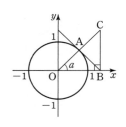

$\bigcirc$ $\overline{AB}=\tan a$ $\bigcirc$ $\overline{OB}=\dfrac{1}{\cos a}$ $\bigcirc$ $\overline{AC}=\tan^2 a$ $\bigcirc$ $\dfrac{\triangle BOA}{\overline{OB}}=\sin a$

02 $\sin^2 x+2\sin x=1$일 때, $1+\cos^2 x+\sin^3 x+\cos^4 x$의 값을 구하시오. (단, $0°\leq x\leq 90°$)

03 길이가 a, b, c인 세 선분 중 각각 2개씩의 선분을 골라 다음 그림과 같이 세 개의 삼각형을 만들었다. 만든 세 삼각형의 넓이가 모두 같을 때, $a^2 : b^2 : c^2$을 가장 간단한 자연수의 비로 나타내시오.

  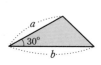

04 한 변의 길이가 **10 cm**인 정사각형과 정삼각형 두 개가 오른쪽 그림 과 같이 겹쳐 있을 때, 색칠한 부분의 넓이를 구하시오.

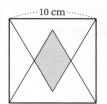

NOTE

05 오른쪽 그림과 같이 반지름의 길이가 **12**인 사분원 **AOB**가 있다. $\overline{BC}$ 를 접는 선으로 하여 접었을 때, 중심 **O**가 $\widehat{AB}$ 위의 점 **D**와 일치한다. 색칠한 부분의 넓이를 구하시오.

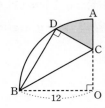

06 오른쪽 그림과 같이 언덕 위에 나무가 서 있다. **A** 지점에서 나무의 꼭대기 **C**를 올려다본 각이 **60°**이고 **A** 지점에서 나무 방향으로 **6 m** 걸어간 **B** 지점에서부터 경사가 **30°**인 오르막 이 시작된다. 오르막의 길이 $\overline{BD}$는 $3\sqrt{3}$ **m**이다. 나무의 높 이 $\overline{CD}$의 길이를 구하시오.

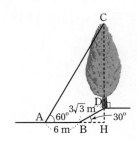

NOTE

07 좌표평면 위의 세 점 $A(-8, 0)$, $B(8, 0)$, $C(\sin x, 2\cos x)$를 꼭짓점으로 하는 삼각형 ABC의 넓이가 12일 때 $\tan x$의 값을 구하시오. (단, $0° < x < 90°$)

08 오른쪽 그림과 같이 정삼각형 ABC의 내부에 임의의 한 점 P를 잡고, P에서 각 변 BC, CA, AB에 수선을 그어 그 발을 각각 D, E, F라 하고, $\overline{PD}=x$, $\overline{PE}=y$, $\overline{PF}=z$라 한다. △DEF의 넓이가 $4\sqrt{3}$이고, $x+y+z=8$일 때, $x^2+y^2+z^2$의 값을 구하시오.

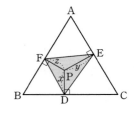

09 오른쪽 그림과 같이 한 변의 길이가 **4 cm**인 정삼각형 ABC 안에 들어갈 수 있는 가장 큰 정사각형의 한 변의 길이를 구하시오.

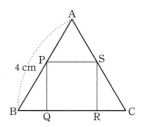

10 오른쪽 그림에서 □ABCD와 □BEFG는 모두 정사각형이다. $\overline{BG}=\overline{BH}$, $\overline{BI}=\overline{BJ}$, $\overline{AB}=6\,\text{cm}$이고 ∠HBG=∠IBJ=30° 일 때, △BGH와 △BJI의 넓이의 합을 구하시오.

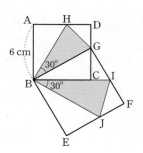

11 오른쪽 그림과 같이 서로 합동인 △ABC와 △A′BC′이 ∠B를 공통으로 하여 겹쳐져 있고, $\overline{AB}=12$, $\overline{BC}=3$, ∠ABC=60°일 때, △ABC와 △A′CD의 넓이의 비를 구하시오.

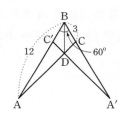

12 오른쪽 그림과 같이 반지름의 길이가 $16\,\text{cm}$인 사분원에서 $\overparen{AC}=\overparen{CE}=\overparen{EB}$일 때, 색칠한 부분의 넓이를 구하시오.

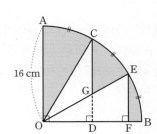

NOTE

13 $\triangle$ABC에서 $\sin^2\dfrac{A}{2}+6\cos\dfrac{A}{2}=2$일 때, $\sin\left(\dfrac{B+C}{2}\right)$의 값을 구하시오.

$\quad$ (단, $\sin\left(90°-\dfrac{A}{2}\right)=\cos\dfrac{A}{2}$, $\cos\left(90°-\dfrac{A}{2}\right)=\sin\dfrac{A}{2}$로 계산한다.)

14 오른쪽 그림의 □ABCD에서 $\overline{AB}=2\,\text{cm}$, $\overline{BC}=6\,\text{cm}$, $\overline{CD}=4\,\text{cm}$, $\angle B=\angle C=60°$이다. $\overline{AE}$가 □ABCD의 넓이를 이등분할 때, $\overline{CE}$의 길이를 구하시오. (단, 점 E는 $\overline{CD}$ 위의 점이고 점 F는 $\overrightarrow{BA}$와 $\overrightarrow{CD}$의 교점이다.)

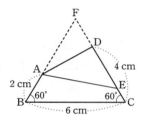

15 오른쪽 그림과 같이 평행사변형의 대변의 길이를 20 % 늘이고, 다른 대변의 길이를 20 % 줄여서 새로운 평행사변형을 만들었다. 새로 만든 평행사변형의 넓이는 처음 평행사변형의 넓이보다 몇 % 증가 또는 감소하는지 구하시오.

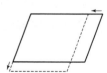

16 오른쪽 그림과 같은 직사각형 ABCD의 꼭짓점 A에서 대각선 BD에 내린 수선의 발을 P라고 하면 $\overline{BP} : \overline{PD} = 1 : 2$이다. ∠ABD=$x$일 때 $\sin x \times \tan x$의 값을 구하시오.

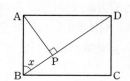

NOTE

17 오른쪽 그림의 직육면체에서 $\overline{FG}=1\,\text{cm}$이고, ∠BGF=60°, ∠DGH=45°, ∠BGD=x일 때, $\sin x$의 값을 구하시오.

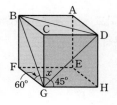

18 오른쪽 그림의 직각삼각형 ABC의 넓이를 두 직선 DE, FG가 삼등분하고, $\cos B = \dfrac{4}{5}$, $\overline{AC}=6$일 때, $\overline{EG}$의 길이를 구하시오.

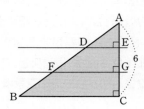

NOTE

01 오른쪽 그림은 중심이 O이고, 반지름의 길이가 $4a$, $\overarc{PQ}$의 길이가 πa인 부채꼴이다. $\overline{OR}=a$가 되도록 점 R를 $\overline{OQ}$ 위에 잡을 때, $\overline{PR}^2$을 a를 사용하여 나타내시오.

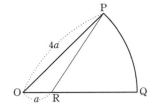

02 $\triangle ABC$에서 $\overline{AB}=8$이고, $\sin^2 A + \sin^2 C = \sin^2 B$, $\cos A + 8\cos C = 8$을 만족할 때, $\overline{AC}$, $\overline{BC}$의 길이를 각각 구하시오.

03 오른쪽 그림과 같이 반지름의 길이가 $8\,m$인 원 모양을 따라 시계 반대 방향으로 돌아가는 관람차가 있다. 이 관람차가 지면에 가장 가깝게 내려왔을 때의 지면으로부터의 높이는 $2\,m$이고 한 바퀴를 도는 데 24분이 걸린다고 한다. 관람차 기둥의 아래 끝 지점을 P, 관람차가 제일 높이 올라간 지점을 A, A 지점에 도달한 지 8분 후의 위치를 Q라고 하자. P 지점에서 Q 지점을 올려다본 각의 크기를 x라고 할 때, $\sin x \times \cos x$의 값을 구하시오. (단, 관람차의 크기는 고려하지 않는다.)

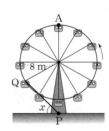

04 오른쪽 그림에서 $\overline{AB}=6\sqrt{2}$, $\angle B=45°$이고 부채꼴 ACD는 반지름의 길이가 $\overline{AC}$인 사분원이다. 도형 ABD를 변 BD를 축으로 하여 1회전시켜 생긴 입체도형의 부피를 구하시오.

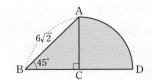

05 오른쪽 그림과 같이 직선 $y=\dfrac{3}{4}x$ 위의 점 $P_1(4, 3)$에서 x축에 내린 수선의 발을 P_2라 하고, P_2에서 직선 $y=\dfrac{3}{4}x$에 내린 수선의 발을 P_3, P_3에서 x축에 내린 수선의 발을 P_4, …라 한다. 이때, $\overline{P_1P_2}+\overline{P_2P_3}+\overline{P_3P_4}+\overline{P_4P_5}+\overline{P_5P_6}+\overline{P_6P_7}$의 값을 구하시오.

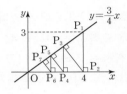

06 한 변의 길이가 a인 정삼각형 ABC의 변 위를 점 P는 점 A에서, 점 Q는 점 B에서 동시에 같은 속력으로 출발하여 10분 뒤에 각각 점 B, C에 도착하였다. 출발한 지 몇 분 후에 $\overline{PQ}$의 길이가 최소가 되는지 구하시오.

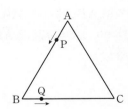

07 오른쪽 그림과 같이 직각삼각형 **ABC**가 있다. 이 삼각형에서 $\overline{AB}$의 5등분점을 각각 **D, E, F, G**라 하고, $\overline{AC}$의 4등분점을 각각 **H, I, J**라 할 때, 각 사각형의 넓이 S_1, S_2, S_3 사이의 관계식을 구하시오.

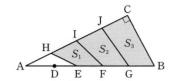

08 오른쪽 그림과 같은 육상경기의 트랙이 있다. **A** 지점에서 **P** 지점을 돌아 **B** 지점에 도착하는 거리와 **C** 지점에서 **Q**지점을 돌아 **D** 지점에 도착하는 거리가 같다고 한다. 곡선 트랙은 점 **O**를 중심으로 하는 두 원으로 이루어져 있고, $\angle EAC = \angle x$일 때, $\tan x$의 값을 구하시오.

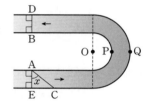

09 오른쪽 그림의 직각삼각형 **ABC**에서 $\angle ABC = 45°$, $\angle DBC = 30°$, $\angle AEC = 75°$, $\angle ACB = 90°$, $\overline{BE} = a$일 때 $\overline{AD}$의 길이를 구하시오. (단, $\tan 75° = 2 + \sqrt{3}$)

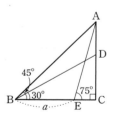

10 직선 $y=\cos a\,(3x-\sin a)$이 포물선 $y=x^2+\cos ax+\sin^2 a$에 접할 때 $\tan a$의 값을 구하시오. (단, $0°<a<90°$)

11 오른쪽 그림과 같이 한 변의 길이가 1인 정사각형 ABCD에 높이가 1인 정삼각형 EBF를 겹쳐 놓을 때, 색칠한 부분의 넓이를 구하시오.

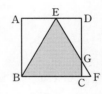

12 오른쪽 그림과 같이 직각삼각형 ABC에서 $\angle C=90°$이고 $\overline{BC}$를 2 : 1 로 나누는 점을 D라 할 때, $\overline{AB}=\overline{AC}+\overline{CD}$가 성립한다. $\angle BAD=a$ 일 때, $\tan a$의 값을 구하시오.

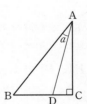

13 오른쪽 그림과 같이 밑면의 반지름의 길이는 **20**, 모선의 길이는 **60**인 원뿔에서 **A** 지점을 출발하여 한바퀴 돌아 $\overline{\text{AB}}=10$인 **B** 지점으로 가는 궤도를 최단거리로 놓으면 이 궤도는 처음에는 올라 갔지만 나중에는 내려가게 된다. 이 내려가는 구간의 길이를 구하시오.

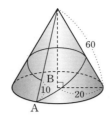

NOTE

14 오른쪽 그림과 같이 지름이 **60 cm**인 원 모양의 시계 둘레에 반원 모양의 색종이를 **12**장 붙여 꽃 모양으로 꾸미려고 한다. 이때 필요한 색종이의 넓이의 합을 구하시오.

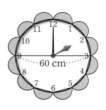

15 오른쪽 그림은 모든 모서리의 길이가 **1**인 삼각기둥이다. 이 삼각기둥을 밑면에 평행한 평면으로 잘라서 생긴 단면을 △**HKL**이라 하고 ∠**DHE**=**k**, $\overline{\text{AE}}$와 $\overline{\text{HK}}$, $\overline{\text{BF}}$와 $\overline{\text{KL}}$, $\overline{\text{CD}}$와 $\overline{\text{LH}}$의 교점을 각각 **P, Q, R**라 하자. △**PQR**의 넓이가 $\dfrac{\sqrt{3}}{12}$일 때, **cos k**의 값을 구하시오. $\left(\text{단}, 0<\overline{\text{DH}}<\dfrac{1}{2}\right)$

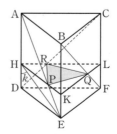

16 오른쪽 그림과 같이 폭이 **30 cm**인 철판의 양끝을 **120°**로 구부려서 그 단면이 등변사다리꼴이 되게 하였다. 이 등변사다리꼴의 넓이가 최대가 되게 하는 x의 값을 구하시오.

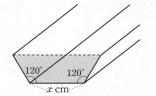

17 한 모서리의 길이가 **10 cm**인 정육면체의 상자에 폭이 **2 cm**인 띠를 오른쪽 그림과 같이 띠의 한 쪽 끝 점을 점 **A**에서 시작하여 한 바퀴 돌아 점 **B**에 닿도록 팽팽하게 고정시켰다. 이때 $\overline{AB}$와 띠가 이루는 각이 $\angle x$이었다면 정육면체의 겉면 위에 띠가 지나간 부분의 넓이를 $\angle x$의 삼각비로 나타내시오.

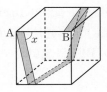

18 오른쪽 그림과 같은 정사각형 모양의 시계에서 1시와 2시 사이의 사각형의 넓이는 11시와 12시 사이의 삼각형의 넓이의 몇 배인지 구하시오.

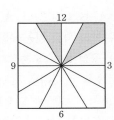

01 다음 그림의 삼각형 ABC에서 $\angle A = 15°$, $\angle B = 45°$, $\overline{BC} = 2$일 때, $\overline{AB}$, $\overline{AC}$의 길이를 구하시오.

02 오른쪽 그림과 같이 한 변의 길이가 **10 cm**인 정사각형 ABCD의 내부에 $\overline{BC}$를 한 변으로 하는 정삼각형 EBC가 있다. $\overline{AC}$와 $\overline{EB}$의 교점을 F라 할 때, $\triangle EFC$의 넓이를 구하시오.

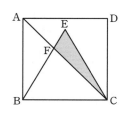

03 어느 지역에 사과 농장 A, B, C가 있다. A, B, C 농장에서는 사과 소비량을 늘리기 위하여 사과 가공식품을 만들 공장 P를 만들어 판매하려고 한다. 공장 P는 세 농장까지의 거리의 합이 최소인 곳에 지었다. A, B 농장 사이의 거리는 **8 km**, B, C 농장 사이의 거리는 **12 km**이고 B에서 A, C를 바라 본 사이의 각은 **60°**일 때, 공장에서 세 농장 사이의 거리의 합의 최솟값을 구하시오.

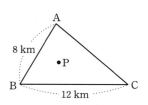

04 오른쪽 그림과 같이 $\overline{AB}=12$, $\overline{BC}=10$, $\overline{AC}=8$인 △ABC에서 직선 l은 $\overline{BC}$에 수직이고 삼각형 ABC의 넓이를 이등분한다. 직선 l과 $\overline{AB}$, $\overline{BC}$의 교점을 각각 E, D라 할 때, $\overline{DE}$의 길이를 구하시오.

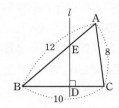

05 오른쪽 그림과 같이 삼각형 AOB에서 변 AB 위에 $\angle OAB = \angle OCD$ 가 되도록 점 D를 잡자. $\angle AOB = 90°$, $\angle AOC = 30°$, $\overline{AO} = \dfrac{\sqrt{3}}{2}$, $\overline{BO} = 1$, $\overline{CO} = 1$일 때, $\overline{DO}$의 길이를 구하시오.

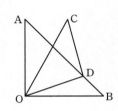

06 오른쪽 △ABC는 $\overline{AB}=5$, $\angle ABC=90°$인 직각삼각형 이다. $\overline{BC}$ 위의 16개의 점 B_1, B_2, B_3, $\cdots$, B_{16}에 대하여 $\angle BAB_1 = \angle B_1AB_2 = \angle B_2AB_3 = \cdots = \angle B_{16}AC = 5°$ 이다. 자연수 n에 대하여 $\overline{BB_1} \times \overline{BB_2} \times \overline{BB_3} \times \cdots \times \overline{BC} = 5^n$일 때, n의 값을 구하시오. (단, $\tan x° = \dfrac{1}{\tan(90° - x°)}$이다.)

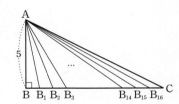

07 일정한 방향으로 진행하는 빛이 평면거울에 닿아 반사될 때 생기는 입사각과 반사각의 크기는 항상 같다. 오른쪽 그림과 같이 평면거울로 된 벽으로 이루어진 ∠A=∠B=90°, ∠D=60°인 사다리꼴 ABCD 모양의 방이 있다. 이 방의 내부의 한 지점 P에서 $\overline{CD}$와 30°를 이루는 방향으로 빛이 들어갈 때, $\overline{CD}$ 위의 점 Q, $\overline{BC}$ 위의 점 R, $\overline{AB}$ 위의 점 S에 연이어 반사되어 다시 지점 P를 통과한다. $\overline{AB}$∥$\overline{PQ}$, $\overline{BC}$=4 m, $\overline{CQ}$=2 m일 때, 이 빛이 지점 P에서 출발하여 다시 지점 P로 돌아올 때까지의 이동 거리를 구하시오.

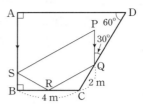

08 △ABC에서 ∠B=60°, $\overline{AC}$=13이고 $\overline{AB}$, $\overline{BC}$의 길이가 모두 자연수일 때, 만들 수 있는 △ABC의 둘레의 길이를 모두 구하시오.

09 임의의 육각형 ABCDEF에서 세 대각선 AD, BE, CF가 각각 육각형 ABCDEF의 넓이를 이등분하는 선이면 세 대각선은 반드시 한 점에서 만나는 것을 설명하시오.

II 원의 성질

1 원과 직선

(1) 현의 수직이등분선
　① 원의 중심에서 현에 내린 수선은 그 현을 수직이등분한다.
　② 원에서 현의 수직이등분선은 그 원의 중심을 지난다.

(2) 원의 중심과 현의 길이
　① 원의 중심으로부터 같은 거리에 있는 두 현의 길이는 서로 같다.
　② 두 현의 길이가 같으면 원의 중심과 두 현과의 거리는 서로 같다.

핵심 **1** 오른쪽 그림과 같이 원 O 위의 한 점이 원의 중심에 오도록 접었다. 원 O의 반지름의 길이가 8일 때, ∠AOB의 크기를 구하시오.

핵심 **2** 구 모양의 수박을 구의 중심을 지나도록 자른 다음 다시 일부를 잘랐을 때의 단면도가 오른쪽 그림과 같을 때, 수박의 반지름의 길이를 구하시오.

5 cm
30 cm

핵심 **3** 오른쪽 그림과 같이 원 O가 $\overline{AB}=\overline{AC}=3\sqrt{5}\,cm$, $\overline{BC}=12\,cm$인 이등변삼각형 ABC와 외접하고 있다. 이때 원 O의 반지름의 길이를 구하시오.

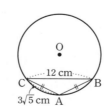
O
12 cm
C　B
$3\sqrt{5}\,cm$　A

핵심 **4** 원 모양의 쟁반에 오른쪽 그림과 같이 서로 평행하고 길이가 같은 두 개의 받침대를 쟁반의 테두리와 만나도록 붙이려고 한다. 쟁반의 지름의 길이가 **60 cm**이고, 받침대의 길이는 **48 cm**, 폭의 길이는 **4 cm**일 때, 두 받침대 사이의 거리는 몇 **cm**인지 구하시오. (단, 받침대의 높이는 무시한다.)

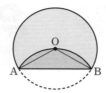
48 cm
60 cm

핵심 **5** 오른쪽 그림과 같이 △ABC가 원 O에 내접하고 $\overline{OM}\perp\overline{AB}$, $\overline{ON}\perp\overline{AC}$, $\overline{OM}=\overline{ON}=3\sqrt{3}\,cm$이다. ∠BAC=60°, $\overline{OB}=6\sqrt{3}\,cm$일 때, △ABC의 둘레의 길이 구하시오.

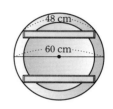
$3\sqrt{3}$ cm
60°
M　N
O
B　$6\sqrt{3}$ cm　C

예제 1 오른쪽 그림과 같은 원 O의 반지름의 길이는 24 cm이고, $\overline{AB} \perp \overline{OM}$, $\overline{CD} \perp \overline{ON}$이다. $\overline{OM} = \overline{ON} = 6$ cm, $\angle MON = 160°$일 때, 색칠한 부분의 넓이를 구하시오.

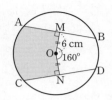

Tip ▶ $\overline{AO}$, $\overline{CO}$를 그어 부채꼴과 삼각형의 넓이를 이용한다.

풀이 $\overline{AO}$, $\overline{CO}$를 그으면 $\overline{AO} = \boxed{}$ cm($\because$ 반지름)

△AOM에서 피타고라스 정리에 의해 $\overline{AM} = \boxed{}$ (cm)

$\overline{OM} = \overline{ON}$이므로 $\overline{AM} = \overline{CN} = \boxed{}$ (cm)

$\cos(\angle AOM) = \boxed{}$이므로 $\angle AOM = \boxed{}°$

이때 △AOM ≡ △CON이므로 $\angle CON = \boxed{}°$이다.

$\therefore \angle AOC = 360° - (160° + 60° + \boxed{}°) = \boxed{}°$

따라서 색칠한 부분의 넓이는

$$\triangle AOM + \triangle CON + (\text{부채꼴 } AOC) = 2 \times \left(\frac{1}{2} \times \boxed{} \times 6 \right) + \pi \times \boxed{}^2 \times \frac{\boxed{}}{360} = \boxed{} (\text{cm}^2)$$

답 _____

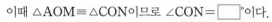

응용 1 오른쪽 그림에서 $\overline{AB} = 16$ cm, $\overline{BC} = 12$ cm이다. $\overline{OD} \perp \overline{AB}$, $\overline{OE} \perp \overline{AC}$, $\overline{OD} = \overline{OE}$일 때, △ADE의 둘레의 길이를 구하시오.

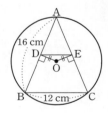

응용 3 오른쪽 그림과 같은 원 O의 반지름의 길이가 34 cm이고 $\overline{AB} \perp \overline{CD}$, $\overline{AB} = 30$ cm일 때, $\overline{CM} - \overline{DM}$의 길이를 구하시오. (단, $\overline{CM} > \overline{DM}$)

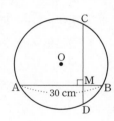

응용 2 오른쪽 그림과 같이 원 O가 정사각형 ABCD의 $\overline{AB}$, $\overline{AD}$에 접하고, $\overline{BC}$, $\overline{CD}$와 각각 두 점에서 만난다. $\overline{BP} = 4$, $\overline{PC} = 5$일 때, 원 O의 반지름의 길이를 구하시오. (단, 점 P는 $\overline{BC}$와 원 O의 교점이다.)

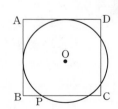

응용 4 오른쪽 그림과 같이 중심이 일치하고 반지름의 길이가 다른 두 원이 있다. $\overline{BC}$는 작은 원의 현이고, BC의 연장선과 큰 원의 교점을 A, D라 하자. $\overline{AB} = \overline{CD} = 9$, $\overline{BC} = 12$이고 두 원의 반지름의 길이의 합이 27일 때, 두 원의 반지름의 길이의 차를 구하시오.

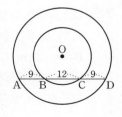

(1) 원의 접선의 길이

　① 원 밖의 한 점 P에서 원에 그을 수 있는 접선은 2개이다.

　② 원 밖의 한 점에서 그 원에 그은 두 접선의 길이는 서로 같다.

　　➡ $\overline{PA}=\overline{PB}$

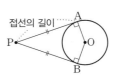

접선의 길이

(2) 삼각형의 내접원

　원 O가 삼각형 ABC에 내접하고, 내접원의 반지름의 길이가 r일 때,

　① (△ABC의 둘레의 길이)=$a+b+c=2(x+y+z)$

　② (△ABC의 넓이)=$\dfrac{1}{2}r(a+b+c)=r(x+y+z)$

(3) 원에 외접하는 사각형

　① 원에 외접하는 사각형은 두 쌍의 대변의 길이의 합은 서로 같다.

　　➡ $\overline{AB}+\overline{CD}=(a+b)+(c+d)=(a+d)+(b+c)=\overline{AD}+\overline{BC}$

　② 두 쌍의 대변의 길이의 합이 같은 사각형은 원에 외접한다.

핵심 1 오른쪽 그림에서 삼각형 ABC의 내접원의 접점을 D, E, F라 하고, ∠A=56°, ∠B=84°일 때, $\overset{\frown}{DE}:\overset{\frown}{EF}:\overset{\frown}{FD}$를 가장 간단한 자연수의 비로 나타내시오.

핵심 2 오른쪽 그림에서 원 O는 △ABC의 내접원이고 세 점 D, E, F는 접점이다. $\overline{BD}=12\,cm$, $\overline{CF}=10\,cm$이고 △ABC의 둘레의 길이가 60 cm일 때, $\overline{AC}$의 길이를 구하시오.

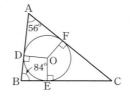

핵심 3 오른쪽 그림에서 ABCD는 한 변의 길이가 10 cm인 정사각형이다. $\overline{BC}$를 지름으로 하는 반원 O가 $\overline{AE}$와 접할 때, $\overline{AE}$의 길이를 구하시오. (단, 반원의 중심 O는 변 BC 위에 있다.)

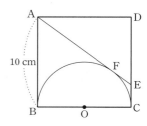

핵심 4 오른쪽 그림과 같이 원 O와 네 점 P, Q, R, S에서 접하는 □ABCD가 있다. $\overline{AP}=5\,cm$, $\overline{SD}=3\,cm$, $\overline{CR}=4\,cm$, $\overline{BQ}=4\,cm$일 때, □ABCD의 둘레의 길이를 구하시오.

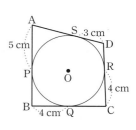

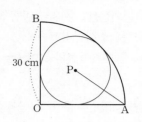

예제 2 오른쪽 그림과 같이 반지름의 길이가 30 cm인 사분원 OAB가 있다. 사분원의 내접원의 중심을 P라고 할 때, $\overline{AP}$의 길이를 구하시오.

Tip $\overline{AP}$를 한 변으로 갖는 직각삼각형을 찾고, 피타고라스 정리를 이용한다.

풀이 $\overline{OP}$의 연장선과 호 AB의 교점을 D, 원 P와 $\overline{OA}$의 접점을 E라 하고
원 P의 반지름을 r cm라 하면 $\overline{OE}=r$(cm), $\overline{OP}=\boxed{}$(cm)

$\overline{OD}=\overline{OP}+\overline{PD}=\overline{OA}=30$(cm)이므로

$\boxed{}\,r+r=30$ ∴ $r=30(\boxed{}-1)$

직각삼각형 PEA에서 $\overline{PE}=30(\boxed{})$(cm)

$\overline{EA}=\overline{OA}-\overline{OE}=30-30(\boxed{})=30(\boxed{}-\sqrt{2})$(cm)

피타고라스 정리에 의해

$\overline{AP}=\sqrt{\overline{EA}^2+\overline{PE}^2}=30\sqrt{9-\boxed{}\sqrt{2}}=30\sqrt{9-\boxed{}\sqrt{18}}=30\sqrt{(3+\boxed{})-2\cdot\sqrt{3}\cdot\sqrt{\boxed{}}}$

$=30(\boxed{})$(cm)

답 _____

응용 1 오른쪽 그림과 같이 □ABCD가 원에 외접하고 두 대각선 AC, BD가 서로 수직일 때, xy의 값을 구하시오.

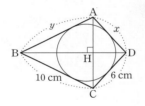

응용 3 오른쪽 그림은 한 변의 길이가 12 cm인 정사각형이다. 원 O는 □ABPD의 세 변에 접하고 $\overline{BP}:\overline{PC}=1:3$이다. 원 O의 반지름의 길이를 구하시오.

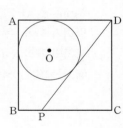

응용 2 오른쪽 그림과 같이 반원 O의 호 AB 위의 한 점 P에서 반원 O에 그은 접선이 지름 AB의 양 끝점 A, B에서 원에 그은 접선과 만나는 점을 C, D라 하고 $\overline{AC}=4$, $\overline{BD}=9$일 때, 선분 AP의 길이를 구하시오.

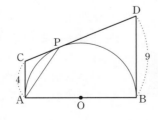

응용 4 오른쪽 그림과 같이 지름의 길이가 모두 10 cm인 세 원 O, P, Q가 서로 접하고 있다. 점 A에서 원 Q에 그은 접선 AT가 원 P와 만나는 점을 E, F라 할 때, $\overline{EF}$의 길이를 구하시오.

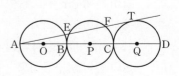

(1) **공통외접선** : 두 원이 공통접선에 대하여 같은 방향에 있으면, 이 접선을
   공통외접선이라고 한다.
   ➡ 공통외접선의 길이 $l=\sqrt{d^2-(r_2-r_1)^2}$ (단, $r_2>r_1$)

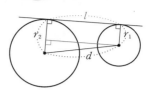

(2) **공통내접선** : 두 원이 공통접선에 대하여 반대 방향에 있으면, 이 접선을
   공통내접선이라고 한다.
   ➡ 공통내접선의 길이 $m=\sqrt{d^2-(r_1+r_2)^2}$

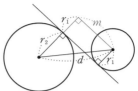

(3) **방심** : 삼각형의 한 내각의 이등분선과 다른 두 각의 외각의 이등분선의
   교점
   ① 방심에서 세 변 또는 그 연장선에 내린 수선의 길이는 같다. ➡ $\overline{I_AP}=\overline{I_AQ}=\overline{I_AR}$
   ② 삼각형 ABC의 둘레의 길이는 $2\overline{AP}$ 또는 $2\overline{AQ}$와 같다.

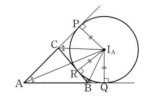

핵심 ① 오른쪽 그림과 같이 원 O
의 반지름의 길이가
9 cm, 원 **O'**의 반지름의
길이가 **5 cm**, 두 원의 중심
사이의 거리가 **4√17 cm**일
때, 공통외접선의 길이를 구하시오.

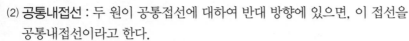

핵심 ② 오른쪽 그림과 같이 원
O의 반지름의 길이가
7 cm, 원 **O'**의 반지름의
길이가 **6 cm**, 두 원의
중심 사이의 거리가
22 cm일 때, 공통내접
선의 길이를 구하시오.

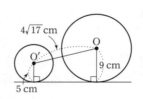

핵심 ③ 오른쪽 그림과 같이 직선
AB와 직선 **PQ**는 두 원
O, O'의 공통접선이고 점
A, B, Q는 접점이다.
∠**PAQ**=**47°**일 때,
∠**PBQ**의 크기를 구하시오.

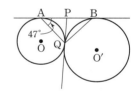

핵심 ④ 오른쪽 그림을 이용하여
방심에서 삼각형의 세 변
또는 그 연장선에 그은 수
선의 길이는 같음을 설명
하려고 한다. □ 안에 알맞
은 것을 써넣으시오. (단, 점 **I**는 △**ABC**의 방심이다.)

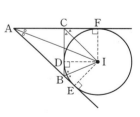

(ⅰ) ∠IEB＝∠IDB＝90°, $\overline{IB}$는 공통,
   ∠IBE＝[　　]이므로 △IBE≡[　　]
   ∴ $\overline{IE}$＝[　　]

(ⅱ) ∠IDC＝∠IFC＝90°, [　　]는 공통,
   ∠ICD＝[　　]이므로 △ICD≡[　　]
   ∴ $\overline{ID}$＝[　　]

(ⅰ), (ⅱ)에 의하여 $\overline{IE}=\overline{ID}$＝[　　]

응용문제

예제 **3** 오른쪽 그림에서 점 O는 △ABC의 내심이고, 점 O′은 △ABC의 방심이다. 원 O, O′의 반지름의 길이가 각각 6 cm, 16 cm이고, 두 원의 중심 사이의 거리가 30 cm일 때, $\overline{BC}$의 길이를 구하시오.

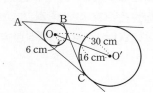

Tip ▶ 두 원이 서로 만나지 않을 때 공통외접선은 2개가 생기고 그 길이는 서로 같다.

풀이 ▶ 오른쪽 그림에서 $\overline{DI}$와 $\overline{FH}$는 공통외접선이다.

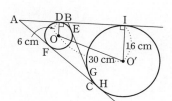

$\overline{DI}=\overline{FH}=\sqrt{30^2-(16-\boxed{})^2}=\boxed{}$(cm) ··· ㉠

$\overline{BD}=\overline{BE}$, $\boxed{}=\overline{BG}$, $\overline{CG}=\overline{CH}$, $\overline{CE}=\overline{CF}$이므로

$\overline{DI}+\overline{FH}=(\overline{DB}+\overline{BI})+(\overline{FC}+\overline{CH})$

$\qquad\qquad=(\overline{BE}+\overline{BG})+(\overline{CE}+\overline{CG})$

$\qquad\qquad=(\overline{BE}+\overline{BE}+\boxed{})+(\boxed{}+\overline{CG}+\overline{CG})$

$\qquad\qquad=2(\overline{BE}+\boxed{}+\overline{CG})=2\boxed{}$ ··· ㉡

㉠, ㉡에 의해서 $2\overline{BC}=\boxed{}\sqrt{2}$(cm)이므로 $\overline{BC}=\boxed{}$(cm)

답 _____

응용 **1** 오른쪽 그림에서 원 O_1과 O_2, O_2와 O_3, O_3와 O_4는 각각 서로 외접하고 있고, $\overline{AC}$, $\overline{AD}$, $\overline{AE}$는 각각 두 원의 공통내접선이고, 나머지 변들은 한 원의 접선이다. $\overline{AB}=11\ \text{cm}$, $\overline{BC}=7\ \text{cm}$, $\overline{CD}=6\ \text{cm}$, $\overline{DE}=4\ \text{cm}$, $\overline{EF}=3\ \text{cm}$일 때, $\overline{AF}$의 길이를 구하시오.

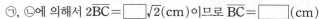

응용 **3** 오른쪽 그림의 △ABC에서 $\overline{AB}=9$, $\overline{BC}=7$, $\overline{CA}=8$이다. 원 I는 내접원이고 원 I_1은 방접원일 때, $\overline{PQ}$의 길이를 구하시오.

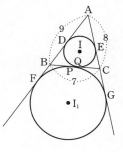

응용 **2** 오른쪽 그림에서 $\overline{PQ}$는 두 원 O, O′의 공통내접선이고, $\overline{OQ}$와 $\overline{O'P}$가 두 원과 만나는 각각의 교점은 A, B이다. $\overline{OP}=10\ \text{cm}$, $\overline{O'Q}=7\ \text{cm}$이고, $\overline{AQ}:\overline{BP}=8:9$일 때, $\overline{PQ}$의 길이를 구하시오.

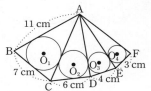

응용 **4** 오른쪽 그림과 같이 두 직선 l, m은 세 원 O_1, O_2, O_3의 공통접선이고, 원 O_1, O_2의 반지름의 길이가 각각 2, 4일 때, 원 O_3의 반지름 길이 x를 구하시오.

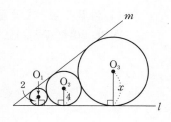

01 오른쪽 그림과 같이 지름인 24 cm인 반원이 있다. 현 AC를
접는 선으로 접었을 때, 호 AC가 원의 중심 O를 지난다.
∠CAO=30°일 때, 색칠한 부분의 넓이를 구하시오.

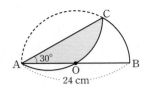

02 오른쪽 그림에서 $\overline{AD}$는 원 O의 지름이고, 점 E, F는 원 O와 $\overline{BC}$
의 두 교점이다. ∠ABC=∠DCB=90°이고, $\overline{EC}=\overline{CD}=15$일
때, 원 O의 반지름의 길이를 구하시오.

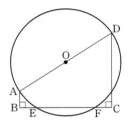

03 오른쪽 그림과 같이 절단면의 원의 반지름의 길이가
8 cm인 원기둥을 실로 감아 점 P의 위치를 들어올렸
다. 점 P와 원기둥의 겉면과의 최단 거리가 8 cm일 때,
실의 길이를 구하시오.

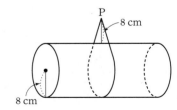

04 오른쪽 그림과 같이 반지름의 길이가 **5 cm**인 원 **O**의 지름인 $\overline{BF}$의 연장선 위의 점 **C**에서 원의 접선 **AB**에 선을 그어 $\overline{CD}=\overline{DE}=\overline{EA}$가 되도록 할 때, $\overline{CD}$의 길이를 구하시오.

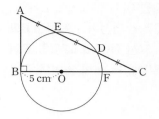

05 오른쪽 그림과 같은 반원 **O**에 대하여 $\overline{OH}\perp\overline{AB}$, $\overline{OI}\perp\overline{AC}$이고 현 **BC**와 $\overline{OH}$, $\overline{OI}$가 만나는 점을 각각 **D**, **E**라 하자. $\overline{OH}=\overline{OI}$, $\angle BAC=120°$, $\overline{AB}=4\sqrt{3}$일 때, 색칠한 부분의 넓이를 구하시오.

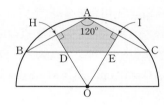

06 오른쪽 그림과 같이 원 **O**는 평행사변형 **ABCD**의 변 **BC**를 지름으로 하고 꼭짓점 **A**를 지난다. 원 **O**와 $\overline{AD}$의 교점을 **E**라 하고, 대각선 **AC**와 $\overline{BE}$의 교점을 **G**라 한다. $\overline{AB}=\mathbf{12\ cm}$, $\overline{BC}=\mathbf{20\ cm}$일 때, $\overline{BG}:\overline{GE}$를 가장 간단한 정수의 비를 나타내시오.

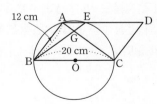

07 오른쪽 그림과 같이 두 원 O, O′이 외접하고 있다. 직선 AB는 두 원의 공통인 접선이고 직선 AB와 두 원의 중심을 잇는 직선 OO′의 교점이 P이 다. $\overline{PA}=\overline{AB}=12\sqrt{3}$일 때, 두 원의 넓이의 합을 구하시오.

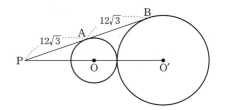

08 오른쪽 그림과 같이 $\overline{AC}=\overline{AB}=9\,\mathrm{cm}$인 이등변삼각형 ABC에서 ∠C, ∠B의 외각의 이등분선과 한 내각 ∠A의 이등분선이 만나는 교점을 O라 하고, 점 O를 중심으로 하 고, $\overline{AC}$, $\overline{AB}$의 연장선과 접히는 원을 그리자. 점 D, E, F 는 원 O의 접점이고, $\overline{AO}=13\,\mathrm{cm}$, $\overline{BC}=6\,\mathrm{cm}$일 때, 원 O 의 넓이를 구하시오.

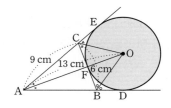

09 오른쪽 그림에서 반원의 지름은 $10\sqrt{3}$이고, $\overline{AP}$, $\overline{BQ}$, $\overline{PQ}$는 반원 에 접하고 있다. $\overline{PQ}$의 연장선과 $\overline{AB}$의 연장선이 이루는 각이 30°일 때, $\overline{AP}$와 $\overline{BQ}$의 길이를 각각 구하시오.

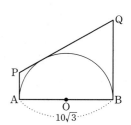

10 오른쪽 그림과 같이 정삼각형 ABC의 내접원 O와 $\overline{OA}$, $\overline{OB}$, $\overline{OC}$ 와의 교점을 각각 D, E, F라 하자. $\overline{AB}=24\,\text{cm}$일 때, 색칠한 부분의 넓이를 구하시오.

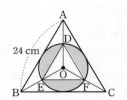

11 오른쪽 그림과 같이 직각삼각형 ABC에 내접하는 원 O′과 외접하는 원 O가 있다. 점 P, Q, R는 원 O′과 각 접선이 만나는 접점이고, 두 원의 넓이를 각각 $4\pi\,\text{cm}^2$, $25\pi\,\text{cm}^2$라 할 때, △ABC의 넓이를 구하시오.

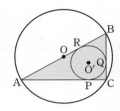

12 오른쪽 그림과 같이 밑면의 넓이와 높이가 같은 원기둥 두 개를 칸막이가 있는 직육면체의 상자에 꼭맞게 넣었다. 이때 원기둥 1개의 부피를 구하시오. (단, 상자와 원기둥의 두께는 무시한다.)

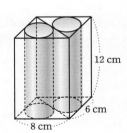

13 오른쪽 그림과 같이 삼각형 ABC의 변 BC 위에 임의의 점 D를 잡고, 선분 AD를 그리자. 이때 $\triangle ABD$, $\triangle ACD$의 내접원을 각각 O, O'이라 하고, $\overline{AB}=11$, $\overline{AC}=7$, $\overline{BC}=6$, $\overline{AE}=a$, $\overline{ED}=b$라 할 때, $\triangle ABD$와 $\triangle ACD$의 넓이의 비를 구하시오.

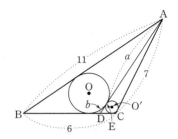

14 오른쪽 그림과 같이 한 변의 길이가 6인 정사각형 $ABCD$ 안에 사분원 ABC가 있다. 한 원 O가 $\overline{AD}$, $\overline{CD}$와 사분원에 접할 때, 원 O의 반지름의 길이를 구하시오.

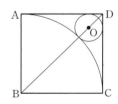

15 오른쪽 그림과 같이 반지름의 길이가 $5\,cm$인 원 O에 서로 외접하고 있는 두 원 P, Q가 내접하고 있다. 이때 $\triangle OPQ$의 둘레의 길이를 구하시오.

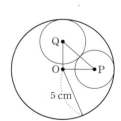

16 오른쪽 그림과 같이 반지름의 길이가 **4 cm**인 원에 내접하는 직각이등변삼각형 **ABC**에 내접하는 원의 넓이를 구하시오.

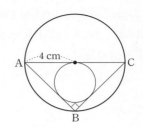

17 오른쪽 그림과 같이 반지름의 길이가 **13 cm**인 원 O_1에 서로 외접하고 있는 두 원 O_2, O_3가 내접하고 있다. 두 원 O_2, O_3의 접점 **P**에서 그은 접선이 원 O_1과 만나는 점을 각각 **A**, **B**라 하고, $\overline{AB}=24$ **cm**일 때, 원 O_2의 반지름의 길이를 구하시오.

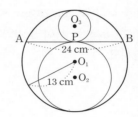

18 오른쪽 그림과 같이 반지름의 길이가 2인 원 **O**에 내접하고 지름 **AB**와 중심 **O**에서 접하는 원 **P**를 그리고 원 **P**에 외접하고 원 **O**의 지름 **AB**에 접하는 원 **Q**를 그린다. 이때 원 **Q**의 반지름의 길이를 구하시오.

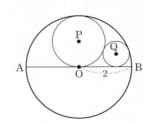

01 오른쪽 그림과 같이 반지름의 길이가 12인 원 O의 내부에 $\overline{OA}=8$인 점 A가 있다. 점 A를 지나는 원 O의 현 PR의 길이가 최대가 될 때와 최소가 될 때의 곱을 구하시오.

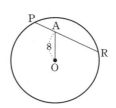

02 오른쪽 그림과 같이 반원 O의 지름과 평행한 현 l, m, n이 있다. 현 l, m, n의 길이가 각각 24 cm, 20 cm, $8\sqrt{3}$ cm이고, 현 l과 m 사이의 거리와 현 m과 n 사이의 거리가 같을 때, 이 반원 O의 넓이를 구하시오.

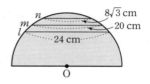

03 오른쪽 그림과 같이 원 O에 내접하는 사각형 ABCD가 있다. $\overline{AB}$는 원 O의 지름이고, $\overline{DA} /\!/ \overline{CO}$, $\overarc{ADC} : \overarc{CB} = 3 : 1$, $\overline{AD}=6$ cm일 때, □ABCD의 넓이를 구하시오.

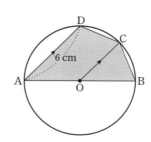

04 오른쪽 그림과 같이 점 **P**에서 외접하는 두 원 **O**, **O′**의 공통인 접선의 접점을 각각 **A**, **B**라고 하고 $\overline{OA}=8\,cm$, $\overline{O'B}=2\,cm$일 때, $\overline{AP}$의 길이를 구하시오.

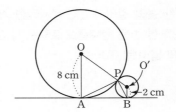

NOTE

05 오른쪽 그림과 같이 반지름의 길이가 6인 원 **O**에서 $\overline{AB}\perp\overline{OM}$, $\overline{CD}\perp\overline{ON}$이고, $\overline{OM}=\overline{ON}=3\sqrt{3}$, $\angle MOC=110°$일 때, 색칠한 부분의 넓이를 구하시오.

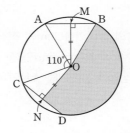

06 오른쪽 그림과 같이 가로의 길이가 **16 cm**, 세로의 길이가 **18 cm**인 직사각형 **ABCD**에서 점 **A**는 원 **O** 위의 점이고, $\overline{BC}$, $\overline{CD}$는 각각 두 점 **E**, **F**에서 원 **O**와 접한다. $\overline{AB}$, $\overline{AD}$와 원 **O**가 만나는 점을 각각 **G**, **H**라 하고 $\overline{BG}=2\,cm$일 때, $\overline{DH}$의 길이를 구하시오.

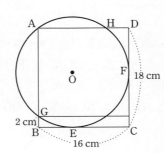

07 오른쪽 그림과 같이 한 변의 길이가 8인 정사각형 **ABCD**에서
$\overarc{AC}$, $\overarc{BD}$는 정사각형의 한 변을 반지름으로하는 사분원의 호이
다. 이때 색칠한 부분의 넓이를 구하시오.

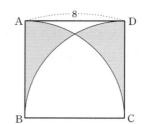

08 오른쪽 그림과 같이 한 변의 길이가 **12 cm**인 정삼각형 **ABC**에 반
원 **O**가 접하고 있다. $\overline{AB}$ 위에 $\overline{BD}=$**8 cm**인 점 **D**에서 반원에 그
은 접선이 $\overline{AC}$와 만나는 점을 **E**라 할 때, $\overline{AE}$의 길이를 구하시오.

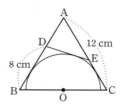

09 오른쪽 그림과 같이 $\overline{AB}$를 지름으로 하는 반원 **O**에서 $\overline{AD}$,
$\overline{BC}$, $\overline{CD}$는 반원 **O**의 접선이고 세 점 **A**, **B**, **E**는 접점이
다. $\overline{AC}$와 $\overline{BD}$의 교점을 **F**라 하고, $\overline{EF}$의 연장선이 $\overline{AB}$와
만나는 점을 **G**라 하자. $\overline{AD}=$12, $\overline{BC}=$8일 때, $\overline{OG}$의 길이
를 구하시오.

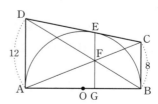

10 둘레의 길이가 **42 cm**인 직사각형에 반지름이 **3 cm**인 두 원이 직사각형과 대각선에 접할 때, 사각형 **POQO′**의 넓이를 구하시오. (단, **O, O′**은 원의 중심, **P, Q**는 대각선과의 접점)

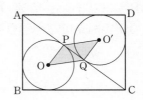

11 오른쪽 그림과 같이 반지름의 길이가 **2**인 원에 내접하는 정삼각형 **ABC**가 있다. 삼각형 **ABC**에 내접하는 원을 그릴 때, 색칠한 부분의 넓이를 구하시오.

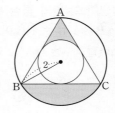

12 오른쪽 그림과 같이 반지름의 길이가 **5**인 원 **O**의 내부에 반지름의 길이가 같은 세 원 **P, Q, R**이 서로 내접 및 외접하고 있다. 이때 작은 원의 반지름의 길이를 구하시오.

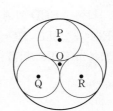

13 오른쪽 그림에서 직선 AB는 크기가 같은 두 원 O, O'의 공통
내접선이고, $\overline{AB}=4\,cm$, $\overline{OO'}=5\,cm$이다. 색칠한 부분의 넓이
를 구하시오.

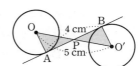

14 오른쪽 그림에서 원 O_1, O_2, O_3는 각각 직각삼각형 ABC,
A_1B_1C, A_2B_2C의 내접원이고, 원의 중심 O_1, O_2는 각각
$\overline{A_1B_1}$, $\overline{A_2B_2}$ 위에 있다. $\overline{AB} /\!/ \overline{A_1B_1} /\!/ \overline{A_2B_2}$이고,
$\overline{AB}=24\,cm$, $\overline{BC}=32\,cm$일 때, 원 O_1, O_2, O_3의 반지름의
길이의 합을 구하시오.

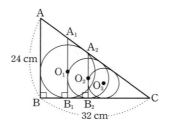

15 오른쪽 그림과 같이 직사각형 ABCD 안에 있는 두 원 O, P가
각각 □ABCD, △CDE에 내접하고, $\overline{BC}=6\,cm$, $\overline{DE}=4\,cm$
일 때, 두 원 O, P의 반지름의 길이의 합을 구하시오.

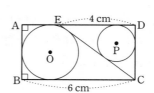

16 오른쪽 그림에서 △ABC와 △A₁B₁C₁은 동일한 원에 외접하는 정삼각형이고, $\overline{AB} /\!/ \overline{A_1B_1}$이다. △ABC, △A₁A₂A₃, △B₁B₂B₃, △C₁C₂C₃의 내접원의 넓이를 각각 S, S_1, S_2, S_3라 할 때, S와 $S_1+S_2+S_3$의 비를 구하시오.

NOTE

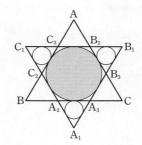

17 오른쪽 그림과 같이 한 변의 길이가 **4 cm**인 정삼각형에 서로 외접하는 세 개의 같은 크기의 원을 내접시킬 때, 이 세 원의 반지름의 길이를 구하시오.

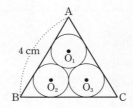

18 오른쪽 그림과 같이 ∠A=90°, $\overline{AB}$=8 cm, $\overline{BC}$=10 cm인 직각삼각형 ABC가 있다. $\overline{BC}$에 접하고, 동시에 서로 외부의 한 점에서 만나는 n개의 합동인 원을 그릴 때, 이 원의 반지름의 길이를 n을 사용한 식으로 나타내시오. (단, 양 끝쪽의 원은 각각 $\overline{AB}$와 $\overline{AC}$에 접한다.)

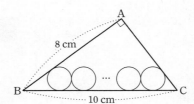

2 원주각의 성질

(1) 원주각 : 원 O에서 호 AB를 제외한 원 위의 한 점을 P라 할 때, ∠APB를 $\widehat{AB}$에 대한 원주각이라 한다.

(2) 원주각과 중심각의 관계

한 원에서 한 호에 대한 원주각의 크기는 그 호에 대한 중심각의 크기의 $\frac{1}{2}$이다.

➡ $\angle APB = \frac{1}{2} \angle AOB$

(3) 원주각의 성질
① 한 원에서 한 호에 대한 원주각의 크기는 모두 같다.
② 반원(지름)에 대한 원주각의 크기는 90°이다.

(4) 원주각의 크기와 호의 길이
한 원 또는 합동인 두 원에서
① 길이가 같은 호에 대한 원주각의 크기는 서로 같다.
② 크기가 같은 원주각에 대한 호의 길이는 서로 같다.

핵심 **1** 오른쪽 그림과 같은 원 O에서 ∠BAD=64°, ∠BOC=68° 이다. 이때 ∠CED의 크기를 구하시오.

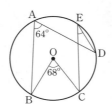

핵심 **3** 오른쪽 그림에서 $\overline{AB}$는 원 O 의 지름이고 ∠ACD=56°일 때, ∠x의 크기를 구하시오.

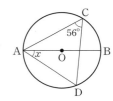

핵심 **2** 오른쪽 그림에서 $\overrightarrow{PA}$, $\overrightarrow{PB}$ 는 원 O의 접선이고 두 점 A, B는 접점이다. ∠APB=54°일 때, ∠PAQ+∠PBQ의 크기를 구하시오.

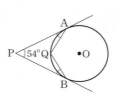

핵심 **4** 오른쪽 그림과 같이 반지름의 길이가 6인 원 O의 두 현 AB, CD가 점 P에서 만난다. ∠BPD=45°일 때, $\widehat{AC}+\widehat{BD}$의 길이를 구하시오.

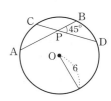

예제 1 오른쪽 그림에서 두 점 A, B는 원 O의 둘레 위의 점이고 점 C는 원 O 밖의 한 점이다. $\overline{AC}$, $\overline{BC}$와 원 O의 교점을 각각 D, E라 하고, 세 점 A, B, C를 지나는 원 O′과 $\overline{AE}$의 연장선과의 교점을 P라고 한다. 원 O에서 $\overparen{AB} : \overparen{DE} = 3 : 1$일 때, 원 O′에서 $\overparen{AB}$의 길이는 $\overparen{CP}$의 길이의 몇 배인지 구하시오.

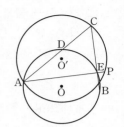

Tip $\overparen{AB} : \overparen{CP} = \angle ACB : \angle CAP$

풀이 원 O에서 $\overparen{AB} : \overparen{DE} = 3 : 1$이므로

$\angle DAE = a$라고 하면 $\angle AEB = \boxed{}$이다.

△CAE에서 $\angle ACB = \angle AEB - \angle CAE = \boxed{} - a = \boxed{}$

$\angle CAP : \angle ACB = a : \boxed{} = 1 : \boxed{}$

따라서 $\overparen{AB} = \boxed{} \overparen{CP}$이다.

답 _____

응용 1 오른쪽 그림과 같은 원 O에서 $\overparen{AB} = \overparen{AC} = \overparen{CD}$ 이고 $\angle BCD = 36°$ 일 때, $\angle AEC$의 크기를 구하시오.

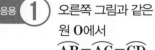

응용 3 오른쪽 그림과 같이 원 O에 내접하는 △ABC가 있다. $\overline{AB} = \overline{AC} = \overline{DG} = 2$, $\angle CAB = 30°$, $\overparen{BD}$와 $\overparen{AG}$의 길이는 각각 원주의 $\dfrac{1}{12}$이다.

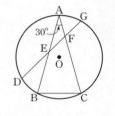

$\overline{DG}$가 $\overline{AB}$, $\overline{AC}$와 만나는 점을 각각 E, F라 할 때, $\overline{AE}$의 길이를 구하시오.

응용 2 오른쪽 그림에서 □ABCD와 □ABED가 원 O에 내접할 때, $\angle ABE + \angle BFD + \angle ADF$ 의 크기를 구하시오. (단, $\overline{BD}$ 는 원 O의 지름이다.)

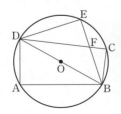

응용 4 오른쪽 그림에서 현 AC, BD 의 교점을 E라고 하면 $\angle AED = 108°$이다. 현 BC의 길이가 원 O의 반지름과 같고 호 BC의 길이가 5π일 때, 호 AD의 길이를 구하시오.

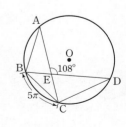

핵심문제

(1) 네 점이 한 원 위에 있을 조건

　네 점 A, B, C, D가 한 원 위에 있으면 한 현에 대하여 원주각의 크기가 같다.

　① ∠ACB=∠ADB　　② ∠ACB<∠AD′B　　③ ∠ACB>∠AD″B

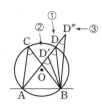

(2) 원에 내접하는 사각형의 성질

　① 사각형이 원에 내접하면 대각의 크기의 합은 180°이다.

　② 원에 내접하는 사각형에서 한 외각의 크기는 그 외각에 이웃한 내각에 대한
　　대각의 크기와 같다. ➡ ∠BAD=∠DCE

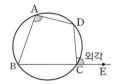

핵심 1 다음 중 원에 항상 내접하는 사각형을 모두 고르시오.

> ㄱ. 사다리꼴　　ㄴ. 등변사다리꼴　　ㄷ. 마름모
>
> ㄹ. 직사각형　　ㅁ. 평행사변형　　ㅂ. 정사각형

핵심 2 오른쪽 그림과 같이 원 O에 외접하고 $\overline{AD} /\!/ \overline{BC}$인 사다리꼴 ABCD에서 $\overline{AB}=11\,\text{cm}$, $\overline{AD}=8\,\text{cm}$, $\overline{CD}=13\,\text{cm}$일 때, 원 O의 넓이를 구하시오.

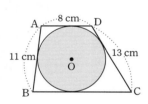

핵심 3 오른쪽 그림과 같이 원 O에 내접하는 오각형 ABCDE에서 ∠COD=80°일 때, ∠B+∠E의 크기를 구하시오.

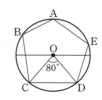

핵심 4 오른쪽 그림과 같이 □ABDE와 □ABCE가 원 O에 내접하고, $\overline{AC}$는 원 O의 지름이다. ∠BPE=83°, ∠ABD=67°일 때, ∠BAE의 크기를 구하시오.

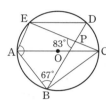

핵심 5 다음 그림과 같이 두 원은 두 점 E, F에서 만나고 ∠DCP=80°, ∠DPC=18°일 때, ∠BAE의 크기를 구하시오.

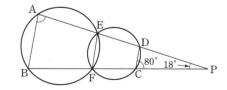

예제 ② 오른쪽 그림에서 ∠ADC=117°, ∠DFC=30°일 때,
□ABCD가 원에 내접하도록 하는 ∠x의 크기를 구하시오.

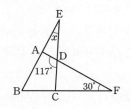

Tip □ABCD가 원에 내접하기 위해서는 한 쌍의 대각의 크기의 합이 180°이어야 한다.

풀이 □ABCD가 원에 내접하기 위해서는 한 쌍의 대각의 크기의 합이 180°이어야 하므로

∠ADC+∠ABC=180°

∴ ∠ABC=180°−☐° =☐°

△ABF에서

∠EAD=∠AFB+∠☐=30°+☐°=☐°

△EAD에서 ∠x+☐°=117°   ∴ ∠x=☐°

답 _____

응용 ① 오른쪽 그림과 같이 △ABC의 세 꼭짓점에서 대변에 내린 수선의 발을 각각 D, E, F라 하고 세 수선의 교점을 H라 하자. 7개의 점 A, B, C, D, E, F, H 중 4개의 점을 꼭짓점으로 하는 사각형 중에서 한 원에 내접하는 사각형의 개수를 구하시오.

응용 ③ 오른쪽 그림과 같이 원에 내접하는 오각형 ABCDE에서 $\overline{AB}=\overline{AD}$, ∠BCD=118°일 때, ∠AED의 크기를 구하시오.

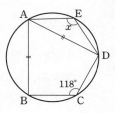

응용 ② 오른쪽 그림에서 $\overarc{ADC}$의 길이는 원주의 $\frac{2}{3}$이고 $\overarc{BCD}$의 길이가 원주의 $\frac{7}{12}$일 때, ∠ADC와 ∠DCE의 크기의 차를 구하시오.

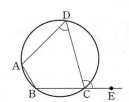

응용 ④ 오른쪽 그림에서 원 O는 삼각형 ABC의 외접원이고, 두 점 D, E는 호 BC의 삼등분점이다. $\overline{BD}$와 $\overline{CE}$의 각각의 연장선의 교점을 F라 하고, ∠BFC=90°, △DEF=5일 때, □BDEC의 넓이를 구하시오.

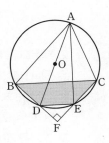

핵심문제

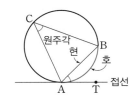
(1) 접선과 현이 이루는 각

원의 접선과 그 접점을 지나는 현이 이루는 각의 크기는 그 각의 내부에 있는 호에
대한 원주각의 크기와 같다. 즉, $\overrightarrow{AT}$가 원의 접선이면 $\angle BAT = \angle BCA$

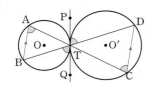

(2) 두 원에서 접선과 현이 이루는 각

①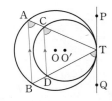

증명 접선과 현이 이루는 각의 크기는 그 각의 내부에 있는 호에 대한 원주각의 크기와
같으므로 원 O에서 $\angle BTQ = \angle BAT$, 원 O'에서 $\angle DTP = \angle DCT$
또, $\angle BTQ = \angle DTP$(맞꼭지각)

∴ $\angle BAT = \angle DCT$
즉, 엇각의 크기가 같으므로 $\overline{AB} /\!/ \overline{CD}$

②

증명 접선과 현이 이루는 각의 크기는 그 각의 내부에 있는 호에 대한 원주각의 크기와
같으므로 원 O에서 $\angle BTQ = \angle BAT$, 원 O'에서 $\angle DTQ = \angle DCT$

∴ $\angle BAT = \angle DCT$
즉, 동위각의 크기가 같으므로 $\overline{AB} /\!/ \overline{CD}$

핵심 1 오른쪽 그림에서 $\overline{BC}$는 원
O의 지름이고, $\overrightarrow{TP}$는 원 O
의 접선이다. $\overset{\frown}{AT} = \overset{\frown}{CT}$이
고, $\angle PTB = 28°$일 때,
$\angle ATB$의 크기를 구하시
오.

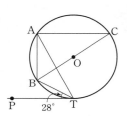

핵심 3 오른쪽 그림에서 직선 PQ는
두 원의 공통인 접선이고, 점
T는 접점이다.
$\angle ABC = 66°$, $\angle ADC = 122°$
일 때, $\angle DTC$의 크기를 구하
시오.

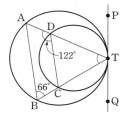

핵심 2 오른쪽 그림에서 직선 PP'
은 원 O의 접선이고, 점 D
는 접점이다. $\overline{AB} /\!/ \overline{PD}$,
$\angle ACE = 32°$일 때, $\angle BCD$
의 크기를 구하시오.

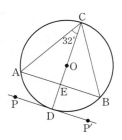

핵심 4 오른쪽 그림에서 직선 TT'
은 두 원 O, O'의 공통 접선
이고, 점 P는 접점이다.
$\overline{AP} = 15\,\mathrm{cm}$, $\overline{CP} = 12\,\mathrm{cm}$,
$\overline{DP} = 16\,\mathrm{cm}$일 때, $\overline{BP}$의
길이를 구하시오.

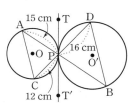

예제 **3** 오른쪽 그림에서 점 T는 점 P에서 그은 접선의 교점이고 $\overline{AP}$의 연장선과 원이 만나는 점을 B라 하자. $\overline{PT}=8$, $\overline{AB}=12$일 때, $\overline{AP}$의 길이를 구하시오.
(단, 점 A는 원 위의 점이다.)

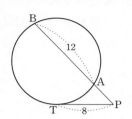

Tip ▶ $\overline{AT}$, $\overline{BT}$를 그었을 때, 닮음인 두 삼각형을 이용하여 $\overline{AP}$의 길이를 구한다.

풀이 ▶ $\overline{AT}$, $\overline{BT}$를 그으면 △ATP∽△ ☐ (AA 닮음)이다.

$\overline{AP}=x$라 하면 $\overline{AP}:\overline{TP}=$ ☐ $:\overline{BP}$에서

$x:8=$ ☐ $:($ ☐ $+x)$

비례식을 정리하면 x^2+12x- ☐ $=0$, $(x-$ ☐ $)(x+16)=0$

∴ $\overline{AP}=x=$ ☐ $(∵ \overline{AP}>0)$

답 _____

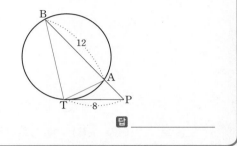

응용 **1** 오른쪽 그림에서 $\overrightarrow{PA}$, $\overrightarrow{PB}$는 원 O의 접선이고, 점 C, D는 $\overarc{AB}$의 3등분점이다. ∠AEB의 크기를 구하시오.

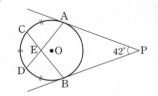

응용 **3** 오른쪽 그림에서 △ABC는 원 O에 내접한다. 직선 AT는 원 O의 접선이고 $\overline{AD}\perp\overline{BC}$, $\overline{GF}\perp\overline{AF}$, ∠BAC=80°, ∠TAB=74°일 때, ∠CBG의 크기를 구하시오.

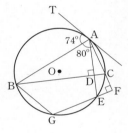

응용 **2** 오른쪽 그림과 같이 △ABC의 외접원 O가 있다. $\overline{BC}$의 연장선과 점 A를 접점으로 하는 접선과의 교점을 T, ∠BAC의 이등분선과 $\overline{BC}$의 교점을 D라고 하고, $\overline{AT}=6$, $\overline{DC}=3$, $\overline{BD}=x$일 때, x의 값을 구하시오.

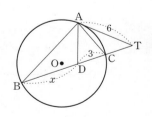

응용 **4** 오른쪽 그림에서 직선 PA는 두 원 O, O′의 공통 접선이고, 원 O의 현 BC는 원 O′의 접선이다. ∠BAP=70°, ∠ABC=40°일 때, ∠DAE의 크기를 구하시오.

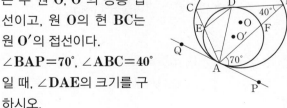

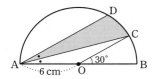

심화
문제

01 오른쪽 그림과 같은 반원 O에서 ∠COB=30°, $\overline{AO}=6\,cm$,
∠DAC=∠CAO일 때, 색칠한 부분의 넓이를 구하시오.

02 오른쪽 그림에서 $\overline{AB}$는 원 O의 지름이고, $\overparen{AC}:\overparen{CB}=3:2$,
$\overparen{AD}=\overparen{DE}=\overparen{EB}$일 때, ∠APE의 크기를 구하시오.

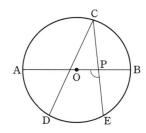

03 오른쪽 그림에서 큰 원 O 안에 지름이 $\overline{OB}$인 작은 원 O'이 내접
하고 있다. $\overline{AD}$가 작은 원 O'의 접선이고, $\overline{AD}=4\,cm$일 때, 큰
원 O의 반지름의 길이를 구하시오.

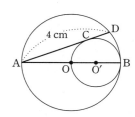

04 오른쪽 그림에서 $\overline{AB}$는 원 O의 현이고, $\overleftrightarrow{AT}$는 접점 A에서 그은 원 O의 접선이다. 점 P는 점 A를 출발하여 매초 3 cm의 속력으로 화살표 방향으로 점 B까지 이동한다. 점 P를 지나는 원의 지름을 $\overline{CD}$라 할 때, △PCB와 △PAD의 넓이의 비가 9 : 1이 되는 것은 점 P가 점 A를 출발한 지 몇 초 후인지 구하시오.

(단, $\overline{AB}=9\,\text{cm}$, $\overline{CD}=12\,\text{cm}$)

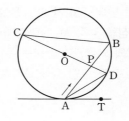

05 오른쪽 그림과 같이 원 O의 밖의 한 점 A에서 원의 지름 BC에 직선을 그으면 $\overline{AC}$는 원의 접선이 된다. $\overline{AB}$와 원이 만나는 점을 E라고 하고, 점 E에서 원 O의 접선을 그어 $\overline{AC}$와 만나는 점을 D라 하자. ∠ABC=25°일 때, ∠AED의 크기를 구하시오.

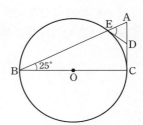

06 오른쪽 그림과 같이 원 위에 8개의 점이 같은 간격으로 놓여 있다. 이 중 세 점을 택하여 만들 수 있는 직각삼각형의 개수를 구하시오.

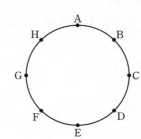

07 오른쪽 그림과 같이 한 변의 길이가 6인 정삼각형 ABC에서 두 변 AB와 AC의 중점을 각각 M, N이라 하자. 선분 MN의 연장선이 삼각형 ABC의 외접원과 만나는 두 점 중에서 점 M에 가까운 점을 P라 하고 다른 한 점을 Q라 할 때 선분 PQ의 길이를 구하시오.

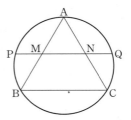

08 오른쪽 그림과 같이 원 위에 $\overarc{AB}=\overarc{BC}=\overarc{CD}=\overarc{DE}$인 점 A, B, C, D, E를 잡아 선분 AB의 연장선과 선분 DE의 연장선이 서로 만나는 점을 F라고 하자. ∠F=39°일 때, ∠BAD의 크기를 구하시오.

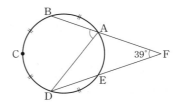

09 오른쪽 그림에서 두 점 C, D가 호 AB의 삼등분점이고, ∠AEB=70°, 점 A는 원 O의 접점일 때, ∠CAE의 크기를 구하시오.

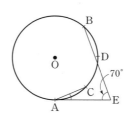

10 오른쪽 그림과 같은 반지름의 길이가 **12 cm**인 반원 O에서 점 C는 $\widehat{AB}$의 삼등분점 중 A에 가까운 점이고, 두 점 B, C에서 그은 접선의 교점은 P이다. $\overline{AP}$와 $\overline{BC}$의 교점을 D라 할 때, $\overline{AP}$의 길이를 구하시오.

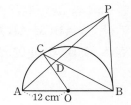

11 오른쪽 그림에서 □ABCD는 원 O에 내접하고, $\overline{BD}$는 이 사각형의 대각선이다. ∠ABC=**102°**, ∠BAO=**62°**일 때, ∠BDC의 크기를 구하시오.

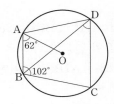

12 오른쪽 그림과 같이 두 대각선이 직교하는 사각형 ABCD가 원 O에 내접하고 있다. $\overline{AB}$=**12**, $\overline{CD}$=**5**일 때, 이 원의 반지름의 길이를 구하시오.

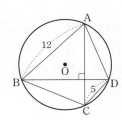

13 오른쪽 그림과 같이 평면 위에 점 A를 공유하고 점 B와 B′을 대
응점으로 하는 합동인 두 삼각형 ABC와 AB′C′이 놓여 있다.
∠BAB′=56°이고, 네 점 A, B, B′, C′이 한 원 위에 있을 때,
∠C의 크기를 구하시오.

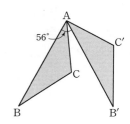

14 오른쪽 그림과 같이 $\overline{AB}=\overline{AD}$, ∠BCD=80°이고 원 O에 내접하
는 □ABCD가 있다. $\overline{CD}$의 연장선 위의 점 E가 $\overline{AD}=\overline{AE}$를 만
족하고 ∠ABE=25°일 때, ∠ADE의 크기를 구하시오.

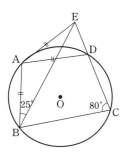

15 오른쪽 그림과 같은 ∠AOB=90°인 직각삼각형 AOB에서
$\overline{AO}=1$, $\overline{OB}=2$이다. $\overline{OC}=2$, ∠AOC=60°인 점 C를 잡고,
∠OAB=∠OCD인 점 D를 $\overline{AB}$ 위에 잡을 때, $\overline{OD}$의 길이를
구하시오.

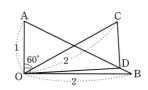

16 오른쪽 그림에서 점 **P**는 $\overset{\frown}{AB}$ 위를 움직인다. $\overleftrightarrow{AQ}$는 원 **O**의 접선이고 ∠**APB**=98°일 때, $\overline{PA} > \overline{PQ}$를 만족시키는 x의 크기의 범위를 구하시오.

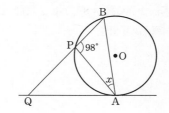

17 오른쪽 그림과 같이 반원 **O**의 지름 **AB** 위에 점 **C**를 잡고, 선분 **CB**를 지름으로 하는 반원 **O′**을 그린다. **A**에서 반원 **O′**에 접선을 그리고 접점을 **Q**, 반원 **O**의 원주의 다른 교점을 **P**라고 할 때, 다음 물음에 답하시오.

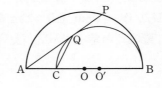

(1) ∠**QAC**=36°일 때, ∠**AQC**의 크기를 구하시오.

(2) 반원 **O**의 지름 **AB**의 길이를 12 cm라 하고, 점 **Q**에서 $\overline{AB}$에 내린 수선의 발을 **H**라고 할 때, $\overline{AH}$=4 cm이면 반원 **O′**의 지름 **CB**의 길이를 구하시오.

18 오른쪽 그림과 같이 두 점 **A**, **B**에서 만나는 두 원에 공통인 접선을 그을 때, 그 접점을 **P**, **Q**라 하자. ∠**APB**=32°, ∠**AQB**=24°일 때, ∠x의 크기를 구하시오.

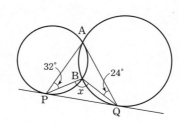

NOTE

01 반지름이 8인 원이 있다. $\angle AOB = 90°$, $\overline{AC} \perp \overline{BD}$, $\angle ACD = 15°$ 일 때, 선분 BC의 길이를 구하시오.

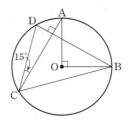

02 오른쪽 그림에서 △ABC는 정삼각형이고 $\angle EDB = \angle DBC = 90°$이다. $\overline{BD}$를 지름으로 하는 원이 $\overline{AB}$ 와 만나는 점을 G라 하고, $\overline{BC} = 6\,cm$, $\overline{ED} = 2\,cm$일 때, △GBC : □EGCF의 넓이의 비를 구하시오. (단, 점 G는 $\overline{CD}$ 위에 있다.)

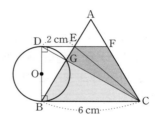

03 반지름의 길이가 1인 원 O의 둘레를 32등분한 점을 각각 A_1, A_2, $\cdots$, A_{32}라고 하자. 이때 $\overline{A_1A_2}^2 + \overline{A_1A_3}^2 + \overline{A_1A_4}^2 + \cdots + \overline{A_1A_{32}}^2$의 값을 구하시오.

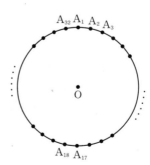

04 오른쪽 그림과 같은 원 O에서 $\overline{AB} \perp \overline{PQ}$이고 $\overline{PH} = \overline{PK} = \overline{PL}$이다. 점 R는 현 KL과 $\overline{PH}$의 교점이고 $\overline{PK}$의 중점 M과 점 H를 연결한 선분과 $\overline{KL}$의 교점을 N이라고 하자. $\overline{KN} = 6$ cm일 때, $\dfrac{\overline{KQ}}{\overline{NR}}$의 값을 구하시오.

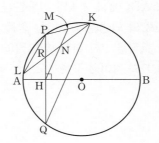

05 원에 내접하는 사각형 ABCD가 있다. $\overline{BD}$는 원의 지름이고 $\overline{AP}$, $\overline{AC}$는 ∠A의 3등분선이다. 또한, AC와 BD의 교점을 Q라고 할 때, 닮은 도형을 이용하여 $\overline{AB} \cdot \overline{CD} + \overline{AD} \cdot \overline{BC} = \overline{AC} \cdot \overline{BD}$임을 설명하시오.

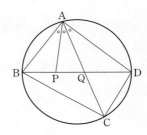

06 오른쪽 그림과 같이 원 O에 내접하는 정오각형 ABCDE가 있다. $\overline{AC}$와 $\overline{BE}$의 교점이 F이고 $\overline{AF} = 6$ cm일 때, △ABF의 둘레의 길이를 구하시오.

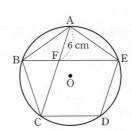

07 오른쪽 그림과 같이 △ABC에서 ∠A의 이등분선과 ∠A의 외
각의 이등분선이 △ABC의 외접원과 만나는 점을 각각 D, E라
고 하고, $\overline{ED}$와 $\overline{BC}$의 교점을 P라 하자. 외접원의 반지름의 길
이가 5, $\overline{BC}=8$일 때, $\overline{PD}$의 길이를 구하시오.

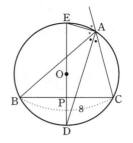

08 오른쪽 그림에서 $\overline{MN}$은 반원 O의 지름이다. $\widehat{MN}$ 위의
두 점 A, B와 $\overline{ON}$ 위의 점 P에 대하여
∠OAP=∠OBP=10°, ∠MOA=40°이고, $\overline{AB}=10$일
때, 부채꼴 BON의 넓이를 구하시오.

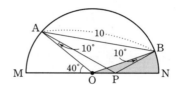

09 오른쪽 그림에서 $\overline{AB}$는 원 O의 지름이고 점 M은 호 AC의 중점
이다. ∠MAC=a, ∠CAB=b라고 할 때, $6a+3b$의 값을 구하
시오.

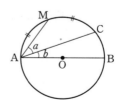

10 평행하지 않는 대변의 길이가 a로 일정한 모든 등변사다리꼴은 높이와 평행이 아닌 두 변의 중점을 연결한 선분의 길이의 비가 일정함을 설명하시오.

11 오른쪽 그림과 같이 □ABCD의 외접원과 내접원이 있다. $\overline{AB}=14$, $\overline{BC}=9$, $\overline{CD}=7$, $\overline{DA}=12$일 때, □ABCD의 내접원의 둘레의 길이를 구하시오.

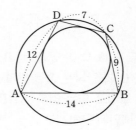

12 오른쪽 그림에서 네 점 A, B, C, D는 원 위에 있고 $\overline{AC}$는 $\angle$BAD의 이등분선이다. 또, $\overline{AD}$의 연장선 위에 $\overline{AB}=\overline{DE}$가 되게 점 E를 잡으면, $\angle$ACB$=40\degree$, $\angle$AEC$=60\degree$일 때, $\angle$ACD의 크기를 구하시오.

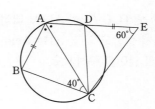

13 오른쪽 그림과 같이 네 점 A, B, C, D가 모두 점 O로부터 같은 거리에 있다. 두 점 B, C와 점 O는 일직선 위에 있고, $\overline{AB}=14$, $\overline{AD}=\overline{DC}=30$일 때 $\overline{BC}$의 길이를 구하시오.

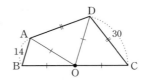

14 점 A, B에서 만나는 두 원 O, O′이 있다. 점 B를 지나는 직선을 그을 때, 두 원 O, O′과 만나는 점을 각각 P, Q라고 하자. △APQ의 넓이가 최대로 되는 경우 △APQ의 넓이는 △AOO′의 넓이의 몇 배인지 구하시오.

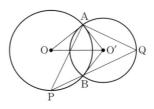

15 오른쪽 그림과 같이 두 원 O, O′이 점 A에서 내접하고 원 O의 현 BC는 원 O′과 점 P에서 접하고 있다. $\overline{AB}=6\,\text{cm}$, $\overline{BC}=5\,\text{cm}$, $\overline{CA}=4\,\text{cm}$일 때, $\overline{BP}$의 길이를 구하시오.

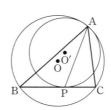

16 오른쪽 그림과 같이 $\overline{AB}=4\sqrt{3}$을 지름으로 하는 반원의 호 AB 위에 $\overset{\frown}{AC}:\overset{\frown}{BC}=2:1$인 점 C를 잡고, 점 C를 지나고 중심 O에서 $\overline{AB}$와 접하는 원 O'을 그린다. 이 원 O'가 현 AC와 만나는 점을 D라고 할 때, 원 O'의 반지름의 길이를 구하시오.

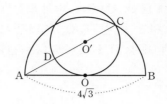

17 오른쪽 그림과 같이 선분 AB를 지름으로 하는 반원이 있다. 호 AB 위의 점 P를 지나는 접선에 점 B에서 수선 BH를 그을 때 직선 AP와 직선 BH의 교점을 Q라고 하자. 점 P가 호 AB 위에서 ∠PAB의 크기가 30°에서 60°까지 되도록 움직일 때, 점 Q가 그리는 도형의 길이를 구하시오. (단, $\overline{AB}=12\,\mathrm{cm}$)

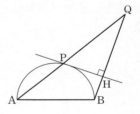

18 오른쪽 그림과 같이 점 O를 중심으로 하고 반지름의 길이가 각각 1, 3인 두 원 O_1, O_2가 있다. 원 O_2 위의 한 점 A에서 원 O_1에 그은 두 접선이 원 O_2와 만나는 점 중에서 A가 아닌 점을 각각 B, C라 하자. 또 점 C에서 원 O_2에 접하는 직선이 직선 AB와 만나는 점을 P라 할 때, $\overline{AP}$와 $\overline{CP}$의 길이의 비를 구하시오.

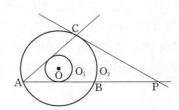

01 오른쪽 그림과 같이 세 원 O_1, O_2, O_3가 각각 외접하고 있다. 그 접점을 각각 D, E, F라고 하고, 세 원 O_1, O_2, O_3의 반지름을 각각 2 cm, 4 cm, 6 cm라고 할 때, 세 점 D, E, F를 지나는 원의 반지름을 구하시오.

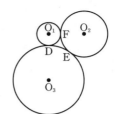

02 오른쪽 그림과 같이 넓이가 4인 정사각형 6개를 선대칭이 되도록 놓았다. 이때 정사각형 6개를 모두 포함하는 가장 작은 원의 반지름의 길이를 구하시오.

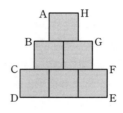

03 오른쪽 그림과 같이 점 O를 중심으로 하는 원에 내접하고 $\angle A = 60°$, $\overline{BC} = 6$인 삼각형 ABC가 있다. 점 B에서 변 AC에 내린 수선의 발을 D, 점 C에서 변 AB에 내린 수선의 발을 E, $\overline{BD}$와 $\overline{CE}$의 교점을 F라 하자. $\overline{OF} = \sqrt{3}$일 때, $\overline{CF}$의 길이를 구하시오. (단, $\overline{AB} > \overline{BC}$)

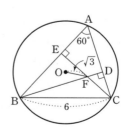

04 오른쪽 그림과 같이 반지름이 a인 원 O_1에 내접하는 직각이등변삼각형을 P, P에 내접하는 원을 O_2, 원 O_2에 내접하는 직각이등변삼각형을 Q라 할 때, (P의 넓이) : (Q의 넓이)=$a : b$이다. $\dfrac{a}{b}$의 값을 구하시오.

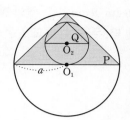

NOTE

05 한 원의 두 현 **AB**, **CD**가 원의 내부에 한 점 **E**에서 만나고 있다. **M**을 선분 **EB** 위의 양 끝점이 아닌 점이라 하자. 세 점 **D**, **E**, **M**을 지나는 원에 점 **E**에서 그은 접선이 $\overline{BC}$, $\overrightarrow{CA}$와 만나는 점을 각각 **F**, **G**라 하고 $\dfrac{\overline{AM}}{\overline{AB}}=t$라 할 때, $\dfrac{\overline{GE}}{\overline{EF}}$를 t에 대한 식으로 나타내시오.

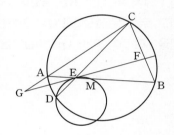

06 오른쪽 그림과 같이 원에 내접하는 △**ABC**에서 $\overline{AB}=\overline{AC}$, $\angle\text{CAB}=30°$이다. $\overline{DE}=4$, $\widehat{AE}=\widehat{CD}$이고 $\widehat{AE}$의 길이는 원의 둘레의 길이의 $\dfrac{1}{12}$일 때, 이 원의 반지름의 길이를 구하시오.

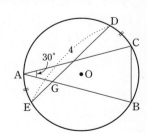

NOTE

07 한 원에 길이가 각각 **6 cm**, **8 cm**인 두 개의 평행한 현 l, m이 그어져 있고, 이들 두 현 l, m 사이의 거리가 **2 cm**일 때, 두 현 l, m과 같은 거리에 있는 현 n의 길이를 구하시오.

08 오른쪽 그림과 같이 사각형 **ABCD**는 반지름의 길이가 8인 원에 내접한다. 삼각형 **ABD**는 직각이등변삼각형이고, ∠**CBD**＝**60°**이다. 점 **C**에서 두 선분 **BD**, **AD**에 내린 수선의 발을 각각 **P**, **Q**라 하고 두 선분 **AC**와 **PQ**가 만나는 점을 **R**, 선분 **BD**, **CQ**의 교점을 **S**라 하자. 이때 $\overline{\text{QR}}$의 길이를 구하시오.

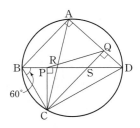

09 평면 위에 길이가 8인 선분 **AB**가 있다. 이 평면 위의 한 점 **P**가 **45°**≤∠**APB**≤**90°**를 만족시킬 때, 점 **P**가 나타내는 영역의 최대 넓이를 구하시오.

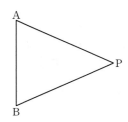

III 통계

1. 산포도와 상관관계

1 산포도와 상관관계

(1) **대푯값** : 자료 전체의 중심 경향이나 특징을 대표적으로 나타내는 값으로 평균, 중앙값, 최빈값 등이 있다.

(2) **평균** : 변량의 총합을 변량의 개수로 나눈 값, 즉 $(평균) = \dfrac{(변량의\ 총합)}{(변량의\ 개수)}$

(3) **중앙값** : 변량의 크기 순으로 나열하였을 때, 한 가운데(중앙)에 위치한 값이다.

> **참고** n개의 변량을 작은 값부터 크기순으로 나열했을 때, 중앙값 찾기
>
> ① n이 홀수이면 $\dfrac{n+1}{2}$ 번째 변량이 중앙값이다.
>
> ② n이 짝수이면 $\dfrac{n}{2}$ 번째와 $\left(\dfrac{n}{2}+1\right)$번째 변량의 평균이 중앙값이다. → 중앙값은 주어진 변량 중에 없을 수도 있다.

(4) **최빈값** : 각 변량 중에서 가장 많이 나타나는 값

① 자료의 수가 많은 경우에 평균이나 중앙값보다 구하기 쉽고 숫자로 나타내지 못하는 자료의 경우에도 쉽게 구할 수 있다.

② 자료에 따라서 존재하지 않을 수도 있고 두 개 이상일 수도 있다.

핵심 ① A, B, C 세 사람의 수학성적에 대하여 A와 B의 평균은 82점, B와 C의 평균은 76점, A와 C의 평균은 85점이다. 이때 A, B, C 세 사람의 수학 성적의 평균을 구하시오.

핵심 ② 다음은 민재와 다정이의 양궁 점수를 조사하여 나타낸 것이다. 민재와 다정이의 양궁 점수의 중앙값을 각각 a점, b점이라고 할 때, a와 b의 평균을 구하시오.

민재	5	6	7	9	6	4	2
다정	8	7	1	6	9	10	3

핵심 ③ 다음 보기 중 중앙값에 대한 설명으로 옳지 않은 것을 모두 고르시오.

> **보기**
>
> ㄱ. 자료의 값 중 극단적인 값이 있는 경우에는 평균보다는 중앙값이 그 자료의 특징을 더 잘 나타낸다고 볼 수 있다.
>
> ㄴ. 중앙값은 선호도를 조사할 때 주로 쓰이며 변량이 중복되어 나타나는 자료나 숫자로 나타낼 수 없는 자료의 대푯값으로 적절하다.
>
> ㄷ. n개의 변량을 크기순으로 나열할 때, 중앙값은 $\dfrac{n}{2}$번째 변량의 값이다.
>
> ㄹ. 변량을 크기순으로 나열할 때 중앙값을 기준으로 중앙값을 제외한 변량의 $\dfrac{1}{2}$은 중앙값의 왼쪽에 위치한다.

핵심 ④ 오른쪽은 지수네 반 학생들의 1분 동안의 윗몸말아올리기 횟수를 조사하여 나타낸 줄기와 잎 그림이다. 이 자료의 중앙값과 최빈값을 각각 a회, b회라 할 때, $b-a$의 값을 구하시오.

(1|2은 12회)

줄기			잎			
1	2	4	5			
2	0	2	2	3	7	8
3	2	4	5	5	5	9
4	1	4	7			
5	6	7	9			

예제 1 다음은 두 학생이 조사한 자료의 변량 중 몇 개를 뽑아 중앙값을 구한 것이다. 이때 두 사람의 대화를 보고 실수 a의 값의 범위를 구하시오.

> 창민 : 다섯 개의 수 15, 19, 26, 30, a를 뽑아 중앙값을 구했더니 26이 나왔어.
> 예나 : 난 네 개의 수 32, 42, 45, a의 중앙값을 구했더니 37이 나왔어.

Tip n개의 변량을 크기순으로 나열할 때 n이 홀수인 경우와 짝수인 경우에 따라 중앙값의 성질을 이용한다.

풀이 창민 : 변량의 개수가 5개(홀수)이므로 중앙값은 크기순으로 나열했을 때 ☐번째 변량이다.

즉, a의 값은 ☐보다 크거나 같은 값이어야 한다.

∴ $a \geq$ ☐

예나 : 변량의 개수가 4개(짝수)이므로 중앙값은 크기순으로 나열했을 때 ☐번째와 ☐번째 변량의 평균이다.

즉, 크기순으로 나열했을 때, a, ☐, ☐, 45이어야 하므로 $a \leq$ ☐

답 _____

응용 1 4개의 변량 $2a+1$, $2b+1$, $2c+1$, $2d+1$의 평균이 11일 때, a, b, c, d의 평균을 구하시오.

응용 2 남학생 **15**명, 여학생 **10**명으로 구성된 어느 모임에서 전체 학생의 나이의 평균은 **16**세이고, 남학생의 나이의 평균은 **18**세이다. 이때 여학생의 나이의 평균을 구하시오.

응용 3 다음 6개의 변량의 중앙값이 **10**일 때, a의 값을 구하시오.

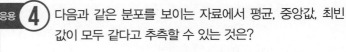

8, 20, 10, 2, a, 14

응용 4 다음과 같은 분포를 보이는 자료에서 평균, 중앙값, 최빈값이 모두 같다고 추측할 수 있는 것은?

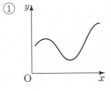

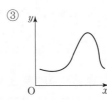
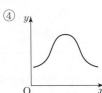
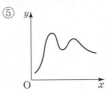

Ⅲ
통계

02 편차, 분산, 표준편차

(1) **산포도** : 자료의 분포 상태를 알아보기 위하여 변량들이 대푯값을 중심으로 흩어져 있는 정도를 하나의
수로 나타낸 값
① 산포도에는 여러 가지가 있으나 그 중에서 분산과 표준편차가 가장 많이 사용된다.
② 산포도가 크면 자료들이 대푯값으로부터 멀리 흩어져 있고, 산포도가 작으면 자료들이 대푯값 주위에
밀집되어 있다.

(2) **편차** : 각 변량에서 평균을 뺀 값, 즉 (편차)＝(변량)－(평균)
① 편차의 총합은 항상 0이다.
② 평균보다 큰 변량의 편차는 양수이고, 평균보다 작은 변량의 편차는 음수이다.

(3) **분산** : 편차의 제곱의 평균, 즉 (분산)＝$\dfrac{\{(편차)^2의\ 총합\}}{(변량의\ 개수)}$＝$\dfrac{\{(변량)^2의\ 총합\}}{(변량의\ 개수)}$－$(평균)^2$

(4) **표준편차** : 분산의 음이 아닌 제곱근, 즉 (표준편차)＝$\sqrt{(분산)}$
① 표준편차의 단위는 변량의 단위와 같다.
② 표준편차가 클수록 평균을 중심으로 변량들이 넓게 흩어져 있고, 표준편차가 작을수록 평균을 중심으로
변량들이 모여 있다.

핵심 1 오른쪽 표는 수빈이가 분야별로 얻은 점수와 편차를 조사하여 나타낸 것이다. 다음 두 사람의 대화를 보고 수빈이는 퀴즈대회에서 어느 분야를 선택하는 게 유리한지 말하시오.

분야	점수	편차
경제	71	3
역사	83	−4
IT	76	10
인문	93	−5

수빈 : 다음 달에 퀴즈 대회 나가기 전에 기출문제를 풀어봤는데, 이 점수가 나왔어. 퀴즈 대회 때 인문을 선택하는 게 유리하겠지?

창섭 : 수빈아, 자 봐봐. 인문 분야는 점수로는 가장 높지만 평균보다는 5점이 낮은 점수이고, 오히려 ▨ 분야는 평균보다 ■점이 높은 점수잖아. 그럼 넌 ▨ 분야를 잘하는 편이라고 할 수 있겠지. 그러니까 ▨ 분야로 선택하는 게 유리하지 않을까?

핵심 2 다음 표는 학생 10명의 음악 실기 평가 점수를 조사하여 나타낸 도수분포표이다. 음악 실기 평가 점수의 표준편차를 구하시오.

점수(점)	6	7	8	9	10	합계
도수(명)	2	1	3	3	a	10

핵심 3 5개의 변량 5, 8, 9, x, 7의 평균이 8일 때, 분산을 구하시오.

핵심 4 10개의 변량 x_1, x_2, x_3, $\cdots$, x_{10}의 평균이 2이고 분산이 25일 때, 10개의 변량 $3x_1+1$, $3x_2+1$, $3x_3+1$, $\cdots$, $3x_{10}+1$의 평균과 표준편차를 차례대로 구하시오.

핵심 5 오른쪽 표는 A, B 두 반 학생들의 턱걸이의 평균과 표준편차를 나타낸 것이다.

	평균(회)	표준편차(회)
A반	40	8.5
B반	40	10

다음 설명 중 옳은 것은?

① A반이 B반보다 턱걸이 기록이 더 좋다.
② 턱걸이 기록이 가장 좋은 학생은 A반에 있다.
③ A반이 B반보다 턱걸이 기록이 더 고르다.
④ B반이 A반보다 턱걸이 기록이 더 고르다.
⑤ A, B 두 반의 턱걸이 기록의 고르기 정도를 비교할 수 없다.

예제 **2** 오른쪽 그림은 A, B, C 세 모둠의 미술 수행평가 점수를 나타낸 것이다. A, B, C 세 모둠의 미술 수행평가 점수의 분산을 각각 x, y, z라고 할 때, $\dfrac{3xy}{z}$의 값을 구하시오.

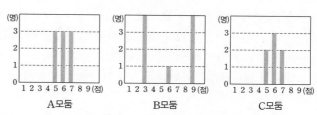

A모둠   B모둠   C모둠

Tip ▶ (평균)=(변량의 총합)÷(변량의 개수), (분산)={(편차)²의 총합}÷(변량의 개수)임을 이용한다.

풀이 (A모둠의 평균)$=(5\times3+6\times3+7\times3)\div9=\boxed{\ }$(점)

(A모둠의 분산)$=\{(5-6)^2\times3+(6-6)^2\times3+(7-\boxed{\ })^2\times3\}\div9=\boxed{\ }$

(B모둠의 평균)$=(12+6+\boxed{\ })\div\boxed{\ }=\boxed{\ }$(점)

(B모둠의 분산)$=\{(-3)^2\times4+0^2\times1+\boxed{\ }^2\times4\}\div\boxed{\ }=\boxed{\ }$

(C모둠의 평균)$=(10+18+\boxed{\ })\div\boxed{\ }=\boxed{\ }$(점)

(C모둠의 분산)$=\{(\boxed{\ })^2\times2+0^2\times3+\boxed{\ }^2\times2\}\div\boxed{\ }=\boxed{\ }$

∴ $\dfrac{3xy}{z}=3\times\boxed{\ }\times\boxed{\ }\times\boxed{\ }=\boxed{\ }$

답 _____

응용 **1** 다음 표는 원영이네 모둠 학생 **4**명의 각각의 줄넘기 횟수에서 원영이의 줄넘기 횟수를 뺀 것을 나타낸 것이다. 이때 4명의 줄넘기 횟수의 표준편차를 구하시오.

학생	원영	가람	다솔	민지
(횟수)−(원영이의 줄넘기 횟수)(회)	0	1	−2	5

응용 **2** 다음 도수분포표에서 평균이 **4**일 때, 표준편차를 구하시오.

변량	1	2	3	4	5	합계
도수	a	1	2	9	b	20

응용 **3** 다음 표는 **5**명의 야구 선수가 한 시즌 동안 기록한 홈런의 개수를 조사하여 나타낸 것이다. 홈런 개수의 평균이 8개이고 분산이 2일 때, $a^2+b^2+c^2$의 값을 구하시오.

선수	A	B	C	D	E
개수(개)	7	a	10	b	c

응용 **4** 다음 표는 A, B, C, D, E 모둠의 수학 경시대회 예선 결과를 나타낸 것이다. 이 중에서 전체 상위 **5 %** 이내에 드는 학생들이 본선에 진출한다고 할 때, 본선 진출자가 가장 많을 것으로 예상되는 모둠을 말하시오. (단, 각 모둠의 학생 수는 모두 같다.)

모둠	A	B	C	D	E
평균	60.3	62	61.8	62.2	61.6
표준편차(점)	5.8	1.6	9.5	3.1	4.8

(1) 산점도 : 어떤 자료에서 두 변량 x, y에 대하여 순서쌍 (x, y)를 좌표평면 위에 점으로 나타낸 그래프

(2) 두 변량 x, y 사이에 한 쪽이 증가하면 거기에 따라 다른 쪽이 감소하거나 증가하는 경향이 있을 때, 두 변량 x, y 사이의 관계를 상관관계라고 한다.

① 양의 상관관계 : 두 변량 x, y에 대하여 x의 값이 커짐에 따라 y의 값도 대체로 커지는 관계

  예 통학거리와 통학 시간

② 음의 상관관계 : 두 변량 x, y에 대하여 x의 값이 커짐에 따라 y의 값은 대체로 작아지는 관계

  예 나이와 시력, 운동량과 비만도

③ 상관관계가 없는 경우 : 두 변량 x, y에서 x의 값이 커짐에 따라 y의 값이 커지는지 또는 작아지는지 그 관계가 분명하지 않은 경우

  예 수학성적과 달리기 기록

핵심 **1** 다음 표는 5명의 학생들의 하루 평균 운동 시간과 소모된 열량을 조사하여 나타낸 것이다. 평균 운동 시간을 x, 소모된 열량을 y라 할 때, x, y에 대한 산점도를 오른쪽 좌표평면 위에 나타내시오.

운동 시간(분)	55	65	60	70	45
소모 열량(kcal)	150	250	300	450	350

핵심 **2** 다음 중 오른쪽 산점도의 두 변량 x, y 사이의 관계로 적절한 것을 고르면?

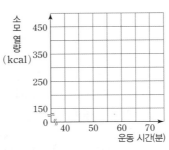

① 수입과 지출
② 머리카락의 굵기와 지능 지수
③ 지면으로부터의 높이와 산소량
④ 눈의 크기와 청력
⑤ 이동 거리와 이동 시간

핵심 **3** 다음 중 두 변량 사이의 상관관계가 나머지 넷과 <u>다른</u> 하나를 고르면?

① 흡연량과 폐암 발생률
② 물건의 공급량과 가격
③ 예금액과 이자
④ 여름 기온과 빙과류 소비량
⑤ 키와 신발 크기

핵심 **4** 오른쪽 산점도는 아마추어 밴드 경연 대회에 참가한 20팀이 예선전에서 심사위원과 관객으로부터 각각 얻은 점수를 나타낸 것이다. 이 산점도에 대한 학생들의 발표내용을 보고 a, b, c의 값의 합을 구하시오.

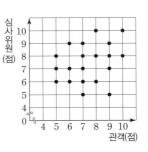

가람 : 관객 점수가 심사위원 점수보다 높은 참가팀 중 관객 점수가 8점 이하인 팀은 a팀이다.

나영 : 관객 점수와 심사위원 점수 중 적어도 하나가 9점 이상인 참가팀은 b팀이다.

다빈 : 관객 점수와 심사위원 점수가 모두 8점 이상인 팀은 본선 경연 자격을 받을 수 있을 때, 본선에 진출한 팀은 전체의 c %이다.

예제 ③ 오른쪽은 영화 평론가 몇 명이 올해 11월과 12월에 관람한 영화 편수를 조사하여 나타낸 산점도이다. 관람한 영화 편수가 월 평균 16편 미만인 영화 평론가는 전체의 몇 %인지 구하시오. (단, 중복되는 점은 없다.)

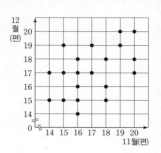

Tip 두 변량 x, y의 평균이 a일 때, $x+y=2a$가 되는 보조선을 긋는다.

풀이 중복되는 점이 없으므로 전체 조사 대상자는 ☐명이다.
관람한 영화 편수가 월 평균 16편 미만이려면 11월과 12월에 본 영화 편수의 합이 ☐편 미만이어야 한다.
오른쪽 그림과 같이 보조선을 그었을 때, 조건을 만족시키는 평론가의 수는 ☐명이다.

따라서 구하려는 영화 평론가의 비율은 $\dfrac{☐}{20}\times100=$ ☐ (%)이다.

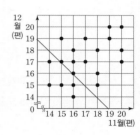

답 _____

① 오른쪽 그림은 어느 피겨 스케이팅 대회에서 선수 **12**명의 쇼트 점수와 프리 점수에 대한 산점도이다. 쇼트 점수와 프리 점수의 합이 높은 순으로 등수를 정할 때, 3등인 선수와 **5**등인 선수의 프리 점수의 차를 구하시오.

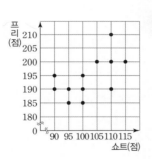

응용 ③ 오른쪽 그림은 24명의 학생들이 두 번에 걸쳐 본 과학 점수를 조사하여 나타낸 산점도이다. 1차와 2차에서 얻은 과학 점수의 합이 하위 **25 %** 이내 드는 학생은 재시험을 보아야 할 때, 재시험을 봐야 할 학생들의 2차 점수의 평균을 구하시오.

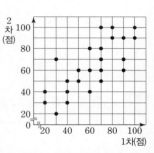

응용 ② 오른쪽 그림은 **25**명의 학생들의 **1**학기 때의 **100 m** 달리기 기록과 **2**학기 때의 **100 m** 달리기 기록을 조사하여 나타낸 산점도이다. **1**학기 때의 기록을 x초, **2**학기 때의 기록을 y초라 할 때, $|x-y|\geq2$를 만족시키는 기록을 가진 학생 수를 구하시오.

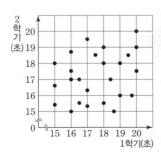

응용 ④ 오른쪽 그림은 어느 중학교 3학년 학생들이 한 달에 받는 용돈과 지출액을 조사하여 나타낸 산점도이다. 5명의 학생 A, B, C, D, E 중 지출액이 가장 많은 학생과 용돈에 대한 지출액의 비율이 가장 작은 학생을 차례로 말하시오.

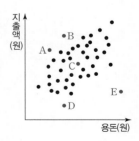

01 어느 모둠의 학생 **6**명의 수학 점수를 작은 값부터 차례로 나열할 때, **3**번째 학생의 점수는 **74**점이고, 중앙값은 **76**점이었다. 이 모둠에 수학 점수가 **80**점인 학생이 전학을 왔을 때, **7**명의 수학 점수의 중앙값을 구하시오.

02 서율이네 반 학생 **20**명의 몸무게의 평균은 **59 kg**이다. 두 명의 학생이 전학을 와서 전체 **22**명의 몸무게의 평균이 **58.7 kg**이 되었을 때, 전학을 온 두 학생의 몸무게의 평균을 구하시오.

03 다음 중 아래 자료의 x의 값에 따른 중앙값 y를 나타낸 함수의 그래프는? (단, $x \geq 0$)

$$26, \quad 7, \quad 11, \quad 15, \quad x, \quad 43, \quad 20, \quad 14, \quad 36$$

①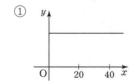

②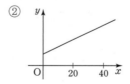

③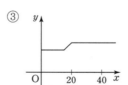

④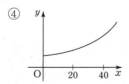

⑤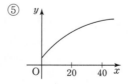

04 다음 중 대푯값에 대한 설명으로 옳은 것을 모두 고르면? (정답 2개)

NOTE

① 자료의 대푯값은 항상 숫자로만 나타내어진다.

② 평균은 중앙값에 비해 극단적인 값의 영향을 더 받는다.

③ 중앙값은 자료의 값 중에 항상 존재한다.

④ 자료가 매우 크거나 매우 작은 값이 있는 경우에는 평균보다 중앙값이 자료 전체의 중심 경향을 더 잘 나타낸다.

⑤ 최빈값은 자료의 개수가 적은 자료의 대푯값으로 유용하다.

05 다음 표는 5개의 변량 **A, B, C, D, E**의 편차를 나타낸 것이다. 평균이 **50**일 때, 변량 **C**의 값을 모두 구하시오.

변량	A	B	C	D	E
편차	$x-2$	-6	$-x^2+x+3$	$2x-1$	$2x^2-x+2$

06 다음 표는 학생 **5**명이 일주일 동안의 독서 시간과 그 편차를 나타낸 것이다. $a+b+c+d+e$의 값을 구하시오.

학생	A	B	C	D	E
독서 시간(분)	a	117	120	b	c
편차	5	d	e	6	0

07 다음 표는 남학생 **30**명을 대상으로 발렌타인데이날 받은 사탕과 초콜릿의 수를 조사하여 표로 나타낸 것이다. 받은 초콜릿과 사탕의 합이 **6**개 이상인 학생들의 초콜릿 개수의 평균과 분산을 각각 구하시오.

사탕＼초콜릿	1	2	3	4	5	6	합계
2	1	1	3	2	3	1	11
1	3	2	3	3	7	1	19
합계	4	3	6	5	10	2	30

08 5개의 변량 6, x, 10, y, 7의 평균이 7이고 표준편차가 $\sqrt{6}$일 때, xy의 값을 구하시오.

09 123개의 변량 x_1, x_2, x_3, $\cdots$, x_{123}의 합이 **1476**이고 각 변량의 제곱의 합이 **18819**일 때, x_1, x_2, x_3, $\cdots$, x_{123}의 표준편차를 구하시오.

10 오른쪽 표는 **A**반과 **B**반에서 타자대회 대표로 각각 **6**명, **4**명의 학생들이 출전하여 얻은 결과를 나타낸 표이다. 두 반 학생을 합한 **10**명에 대한 타자대회 성적의 분산을 구하시오.

반	인원	평균(타)	분산
A	6	300	4
B	4	300	9

11 오른쪽 그림은 어느 학교의 **A**반, **B**반, **C**반 학생 각각 **40**명에 대한 기말고사 성적의 도수분포곡선이다. 다음 중 옳은 것은?

① A, B의 평균은 같으나 표준편차는 A가 더 크다.
② A, B의 평균은 같으나 표준편차는 B가 더 크다.
③ A, B의 표준편차는 54이다.
④ A, B, C 중에 표준편차가 가장 큰 반은 C이다.
⑤ C의 평균, 표준편차가 A의 평균, 표준편차보다 크다.

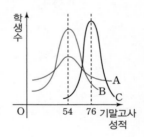

12 남학생 **3**명과 여학생 **7**명이 수학 시험을 보았다. 남학생의 평균과 여학생의 평균은 같고, 남학생의 표준편차는 **6**점, 여학생의 표준편차는 **4**점이다. 전체 **10**명의 표준편차를 구하시오.

13 3과 5를 포함한 4개의 변량에 대한 평균과 분산이 각각 2와 10.5이다. 3과 5 대신에 2와 6으로 바꾸었을 때의 분산을 구하시오.

14 서로 다른 네 수 a, b, c, d에서 세 수를 선택하여 이들의 평균을 구하면 작은 수부터 차례로 33, 36, 38, 41이 된다. 네 수 a, b, c, d의 평균을 구하시오. (단, $a < b < c < d$)

15 다음은 1반, 2반, 3반 학생들의 한 달 동안의 독서량을 조사하여 각각 막대그래프로 나타낸 것이다. 독서량의 산포도가 작은 반부터 차례로 나열하시오.

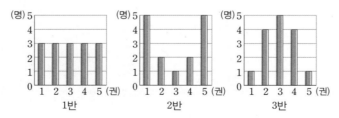

16 오른쪽 그림은 어느 반 학생 20명의 수학과 영어 성적의 산점도이다. 물음에 답하시오.

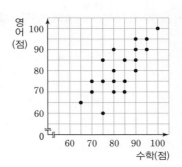

(1) 수학과 영어 성적이 같은 학생들은 전체 학생의 몇 %인지 구하시오.

(2) 수학 성적을 x점, 영어 성적을 y점이라 할 때 $|x-y|=10$인 학생들의 영어 성적의 평균을 구하시오.

17 오른쪽 그림은 비만도와 몸무게 사이에 어떤 관계가 있는지 알아보기 위해서 학생 25명의 비만도와 몸무게를 조사하여 산점도로 나타낸 것이다. 주어진 산점도에 대한 세 학생의 발표 내용을 보고 a의 값을 구하시오.

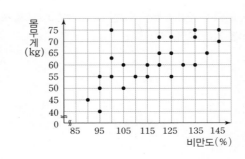

$$\left(\text{단, (비만도)}=\frac{\text{(현재 몸무게)}}{\text{(키}-100)\times 0.9}\times 100\text{이다.}\right)$$

> 발표
>
> 가람 : A는 몸무게가 72 kg, 키가 164 cm인 학생이다.
>
> 나은 : B는 비만도가 100 %, 키가 170 cm인 학생이다.
>
> 다솔 : B학생보다는 몸무게가 무겁고, A학생보다는 비만도가 작은 학생 수는 a명이다.

18 오른쪽 그림은 어느 반 학생 20명의 2학기 중간고사와 기말고사의 수학 성적을 산점도로 나타낸 것이다. 중간고사 때 성적이 전체의 상위 30 % 안에 들었던 학생이 기말고사 때 성적도 전체의 상위 30 % 안에 든 학생은 몇 명인지 구하시오.

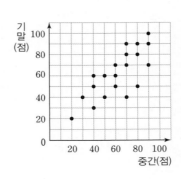

01 세 자연수 a, b, c의 평균은 9이고, ab, bc, ca의 평균은 33일 때, a^2, b^2, c^2의 평균을 구하시오.

02 6개의 자료 x_1, x_2, x_3, $\cdots$, x_6의 평균이 4, 분산이 4일 때, $x_7=7$, $x_8=9$를 포함한 8개의 자료 x_1, x_2, x_3, $\cdots$, x_8의 평균과 표준편차를 각각 구하시오.

03 길이가 $3a$ cm, 6 cm, 12 cm, $3b$ cm인 4개의 철사로 각각 정삼각형을 만들 때, 네 정삼각형의 넓이의 평균이 $\dfrac{5\sqrt{3}}{2}$ cm^{2}이고 철사 4개의 길이의 평균이 9 cm이다. 이때 $2a-3b$의 값을 구하시오.

(단, a, b는 자연수이고 $a>b$이다.)

04 48개의 수 a_1, a_2, a_3, $\cdots$, a_{48}에 대하여 (a_1, a_2)의 평균, (a_1, a_2, a_3)의 평균, (a_1, a_2, a_3, a_4)의 평균, $\cdots$을 순서대로 구하였다. 처음 두 수 a_1과 a_2의 평균이 **100**이고 수가 하나씩 추가될 때마다 평균이 **2**씩 감소할 때, a_{48}의 값을 구하시오.

05 자연수 x에 대하여 5개의 변량 6, x, 3, 8, 7의 중앙값을 a, 5개의 변량 5, 9, 2, x, 7의 중앙값을 b, 5개의 변량 2, 9, x, 8, 4의 중앙값을 c라 하면 $a \leq b \leq c$가 성립할 때, x의 값의 범위를 구하시오.

III
통
계

06 다음 그림과 같이 넓이가 6, 6, 9, 14인 네 장의 종이가 있다. 넓이가 14인 종이를 한 번 잘라서 모두 5장의 종이로 만들 때, 이 다섯 장의 종이의 넓이의 표준편차를 가능한 작게 하려고 한다. 넓이가 14인 종이를 넓이가 각각 얼마인 종이 2장으로 잘라야 하는지 구하시오.

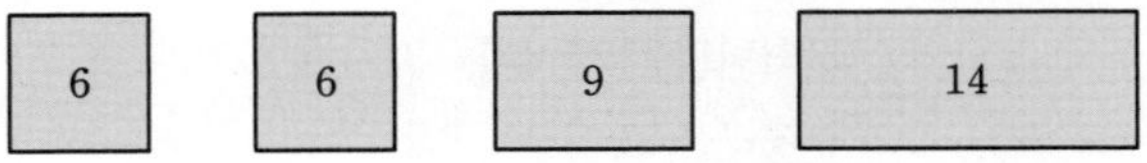

| 6 | 6 | 9 | 14 |

07 100 이하의 자연수로 이루어진 **7**개의 자료가 다음 세 조건을 모두 만족시킬 때, 이 **7**개의 자료 중에서 가장 작은 자료의 최솟값을 구하시오.

NOTE

> (가) 88이 포함되어 있다.   (나) 82는 최빈값이다.   (다) 평균은 87이다.

08 오른쪽 그림과 같이 좌표평면에 반지름의 길이가 r인 반원 O 위의 점 P_1에 대하여 직선 $\overline{OP_i}$와 반지름의 길이가 $3r$인 반원과의 교점을 각각 Q_i라 하자. (단, $i=1, 2, 3, 4, 5$) 점 P_1, P_2, P_3, P_4, P_5의 x좌표의 평균이 **10**, 표준편차가 **3**일 때, 점 Q_1, Q_2, Q_3, Q_4, Q_5의 좌표의 평균과 표준편차의 합을 구하시오.

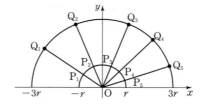

09 다음은 정수로 이루어진 **7**개의 자료에 대한 분석 내용이다.

> (가) 중앙값은 81이다.   (나) 최빈값은 75이다.
> (다) 가장 큰 자료의 값은 92이다.   (라) 평균은 80이다.

7개의 자료 중 가장 작은 자료의 값을 x라 할 때, x의 최솟값을 구하시오.

10 다음 자료의 중앙값과 최빈값이 모두 $2x^2$이 되도록 하는 자연수 x의 개수를 구하시오.

$$1, \quad 2, \quad x+1, \quad x^2, \quad 24, \quad 8x, \quad x^2+x, \quad 32, \quad x^2+3x$$

11 오른쪽 그림과 같이 여섯 개의 수 12, 18, 30, a, b, c가 육각형 위에 나열되어 있고, a와 c, b와 18은 연결되어 있다. a, b, c, 18은 선으로 직접 연결되어 있는 세 수의 평균과 같다. 예를 들어 a는 b, c, 30의 평균이다. 이때 a, b, c의 분산을 구하시오.

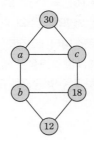

12 오른쪽 그림과 같이 세 원 **A**, **B**, **C**가 있다. 원 **A**의 지름의 길이가 원 **B**의 반지름의 길이와 같고 원 **B**의 지름의 길이가 원 **C**의 반지름의 길이와 같다. 세 원의 반지름의 길이의 표준편차가 $\dfrac{2\sqrt{14}}{3}$일 때, 세 원의 반지름의 길이의 합을 구하시오.

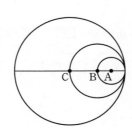

13 오른쪽 그림은 학생 20명의 하루 평균 노는 시간과 성적을 조사하여 나타낸 산점도이다. 3시간 이하로 노는 학생들의 성적의 평균은 7시간 이상 노는 학생들의 성적의 평균의 $\dfrac{q}{p}$배일 때, pq의 값을 구하시오. (단, p, q는 서로소이다.)

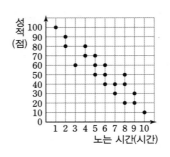

14 오른쪽 그림은 양궁 선수 10명의 1차와 2차 점수를 조사하여 나타낸 산점도이다. 그런데 2명의 선수의 기록이 중복되어 이 산점도에서는 9개의 점으로만 나타내어졌다. 1차 점수의 평균과 2차 점수의 평균이 각각 7.4점, 7.9점일 때, 중복된 점에 해당하는 선수의 1차 점수와 2차 점수의 평균을 구하시오.

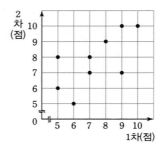

15 $a<0$일 때, 두 변량 x와 y 사이의 상관관계를 말하시오.

x	a	$a-1$	$2a-2$	$3a-4$	$5a-6$
y	0	$-a$	$-2a$	$-\dfrac{5}{2}a$	$-4a$

16 오른쪽 그림은 어느 농구 경기에서 양 팀 선수 **10**명이 넣은 **2**점 슛과 **3**점 슛의 개수를 조사하여 나타낸 산점도이다. **2**점 슛을 쏴서 얻은 점수를 p점, **3**점 슛을 쏴서 얻은 점수를 q점이라 할 때, $\dfrac{q}{p} \geq 1$을 만족시키는 선수는 전체의 몇 **%**인지 구하시오.

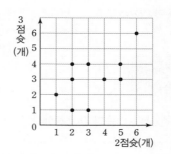

17 오른쪽 그림은 진수를 제외한 학생 **19**명의 미술 시험 성적에 대한 산점도이다. 필기 시험과 수행평가의 성적의 평균으로 등수를 정할 때, 진수의 성적을 자료에 추가 하면 하위 **7**등이 된다고 한다. 진수의 필기 시험과 수행평가의 성적의 평균을 a점이라고 할 때, a의 값의 범위를 구하시오. (단, 하위 **2**등 다음에 평균이 같은 두 학생이 있을 때 이 두 학생은 모두 하위 **3**등이고, 그다음 등수는 하위 **5**등이다.)

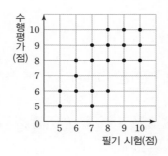

18 오른쪽 그림은 **15**명의 학생이 **1**회와 **2**회 두 차례에 걸친 교내 수학경시 대회에서 맞춘 문항 수를 조사하여 나타낸 산점도이다. 두 대회에서 모두 평균 이상의 점수를 받아야 학교 대표로 전국 수학경시 대회에 출전할 수 있다고 할 때, 응시자 중 학교 대표가 될 수 있는 학생의 비율은 몇 **%**인지 구하시오. (단, 문항별 점수는 같습니다.)

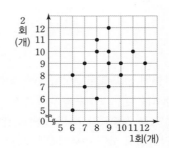

01 다음 표는 지난 해 여름의 안개폭포 낚시 대회에서 잡은 물고기의 마리 수별 참가자의 수를 나타낸 표의 일부이다.

NOTE

잡은 물고기의 수(마리)	0	1	2	3	⋯	13	14	15
참가자의 수(명)	9	5	7	23	⋯	5	2	1

이것을 기사로 다룬 신문에서는 다음과 같이 전했다.

> ㈎ 우승자는 15마리의 물고기를 잡았습니다.
> ㈏ 적어도 3마리를 잡은 사람들은 평균 6마리를 잡았습니다.
> ㈐ 12마리 이하의 물고기를 잡은 사람들의 평균은 5마리입니다.

대회에서 잡힌 물고기의 총 마리 수와 참가자의 수의 합을 구하시오.

02 다음 표는 세계양궁선수권대회에서 한국과 일본 선수가 각각 5발씩 활을 쏘아 얻은 점수를 나타낸 것이다.

	첫번째	두번째	세번째	네번째	다섯번째
한국 선수의 점수(점)	9	10	a	7	b
일본 선수의 점수(점)	8	b	6	7	9

한국 선수가 얻은 점수의 중앙값이 8점이고, 한국 선수와 일본 선수가 얻은 점수를 합한 전체 점수의 중앙값이 7.5점일 때, 두 자연수 (a, b)의 순서쌍의 개수를 구하시오. (단, 점수는 1점, 2점, 3점, ⋯, 10점 중 하나이다.)

03 어느 학교의 야구부 선수들이 평소 하루 동안 운동을 하는 시간의 평균이 180분이고, 표준편차는 3분이었다. 올해 전국 대회를 앞두고 선수들 각자 하루 운동 시간을 x배한 후$(x>0)$ y분 더한 만큼으로 바꿔 운동을 하기로 계획했다. 바뀐 운동 시간의 평균은 390분이고, 표준편차는 6분이다. 원래 하루 240분 동안 운동을 했던 선수의 운동 시간은 몇 분이나 증가했는지 구하시오.

04 이진이가 학교에서 성적표를 받아 보니 다음과 같았다.

과목	점수(100점 만점)	등수(10명 중)	학급평균
수학	85	3	75
영어	80	3	70

수학과 영어를 더한 종합성적으로 등수를 정할 때, 이진이가 반에서 될 수 있는 등수, 즉 이진이의 가능한 종합등수를 모두 구하시오. (단, 동점자가 있는 경우는 동점자들의 수만큼 같은 등수를 가진 학생들이 있고, 그 다음 성적의 학생은 등수가 바로 위 동점자의 수만큼 떨어지는 것으로 한다. 예를 들어 1등이 3명이면, 그 다음 점수의 학생은 4등이 된다. 또 각 과목의 점수는 0에서 100까지의 정수가 다 가능하다고 한다.)

05 한 개의 주사위를 9번 던져 나온 눈의 수를 모두 나열한 자료를 분석한 결과가 다음과 같다.

> (가) 주사위의 모든 눈이 적어도 한 번씩 나온다.
> (나) 중앙값과 평균은 모두 4이고, 최빈값은 6뿐이다.

이 자료의 분산을 V라 할 때, $9V$의 값을 구하시오.

06 민경이와 시윤이 두 학생 중에서 한 명을 뽑아 사격대회에 참가시키려고 한다. **10번**의 사격테스트를 치르게 한 결과 다음과 같았고, 테스트는 모두 **10점** 만점이었는데 시윤이의 결과 중 **6점**, **8점**을 획득한 횟수가 지워져서 알 수가 없게 되었다. 시윤이가 6점과 8점을 획득한 횟수는 각각 **1번 이상**일 때, 테스트 결과에 근거하여 두 학생 중 어느 학생을 사격대회에 참가시키는 것이 타당한지 말하고, 그 이유를 설명하시오.

민경	점수(점)	6	7	8	9	10	합계
	횟수(번)	1	2	2	4	1	10

시윤	점수(점)	6	7	8	9	10	합계
	횟수(번)		3		1	3	10

NOTE

07 A, B, C 세 팀이 리그방식으로 농구경기를 하였다. 각 팀의 득점의 합계와 실점의 합계가 다음과 같을 때, 각 게임에서의 전체 득점에 대한 평균과 표준편차를 구하시오.

> A : 2전 전승, 허용한 점수 186점
> B : 득점 수 184점, 허용한 점수 186점
> C : 비긴 게임 수 1, 득점 수 178점, 허용한 점수 180점

08 오른쪽 그림은 도시의 넓이와 그 도시의 인구 수에 대한 산점도이다. 다음 **보기** 중 옳은 것을 모두 고르시오.

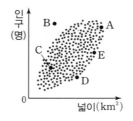

> **보기**
>
> ㄱ. 도시의 넓이와 인구 수 사이에는 양의 상관관계가 있다.
>
> ㄴ. 5개의 도시 A, B, C, D, E의 (인구 밀도)$=\dfrac{(도시의\ 인구\ 수)}{(도시의\ 넓이)}$
>
>   의 값이 가장 작은 도시는 D이다.
>
> ㄷ. B와 D 두 도시의 인구 수의 평균은 도시 C의 인구 밀도보다 낮다.
>
> ㄹ. 5개 도시 A, B, C, D, E의 인구 밀도는 원점과 5개의 점을 연결한 직선의 기울기를 의미한다.

09 오른쪽 그림은 학생 15명의 기말고사와 중간고사 성적에 대한 산점도의 일부분이 찢겨진 것이다. 기말고사와 중간고사 성적의 평균이 8점 이상인 학생들의 중간고사 성적을 모두 합하면 **60**점이고, 기말고사 성적을 모두 합하면 **62**점이다. 찢겨진 부분의 자료 순서쌍(중간고사 성적, 기말고사 성적)으로 나타내시오.

(단, 점수는 **1**점 단위이다.)

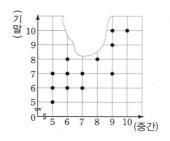

\\ Memo

Memo

중학수학

절대강자

중학수학
절대강자

정답 및 해설

특목에 강하다! 경시에 강하다!
최상위

3·2

(주)에듀왕
www.eduwang.com

중학수학
절대강자

중학수학

절대강자

정답 및 해설

3·2

I. 삼각비

1 삼각비의 뜻과 값

6쪽

1 $\dfrac{3}{4}$　　**2** $\dfrac{3\sqrt{10}}{10}$　　**3** 1　　**4** $3\sqrt{6}$　　**5** $4\sqrt{3}$

1 $\cos B=\dfrac{\overline{BC}}{\overline{AB}}=\dfrac{\overline{BC}}{20}=\dfrac{3}{5}$　　$\therefore \overline{BC}=20\times\dfrac{3}{5}=12(\text{cm})$

피타고라스 정리에 의해 $\overline{AC}=16(\text{cm})$

$\therefore \tan A=\dfrac{\overline{BC}}{\overline{AC}}=\dfrac{3}{4}$

2 일차함수 $y=3x-4$의 그래프와 x축,
y축과의 교점을 각각 A, B라고 하면
x절편이 $\dfrac{4}{3}$, y절편이 -4이므로

$\overline{OA}=\dfrac{4}{3}$, $\overline{OB}=4$

$\triangle AOB$에서 피타고라스 정리에 의해

$\overline{AB}=\sqrt{\left(\dfrac{4}{3}\right)^2+4^2}=\dfrac{4\sqrt{10}}{3}$

이때 $\angle OAB=a$(맞꼭지각)이므로

$\sin a=\dfrac{\overline{OB}}{\overline{AB}}=4\times\dfrac{3}{4\sqrt{10}}=\dfrac{3\sqrt{10}}{10}$

3 $15°\leq x\leq 40°$에서 $20°\leq 2x-10°\leq 70°$

$\sin(2x-10°)=\dfrac{\sqrt{3}}{2}$이므로 $2x-10°=60°$　　$\therefore x=35°$

$10°\leq y\leq 30°$에서 $15°\leq 3y-15°\leq 75°$

$\cos(3y-15°)=\dfrac{1}{2}$이므로 $3y-15°=60°$　　$\therefore y=25°$

$\therefore \tan(2x-y)=\tan 45°=1$

4 원 O의 반지름의 길이를 r라 하면

$\tan 30°=\dfrac{3}{r}=\dfrac{\sqrt{3}}{3}$에서 $r=3\sqrt{3}$

정사각형의 한 변의 길이는
$\sqrt{(3\sqrt{3})^2+(3\sqrt{3})^2}=3\sqrt{6}$

5 $\triangle ABC$에서

$\sin 30°=\dfrac{\overline{AC}}{12}=\dfrac{1}{2}$　　$\therefore \overline{AC}=6$

$\cos 30°=\dfrac{\overline{BC}}{12}=\dfrac{\sqrt{3}}{2}$　　$\therefore \overline{BC}=6\sqrt{3}$

$\overline{AD}$는 $\angle A$의 이등분선이므로

$\overline{AB}:\overline{AC}=\overline{BD}:\overline{DC}=2:1$

$\therefore \overline{BD}=6\sqrt{3}\times\dfrac{2}{3}=4\sqrt{3}$

7쪽

예제 ① $1,\ \dfrac{1}{2},\ \dfrac{1}{2},\ 1,\ \sqrt{5},\ \dfrac{\sqrt{5}}{5},\ \dfrac{2\sqrt{5}}{5},\ \dfrac{2\sqrt{5}}{3}/\sqrt{5},\ 1/\dfrac{2\sqrt{5}}{3}$

1 $5\sqrt{2}-4$　　**2** 9　　**3** 30°　　**4** $4+4\sqrt{3}$

1 $\triangle ADE\backsim\triangle ABC$임을 이용한다.

$\tan B=\dfrac{\overline{AC}}{\overline{BC}}=\dfrac{\overline{AC}}{5}=\sqrt{2}$

$\therefore \overline{AC}=5\sqrt{2}$

$\triangle ADE\backsim\triangle ABC$(AA 닮음)이므로

$\overline{AE}:\overline{AC}=\overline{DE}:\overline{BC}$에서

$\overline{AE}:5\sqrt{2}=2\sqrt{2}:5$　　$\therefore \overline{AE}=4$

$\therefore \overline{CE}=\overline{AC}-\overline{AE}=5\sqrt{2}-4$

2 $\cos B=\dfrac{\overline{BH}}{\overline{AB}}=\dfrac{\sqrt{5}}{3}$이므로

$\overline{AB}=3k$라 하면 $\overline{BH}=\sqrt{5}k$

$(3k)^2=(\sqrt{5}k)^2+(2\sqrt{5})^2$이므로

$k^2=5$

$\therefore k=\sqrt{5}(\because k>0)$

$\overline{AB}^2=\overline{BH}\times\overline{BC}$에서 $(3\sqrt{5})^2=5\times\overline{BC}$

$\therefore \overline{BC}=9$

3 $\triangle OAB$에서 $\cos x=\dfrac{\overline{OB}}{16}$　　$\therefore \overline{OB}=16\cos x$

$\triangle OBC$에서 $\cos x=\dfrac{\overline{OC}}{\overline{OB}}=\dfrac{\overline{OC}}{16\cos x}$

$\therefore \overline{OC}=16\cos^2 x$

$\triangle OCD$에서 $\cos x=\dfrac{\overline{OD}}{\overline{OC}}=\dfrac{\overline{OD}}{16\cos^2 x}$

$\therefore \overline{OD}=16\cos^3 x=6\sqrt{3}$

$\cos^3 x=\dfrac{3\sqrt{3}}{8}=\left(\dfrac{\sqrt{3}}{2}\right)^3$, $\cos x=\dfrac{\sqrt{3}}{2}$

$\therefore x=30°(\because 0°<x<90°)$

4 오른쪽 그림에서

$\angle ECO=\angle DCO=30°$

$\overline{OD}=2$이므로

$\overline{OD}:\overline{DC}:\overline{OC}=1:\sqrt{3}:2$

$\overline{DC}=2\sqrt{3}$

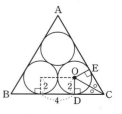

따라서 $\triangle ABC$의 한 변의 길이는
$4+4\sqrt{3}$이다.

1 ②, ③, ④   **2** ㄴ, ㅂ, ㄹ, ㄷ, ㄱ, ㅁ   **3** $\dfrac{12}{13}$

4 ㄱ, ㄴ, ㄷ   **5** 12.586

1 ② $\cos x$의 값이 클수록 x의 값은 작아진다.

③ $45° < x \leq 90°$이면 $\sin x - \cos x$의 값은 0보다 크다.

④ $\sin x = \cos(90° - x)$이므로

$\sin x = \cos(90° - x) = \cos 2x$, $90° - x = 2x$

$\therefore x = 30$

2 $\cos 90° < \tan 30° < \cos 43° < \sin 60° < \sin 89° < \tan 46°$

$\therefore$ ㄴ, ㅂ, ㄹ, ㄷ, ㄱ, ㅁ

3 $0° < A < 45°$일 때, $0 < \sin A < \cos A$이므로

$\sin A + \cos A > 0$, $\cos A - \sin A > 0$

$\sqrt{(\sin A + \cos A)^2} - \sqrt{(\cos A - \sin A)^2}$

$= \sin A + \cos A - (\cos A - \sin A) = 2 \sin A$

$2 \sin A = \dfrac{10}{13}$에서 $\sin A = \dfrac{5}{13}$

오른쪽 그림과 같이

$\overline{AB} = 13$, $\overline{BC} = 5$, $\angle C = 90°$인

직각삼각형 ABC를 생각해 보면

피타고라스 정리에 의해 $\overline{AC} = 12$

$\therefore \cos A = \dfrac{12}{13}$

4 ㄱ. $\tan y = \dfrac{\overline{CD}}{\overline{OC}} = \dfrac{\overline{CD}}{1} = \overline{CD}$

ㄴ. $\overline{EC} = \overline{OC} - \overline{OE} = 1 - \cos y$

ㄷ. $\angle OBA = \angle OFE$(동위각)

이므로

$\sin x = \dfrac{\overline{OA}}{\overline{OB}} = \dfrac{\overline{OE}}{\overline{OF}} = \overline{OE}$,

$\tan x = \dfrac{\overline{OA}}{\overline{AB}} = \overline{OA}$

$\therefore \overline{EA} = \overline{OA} - \overline{OE} = \tan x - \sin x$

5 $\overline{BC} = 20 - \overline{OC} = 4.458$ $\therefore \overline{OC} = 15.542$

$\angle AOC = x$라고 하면

$\overline{OC} = 20 \cos x = 15.542$, $\cos x = 0.7771$ $\therefore x = 39°$

따라서 $\overline{AC} = 20 \sin 39° = 12.586$

예제 **2** $\sqrt{4(1 - 2 \sin x \times \cos x)}$, $\sin^2 x + \cos^2 x$,

$\sin x - \cos x$, $2(\sin x - \cos x)$, $4 \cos x / 4 \cos x$

1 풀이 참조   **2** $\dfrac{1}{7}$ **3** $\dfrac{\sqrt{2} + \sqrt{6}}{4}$ **4** 47°

1 $\sin^2 x + \cos^2 x = \dfrac{b^2}{c^2} + \dfrac{a^2}{c^2} = \dfrac{a^2 + b^2}{c^2} = \dfrac{c^2}{c^2} = 1$

2 $\overline{AB} = \sqrt{(-2-1)^2 + (0-4)^2} = 5$

$\overline{AC} = \sqrt{(5-1)^2 + (7-4)^2} = 5$

$\overline{BC} = \sqrt{(5+2)^2 + (7-0)^2} = 7\sqrt{2}$

$\triangle ABC$는 이등변삼각형이므로 $\overline{BD} = \dfrac{7\sqrt{2}}{2}$

$\triangle ABD$에서 피타고라스 정리에 의해

$\overline{AD} = \sqrt{5^2 - \left(\dfrac{7\sqrt{2}}{2}\right)^2} = \dfrac{\sqrt{2}}{2}$

$\therefore \tan a = \dfrac{\overline{AD}}{\overline{BD}} = \dfrac{1}{7}$

3 $\sin 30° = \dfrac{10}{\overline{AC}}$이므로 $\overline{AC} = 20$

$\overline{AB} = 20 \cos 30° = 10\sqrt{3}$

$\overline{BE} = 10\sqrt{3} \sin 45° = 5\sqrt{6}$

$\overline{CF} = 10 \sin 45° = 5\sqrt{2}$

$\angle CAD = \angle CAG + \angle BAD = 75°$이므로

$\sin 75° = \dfrac{\overline{CD}}{\overline{AC}} = \dfrac{5\sqrt{2} + 5\sqrt{6}}{20} = \dfrac{\sqrt{2} + \sqrt{6}}{4}$

4 밑면의 반지름의 길이를 r라고 하면

밑면의 둘레의 길이가 100π이므로

$2\pi r = 100\pi$ $\therefore r = 50$

$\triangle AOB$에서 $\tan x = \dfrac{53.62}{50} = 1.0724$

주어진 삼각비의 표에서

$\tan 47°$의 값이 1.0724이므로

x의 크기는 47°이다.

심화 문제

10~15쪽

01 $\dfrac{2\sqrt{10}}{5}$　　**02** $60°$　　**03** $\dfrac{\sqrt{15}}{16}$　　**04** $\dfrac{4+\sqrt{7}}{3}$

05 $5\sqrt{5}$　　**06** $\dfrac{\sqrt{3}}{2}$　　**07** 4　　**08** 3

09 $\dfrac{2\sqrt{2}}{3}$　　**10** $6\,cm$　　**11** $\dfrac{\sqrt{21}}{14}$

12 (1) $-1+\sqrt{5}$　(2) $\cos 36°=\dfrac{1+\sqrt{5}}{4}$, $\cos 72°=\dfrac{\sqrt{5}-1}{4}$

13 $\left(20+\dfrac{4\sqrt{3}}{3}\pi\right)\,cm$　　**14** 14　　**15** $\left(\dfrac{9}{5},\ \dfrac{12}{5}\right)$

16 $25:16$　　**17** $\dfrac{18}{13}$　　**18** $\dfrac{\sqrt{6}}{4}$

---

01 $x+y=90°$

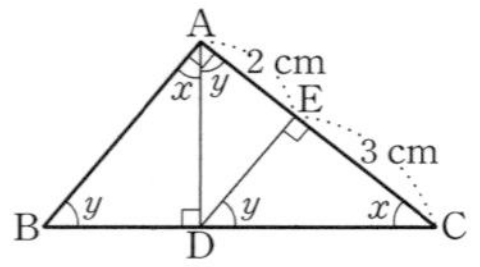

$\overline{DE}^2=2\times 3=6$

$\overline{DE}>0$이므로 $\overline{DE}=\sqrt{6}$

$\overline{CD}^2=3\times 5=15$

$\overline{CD}>0$이므로 $\overline{CD}=\sqrt{15}$

$\triangle CDE$에서 $\sin x=\dfrac{\overline{DE}}{\overline{CD}}=\dfrac{\sqrt{6}}{\sqrt{15}}=\dfrac{\sqrt{10}}{5}$

$\cos y=\dfrac{\overline{DE}}{\overline{CD}}=\dfrac{\sqrt{6}}{\sqrt{15}}=\dfrac{\sqrt{10}}{5}$

$\therefore \sin x+\cos y=\dfrac{2\sqrt{10}}{5}$

02 주어진 식을 좌변으로 모두 이항하면

$\tan x-\dfrac{\sqrt{3}}{\tan x}-\sqrt{3}+1=0$

양변에 $\tan x$를 곱하면

$\tan^2 x+(1-\sqrt{3})\tan x-\sqrt{3}=0$,

$(\tan x-\sqrt{3})(\tan x+1)=0$

$\therefore \tan x=\sqrt{3}$ 또는 $\tan x=-1$

$0°<x<90°$이므로 $\tan x=\sqrt{3}$　　$\therefore x=60°$

03 $\overline{AB}=\overline{BC}=1$이므로 $\overline{AC}=\sqrt{2}$, $\overline{AD}=\sqrt{3}$, $\overline{AE}=2$, …

즉, 1번째 직각삼각형의 세 변의 길이는 1, 1, $\sqrt{2}$

2번째 직각삼각형의 세 변의 길이는 1, $\sqrt{2}$, $\sqrt{3}$

3번째 직각삼각형의 세 변의 길이는 1, $\sqrt{3}$, $\sqrt{4}(=2)$

$\vdots$

15번째 직각삼각형의 세 변의 길이는 1, $\sqrt{15}$, $\sqrt{16}(=4)$

따라서 15번째 직각삼각형은 오른쪽 그림과 같으므로

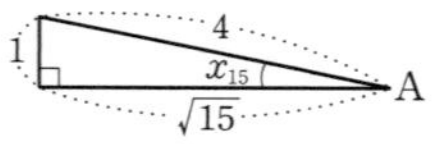

$\sin x_{15}\times\cos x_{15}=\dfrac{1}{4}\times\dfrac{\sqrt{15}}{4}=\dfrac{\sqrt{15}}{16}$

04 $\angle RAQ=90°$이므로 $\angle Q+\angle R=90°$

점 O는 $\triangle APB$의 외심이므로 $\angle APB=90°$이고

$\angle APQ+\angle BPR=90°$

$\angle Q=\angle APQ$이므로 $\angle R=\angle BPR$

따라서 $\overline{BP}=\overline{BR}$이고

$\triangle APB$에서 $\overline{BP}=\sqrt{8^2-6^2}=2\sqrt{7}$

$\triangle AQR$에서 $\tan x=\dfrac{\overline{AR}}{\overline{AQ}}=\dfrac{\overline{AB}+\overline{BR}}{\overline{AQ}}=\dfrac{4+\sqrt{7}}{3}$

05 $\triangle ABC$에서 $\cos a=\dfrac{\overline{AB}}{6}=\dfrac{2}{3}$, $\overline{AB}=4$

피타고라스 정리에 의해 $\overline{BC}=2\sqrt{5}$

$\triangle ADE$에서 $\overline{BD}=\overline{AD}-\overline{AB}=6-4=2$

$\tan a=\dfrac{\overline{BC}}{\overline{AB}}=\dfrac{\overline{DE}}{\overline{AD}}$, $\dfrac{2\sqrt{5}}{4}=\dfrac{\overline{DE}}{6}$

$\therefore \overline{DE}=3\sqrt{5}$

$\therefore \square BDEC=\dfrac{1}{2}\times(2\sqrt{5}+3\sqrt{5})\times 2=5\sqrt{5}$

06 $\triangle ACE$와 $\triangle BAD$에서

$\angle A=\angle B=60°$, $\overline{AC}=\overline{BA}$,

$\overline{AE}=\overline{BD}$이므로

$\triangle ACE\equiv\triangle BAD$(SAS 합동)

$\therefore \angle ACE=\angle BAD$

$\triangle ACP$에서 삼각형의 외각의 성질에 의하여

$\angle a=\angle ACP+\angle CAP$

$\quad\ =\angle EAP+\angle CAP=60°$

$\therefore \sin a=\sin 60°=\dfrac{\sqrt{3}}{2}$

07 $\cos^3 x+2\cos x=4\sin^2 x=4(1-\cos^2 x)$

$\cos x=t$로 놓으면

$t^3+2t=4(1-t^2)$

$t^3+4t^2+2t-4=0$

$t(t+2)^2-2(t+2)=0$

$(t+2)(t^2+2t-2)=0$

$\therefore t=-1+\sqrt{3}\ (\because 0\le t\le 1)$

따라서 $\cos^2 x+2\sqrt{3}=(-1+\sqrt{3})^2+2\sqrt{3}=4$

08 $\sin 30°=\dfrac{\overline{AC}}{6\sqrt{3}}=\dfrac{1}{2}$　　$\therefore \overline{AC}=3\sqrt{3}$

$\cos 30°=\dfrac{\overline{BC}}{6\sqrt{3}}=\dfrac{\sqrt{3}}{2}$　　$\therefore \overline{BC}=9$

$\overline{CD}=x$라 하면

$\overline{AB}:\overline{AC}=\overline{BD}:\overline{CD}$이므로

$6\sqrt{3}:3\sqrt{3}=(9-x):x$　　$\therefore x=3$

09 △ABM과 △CDM에서

$\overline{BM}=\overline{CM}=12\sin 60°=6\sqrt{3}$

△MBC의 점 M에서 $\overline{BC}$에 내린

수선의 발을 P, 점 B에서 $\overline{CM}$에

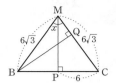

내린 수선의 발을 Q라 하면

$\overline{MP}=\sqrt{(6\sqrt{3})^2-6^2}=6\sqrt{2}$

△MBC의 넓이를 구하는 식을 이용하면

$12\times 6\sqrt{2}=6\sqrt{3}\times\overline{BQ}$

$\therefore \overline{BQ}=4\sqrt{6}$

$\therefore \sin x=\dfrac{4\sqrt{6}}{6\sqrt{3}}=\dfrac{2\sqrt{2}}{3}$

10 두 점 O, O′에서 $\overrightarrow{PX}$에 내린 수

선의 발을 각각 H, H′이라 하자.

$\angle OPH=30°$이므로

$\sin 30°=\dfrac{\overline{OH}}{\overline{PO}}=\dfrac{1}{2}$

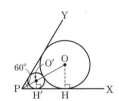

$\dfrac{18}{\overline{PO}}=\dfrac{1}{2}$, $\overline{PO}=36\,(\text{cm})$

원 O′의 반지름의 길이를 r라 하면

△O′PH′에서

$\overline{O'P}=\overline{OP}-\overline{O'O}=36-(18+r)=18-r$,

$\overline{O'H'}=r$이므로

$\sin 30°=\dfrac{\overline{O'H'}}{\overline{PO'}}=\dfrac{r}{18-r}=\dfrac{1}{2}$

$\therefore r=6\,(\text{cm})$

11 정삼각형 ABC의 한 변의 길이를

a라 하면 $\overline{CD}=\dfrac{a}{2}$이고,

△BCD는 직각삼각형이므로

$\overline{BD}=a\sin 60°=\dfrac{\sqrt{3}}{2}a$,

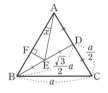

$\overline{BE}=\overline{ED}=\dfrac{\sqrt{3}}{4}a$이므로 △ADE에서

$\overline{AE}=\sqrt{\left(\dfrac{\sqrt{3}}{4}a\right)^2+\left(\dfrac{a}{2}\right)^2}=\sqrt{\dfrac{7}{16}a^2}=\dfrac{\sqrt{7}}{4}a$

점 E에서 $\overline{AB}$에 내린 수선의 발을 F라 하면

△BFE에서 $\overline{EF}=\dfrac{\sqrt{3}}{4}a\sin 30°=\dfrac{\sqrt{3}}{8}a$,

△AEF에서 $\sin x=\dfrac{\overline{EF}}{\overline{AE}}=\dfrac{\dfrac{\sqrt{3}}{8}a}{\dfrac{\sqrt{7}}{4}a}=\dfrac{\sqrt{21}}{14}$

12 (1) $\angle CBD=36°$, $\angle CDB=\angle BCD=72°$이므로

△ABD와 △BCD는 이등변삼각형이다.

$\angle BAC=\angle CBD=36°$, $\angle ABC=\angle BCD=72°$이므로

△ABC∽△BCD(AA 닮음)

$\overline{AD}=\overline{BD}=\overline{BC}=2$이므로

$2:x=(2+x):2$, $x^2+2x-4=0$

$\therefore x=-1+\sqrt{5}\,(\because x>0)$

(2) $\overline{AB}=\overline{AC}=2+x=1+\sqrt{5}$이므로

△AED에서

$\cos 36°=\dfrac{\dfrac{1}{2}\overline{AB}}{\overline{AD}}=\dfrac{\dfrac{1}{2}(1+\sqrt{5})}{2}$
$=\dfrac{1+\sqrt{5}}{4}$

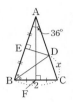

△ABF에서

$\cos 72°=\dfrac{\dfrac{1}{2}\overline{BC}}{\overline{AB}}=\dfrac{\dfrac{1}{2}\times 2}{1+\sqrt{5}}=\dfrac{\sqrt{5}-1}{4}$

13 점 O에서 $\overline{AC}$, $\overleftrightarrow{AB}$에 내린 수

선의 발을 각각 D, F라 하면

△OAD≡OAF(RHS 합동)

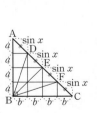

$\therefore \angle OAD=\angle OAF$
$=\dfrac{1}{2}\times 120°=60°$

△OAD에서

$\overline{AD}=\overline{OD}\times\dfrac{1}{\tan 60°}=2\,(\text{cm})$

$\overline{DC}=\overline{AC}-\overline{AD}=10\,(\text{cm})$

또, C에서 점 O가 회전한 길이는

$2\pi\times 2\sqrt{3}\times\dfrac{120}{360}=\dfrac{4\sqrt{3}}{3}\pi\,(\text{cm})$

$\therefore \overline{OO_1}+\overparen{O_1O_2}+\overline{O_2O'}=10+\dfrac{4\sqrt{3}}{3}\pi+10$
$=20+\dfrac{4\sqrt{3}}{3}\pi\,(\text{cm})$

14 오른쪽 그림과 같이

$\overline{AB}=4a$, $\overline{BC}=4b$로 놓으면

$\overline{BD}^2=(3a)^2+b^2$

$\overline{BE}^2=(2a)^2+(2b)^2$

$\overline{BF}^2=a^2+(3b)^2$

$\overline{BD}^2+\overline{BE}^2+\overline{BF}^2=14(a^2+b^2)$

$a^2+b^2=\sin^2 x$이므로

$\overline{BD}^2+\overline{BE}^2+\overline{BF}^2=14\sin^2 x$

$0°\leq x\leq 90°$이므로 $\sin x$는 $x=90°$일 때,

최댓값 1을 갖는다.

따라서 $\overline{BD}^2+\overline{BE}^2+\overline{BF}^2$의 최댓값은 14

15 △OAB에서

$\overline{OB}=3a$, $\overline{AB}=4a$라 하면

$5^2=(3a)^2+(4a)^2$, $25=25a^2$,

$a^2=1$ ∴ $a=1 (∵ a>0)$

따라서 $\overline{OB}=3$, $\overline{AB}=4$

점 B의 좌표를 (x, y)라 하면

△OAB∽△OBH에서 $\overline{OA}:\overline{OB}=\overline{OB}:\overline{OH}$,

$5:3=3:x$, $5x=9$ ∴ $x=\dfrac{9}{5}$

또, △OBH∽△BAH에서 $\overline{OB}:\overline{BA}=\overline{OH}:\overline{BH}$

$3:4=\dfrac{9}{5}:y$, $3y=\dfrac{36}{5}$ ∴ $y=\dfrac{12}{5}$

따라서 점 B의 좌표는 $\left(\dfrac{9}{5}, \dfrac{12}{5}\right)$이다.

16 △ABC와 △EBD에서

$\dfrac{\overline{BE}}{\overline{AB}}=\dfrac{\overline{BD}}{\overline{BC}}=\cos B$, ∠B는 공통이므로

△ABC∽△EBD(SAS 닮음)이고, 닮음비는 $1:\cos B$

오른쪽 그림에서

$\tan B=\dfrac{3}{4}$이므로 $\cos B=\dfrac{4}{5}$

즉, △ABC와 △EBD의

닮음비는 $5:4$

∴ △ABC : △EBD $=5^2:4^2$

$\qquad\qquad\qquad = 25:16$

17 오른쪽 그림과 같이 한 변의 길이가 9인 정사각형 ABCD로 생각하고 문제를 풀어도 답은 변함이 없다.

이때 변 CD, AD에 대하여 대칭시켜 생각하면 기울기를 쉽게 알 수 있다.

따라서 $\tan a=\dfrac{9+9}{4+9}=\dfrac{18}{13}$

18 $\overline{GF}=1$이므로 $\overline{BG}=2$,

$\overline{BF}=\overline{DH}=\overline{HG}=\sqrt{3}$

$\overline{DG}=\sqrt{6}$

$\overline{DC}=\overline{GC}=\sqrt{3}$이므로

△DCB≡△GCB(SAS 합동)

$\overline{DB}=\overline{GB}=2$

따라서 △DBG는 이등변삼각형

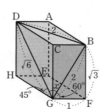

∴ $\cos x=\dfrac{\dfrac{\overline{DG}}{2}}{\overline{GB}}=\dfrac{\sqrt{6}}{4}$

최상위 문제 16~21쪽

01 $\dfrac{\sqrt{3}}{3}$　　**02** $(2\sqrt{6}+3\sqrt{2})x$　　**03** $\dfrac{3}{16}$

04 $c\cos^3 x+c\sin^3 x$　　**05** $2-\sqrt{3}$　　**06** $\dfrac{\sqrt{10}}{10}$

07 5　　**08** $\dfrac{15}{17}$　　**09** $\dfrac{5\sqrt{3}}{9}$　　**10** $8-\dfrac{8\sqrt{3}}{3}$

11 $18(3+\sqrt{3})$　　**12** $4:6:9$　　**13** $\dfrac{2\sqrt{17}}{3}$

14 $\dfrac{3\sqrt{5}}{5}$　　**15** $\sqrt{6}+\sqrt{2}$　　**16** $15°$

17 $6\sqrt{7}$　　**18** $\dfrac{171\sqrt{3}}{10}$ m

01 △FEC에서 $\overline{EC}=a$이므로 $\overline{FE}=2a$, $\overline{FC}=\sqrt{3}a$

△FAE에서 $∠FEA=75°-60°=15°$,

$∠FAE=∠EFC-∠FEA=30°-15°=15°$이므로

$\overline{FE}=\overline{FA}=2a$

$\overline{AC}=\overline{AF}+\overline{FC}=(2+\sqrt{3})a=\overline{BC}$

△DBC에서 $\overline{DC}=\overline{BC}\tan 30°$

$\qquad\qquad =(2+\sqrt{3})a\times\dfrac{\sqrt{3}}{3}=\dfrac{2\sqrt{3}+3}{3}a$

$\overline{AD}=\overline{AC}-\overline{DC}=(2+\sqrt{3})a-\dfrac{2\sqrt{3}+3}{3}a=\dfrac{3+\sqrt{3}}{3}a$

$\overline{BE}=\overline{BC}-\overline{EC}=(2+\sqrt{3})a-a=(1+\sqrt{3})a$

∴ $\dfrac{\overline{AD}}{\overline{BE}}=\dfrac{\dfrac{3+\sqrt{3}}{3}a}{(1+\sqrt{3})a}=\dfrac{3+\sqrt{3}}{3(1+\sqrt{3})}=\dfrac{\sqrt{3}}{3}$

02 점 E에서 $\overline{AB}$에 내린 수선의 발을 H라 하면

△DHE에서

$∠EDH$

$=180°-(∠ADF+∠FDE)$

$=180°-(45°+90°)=45°$

△BEH에서

$∠BEH=180°-(∠EHB+∠HBE)$

$\qquad\qquad =180°-(90°+60°)=30°$

$\overline{DH}=\overline{EH}=\overline{DE}\cos 45°=\dfrac{\sqrt{2}}{2}x$,

$\overline{BH}=\overline{EH}\tan 30°=\dfrac{\sqrt{2}}{2}x\times\dfrac{\sqrt{3}}{3}=\dfrac{\sqrt{6}}{6}x$

∴ $\overline{DB}=\overline{DH}+\overline{BH}=\dfrac{3\sqrt{2}+\sqrt{6}}{6}x$

△DEF에서 $\overline{DF}=\overline{DE}\tan 60°=\sqrt{3}x$

△DAF와 △DBE에서

$\angle ADF = \angle BDE = 45°$, $\angle DAF = \angle DBE = 60°$이므로

$\triangle DAF \backsim \triangle DBE$(AA 닮음)

따라서 $\overline{DB} : \overline{DA} = \overline{DE} : \overline{DF}$

$\dfrac{3\sqrt{2}+\sqrt{6}}{6}x : \overline{DA} = x : \sqrt{3}x$,

$\overline{DA} \times x = \dfrac{3\sqrt{2}+\sqrt{6}}{6}x \times \sqrt{3}x$　　$\therefore \overline{DA} = \dfrac{\sqrt{6}+\sqrt{2}}{2}x$

$\overline{AB} = \overline{DA} + \overline{DB} = \dfrac{\sqrt{6}+\sqrt{2}}{2}x + \dfrac{3\sqrt{2}+\sqrt{6}}{6}x$

$\quad = \dfrac{4\sqrt{6}+6\sqrt{2}}{6} = \dfrac{2\sqrt{6}+3\sqrt{2}}{3}x$

$\therefore$ (정삼각형 ABC의 둘레의 길이)

$\quad = 3\overline{AB} = 3 \times \dfrac{2\sqrt{6}+3\sqrt{2}}{3}x = (2\sqrt{6}+3\sqrt{2})x$

03 $(\cos A - \cos^3 A)^2 = \{\cos A(1-\cos^2 A)\}^2$

$\qquad\qquad\qquad\qquad = (\cos A \sin^2 A)^2 = \cos^2 A \sin^4 A$

$(\sin A - \sin^3 A)^2 = \{\sin A(1-\sin^2 A)\}^2$

$\qquad\qquad\qquad\qquad = (\sin A \cos^2 A)^2 = \sin^2 A \cos^4 A$

$\therefore$ (주어진 식) $= \cos^2 A \sin^4 A + \sin^2 A \cos^4 A$

$\qquad\qquad = \sin^2 A \cos^2 A(\sin^2 A + \cos^2 A)$

$\qquad\qquad = \sin^2 A \cos^2 A$

$\qquad\qquad = (\sin A \cos A)^2$

$\qquad\qquad = \left(\dfrac{\sqrt{3}}{4}\right)^2 = \dfrac{3}{16}$

04 $\angle BDC = \angle BCG = \angle EBG = \angle DGF = x$

$\triangle DBC$에서 $\overline{CD} = c\cos x$, $\overline{BC} = c\sin x$

$\triangle DGC$에서 $\overline{DG} = \overline{CD}\cos x = c\cos^2 x$

$\triangle DGF$에서 $\overline{GF} = \overline{DG}\cos x = c\cos^3 x$

$\triangle BCG$에서 $\overline{BG} = \overline{BC}\sin x = c\sin^2 x$

$\triangle EBG$에서 $\overline{EG} = \overline{BG}\sin x = c\sin^3 x$

$\therefore \overline{EG} + \overline{GF} = c\cos^3 x + c\sin^3 x$

05 $\overline{BE} = \overline{AE} = 4$, $\overline{AB} = \dfrac{4}{\sin 45°} = 4\sqrt{2}$

$\triangle EBD$에서 $\cos 60° = \dfrac{\overline{DE}}{\overline{BE}} = \dfrac{\overline{DE}}{4} = \dfrac{1}{2}$

$\therefore \overline{DE} = 2$

$\overline{BD} = \sqrt{4^2 - 2^2} = 2\sqrt{3}$

$\angle EBD = 180° - (90° + 60°) = 30°$

$\triangle ABC$에서 $\angle ABC = 75°$, $\angle BAC = 15°$

오른쪽 그림과 같이 점 E에서 $\overline{AC}$에서

내린 수선의 발을 F라 하면

$\angle EAF = 45° - 15° = 30°$

$\triangle AFE$와 $\triangle BDE$에서 $\overline{AE} = \overline{BE} = 4$,

$\angle AFE = \angle BDE = 90°$

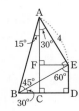

$\angle EAF = \angle EBD = 30°$이므로

$\triangle AFE \equiv \triangle BDE$(RHA 합동)

$\therefore \overline{AF} = \overline{BD} = 2\sqrt{3}$, $\overline{FE} = \overline{DE} = 2$

즉 $\square FCDE$는 정사각형이다.

$\overline{BC} = \overline{BD} - \overline{CD} = 2\sqrt{3} - 2$

$\overline{AC} = \overline{AF} + \overline{FC} = 2\sqrt{3} + 2$이므로

$\tan x = \dfrac{\overline{BC}}{\overline{AC}} = \dfrac{2\sqrt{3}-2}{2\sqrt{3}+2} = \dfrac{16-8\sqrt{3}}{8} = 2-\sqrt{3}$

06 $\overline{BD} /\!/ \overline{EC}$이므로

$\angle ECF = \angle DBF = x$(엇각)

$\therefore \angle ECA = 45° - x$

$\triangle AEC$에서

$\angle CAE = 90° - \angle ECA$

$\qquad\quad = 45° + x$

$\angle ABD = 45° + x$이므로

$\angle ABD = \angle CAE$

$\triangle ABD \equiv \triangle CAE$(RHA 합동)이므로

$\overline{AD} = \overline{CE} = 6$, $\overline{AE} = \overline{BD} = 3$

$\triangle BDF \backsim \triangle CEF$(AA 닮음)이므로

$\overline{BD} : \overline{CE} = \overline{DF} : \overline{EF}$, $3 : 6 = \overline{DF} : \overline{EF}$

$\therefore \overline{DF} = \dfrac{1}{2}\overline{EF}$, 즉 $\overline{DF} = \dfrac{1}{3}\overline{DE} = \dfrac{1}{3} \times (6-3) = 1$

$\triangle BDF$에서 $\overline{BF} = \sqrt{3^2 + 1^2} = \sqrt{10}$이므로

$\sin x = \dfrac{\overline{DF}}{\overline{BF}} = \dfrac{1}{\sqrt{10}} = \dfrac{\sqrt{10}}{10}$

07 $0° \le x \le 90°$에서 $0 \le \sin x \le 1$이므로

$\sin x = t$로 놓으면 $0 \le t \le 1$이다.

$\therefore y = \cos^2 x + a\sin x - 3 = (1 - \sin^2 x) + a\sin x - 3$

$\qquad = -t^2 + at - 2 = -\left(t - \dfrac{a}{2}\right)^2 + \dfrac{a^2}{4} - 2$

(i) $0 < \dfrac{a}{2} \le 1$일 때 y의 최댓값은 꼭짓점의 y 좌표이므로

$\dfrac{a^2}{4} - 2 = 2$　　$\therefore a = \pm 4$

그러나 $0 < \dfrac{a}{2} \le 1$이므로 $a = \pm 4$가 될 수 없다.

(ii) $\dfrac{a}{2} > 1$일 때 y는 $t = 1$에서 최대이므로

$-1 + a - 2 = 2$　　$\therefore a = 5$

08 $\overline{BE} = \dfrac{5}{4}$, $\overline{AB} = 5$이므로

$\overline{AE} = \sqrt{\left(\dfrac{5}{4}\right)^2 + 5^2} = \dfrac{5\sqrt{17}}{4}$

$\triangle ABE \equiv \triangle ADF$(SAS 합동)

이므로 $\overline{AF} = \overline{AE} = \dfrac{5\sqrt{17}}{4}$

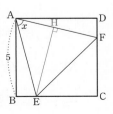

$\square ABCD = \triangle ABE + \triangle ADF + \triangle ECF + \triangle AEF$

$5^2 = \dfrac{1}{2} \times 5 \times \dfrac{5}{4} + \dfrac{1}{2} \times 5 \times \dfrac{5}{4} + \dfrac{1}{2} \times \dfrac{15}{4} \times \dfrac{15}{4}$

$\qquad + \dfrac{1}{2} \times \overline{AF} \times \overline{EH}$

$5^2 = \dfrac{25}{4} + \dfrac{225}{32} + \dfrac{1}{2} \times \dfrac{5\sqrt{17}}{4} \times \overline{EH}$ $\therefore \overline{EH} = \dfrac{75\sqrt{17}}{68}$

$\therefore \sin x = \dfrac{\overline{EH}}{\overline{AE}} = \dfrac{75\sqrt{17}}{68} \times \dfrac{4}{5\sqrt{17}} = \dfrac{15}{17}$

09 정육면체의 한 모서리의 길이를 a라고 하면

$\overline{AG} = \sqrt{a^2 + a^2 + a^2} = \sqrt{3}a$

$\overline{AF} = \sqrt{a^2 + a^2} = \sqrt{2}a$

$\triangle AFM$에서

$\overline{AM} = \sqrt{\overline{AF}^2 + \overline{FM}^2} = \sqrt{2a^2 + \dfrac{a^2}{4}} = \dfrac{3a}{2}$

$\triangle AFG$를 그리면 오른쪽 그림과 같다.

점 M에서 $\overline{AG}$에 내린 수선의 발을 P 라고 하면

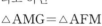

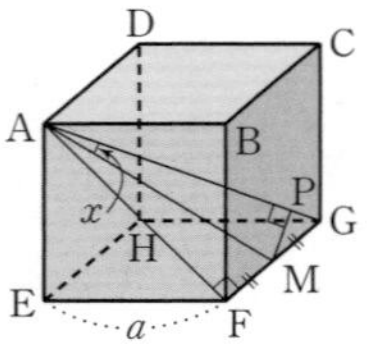

$\triangle AMG = \triangle AFM$

$\qquad = \dfrac{1}{2} \times \dfrac{a}{2} \times \sqrt{2}a = \dfrac{\sqrt{2}a^2}{4}$

$\therefore \dfrac{1}{2} \times \sqrt{3}a \times \overline{MP} = \dfrac{\sqrt{2}a^2}{4}$, $\overline{MP} = \dfrac{a}{\sqrt{6}}$

$\triangle AMP$에서

$\overline{AP}^2 = \overline{AM}^2 - \overline{MP}^2$

$\qquad = \left(\dfrac{3a}{2}\right)^2 - \left(\dfrac{a}{\sqrt{6}}\right)^2 = \dfrac{25a^2}{12}$

$\therefore \overline{AP} = \dfrac{5a}{2\sqrt{3}}$

$\therefore \cos x = \dfrac{\overline{AP}}{\overline{AM}} = \dfrac{\dfrac{5a}{2\sqrt{3}}}{\dfrac{3a}{2}} = \dfrac{5\sqrt{3}}{9}$

10 $\overline{BE}$를 그으면

$\triangle ABE$와 $\triangle C'BE$에서

$\angle A = \angle C' = 90°$, $\overline{BE}$는 공통

$\overline{AB} = \overline{C'B} = 8$이므로

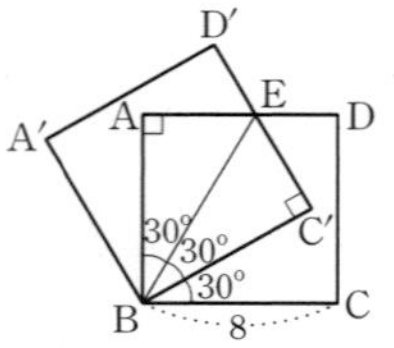

$\triangle ABE \equiv \triangle C'BE$(RHS 합동)

따라서 $\angle ABE = \angle C'BE$

$\qquad = \dfrac{1}{2} \times (90° - 30°) = 30°$

이므로 $\triangle ABE$에서 $\tan 30° = \dfrac{\overline{AE}}{\overline{AB}}$

$\therefore \overline{AE} = 8 \tan 30° = 8 \times \dfrac{\sqrt{3}}{3} = \dfrac{8\sqrt{3}}{3}$

$\therefore \overline{ED} = \overline{AD} - \overline{AE} = 8 - \dfrac{8\sqrt{3}}{3}$

11 $\triangle OPQ$의 세 변이 각각 원의 중심을 지나므로

원 O의 반지름의 길이는 $54 \div 18 = 3$

오른쪽 그림에서

$\angle PBD = \angle PBE = 30°$

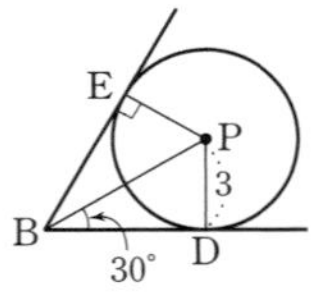

$\tan 30° = \dfrac{3}{\overline{BD}}$이므로

$\overline{BD} = \dfrac{3}{\tan 30°} = 3\sqrt{3}$

$\therefore \overline{BC} = 6 \times 3 + 2 \times 3\sqrt{3} = 18 + 6\sqrt{3}$

$\therefore (\triangle ABC의 \ 둘레의 \ 길이) = 3(18 + 6\sqrt{3})$

$\qquad\qquad\qquad\qquad\qquad\quad = 18(3 + \sqrt{3})$

12 반원 O, P, Q와 $\overline{AC}$의 접점

을 각각 R, S, T라 하고,

점 P에서 $\overline{TQ}$에 내린 수선

의 발을 H라 하면

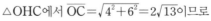

$\angle QPH = 30°$,

$\overline{QH} = c - b$, $\overline{QP} = b$

$\sin 30° = \dfrac{\overline{QH}}{\overline{QP}} = \dfrac{c - b}{b} = \dfrac{1}{2}$에서

$2c = 3b$이므로 $b : c = 2 : 3$

마찬가지 방법으로

$\sin 30° = \dfrac{b - a}{a} = \dfrac{1}{2}$에서

$2b = 3a$이므로 $a : b = 2 : 3$

$\therefore a : b : c = 4 : 6 : 9$

13 오른쪽 그림의 $\triangle AA'O$에서

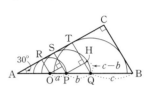

$\overline{AO} = \sqrt{8^2 + 6^2} = 10$

$\triangle OAH$에서

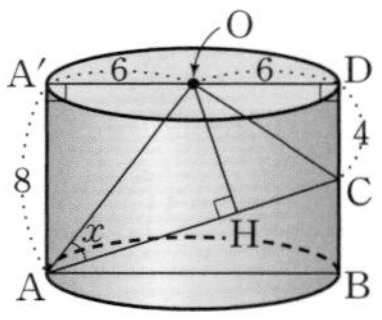

$\sin x = \dfrac{\overline{OH}}{10} = \dfrac{2}{3}$

$\overline{OH} = \dfrac{20}{3}$

$\triangle OHC$에서 $\overline{OC} = \sqrt{4^2 + 6^2} = 2\sqrt{13}$이므로

$\overline{CH} = \sqrt{(2\sqrt{13})^2 - \left(\dfrac{20}{3}\right)^2} = \dfrac{2\sqrt{17}}{3}$

14 세 직선의 각각의 교점을 구하

면 점 A(12, 12), B(−4, 4),

C(4, −2)이다.

오른쪽 그림에서

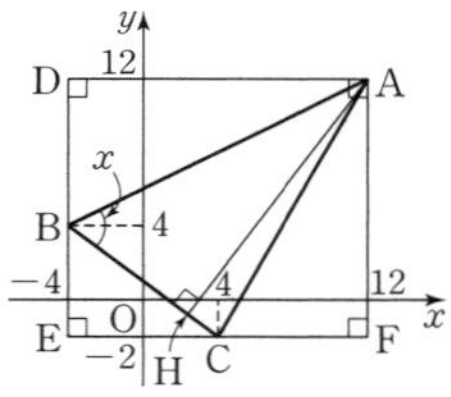

$\triangle ADB$에서

$\overline{AB} = \sqrt{16^2 + 8^2} = 8\sqrt{5}$

$\triangle BEC$에서 $\overline{BC} = \sqrt{8^2 + 6^2} = 10$

$\triangle ACF$에서 $\overline{CA} = \sqrt{8^2 + 14^2} = 2\sqrt{65}$

점 A에서 $\overline{BC}$에 내린 수선의 발을 H라 하고

$\overline{BH}=a$라고 하면

$\triangle ABH$에서 $\overline{AH}^2=(8\sqrt{5})^2-a^2$

$\triangle AHC$에서 $\overline{AH}^2=(2\sqrt{65})^2-(10-a)^2$

즉 $(8\sqrt{5})^2-a^2=(2\sqrt{65})^2-(10-a)^2$이므로

$320-a^2=160+20a-a^2$

$20a=160$ $\quad\therefore a=8$, 즉 $\overline{BH}=8$

$\triangle ABH$에서 $\overline{AH}=\sqrt{(8\sqrt{5})^2-8^2}=16$이므로

$\sin x=\dfrac{\overline{AH}}{\overline{AB}}=\dfrac{16}{8\sqrt{5}}=\dfrac{2\sqrt{5}}{5}$

$\cos x=\dfrac{\overline{BH}}{\overline{AB}}=\dfrac{8}{8\sqrt{5}}=\dfrac{\sqrt{5}}{5}$

$\therefore \sin x+\cos x=\dfrac{2\sqrt{5}}{5}+\dfrac{\sqrt{5}}{5}=\dfrac{3\sqrt{5}}{5}$

15 수선을 그어 직각삼각형을 만들고 닮음을 이용한다.

오른쪽 그림과 같이 점 A에서 $\overline{DF}$에 내린 수선의 발을 M, 점 E에서 $\overline{DF}$에 내린 수선의 발을 H라 하면

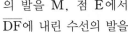

$\overline{AE}=\sqrt{2^2+2^2}=2\sqrt{2}$, $\overline{AM}=\dfrac{\sqrt{3}}{2}\times2=\sqrt{3}$

$\angle ECH=30°$이므로

$\sin30°=\dfrac{\overline{EH}}{2}=\dfrac{1}{2}$에서 $\overline{EH}=1$

이때 $\triangle AMF\backsim\triangle EHF$(AA 닮음)이므로

$\sin15°=\dfrac{\overline{AM}}{\overline{AF}}=\dfrac{\overline{EH}}{\overline{EF}}=\dfrac{\sqrt{3}}{\overline{EF}+2\sqrt{2}}=\dfrac{1}{\overline{EF}}$

$\therefore \overline{EF}=\dfrac{2\sqrt{2}}{\sqrt{3}-1}=\sqrt{6}+\sqrt{2}$

다른 풀이

위의 풀이에서 $\overline{AM}=\sqrt{3}$

$\angle ADB=\angle DAB=30°$이므로 직각삼각형 ADM에서

$\sin30°=\dfrac{\overline{AM}}{\overline{AD}}$, $\dfrac{1}{2}=\dfrac{\sqrt{3}}{\overline{AD}}$ $\quad\therefore \overline{AD}=2\sqrt{3}$

한편 $\triangle ADF$와 $\triangle ECF$에서 $\angle ADF=\angle ECF=30°$,

$\angle F$는 공통이므로 $\triangle ADF\backsim\triangle ECF$(AA 닮음)

따라서 $\overline{AD}:\overline{EC}=\overline{AF}:\overline{EF}$이므로

$2\sqrt{3}:2=(2\sqrt{2}+\overline{EF}):\overline{EF}$, $(2\sqrt{3}-2)\overline{EF}=4\sqrt{2}$

$\therefore \overline{EF}=\dfrac{4\sqrt{2}}{2\sqrt{3}-2}=\sqrt{6}+\sqrt{2}$

16 $\angle BCA=45°$이므로

$\angle BCF=45°-\angle FCO$

$\angle BCF$의 크기가 최소가 되려면 $\angle FCO$의 크기가 최대이어야 한다.

$\overline{AE}=\overline{FC}$, $\overline{AE}\parallel\overline{FC}$이므로

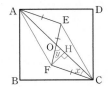

$\square AECF$는 평행사변형이다.

따라서 $\overline{OE}=\overline{OF}=\dfrac{1}{2}\overline{EF}=\dfrac{1}{2}\overline{FC}$

점 F에서 $\overline{AC}$에 내린 수선의 발을 H라 하고

$\angle FCO=x$, $\angle COF=y$라고 하면

$\triangle CFH$에서 $\sin x=\dfrac{\overline{FH}}{\overline{CF}}$이므로 $\overline{FH}=\overline{CF}\sin x$

$\triangle FOH$에서 $\sin y=\dfrac{\overline{FH}}{\overline{FO}}$이므로 $\overline{FH}=\overline{FO}\sin y$

즉 $\overline{CF}\sin x=\overline{FO}\sin y$이므로

$\sin x=\dfrac{\overline{FO}}{\overline{CF}}\sin y=\dfrac{1}{2}\overline{CF}\times\dfrac{1}{\overline{CF}}\sin y=\dfrac{1}{2}\sin y$

$0<y<90°$에서 $\sin y$는 $y=90°$일 때 최댓값 1을 가지므로

$\sin x$의 최댓값은 $\dfrac{1}{2}$이다.

즉 $\angle FCO$의 크기의 최댓값은 $30°$이다.

따라서 $\angle BCF$의 크기의 최솟값은 $45°-30°=15°$이다.

17 $\triangle DBC+\triangle DAC=\triangle ABC$이므로

$\triangle ABC=\dfrac{1}{2}\times6\times y\times\sin60°+\dfrac{1}{2}\times3\times y\times\sin60°$

$\qquad\qquad=\dfrac{1}{2}\times6\times3\times\sin(180°-120°)$

$9y=18$ $\quad\therefore y=2$

점 A에서 $\overrightarrow{BF}$에 내린 수선의 발을 H라 하면

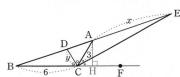

$\overline{CH}=3\cos60°=\dfrac{3}{2}$, $\overline{AH}=3\sin60°=\dfrac{3\sqrt{3}}{2}$

$\triangle ABH$에서 $\overline{AB}=\sqrt{\left(\dfrac{15}{2}\right)^2+\left(\dfrac{3\sqrt{3}}{2}\right)^2}=\sqrt{63}=3\sqrt{7}$

$\overline{CE}$는 $\angle C$의 외각의 이등분선이므로

$\overline{CB}:\overline{CA}=\overline{BE}:\overline{AE}$, $6:3=(3\sqrt{7}+x):x$

$9\sqrt{7}+3x=6x$ $\quad\therefore x=3\sqrt{7}$

$\therefore xy=6\sqrt{7}$

18 A 지점에서 똑바로 오르는 방향을 $\overrightarrow{AL}$, $\overline{AL}$보다 오른쪽으로 $30°$되는 방향으로 100 m 올라간 지점을 B라 하고, B 지점에서 $\overline{AL}$에 내린 수선의 발을 C라 하면

$\overline{AC}=\overline{AB}\cos30°=100\times\dfrac{\sqrt{3}}{2}=50\sqrt{3}(m)$

$\overline{AC}$는 수평면과 이루는 각도가 $20°$이므로 C 지점의 높이는

$\overline{AC}\sin20°=50\sqrt{3}\times0.3420=\dfrac{171\sqrt{3}}{10}(m)$

2 삼각비의 활용

핵심 문제 01

22쪽

1 $5(5+\sqrt{7})$ **2** $8(\sqrt{3}-1)$

3 $18\sqrt{6}\,\mathrm{m}$ **4** $54\sqrt{3}\,\mathrm{cm}^2$

1 꼭짓점 A에서 $\overline{BC}$에 내린 수선의 발을
H라 하면 △ABH에서
$\overline{BH}=10\cos 60°=5$,
$\overline{AH}=10\sin 60°=5\sqrt{3}$
$\overline{CH}=15-5=10$이므로
$\overline{AC}=\sqrt{10^2+(5\sqrt{3})^2}=5\sqrt{7}$
따라서 △ABC의 둘레의 길이는
$10+15+5\sqrt{7}=5(5+\sqrt{7})$이다.

2 △ABH에서 $\overline{BH}=h\tan(90°-45°)=h$
△ACH에서 $\overline{CH}=h\tan(90°-30°)=\sqrt{3}h$
$\therefore h=\dfrac{16}{\sqrt{3}+1}=8(\sqrt{3}-1)$

3 점 B에서 $\overline{AC}$에 내린 수선의 발을
H라고 하면
$\overline{BH}=54\sin 45°=27\sqrt{2}\,(\mathrm{m})$
$\therefore \overline{AB}=\dfrac{\overline{BH}}{\cos 30°}=27\sqrt{2}\times\dfrac{2}{\sqrt{3}}$
$=18\sqrt{6}\,(\mathrm{m})$

4 $\angle ACD=60°$, $\angle OCD=30°$이므로
$\overline{AD}=\overline{CD}\tan 60°=\sqrt{3}\,\overline{CD}$
$\overline{OD}=\overline{CD}\tan 30°=\dfrac{\sqrt{3}}{3}\,\overline{CD}$
$\overline{AO}=\overline{AD}-\overline{OD}=\left(\sqrt{3}-\dfrac{\sqrt{3}}{3}\right)\overline{CD}=12$
$\dfrac{2\sqrt{3}}{3}\overline{CD}=12$ $\therefore \overline{CD}=\dfrac{36}{2\sqrt{3}}=6\sqrt{3}\,(\mathrm{cm})$
$\overline{AD}=\sqrt{3}\times 6\sqrt{3}=18\,(\mathrm{cm})$
$\therefore \triangle ACD=\dfrac{1}{2}\times 18\times 6\sqrt{3}=54\sqrt{3}\,(\mathrm{cm}^2)$

응용 문제 01

23쪽

예제 **1** $\dfrac{1}{2}$, $\dfrac{\sqrt{2}}{2}$, $\dfrac{\sqrt{2}}{2}$, $\dfrac{\sqrt{6}}{2}$, $\dfrac{1}{2}$, $\sqrt{2}$, 16, 8, $3\sqrt{2}-\sqrt{6}$ /
$x=8(\sqrt{3}-1)$, $y=4(3\sqrt{2}-\sqrt{6})$

---

1 $18\sqrt{2}\,\mathrm{cm}$ **2** $(10+10\sqrt{3})\,\mathrm{cm}$

3 $80\,\mathrm{m}$ **4** $(3\sqrt{3}-3)\,\mathrm{cm}^2$

1 △EGH에서 피타고라스 정리에 의해 $\overline{EG}=15\sqrt{2}\,(\mathrm{cm})$
△CEG에서 $\overline{CG}=15\sqrt{2}\tan 50°$
$=15\sqrt{2}\times 1.2$
$=18\sqrt{2}\,(\mathrm{cm})$
$\therefore \overline{DH}=\overline{CG}=18\sqrt{2}\,(\mathrm{cm})$

2 시계의 중심을 O, 정각 1시일 때의 시
침의 끝을 A, 정각 4시일 때의 시침의
끝을 B라 하자.
정각 3시일 때의 시침의 끝과 점 O를 지
나는 직선 위에 두 점 A, B에서 내린 수
선의 발을 각각 C, D라 하면
$\overline{AC}=20\sin 60°=10\sqrt{3}\,(\mathrm{cm})$
$\overline{BD}=20\sin 30°=10\,(\mathrm{cm})$
따라서 정각 1시일 때의 시침의 끝은 정각 4시일 때보다
$(10+10\sqrt{3})\,\mathrm{cm}$만큼 더 높은 곳에 위치하였다.

3 $\angle ADC=60°$, $\angle BDC=45°$이므로
$\overline{AC}=40(\sqrt{3}+1)\tan 60°$
$=40(\sqrt{3}+1)\times\sqrt{3}$
$=40(3+\sqrt{3})\,(\mathrm{m})$
$\overline{BC}=40(\sqrt{3}+1)\tan 45°$
$=40(\sqrt{3}+1)\,(\mathrm{m})$
$\therefore \overline{AB}=\overline{AC}-\overline{BC}$
$=40(3+\sqrt{3})-40(\sqrt{3}+1)$
$=80\,(\mathrm{m})$

4 △DBC에서 $\sin 45°=\dfrac{\overline{DC}}{\overline{BC}}$
$\therefore \overline{BC}=2\sqrt{3}\,(\mathrm{cm})$
△EBC에서 $\overline{EF}=x$라 하면
$\overline{BF}=\overline{EF}=x$
△EFC에서 $\tan 30°=\dfrac{\overline{EF}}{\overline{FC}}$ $\therefore \overline{FC}=\dfrac{x}{\tan 30°}=\sqrt{3}x$
$\overline{BC}=\overline{BF}+\overline{FC}=x+\sqrt{3}x=2\sqrt{3}$ $\therefore x=3-\sqrt{3}$
$\therefore \triangle EBC=\dfrac{1}{2}\times\overline{BC}\times\overline{EF}$
$=\dfrac{1}{2}\times 2\sqrt{3}\times(3-\sqrt{3})$
$=3\sqrt{3}-3\,(\mathrm{cm}^2)$

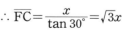

1 $\dfrac{49}{4}$ cm²	**2** 9 cm²	**3** $15\sqrt{2}$ cm²
4 93	**5** $45\sqrt{3}$ cm²	

1 $\overline{AC}=\overline{AB}=7$ cm

∠C=∠B=75°이므로

∠A=180°−(75°+75°)=30°

∴ △ABC=$\dfrac{1}{2}$×7×7×sin 30°=$\dfrac{49}{4}$(cm²)

2   점 O가 △ABC의 외심이므로

∠BOC=2∠A=150°

$\overline{OC}=\overline{OB}=6$ cm이므로

△OBC=$\dfrac{1}{2}$×6×6×sin(180°−150°)

      =$\dfrac{1}{2}$×6×6×$\dfrac{1}{2}$=9(cm²)

3   △AEC=$\dfrac{1}{2}$△ABC=$\dfrac{1}{2}$×$\dfrac{1}{2}$×12×10×sin 45°

      =$15\sqrt{2}$(cm²)

4 $\overline{AC}$를 그어 △ABC와

△ACD로 나누어 생각

하면

△ABC

=$\dfrac{1}{2}$×10×26×sin 60°=$65\sqrt{3}$

△ACD=$\dfrac{1}{2}$×7×16×sin(180°−150°)=28

▢ABCD의 넓이는 $65\sqrt{3}+28$이다.

∴ $a+b=65+28=93$

5   △OBC에서

∠BOC=180°−(42°+78°)=60°

∴ ▢ABCD=$\dfrac{1}{2}$×12×15×sin 60°

        =$45\sqrt{3}$(cm²)

예제 **2** $\overline{AC}$, 120, $\overline{AD}$, $\overline{AD}$, 60, $\dfrac{\sqrt{3}}{2}$, 9, 9, $\dfrac{\sqrt{3}}{2}$, 135,

$\dfrac{45}{2}$ / $\dfrac{45}{2}$ cm

1 $\dfrac{3}{5}$ **2** $75\sqrt{3}$ cm²   **3** $(6\sqrt{3}-9)$ cm   **4** 12 cm²

1   △AFE=$\dfrac{1}{2}$×8×8=32

△BCF=△CDE=$\dfrac{1}{2}$×16×8=64

△CEF=▢ABCD−32−64×2=96

$\overline{CF}=\overline{CE}=\sqrt{16^2+8^2}=8\sqrt{5}$

△CEF=$\dfrac{1}{2}$×$8\sqrt{5}$×$8\sqrt{5}$×sin x이므로

sin x=$\dfrac{2\times96}{(8\sqrt{5})^2}$=$\dfrac{3}{5}$

2   점 B에서 $\overline{AD}$에 내린 수선의 발을

H라고 하면

∠BAH=∠ABC=60°(엇각),

∠BAC=∠EAC(접은 각)이므로

∠BAC=$\dfrac{1}{2}$∠BAE

      =$\dfrac{1}{2}$×120°=60°

∠ACB=180°−(60°+60°)=60°

따라서 △ABC는 정삼각형이다.

△AHB에서 $\overline{AB}$=$\dfrac{\overline{BH}}{\sin 60°}$=15×$\dfrac{2}{\sqrt{3}}$=$10\sqrt{3}$(cm)

∴ △ABC=$\dfrac{1}{2}$×$10\sqrt{3}$×$10\sqrt{3}$×sin 60°=$75\sqrt{3}$(cm²)

3   △ABC에서 ∠A=120°이므로

△ABC의 넓이는

$\dfrac{1}{2}$×6×6×sin 60°=$9\sqrt{3}$(cm²)

점 I에서 △ABC의 세 변에 내린 수선의 발을 각각 D, E,

F라 하고, 내접원 I의 반지름의 길이를 r cm라 하면

$\overline{ID}=\overline{IE}=\overline{IF}=r$, $\overline{BC}=2\overline{BD}=2\times6\cos 30°=6\sqrt{3}$(cm)

△ABC=$\dfrac{1}{2}$×r×$(6+6+6\sqrt{3})$=$3(2+\sqrt{3})r$

∴ r=$\dfrac{9\sqrt{3}}{3(2+\sqrt{3})}$=$3\sqrt{3}(2-\sqrt{3})$=$6\sqrt{3}-9$(cm)

4   ∠BAE=53°, ∠ABE=37°이므로 ∠AEB=90°

같은 방법으로 ∠E=∠F=∠G=∠H=90°이므로

▢EFGH는 직사각형이다.

△AFD에서 $\overline{AF}$=15 cos 53°=9(cm)

$\overline{DF}$=15 sin 53°=12(cm)

△ABE에서 $\overline{AE}$=10 cos 53°=6(cm)

$\overline{BE}$=10 sin 53°=8(cm)

$\overline{EH}=\overline{DF}-\overline{BE}$=12−8=4(cm)

$\overline{EF}=\overline{AF}-\overline{AE}$=9−6=3(cm)

따라서 ▢EFGH=4×3=12(cm²)이다.

심화 문제

26~31쪽

01 ㉠, ㉡, ㉢ **02** $4-\sqrt{2}$ **03** $2:3:1$

04 $\dfrac{100(2\sqrt{3}-3)}{3}$ cm² **05** $12(\pi-\sqrt{3})$ **06** $9\sqrt{3}$ m

07 $\dfrac{\sqrt{7}}{3}$ **08** 32 **09** $(8\sqrt{3}-12)$ cm

10 28 cm² **11** $5:3$ **12** $\left(64\pi-\dfrac{160\sqrt{3}}{3}\right)$ cm²

13 $3-2\sqrt{2}$ **14** $\dfrac{1}{2}$ cm **15** 4 % 감소한다.

16 $\dfrac{2\sqrt{3}}{3}$ **17** $\dfrac{\sqrt{10}}{4}$ **18** $2(\sqrt{6}-\sqrt{3})$

---

01 $\overline{AB}\perp\overline{OA}$이므로

㉠ △BOA에서

$\tan a=\dfrac{\overline{AB}}{\overline{OA}}=\dfrac{\overline{AB}}{1}=\overline{AB}$ ∴ 참

㉡ △BOA에서

$\cos a=\dfrac{\overline{OA}}{\overline{OB}}=\dfrac{1}{\overline{OB}}$, $\overline{OB}=\dfrac{1}{\cos a}$ ∴ 참

㉢ △BOA∽△CBA(AA 닮음)이므로 ∠CBA=a

△CBA에서 $\tan a=\dfrac{\overline{AC}}{\overline{AB}}=\dfrac{\overline{AC}}{\tan a}$($\because$ ㉠)

∴ $\overline{AC}=\tan^2 a$ ∴ 참

㉣ 점 A에서 $\overline{OB}$에 내린 수선의 발을 H라 할 때

$△BOA=\dfrac{1}{2}\overline{OB}\cdot\overline{AH}=\dfrac{1}{2}\overline{OB}\cdot\sin a$

∴ $\dfrac{△BOA}{\overline{OB}}=\dfrac{1}{2}\sin a$ ∴ 거짓

02 $\sin x=t$로 놓으면

$t^2+2t-1=0$, $t=-1\pm\sqrt{2}$

∴ $t=\sqrt{2}-1$($\because$ $0\le\sin x\le 1$)

$2\sin x=1-\sin^2 x=\cos^2 x$

$4\sin^2 x=\cos^4 x$이므로

$1+\cos^2 x+\sin^3 x+\cos^4 x=1+2\sin x+\sin^3 x+4\sin^2 x$

$\sin x=t$로 놓으면 주어진 식은

$t^3+4t^2+2t+1=t(t^2+2t-1)+2t^2+3t+1$

$\qquad=2t^2+3t+1(\because t^2+2t-1=0)$

$\qquad=2(t^2+2t-1)+3-t$

$\qquad=3-(\sqrt{2}-1)=4-\sqrt{2}$

03 (삼각형의 넓이)

$=\dfrac{1}{2}ac\sin 60°=\dfrac{1}{2}bc\sin 45°=\dfrac{1}{2}ab\sin 30°$

$\dfrac{\sqrt{3}}{4}ac=\dfrac{\sqrt{2}}{4}bc=\dfrac{1}{4}ab$

∴ $\sqrt{3}ac=\sqrt{2}bc=ab$

$\sqrt{3}ac=ab$에서 $b=\sqrt{3}c$ ···㉠

$\sqrt{2}bc=ab$에서 $a=\sqrt{2}c$ ···㉡

따라서 ㉠, ㉡에 의해

$a^2:b^2:c^2=(\sqrt{2}c)^2:(\sqrt{3}c)^2:c^2=2:3:1$

04 오른쪽 그림과 같이 색칠한 부분을 $\overline{AC}$와 평행한 선분 DG로 이등분할 때, $\overline{DG}$와 $\overline{AB}$, $\overline{BC}$와의 교점을 각각 E, F라 하면

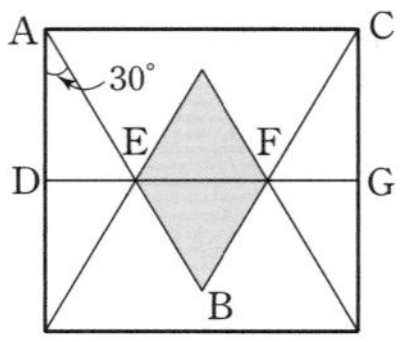

$\overline{EF}=\overline{DG}-2\overline{DE}$

∠EAD=30°이고 $\overline{AD}=5$ cm이므로

$\overline{DE}=5\times\tan 30°=\dfrac{5}{3}\sqrt{3}$(cm)

∴ $\overline{EF}=10-2\left(\dfrac{5}{3}\sqrt{3}\right)=\dfrac{30-10\sqrt{3}}{3}$(cm)

∴ $△EBF=\dfrac{1}{2}\times\left(\dfrac{30-10\sqrt{3}}{3}\right)^2\times\sin 60°$

$\qquad=\dfrac{50(2\sqrt{3}-3)}{3}$(cm²)

∴ (색칠한 부분의 넓이)$=\dfrac{100(2\sqrt{3}-3)}{3}$(cm²)

05 $\overline{OD}$를 그으면 △DBO는 정삼각형이 된다.

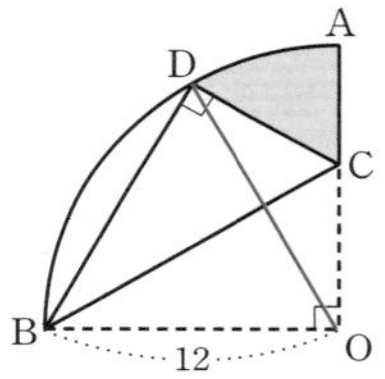

△BOC≡△BDC이므로

∠OBC=∠DBC=30°,

∠OCB+∠DCB

$=60°+60°=120°$

△BOC에서 $\overline{CO}=12\tan 30°=12\times\dfrac{\sqrt{3}}{3}=4\sqrt{3}$

(부채꼴 AOD의 넓이)$=\pi\times 12^2\times\dfrac{30}{360}=12\pi$

(△COD의 넓이)$=\dfrac{1}{2}\times 4\sqrt{3}\times 4\sqrt{3}\times\sin(180°-120°)$

$\qquad=12\sqrt{3}$

따라서 색칠한 부분의 넓이는 $12(\pi-\sqrt{3})$이다.

06 △BDH에서 $\overline{DH}=3\sqrt{3}\sin 30°=\dfrac{3\sqrt{3}}{2}$(m)

$\overline{BH}=3\sqrt{3}\cos 30°=\dfrac{9}{2}$(m)

$\overline{AH}=\overline{AB}+\overline{BH}=6+\dfrac{9}{2}=\dfrac{21}{2}$(m)

$\overline{CH}=\dfrac{21}{2}\tan 60°=\dfrac{21\sqrt{3}}{2}$(m)

$\overline{CD}=\overline{CH}-\overline{DH}=\dfrac{21\sqrt{3}}{2}-\dfrac{3\sqrt{3}}{2}=9\sqrt{3}$(m)

07 $\triangle\text{ABC}=\dfrac{1}{2}\times(8+8)\times2\cos x=12$

$\therefore \cos x=\dfrac{3}{4}$

$\sin^2x+\cos^2x=1$이므로

$\sin^2x+\left(\dfrac{3}{4}\right)^2=1,\ \sin x=\dfrac{\sqrt{7}}{4}$

$\therefore \tan x=\dfrac{\sin x}{\cos x}=\dfrac{\dfrac{\sqrt{7}}{4}}{\dfrac{3}{4}}=\dfrac{\sqrt{7}}{3}$

08 $\angle\text{DPE}=\angle\text{EPF}=\angle\text{DPF}=120°$

$\triangle\text{DEF}=\dfrac{1}{2}(xy\sin60°+yz\sin60°+zx\sin60°)$

$\qquad\quad=\dfrac{\sqrt{3}}{4}(xy+yz+zx)=4\sqrt{3}$

이므로 $xy+yz+zx=16$

$x^2+y^2+z^2=(x+y+z)^2-2(xy+yz+zx)$

$\qquad\qquad\quad=64-2\times16=32$

09 꼭짓점 A에서 $\overline{\text{BC}}$에 내린 수
선의 발을 H라고 하면
$\overline{\text{BH}}=\overline{\text{AB}}\cos60°$

$\qquad\quad=4\times\dfrac{1}{2}=2(\text{cm})$

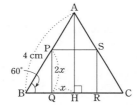

$\overline{\text{QH}}=x\,\text{cm}$라고 하면

$\overline{\text{PQ}}=2\overline{\text{QH}}=2x(\text{cm})$

$\overline{\text{BQ}}=\overline{\text{BH}}-\overline{\text{QH}}=2-x(\text{cm})$

$\triangle\text{PBQ}$에서 $\tan60°=\dfrac{\overline{\text{PQ}}}{\overline{\text{BQ}}}$이므로

$\dfrac{2x}{2-x}=\sqrt{3},\ 2x=\sqrt{3}(2-x)$

$2x+\sqrt{3}x=2\sqrt{3},\ (2+\sqrt{3})x=2\sqrt{3}$

$\therefore x=\dfrac{2\sqrt{3}}{2+\sqrt{3}}=\dfrac{2\sqrt{3}(2-\sqrt{3})}{(2+\sqrt{3})(2-\sqrt{3})}=4\sqrt{3}-6(\text{cm})$

따라서 정사각형의 한 변의 길이는

$2x=2(4\sqrt{3}-6)=8\sqrt{3}-12(\text{cm})$

10 $\triangle\text{ABH}$와 $\triangle\text{CBG}$에서 $\angle\text{BAH}=\angle\text{BCG}=90°$,

$\overline{\text{BH}}=\overline{\text{BG}},\ \overline{\text{BA}}=\overline{\text{BC}}$이므로

$\triangle\text{ABH}\equiv\triangle\text{CBG}(\text{RHS 합동})$

$\therefore \angle\text{ABH}=\angle\text{CBG}=\dfrac{1}{2}\times(90°-30°)=30°$

$\triangle\text{ABH}$에서 $\overline{\text{BH}}=\dfrac{\overline{\text{AB}}}{\cos30°}=\dfrac{6\times2}{\sqrt{3}}=4\sqrt{3}(\text{cm})$

$\therefore \overline{\text{BG}}=\overline{\text{BH}}=4\sqrt{3}\,\text{cm}$

$\therefore \triangle\text{BGH}=\dfrac{1}{2}\times4\sqrt{3}\times4\sqrt{3}\times\sin30°$

$\qquad\quad=\dfrac{1}{2}\times4\sqrt{3}\times4\sqrt{3}\times\dfrac{1}{2}=12(\text{cm}^2)$

마찬가지로 $\triangle\text{BGI}\equiv\triangle\text{BEJ}(\text{RHS 합동})$이므로
$\angle\text{GBI}=\angle\text{EBJ}=30°$

$\triangle\text{GBI}$에서 $\overline{\text{BI}}=\dfrac{\overline{\text{BG}}}{\cos30°}=4\sqrt{3}\times\dfrac{2}{\sqrt{3}}=8(\text{cm})$

$\therefore \overline{\text{BJ}}=\overline{\text{BI}}=8\,\text{cm}$

$\therefore \triangle\text{BJI}=\dfrac{1}{2}\times8\times8\times\sin30°$

$\qquad\quad=\dfrac{1}{2}\times8\times8\times\dfrac{1}{2}=16(\text{cm}^2)$

따라서 $\triangle\text{BGH}$와 $\triangle\text{BJI}$의 넓이의 합은
$12+16=28(\text{cm}^2)$

11 $\triangle\text{ABC}$와 $\triangle\text{A}'\text{BC}'$이 서로 합동이므로 주어진 도형은
$\overline{\text{BD}}$에 대하여 대칭이고,

$\angle\text{ABD}=\angle\text{A}'\text{BD}=\dfrac{1}{2}\angle\text{B}=30°$이다.

$\triangle\text{ABC}=\dfrac{1}{2}\times\overline{\text{AB}}\times\overline{\text{BC}}\times\sin60°$

$\qquad\quad=\dfrac{1}{2}\times12\times3\times\dfrac{\sqrt{3}}{2}=9\sqrt{3}$

$\overline{\text{BD}}$는 $\angle\text{B}$의 이등분선이므로
$\triangle\text{ABC}$에서 $\overline{\text{AD}}:\overline{\text{DC}}=\overline{\text{AB}}:\overline{\text{BC}}=12:3=4:1$
주어진 도형이 $\overline{\text{BD}}$에 대칭이므로 그 넓이는 $\triangle\text{ABD}$의 넓
이의 2배와 같다.

$2\triangle\text{ABD}=2\left(\triangle\text{ABC}\times\dfrac{\overline{\text{AD}}}{\overline{\text{AC}}}\right)=2\left(\triangle\text{ABC}\times\dfrac{4}{5}\right)$

$\qquad\qquad=\dfrac{8}{5}\triangle\text{ABC}=\dfrac{8}{5}\times9\sqrt{3}=\dfrac{72\sqrt{3}}{5}$

$\triangle\text{A}'\text{CD}=(\text{주어진 도형의 넓이})-\triangle\text{ABC}$

$\qquad\qquad=2\triangle\text{ABD}-\triangle\text{ABC}$

$\qquad\qquad=\dfrac{72\sqrt{3}}{5}-9\sqrt{3}=\dfrac{27\sqrt{3}}{5}$

$\therefore \triangle\text{ABC}:\triangle\text{A}'\text{CD}=9\sqrt{3}:\dfrac{27\sqrt{3}}{5}=5:3$

12 (부채꼴 AOB의 넓이)

$=16\times16\times\pi\times\dfrac{1}{4}=64\pi(\text{cm}^2)\qquad\qquad\cdots\ ①$

$\triangle\text{OCD}\equiv\triangle\text{OEF}$이고

$\overline{\text{CD}}=\overline{\text{OC}}\sin60°=8\sqrt{3}(\text{cm})$

$\overline{\text{OD}}=\overline{\text{OC}}\cos60°=8(\text{cm})$

따라서 $\triangle\text{OCD}=\dfrac{1}{2}\times8\times8\sqrt{3}=32\sqrt{3}(\text{cm}^2)\ \cdots\ ②$

$\triangle\text{OGD}$에서 $\overline{\text{GD}}=\overline{\text{OD}}\tan30°=\dfrac{8\sqrt{3}}{3}(\text{cm})$

$\triangle\text{OGD}=\dfrac{1}{2}\times8\times\dfrac{8\sqrt{3}}{3}=\dfrac{32\sqrt{3}}{3}(\text{cm}^2)\qquad\cdots\ ③$

∴ (색칠한 부분의 넓이)=①−2×②+③
$$=64\pi-\frac{160\sqrt{3}}{3}(\text{cm}^2)$$

13 △ABC에서 ∠B+∠C=180°−∠A이므로

$$\sin\left(\frac{B+C}{2}\right)=\sin\left(90°-\frac{A}{2}\right)=\cos\frac{A}{2},$$

$$\sin^2\frac{A}{2}+6\cos\frac{A}{2}=2, \left(1-\cos^2\frac{A}{2}\right)+6\cos\frac{A}{2}=2,$$

$$\cos^2\frac{A}{2}-6\cos\frac{A}{2}+1=0$$

$$\therefore \cos\frac{A}{2}=3\pm2\sqrt{2}$$

$0°<A<180°$이므로 $0°<\frac{A}{2}<90°$이고 $0<\cos\frac{A}{2}<1$

$$\therefore \cos\frac{A}{2}=3-2\sqrt{2}$$

14 ∠AFD=60°이므로 △FBC는 정삼각형이고
$\overline{AF}=4$ cm, $\overline{FD}=2$ cm이다.

∴ □ABCD=△FBC−△FAD

$$=\frac{1}{2}\times6^2\times\frac{\sqrt{3}}{2}\times6^2-\frac{1}{2}\times4\times2\times\frac{\sqrt{3}}{2}$$

$$=9\sqrt{3}-2\sqrt{3}=7\sqrt{3}$$

$\overline{CE}=x$ cm라 하면, $\overline{DE}=(4-x)$ cm이고
△AED=△FAE−△FAD이므로

$$\triangle AED=\frac{1}{2}\times4\times(6-x)\times\frac{\sqrt{3}}{2}-\frac{1}{2}\times4\times2\times\frac{\sqrt{3}}{2}$$

$$=(4-x)\sqrt{3}$$

2△AED=□ABCD이므로

$$2\times(4-x)\sqrt{3}=7\sqrt{3}, 8-2x=7, x=\frac{1}{2}$$

$$\therefore \overline{CE}=\frac{1}{2}(\text{cm})$$

15 처음 평행사변형의 이웃하는 두 변의 길이를 각각 a, b라
하고 두 변 사이의 끼인각의 크기를 x라 하면
처음 평행사변형의 넓이는 $ab\sin x$이다.

a를 20 % 줄이면 $a-\frac{20}{100}\times a=0.8a$이고

b를 20 % 늘리면 $b+\frac{20}{100}\times b=1.2b$이므로

새로 만든 평행사변형의 넓이는
$0.8a\times1.2b\times\sin x=0.96\,ab\sin x$
따라서 새로 만든 평행사변형의 넓이는 처음 평행사변형
의 넓이보다 4 % 감소한다.

16 $\overline{BP}:\overline{PD}=1:2$에서 $\overline{BP}=k$, $\overline{PD}=2k$라 하면
△ABD에서 $\overline{AP}^2=\overline{PB}\times\overline{PD}=2k^2$

$$\therefore \overline{AP}=\sqrt{2}k(\because k>0)$$

△ABP에서
$$\overline{AB}=\sqrt{\overline{AP}^2+\overline{BP}^2}=\sqrt{2k^2+k^2}=\sqrt{3}k$$

$$\sin x=\frac{\overline{AP}}{\overline{AB}}=\frac{\sqrt{2}k}{\sqrt{3}k}=\frac{\sqrt{6}}{3}$$

$$\tan x=\frac{\overline{AP}}{\overline{BP}}=\frac{\sqrt{2}k}{k}=\sqrt{2}$$

$$\therefore \sin x\times\tan x=\frac{\sqrt{6}}{3}\times\sqrt{2}=\frac{2\sqrt{3}}{3}$$

17 △BGF에서 $\overline{FG}=1$ cm이므로

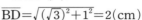

$\overline{BG}=2$ cm, $\overline{BF}=\sqrt{3}$ cm
△DGH에서 $\overline{DH}=\sqrt{3}$ cm이므로
$$\overline{DG}=\sqrt{(\sqrt{3})^2+(\sqrt{3})^2}=\sqrt{6}(\text{cm})$$
△BCD에서
$$\overline{BD}=\sqrt{(\sqrt{3})^2+1^2}=2(\text{cm})$$
△BGD는 이등변삼각형이므로
$\overline{DG}$의 중점을 P라 하면

△BGP에서 $\sin x=\frac{\overline{BP}}{\overline{BG}}$

이때 $\overline{BP}=\sqrt{2^2-\left(\frac{\sqrt{6}}{2}\right)^2}=\frac{\sqrt{10}}{2}(\text{cm})$

$$\therefore \sin x=\frac{\frac{\sqrt{10}}{2}}{2}=\frac{\sqrt{10}}{4}$$

18 $\cos B=\frac{\overline{BC}}{\overline{AB}}=\frac{4}{5}$이므로 $\overline{AB}=5k$, $\overline{BC}=4k$라 하면
△ABC에서 $(5k)^2=(4k)^2+6^2$, $k=2(\because k>0)$

$$\therefore \overline{AB}=10, \overline{BC}=8$$

$\triangle ABC=\frac{1}{2}\times8\times6=24$이므로

삼등분된 세 개의 도형의 넓이는 모두 8이다.
△ABC∽△AFG이므로 △AFG에서
$\overline{FG}=8h$, $\overline{AG}=6h$라 하면
$\triangle AFG=\frac{1}{2}\times8h\times6h=16$, $h=\frac{\sqrt{6}}{3}$

$$\therefore \overline{AG}=2\sqrt{6}$$

△ABC∽△ADE이므로 $\overline{DG}=8l$, $\overline{AE}=6l$라 하면
$\triangle ADE=\frac{1}{2}\times8l\times6l=8$, $l=\frac{\sqrt{3}}{3}$

$$\therefore \overline{AE}=2\sqrt{3}$$

$$\therefore \overline{EG}=\overline{AG}-\overline{AE}=2(\sqrt{6}-\sqrt{3})$$

01 $(17-4\sqrt{2})\,a^2$　**02** $\overline{\text{AC}}=\dfrac{65}{2}$, $\overline{\text{BC}}=\dfrac{63}{2}$

03 $\dfrac{2\sqrt{3}}{7}$　**04** 216π　**05** $\dfrac{34587}{3125}$　**06** 5분 후

07 $2S_2=S_1+S_3$　**08** π　**09** $\dfrac{\sqrt{3}}{3}\,a$

10 $\dfrac{-1+\sqrt{5}}{2}$　**11** $\dfrac{12-5\sqrt{3}}{6}$　**12** $\dfrac{8}{19}$

13 $\dfrac{400\sqrt{91}}{91}$　**14** $1350\pi(2-\sqrt{3})\ \text{cm}^2$　**15** $\dfrac{\sqrt{10}}{10}$

16 10　**17** $\dfrac{80}{\sin x}\ \text{cm}^2$　**18** $2(\sqrt{3}-1)$배

01 부채꼴의 중심각의 크기를 $x°$라 하면

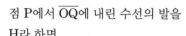

$\pi a=2\pi\times 4a\times\dfrac{x°}{360°}$　∴ $x=45$

점 P에서 $\overline{\text{OQ}}$에 내린 수선의 발을
H라 하면

△POH에서 $\overline{\text{PH}}=\overline{\text{PO}}\times\sin 45°=4a\times\dfrac{\sqrt{2}}{2}=2\sqrt{2}a$

$\overline{\text{OH}}=\overline{\text{PO}}\times\cos 45°=4a\times\dfrac{\sqrt{2}}{2}=2\sqrt{2}a$

△PRH에서 $\overline{\text{RH}}=\overline{\text{OH}}-\overline{\text{OR}}=2\sqrt{2}a-a=(2\sqrt{2}-1)a$

∴ $\overline{\text{PR}}^2=\overline{\text{PH}}^2+\overline{\text{RH}}^2$

$\qquad =(2\sqrt{2}a)^2+\{(2\sqrt{2}-1)a\}^2$

$\qquad =8a^2+8a^2-4\sqrt{2}a^2+a^2$

$\qquad =(17-4\sqrt{2})a^2$

02 $\overline{\text{AB}}=c$, $\overline{\text{BC}}=a$, $\overline{\text{AC}}=b$라 하고
△ABC의 넓이를 S라 하면

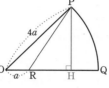

$S=\dfrac{1}{2}ab\sin C=\dfrac{1}{2}bc\sin A$

$\quad =\dfrac{1}{2}ac\sin B$이므로

$\sin A=\dfrac{2S}{bc}$, $\sin B=\dfrac{2S}{ac}$, $\sin C=\dfrac{2S}{ab}$

이것을 $\sin^2 A+\sin^2 C=\sin^2 B$에 대입하면

$\dfrac{4S^2}{b^2c^2}+\dfrac{4S^2}{a^2b^2}=\dfrac{4S^2}{a^2c^2}$이므로 양변에 $a^2b^2c^2$을 곱하면

$a^2+c^2=b^2$, 즉, ∠B$=90°$이고 $\overline{\text{AB}}=8$이므로

$\cos A+8\cos c=\dfrac{8}{b}+\dfrac{8a}{b}=8$에서 $b=a+1$

$a^2+c^2=b^2$에 대입하면 $a^2+8^2=(a+1)^2$

∴ $a=\dfrac{63}{2}$, $b=\dfrac{65}{2}$　∴ $\overline{\text{AC}}=\dfrac{65}{2}$, $\overline{\text{BC}}=\dfrac{63}{2}$

03 관람차가 한 바퀴를 도는 데 24분이
걸리므로 8분 동안 회전하는 각의 크
기는 $360°\times\dfrac{8}{24}=120°$이다.

점 Q에서 $\overline{\text{OP}}$에 내린 수선의 발을 R
라고 하면 △OQR에서 ∠QOR$=60°$,
$\overline{\text{OQ}}=8$ m이므로

$\overline{\text{OR}}=\overline{\text{OQ}}\cos 60°=8\times\dfrac{1}{2}=4(\text{m})$,

$\overline{\text{QR}}=\overline{\text{OQ}}\sin 60°=8\times\dfrac{\sqrt{3}}{2}=4\sqrt{3}(\text{m})$

점 Q에서 지면에 내린 수선의 발을 S라고 하면
$\overline{\text{SP}}=\overline{\text{QR}}=4\sqrt{3}$ m, $\overline{\text{OP}}=8+2=10(\text{m})$

$\overline{\text{QS}}=\overline{\text{RP}}=\overline{\text{OP}}-\overline{\text{OR}}=10-4=6(\text{m})$

$\overline{\text{PQ}}=\sqrt{6^2+(4\sqrt{3})^2}=2\sqrt{21}(\text{m})$

따라서 △QSP에서 $\sin x=\dfrac{\overline{\text{QS}}}{\overline{\text{PQ}}}=\dfrac{6}{2\sqrt{21}}=\dfrac{\sqrt{21}}{7}$,

$\cos x=\dfrac{\overline{\text{SP}}}{\overline{\text{PQ}}}=\dfrac{4\sqrt{3}}{2\sqrt{21}}=\dfrac{2\sqrt{7}}{7}$

∴ $\sin x\times\cos x=\dfrac{\sqrt{21}}{7}\times\dfrac{2\sqrt{7}}{7}=\dfrac{2\sqrt{3}}{7}$

04 $\overline{\text{AC}}=\overline{\text{AB}}\sin 45°=6$

$\overline{\text{BC}}=\overline{\text{AB}}\cos 45°=6$

∴ (부피)$=\dfrac{1}{3}\times(\pi\times 6^2)\times 6$

$\qquad\qquad +\dfrac{1}{2}\times\dfrac{4}{3}\pi\times 6^3$

$\qquad =216\pi$

05 ∠$P_1OP_2=\angle x$라 하면

$\overline{\text{OP}_1}=\sqrt{4^2+3^2}=5$이므로 $\cos x=\dfrac{4}{5}$

$\overline{P_1P_2}=3$

$\overline{P_2P_3}=\overline{P_1P_2}\cos x=3\times\dfrac{4}{5}=\dfrac{12}{5}$

$\overline{P_3P_4}=\overline{P_2P_3}\cos x=\dfrac{48}{25}$, $\overline{P_4P_5}=\overline{P_3P_4}\cos x=\dfrac{192}{125}$

$\overline{P_5P_6}=\overline{P_4P_5}\cos x=\dfrac{768}{625}$, $\overline{P_6P_7}=\overline{P_5P_6}\cos x=\dfrac{3072}{3125}$

∴ (주어진 식)$=3+\dfrac{12}{5}+\dfrac{48}{25}+\dfrac{192}{125}+\dfrac{768}{625}+\dfrac{3072}{3125}$

$\qquad =\dfrac{34587}{3125}$

06 $\overline{\text{AB}}=a$, $\overline{\text{PQ}}$의 길이가 최소가 될 때
의 점 P, Q가 움직인 거리를 각각 b
라 하고, 점 P에서 $\overline{\text{BQ}}$에 내린 수선
의 발을 H라 하면

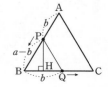

$\overline{\text{BP}}=a-b,\ \overline{\text{BQ}}=b$

$\overline{\text{PH}}=(a-b)\times\sin 60°=\dfrac{(a-b)\sqrt{3}}{2}$

$\overline{\text{BH}}=(a-b)\times\cos 60°=\dfrac{a-b}{2}$

$\overline{\text{QH}}=\overline{\text{BQ}}-\overline{\text{BH}}=b-\dfrac{a-b}{2}=\dfrac{3b-a}{2}$

$\therefore \overline{\text{PQ}}^2=\left\{\dfrac{(a-b)\sqrt{3}}{2}\right\}^2+\left(\dfrac{3b-a}{2}\right)^2$

$\qquad=\dfrac{3a^2-6ab+3b^2+a^2-6ab+9b^2}{4}$

$\qquad=a^2-3ab+3b^2$

$\qquad=3\left(b-\dfrac{a}{2}\right)^2+\dfrac{a^2}{4}$

따라서 $b=\dfrac{a}{2}$일 때, 즉, 출발한지 5분 후에 $\overline{\text{PQ}}$의 길이가 최소가 된다.

07 $\angle\text{BAC}=\angle x$, $\overline{\text{AH}}=a$, $\overline{\text{AD}}=b$라 하면

$S_1=\dfrac{1}{2}\overline{\text{AI}}\cdot\overline{\text{AF}}\sin x-\dfrac{1}{2}\overline{\text{AH}}\cdot\overline{\text{AE}}\cdot\sin x$

$\quad=\dfrac{1}{2}(2a\times 3b-a\times 2b)\sin x$

$\quad=2ab\sin x$

$S_2=\dfrac{1}{2}\overline{\text{AJ}}\cdot\overline{\text{AG}}\sin x-\dfrac{1}{2}\overline{\text{AI}}\cdot\overline{\text{AF}}\sin x$

$\quad=\dfrac{1}{2}(3a\times 4b-2a\times 3b)\sin x$

$\quad=3ab\sin x$

$S_3=\dfrac{1}{2}\overline{\text{AC}}\cdot\overline{\text{AB}}\sin x-\dfrac{1}{2}\overline{\text{AJ}}\cdot\overline{\text{AG}}\sin x$

$\quad=\dfrac{1}{2}(4a\times 5b-3a\times 4b)\sin x$

$\quad=4ab\sin x$

$\therefore 2S_2=S_1+S_3$

08 바깥쪽 트랙의 큰 원과 안쪽 트랙의 작은 원의 반지름의 길이를 각각 R, r라 하면 트랙의 폭은 $\overline{\text{AE}}=R-r$이다.

직선 트랙에서는 차이가 나지 않으므로 곡선 트랙에서 차이가 발생한다.

즉, 출발점이 $(R-r)\pi$만큼 앞당겨져야 하므로 $\overline{\text{EC}}=(R-r)\pi$이다.

$\therefore \tan x=\dfrac{\overline{\text{EC}}}{\overline{\text{AE}}}=\dfrac{(R-r)\pi}{R-r}=\pi$

09 $\overline{\text{EC}}=b$로 놓으면 $\overline{\text{AC}}=\overline{\text{BC}}=a+b$

$\tan 75°=\dfrac{\overline{\text{AC}}}{\overline{\text{EC}}}=\dfrac{a+b}{b}=2+\sqrt{3}$

$a+b=b(2+\sqrt{3})\ \cdots\ ㉠$

㉠에서 $a=b(1+\sqrt{3})$ $\quad\therefore b=\dfrac{a}{1+\sqrt{3}}\ \cdots\ ㉡$

$\overline{\text{CD}}=(a+b)\times\tan 30°=(a+b)\times\dfrac{1}{\sqrt{3}}$

$\overline{\text{AD}}=\overline{\text{AC}}-\overline{\text{CD}}$

$\quad=(a+b)-(a+b)\times\dfrac{1}{\sqrt{3}}$

$\quad=(a+b)\left(1-\dfrac{1}{\sqrt{3}}\right)$

$\quad=b(2+\sqrt{3})\left(1-\dfrac{1}{\sqrt{3}}\right)(\because ㉠)$

$\quad=b\left(1+\dfrac{1}{\sqrt{3}}\right)$

$\quad=\left(\dfrac{a}{1+\sqrt{3}}\right)\left(1+\dfrac{1}{\sqrt{3}}\right)(\because ㉡)$

$\quad=\dfrac{\sqrt{3}}{3}a$

10 $y=\cos a(3x-\sin a)$를 $y=x^2+\cos ax+\sin^2 a$에 대입하여 정리하면

$x^2-2\cos ax+\sin^2 a+\sin a\times\cos a=0\ \cdots\ ㉠$

방정식 ㉠이 중근을 가지므로

$\dfrac{D}{4}=\cos^2 a-\sin^2 a-\sin a\times\cos a=0$

$0°<a<90°$이므로 $\cos a>0$

따라서 양변을 $\cos^2 a$로 나누어 정리하면

$\dfrac{\sin^2 a}{\cos^2 a}+\dfrac{\sin a}{\cos a}-1=0$

$\dfrac{\sin a}{\cos a}=\tan a$이므로 $\tan^2 a+\tan a-1=0$

$\tan a=t$라 놓으면 $t^2+t-1=0$, $t=\dfrac{-1\pm\sqrt{5}}{2}$

$0°<a<90°$에서 $\tan a>0$ $\quad\therefore \tan a=\dfrac{-1+\sqrt{5}}{2}$

11 $\triangle\text{EBF}$의 한 변의 길이를 x, 점 E에서 $\overline{\text{BF}}$에 내린 수선의 발을 H라 하면

$x=\dfrac{\overline{\text{EH}}}{\sin 60°}=\dfrac{2\sqrt{3}}{3}$

$\overline{\text{CF}}=\dfrac{2\sqrt{3}}{3}-1=\dfrac{2\sqrt{3}-3}{3}$

$\overline{\text{CG}}=\overline{\text{CF}}\times\tan 60°=\dfrac{2\sqrt{3}-3}{3}\times\sqrt{3}=2-\sqrt{3}$

$\triangle\text{GCF}=\dfrac{1}{2}\times\left(\dfrac{2\sqrt{3}-3}{3}\right)\times(2-\sqrt{3})=\dfrac{7\sqrt{3}-12}{6}$

$\triangle\text{EBF}=\dfrac{1}{2}\times\dfrac{2\sqrt{3}}{3}\times 1=\dfrac{\sqrt{3}}{3}$

$\therefore (색칠한 부분의 넓이)=\dfrac{\sqrt{3}}{3}-\dfrac{7\sqrt{3}-12}{6}=\dfrac{12-5\sqrt{3}}{6}$

12 $\overline{CD}=x$, $\overline{AC}=y$로 놓으면 $\overline{AB}=\overline{AC}+\overline{CD}=x+y$

$\overline{BC}=3\overline{CD}=3x$

$\triangle ABC$에서 $\overline{AB}^2=\overline{BC}^2+\overline{AC}^2$이므로

$(x+y)^2=(3x)^2+y^2$, $2xy=8x^2$ $\therefore y=4x(\because x\neq 0)$

점 B에서 $\overline{AD}$의 연장선에 내린 수선

의 발을 E라 하면

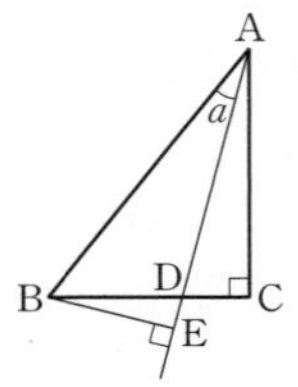

$\triangle ADC$에서

$\overline{AD}=\sqrt{(4x)^2+x^2}=\sqrt{17}x$

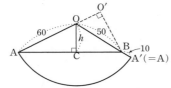

$\triangle ADC\backsim\triangle BDE$(AA 닮음)이므로

$\sqrt{17}x : 2x=x : \overline{DE}$, $\overline{DE}=\dfrac{2\sqrt{17}}{17}x$

$x : \overline{DE}=4x : \overline{BE}$, $\overline{BE}=\dfrac{8\sqrt{17}}{17}x$

$\triangle AEB$에서 $\overline{AE}=\sqrt{17}x+\dfrac{2\sqrt{17}}{17}x=\dfrac{19\sqrt{17}}{17}x$이므로

$\therefore \tan a=\dfrac{8\sqrt{17}}{17}x\times\dfrac{17}{19\sqrt{17}x}=\dfrac{8}{19}$

13 원뿔의 옆면을 펼치면

오른쪽 그림과 같다.

$\angle AOB=x°$라 놓으면

$2\pi\times 60\times\dfrac{x}{360}=2\pi\times 20$

$x=120$

$\angle BOO'=60°$이므로

점 B에서 $\overrightarrow{AO}$에 내린 수선의 발을 O'라 하면

$\overline{BO'}=50\times\sin 60°=25\sqrt{3}$

$\overline{OO'}=50\times\cos 60°=25$

$\overline{AB}^2=(\overline{AO}+\overline{OO'})^2+\overline{BO'}^2$

$\qquad=85^2+(25\sqrt{3})^2=7225+1875=9100$

$\therefore \overline{AB}=10\sqrt{91}$

$\triangle OAB=\dfrac{1}{2}\times 10\sqrt{91}\times h$

$\qquad=\dfrac{1}{2}\times 60\times 50\times\sin 60°=750\sqrt{3}$

$\therefore h=\dfrac{150\sqrt{3}}{\sqrt{91}}$

$\overline{CB}^2=50^2-\left(\dfrac{150\sqrt{3}}{\sqrt{91}}\right)^2=\dfrac{160000}{91}$

$\therefore$ (내려가는 구간)$=\overline{CB}=\dfrac{400\sqrt{91}}{91}$

14 원 모양의 시계의 중심을 O라 하

고, $\triangle OAB$의 점 A에서 $\overline{OB}$에

내린 수선의 발을 H라고 하자.

$\triangle AOH$는 $\angle AOH=\dfrac{360°}{12}=30°$

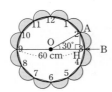

인 직각삼각형이므로

$\overline{AH}=\sin 30°\times\overline{AO}=\dfrac{1}{2}\times 30=15(cm)$이고

$\overline{OH}=\cos 30°\times\overline{AO}=\dfrac{\sqrt{3}}{2}\times 30=15\sqrt{3}(cm)$

$\triangle ABH$에서 $\overline{BH}=\overline{BO}-\overline{OH}=30-15\sqrt{3}(cm)$이므로

$\overline{AB}=\sqrt{\overline{AH}^2+\overline{BH}^2}=\sqrt{15^2+(30-15\sqrt{3})^2}$

$\qquad=\sqrt{1800-900\sqrt{3}}=\sqrt{30^2(2-\sqrt{3})}$

$\qquad=30\sqrt{2-\sqrt{3}}(cm)$

시계를 꾸미는데 필요한 반원 모양의 색종이는 총 12장이

고, 그 넓이는 지름이 $\overline{AB}$인 원의 넓이의 6배이므로

$S=6\pi\times\left(\dfrac{1}{2}\overline{AB}\right)^2=6\pi(15\sqrt{2-\sqrt{3}})^2$

$\quad=6\pi\times 225\times(2-\sqrt{3})$

$\quad=1350\pi(2-\sqrt{3})(cm^2)$

15 $\overline{DH}=\overline{EK}=\overline{FL}=a$라 하면

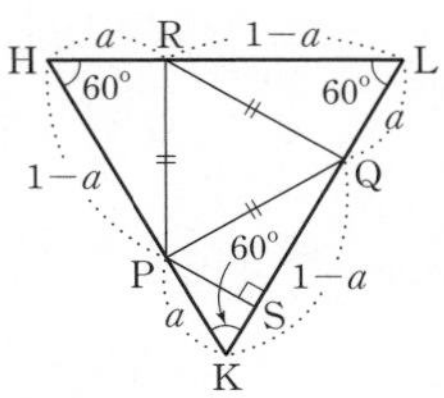

$\triangle DHR$, $\triangle EKP$, $\triangle FLQ$는

직각이등변삼각형이므로

$\overline{HR}=\overline{KP}=\overline{LQ}=a$이고

$\overline{HP}=\overline{KQ}=\overline{LR}=1-a$이다.

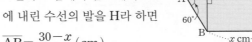

$\therefore \triangle HPR\equiv\triangle KQP\equiv\triangle LRQ$(SAS 합동)

$\triangle KLH=\dfrac{\sqrt{3}}{4}\times 1^2=\dfrac{\sqrt{3}}{4}$

점 P에서 $\overline{KL}$에 내린 수선의 발을 S라 하면

$\sin 60°=\dfrac{\overline{PS}}{a}=\dfrac{\sqrt{3}}{2}$이므로 $\overline{PS}=\dfrac{\sqrt{3}}{2}a$

$\therefore \triangle PKQ=\dfrac{1}{2}\times(1-a)\times\dfrac{\sqrt{3}}{2}a=\dfrac{\sqrt{3}a(1-a)}{4}$

이때 $\triangle PQR=\triangle KLH-3\triangle PKQ$이므로

$\dfrac{\sqrt{3}}{12}=\dfrac{\sqrt{3}}{4}-3\times\dfrac{\sqrt{3}a(1-a)}{4}$

$9a^2-9a+2=0$, $(3a-1)(3a-2)=0$

$\therefore a=\dfrac{1}{3}\left(\because 0<a<\dfrac{1}{2}\right)$

따라서 $\overline{DH}=\dfrac{1}{3}$, $\overline{EH}=\sqrt{\left(\dfrac{1}{3}\right)^2+1^2}=\dfrac{\sqrt{10}}{3}$이므로

$\cos k=\dfrac{\overline{DH}}{\overline{EH}}=\dfrac{1}{3}\times\dfrac{3}{\sqrt{10}}=\dfrac{\sqrt{10}}{10}$

16 오른쪽 그림에서 점 B에서 $\overline{AD}$

에 내린 수선의 발을 H라 하면

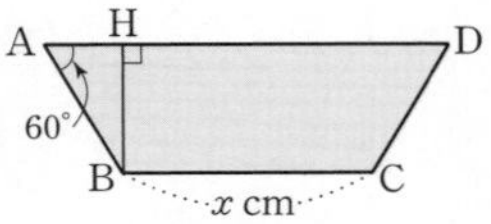

$\overline{AB}=\dfrac{30-x}{2}(cm)$

또, $\triangle ABH$에서 $\angle A=60°$이므로

$\overline{BH}=\overline{AB}\times\sin 60°=\dfrac{\sqrt{3}(30-x)}{4}(cm)$

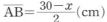

$\overline{AH}=\overline{AB}\times\cos 60°=\dfrac{30-x}{4}$(cm)이므로

$\overline{AD}=\dfrac{30-x}{4}\times 2+x=\dfrac{30+x}{2}$(cm)

∴ (사다리꼴의 넓이)

$=\dfrac{1}{2}\times\left(\dfrac{30+x}{2}+x\right)\times\dfrac{\sqrt{3}(30-x)}{4}$

$=-\dfrac{3\sqrt{3}}{16}(x-10)^2+75\sqrt{3}$(cm²)

따라서 $x=10$일 때, 사다리꼴의 넓이가 최대가 된다.

17 오른쪽 그림과 같은 전개도에서
S부분을 확대하면
$\angle PQR=x$이고
$\overline{PR}=2$ cm이므로

$\overline{PQ}=\dfrac{2}{\sin x}$(cm)

따라서 띠가 지나간 부분의 넓이는 밑변이 $\dfrac{2}{\sin x}$ cm이고
높이가 40 cm인 평행사변형의 넓이와 같으므로 구하는 넓
이는 $\dfrac{2}{\sin x}\times 40=\dfrac{80}{\sin x}$(cm²)

18 오른쪽 그림에서
$\angle ABE=\angle EBF=\angle FBC=30°$
이다.
정사각형 ABCD의 한 변의 길이를
a라 하면

$\overline{AE}=\overline{CF}=a\tan 30°=\dfrac{1}{\sqrt{3}}a$

따라서 다음과 같이 $\overline{BE}$, $\overline{BF}$, $\overline{DF}$, $\overline{DE}$를 구할 수 있다.

$\overline{BE}=\dfrac{\overline{AB}}{\cos 30°}=\dfrac{2a}{\sqrt{3}}$, $\overline{BF}=\dfrac{\overline{BC}}{\cos 30°}=\dfrac{2a}{\sqrt{3}}$

$\overline{DF}=\overline{DE}=\overline{AD}-\overline{AE}=a-\dfrac{a}{\sqrt{3}}=\dfrac{\sqrt{3}-1}{\sqrt{3}}a$

$\triangle ABE=\dfrac{1}{2}\cdot\overline{AB}\cdot\overline{AE}=\dfrac{1}{2}\times a\times\dfrac{a}{\sqrt{3}}=\dfrac{a^2}{2\sqrt{3}}$

$\square EBFD=\triangle BEF+\triangle DEF$

$=\dfrac{1}{2}\cdot\overline{BE}\cdot\overline{BF}\cdot\sin 30°+\dfrac{1}{2}\cdot\overline{DE}\cdot\overline{DF}$

$=\dfrac{1}{2}\times\dfrac{4}{3}a^2\times\dfrac{1}{2}+\dfrac{1}{2}\times\dfrac{4-2\sqrt{3}}{3}a^2$

$=\dfrac{a^2}{3}+\dfrac{2-\sqrt{3}}{3}a^2=\dfrac{3-\sqrt{3}}{3}a^2$

∴ $\dfrac{\square EBFD}{\triangle ABE}=\dfrac{\dfrac{3-\sqrt{3}}{3}}{\dfrac{1}{2\sqrt{3}}}=2(\sqrt{3}-1)$

---

01 $\overline{AB}=3\sqrt{2}+\sqrt{6}$, $\overline{AC}=2\sqrt{3}+2$ **02** $(50\sqrt{3}-75)$ cm²

03 $4\sqrt{19}$ km **04** $\sqrt{35}$ **05** $\dfrac{2\sqrt{7}}{7}$ **06** 17

07 $8\sqrt{3}$ m **08** 35, 36, 39 **09** 풀이 참조

01 △ABC의 점 C에서
$\overline{AB}$에 내린 수선의
발을 H라 하면
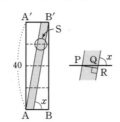
$\overline{CH}=2\times\sin 45°=\sqrt{2}$,
△CIH에서 $\overline{CI}=\overline{CB}=2$
△CIJ에서 $\overline{CJ}=2\times\cos 30°=\sqrt{3}$, $\overline{IJ}=2\times\sin 30°=1$
△IJK에서 $\overline{KJ}=\overline{CJ}=\sqrt{3}$, $\overline{IK}=\overline{IC}=2$
△KAI는 이등변삼각형이므로 $\overline{AK}=\overline{KI}=2$
∴ $\overline{AC}=\overline{CJ}+\overline{JK}+\overline{KA}$
$=\sqrt{3}+\sqrt{3}+2=2\sqrt{3}+2$
△CAH에서
$\overline{AH}=\sqrt{(2\sqrt{3}+2)^2-(\sqrt{2})^2}=\sqrt{14+8\sqrt{3}}$
$=\sqrt{(\sqrt{6}+\sqrt{8})^2}=\sqrt{6}+2\sqrt{2}$
∴ $\overline{AB}=\overline{BH}+\overline{AH}$
$=\sqrt{2}+\sqrt{6}+2\sqrt{2}$
$=3\sqrt{2}+\sqrt{6}$

02 오른쪽 그림과 같이 점 F에서 $\overline{AB}$
에 내린 수선의 발을 H라 하자.
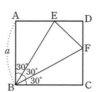
$\overline{BH}=x$ (cm)라 하면
$\overline{AH}=10-x$(cm)
△AHF에서 $\angle HAF=45°$이므로
$\overline{FH}=\overline{AH}\times\tan 45°=10-x$ … ㉠
△HBF에서 $\angle HBF=90°-60°=30°$
$\overline{FH}=\overline{BH}\times\tan 30°=\dfrac{\sqrt{3}}{3}x$ … ㉡
㉠과 ㉡에 의하여 $10-x=\dfrac{\sqrt{3}}{3}x$, $\dfrac{3+\sqrt{3}}{3}x=10$
∴ $x=15-5\sqrt{3}$
따라서 $\overline{BH}$의 길이는 $15-5\sqrt{3}$(cm)이다.
∴ △EFC=△EBC-△FBC
$=\dfrac{1}{2}\times\overline{BE}\times\overline{BC}\times\sin 60°-\dfrac{1}{2}\times\overline{BC}\times\overline{BH}$
$=\dfrac{1}{2}\times 10\times 10\times\dfrac{\sqrt{3}}{2}-\dfrac{1}{2}\times 10\times(15-5\sqrt{3})$
$=25\sqrt{3}-75+25\sqrt{3}$
$=50\sqrt{3}-75$(cm²)

03 공장의 위치를 P라 하고
△ABP를 점 B를 중심으로
하여 반시계 방향으로 60°
회전시켜

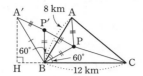

△A′BP′을 만든다.

∴ $\overline{BA'}=\overline{BA}$, $\overline{BP'}=\overline{BP}$, $\overline{A'P'}=\overline{AP}$

△BPP′은 $\overline{BP'}=\overline{BP}$, ∠P′BP=60°이므로 정삼각형이다.

∴ $\overline{BP}=\overline{P'P}$

$\overline{PA}+\overline{PB}+\overline{PC}=\overline{P'A'}+\overline{P'P}+\overline{PC}$이고 이것의 최솟값은
$\overline{A'C}$의 길이이다.

점 A′에서 $\overline{BC}$의 연장선에 내린 수선의 발을 H라 하면
∠ABC=120°에서 ∠A′BH=60°, $\overline{A'B}=8$ km이므로

△A′BH에서 $\overline{A'H}=8\sin 60°=4\sqrt{3}$(km),

$\overline{HB}=8\cos 60°=4$(km)

△A′HC에서 $\overline{A'C}=\sqrt{(4\sqrt{3})^2+(4+12)^2}=4\sqrt{19}$(km)

따라서 거리의 합의 최솟값은 $4\sqrt{19}$km이다.

04 △ABC의 꼭짓점 A에서 $\overline{BC}$에 내린
수선의 발을 H라 하자.

$\overline{CH}=x$라 하면 $\overline{BH}=10-x$

두 직각삼각형 ABH, ACH에서

$\overline{AH}^2=12^2-(10-x)^2=8^2-x^2$

$144-100+20x-x^2=64-x^2$

$20x=20$ ∴ $x=1$

∴ $\overline{AH}=\sqrt{8^2-1^2}=3\sqrt{7}$

△ABH에서 $\sin B=\dfrac{\overline{AH}}{\overline{AB}}=\dfrac{3\sqrt{7}}{12}=\dfrac{\sqrt{7}}{4}$

$\overline{BE}=4k$, $\overline{DE}=\sqrt{7}k(k>0)$라 하면

$\overline{BD}=\sqrt{(4k)^2-(\sqrt{7}k)^2}=3k$

$\triangle EBD=\dfrac{1}{2}\times\overline{BD}\times\overline{DE}=\dfrac{1}{2}\triangle ABC$

$\dfrac{1}{2}\times 3k\times\sqrt{7}k=\dfrac{1}{2}\times\dfrac{1}{2}\times 10\times 3\sqrt{7}$

$k^2=5$ ∴ $k=\sqrt{5}(∵ k>0)$

∴ $\overline{DE}=\sqrt{7}k=\sqrt{35}$

05 오른쪽 그림과 같이 $\overline{OC}$와
$\overline{AB}$의 교점을 E라 하자.

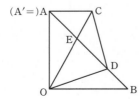

점 C에서 직선 $\overline{OA}$에 내린
수선의 발을 A′라고 하면

$\overline{OA'}=\overline{OC}\cos 30°$

$=1\times\dfrac{\sqrt{3}}{2}=\dfrac{\sqrt{3}}{2}=\overline{OA}$

이므로 A=A′

따라서 ∠CAO=90°이므로

$\overline{AC}=\overline{OC}\sin 30°=\dfrac{1}{2}$이고 $\overline{AC}\ /\!/\ \overline{OB}$

또, ∠CAE=∠EBO(∵ 엇각),
∠AEC=∠BEO(∵ 맞꼭지각)이므로
△AEC∽△BEO(AA 닮음)

따라서 $\overline{AE}:\overline{EB}=\overline{AC}:\overline{OB}=\dfrac{1}{2}:1=1:2$에서

$\overline{AE}=\dfrac{1}{3}\overline{AB}$, 같은 이유로 $\overline{EO}=\dfrac{2}{3}\overline{CO}=\dfrac{2}{3}$

한편 피타고라스 정리에 의해

$\overline{AB}=\sqrt{\overline{OA}^2+\overline{BO}^2}=\sqrt{\left(\dfrac{\sqrt{3}}{2}\right)^2+1^2}=\dfrac{\sqrt{7}}{2}$ ∴ $\overline{AE}=\dfrac{\sqrt{7}}{6}$

한편, ∠OAD=∠OCD이므로 네 점 O, A, C, D는 한 원
위의 점이다.

따라서 ∠EAC=∠EOD(∵ 원주각의 성질),
∠AEC=∠BEO(∵ 맞꼭지각)이므로
△AEC∽△OED(AA 닮음)

그러므로 $\dfrac{\overline{DO}}{\overline{EO}}=\dfrac{\overline{CA}}{\overline{EA}}=\dfrac{\dfrac{1}{2}}{\dfrac{\sqrt{7}}{6}}=\dfrac{3}{\sqrt{7}}$

∴ $\overline{DO}=\dfrac{3}{\sqrt{7}}\overline{EO}=\dfrac{3}{\sqrt{7}}\times\dfrac{2}{3}=\dfrac{2\sqrt{7}}{7}$

06 △BAB₁에서 ∠BAB₁=5°이므로

$\overline{BB_1}=\overline{AB}\tan 5°=5\tan 5°$

△BAB₂에서 ∠BAB₂=10°이므로

$\overline{BB_2}=\overline{AB}\tan 10°=5\tan 10°$

△BAB₃에서 ∠BAB₃=15°이므로

$\overline{BB_3}=\overline{AB}\tan 15°=5\tan 15°$

⋮

△BAB₉에서 ∠BAB₉=45°이므로

$\overline{BB_9}=\overline{AB}\tan 45°=5$

△BAB₁₀에서 ∠BAB₁₀=50°이므로

$\overline{BB_{10}}=\overline{AB}\tan 50°=\dfrac{\overline{AB}}{\tan 40°}=\dfrac{5}{\tan 40°}$

⋮

△BAB₁₅에서 ∠BAB₁₅=75°이므로

$\overline{BB_{15}}=\overline{AB}\tan 75°=\dfrac{5}{\tan 15°}$

△BAB₁₆에서 ∠BAB₁₆=80°이므로

$\overline{BB_{16}}=\overline{AB}\tan 80°=\dfrac{5}{\tan 10°}$

△BAC에서 ∠BAC=85°이므로

$\overline{BC}=\overline{AB}\tan 85°=\dfrac{5}{\tan 5°}$

$$\therefore \overline{BB_1} \times \overline{BB_2} \times \overline{BB_3} \times \cdots \times \overline{BB_{15}} \times \overline{BB_{16}} \times \overline{BC}$$

$$= 5\tan 5° \times 5\tan 10° \times 5\tan 15° \times \cdots \times \frac{5}{\tan 15°}$$

$$\times \frac{5}{\tan 10°} \times \frac{5}{\tan 5°} = 5^{17}$$

$$\therefore n = 17$$

07 사각형의 네 내각의 크기의 합은 360°이므로

$$\angle C = 360° - (90° + 90° + 60°) = 120°$$

$\overline{AB}$와 수직이고 점 P를 지나는 선분 EG, $\overline{AB}$와 수직이고 점 Q를 지나는 선분 FQ를 그으면 $\overline{AD} /\!/ \overline{EG} /\!/ \overline{FQ} /\!/ \overline{BC}$이다. 이때, 주어진 각의 크기와 빛의 입사각과 반사각의 크기가 같음을

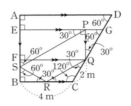

이용하여 나머지 각의 크기를 구하면 오른쪽 그림과 같다.

즉, △CQR는 이등변삼각형이므로 $\overline{CR} = \overline{CQ} = 2$ m

$$\therefore \overline{BR} = 2 \text{ m}$$

이때, [그림 1]과 같이 △CQR의 꼭짓점 C에서 $\overline{QR}$에 내린 수선의 발을 H라 하면

[그림 1]

$$\overline{HQ} = \overline{CQ}\cos 30° = 2 \times \frac{\sqrt{3}}{2} = \sqrt{3}(\text{m})$$

$$\therefore \overline{QR} = 2\overline{HQ} = 2\sqrt{3}(\text{m}) \cdots \bigcirc$$

또한, 직각삼각형 BRS에서

$$\overline{RS} = \frac{\overline{BR}}{\cos 30°} = \frac{4\sqrt{3}}{3}(\text{m}) \cdots \bigcirc$$

[그림 2]에서

$\angle P = \angle S = 60°$이므로

□PSRQ는 등변사다리꼴이다.

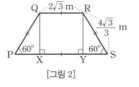

[그림 2]

$$\therefore \overline{PQ} = \overline{RS} = \frac{4\sqrt{3}}{3} \text{ m}$$

또한, 두 꼭짓점 Q, R에서 $\overline{PS}$에 내린 수선의 발을 각각 X, Y라 하면 $\overline{XY} = \overline{QR} = 2\sqrt{3}$ m

직각삼각형 RYS에서

$$\overline{SY} = \overline{RS}\cos 60°$$

$$= \frac{4\sqrt{3}}{3} \times \frac{1}{2} = \frac{2\sqrt{3}}{3}(\text{m})$$

$$\therefore \overline{PX} = \overline{SY} = \frac{2\sqrt{3}}{3} \text{ m}$$

$$\therefore \overline{PS} = \overline{PX} + \overline{XY} + \overline{SY}$$

$$= \frac{2\sqrt{3}}{3} + 2\sqrt{3} + \frac{2\sqrt{3}}{3} = \frac{10\sqrt{3}}{3}(\text{m})$$

따라서 빛의 이동 거리는

$$\overline{PQ} + \overline{QR} + \overline{RS} + \overline{SP}$$

$$= \frac{4\sqrt{3}}{3} + 2\sqrt{3} + \frac{4\sqrt{3}}{3} + \frac{10\sqrt{3}}{3} = 8\sqrt{3}(\text{m})$$

08 △ABC에서 $\overline{AB} = c$, $\overline{BC} = a$라 하고 점 A에서 $\overline{BC}$에 내린 수선의 발을 H라 하면 △ACH에서

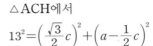

$$13^2 = \left(\frac{\sqrt{3}}{2}c\right)^2 + \left(a - \frac{1}{2}c\right)^2$$

$$169 = c^2 + a^2 - ac, \ (a+c)^2 - 3ac = 169,$$

$$ac = \frac{(a+c)^2 - 169}{3}$$

a, c를 두 근으로 하는 이차방정식은

$$(x-a)(x-c) = 0, \ x^2 - (a+c)x + ac = 0$$

두 근의 합 $a+c = k(k > 13$인 자연수)라 하면

$$ac = \frac{k^2 - 169}{3}$$ 이므로 $x^2 - kx + \frac{k^2 - 169}{3} = 0$

$D \geq 0$이므로 $k^2 - 4 \times \frac{k^2 - 169}{3} \geq 0$, $3k^2 - 4k^2 + 676 \geq 0$,

$$k^2 \leq 676, \ 13 < k \leq 26 (\because k > 13)$$

$k = 14, 15, 16, \cdots, 26$을 이차방정식

$x^2 - kx + \frac{k^2 - 169}{3} = 0$에 대입하여

두 근이 자연수인 k의 값을 찾으면

$k = 22$일 때, $x^2 - 22x + 105 = 0$, $x = 15$ 또는 $x = 7$

$$\therefore a + c + 13 = 35$$

$k = 23$일 때, $x^2 - 23x + 120 = 0$, $x = 15$ 또는 $x = 8$

$$\therefore a + c + 13 = 36$$

$k = 26$일 때, $x^2 - 26x + 169 = 0$, $x = 13$

$$\therefore a + c + 13 = 39$$

따라서 만들 수 있는 삼각형 ABC의 둘레의 길이는 35, 36, 39이다.

09 오른쪽 그림과 같이 세 대각선 AD, BE, CF가 각각 육각형 ABCDEF의 넓이를 이등분하면서 한 점에서 만나지 않는다고 하면

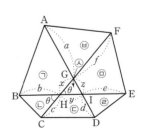

□BCDE

= □CDEF

$= \frac{1}{2} \times$ (육각형 ABCDEF의 넓이)이므로

$$\bigcirc + \bigcirc + \bigcirc = \bigcirc + \bigcirc + \bigcirc + \bigcirc$$

$$\bigcirc = \bigcirc + \bigcirc$$

$$\therefore \triangle BCH = \triangle EFH$$

$$\frac{1}{2}bc\sin\theta = \frac{1}{2}(y+e)(x+f)\sin\theta$$

$$\therefore bc = (y+e)(x+f) \geq ef \cdots \textcircled{1}$$

마찬가지 방법으로 생각하면

$af=(x+c)(z+d)\geq cd \cdots ②$

$de=(a+z)(b+y)\geq ab \cdots ③$

①, ②, ③에서 $x=y=z=0$이다.

따라서 세 대각선 $\overline{AD}$, $\overline{BE}$, $\overline{CF}$는 모두 한 점에서 만난다.

II. 원의 성질

1 원과 직선

핵심 문제 01   42쪽

| **1** $120°$ | **2** 25 cm | **3** $\dfrac{15}{2}$ cm |
| **4** 28 cm | **5** 54 cm | |

1 원의 중심 O에서 $\overline{AB}$에 내린 수선의 발을 H라고 하면

$\overline{OA}=8$, $\overline{OH}=\dfrac{1}{2}\times 8=4$

직각삼각형 OAH에서

$\cos(\angle AOH)=\dfrac{4}{8}=\dfrac{1}{2}$

$\therefore \angle AOH=60°$

$\therefore \angle AOB=2\angle AOH=120°$

2 반지름의 길이를 x cm라 하면

$x^2=(x-5)^2+15^2$

$10x=250$

$\therefore x=25$

3 $\overline{OA}$, $\overline{OB}$, $\overline{OC}$를 긋고 $\overline{OA}$와 $\overline{BC}$의 교점을 H라고 하면 $\overline{AC}=\overline{AB}$이므로

$\angle AOC=\angle AOB$

따라서 $\overline{OA}$는 $\overline{BC}$를 수직이등분하므로

$\overline{CH}=\dfrac{1}{2}\overline{BC}=6$(cm)

직각삼각형 AHC에서 피타고라스 정리에 의해

$\overline{HA}=3$(cm)

원 O의 반지름의 길이를 r cm라고 하면 $\overline{OH}=(r-3)$ cm

직각삼각형 OCH에서 $r^2=6^2+(r-3)^2$, $6r=45$

$\therefore r=\dfrac{15}{2}$

따라서 원 O의 반지름의 길이는 $\dfrac{15}{2}$ cm이다.

4 오른쪽 그림에서 두 받침대가 쟁반의 테두리와 만나는 점을 각각 A와 B, C와 D라 하자.

원의 중심 O에서 두 현 AB, CD에 내린 수선의 발을 각각 M, N이라 하면 $\overline{AB}=\overline{CD}$이므로

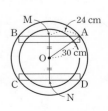

$\overline{OM}=\overline{ON}$이다.

직각삼각형 OAM에서 $\overline{OM}=\sqrt{30^2-24^2}=18(cm)$

$\therefore \overline{MN}=2\times18=36(cm)$

따라서 두 받침대 사이의 거리는

$36-2\times4=28(cm)$

5 $\overline{OM}=\overline{ON}$이므로 $\overline{AB}=\overline{AC}$

$\angle BAC=60°$이므로

$\angle ABC=\angle ACB=\dfrac{1}{2}\times(180°-60°)=60°$

따라서 △ABC는 정삼각형이다.

직각삼각형 MBO에서 $\overline{MB}=6\sqrt{3}\sin60°=9(cm)$

$\overline{AB}=2\overline{MB}=18(cm)$이므로

(△ABC의 둘레의 길이)$=3\overline{AB}=54(cm)$

응용 문제 01 〔43쪽〕

예제 **1** 12, $6\sqrt{3}$, $6\sqrt{3}$, $\dfrac{1}{2}$, 60, 60, 60, 80, $6\sqrt{3}$, 12, 80,

$36\sqrt{3}+32\pi$ / $(36\sqrt{3}+32\pi)$ cm^2

1 22 cm   **2** $(13-6\sqrt{2})$ cm   **3** 16 cm   **4** 7

1 $\overline{OD}=\overline{OE}$이므로 $\overline{AB}=\overline{AC}=16$ cm이다.

$\overline{AD}=\overline{DB}$, $\overline{AE}=\overline{EC}$이므로 삼각형의 두 변의 중점을 연결한 성질에 의하여 $\overline{DE}=\dfrac{1}{2}\overline{BC}=6(cm)$

따라서 △ADE의 둘레의 길이는

$\overline{AD}+\overline{DE}+\overline{EA}=8+6+8=22(cm)$

2 원의 중심에서 $\overline{BC}$에 내린 수선의 발을 H라 하면

$\overline{AB}=\overline{BC}=9$, $\overline{OP}=r$, $\overline{OH}=9-r$,

$\overline{PH}=r-4$이므로 △OPH에서

$r^2=(9-r)^2+(r-4)^2$

$r^2-26r+97=0$

$\therefore r=13-6\sqrt{2}\left(\because \dfrac{9}{2}<r<9\right)$

3 원의 중심 O에서 $\overline{AB}$, $\overline{CD}$에 내린 수선의 발을 각각 H, N이라고 하면

$\overline{AH}=\overline{HB}=\dfrac{1}{2}\overline{AB}=15(cm)$,

$\overline{CN}=\overline{ND}$

△OAH에서

$\overline{OH}=\sqrt{17^2-15^2}=8(cm)$

$\overline{MN}=\overline{OH}=8$ cm이므로 $\overline{CM}=\overline{CN}+8$

$\overline{DM}=\overline{ND}-8=\overline{CN}-8$

$\therefore \overline{CM}-\overline{DM}=(\overline{CN}+8)-(\overline{CN}-8)=16(cm)$

4 큰 원과 작은 원의 반지름의 길이를 각각 x, y라 하고 원의 중심 O에서 $\overline{BC}$에 내린 수선의 발을 H라고 하면

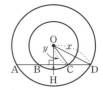

$x+y=27 \cdots ㉠$

$\overline{HD}=\dfrac{1}{2}\overline{AD}$

$\qquad =\dfrac{1}{2}\times(9+12+9)=15$

$\overline{HC}=\dfrac{1}{2}\overline{BC}=6$

직각삼각형 OHD에서 $x^2=\overline{OH}^2+15^2 \quad\cdots ㉡$

직각삼각형 OHC에서 $y^2=\overline{OH}^2+6^2 \quad\cdots ㉢$

㉡$-$㉢을 하면 $x^2-y^2=189$

$(x+y)(x-y)=189$, $27(x-y)=189(\because ㉠)$

$\therefore x-y=7$

핵심 문제 02 〔44쪽〕

1 24 : 35 : 31   **2** 18 cm

3 12.5 cm   **4** 32 cm

1 $\angle C=40°$이다.

호의 길이는 한 원에서 중심각의 크기에 비례하므로

$\overparen{DE}:\overparen{EF}:\overparen{FD}=\angle DOE:\angle EOF:\angle FOD$

$\angle DOE=180°-84°=96°$

$\angle EOF=180°-40°=140°$

$\angle DOF=180°-56°=124°$

따라서 구하는 길이의 비는

$96:140:124=24:35:31$

2 $\overline{AD}=\overline{AF}=x$ cm라고 하면

$\overline{BE}=\overline{BD}=12$ cm, $\overline{CE}=\overline{CF}=10$ cm이므로

$\overline{AB}+\overline{BC}+\overline{CA}=2(x+12+10)=60$

$x+22=30 \qquad \therefore x=8$

$\therefore \overline{AC}=\overline{AF}+\overline{CF}=8+10=18(cm)$

3 △ABO≡△AFO(RHS 합동)이므로 $\overline{AF}=\overline{AB}=10(cm)$

또한, △FOE≡△COE (RHS 합동)이므로

$\overline{FE}=\overline{CE}=x$ cm라고 하면

$\overline{AE}=10+x\,(\text{cm})$, $\overline{DE}=10-x\,(\text{cm})$

따라서 $\triangle EAD$에서

$(10+x)^2=10^2+(10-x)^2$, $x=\dfrac{5}{2}$

$\therefore \overline{AE}=12.5\,\text{cm}$

4 $\overline{AP}=\overline{AS}=5\,(\text{cm})$, $\overline{BP}=\overline{BQ}=4\,(\text{cm})$

$\overline{CR}=\overline{CQ}=4\,(\text{cm})$, $\overline{DR}=\overline{DS}=3\,(\text{cm})$

□ABCD의 둘레의 길이는

$(5+4+4+3)\times2=32\,(\text{cm})$

응용 문제 02 45쪽

예제 ❷ $\sqrt{2}r$, $\sqrt{2}$, $\sqrt{2}$, $\sqrt{2}-1$, $\sqrt{2}-1$, 2, 6, 2, 6, 6, $\sqrt{6}-\sqrt{3}$ / $30(\sqrt{6}-\sqrt{3})$ cm

1 60   **2** $\dfrac{24\sqrt{13}}{13}$ **3** 4 cm   **4** 8 cm

1 □ABCD가 원에 외접하므로

$x+10=y+6$ $\quad\therefore x-y=-4\cdots\ \text{㉠}$

$\overline{AC}\perp\overline{BD}$이므로

$x^2+10^2=y^2+6^2$, $x^2-y^2=-64$

$x^2-y^2=(x+y)(x-y)=-4(x+y)=-64$

$\therefore x+y=16\cdots\ \text{㉡}$

㉠, ㉡을 연립하여 풀면 $x=6$, $y=10$

$\therefore xy=60$

2 점 C에서 $\overline{BD}$에 내린 수선의

발을 H라 하면

$\overline{CH}=\sqrt{\overline{CD}^2-\overline{DH}^2}$

$\quad\quad=\sqrt{(4+9)^2-(9-4)^2}$

$\quad\quad=12$

$\triangle OAC$에서 피타고라스 정리에 의해

$\overline{OC}=\sqrt{6^2+4^2}=2\sqrt{13}$

$\triangle OAC\equiv\triangle OPC$(RHS 합동),

$\triangle OAM\equiv\triangle OPM$(SAS 합동)이므로

$\angle ACM=\angle PCM$, $\overline{AM}=\overline{PM}$이다. $\quad\therefore \overline{AP}\perp\overline{CO}$

$\dfrac{1}{2}\times\overline{AO}\times\overline{AC}=\dfrac{1}{2}\times\overline{OC}\times\overline{AM}$에서

$\dfrac{1}{2}\times6\times4=\dfrac{1}{2}\times2\sqrt{13}\times\overline{AM}$

$\therefore \overline{AM}=\dfrac{12\sqrt{13}}{13}$ $\quad\therefore \overline{AP}=2\overline{AM}=\dfrac{24\sqrt{13}}{13}$

3 $\overline{BP}=3\,\text{cm}$, $\overline{PC}=9\,\text{cm}$,

$\overline{PD}=\sqrt{9^2+12^2}=15\,(\text{cm})$

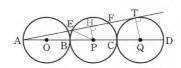

원 O와 $\overline{AB}$, $\overline{PD}$, $\overline{AD}$와의 접점을

차례로 Q, R, S라고 하고, $\overline{AB}$, $\overline{DP}$

의 연장선의 교점을 T라고 하면

$\triangle TAD\backsim\triangle TBP$(AA 닮음)이고

닮음비는 $\overline{AD}:\overline{BP}=3:12=1:4$이다.

$\therefore \overline{BT}=4\,\text{cm}$, $\overline{TD}=20\,\text{cm}$

원 O의 반지름을 r라고 하면

$\overline{TQ}=16-r$, $\overline{SD}=12-r$

$\overline{TD}=\overline{TR}+\overline{RD}$이고 $\overline{TQ}=\overline{TR}$, $\overline{SD}=\overline{RD}$로부터

$20=(16-r)+(12-r)$ $\quad\therefore r=4\,(\text{cm})$

4

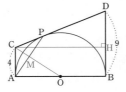

점 P에서 $\overline{EF}$에 내린 수선의 발을 H라 하면

$\overline{EH}=\overline{FH}$, $\angle AHP=\angle ATQ=90°$이므로

$\triangle APH\backsim\triangle AQT$(AA 닮음)

$\overline{AP}:\overline{AQ}=\overline{PH}:\overline{QT}$에서

$15:25=\overline{PH}:5$ $\quad\therefore \overline{PH}=3\,(\text{cm})$

$\triangle EPH$에서 $\overline{EH}=\sqrt{5^2-3^2}=4\,(\text{cm})$

$\therefore \overline{EF}=2\overline{EH}=8\,(\text{cm})$

핵심 문제 03 46쪽

1 16 cm   **2** $3\sqrt{35}$ cm   **3** 43°

4 $\angle IBD$, $\triangle IBD$, $\overline{ID}$, $\overline{IC}$, $\angle ICF$, $\triangle ICF$, $\overline{IF}$, $\overline{IF}$

1 점 O′에서 원 O의 반지름에

내린 수선의 발을 H라 할 때,

$\triangle OO'H$에서

$\overline{OH}=9-5=4\,(\text{cm})$

피타고라스 정리에 의해

$\overline{O'H}=16\,(\text{cm})$

따라서 공통외접선의 길이는 $\overline{O'H}$의 길이와 같으므로

16 cm이다.

2 원 O의 중심에서 원 O′의 중
심과 접점의 연장선 위에
내린 수선의 발을 H라 할 때,
△OO′H에서

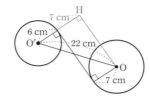

$\overline{O'H}=6+7=13\,(\mathrm{cm})$

피타고라스 정리에 의해 $\overline{OH}=3\sqrt{35}$

따라서 공통내접선의 길이는 $\overline{OH}$의 길이와 같으므로

$3\sqrt{35}$ cm이다.

3 점 P에서 한 원에 그은 두 접선의 길이가 같으므로

$\overline{PA}=\overline{PQ}$, ∠PQA=∠PAQ=47°

△PAQ에서 ∠BPQ=∠PAQ+∠PQA=47°+47°=94°

또, $\overline{PB}=\overline{PQ}$이므로 ∠PBQ=∠PQB

∴ ∠PBQ=$\dfrac{1}{2}(180°-94°)=43°$

응용 문제 03　　47쪽

예제 3　6, $20\sqrt{2}$, $\overline{BI}$, $\overline{EG}$, $\overline{EG}$, $\overline{EG}$, $\overline{BC}$, 40, $20\sqrt{2}$
/ $20\sqrt{2}$ cm

1 9 cm　　**2** 24 cm　　**3** 1　　**4** 8

1 $\overline{AP}=\overline{AQ}=\overline{AR}$, $\overline{BP}=\overline{BS}$,
$\overline{CS}=\overline{CQ}=\overline{CT}$, $\overline{DT}=\overline{DR}$
$\overline{AB}+\overline{CD}=\overline{BC}+\overline{AD}$이므로
11+6=7+$\overline{AD}$

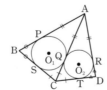

∴ $\overline{AD}=10\,(\mathrm{cm})$
마찬가지 방법으로 □ADEF에서도
$\overline{AD}+\overline{EF}=\overline{DE}+\overline{AF}$, 10+3=4+$\overline{AF}$
∴ $\overline{AF}=9\,(\mathrm{cm})$

2 $\overline{AQ}=8k$(단, $k>0$)라 하면 $\overline{BP}=9k$이다.
△OPQ, △O′QP는 모두 직각삼각형이므로
$\overline{PQ}^2=\overline{OQ}^2-\overline{OP}^2$, $\overline{PQ}^2=\overline{O'P}^2-\overline{O'Q}^2$
즉, $(10+8k)^2-10^2=(7+9k)^2-7^2$
$17k^2-34k=0$, $k(k-2)=0$　∴ $k=2$(∵ $k>0$)
∴ $\overline{PQ}=\sqrt{(10+16)^2-10^2}=24\,(\mathrm{cm})$

3 원 I는 △ABC의 내접원이므로
$\overline{BQ}=\dfrac{1}{2}(\overline{AB}+\overline{BC}-\overline{CA})=4$
또한, $\overline{BF}=\overline{BP}$, $\overline{CP}=\overline{CG}$이므로

(△ABC의 둘레의 길이)
$=\overline{AB}+\overline{BC}+\overline{CA}$
$=\overline{AF}+\overline{AG}=2\overline{AF}$
$2\overline{AF}=9+7+8$　∴ $\overline{AF}=12$
$\overline{BP}=\overline{BF}=\overline{AF}-\overline{AB}=12-9=3$
∴ $\overline{PQ}=\overline{BQ}-\overline{BP}=4-3=1$

4 오른쪽 그림과 같이
보조선을 그으면
△O_1DO_2∽△O_2EO_3
(AA 닮음)

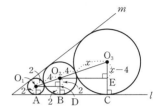

$\overline{O_1O_2}:\overline{O_2O_3}=\overline{O_2D}:\overline{O_3E}$
$6:(4+x)=2:(x-4)$
$2x+8=6x-24$, $4x=32$
∴ $x=8$

심화 문제　　48~53쪽

01 24π cm²　　**02** $3\sqrt{13}$　　**03** $\left(16\sqrt{3}+\dfrac{32}{3}\pi\right)$ cm

04 $2\sqrt{7}$ cm　　**05** $8\sqrt{3}$　　**06** $25:7$　　**07** 270π

08 25π cm²　　　　**09** $\overline{AP}=5$, $\overline{BQ}=15$

10 $(48\pi-36\sqrt{3})$ cm²　　**11** 24 cm²　　**12** 48π cm³

13 $5:1$　　**14** $6(3-2\sqrt{2})$ cm　　**15** 10 cm

16 $16(3-2\sqrt{2})\pi$ cm²　　**17** 9 cm　　**18** $\dfrac{1}{2}$

01 오른쪽 그림과 같이 보조선
을 그어 보면
색칠한 부분의 넓이는
(△AOC의 넓이)
+(활꼴 CO의 넓이)이다.

(△AOC의 넓이)=$\dfrac{1}{2}\times12\times12\times\dfrac{\sqrt{3}}{2}=36\sqrt{3}$

활꼴 CO의 넓이는 중심각이 60°인 부채꼴에서 삼각형 부분을 뺀 넓이와 같다.

(활꼴 CO의 넓이)=$\pi\times12^2\times\dfrac{60°}{360°}-\dfrac{1}{2}\times12\times12\times\dfrac{\sqrt{3}}{2}$
$=24\pi-36\sqrt{3}$

∴ (색칠한 부분의 넓이)=$36\sqrt{3}+24\pi-36\sqrt{3}=24\pi\,(\mathrm{cm}^2)$

[다른 풀이]
색칠한 부분을 오른쪽 그림
과 같이 이동시키면 부채꼴
COB의 넓이와 같다.

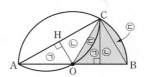

02 $\overline{AB}=3$, $\overline{CD}=15$이므로
$\overline{DG}=12$
$\overline{BE}=a$라 하면 $\overline{CF}=a$,
$\overline{AG}=\overline{BC}=a+15$,
$\overline{EF}=15-a$
△AGD에서 $\overline{AO}=\overline{DO}$,
$\overline{AI}=\overline{IG}$이므로

삼각형의 중점연결 정리에 의하여
$\overline{DG}=2\overline{OI}$이므로 $\overline{IO}=6$ ∴ $\overline{OH}=9$
원 O의 반지름의 길이를 r라 하면
△OEH에서 $r^2=\left(\dfrac{15+a}{2}-a\right)^2+9^2$ ··· ㉠
△OAI에서 $r^2=\left(\dfrac{a+15}{2}\right)^2+6^2$ ··· ㉡
㉠, ㉡을 연립하여 풀면
$a=3$, $r=3\sqrt{13}(\because r>0)$

03 오른쪽 그림과 같이 단면을 그려 생각
하면
$\overline{OP}=16$ cm, $\overline{OB}=8$ cm,
∠OBP=90°이므로
△POB는 ∠OPB=30°,
∠BOP=60°인 직각삼각형이다.
△PAO≡△PBO(RHS 합동)이므로
∠POA=∠POB=60°,
$\overline{PB}=\overline{PO}\sin 60°=8\sqrt{3}$(cm)

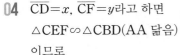

색칠한 부분의 부채꼴의 호의 길이는
$2\pi\times 8\times\dfrac{2}{3}=\dfrac{32}{3}\pi$(cm)
따라서 $8\sqrt{3}\times 2+\dfrac{32}{3}\pi=16\sqrt{3}+\dfrac{32}{3}\pi$(cm)

04 $\overline{CD}=x$, $\overline{CF}=y$라고 하면
△CEF∽△CBD(AA 닮음)
이므로
$\overline{CE}:\overline{CB}=\overline{CF}:\overline{CD}$,
즉 $2x:(y+10)=y:x$
$y(y+10)=x\times 2x$
$y^2+10y=2x^2$ ··· ㉠

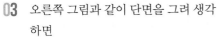

중심 O에서 선분 AC에 수선을 내리고 그 교점을 G라고
하면 △OCG∽△ACB(AA 닮음)이므로
$(5+y):3x=\dfrac{3}{2}x:(10+y)$
$y^2+15y+50=\dfrac{9}{2}x^2$ ··· ㉡
㉠$\times\dfrac{9}{4}$ㅡ㉡을 하면
$\dfrac{5}{4}y^2+\dfrac{15}{2}y-50=0$
$y^2+6y-40=0$
$(y-4)(y+10)=0$
∴ $y=4(\because y>0)$
$y=4$를 ㉠에 대입하면 $16+40=2x^2$, $x^2=28$
∴ $x=2\sqrt{7}$(cm)

05 $\overline{OH}=\overline{OI}$이므로 $\overline{AB}=\overline{AC}$
즉, △ABC는 이등변삼각형이므로
$\angle B=\angle C=\dfrac{1}{2}\times(180°-120°)=30°$
$\overline{BH}=\overline{HA}=\overline{AI}=\overline{IC}=\dfrac{1}{2}\times 4\sqrt{3}=2\sqrt{3}$(cm)이므로
△BHD≡△CIE(ASA 합동)
또, △BHD에서 $\overline{HD}=\overline{BH}\tan 30°=2\sqrt{3}\times\dfrac{\sqrt{3}}{3}=2$(cm)
∴ (색칠한 부분의 넓이)
$=△ABC-2△BDH$
$=\dfrac{1}{2}\times 4\sqrt{3}\times 4\sqrt{3}\times\sin(180°-120°)$
$\quad -2\times\left(\dfrac{1}{2}\times 2\sqrt{3}\times 2\right)$
$=12\sqrt{3}-4\sqrt{3}=8\sqrt{3}$

06 오른쪽 그림의 △ABC에서
$\overline{AB}^2=\overline{BH}\times\overline{BC}$이므로
$12^2=20\overline{BH}$
$\overline{BH}=7.2$(cm)
$\overline{BH}=\overline{CH'}=\dfrac{36}{5}$(cm)이므로
$\overline{AE}=\overline{HH'}=\overline{BC}-2\overline{BH}=20-2\times\dfrac{36}{5}=\dfrac{28}{5}$(cm)
△AGE∽△CGB(AA 닮음)이므로
$\overline{BG}:\overline{GE}=\overline{BC}:\overline{AE}=20:\dfrac{28}{5}=25:7$

07

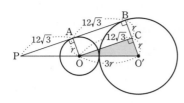

원 O의 반지름을 r라고 하면

△PAO∽△PBO′이고 $\overline{OA} : \overline{O'B} = 1 : 2$이므로

$\overline{O'B} = 2r$

△OO′C에서 $(3r)^2 = r^2 + (12\sqrt{3})^2$, $r^2 = 54$

그러므로 두 원의 넓이의 합은

$\pi \times r^2 + \pi \times (2r)^2 = 5\pi r^2 = 5 \times \pi \times 54 = 270\pi$

08 △ACF≡△ABF(RHA 합동)

$\overline{CF} = \overline{BF} = 3\,\text{cm}$

$\overline{CF} = \overline{CE} = 3\,\text{cm}$

$\overline{AE} = \overline{AC} + \overline{CE}$

$\qquad = 9 + 3 = 12\,(\text{cm})$

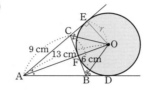

원의 반지름의 길이를 r라 하면 △AEO는 직각삼각형이

므로 $13^2 = 12^2 + r^2$, $r = 5$

∴ (원 O의 넓이)$= \pi \times 5^2 = 25\pi\,(\text{cm}^2)$

09 반원과 $\overline{PQ}$의 접점을 C, 점 P에

서 $\overline{BQ}$에 내린 수선의 발을 H라

고 하자.

$\overline{PA} = x$라고 하면 $\overline{PA} = \overline{PC} = x$

$\overline{QB} = y$라고 하면 $\overline{QB} = \overline{QC} = y$

$\overline{PQ} = x + y$, $\overline{QH} = y - x$,

$\overline{PH} = 10\sqrt{3}$

$\overline{PQ} : \overline{QH} : \overline{PH} = 2 : 1 : \sqrt{3}$

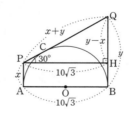

$\overline{PH} = 10\sqrt{3}$이므로 $\overline{PQ} = x + y = 20$, $\overline{QH} = y - x = 10$

두 식을 연립하여 풀면 $x = 5$, $y = 15$

10 점 A에서 $\overline{BC}$에 내린 수선의 발을

H라 할 때,

$\overline{AH} = \overline{AB}\cos 30°$

$\qquad = 24 \times \dfrac{\sqrt{3}}{2} = 12\sqrt{3}\,(\text{cm})$

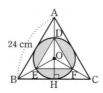

△ABC는 정삼각형이고 점 O는 무게중심이므로

$\overline{AD} = \overline{OD} = \overline{OH} = (\text{반지름}) = \dfrac{1}{3} \times 12\sqrt{3} = 4\sqrt{3}\,(\text{cm})$

세 점 D, E, F는 각각 $\overline{OA}$, $\overline{OB}$, $\overline{OC}$의 중점이므로

△DEF는 한 변의 길이가 12 cm인 정삼각형이다.

∴ (색칠한 부분의 넓이)

$\qquad = \pi \times (4\sqrt{3})^2 - \dfrac{1}{2} \times 12 \times 12 \times \sin 60°$

$\qquad = 48\pi - 36\sqrt{3}\,(\text{cm}^2)$

11 큰 원의 반지름을 r, 작은 원의 반지름을 r'이라 하면

$\pi r^2 = 25\pi$에서 $r = 5$, $\pi r'^2 = 4\pi$에서 $r' = 2$

▭O′PCQ는 정사각형이므로

$\overline{CP} = \overline{CQ} = 2$, $\overline{BQ} = \overline{BR} = x$, $\overline{AR} = \overline{AP} = 10 - x$

△ABC는 직각삼각형이므로

$(x+2)^2 + (2+10-x)^2 = 10^2$

$x^2 + 4x + 4 + 144 - 24x + x^2 = 100$

$x^2 - 10x + 24 = 0$

∴ $x = 4$ 또는 $x = 6$

$x = 4$일 때, $\overline{AC} = 8$, $\overline{BC} = 6$이므로

△ABC의 넓이는 $24\,(\text{cm}^2)$

$x = 6$일 때, $\overline{AC} = 6$, $\overline{BC} = 8$이므로

△ABC의 넓이는 $24\,(\text{cm}^2)$

12 직육면체 상자의 밑면이 오른쪽 그

림과 같으므로

$\overline{AC} = \sqrt{8^2 + 6^2} = 10\,(\text{cm})$

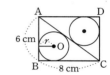

원기둥의 밑면의 반지름의 길이를

r라 하면

$10 = (6 - r) + (8 - r)$, $2r = 4$

∴ $r = 2$

따라서 원기둥 1개의 부피는

$\pi \times 2^2 \times 12 = 48\pi\,(\text{cm}^3)$

13 $\overline{AE} = \overline{AF} = \overline{AI} = a$,

$\overline{DE} = \overline{DG} = \overline{DH} = b$,

$\overline{BF} = \overline{BG} = 11 - a$

$\overline{CI} = \overline{CH} = 7 - a$이므로

$\overline{BC} = 11 - a + b + b + 7 - a$

$\qquad = 6$

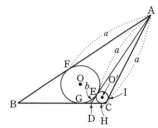

∴ $a - b = 6$

$\overline{BD} = 11 - (a - b) = 11 - 6 = 5$

$\overline{CD} = 7 - (a - b) = 7 - 6 = 1$

△ABD와 △ACD은 높이가 같으므로 밑변의 길이의 비

가 넓이의 비이다.

따라서 △ABD : △ACD = 5 : 1

14 원 O의 반지름의 길이를 r라 하면

$\overline{DO} = \sqrt{2}\,r$

$\overline{BD} = \overline{BE} + \overline{EO} + \overline{DO}$

$\qquad = 6 + r + \sqrt{2}\,r$

$\qquad = 6\sqrt{2}$

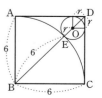

$(\sqrt{2} + 1)r = 6(\sqrt{2} - 1)$

$$\therefore r=6(3-2\sqrt{2})\text{ cm}$$

15 원 Q, P의 반지름을 각각
r_1 cm, r_2 cm라고 하면
$\overline{PQ}=r_1+r_2\text{(cm)}$, $\overline{OP}=5-r_2\text{(cm)}$,
$\overline{OQ}=5-r_1\text{(cm)}$
(△OPQ의 둘레의 길이)
$=r_1+r_2+5-r_2+5-r_1$
$=10\text{(cm)}$

16 $\overline{AB}=\overline{BC}=4\sqrt{2}\text{(cm)}$
$\therefore \triangle ABC=16\text{(cm}^2)$
원의 중심을 O라 하면
$\triangle ABC$
$=\triangle OAB+\triangle OBC+\triangle OCA$
$=16\text{(cm}^2)$
구하는 원의 반지름의 길이를 r라 하면
$\dfrac{1}{2}r(8+4\sqrt{2}+4\sqrt{2})=16$, $r=4(\sqrt{2}-1)$
따라서 (내접원의 넓이)$=16(3-2\sqrt{2})\pi\text{(cm}^2)$

17 원 O_3의 반지름의 길이를 r라 하면
$\overline{PO_1}=13-2r$, $\overline{BP}=12$
$\triangle BPO_1$은 직각삼각형이므로
$(13-2r)^2+12^2=13^2$ $\therefore r=4\text{(cm)}$
(O_2의 지름)$=26-8=18\text{(cm)}$
$\therefore$ (O_2의 반지름)$=9\text{(cm)}$

18 원 Q의 반지름의 길이를 r, 점 Q
에서 $\overline{PO}$에 내린 수선의 발을 H
라 하면 오른쪽 그림에서
$\overline{PO}=1$이므로
$\overline{PQ}=1+r$, $\overline{PH}=1-r$, $\overline{OQ}=2-r$
$\triangle PHQ$에서 $\overline{HQ}^2=(1+r)^2-(1-r)^2$ ··· ㉠
$\triangle OHQ$에서 $\overline{HQ}^2=(2-r)^2-r^2$ ··· ㉡
㉠, ㉡에서
$(1+r)^2-(1-r)^2=(2-r)^2-r^2$, $8r=4$
$\therefore r=\dfrac{1}{2}$

01 $192\sqrt{5}$	**02** $122\pi\text{ cm}^2$	**03** $(9+9\sqrt{2})\text{ cm}^2$
04 $\dfrac{16\sqrt{5}}{5}\text{ cm}$	**05** $16\pi+\dfrac{9\sqrt{3}}{2}$	**06** 4 cm
07 $32\left(\sqrt{3}-\dfrac{\pi}{3}\right)$	**08** $\dfrac{15}{2}\text{ cm}$	**09** $\dfrac{4\sqrt{6}}{5}$
10 9 cm^2	**11** π	**12** $5(2\sqrt{3}-3)$
13 3 cm^2	**14** $\dfrac{37}{2}\text{ cm}$	**15** $\dfrac{5}{2}\text{ cm}$
16 $3:1$	**17** $(\sqrt{3}-1)\text{ cm}$	**18** $\dfrac{10}{2n+3}\text{ cm}$

01 가장 긴 현은 점 A를 지나는 지름이고,
가장 짧은 현은 점 A를 지나는 지름에
수직인 현이다.
가장 긴 현의 길이를 x, 가장 짧은 현의
길이를 y라 하면

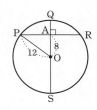

$\overline{QS}=x=24$, $\overline{AP}=\dfrac{y}{2}$, $\overline{OP}=12$이므로
$\triangle OAP$에서 $\overline{AP}^2=\overline{OP}^2-\overline{OA}^2$이므로
$\dfrac{y^2}{4}=12^2-8^2$에서 $y=8\sqrt{5}$
$\therefore xy=24\times8\sqrt{5}=192\sqrt{5}$

02 오른쪽 그림과 같이 원 O의 반
지름을 r, 원의 중심에서 현 l까
지의 거리를 x, 현 l와 m 사이
의 거리를 y라 하면

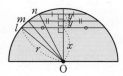

$r^2=x^2+12^2$　　　　　··· ①
$r^2=(x+y)^2+10^2$　　　··· ②
$r^2=(x+2y)^2+(4\sqrt{3})^2$　··· ③
②−①에서 $0=2xy+y^2-44$ ··· ④
③−②에서 $0=2xy+3y^2-52$ ··· ⑤
⑤−④에서 $0=2y^2-8$ $\therefore y=2$
$y=2$를 ④ 또는 ⑤에 대입하면 $x=10$
$\therefore r^2=10^2+12^2=100+144=244$
따라서 구하는 반원의 넓이는 $\dfrac{1}{2}\times244\pi=122\pi\text{(cm}^2)$

03 $\overset{\frown}{ADC}:\overset{\frown}{CB}=3:1$이므로
$\angle COB=\dfrac{1}{1+3}\times180°=45°$
$\overline{DA}\,/\!/\,\overline{CO}$이므로
$\angle DAO=\angle COB=45°$(동위각)
오른쪽 그림과 같이 점 O에서

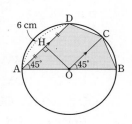

$\overline{AD}$에 내린 수선의 발을 H라 하면

$$\overline{AH}=\overline{DH}=\frac{1}{2}\overline{AD}=\frac{1}{2}\times 6=3(\text{cm})$$

이때 △OAH는 직각이등변삼각형이므로

$$\overline{OH}=\overline{AH}=3(\text{cm})$$

$\overline{OA}=\sqrt{3^2+3^2}=3\sqrt{2}(\text{cm})$, 즉 원 O의 반지름의 길이는 $3\sqrt{2}$ cm이다.

$$\therefore \square ABCD$$
$$=\square DAOC+\triangle BOC$$
$$=\frac{1}{2}\times(3\sqrt{2}+6)\times 3+\frac{1}{2}\times 3\sqrt{2}\times 3\sqrt{2}\times\sin 45°$$
$$=\frac{9\sqrt{2}}{2}+9+\frac{9\sqrt{2}}{2}=9+9\sqrt{2}(\text{cm}^2)$$

04 점 P, O′에서 $\overline{OA}$에 내린 수선의 발을 각각 C, D라고 하면 직각삼각형 ODO′에서

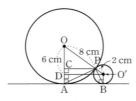

$$\overline{DO'}=\sqrt{\overline{OO'}^2-\overline{OD}^2}$$
$$=\sqrt{10^2-6^2}=8$$

그런데 △OCP∽△ODO′이므로

$\overline{CP}:\overline{DO'}=\overline{OP}:\overline{OO'}$에서

$$\overline{CP}:8=8:10,\ \overline{CP}=\frac{32}{5}(\text{cm})$$

$\overline{OC}:\overline{OD}=\overline{OP}:\overline{OO'}$에서

$$\overline{OC}:6=8:10,\ \overline{OC}=\frac{24}{5}(\text{cm})$$

$$\overline{CA}=\overline{OA}-\overline{OC}=8-\frac{24}{5}=\frac{16}{5}(\text{cm})$$

따라서 직각삼각형 CAP에서

$$\overline{AP}=\sqrt{\overline{CA}^2+\overline{CP}^2}=\sqrt{\left(\frac{16}{5}\right)^2+\left(\frac{32}{5}\right)^2}=\frac{16\sqrt{5}}{5}(\text{cm})$$

05 △OCN에서 $\overline{OC}=6$이므로

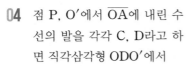

$$\overline{CN}=\sqrt{6^2-(3\sqrt{3})^2}=3$$

이때 $\overline{ON}=\overline{OM}$이므로

$$\overline{CD}=\overline{AB}$$
$$\therefore \overline{CN}=\overline{DN}=\overline{AM}=\overline{BM}=3$$

△OCN에서

$$\sin(\angle OCN)=\frac{3\sqrt{3}}{6}=\frac{\sqrt{3}}{2}$$이고,

∠OCN<90°이므로 ∠OCN=60°, ∠CON=30°

△OCN≡△OBM(RHS 합동)이므로

$$\angle CON=\angle BOM=30°$$

$\overline{OD}$를 그으면 △OCN≡△ODN(RHS 합동)이므로

$$\angle CON=\angle DON=30°$$

$$\angle BOD=360°-(110°+30°+30°+30°)$$
$$=160°$$

∴ (색칠한 부분의 넓이)
$$=(\text{부채꼴 BOD의 넓이})+\triangle ODN$$
$$=\pi\times 6^2\times\frac{160}{360}+\frac{1}{2}\times 3\times 3\sqrt{3}$$
$$=16\pi+\frac{9\sqrt{3}}{2}$$

06 오른쪽 그림과 같이 $\overline{EO}$의 연장선이 $\overline{AD}$와 만나는 점을 P, $\overline{FO}$의 연장선이 $\overline{AB}$와 만나는 점을 Q라 하면

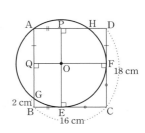

$\overline{OP}\perp\overline{AH}$이므로 $\overline{AP}=\overline{PH}$

$\overline{OQ}\perp\overline{AG}$이므로 $\overline{AQ}=\overline{QG}$

$\overline{AG}=18-2=16(\text{cm})$이므로

$$\overline{AQ}=\frac{1}{2}\overline{AG}=8(\text{cm})$$

$\overline{DF}=\overline{AQ}=8(\text{cm})$이므로

$$\overline{CF}=18-8=10(\text{cm})$$
$$\therefore \overline{CE}=\overline{CF}=10(\text{cm})$$
$$\overline{BE}=16-10=6(\text{cm}),\ \overline{AP}=\overline{BE}=6(\text{cm})$$
$$\overline{AH}=2\overline{AP}=12(\text{cm})$$
$$\therefore \overline{DH}=16-12=4(\text{cm})$$

07 (색칠한 부분의 넓이)
$$=2\times\{(\text{사분원의 넓이})-2S_1-\triangle EBC\}$$
$$=2\times\{(\text{사분원의 넓이})-2(S_1+\triangle EBC)+\triangle EBC\}$$

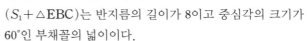

이때 △EBC는 정삼각형이므로

$(S_1+\triangle EBC)$는 반지름의 길이가 8이고 중심각의 크기가 60°인 부채꼴의 넓이이다.

따라서 $S_1+\triangle EBC=\pi\times 8^2\times\dfrac{60°}{360°}=\dfrac{32}{3}\pi(\text{cm}^2)$

$\overline{EH}=\sqrt{8^2-4^2}=4\sqrt{3}(\text{cm})$이므로

$$\triangle EBC=\frac{1}{2}\times 8\times 4\sqrt{3}=16\sqrt{3}(\text{cm}^2)$$

∴ (색칠한 부분의 넓이)
$$=2\times\left(\frac{\pi}{4}\times 8^2-2\times\frac{32}{3}\pi+16\sqrt{3}\right)$$
$$=32\left(\sqrt{3}-\frac{\pi}{3}\right)$$

08 오른쪽 그림과 같이 △ABC가 정삼각형이므로

$\angle A = \angle B = \angle C = 60°$

원의 중심 O는 △ADE의 방심이므로 $\angle D$, $\angle E$의 외각의 이등분선의 교점이다.

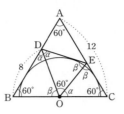

$\angle BDO = \angle ODE = \alpha$, $\angle OEC = \angle DEO = \beta$라 하면

$\alpha + \beta = 120°$

△DOE에서 $\angle DOE = 180° - (\alpha + \beta) = 180° - 120° = 60°$

△BDO∽△COE(AA 닮음)

$\overline{BO} : \overline{CE} = \overline{BD} : \overline{CO}$

$6 : \overline{CE} = 8 : 6$, $\overline{CE} = \dfrac{9}{2}$

∴ $\overline{AE} = 12 - \dfrac{9}{2} = \dfrac{15}{2}$(cm)

09 $\overline{DE} = \overline{DA} = 12$, $\overline{CE} = \overline{CB} = 8$

$\overline{AD} \parallel \overline{BC}$이므로

△FDA∽△FBC(AA 닮음)

∴ $\overline{FA} : \overline{FC} = \overline{DA} : \overline{BC} = 12 : 8 = 3 : 2$

즉, △CDA에서 $\overline{CE} : \overline{ED} = \overline{CF} : \overline{FA} = 2 : 3$이므로

$\overline{EF} \parallel \overline{DA}$ ∴ $\overline{DA} \parallel \overline{EG} \parallel \overline{CB}$

이때 평행선 사이의 선분의 길이의 비에 의하여

$\overline{AG} : \overline{GB} = \overline{DE} : \overline{EC} = 3 : 2$

점 C에서 $\overline{AD}$에 내린 수선의 발을 H라 하면

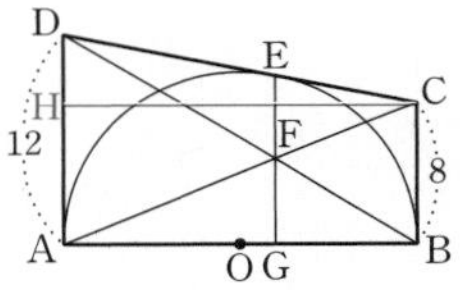

△CDH에서

$\overline{CD} = 12 + 8 = 20$,

$\overline{DH} = 12 - 8 = 4$이므로

$\overline{CH} = \sqrt{20^2 - 4^2} = \sqrt{384} = 8\sqrt{6}$ ∴ $\overline{AB} = 8\sqrt{6}$

$\overline{AG} = \dfrac{3}{3+2} \times \overline{AB} = \dfrac{3}{5} \times 8\sqrt{6} = \dfrac{24\sqrt{6}}{5}$

∴ $\overline{OG} = \overline{AG} - \overline{OA} = \dfrac{24\sqrt{6}}{5} - \dfrac{1}{2} \times 8\sqrt{6} = \dfrac{4\sqrt{6}}{5}$

10 직사각형의 둘레의 길이가 42이므로 가로와 세로 길이의 합은 21이다.

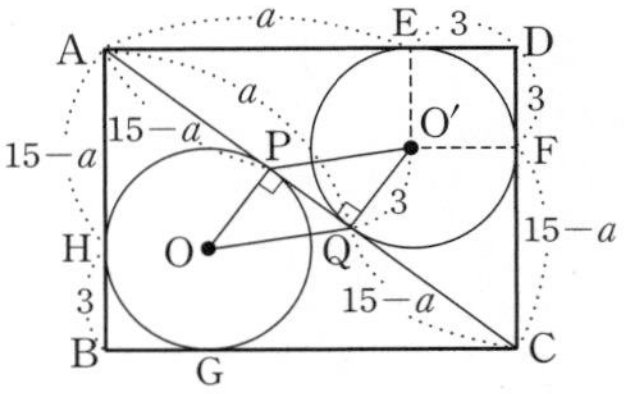

$\overline{AE} = a$라 하면

$\overline{AD} + \overline{CD} = 21$

$\overline{CF} = 21 - (a + 3 + 3)$

　　 $= 15 - a$

$\overline{AC} = 15$

△ACD는 직각삼각형이므로

$(a+3)^2 + (18-a)^2 = 15^2$

$a^2 - 15a + 54 = 0$

∴ $a = 6$ 또는 $a = 9$

가로의 길이가 더 길기 때문에 $a = 9$

$\overline{PQ} = \overline{AQ} - \overline{AP}$

　　 $= a - (15 - a) = 9 - (15 - 9) = 3$

$\square POQO' = 3 \times 3 = 9$(cm²)

11 오른쪽 그림에서 $\overline{AO}$는 공통

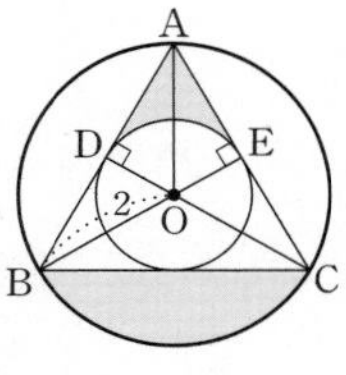

$\angle ADO = \angle AEO = 90°$

$\overline{AD} = \overline{AE}$

∴ △ADO≡△AEO(RHS 합동)

$\angle AOD = 60°$, $\angle DAO = 30°$

$\overline{DO} = \overline{AO} \sin 30° = 2 \times \dfrac{1}{2} = 1$

따라서 구하는 넓이 S는

$S = 2 \times \dfrac{1}{2} \times 2 \times 1 \times \sin 60° - \pi \times 1^2 \times \dfrac{1}{3}$

　　 $+ \left(\pi \times 2^2 \times \dfrac{1}{3} - \dfrac{1}{2} \times 2 \times 2 \times \sin 60° \right)$

　　 $= \sqrt{3} - \dfrac{\pi}{3} + \dfrac{4}{3}\pi - \sqrt{3} = \pi$

12 원의 중심 O에서 세 원 P, Q, R에 그은 접선과 그 접점을 각각 A, B, C라 하자.

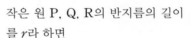

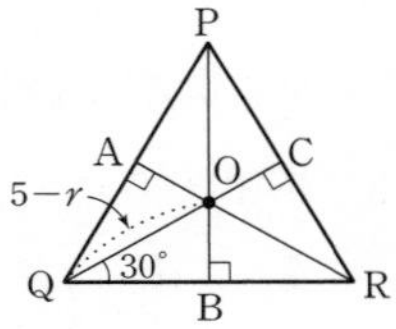

작은 원 P, Q, R의 반지름의 길이를 r라 하면

$\overline{OP} = \overline{OQ} = \overline{OR}$

　　 $=$ (원 O의 반지름의 길이) $-$ (작은 원의 반지름의 길이)

　　 $= 5 - r \cdots \bigcirc$

이때 접선의 성질에 의해 $\overline{OB} \perp \overline{QR}$이고 원 O는 정삼각형 PQR의 내심이므로 $\angle OQB = 30°$

따라서 직각삼각형 OQB에서

$\overline{OQ} = \dfrac{r}{\cos 30°} = \dfrac{2\sqrt{3}}{3} r \cdots \bigcirc$

$\bigcirc$, $\bigcirc$에 의해 $5 - r = \dfrac{2\sqrt{3}}{3} r$, $(2\sqrt{3} + 3)r = 15$

∴ $r = 5(2\sqrt{3} - 3)$

13 △OAP≡△O'BP(ASA 합동)

$\overline{BP} = \overline{AP} = \dfrac{1}{2} \times 4 = 2$(cm)

$\overline{O'P} = \overline{OP} = \dfrac{1}{2} \times 5 = \dfrac{5}{2}$(cm)

$\overline{O'B}^2 = \left(\dfrac{5}{2} \right)^2 - 2^2 = \dfrac{9}{4}$, $\overline{O'B} = \dfrac{3}{2}$(cm)

$\therefore$ (O′BP의 넓이)$=\dfrac{3}{2}\times 2\times\dfrac{1}{2}=\dfrac{3}{2}(\text{cm}^2)$

$\therefore$ (색칠한 부분의 넓이)$=\triangle\text{O′BP}\times 2=3(\text{cm}^2)$

14 원 O_1, O_2, O_3의 반지름의 길이를 각각
$x\,\text{cm}$, $y\,\text{cm}$, $z\,\text{cm}$라 하면
$$\overline{\text{AC}}=\sqrt{24^2+32^2}=40(\text{cm})$$
$$\triangle\text{ABC}=\triangle\text{O}_1\text{AB}+\triangle\text{O}_1\text{BC}+\triangle\text{O}_1\text{AC}$$
$$=\dfrac{1}{2}\times\overline{\text{BC}}\times\overline{\text{AB}}\text{이므로}$$
$$\dfrac{1}{2}\times 32\times 24=\dfrac{1}{2}x(24+32+40)\qquad\therefore x=8$$
$\overline{\text{B}_1\text{C}}=\overline{\text{BC}}-\overline{\text{BB}_1}=24(\text{cm})$이므로
$\triangle\text{ABC}$와 $\triangle\text{A}_1\text{B}_1\text{C}$의 닮음비는
$$\overline{\text{BC}}:\overline{\text{B}_1\text{C}}=32:24=4:3$$
$x:y=4:3$에서 $y=6$
마찬가지 방법으로 $y:z=4:3$에서 $z=\dfrac{9}{2}$
$$\therefore x+y+z=8+6+\dfrac{9}{2}=\dfrac{37}{2}(\text{cm})$$

15 원 O, P의 반지름의 길이를 각각 $x\,\text{cm}$, $y\,\text{cm}$라 하면
$$\overline{\text{AB}}=\overline{\text{CD}}=2x(\text{cm}),\ \overline{\text{CE}}=\sqrt{4x^2+16}(\text{cm})$$
$$\overline{\text{AE}}=2(\text{cm})$$
$\overline{\text{AB}}+\overline{\text{CE}}=\overline{\text{AE}}+\overline{\text{BC}}$에서
$2x+\sqrt{4x^2+16}=8$이므로 $\sqrt{4x^2+16}=8-2x$
$$4x^2+16=4x^2-32x+64\qquad\therefore x=\dfrac{3}{2}$$
따라서 $\overline{\text{CD}}=3\,\text{cm}$, $\overline{\text{CE}}=5\,\text{cm}$이므로
$$\triangle\text{CDE}=\dfrac{1}{2}y(3+4+5)=\dfrac{1}{2}\times 4\times 3\qquad\therefore y=1$$
따라서 두 원 O, P의 반지름의 길이의 합은
$$x+y=\dfrac{3}{2}+1=\dfrac{5}{2}(\text{cm})$$

16 점 A_1에서 $\overline{\text{B}_1\text{C}_1}$에 내린 수선이
$\overline{\text{B}_1\text{C}_1}$ 및 $\overline{\text{BC}}$와 만나는 점을 각
각 H, I라 하면 정삼각형의 내심
과 무게중심은 같으므로
$$\overline{\text{OH}}:\overline{\text{OA}_1}=1:2$$
$\overline{\text{OH}}=\overline{\text{OI}}$이므로 $\overline{\text{OH}}=\overline{\text{A}_1\text{I}}$
$\triangle\text{A}_1\text{A}_2\text{A}_3$에서
$\overline{\text{PI}}:\overline{\text{A}_1\text{I}}=\overline{\text{PI}}:\overline{\text{OH}}=1:3$이므로
$$S:S_1=9:1$$
마찬가지로 $S:S_2=9:1$, $S:S_3=9:1$
$$\therefore S:(S_1+S_2+S_3)=9:3=3:1$$

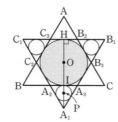

17 반지름의 길이를 r라 하면
$\triangle\text{ABC}$
$$=6\times\triangle\text{ADO}_1$$
$$\quad+3\times\square\text{DO}_1\text{O}_2\text{E}+\triangle\text{O}_1\text{O}_2\text{O}_3$$
($\triangle\text{ABC}$의 넓이)
$$=\dfrac{1}{2}\times 4\times 4\times\dfrac{\sqrt{3}}{2}=4\sqrt{3}$$
($\triangle\text{ADO}_1$의 넓이)$=\dfrac{1}{2}\times(2-r)\times r=r-\dfrac{1}{2}r^2$
($\square\text{DO}_1\text{O}_2\text{E}$의 넓이)$=2r\times r=2r^2$
($\triangle\text{O}_1\text{O}_2\text{O}_3$의 넓이)$=\dfrac{1}{2}\times 2r\times 2r\times\dfrac{\sqrt{3}}{2}=\sqrt{3}r^2$
따라서 $4\sqrt{3}=6\left(r-\dfrac{1}{2}r^2\right)+3\times 2r^2+\sqrt{3}r^2$
$$\therefore r=\sqrt{3}-1(\text{cm})$$

18 $\overline{\text{AC}}=\sqrt{10^2-8^2}=6(\text{cm})$
합동인 원들의 반지름의
길이를 $r\,\text{cm}$라 하면
$\overline{\text{OO′}}=2(n-1)r\,\text{cm}$
$\overline{\text{AB}}\times\overline{\text{AC}}=\overline{\text{BC}}\times\overline{\text{AH}}$에서
$8\times 6=10\overline{\text{AH}}$
$$\therefore\overline{\text{AH}}=\dfrac{24}{5}\,\text{cm}$$
$\triangle\text{ABC}$
$$=\triangle\text{OAB}+\triangle\text{O′AC}+\triangle\text{AOO′}+\square\text{OBCO′}$$
$$=\left(\dfrac{1}{2}\times 8\times r\right)+\left(\dfrac{1}{2}\times 6\times r\right)+\dfrac{1}{2}\times 2(n-1)r\times\left(\dfrac{24}{5}-r\right)$$
$$\quad+\dfrac{1}{2}\{2(n-1)r+10\}\times r$$
$$=12r+\dfrac{24}{5}(n-1)r$$
$$=\dfrac{12}{5}(2n+3)r=24$$
$$\therefore r=\dfrac{10}{2n+3}(\text{cm})$$

2 원주각의 성질

핵심 문제 01 ············ 60쪽

1 30°	**2** 63°	**3** 34°	**4** 3π

1 선분 AC를 그으면

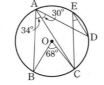

$$\angle BAC = \frac{1}{2}\angle BOC = \frac{1}{2}\times 68° = 34°$$

$$\angle CAD = 64° - 34° = 30°$$

$$\therefore \angle CED = \angle CAD = 30°$$

2 $\overline{OA}$, $\overline{OB}$를 그으면

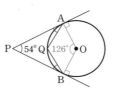

$\angle PAO = \angle PBO = 90°$이므로

$$\angle AOB = 360° - (54° + 90° + 90°)$$
$$= 126°$$

$$\therefore \angle AQB = \frac{1}{2}(360° - 126°) = 117°$$

□AQBO에서 $\angle QAO = 90° - \angle PAQ$,

$\angle QBO = 90° - \angle PBQ$이므로

$$126° + 117° + (90° - \angle PAQ) + (90° - \angle PBQ) = 360°$$

$$\therefore \angle PAQ + \angle PBQ = 63°$$

3 $\overline{BC}$를 그으면

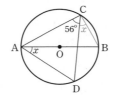

$\overline{AB}$가 원 O의 지름이므로

$\angle BCA = 90°$(지름에 대한 원주각)

$\angle BCD = \angle BAD = \angle x$이므로

$$56° + \angle x = 90° \qquad \therefore \angle x = 34°$$

4 $\overline{AD}$를 그으면 △PAD에서

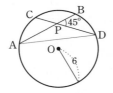

$$\angle BAD + \angle ADC = 45°$$

따라서 $\widehat{AC}$와 $\widehat{BD}$의 중심각의
크기의 합은 90°이다.

$$\widehat{AC} + \widehat{BD} = 2\pi \times 6 \times \frac{90°}{360°} = 3\pi$$

응용 문제 01 ············ 61쪽

예제 **1** $3a$, $3a$, $2a$, $2a$, 2, 2 / 2배

1 12°	**2** 270°	**3** $4\sqrt{3}-6$	**4** 13π

1 $\overline{OA}$, $\overline{OB}$, $\overline{OC}$, $\overline{OD}$
를 그으면

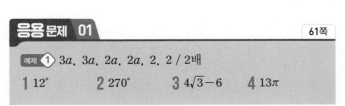

$$\angle BOD$$

$$= 2\angle BCD$$

$$= 2 \times 36° = 72°$$

이때, $\widehat{AB} = \widehat{AC} = \widehat{CD}$이므로

$$\angle AOB = \angle AOC = \angle COD$$

$$= \frac{1}{3} \times (360° - 72°) = 96°$$

$$\therefore \angle ABC = \frac{1}{2}\angle AOC = 48°$$

△BCE에서 $\angle BCE + \angle AEC = \angle ABC$이므로

$$36° + \angle AEC = 48°$$

$$\therefore \angle AEC = 12°$$

2 선분 BD는 원 O의 지름이므로 $\angle BAD = 90°$

$$\angle ABE + \angle BFD + \angle ADF$$

$$= (\angle ABD + \angle DBE) + \angle BFD + (\angle ADB + \angle BDF)$$

$$= (\angle ABD + \angle ADB) + (\angle DBE + \angle BFD + \angle BDF)$$

$$= 90° + 180° = 270°$$

3 $\widehat{BD}$와 $\widehat{AG}$의 중심각은 30°이므로

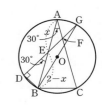

$\angle BGD = \angle ABG = 15°$,

$\overline{BG}$는 지름이다.

$\angle BDE$는 직각이고 $\angle DEB = 30°$

$\overline{AE} = x$라고 하면 $\overline{DE} = x$,

$\overline{BE} = 2 - x$

$$\cos 30° = \frac{\overline{DE}}{\overline{BE}}, \ \frac{\sqrt{3}}{2} = \frac{x}{2-x}$$

$$\therefore x = 4\sqrt{3} - 6$$

4 점 O와 B, 점 O와 C를 연결하면

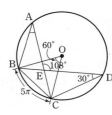

△OBC는 $\overline{OB} = \overline{OC} = \overline{BC}$이므로
정삼각형이다.

$\angle BOC = 60°$,

$$\angle BDC = \frac{1}{2}\angle BOC = 30°$$

$\angle AED = \angle EDC + \angle ECD$이므로

$$\angle ECD = \angle AED - \angle EDC = 108° - 30° = 78°$$

따라서 호의 길이는 원주각의 크기에 정비례하므로

$$30 : 78 = 5\pi : \widehat{AD} \qquad \therefore \widehat{AD} = 13\pi$$

핵심 문제 02 ············ 62쪽

1 ㄴ, ㄹ, ㅂ	**2** 30π cm²	**3** 220°
4 120°	**5** 82°	

1 주어진 사각형 중에서 한 쌍의 대각의 크기의 합이 항상
180°인 사각형은 등변사다리꼴, 직사각형, 정사각형이다.
따라서 원에 항상 내접하는 사각형은 ㄴ, ㄹ, ㅂ이다.

2 두 점 A, D에서 $\overline{BC}$에 내린
수선의 발을 각각 E, F라 하
고, $\overline{BE}=x$ cm라고 하면
$\overline{AB}+\overline{CD}=\overline{AD}+\overline{BC}$이므로
$11+13=8+\overline{BC}$
$\therefore \overline{BC}=16$(cm)

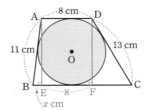

△ABE에서 $\overline{AE}^2=11^2-x^2 \cdots$ ㉠
$\overline{CF}=16-8-x=(8-x)$ cm이므로
△DFC에서 $\overline{DF}^2=13^2-(8-x)^2 \cdots$ ㉡
이때 $\overline{AE}=\overline{DF}$이므로 ㉠, ㉡에서
$11^2-x^2=13^2-(8-x)^2$, $16x=16$ $\therefore x=1$
$\therefore \overline{AE}=\sqrt{11^2-1^2}=2\sqrt{30}$(cm)
따라서 원 O의 반지름의 길이는
$\frac{1}{2}\overline{AE}=\frac{1}{2}\times2\sqrt{30}=\sqrt{30}$이므로
(원 O의 넓이)$=\pi\times(\sqrt{30})^2=30\pi$(cm^2)

3 $\overline{CE}$를 그으면
$\angle B+\angle AEC=180°$
$\angle CED=\frac{1}{2}\angle COD=40°$
$\therefore \angle B+\angle E=\angle B+\angle AEC+\angle CED$
$=180°+40°=220°$

4 $\overline{AC}$가 원 O의 지름이므로 $\angle ABC=90°$
$\therefore \angle CBD=\angle CED=90°-67°=23°$
△EPD에서
$\angle CED+\angle BDE=83°$이므로
$\angle BCE=\angle BDE=83°-23°=60°$
□ABCE가 원 O에 내접하므로
$\angle BAE+\angle BCE=180°$에서
$\angle BAE=180°-60°=120°$

5 □ABFE가 원에 내접하므로
$\angle BAE=\angle EFC$
□EFCD가 원에 내접하므로
$\angle EFC=\angle CDP$
△CDP에서 $\angle CDP=180°-(80°+18°)=82°$
$\therefore \angle BAE=\angle CDP=82°$

예제 **2** 117, 63, ABF, 63, 93, 93, 24 / 24°

1 6개　**2** 45°　**3** 121°　**4** $10(1+\sqrt{2})$

1 $\overline{BC}$에 대하여 $\angle BEC=\angle BFC=90°$이므로
□FBCE는 한 원에 내접한다.
마찬가지로 □ABDE, □AFDC도 각각 한 원에 내접한다.
또, $\angle AFH+\angle AEH=180°$이므로
□AFHE는 원에 내접한다.
마찬가지로 □FBDH, □HDCE도 각각 한 원에 내접한다.
따라서 한 원에 내접하는 사각형은 모두 6개이다.

2 한 원에서 모든 호에 대한 원주
각의 크기의 합은 항상 180°이
므로
$\angle ABC=\frac{2}{3}\times180°=120°$

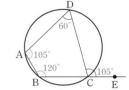

□ABCD는 원에 내접하므로
$\angle ADC=180°-120°=60°$
$\angle DCE=\angle BAD=\frac{7}{12}\times180°=105°$
$\therefore \angle DCE-\angle ADC=105°-60°=45°$

3 □ABCD는 내접사각형이므로
$\angle BAD=180°-118°=62°$
$\overline{BD}$를 그으면
△ABD에서
$\angle ABD=(180°-62°)\div2=59°$
□ABDE도 내접사각형이므로
$\angle AED=180°-59°=121°$

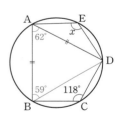

4 $\overset{\frown}{BD}=\overset{\frown}{DE}=\overset{\frown}{EC}$이므로 $\angle BCE=\angle CBD$
□BDEC는 원에 내접하므로
$\angle FDE=\angle FED=45°$
$\overline{DF}=x$라 하면 $\overline{DE}=\sqrt{2}x$
$\overline{BF}=x+\sqrt{2}x=(1+\sqrt{2})x$
△BFC∽△DFE이고
닮음비가 $(1+\sqrt{2})$: 1이므로 넓이의 비는 $(1+\sqrt{2})^2$: 1^2
△BFC$=(1+\sqrt{2})^2$△BFC$=5(3+2\sqrt{2})$
$\therefore$ □BDEC$=5(3+2\sqrt{2})-5=10(1+\sqrt{2})$

---

1 34°　**2** 32°　**3** 56°　**4** 20 cm

1 $\overline{AT}=\overline{CT}$이므로 $\overline{AC}\parallel\overline{PT}$

$\angle ATB=x$라 하면

$\angle CAT=\angle ATP=x+28°$

$\angle BAT=\angle PTB=28°$

$\angle BAC=90°$이므로

$(x+28°)+28°=90°$

$\therefore x=34°$

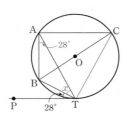

2 $\overline{AD}$, $\overline{BD}$를 그으면 접선과 현이

이루는 각의 성질에 의해

$\angle ADP=\angle ACD=32°$

$\angle ACD=\angle ABD$

$(\because \widehat{AD}$에 대한 원주각$)$

$\angle ABD=\angle BDP'\ (\because \overline{AB}\parallel\overline{PD})$

$\therefore \angle BCD=\angle BDP'=32°$

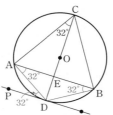

3 $\angle DCT=\angle ATP=\angle ABT=66°$

이므로 $\triangle DCT$에서

$\angle DTC+66°=122°$

$\therefore \angle DTC=56°$

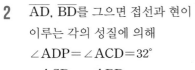

4 직선 TT'이 두 원 O, O'의 공통 접선이므로

$\angle ACP=\angle APT=\angle BPT'=\angle BDP$

$\angle CAP=\angle CPT'=\angle DPT=\angle DBP$

$\triangle ACP$와 $\triangle BDP$에서

$\angle ACP=\angle BDP,\ \angle CAP=\angle DBP$

이므로 $\triangle ACP\infty\triangle BDP$(AA 닮음)

따라서 $\overline{AP}:\overline{BP}=\overline{CP}:\overline{DP}$이므로

$15:\overline{BP}=12:16$ $\therefore \overline{BP}=20(cm)$

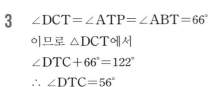
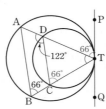

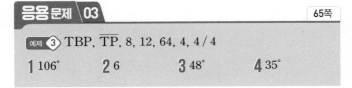

응용문제 03 　　　　　　　　　　　　　65쪽

예제 **3** $\overline{TB}\cdot\overline{P}$, $\overline{TP}$, 8, 12, 64, 4, 4 / 4

1 106°　　**2** 6　　**3** 48°　　**4** 35°

1 점 A와 B, 점 B와 D를 연결

하면

$\overline{PA}=\overline{PB}$

$\angle PBA=\angle PAB$

$=\angle ADB$

$=(180°-42°)\div2=69°$

$\widehat{AC}$, $\widehat{CD}$, $\widehat{CB}$에 대한 각 원주각의 크기의 합은

$180°-69°=111°$

$\angle CBD=111°\div3=37°$

$\angle AEB=\angle ADB+\angle CBD=69°+37°=106°$

2 $\angle CAD=a$, $\angle CAT=b$라

하면 원의 접선과 현이 이

루는 각의 성질에 의해

$\angle ABD=\angle CAT=b$

$\angle ADT$

$=\angle BAD+\angle ABD$

$=a+b=\angle DAT$

따라서 $\overline{TA}=\overline{TD}=6$, $\overline{CT}=6-3=3$

이때 $\triangle ACT\infty\triangle BAT$(AA 닮음)이므로

$\overline{TA}^2=\overline{TC}\times\overline{TB}$에서 $6^2=3\times(6+x)$, $x=6$

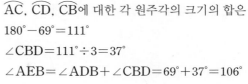

3 $\angle ACB=\angle TAB=74°$

$\triangle ACD\infty\triangle AEF$에서 $\angle AEF=74°$

□ABGE는 원 O에 내접하므로 $\angle ABG=74°$

$\triangle ABC$에서 $\angle ABC=180°-(80°+74°)=26°$

$\angle CBG=\angle ABG-\angle ABC=74°-26°=48°$

4 $\angle ABC=\angle CAQ$

$=\angle ADE=40°$

$\angle BCA=\angle BAP=70°$

$\angle CDE=\angle DAE=\angle x$

라 하면 $\triangle ACD$에서

$70°+40°+2\angle x=180°$

$\therefore \angle x=35°$

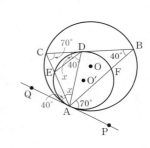

심화문제 　　　　　　　　　　　66~71쪽

01 $(9\sqrt3-9+3\pi)\,cm^2$ 　**02** 96° 　**03** $\dfrac{3\sqrt2}{2}$ cm

04 $\dfrac{9}{8}$초 후 　**05** 65° 　**06** 24개 　**07** $3\sqrt5$

08 73° 　**09** 22° 　**10** $12\sqrt7$ cm 　**11** 50°

12 $\dfrac{13}{2}$ 　**13** 118° 　**14** 75° 　**15** $\dfrac{4\sqrt5}{5}$

16 $33°<x<82°$ 　**17** (1) 27° (2) $\dfrac{48}{5}$ cm 　**18** 118°

01 $\overline{AD}$, $\overline{AB}$, $\overset{\frown}{DB}$로 둘러싸인 부분의 넓이를 S_1, $\overline{AC}$, $\overline{AB}$, $\overset{\frown}{CB}$로 둘러싸인 부분의 넓이를 S_2라 하면 색칠한 부분의 넓이

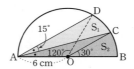

$S=S_1-S_2$

$\angle COB=\angle OAC+\angle OCA=2\angle OAC=30°$이므로

$\angle OAC=\angle OCA=15°$

$\angle DAO=2\angle OAC=30°$이므로

$\angle AOD=180°-2\angle DAO=120°$

$S_1=\triangle AOD+$(부채꼴 OBD의 넓이)

$\quad=\dfrac{1}{2}\times 6\times 6\times \sin(180°-120°)+\pi\times 6^2\times\dfrac{60°}{360°}$

$\quad=9\sqrt{3}+6\pi\,(cm^2)$

$S_2=\triangle AOC+$(부채꼴 OBC의 넓이)

$\quad=\dfrac{1}{2}\times 6\times 6\times \sin(180°-150°)+\pi\times 6^2\times\dfrac{30°}{360°}$

$\quad=9+3\pi\,(cm^2)$

$\therefore S=S_1-S_2=9\sqrt{3}+6\pi-(9+3\pi)$

$\qquad=9\sqrt{3}-9+3\pi\,(cm^2)$

02 $\overline{AC}$를 그으면

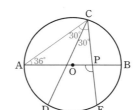

$\angle BAC=\dfrac{2}{3+2}\times 90°=36°$

$\angle ACD=\angle DCE$

$\qquad=\dfrac{1}{3}\times 90°=30°$

$\angle APE=\angle BAC+\angle ACE$

$\qquad=36°+2\times 30°=96°$

03 오른쪽 그림과 같이 큰 원 O의 반지름의 길이를 r cm이라 하면 $\triangle ADB$는 직각삼각형이므로

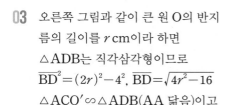

$\overline{BD}^2=(2r)^2-4^2$, $\overline{BD}=\sqrt{4r^2-16}$

$\triangle ACO'\backsim\triangle ADB$(AA 닮음)이고

닮음비는 $\dfrac{3r}{2}:2r=3:4$이므로

$3:4=\dfrac{r}{2}:\sqrt{4r^2-16}$, $2r=3\sqrt{4r^2-16}$

양변을 제곱하면

$4r^2=9(4r^2-16)$ $\qquad\therefore r=\dfrac{3\sqrt{2}}{2}\,(cm)$

04 $\angle BCP=\angle DAP(\because \overset{\frown}{BD}$에 대한 원주각)

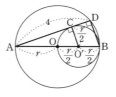

$\angle BPC=\angle DPA$(맞꼭지각)이므로

$\triangle PCB\backsim\triangle PAD$(AA 닮음)

두 삼각형의 넓이의 비가 $9:1$이므로 닮음비는 $3:1$이다.

t초 후의 $\overline{AP}$의 길이를 $3t$ cm라 하면

$\overline{CP}=9t\,(cm)$, $\overline{BP}=9-3t\,(cm)$, $\overline{DP}=12-9t\,(cm)$

$\overline{AP}:\overline{CP}=\overline{DP}:\overline{BP}$, $3t:9t=(12-9t):(9-3t)$

$8t^2-9t=0$, $t(8t-9)=0$ $\qquad\therefore t=0$ 또는 $t=\dfrac{9}{8}$

따라서 점 P가 점 A를 출발한 지 $\dfrac{9}{8}$초 후이다.

05 오른쪽 그림과 같이 $\angle DEC=\alpha$, $\angle AED=\beta$라고 하자.

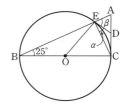

지름 BC에 대한 원주각이므로 $\angle BEC=90°$이다.

$\therefore \alpha+\beta=90°$,

$\angle EBO=\angle BEO=25°$,

$\overline{DE}$는 원 O의 접선이므로 $\angle DEO=90°$이다.

접선과 현이 이루는 각의 크기에 대한 성질에 의해

$\angle DEC=\angle EBC=\alpha=25°$

$\therefore \beta=90°-25°=65°$

06 지름에 대한 원주각의 크기는 $90°$이므로 선택할 수 있는 지름의 개수는 4개이고,

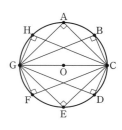

한 지름당 만들 수 있는 직각삼각형의 개수는 6개이므로 구하려는 직각삼각형의 총 개수는

$6\times 4=24$(개)

07 두 점 M, N이 각각 두 변 AB, AC의 중점이므로 $\overline{MN}=3$

$\overline{PM}=x$라 하면 삼각형 ABC가 정삼각형이므로

$\overline{NQ}=\overline{PM}=x$이다.

한편, $\angle PAC=\angle PQC$이고, $\angle ANP=\angle QNC$이므로

$\triangle APN\backsim\triangle QCN$이다.

따라서 $(x+3):3=3:x$에서 $x=\dfrac{-3+3\sqrt{5}}{2}(\because x>0)$

그러므로 $\overline{PQ}=3+2\times\left(\dfrac{-3+3\sqrt{5}}{2}\right)=3\sqrt{5}$이다.

08 $\angle BAD=x$, $\angle ADE=y$라고 하면

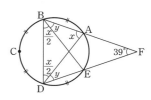

$\angle ADE=\angle ABE=y$

$\angle BDA=\angle DBE=\dfrac{1}{2}x$

$\triangle ADF$에서 $y+39°=x$ $\cdots$ ㉠

$\triangle ABD$에서 $x+y+\dfrac{1}{2}x+\dfrac{1}{2}x=180°$ $\cdots$ ㉡

⊙, ⓛ에 의하여 $x=73°$, $y=34°$

즉, ∠BAD=73°

09 ∠CAE=x로 놓으면

접선과 현이 이루는 각의 성질에 의해 $\overarc{AC}$에 대한 원주각의 크기는 x이므로

∠COA=2∠CAE=$2x$

$\overarc{AC}=\overarc{CD}=\overarc{DB}$이므로

∠COD=∠DOB=$2x$

△OAC에서 $\overline{OA}\perp\overline{AE}$이므로

∠OAC=90°−∠CAE=90°−x

△OAC≡△OBD(SAS 합동)이므로

∠OBD=∠OAC=90°−x

□OAEB에서 내각의 크기의 합은 360°이므로

$6x+90°+70°+(90°-x)=360°$, $5x=110$

∴ $x=22°$

10 점 C가 $\overarc{AB}$의 삼등분점이므로 ∠AOC=60°이다.

∠COB=120°,

∠OCB=∠OBC=30°

($\because \overline{OC}=\overline{OB}$)

$\overline{OP}$와 $\overline{BC}$의 교점을 H라고 하면 △OBH에서

$\overline{BH}=12\cos 30°=6\sqrt{3}$

$\overline{CB}=2\overline{BH}=12\sqrt{3}$

∠PCH=∠PBH=60°, $\overline{PC}=\overline{PB}$

따라서 △PCB는 정삼각형이다.

$\overline{PB}=\overline{CB}=12\sqrt{3}$(cm)

△PAB가 직각삼각형이므로

$\overline{AP}^2=24^2+(12\sqrt{3})^2=1008$

∴ $\overline{AP}=12\sqrt{7}$(cm)

11 호 ADC에 대한 중심각

∠AOC=2∠ABC=204°이므로

호 ABC에 대한 중심각

∠AOC=360°−204°=156°이다.

△AOC는 이등변삼각형이므로

∠OAC=$\frac{1}{2}(180°-156°)=12°$

∠CAB=∠OAB−∠OAC=62°−12°=50°

∴ ∠BDC=∠BAC=50°($\because \overarc{BC}$에 대한 원주각)

12 원의 지름 BE를 그으면 지름에 대한 원주각인 ∠BDE=90°이다.

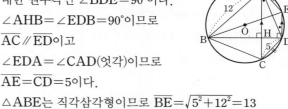

∠AHB=∠EDB=90°이므로

$\overline{AC}\parallel\overline{ED}$이고

∠EDA=∠CAD(엇각)이므로

$\overline{AE}=\overline{CD}=5$이다.

△ABE는 직각삼각형이므로 $\overline{BE}=\sqrt{5^2+12^2}=13$

∴ (반지름)=$\frac{1}{2}\overline{BE}=\frac{13}{2}$

13 △ABC≡△AB′C′이므로

$\overline{AB}=\overline{AB'}$

∠ABB′=∠AB′B

$=\frac{1}{2}(180°-56°)$

$=62°$

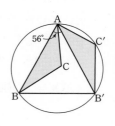

□ABB′C′은 한 원에 내접하므로

∠AC′B′=180°−∠ABB′

$=180°-62°=118°$

따라서 ∠C=118°

14 △ABE는 이등변삼각형이므로

∠ABE=∠AEB=25°

∠BAE=180°−(25°+25°)=130°

□ABCD는 원 O의 내접사각형이므로

∠BAD+80°=180°에서 ∠BAD=100°

∠EAD=130°−100°=30°

∴ ∠ADE=$\frac{1}{2}(180°-30°)=75°$

15 $\overline{OA}:\overline{OC}=1:2$이므로

∠OAC=90°이다.

∠OAD=∠OCD이므로

점 O, A, C, D는 한 원 위에 있다.

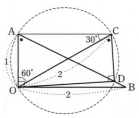

따라서 $\overline{OC}$는 원의 지름이다.

지름에 대한 원주각인 ∠CDO=90°

△COD∽△ABO(AA 닮음)

△AOB에서 $\overline{AB}=\sqrt{1^2+2^2}=\sqrt{5}$

$\overline{OD}:\overline{BO}=\overline{OC}:\overline{AB}$, $\overline{OD}:2=2:\sqrt{5}$

∴ $\overline{OD}=\frac{4\sqrt{5}}{5}$

16 ∠PAQ=a라고 하면

접선과 현이 이루는 각의 성질에 의해

$\angle ABP = \angle PAQ = a$

$a + x + 98° = 180°$, $a = 82° - x$

$a > 0$이므로 $x < 82°$ ⋯ ①

$\overline{PQ} < \overline{PA}$이므로 $\angle PQA > \angle PAQ$

$98° - a > a$, $a < 49°$

$82° - x < 49°$, $x > 33°$ ⋯ ②

∴ $33° < x < 82°$

17 (1) $\angle AQO' = 90°$이므로

$\angle CO'Q = 54°$

선분 AQ는 반원 O′의 접
선이므로 접선과 현이 이루
는 각의 성질에 의해

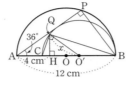

$\angle AQC = \angle QBC = \dfrac{1}{2}\angle QO'C = \dfrac{1}{2} \times 54° = 27°$

(2) $\overline{O'Q} = x$라고 하면 $\overline{O'A} = 12 - x$, $\overline{O'H} = 8 - x$

$\overline{O'Q}^2 = \overline{O'H} \times \overline{O'A}$이므로

$x^2 = (8-x)(12-x) = 96 - 20x + x^2$

$x = \overline{O'Q} = \dfrac{24}{5}$(cm)

$\overline{CB} = 2\overline{O'Q} = 2 \times \dfrac{24}{5} = \dfrac{48}{5}$(cm)

18 $\overleftrightarrow{PQ}$가 두 원의 공통인 접선이
므로 접선과 현이 이루는 각
의 성질에 의해

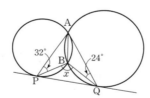

$\angle BPQ = \angle PAB = a$,

$\angle BQP = \angle QAB = b$라 하면

△APQ의 내각의 합은 180°이므로

$a + b + 32° + a + 24° + b = 180°$

$a + b = 62°$

$\angle x = 180° - (a+b) = 180° - 62° = 118°$

최상위 문제 `72~77쪽`

01 $4(\sqrt{2}+\sqrt{6})$	**02** $9:7$	**03** 64
04 6	**05** 풀이 참조	**06** $(15+3\sqrt{5})$ cm
07 2	**08** $\dfrac{50}{27}\pi$	**09** 270°	**10** 풀이 참조
11 $4\sqrt{6}\pi$	**12** 20°	**13** 50	**14** 4배
15 3 cm	**16** 2	**17** 4π cm	**18** $3:2$

---

01 $\widehat{AB}$의 중심각이 직각이므로 $\angle BCA = 45°$

$\overline{AC} \perp \overline{BD}$이고 $\angle CBD = 45°$이므로

$\widehat{CD}$에 대한 중심각 $\angle COD = 90°$이고

△OCD는 $\overline{OC} = \overline{OD} = 8$인 직각이등변삼각형이다.

따라서 $\overline{CD} = 8\sqrt{2}$

오른쪽 그림과 같이 점 D에서
선분 BC에 내린 수선의 발을
H라고 하면

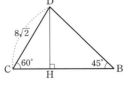

△CHD는 $\angle C = 60°$인
직각삼각형이므로

$\overline{DH} = 4\sqrt{6}$, $\overline{CH} = 4\sqrt{2}$

△BDH는 직각이등변삼각형이므로 $\overline{BH} = 4\sqrt{6}$

∴ $\overline{BC} = 4(\sqrt{2}+\sqrt{6})$

02 $\overline{BD}$는 원 O의 지름이므로

$\angle BGD = 90°$

△BGC에서 $\angle BGC = 90°$,

$\angle GBC = 60°$이므로

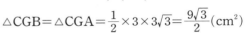

$\overline{BG} = 6 \times \cos 60° = 3$(cm),

$\overline{CG} = 6 \times \sin 60° = 3\sqrt{3}$(cm)

△CGB = △CGA $= \dfrac{1}{2} \times 3 \times 3\sqrt{3} = \dfrac{9\sqrt{3}}{2}$(cm²)

$\overline{DF} /\!/ \overline{BC}$이고, $\angle DGE = \angle CGB = 90°$,

$\angle GBC = \angle GED = 60°$이므로

△DGE ∽ △CGB(AA 닮음)

$\overline{DE} : \overline{CB} = \overline{EG} : \overline{BG}$

$2 : 6 = \overline{EG} : 3$ ∴ $\overline{EG} = 1$

$\overline{AE} = \overline{AB} - \overline{EB} = 6 - 4 = 2$(cm)

△AEF는 정삼각형이므로

△AEF $= \dfrac{1}{2} \times 2 \times 2 \times \sin 60° = \sqrt{3}$

∴ ☐EGCF = △CGA - △AEF $= \dfrac{9\sqrt{3}}{2} - \sqrt{3} = \dfrac{7\sqrt{3}}{2}$

∴ △CGB : ☐EGCF $= \dfrac{9\sqrt{3}}{2} : \dfrac{7\sqrt{3}}{2} = 9 : 7$

03 오른쪽 그림과 같이 원 위의
두 점 A_k와 A_{k+16}은 원의 중
심에 대하여 대칭이다.
따라서 △$A_1 A_k A_{k+16}$은 직
각삼각형이므로

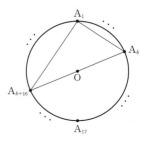

$\overline{A_1 A_k}^2 + \overline{A_1 A_{k+16}}^2$

$= \overline{A_k A_{k+16}}^2 = 2^2 = 4$

(단, $k = 2, 3, 4, \cdots, 16$)

$$\therefore \overline{A_1A_2}^2 + \overline{A_1A_{18}}^2 = \overline{A_1A_3}^2 + \overline{A_1A_{19}}^2$$
$$= \overline{A_1A_4}^2 + \overline{A_1A_{20}}^2$$
$$\vdots$$
$$= \overline{A_1A_{16}}^2 + \overline{A_1A_{32}}^2$$
$$= 4$$

한편, $\overline{A_1A_{17}}^2 = 2^2 = 4$이므로
$$\overline{A_1A_2}^2 + \overline{A_1A_3}^2 + \overline{A_1A_4}^2 + \cdots + \overline{A_1A_{32}}^2$$
$$= 4 \times 16 = 64$$

04 $\overline{PH} = \overline{PK} = \overline{PL}$이므로

$\triangle PKR$과 $\triangle PQK$에서

$\angle P$는 공통이고.

$\angle PKR = \angle PQK$

$(\because \angle PKL = \angle PLK)$

$\therefore \triangle PKR \circ \triangle PQK$(AA 닮음)

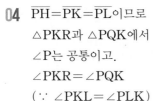

따라서 $\overline{PR} : \overline{PK} = \overline{PK} : \overline{PQ}$에서

$\overline{PK} = \overline{PH}$, $\overline{PQ} = 2\overline{PH}$이므로

$\overline{PR} = \dfrac{1}{2}\overline{PH}$ $\therefore \overline{PR} : \overline{PH} = 1 : 2$

$\overline{KH}$를 그으면 점 R는 $\overline{PH}$의 중점이므로

점 N은 $\triangle PKH$의 무게중심이다.

$\therefore \overline{NR} = \dfrac{1}{2}\overline{KN} = \dfrac{1}{2} \times 6 = 3 \text{(cm)}$

$\triangle PKH$는 이등변삼각형이므로 $\overline{MH} = \overline{KR} = 9 \text{(cm)}$

또 $\triangle PKQ$에서 두 변의 중점을 연결한 선분의 성질에 의해

$\overline{KQ} = 2\overline{MH} = 9 \times 2 = 18 \text{(cm)}$

$\therefore \dfrac{\overline{KQ}}{\overline{NR}} = \dfrac{18}{3} = 6$

05 $\overline{AP}$와 $\overline{AQ}$가 $\angle A$의 3등분선이므로

$\angle BAC = \angle PAD = \dfrac{2}{3}\angle A$이고,

원주각의 성질에 의해 $\angle BCA = \angle PDA$

$\therefore \triangle ABC \circ \triangle APD$(AA 닮음)

또, $\overline{AP}$와 $\overline{AQ}$가 $\angle A$의 3등분선이므로

$\angle BAP = \angle CAD = \dfrac{1}{3}\angle A$이고,

원주각의 성질에 의해 $\angle ABP = \angle ACD$

$\therefore \triangle ABP \circ \triangle ACD$(AA 닮음)

$\triangle ABP \circ \triangle ACD$에서 $\overline{AB} : \overline{AC} = \overline{BP} : \overline{CD}$ ⋯ ㉠

$\triangle ABC \circ \triangle APD$에서 $\overline{BC} : \overline{PD} = \overline{AC} : \overline{AD}$ ⋯ ㉡

㉠에서 $\overline{AB} \cdot \overline{CD} = \overline{AC} \cdot \overline{BP}$ ⋯ ㉢

㉡에서 $\overline{AD} \cdot \overline{BC} = \overline{AC} \cdot \overline{PD}$ ⋯ ㉣

㉢+㉣을 하면

$\overline{AB} \cdot \overline{CD} + \overline{AD} \cdot \overline{BC} = \overline{AC}(\overline{BP} + \overline{PD}) = \overline{AC} \cdot \overline{BD}$

$\therefore \overline{AB} \cdot \overline{CD} + \overline{AD} \cdot \overline{BC} = \overline{AC} \cdot \overline{BD}$

06 $\overline{AB} = \overline{BC} = \overline{CD} = \overline{DE} = \overline{EA}$이므로

$\overparen{AB} = \overparen{BC} = \overparen{CD} = \overparen{DE} = \overparen{EA}$

따라서 $\overparen{AB}$의 길이는 원의 둘레의 길이의 $\dfrac{1}{5}$이므로

$\angle ACB = 180° \times \dfrac{1}{5} = 36°$

또, $\overparen{CDE}$의 길이는 원의 둘레의 길이의 $\dfrac{2}{5}$이므로

$\angle CBE = 180° \times \dfrac{2}{5} = 72°$

$\triangle BCF$에서 $\angle CFB = 180° - (36° + 72°) = 72°$

$\therefore \overline{BC} = \overline{CF}$

$\triangle ABC \circ \triangle AFB$(AA 닮음)이고

$\overline{AB} = \overline{BC} = \overline{FC} = x \text{ cm}$라고 하면

$\overline{AB} : \overline{AF} = \overline{AC} : \overline{AB}$이므로

$x : 6 = (6 + x) : x$, $x^2 = 36 + 6x$

$x^2 - 6x - 36 = 0$ $\therefore x = 3 + 3\sqrt{5}(\because x > 0)$

$\overparen{AE} = \overparen{BC}$이므로 $\angle ABE = \angle BAC$

$\triangle ABF$에서 $\angle ABF = \angle BAF$이므로

$\triangle ABF$는 $\overline{BF} = \overline{AF} = 6 \text{ cm}$인 이등변삼각형이다.

따라서 $\triangle ABF$의 둘레의 길이는

$\overline{AB} + \overline{BF} + \overline{AF} = (3 + 3\sqrt{5}) + 6 + 6 = 15 + 3\sqrt{5} \text{(cm)}$

07 $\angle EAD = 90°$이므로 $\overline{DE}$는 외접원

O의 지름이 된다.

$\angle EAB = \angle EDB$, $\angle CAD = \angle CBD$

(같은 호에 대한 원주각)

따라서 $\triangle BPD$가 직각삼각형이다.

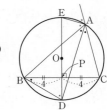

$\overline{PB} = \overline{PC} = 4$

$\overline{PD} = a$라 하면

$\overline{EP} = 5 + (5 - a) = 10 - a$

$\triangle BDP \circ \triangle ECP$(AA 닮음)이므로

$4 : (10 - a) = a : 4$

$4 \times 4 = (10 - a) \times a$

$\therefore a = 2$ 또는 $a = 8$

a는 5보다 작아야 하므로 $a = 2$

08 $\angle OAP = \angle OBP = 10°$이므로

네 점 A, O, P, B는 한 원 위에

있다.

$\triangle AOP$에서

$\angle APO = \angle MOA - \angle OAP$

$= 40° - 10° = 30°$

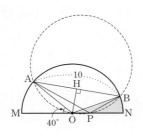

$\overparen{AO}$에 대한 원주각의 크기는 같으므로

$\angle ABO = \angle APO = 30°$

$\triangle AOB$에서 $\overline{OA} = \overline{OB}$(반지름)이므로

$\angle BAO = \angle ABO = 30°$

$\therefore \angle BAP = 30° - 10° = 20°$

$\overparen{BP}$에 대한 원주각의 크기는 같으므로

$\angle BOP = \angle BAP = 20°$ $\therefore \angle BON = 20°$

점 O에서 $\overline{AB}$에 내린 수선의 발을 H라 하면

$\overline{BH} = \dfrac{1}{2}\overline{AB} = 5$

$\triangle HOB$에서 $\overline{OB} = \dfrac{\overline{BH}}{\cos 30°} = 5 \div \dfrac{\sqrt{3}}{2} = \dfrac{10\sqrt{3}}{3}$

$\therefore$ (부채꼴 BON의 넓이) $= \pi \times \left(\dfrac{10\sqrt{3}}{3}\right)^2 \times \dfrac{20°}{360°} = \dfrac{50}{27}\pi$

09 $\overparen{AM} = \overparen{CM}$이므로

$\angle MAC = \angle MCA = a$

$\overline{AB}$는 원 O의 지름이므로

$\angle ACB = 90°$

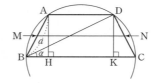

$\square ABCM$은 원에 내접하므로

$\angle MAB + \angle MCB = 180°$

$\therefore (a+b) + (90° + a) = 180°$

$\therefore 2a + b = 90°$이므로 $6a + 3b = 3(2a+b) = 270°$

10 $\overline{AB} = a$, $\overline{DC} = a$인 등변사다리꼴 ABCD는 원에 내접하므로 점 A, D에서 $\overline{BC}$에 내린 수선의 발을 각각 H, K라 하면

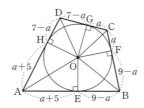

$\triangle ABH \equiv \triangle DCK$이고 $\overline{BH} = \overline{CK}$

$\overline{MN} = \dfrac{1}{2}(\overline{AD} + \overline{BC}) = \overline{BK}$

$\angle DBK = a$라 하면 $\dfrac{\overline{AH}}{\overline{MN}} = \dfrac{\overline{DK}}{\overline{BK}} = \tan a$이다.

$\overline{DC}$가 일정한 모든 사다리꼴에서 호 DC는 일정하므로 $\angle DBC = a$로 일정하다.

따라서 높이와 사다리꼴의 평행하지 않은 두 변의 중점을 연결한 선분의 비는 $\tan a$로 항상 일정하다.

11 $\square ABCD$가 원에 내접하므로

$\angle DAB + \angle DCB = 180°$

$\square ABCD$와 내접원 O의 접점을 각각 E, F, G, H라 하고,

$\overline{CF} = \overline{CG} = a$라 하면

$\overline{BE} = \overline{BF} = 9-a$,

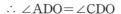

$\overline{DH} = \overline{DG} = 7-a$,

$\overline{AE} = \overline{AH} = 12 - (7-a) = a+5$

$\triangle GCO$와 $\triangle OHA$에서 $\angle CGO = \angle OHA = 90°$,

$\angle GCO = \dfrac{1}{2}\angle BCD = \dfrac{1}{2} \times (180° - \angle BAD)$

$= 90° - \dfrac{1}{2}\angle BAD = 90° - \angle OAH = \angle HOA$

$\therefore \triangle CGO \backsim \triangle OHA$(AA 닮음)

이때 내접원 O의 반지름의 길이를 r라고 하면

$\overline{CG} : \overline{OH} = \overline{GO} : \overline{HA}$에서

$a : r = r : (a+5)$ $\therefore r^2 = a(a+5) \cdots \text{㉠}$

마찬가지 방법으로 $\triangle DHO \backsim \triangle OEB$(AA 닮음)이므로

$\overline{DH} : \overline{OE} = \overline{HO} : \overline{EB}$에서 $(7-a) : r = r : (9-a)$

$\therefore r^2 = (7-a)(9-a) \cdots \text{㉡}$

㉠, ㉡에서 $a(a+5) = (7-a)(9-a)$, $21a = 63$

$\therefore a = 3$

$a = 3$을 ㉠에 대입하면 $r^2 = 3 \times 8 = 24$

$\therefore r = 2\sqrt{6}(\because r > 0)$

$\therefore$ (내접원의 둘레의 길이) $= 2\pi \times 2\sqrt{6} = 4\sqrt{6}\pi$

12 $\triangle ABC$와 $\triangle EDC$에서

$\overline{AB} = \overline{DE}$

$\overline{BC} = \overline{CD} (\because \overparen{BC} = \overparen{CD})$

$\angle ABC = \angle EDC$

$(\because \angle ABC + \angle ADC = 180°)$

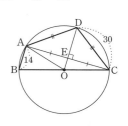

이므로 $\triangle ABC \equiv \triangle EDC$(SAS 합동)

$\therefore \angle BAC = \angle DEC = 60°$, $\angle BAD = 2 \times 60° = 120°$

그런데 $\angle BAD + \angle BCD = 180°$이므로

$120° + \angle BCD = 180°$, $\angle BCD = 60°$

$\therefore \angle ACD = \angle BCD - \angle ACB = 60° - 40° = 20°$

13 $\overline{OA} = \overline{OB} = \overline{OC} = \overline{OD}$이므로 네 점 A, B, C, D는 $\overline{BC}$를 지름으로 하는 원 위에 있다. 이때 $\overline{AC}$와 $\overline{DO}$의 교점을 E라 하면

$\triangle ADO \equiv \triangle CDO$(SSS 합동)

$\therefore \angle ADO = \angle CDO$

$\triangle DCA$는 $\overline{AD} = \overline{DC}$인 이등변삼각형이고

$\overline{DE}$는 $\angle ADC$의 이등분선이므로 $\angle DEA = 90°$

$\triangle ABC$에서 $\overline{AE} = \overline{CE}$, $\overline{BO} = \overline{CO}$이므로 삼각형의 두 변의 중점을 연결한 선분의 성질에 의하여

$\overline{AB} /\!/ \overline{EO}$, $\overline{EO} = \dfrac{1}{2}\overline{AB} = 7$

$\overline{BO} = \overline{CO} = \overline{DO} = x$라 하면 $\overline{DE} = x - 7$이므로

직각삼각형 CED에서 $\overline{CE}^2=30^2-(x-7)^2$ ··· ㉠
직각삼각형 COE에서 $\overline{CE}^2=x^2-7^2$ ··· ㉡
㉠, ㉡에서 $30^2-(x-7)^2=x^2-7^2$, $x^2-7x-450=0$
$(x-25)(x+18)=0$ ∴ $x=25$
∴ $\overline{BC}=2x=50$

14 △AOO′과 △BOO′에서
$\overline{AO}=\overline{BO}$, $\overline{AO'}=\overline{BO'}$,
$\overline{OO'}$은 공통이므로
△AOO′≡△BOO′
(SSS 합동)

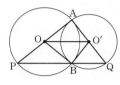

∴ ∠AOO′=∠BOO′
원 O에서 ∠AOB=2∠APB($\widehat{AB}$에 대한 중심각)이므로
∠AOO′=∠APB ··· ㉠
마찬가지로 하면
∠AO′O=∠AQB ··· ㉡
㉠, ㉡에서 △AOO′∽△APQ(AA 닮음)
따라서 △APQ의 넓이가 최대로 되는 것은 $\overline{AP}$가 원 O의
지름이 되는 경우이며, 이때의 닮음비는 $1:2$가 된다.
따라서 △AOO′과 △APQ의 넓이의 비는 $1^2:2^2$, 즉 $1:4$
가 되므로 △APQ의 넓이는 △AOO′의 넓이의 4배가 된다.

15 점 A를 접점으로 하는 접선 AT
를 긋자.
접선과 현이 이루는 각의 성질에
의해 접선 AT와 현 AC에서
∠CAT=∠CBA=a,

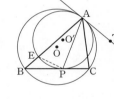

접선 AT와 현 AP에서
∠PAT=∠PEA=b라 하면
접선 BP와 현 EP에서
∠EPB=∠PEA-∠PBE=∠EAP=$b-a$이다.
∴ ∠PAC=∠PAT-∠CAT
  $=b-a=∠EAP$
즉, $\overline{AP}$는 ∠BAC의 이등분선이므로
$\overline{AB}:\overline{AC}=\overline{BP}:\overline{CP}$
$\overline{BP}=x$ cm라고 하면
$6:4=x:(5-x)$, $4x=6(5-x)$, $10x=30$
∴ $x=3$(cm)

16 $\widehat{AC}:\widehat{BC}=2:1$이므로
∠BOC=$180°×\dfrac{1}{3}=60°$
△OAC는 이등변삼각형이므로
∠ACO=30°
∠COB=∠CDO=60°

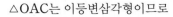

∠DOC=90°이므로 $\overline{CD}$는 원 O′의 지름이다.
$\overline{OO'}\perp\overline{AO}$이므로 O′의 반지름을 r라고 하면
$r:2\sqrt{3}=1:\sqrt{3}$ ∴ $r=2$

17

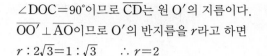

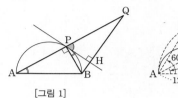 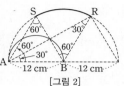

[그림 1]   [그림 2]

[그림 1]에서 $\overline{AB}$는 지름이므로 ∠APB=90°이고 현과 접
선이 이루는 각의 성질에 의해 ∠BPH=∠BAP
△BQP와 △BAP에서
∠QBP=∠ABP, ∠QPB=∠APB=90°, $\overline{BP}$는 공통
∠BPH+∠PBH=∠BAP+∠ABP=90°이므로
∴ △BQP≡△BAP(ASA 합동)
∴ $\overline{BQ}=\overline{BA}$
따라서 점 Q가 그리는 도형은 [그림 2]와 같다.
∴ $\widehat{RS}=2\pi×12×\dfrac{60°}{360°}=4\pi$(cm)

18 오른쪽 그림과 같이 직선
AB가 원 O_1과 접하는 점을
Q라 하면 원의 중심 O에서
현 AB에 내린 수선은 현을
이등분하므로 점 Q는 현
AB의 중점이다.

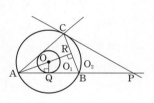

점 A에서 현 BC에 내린 수선의 발을 R라 하면 △ABC는
$\overline{AB}=\overline{AC}$인 이등변삼각형이므로 $\overline{AR}$는 원 O_1, O_2의 중심
O를 지난다.
즉, $\overline{AR}$는 $\overline{BC}$를 이등분하므로 $\overline{BR}=\overline{CR}$
△AQO와 △ARB에서 ∠OAQ는 공통,
∠OQA=∠BRA=90°이므로
△AQO∽△ARB(AA 닮음)
∴ $\overline{AB}:\overline{BR}=\overline{AO}:\overline{OQ}=3:1$
이때, $\overline{AB}=\overline{AC}$, $\overline{CB}=2\overline{BR}$이므로 $\overline{AC}:\overline{CB}=3:2$
한편, $\overset{\leftrightarrow}{PC}$가 원의 접선이므로 ∠CAP=∠BCP
따라서 △ACP와 △CBP에서 ∠BPC는 공통,
∠CAP=∠BCP이므로
△ACP∽△CBP(AA 닮음)
∴ $\overline{AP}:\overline{CP}=\overline{AC}:\overline{CB}=3:2$

특목고 / 경시대회 실전문제

78~80쪽

01 2 cm	**02** $\dfrac{\sqrt{130}}{3}$
03 $\dfrac{-3+3\sqrt{5}}{2}$	
04 $3+2\sqrt{2}$	**05** $\dfrac{t}{1-t}$
06 $2(\sqrt{6}-\sqrt{2})$	
07 $3\sqrt{6}$ cm	**08** $2\sqrt{2}+2\sqrt{6}$
09 $16\pi+16$	

01 $\overline{O_1O_2}=6$, $\overline{O_1O_3}=8$, $\overline{O_2O_3}=10$

$6^2+8^2=10^2$이므로

$\triangle O_1O_2O_3$는 $\angle O_1=90°$인

직각삼각형이다.

세 점 D, E, F를 지나는 원은

$\triangle O_1O_2O_3$에 내접하는 원이다.

구하고자 하는 원의 반지름을 r, 중심을 O_4라고 하면

$\square O_1FO_4D$가 정사각형이므로 $r=2$(cm)

02 오른쪽 그림과 같이 점 A, D, E,

H를 지나는 원이 6개의 정사각

형을 포함하는 원 중에서 가장

작다.

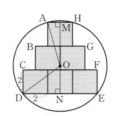

정사각형 1개의 넓이가 4이므로

한 변의 길이는 2이다.

원의 중심 O에서 $\overline{AH}$, $\overline{DE}$에 내린 수선의 발을 각각 M,

N이라 하고, $\overline{OM}=x$라 하면 $\overline{NM}=6$이므로 $\overline{ON}=6-x$

$\overline{OA}^2=\overline{OD}^2$이므로

$\triangle OAM$과 $\triangle ODN$에서

$x^2+1=(6-x)^2+3^2$, $x^2+1=36-12x+x^2+9$

$12x=44$ $\therefore x=\dfrac{11}{3}$

$\therefore \overline{OA}=\sqrt{\left(\dfrac{11}{3}\right)^2+1}=\dfrac{\sqrt{130}}{3}$

03 $\overline{BD}$의 연장선과 원 O가 만나는

점을 G, $\overline{OF}$의 연장선이 선분

CG와 만나는 점을 H라고 하

자.

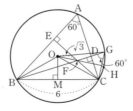

$\square AEFD$에서

$\angle EFD=360°-(90°+90°+60°)$

$\qquad\qquad =120°$

$\therefore \angle CFD=180°-\angle EFD=180°-120°=60°$

또한, $\angle BGC=\angle BAC=60°$($\overset{\frown}{BC}$에 대한 원주각)이므로

$\triangle CGF$는 정삼각형이다.

$\therefore \overline{CF}=\overline{FG}$

$\angle BOC=2\angle BAC=2\times 60°=120°$

$\triangle OBC$는 $\overline{OB}=\overline{OC}$인 이등변삼각형이므로

$\overline{BC}$의 중점을 M이라고 하면

$\angle BOM=\dfrac{1}{2}\angle BOC=\dfrac{1}{2}\times 120°=60°$, $\overline{BM}=\dfrac{1}{2}\overline{BC}=3$

$\overline{OM}\perp\overline{BM}$이므로 $\triangle OBM$에서 $\overline{OB}=\dfrac{\overline{BM}}{\sin 60°}=2\sqrt{3}$

$\triangle OFC\equiv\triangle OFG$(SSS 합동)이므로 $\angle COF=\angle GOF$

즉 $\overline{OH}$는 $\angle COG$의 이등분선이고 $\triangle OCG$는 $\overline{OC}=\overline{OG}$인

이등변삼각형이므로 $\overline{OH}\perp\overline{CG}$

$\overline{CF}=x$라고 하면 $\triangle CHF$에서

$\overline{CH}=\overline{CF}\cos 60°=\dfrac{1}{2}x$, $\overline{FH}=\overline{CF}\sin 60°=\dfrac{\sqrt{3}}{2}x$

$\triangle OCH$에서 $\overline{OC}^2=\overline{CH}^2+\overline{OH}^2$,

$(2\sqrt{3})^2=\left(\dfrac{1}{2}x\right)^2+\left(\sqrt{3}+\dfrac{\sqrt{3}}{2}x\right)^2$

$12=x^2+3x+3$, $x^2+3x-9=0$

$\therefore x=\dfrac{-3+3\sqrt{5}}{2}$ $(\because x>0)$, 즉 $\overline{CF}=\dfrac{-3+3\sqrt{5}}{2}$

04 $\overline{AC}=\overline{BC}=\sqrt{2}a$

원 O_2의 반지름을 r라 하면

$\triangle ABC=\dfrac{1}{2}\times\sqrt{2}a\times\sqrt{2}a$

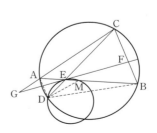

$\qquad\qquad =\dfrac{1}{2}(2a+\sqrt{2}a+\sqrt{2}a)\times r$,

$a(1+\sqrt{2})r=a^2$

$\therefore r=\dfrac{a}{\sqrt{2}+1}=a(\sqrt{2}-1)$

$\overline{DE}=2r=2a(\sqrt{2}-1)$, $\overline{DF}=\overline{EF}=a(2-\sqrt{2})$

(P의 넓이)$=\dfrac{1}{2}\times\sqrt{2}a\times\sqrt{2}a=a^2$

(Q의 넓이)$=\dfrac{1}{2}\times a(2-\sqrt{2})\times a(2-\sqrt{2})=(3-2\sqrt{2})a^2$

$\therefore$ (P의 넓이) : (Q의 넓이)$=1:(3-2\sqrt{2})$이므로

$a=1$, $b=3-2\sqrt{2}$

$\therefore \dfrac{a}{b}=\dfrac{1}{3-2\sqrt{2}}=3+2\sqrt{2}$

05 선분 $\overline{DA}$, $\overline{DB}$, $\overline{DM}$을 그

으면 $\angle BCD=\angle BAD$이

므로 $\angle ECF=\angle MAD$

선분 GF가 접선이 되므로

$\angle CEF=\angle DEG$

$\qquad\quad =\angle EMD$가 되고

$\angle CEF=\angle AMD$

$\therefore \triangle CEF\backsim\triangle AMD$(AA 닮음)

또한, $\angle ECG = \angle MBD (\because \overset{\frown}{AD}$에 대한 원주각)

$\angle CGE = \angle CEF - \angle GCE$

$\qquad = \angle EMD - \angle MBD = \angle BDM$이므로

$\triangle CGE \circ \triangle BDM$ (AA 닮음)

$\triangle CEF \circ \triangle AMD$에서 $\overline{CE} \cdot \overline{MD} = \overline{AM} \cdot \overline{EF}$,

$\triangle CGE \circ \triangle BDM$에서 $\overline{GE} \cdot \overline{MB} = \overline{CE} \cdot \overline{MD}$

이므로 $\overline{GE} \cdot \overline{MB} = \overline{AM} \cdot \overline{EF}$

$\therefore \dfrac{\overline{GE}}{\overline{EF}} = \dfrac{\overline{AM}}{\overline{MB}} = \dfrac{t\overline{AB}}{(1-t)\overline{AB}} = \dfrac{t}{1-t}$

06 $\overset{\frown}{AE}$의 길이는 원의 둘레의 $\dfrac{1}{12}$

이고, $\angle ADE$는 $\overset{\frown}{AE}$의 원주각

이므로

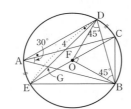

$\angle ADE = \dfrac{1}{12} \times 180° = 15°$

$\overset{\frown}{AE} = \overset{\frown}{CD}$이므로 $\overset{\frown}{CD}$의 원주각

인 $\angle CAD = \angle ADE = 15°$,

$\angle BOD = \angle BAC + \angle CAD$

$\qquad = 30° + 15° = 45°$

$\angle BAD$는 $\overset{\frown}{BD}$의 원주각이므로 $\overset{\frown}{BD}$의 중심각인

$\angle BOD = 90°$이다.

$\triangle BOD$에서 $\overline{BO} = \overline{DO} (\because$ 원의 반지름)이고

$\angle BOD = 90°$이므로 $\angle OBD = \angle ODB = 45°$

$\triangle ABC$는 이등변삼각형이므로

$\angle ACB = 75°$, $\angle ADE = \angle ACE$(원주각)

따라서 $\angle ECB = 75° - 15° = 60°$

$\therefore \angle EDB = \angle ECB$(원주각)

오른쪽 그림과 같이 $\triangle DEB$의

점 B에서 $\overline{DE}$에 내린 수선의 발

을 H라 하고

$\overline{DH} = x$라고 하면

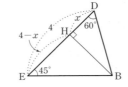

$\overline{BH} = \overline{DH} \times \tan 60°$

$\qquad = \overline{EH} \times \tan 45°$,

$x \times \sqrt{3} = (4-x) \times 1 \qquad \therefore x = \dfrac{4}{\sqrt{3}+1} = 2(\sqrt{3}-1)$

$\therefore \overline{DH} = (2\sqrt{3}-1)$

$\triangle BHD$에서

$\overline{BD} = \dfrac{\overline{DH}}{\cos 60°} = 2(\sqrt{3}-1) \times 2 = 4(\sqrt{3}-1)$

$\triangle BOD$에서

$\overline{BO} = \overline{BD} \times \cos 45° = 4(\sqrt{3}-1) \times \dfrac{1}{\sqrt{2}} = 2(\sqrt{6}-\sqrt{2})$

07 (i) 원 O의 지름을 기준으

로 두 현 l, m이 같은 방

향에 있는 경우 : 원의

중심에서 8 cm인 현까

지의 거리를 a라고 하면

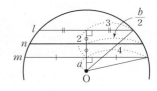

$3^2 + (2+a)^2 = 4^2 + a^2 \qquad \therefore a = \dfrac{3}{4}$

(원의 반지름) $= \sqrt{\left(\dfrac{3}{4}\right)^2 + 4^2} = \dfrac{\sqrt{265}}{4}$

두 현의 중간에 있는 현 n의 길이를 b라고 하면

$\left(\dfrac{b}{2}\right)^2 + \left(\dfrac{3}{4}+1\right)^2 = \left(\dfrac{\sqrt{265}}{4}\right)^2 \qquad \therefore b = 3\sqrt{6}$

(ii) 원 O의 지름을 기준으로 두

현이 반대 방향에 있는 경

우 : 원의 중심에서 8 cm인

현까지의 거리를 a라고 하면

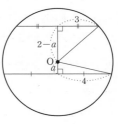

$3^2 + (2-a)^2 = 4^2 + a^2$

$a = -\dfrac{3}{4}$이므로 모순이다.

따라서 조건을 만족시키는 현 n의 길이는 $3\sqrt{6}$ cm이다.

08 오른쪽 그림과 같이 $\square ABCD$가

원에 내접하므로

$\angle BCD = 180° - \angle BAD$

$\qquad = 180° - 90° = 90°$

직각삼각형 BCD에서

$\angle BDC = 90° - 60° = 30°$

한편, $\angle CPD = \angle CQD = 90°$이므로 $\square PCDQ$는 선분 CD

를 지름으로 하는 원에 내접하는 사각형이다.

이때 새로 그린 원에서

$\angle PQC = \angle PDC = 30° (\because \overset{\frown}{PC}$에 대한 원주각)이므로

$\angle AQR = 180° - (90° + 30°) = 60°$

또한, 처음 원에서

$\angle CAD = \angle CBD = 60° (\because \overset{\frown}{CD}$에 대한 원주각)이므로

$\triangle ARQ$는 정삼각형이다.

한편, $\triangle ABD$는 직각이등변삼각형이고 $\overline{BD} = 8+8 = 16$

이므로 $\overline{AD} = \overline{BD} \cos 45° = 16 \times \dfrac{\sqrt{2}}{2} = 8\sqrt{2}$

직각삼각형 BCD에서 $\overline{BC} = \overline{BD} \cos 60° = 16 \times \dfrac{1}{2} = 8$

$\therefore \overline{BP} = \overline{BC} \cos 60° = 8 \times \dfrac{1}{2} = 4$

새로 그린 원에서

∠PCQ=∠PDQ=45°($\overparen{PQ}$에 대한 원주각)이므로
△PCS와 △SDQ는 직각이등변삼각형이다.

$\therefore \overline{PS}=\overline{PC}=\overline{BC}\sin 60°=8\times\dfrac{\sqrt{3}}{2}=4\sqrt{3}$

$\therefore \overline{SD}=16-(4+4\sqrt{3})=12-4\sqrt{3}$

직각삼각형 SDQ에서

$\overline{QD}=\overline{SD}\cos 45°=(12-4\sqrt{3})\times\dfrac{\sqrt{2}}{2}=6\sqrt{2}-2\sqrt{6}$

△ARQ가 정삼각형이므로
$\overline{QR}=\overline{AQ}=\overline{AD}-\overline{QD}=8\sqrt{2}-(6\sqrt{2}-2\sqrt{6})=2\sqrt{2}+2\sqrt{6}$

09 $\overline{AB}$의 중점을 O라 하고 $\overline{AB}$의 오른쪽에 점 P가 있다고 하자.
∠APB=90°인 점 P는 점 O를 중심으로 하고 반지름의 길이가
$\overline{AO}=\dfrac{1}{2}\overline{AB}=\dfrac{1}{2}\times 8=4$인 원 위의 점이다.

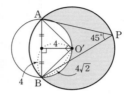

또한, 오른쪽 그림과 같이 ∠APB=45°인 점 P는 중심각의 크기가 90°인 호 AB를 포함하는 원 O′ 위의 점이므로 $\overline{AB}$의 오른쪽에 점 P가 나타내는 영역은 주어진 그림의 색칠한 부분과 같다.

이때 ∠AO′B=90°이고 점 O′은 현 AB의 수직이등분선 위에 있으므로 현 AB의 수직이등분선과 원 O′의 반지름의 길이는

$\overline{AO'}=\overline{BO'}=\dfrac{\overline{AO}}{\cos 45°}=4\div\dfrac{\sqrt{2}}{2}=4\sqrt{2}$

(i) 반지름이 $\overline{AO'}$이고, 중심각의 크기가 270°인 부채꼴의 넓이는 $\pi\times(4\sqrt{2})^2\times\dfrac{270°}{360°}=24\pi$

(ii) 현 O′A와 호 O′A로 이루어진 활꼴과 현 O′B와 호 O′B로 이루어진 활꼴의 넓이의 합은
(반지름의 길이가 4인 반원의 넓이)−△AO′B
$=\dfrac{1}{2}\times\pi\times 4^2-\dfrac{1}{2}\times 8\times 4=8\pi-16$

(i), (ii)에서 $\overline{AB}$의 오른쪽에 있는 점 P가 나타내는 영역의 넓이는 $24\pi-(8\pi-16)=16\pi+16$

Ⅲ. 통계

1 산포도와 상관관계

핵심문제 01
82쪽

1 81점 **2** 6.5 **3** ㄴ, ㄷ **4** 1

1 A, B, C 세 사람의 수학 성적을 각각 a점, b점, c점이라고 하면

$\dfrac{a+b}{2}=82$ $\therefore a+b=164 \cdots$ ㉠

$\dfrac{b+c}{2}=76$ $\therefore b+c=152 \cdots$ ㉡

$\dfrac{a+c}{2}=85$ $\therefore a+c=170 \cdots$ ㉢

㉠+㉡+㉢을 하면 $2(a+b+c)=486$
$\therefore a+b+c=243$
따라서 A, B, C 세 사람의 수학 성적의 평균은
$\dfrac{a+b+c}{3}=\dfrac{243}{3}=81$(점)

2 민재의 양궁 점수를 크기순으로 나열하면
2, 4, 5, 6, 6, 7, 9
중앙값은 6점이므로 $a=6$
다정이의 양궁 점수를 크기순으로 나열하면
1, 3, 6, 7, 8, 9, 10
중앙값은 7점이므로 $b=7$
따라서 a와 b의 평균은 $\dfrac{a+b}{2}=\dfrac{6+7}{2}=6.5$

3 ㄴ. 최빈값에 대한 설명이다.
ㄷ. n이 홀수이면 중앙값은 $\dfrac{n+1}{2}$번째 변량의 값이고,
n이 짝수이면 중앙값은 $\dfrac{n}{2}$번째와 $\left(\dfrac{n}{2}+1\right)$번째 변량의 값의 평균이다.

4 지수네 반의 전체 학생 수는 21명이므로 중앙값은 줄기와 잎 그림에서 11번째인 34회이다. $\therefore a=34$
최빈값은 35회이므로 $b=35$
$\therefore b-a=35-34=1$

응용문제 01

83쪽

예제 ① 3, 26, 26, 2, 3, 32, 42, 32 / $26 \leq a \leq 32$

1 5   **2** 13세   **3** 10   **4** ④

1 $\dfrac{(2a+1)+(2b+1)+(2c+1)+(2d+1)}{4}=11$

$\therefore a+b+c+d=20$

따라서 a, b, c, d의 평균은 $\dfrac{a+b+c+d}{4}=\dfrac{20}{4}=5$

2 남학생의 나이의 합을 a세, 여학생의 나이의 합을 b세라 하면 남학생의 나이의 평균이 18세이므로 $\dfrac{a}{15}=18$

$\therefore a=270$

또, 전체 학생의 나이의 평균이 16세이므로

$\dfrac{a+b}{25}=16$, $a+b=400$

$\therefore b=400-a=400-270=130$

따라서 여학생의 나이의 평균은 $\dfrac{b}{10}=\dfrac{130}{10}=13$(세)

3 a를 제외한 변량을 크기순으로 나열하면 2, 8, 10, 14, 20

(ⅰ) $a \leq 8$이면 중앙값은 $\dfrac{8+10}{2}=9$

(ⅱ) $8 < a < 14$이면 중앙값은 $\dfrac{a+10}{2}$

(ⅲ) $a \geq 14$이면 중앙값은 $\dfrac{10+14}{2}=12$

따라서 중앙값이 10이 되려면 $\dfrac{a+10}{2}=10$ $\therefore a=10$

4 평균, 중앙값, 최빈값이 모두 같으려면 자료가 대칭적으로 분포해야 한다.

핵심문제 02

84쪽

1 IT   **2** $\sqrt{1.6}$점   **3** 4   **4** 7, 15   **5** ③

1 수빈이가 IT 분야에서 얻은 점수는 평균보다 10점이 높은 점수이므로 IT분야를 잘하는 편이라고 볼 수 있다.

2 $2+1+3+3+a=10$ $\therefore a=1$

$(평균)=\dfrac{6 \times 2+7 \times 1+8 \times 3+9 \times 3+10 \times 1}{10}=8$(점)

$(분산)=\dfrac{1}{10} \times \{(6-8)^2 \times 2+(7-8)^2 \times 1+(8-8)^2 \times 3$

$\qquad\qquad +(9-8)^2 \times 3+(10-8)^2 \times 1\}$

$\qquad =1.6$

$\therefore (표준편차)=\sqrt{1.6}$(점)

3 $\dfrac{5+8+9+x+7}{5}=8$ $\therefore x=11$

$(분산)=\dfrac{(-3)^2+1^2+3^2+(-1)^2}{5}=\dfrac{20}{5}=4$

4 $(평균)=3 \times 2+1=7$

$(표준편차)=\sqrt{(분산)}=\sqrt{3^2 \times 25}=3 \times 5=15$

5 A, B 두 반의 평균이 같으므로 어느 한 반의 턱걸이 기록이 좋다고 말할 수 없다.

A반이 B반보다 표준편차가 작으므로 A반이 B반보다 턱걸이 기록이 고르다.

따라서 옳은 것은 ③이다.

응용문제 02

85쪽

예제 ② 6, 6, $\dfrac{2}{3}$, 36, 9, 6, 3, 9, 8, 14, 7, 6, -1, 1, 7, $\dfrac{4}{7}$,

$\dfrac{2}{3}$, 8, $\dfrac{7}{4}$, 28 / 28

1 $\sqrt{6.5}$회   **2** $\sqrt{1.1}$ **3** 181   **4** C모둠

1 원영의 줄넘기 횟수를 x개라고 하면 4명의 학생들의 줄넘기의 횟수는 각각 x회, $(x+1)$회, $(x-2)$회, $(x+5)$회이므로 평균은

$\dfrac{x+(x+1)+(x-2)+(x+5)}{4}=x+1$(회)

따라서 편차는 각각 -1, 0, -3, 4이고

분산은 $\dfrac{1}{4} \times \{(-1)^2+0^2+(-3)^2+4^2\}=6.5$

$\therefore (표준편차)=\sqrt{6.5}$(회)

2 $a+1+2+9+b=20$이므로 $a+b=8$ … ㉠

$\dfrac{1 \times a+2 \times 1+3 \times 2+4 \times 9+5 \times b}{20}=4$이므로

$a+5b=36$ … ㉡

㉠, ㉡을 연립하여 풀면 $a=1$, $b=7$

$(분산)$

$=\dfrac{(-3)^2 \times 1+(-2)^2 \times 1+(-1)^2 \times 2+0^2 \times 9+1^2 \times 7}{20}$

$=\dfrac{22}{20}=1.1$

$\therefore (표준편차)=\sqrt{1.1}$

3 (평균)$=\dfrac{7+a+10+b+c}{5}=8$ ∴ $a+b+c=23$

(분산)

$=\dfrac{(7-8)^2+(a-8)^2+(10-8)^2+(b-8)^2+(c-8)^2}{5}$

$=2$

$(a-8)^2+(b-8)^2+(c-8)^2=5$,

$a^2+b^2+c^2-16(a+b+c)+192=5$

$a^2+b^2+c^2-16\times23+192=5$

∴ $a^2+b^2+c^2=181$

4 A, B, C, D, E 5모둠의 평균이 비슷하므로 표준편차가 가장 큰 모둠이 전체 상위 5 % 이내에 드는 학생들이 가장 많을 것으로 예상할 수 있다.

따라서 본선 진출자가 가장 많을 것으로 예상되는 모둠은 C모둠이다.

핵심 문제 03
86쪽

1 풀이 참조 **2** ③ **3** ② **4** 42

1
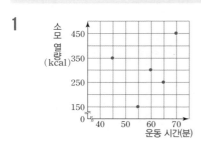

2 ①, ⑤ ➡ 양의 상관관계, ②, ④ ➡ 상관관계가 없다.
③ ➡ 음의 상관관계

3 ①, ③, ④, ⑤ ➡ 양의 상관관계, ② ➡ 음의 상관관계

4 $a=3$, $b=9$,

$c=\dfrac{6}{20}\times100=30(\%)$

∴ $a+b+c=3+9+30=42$

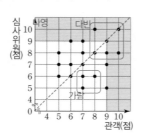

응용 문제 03
87쪽

예제 ③ 20, 32, 5, 5, 25 / 25 %

1 10점 **2** 8명 **3** 35점 **4** B, E

1 산점도에서 보조선을 그으면
3등 : (쇼트, 프리)=(110, 200)
5등 : (쇼트, 프리)=(110, 190)
∴ 200−190=10(점)

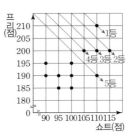

2 $|x-y|\geq2$를 만족시키는 기록을 가진 학생은 1학기의 기록과 2학기의 기록의 차가 2초 이상인 학생이다.

따라서 주어진 산점도에서 색칠한 부분에 속하는 점의 개수와 같으므로 8명이다.

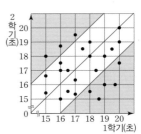

3 재시험을 봐야할 학생 수는

$\dfrac{25}{100}\times24=6$(명)

재시험을 볼 학생들의 2차 시험 점수의 평균을 구하면

(평균)$=\dfrac{20\times1+30\times2+40\times2+50\times1}{6}=35$(점)

4 용돈과 지출액 사이에는 양의 상관관계가 있고, 지출액이 가장 많은 학생은 B, 용돈에 대한 지출액의 비율이 가장 작은 학생은 E이다.

심화 문제
88~93쪽

01 78점 **02** 55.7 kg **03** ③ **04** ②, ④
05 33, 53 **06** 372 **07** 평균 : 5, 분산 : $\dfrac{2}{7}$
08 27 **09** 3 **10** 6 **11** ①
12 $\sqrt{22}$점 **13** 12 **14** 37 **15** 3반, 1반, 2반
16 (1) 40 % (2) 80점 **17** 3 **18** 4명

01 모둠의 학생이 6명이므로 점수를 작은 값부터 차례로 나열할 때, 3번째와 4번째 학생의 점수의 평균이 중앙값이다.

4번째 학생의 점수를 x점이라 하면 $\dfrac{74+x}{2}=76$

∴ $x=78$

따라서 4번째 학생의 점수는 78점이다.

이때 점수가 80점인 학생이 전학 왔을 때 7명의 수학 점수의 중앙값은 4번째 학생의 점수인 78점이다.

02 전학을 온 두 학생의 몸무게의 합을 $x \, \mathrm{kg}$이라 하면

$$\frac{20 \times 59 + x}{22} = 58.7$$

$1180 + x = 1291.4$ $\therefore x = 111.4$

따라서 전학을 온 두 학생의 몸무게의 평균은

$111.4 \div 2 = 55.7(\mathrm{kg})$

03 x를 제외한 변량을 작은 값부터 크기순으로 나열하면

7, 11, 14, 15, 20, 26, 36, 43

(ⅰ) $x \le 15$이면 $y = 15$

(ⅱ) $15 < x < 20$이면 $y = x$

(ⅲ) $x \ge 20$이면 $y = 20$

따라서 함수의 그래프로 알맞은 것은 ③이다.

04 ① 경우에 따라 대푯값은 숫자가 아닐 수 있으며, 숫자로 나타나지 않는 자료의 대푯값은 최빈값을 이용한다.

③ 중앙값은 자료의 값 중에 존재하지 않을 수도 있다.

⑤ 최빈값은 자료의 개수가 적은 경우에 자료의 중심적인 경향을 잘 반영하지 못할 수도 있다.

05 편차의 합은 0이므로

$(x-2) + (-6) + (-x^2 + x + 3) + (2x-1) + (2x^2 - x + 2) = 0$

$x^2 + 3x - 4 = 0$, $(x+4)(x-1) = 0$

$\therefore x = -4$ 또는 $x = 1$

(ⅰ) $x = -4$일 때

(편차) $= -x^2 + x + 3 = -17$

$\therefore \mathrm{C} = (-17) + 50 = 33$

(ⅱ) $x = 1$일 때

(편차) $= -x^2 + x + 3 = 3$ $\therefore \mathrm{C} = 3 + 50 = 53$

(ⅰ), (ⅱ)에서 C = 33 또는 C = 53

06 편차의 합은 0이므로

$5 + d + e + 6 + 0 = 0$ $\therefore d + e = -11$ ··· ㉠

학생 B의 독서 시간이 학생 c의 독서 시간보다 3분 더 짧으므로 $e - d = 3$ ··· ㉡

㉠+㉡을 하면 $2e = -8$ $\therefore e = -4$

$\therefore d = -7$

학생 B의 독서 시간은 117분이고 편차는 -7이므로

(평균) $= 117 - (-7) = 124$(분)

$a = 124 + 5 = 129$, $b = 124 + 6 = 130$, $c = 124$

$\therefore a + b + c + d + e = 129 + 130 + 124 + (-7) + (-4)$
$\qquad = 372$

07 받은 초콜릿과 사탕의 합이 6개 이상인 학생들이 받은 초콜릿 개수를 표로 나타내면 다음과 같다.

초콜릿 개수	4	5	6	합계
학생 수	2	10	2	14

(평균) $= \dfrac{4 \times 2 + 5 \times 10 + 6 \times 2}{14} = \dfrac{70}{14} = 5$(개)

다음 표에서

초콜릿 개수	4	5	6
학생 수	2	10	2
편차	-1	0	1
(편차)^2	1	0	1
(편차)$^2 \times$(학생 수)	2	0	2

(분산) $= \dfrac{\{(\text{편차})^2 \times (\text{학생 수})\}\text{의 총합}}{(\text{변량의 개수})} = \dfrac{4}{14} = \dfrac{2}{7}$

08 5개의 변량에 대한 평균이 7이므로

$\dfrac{6 + x + 10 + y + 7}{5} = 7$, $x + y = 12$

$y = 12 - x$ ··· ㉠

표준편차가 $\sqrt{6}$이므로 분산은 6이다.

$\dfrac{(-1)^2 + (x-7)^2 + 3^2 + (y-7)^2 + 0^2}{5} = 6$,

$(x-7)^2 + (y-7)^2 = 20$ ··· ㉡

㉠을 ㉡에 대입하면 $(x-7)^2 + (5-x)^2 = 20$,

$x^2 - 12x + 27 = 0$, $(x-3)(x-9) = 0$

$x = 3$ 또는 $x = 9$

$x = 3$일 때 $y = 9$, $x = 9$일 때 $y = 3$

$\therefore xy = 27$

09 $x_1, x_2, x_3, \cdots, x_{123}$의 평균은

$\dfrac{x_1 + x_2 + x_3 + \cdots + x_{123}}{123} = \dfrac{1476}{123} = 12$

따라서 $x_1, x_2, x_3, \cdots, x_{123}$의 분산은

$\dfrac{(x_1 - 12)^2 + (x_2 - 12)^2 + \cdots + (x_{123} - 12)^2}{123}$

$= \dfrac{(x_1^2 + x_2^2 + \cdots + x_{123}^2) - 24(x_1 + x_2 + \cdots + x_{123}) + 12^2 \times 123}{123}$

$= \dfrac{18819 - 24 \times 1476 + 12^2 \times 123}{123}$

$= 153 - 288 + 144 = 9$

따라서 표준편차는 $\sqrt{9} = 3$

10 두 반 모두 평균이 300타이므로 합친 10명에 대한 평균도 300타이다.

A반 6명의 학생 타자 수를 각각 x_1, x_2, $\cdots$, x_6라 하고, B반 4명의 타자 수를 각각 y_1, y_2, y_3, y_4라고 하자.

(A반의 분산)

$$= \frac{(x_1-300)^2+(x_2-300)^2+\cdots+(x_6-300)^2}{6}=4$$

$$(x_1-300)^2+(x_2-300)^2+\cdots+(x_6-100)^2=24$$

(B반의 분산)

$$= \frac{(y_1-300)^2+(y_2-300)^2+(y_3-300)^2+(y_4-300)^2}{4}$$
$$=9$$

$$(y_1-300)^2+(y_2-300)^2+(y_3-300)^2+(y_4-300)^2=36$$

(총 10명에 대한 분산)

$$= \frac{(x_1-300)^2+\cdots+(x_6-300)^2+(y_1-300)^2+\cdots+(y_4-300)^2}{10}$$

$$= \frac{24+36}{10}=6$$

11 ③ A, B의 평균은 54이다.

④ A, B, C 중에서 표준편차가 가장 큰 반은 A이다.

⑤ C반의 평균은 A반보다 높지만, C반의 표준편차는 A반보다 낮다.

12 남학생의 평균과 여학생의 평균을 각각 M이라 하고, 남학생 3명의 점수를 x_1, x_2, x_3, 여학생 7명의 점수를 y_1, y_2, y_3, y_4, y_5, y_6, y_7이라고 하자.

남학생의 표준편차가 6이므로

$$\sqrt{\frac{(x_1-M)^2+(x_2-M)^2+(x_3-M)^2}{3}}=6$$

$$\therefore (x_1-M)^2+(x_2-M)^2+(x_3-M)^2=108$$

여학생의 표준편차가 4이므로,

$$\sqrt{\frac{(y_1-M)^2+(y_2-M)^2+\cdots+(y_6-M)^2+(y_7-M)^2}{7}}=4$$

$$\therefore (y_1-M)^2+(y_2-M)^2+\cdots+(y_6-M)^2+(y_7-M)^2=112$$

따라서 전체 10명의 표준편차는

$$\sqrt{\frac{(x_1-M)^2+\cdots+(x_3-M)^2+(y_1-M)^2+\cdots+(y_7-M)^2}{10}}$$

$$= \sqrt{\frac{108+112}{10}}=\sqrt{22}\,(점)$$

13 4개의 변량을 3, 5, a, b라 하면 평균이 2이므로

$$\frac{3+5+a+b}{4}=2 \qquad \therefore a+b=0$$

4개의 변량 2, 6, a, b의 평균, 분산을 구하면

$$(평균)=\frac{2+6+a+b}{4}=\frac{8+a+b}{4}=2$$

$$(분산)=\frac{(2-2)^2+(6-2)^2+(a-2)^2+(b-2)^2}{4}$$

$$= \frac{16+(a-2)^2+(b-2)^2}{4} \cdots ㉠$$

이때 3, 5, a, b의 분산이 10.5이므로

$$\frac{(3-2)^2+(5-2)^2+(a-2)^2+(b-2)^2}{4}=10.5$$

$$10+(a-2)^2+(b-2)^2=42$$

$$\therefore (a-2)^2+(b-2)^2=32$$

따라서 ㉠에서 구하고자 하는 분산은

$$\frac{16+(a-2)^2+(b-2)^2}{4}=\frac{16+32}{4}=12$$이다.

14 서로 다른 네 수 a, b, c, d에서 세 수를 뽑았을 때, 이들의 평균이 작은 것부터 나열하면 다음과 같다.

$$(a, b, c), (a, b, d), (a, c, d), (b, c, d)$$

각 경우의 평균은

$$\frac{a+b+c}{3}=33 \qquad \therefore a+b+c=99 \qquad \cdots ㉠$$

$$\frac{a+b+d}{3}=36 \qquad \therefore a+b+d=108 \qquad \cdots ㉡$$

$$\frac{a+c+d}{3}=38 \qquad \therefore a+c+d=114 \qquad \cdots ㉢$$

$$\frac{b+c+d}{3}=41 \qquad \therefore b+c+d=123 \qquad \cdots ㉣$$

㉠+㉡+㉢+㉣을 하면 $3(a+b+c+d)=444$

$$\therefore a+b+c+d=148$$

따라서 구하는 평균은 $\dfrac{a+b+c+d}{4}=\dfrac{148}{4}=37$

15 1반, 2반, 3반의 독서량의 평균은 3권으로 모두 같다.

이때 산포도가 가장 큰 반은 평균 3권에서 멀리 떨어진 변량의 학생 수가 많은 2반이고, 산포도가 가장 작은 반은 평균 3권에 가까운 변량의 학생 수가 많은 3반이다.

따라서 독서량의 산포도가 작은 반부터 차례로 나열하면 3반, 1반, 2반이다.

16 (1) $\dfrac{8}{20} \times 100 = 40(\%)$

(2) $|x-y|=10$을 만족시
키는 학생들의 성적을
순서쌍 (x, y)로 나타내
면 $(75, 85)$, $(80, 70)$,
$(80, 90)$, $(85, 75)$,
$(90, 80)$이다.

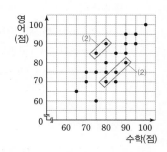

이 학생들의 영어 성적의 평균을 구하면
$(85+70+90+75+80) \div 5 = 80$(점)

17

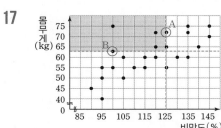

A학생의 비만도는 $\dfrac{72}{(164-100) \times 0.9} \times 100 = 125(\%)$

B학생의 몸무게를 x kg이라 하면

$\dfrac{x}{(170-100) \times 0.9} \times 100 = 100(\%)$에서 $x=63$

따라서 63 kg 초과이면서 비만도가 125 % 미만인 학생 수
는 3명이므로 $a=3$

18 전체의 상위 30 %는 $20 \times 0.3 = 6$(명)이다. 성적이 높은 순
으로 6명의 학생의 중간고사 성적을 나열하면 90점, 90점,
90점, 80점, 80점, 80점이다. 또, 성적이 높은 순으로 6명
의 학생의 기말고사 성적을 나열하면 100점, 90점, 90점,
90점, 80점, 80점이다.
따라서 중간고사와 기말고사 모두 80점 이상인 학생은
4명이다.

최상위 문제 94~99쪽

01 177	**02** 평균 : 5, 표준편차 : $\dfrac{5}{2}$	**03** 2
04 -86	**05** $x \geq 6$	**06** 7, 7	**07** 60
08 39	**09** 56	**10** 1개	**11** 8
12 14	**13** 44	**14** 8.5점	
15 음의 상관관계	**16** 70 %	**17** $6.5 < a \leq 7$	**18** 40 %

---

01 세 자연수의 평균이 9이므로

$\dfrac{a+b+c}{3} = 9$　　$\therefore a+b+c = 27$　　　　$\cdots$ ㉠

ab, bc, ca의 평균이 33이므로

$\dfrac{ab+bc+ca}{3} = 33$　　$\therefore ab+bc+ca = 99$　$\cdots$ ㉡

한편 $(a+b+c)(a+b+c)$

$= a^2+b^2+c^2+2(ab+bc+ca)$이므로

㉠, ㉡을 식에 대입하면 $27 \times 27 = a^2+b^2+c^2+2 \times 99$

$729 = a^2+b^2+c^2+198$

$a^2+b^2+c^2 = 531$

따라서 a^2, b^2, c^2의 평균은

$(평균) = \dfrac{a^2+b^2+c^2}{3} = \dfrac{531}{3} = 177$

02 x_1, x_2, $\cdots$, x_6의 평균이 4이므로

$\dfrac{x_1+x_2+\cdots+x_6}{6} = 4$　　$\therefore x_1+x_2+\cdots+x_6 = 24$

분산이 4이므로

$\dfrac{(x_1-4)^2+(x_2-4)^2+\cdots+(x_6-4)^2}{6} = 4$

$\dfrac{x_1{}^2+x_2{}^2+\cdots+x_6{}^2-8(x_1+x_2+\cdots+x_6)+96}{6} = 4$

$\dfrac{x_1{}^2+x_2{}^2+\cdots+x_6{}^2-8 \times 24+96}{6} = 4$

$\therefore x_1{}^2+x_2{}^2+\cdots+x_6{}^2 = 120$

따라서 $x_1+x_2+\cdots+x_8$의 평균과 표준편차는

$(평균) = \dfrac{x_1+x_2+\cdots+x_6+7+9}{8} = \dfrac{24+16}{8} = 5$

$(분산)$

$= \dfrac{(x_1-5)^2+(x_2-5)^2+\cdots+(x_6-5)^2+2^2+4^2}{8}$

$= \dfrac{x_1{}^2+x_2{}^2+\cdots+x_6{}^2-10(x_1+x_2+\cdots+x_6)+170}{8}$

$= \dfrac{120-10 \times 24+170}{8} = \dfrac{50}{8} = \dfrac{25}{4}$

$(표준편차) = \sqrt{\dfrac{25}{4}} = \dfrac{5}{2}$

03 네 정사각형의 넓이의 평균이 $\dfrac{5\sqrt{3}}{2}$ cm²이므로

$\dfrac{\dfrac{\sqrt{3}}{4}a^2+\sqrt{3}+4\sqrt{3}+\dfrac{\sqrt{3}}{4}b^2}{4} = \dfrac{5\sqrt{3}}{2}$, $a^2+b^2 = 20$　$\cdots$ ㉠

철사 4개의 길이의 평균이 9 cm이므로

$\dfrac{3a+6+12+3b}{4} = 9$, $a+b = 6$　　　　　　$\cdots$ ㉡

㉡에서 $b = 6-a$를 ㉠에 대입하면

$a^2+(6-a)^2 = 20$, $a^2-6a+8 = 0$, $(a-2)(a-4) = 0$

$\therefore a=2$ 또는 $a=4$

이때 $a>b$이므로 $a=4$, $b=2$

$\therefore 2a-3b=2$

04 $\dfrac{a_1+a_2}{2}=100$, $\dfrac{a_1+a_2+a_3}{3}=98$,

$\dfrac{a_1+a_2+a_3+a_4}{4}=96$, $\cdots$, $\dfrac{a_1+a_2+a_3+\cdots+a_{47}}{47}=10$,

$\dfrac{a_1+a_2+a_3+\cdots+a_{48}}{48}=8$

따라서 $a_1+a_2+a_3+\cdots+a_{47}=470$,

$a_1+a_2+a_3+\cdots+a_{48}=384$이므로

$a_{48}=-86$

05 주어진 세 자료에서 x를 제외한 나머지 변량을 작은 값부터 크기순으로 나열하면

3, 6, 7, 8의 중앙값은 a

2, 5, 7, 9의 중앙값은 b

2, 4, 8, 9의 중앙값은 c

(i) $x=1, 2, 3, 4$이면 $a=6$, $b=5$, $c=4$이므로

$a\leq b\leq c$가 성립하지 않는다.

(ii) $x=5$이면 $a=6$, $b=5$, $c=5$이므로

$a\leq b\leq c$가 성립하지 않는다.

(iii) $x=6$이면 $a=6$, $b=6$, $c=6$이므로

$a\leq b\leq c$가 성립한다.

(iv) $x=7$이면 $a=7$, $b=7$, $c=7$이므로

$a\leq b\leq c$가 성립한다.

(v) $x=8$이면 $a=7$, $b=7$, $c=8$이므로

$a\leq b\leq c$가 성립한다.

(vi) $x\geq 9$이면 $a=7$, $b=7$, $c=8$이므로

$a\leq b\leq c$가 성립한다.

(i)~(vi)에서 주어진 조건을 만족시키는 x의 값의 범위는 $x\geq 6$이다.

06 자른 종이의 넓이가 x, $14-x$가 되도록 두 조각으로 잘랐다고 하면 5장의 종이의 넓이 6, 6, 9, x, $14-x$의 평균은

$\dfrac{6+6+9+x+(14-x)}{5}=\dfrac{35}{5}=7$

이때 x, $14-x$와 평균 7의 차가 작을수록 표준편차가 작다.

즉, 표준편차는 $x=14-x=7$일 때 최소이다.

따라서 넓이가 14인 종이를 넓이가 각각 7인 종이 2장으로 잘라야 한다.

07 자연수로 이루어진 7개의 자료 중 가장 작은 자료를 a라 하자. 88이 포함되어 있고 82는 최빈값이며 a의 최솟값을 찾고 있으므로 다음과 같은 7개 자료의 평균이 87이 되도

록 하는 자연수 a가 존재하는지 확인한다.

a, 82, 82, 88, 98, 99, 100

실제로 다음과 같이 이를 만족시키는 자연수 a가 존재한다.

$\dfrac{a+82+82+88+98+99+100}{7}=87$,

$a+549=609$ $\therefore a=60$

따라서 구하는 값은 60이다.

08 점 P_i의 x좌표를 x_i라 하면 점 Q_i의 좌표는 $3x_i$이다.

(단, $i=1, 2, 3, 4, 5$)

점 P_i의 좌표의 평균이 10이므로

$\dfrac{x_1+x_2+\cdots+x_5}{5}=10$ $\therefore x_1+x_2+\cdots+x_5=50$

점 Q_i의 x좌표의 평균은

$\dfrac{3x_1+3x_2+\cdots+3x_5}{5}=3\times\dfrac{x_1+x_2+\cdots+x_5}{5}$

$=3\times 10=30$

점 P_i의 x좌표의 표준편차가 3이므로 분산은 9이다.

$\dfrac{(x_1-10)^2+(x_2-10)^2+\cdots+(x_5-10)^2}{5}$

$=\dfrac{(x_1^2+x_2^2+\cdots+x_5^2)-20(x_1+x_2+\cdots+x_5)+500}{5}$

$=\dfrac{x_1^2+x_2^2+\cdots+x_5^2}{5}-100=9$

$\therefore x_1^2+x_2^2+\cdots+x_5^2=545$

점 Q_i의 x좌표의 분산은

$\dfrac{(3x_1-30)^2+(3x_2-30)^2+\cdots+(3x_5-30)^2}{5}$

$=\dfrac{9(x_1^2+x_2^2+\cdots+x_5^2)-180(x_1+x_1+\cdots+x_5)^2+5\times 900}{5}$

$=\dfrac{9(x_1^2+x_2^2+\cdots+x_5^2)-9000+4500}{5}$

$=\dfrac{9(x_1^2+x_2^2+\cdots+x_5^2)}{5}-900=81$

$\therefore (표준편차)=\sqrt{81}=9$

따라서 평균과 표준편차의 합은 $30+9=39$

09 7개의 자료를 작은 수부터 차례로 나열할 때, 중앙값이 81이므로 4번째에 81이 오고, 최빈값이 75이므로 가장 작은 수 x가 75보다 작다고 가정하면 두 번째와 세 번째에 75가 각각 온다. 그리고 가장 큰 자료의 값이 92이므로 7번째에 92가 온다.

따라서 다섯 번째와 여섯 번째 자료를 각각 a, b라 하면

7개의 자료는 x, 75, 75, 81, a, b, 92

평균이 80이므로 x의 값이 최소가 되려면 a, b의 값이 최대가 되어야 한다.

또 최빈값이 75이므로 나머지 수들은 서로 다른 수이다.

즉 a는 81과 같을 수 없고 b는 92와 같을 수 없으며 a, b는 서로 다른 수이다.

따라서 $a=90$, $b=91$일 때, x의 값이 최소가 된다.

평균이 80이므로 $\dfrac{x+75+75+81+90+91+92}{7}=80$

$\dfrac{504+x}{7}=80$ $\quad\therefore x=56$

10 중앙값과 최빈값이 모두 $2x^2$이 되려면 자료에 $2x^2$과 같은 값이 중앙값이 될 수 없는 1을 제외하고 있어야 한다.

x는 자연수이므로

(ⅰ) $2x^2=2$일 때, $x=1$

이때 $x=1$을 자료에 대입하고 변량이 작은 값부터 크기 순으로 나열하면 1, 1, 2, 2, 2, 4, 8, 24, 32

이때 중앙값은 2, 최빈값은 2이다.

(ⅱ) $2x^2=x+1$일 때 $2x^2-x-1=0$,

$(2x+1)(x-1)=0$ $\quad\therefore x=1(\because x$는 자연수$)$

이때 중앙값과 최빈값은 모두 2이다.

(ⅲ) $2x^2=x^2$일 때 $x=0$이므로 성립하지 않는다.

(ⅳ) $2x^2=24$일 때 $x=2\sqrt{3}$이므로 성립하지 않는다.

(ⅴ) $2x^2=8x$일 때 $2x^2-8x=0$, $2x(x-4)=0$, $x=4$

이때 $x=4$를 자료에 대입하고 변량이 작은 값부터 크기 순으로 나열하면 1, 2, 5, 16, 20, 24, 28, 32, 32이므로 중앙값은 20이고 최빈값은 32이다.

(ⅵ) $2x^2=x^2+x$일 때, $x^2-x=0$, $x(x-1)=0$

$\therefore x=1(\because x$는 자연수$)$

이때 중앙값과 최빈값은 (ⅰ)과 동일하다.

(ⅶ) $2x^2=32$일 때 $x=4$이므로 중앙값과 최빈값은 (ⅴ)와 동일하다.

(ⅷ) $2x^2=x^2+3x$일 때, $x^2-3x=0$, $x(x-3)=0$, $x=3$

이때 $x=3$을 자료에 대입하고 변량이 작은 값부터 크기 순으로 나열하면 1, 2, 4, 9, 12, 18, 24, 24, 32이므로 중앙값은 12이고 최빈값은 24이다.

(ⅰ)~(ⅷ)에서 자연수 x의 개수는 1의 1개다.

11 $a=\dfrac{b+c+30}{3}$, $b=\dfrac{a+12+18}{3}$, $c=\dfrac{a+18+30}{3}$,

$18=\dfrac{12+b+c}{3}$

$\therefore a=24$, $b=18$, $c=24$

따라서 세 수 24, 18, 24의 (평균)$=\dfrac{24+18+24}{3}=22$,

(분산)$=\dfrac{(24-22)^2+(18-22)^2+(24-22)^2}{3}=8$

12 원 A의 반지름의 길이를 r라고 하면 원 B의 반지름의 길이는 $2r$, 원 C의 반지름의 길이는 $4r$이다.

세 원의 반지름의 길이의 평균은 $\dfrac{r+2r+4r}{3}=\dfrac{7r}{3}$

세 원의 반지름의 길이의 분산은 $\left(\dfrac{2\sqrt{14}}{3}\right)^2=\dfrac{56}{9}$이므로

$\dfrac{\left(r-\dfrac{7r}{3}\right)^2+\left(2r-\dfrac{7r}{3}\right)^2+\left(4r-\dfrac{7r}{3}\right)^2}{3}$

$=\dfrac{\left(-\dfrac{4r}{3}\right)^2+\left(-\dfrac{r}{3}\right)^2+\left(\dfrac{5r}{3}\right)^2}{3}=\dfrac{14r^2}{9}=\dfrac{56}{9}$

$r^2=4$ $\quad\therefore r=2(\because r>0)$

따라서 세 원의 반지름의 길이의 합은

$r+2r+4r=7r=14$

13 3시간 이하로 노는 학생들의 성적의 평균을 a점이라 하면

$a=\dfrac{100+90+80+60}{4}=\dfrac{165}{2}$

7시간 이상 노는 학생들의 성적의 평균을 b점이라 하면

$b=\dfrac{40+30+50+40+20+30+20+10}{8}=30$

따라서 $\dfrac{q}{p}=\dfrac{a}{b}=\dfrac{165}{2}\div 30=\dfrac{165}{60}=\dfrac{11}{4}$이므로

$p=4$, $q=11$ $\quad\therefore pq=44$

14 중복된 점에 해당하는 선수의 1차 점수를 a점, 2차 점수를 b점이라 하면

1차 점수의 평균은 7.4점이므로

$\dfrac{5\times 2+6+7\times 2+8+9\times 2+10+a}{10}=7.4$ $\quad\therefore a=8$

2차 점수의 평균은 7.9점이므로

$\dfrac{5+6+7\times 2+8\times 2+9+10\times 2+b}{10}=7.9$ $\quad\therefore b=9$

따라서 중복된 점에 해당하는 선수의 1차 점수와 2차 점수의 평균은 $\dfrac{8+9}{2}=8.5$(점)

15 $a<0$이므로 x의 값은 오른쪽으로 갈수록 작아진다.

$a>a-1>2a-2>3a-4>5a-6$

이때 y의 값은 오른쪽으로 갈수록 커진다.

$0<-a<-2a<-\dfrac{5}{2}a<-4a$

정리하면, x의 값이 작아질수록 y의 값이 커진다.

따라서 x와 y 사이의 관계는 음의 상관관계이다.

16 각 선수의 순서쌍 (2점 슛의 개수, 3점 슛의 개수)를 구하면

(1, 2), (2, 1), (2, 3), (2, 4), (3, 1), (3, 4), (4, 3),

(5, 3), (5, 4), (6, 6)

위의 순서쌍을 이용하여 순서쌍 (p, q)를 차례대로 구하면

(2, 6), (4, 3), (4, 9), (4, 12), (6, 3), (6, 12), (8, 9),

(10, 9), (10, 12), (12, 18)

$\dfrac{q}{p} \geq 1$을 만족시키는 순서쌍 (p, q)는

(2, 6), (4, 9), (4, 12), (6, 12), (8, 9), (10, 12),

(12, 18)의 7개다.

$\therefore \dfrac{7}{10} \times 100 = 70(\%)$

17 학생의 성적을 순서쌍 (필기 시험, 수행평가)로 나타내면 진수를 제외한 19명 중에서 공동으로 하위 5등인 두 학생의 성적은

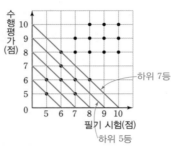

(6, 7), (7, 6)이므로

두 학생의 필기 시험과 수행평가의 평균은 모두 6.5점이다.

또한, 진수를 제외한 19명 중에서 공동으로 하위 7등인 두 학생의 성적은 (6, 8), (8, 6)이므로 두 학생의 필기 시험과 수행평가의 성적의 평균은 7점이다.

따라서 진수의 성적이 하위 7등이 되도록 하는 a의 값의 범위는 $6.5 < a \leq 7$

18

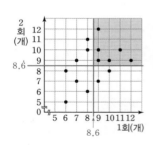

(1회 성적 평균)

$= \dfrac{6 \times 2 + 7 \times 2 + 8 \times 3 + 9 \times 4 + 10 \times 2 + 11 \times 1 + 12 \times 1}{15}$

$= \dfrac{129}{15} = 8.6(점)$

(2회 성적 평균)

$= \dfrac{5 \times 1 + 6 \times 1 + 7 \times 2 + 8 \times 2 + 9 \times 4 + 10 \times 3 + 11 \times 1 + 12 \times 1}{15}$

$= \dfrac{130}{15} = 8.\dot{6}(점)$

즉, 1회와 2회에서 모두 평균 이상의 점수를 받은 학생 수는 색칠한 부분(경계선 포함)에 속하는 점의 개수와 같으므로 6이다.

따라서 응시자 중 합격생의 비율은 $\dfrac{6}{15} \times 100 = 40(\%)$

특목고 / 경시대회 실전문제 100~102쪽

01 1118　　**02** 7개　　**03** 270분

04 1~5등　　**05** 28　　**06** 풀이 참조

07 평균 : 184점, 표준편차 : $2\sqrt{14}$점

08 ㄱ, ㄴ, ㄹ　　**09** (7, 9), (8, 9)

01 대회에서 잡힌 물고기의 총 마리 수를 x, 참가자의 수를 y라 하면

(나)에서 $\dfrac{x-19}{y-21} = 6 \cdots \bigcirc$

(다)에서 $\dfrac{x-108}{y-8} = 5 \cdots \bigcirc$

$\bigcirc$과 $\bigcirc$을 연립하여 풀면 $x = 943$, $y = 175$이므로 합은 1118이다.

02 한국 선수가 얻은 점수의 중앙값이 8점이고 활을 5발 쏘았으므로 다음과 같은 세 가지 경우로 나누어 생각해본다.

(i) $a = 8$, $b = 8$인 경우 전체 중앙값이 8점으로 조건을 만족하지 않는다.

(ii) $a = 8$, $b \leq 7$인 경우 전체 중앙값이 7.5점으로 조건을 만족한다.

이때 b는 1부터 7까지의 자연수이므로 순서쌍 (a, b)는

(8, 1), (8, 2), (8, 3), (8, 4), (8, 5), (8, 6), (8, 7)의 7개이다.

(iii) $a \leq 7$, $b = 8$인 경우 전체 중앙값이 8점으로 조건을 만족하지 않는다.

따라서 (i)~(iii)에서 조건을 만족하는 순서쌍 (a, b)의 개수는 7개이다.

03 야구부 선수들의 수를 n명, 개개인이 하루 동안 한 운동 시간을 각각 a_1분, a_2분, a_3분, $\cdots$, a_n분이라 하면 평균은

$\dfrac{a_1 + a_2 + a_3 + \cdots + a_n}{n} = 180(분)$

분산은

$\dfrac{(a_1 - 180)^2 + (a_2 - 180)^2 + (a_3 - 180)^2 + \cdots + (a_n - 180)^2}{n}$

$= 9$

바뀐 운동 시간은 (xa_1+y)분, (xa_2+y)분, (xa_3+y)분, $\cdots$, (xa_n+y)분이므로 바뀐 운동 시간의 평균은

$$\frac{(xa_1+y)+(xa_2+y)+\cdots+(xa_n+y)}{n}$$

$=180x+y=390 \cdots \bigcirc$

또, 바뀐 운동 시간의 분산은

$$\frac{1}{n}\times\{(xa_1+y-180x-y)^2+(xa_2+y-180x-y)^2+\cdots+(xa_n+y-180x-y)^2\}$$

$$=\frac{x^2\{(a_1-180)^2+(a_2-180)^2+\cdots+(a_n-180)^2\}}{n}$$

$=9x^2=36$ $\therefore x=2(\because x>0)$

$x=2$를 $\bigcirc$에 대입하면 $y=30$

따라서 240분 운동을 하던 선수는 $240\times2+30=510$(분)을 하게 되므로 $510-240=270$(분) 증가했다.

04 어떤 학생의 영어 점수가 이진이의 영어 점수 이하이며 수학 점수가 이진이의 수학 점수 이하이면 이 학생의 종합성적은 이진이의 종합성적보다 좋을 수 없으므로 이진이의 종합성적보다 좋은 학생은 적어도 한 과목에서 이진이보다 좋은 성적을 받은 학생이다.

따라서 이진이보다 좋은 성적을 받은 학생은 많아야 4명이다. 즉, 이진이의 등수는 6등 이하일 수 없다.

한편, 이진이의 등수가 1등~5등까지 실제로 가능함을 아래의 표를 통해 알 수 있다.

학생	A_1	A_2	A_3	A_4	A_5	A_6	A_7	A_8	A_9	A_{10}
수학 점수	100	90	85	85	85	85	85	85	25	25

학생	B_1	B_2	B_3	B_4	B_5	B_6	B_7	B_8	B_9	B_{10}
영어 점수	100	90	80	80	80	80	80	80	15	15

$A_1=B_{10}$, $A_2=B_9$, $B_1=A_{10}$, $B_2=A_9$인 경우, 이진이는 1등,

$A_1=B_1$, $A_1=B_1$, $A_2=B_{10}$, $B_2=A_{10}$인 경우, 이진이는 2등,

$A_2=B_2$인 경우, 이진이는 3등,

$A_1=B_1$, $A_2=B_4$, $B_2=A_4$인 경우, 이진이는 4등,

$A_1=B_5$, $A_2=B_4$, $B_1=A_5$, $B_2=A_4$인 경우, 이진이는 5등

따라서 이진이의 가능한 등수는 1~5등이다.

05 한 개의 주사위를 9번 던져 나온 눈의 수를 작은 값부터 크기 순으로 나열하였을 때 $a, b, c, d, e, f, g, h, i$(단, $a, b, c, \cdots, i$는 $a\le b\le c\le\cdots\le i$이고 1 이상 6 이하의 자연수)라 하자.

조건 (가)에서 $a=1$, $i=6$, 조건 (나)에서 $e=4$

또한, 최빈값은 6뿐이므로 6은 적어도 3번 이상 나와야 한다. 즉, $g=h=6$이므로 $f=5$

또한, $a=1$, $e=4$이고, 모든 눈이 적어도 한 번씩은 나왔

으므로 a, b, c, d, e에서 1, 2, 3, 4가 한 번씩 나오고 1, 2, 3, 4 중에서 하나의 숫자가 중복된다.

이때 중복되는 눈의 수를 x라 하면 조건 (나)에서 평균이 4이므로 $\dfrac{1+2+3+4+x+5+6+6+6}{9}=4$,

$33+x=36$ $\therefore x=3$

그러므로 분산

$$V=\frac{(-3)^2+(-2)^2+(-1)^2+(-1)^2+0^2+1^2+2^2+2^2+2^2}{9}$$

$$=\frac{28}{9}\text{이므로 }9V=28$$

06 민경이의 사격테스트의 평균은

$$\frac{6\times1+7\times2+8\times2+9\times4+10\times1}{10}$$

$=8.2$(점)

시윤이가 사격테스트를 치른 총 횟수는 10번이고, 6점과 8점을 획득한 횟수가 각각 1번 이상이므로 시윤이는 6점을 2번, 8점을 1번 획득하였거나 6점을 1번, 8점을 2번 획득하였다.

(i) 시윤이가 6점을 2번, 8점을 1번 획득한 경우 시윤이의 사격테스트의 평균은

$$\frac{6\times2+7\times3+8\times1+9\times1+10\times3}{10}=8\text{(점)}$$

따라서 사격테스트의 평균이 민경이가 시윤이보다 더 높으므로 민경이를 사격대회에 참가시키는 것이 타당하다.

(ii) 시윤이가 6점을 1번, 8점을 2번 획득한 경우 시윤이의 사격테스트의 평균은

$$\frac{6\times1+7\times3+8\times2+9\times1+10\times3}{10}=8.2\text{(점)으로 민}$$

경이와 같다.

민경이와 시윤이의 사격테스트의 표준편차를 각각 a점, b점이라 하면

a^2

$$=\frac{(-2.2)^2\times1+(-1.2)^2\times2+(-0.2)^2\times2+(0.8)^2\times4+(1.8)^2\times1}{10}$$

$$=\frac{136}{100}\quad\therefore a=\sqrt{1.36}$$

b^2

$$=\frac{(-2.2)^2\times1+(-1.2)^2\times3+(-0.2)^2\times2+(0.8)^2\times1+(1.8)^2\times3}{10}$$

$$=\frac{196}{100}\quad\therefore b=\sqrt{1.96}$$

$a<b$이므로 민경이의 사격테스트의 결과가 더 고르다.

따라서 민경이를 사격테스트에 참가시키는 것이 타당하다.

따라서 (i), (ii)에 의해 민경이를 사격대회에 참가시키는 것이 타당하다.

07

팀 \ 게임	이긴 게임 수	비긴 게임 수	진 게임 수	득점 수	허용한 점수
A	2	0	0	a	186
B	0	1	1	184	186
C	0	1	1	178	180

세 팀의 경기 결과를 위와 같이 표로 정리할 수 있다.

표에서 전체의 득점 수와 허용한 점수가 같으므로

$a+184+178=186+186+180$ ∴ $a=190$

B와 C의 득점 수의 총합은 $184+178=362$이다.

그런데 A가 B와 C에 허용한 총 점수(즉, B와 C가 A에게 득점한 총 점수)가 186점이므로, B와 C가 서로에게 득점한 총합은 $362-186=176$이다.

B와 C가 서로 비겼으므로, B와 C의 경기에서의 득점 상황은 B : C=88 : 88, 따라서 또한 다음 결과를 얻는다.

A : B=$(186-88)$: $(184-88)$=98 : 96,

C : A=$(178-88)$: $(180-88)$=90 : 92

그러므로 각 게임 결과와 득점 합계를 표로 정리하면 오른쪽과 같다.

게임	A : B	B : C	C : A
득점비	98 : 96	88 : 88	90 : 92
득점	194	176	182

그리고 이때

(전체 득점의 평균)$=\dfrac{194+176+182}{3}=184$(점)

(전체 득점의 표준편차)

$=\sqrt{\dfrac{(194-184)^2+(176-184)^2+(182-184)^2}{3}}$

$=\sqrt{56}=2\sqrt{14}$(점)

08 5개 도시 A, B, C, D, E의 인구 밀도는 원점과 5개의 점을 연결한 직선의 기울기를 의미하므로 기울기가 작은 직선부터 차례대로 나열하면 점 D를 지나는 직선, 점 E를 지나는 직

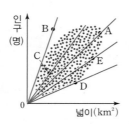

선, 점 A를 지나는 직선, 점 C를 지나는 직선, 점 B를 지나는 직선이다.

ㄷ. 두 점 B, D에서 세로축에 내린 수선의 발을 각각 B′, D′이라고 하면 B와 D 두 도시의 인구 수의 평균은 $\overline{B'D'}$의 중점과 같고 C 도시의 인구 수보다 위쪽에 있

으므로 B와 D 두 도시의 인구 수의 평균은 도시 C의 인구 밀도보다 높다.

09 그림에 나와 있는 점은 모두 13개이므로 찢겨져 나간 부분에 2개의 점이 존재한다. 기말고사와 중간고사 성적의 평균이 8점 이상인 학생이 존재하는 영역은 오른쪽

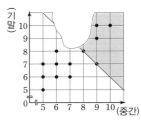

그림과 같다. 찢어진 부분은 모두 이 영역 안에 포함되므로, 없어진 두 점은 모두 기말고사와 중간고사 성적의 평균이 8점 이상이다.

(i) 중간고사 성적을 모두 합하면 60점일 때 없어진 두 점의 중간고사 성적을 각각 a, b라고 하면,

$10+9\times3+8+a+b=60$, $a+b=15$,

이때 가능한 a, b의 값은 각각 7, 8뿐이다.

(예를 들어 $a=6$, $b=9$인 경우는 중간고사에서 9점이 찢어진 부분이 없기 때문에 가능하지 않다.)

(ii) 기말고사 성적을 모두 합하면 62점일 때 없어진 두 점의 기말고사 성적을 각각 c, $d(c\leq d)$라고 하면,

$10\times2+9+8+7+c+d=62$, $c+d=18$,

가능한 (c, d)의 순서쌍은 $(9, 9)$ 뿐이다.

(예를 들어 $c=8$, $d=10$인 경우는 기말고사에서 8점이 찢어진 부분이 없기 때문에 가능하지 않다.)

(i), (ii)에 의해 두 점은 중간고사 7점과 8점이며, 기말고사 둘 다 9점이어야 한다.

따라서 찢겨진 부분의 자료는 $(7, 9)$, $(8, 9)$이다.

초등 사회
자습서&평가 문제집 6-1

정답 톡톡

금성출판사

정답 톡톡

정답과 해설

개념 톡톡 답지

1. 우리나라의 정치 발전

① 민주주의의 발전과 시민 참여

확인 톡!톡!

13쪽 1 × 2 ○ 3 책임
15쪽 1 ○ 2 4·19 혁명 3 민주주의
17쪽 1 신군부 2 ○ 3 유네스코
19쪽 1 호헌 조치 2 6·29 민주화 선언 3 ○
21쪽 1 ○ 2 지방 자치제 3 정리
23쪽 1 ○ 2 다양한 3 누리 소통망 서비스(SNS)
25쪽 1 구술 2 ○ 3 ×

주제 톡톡 문제 27~29쪽

1 ④ 2 3·15 부정 선거 3 민주주의 4 이승만 5 박정희 정부
6 ② 7 ㉡, ㉢ 8 전두환 9 ③ 10 ④ 11 직선제 12 ㉢ – ㉡
– ㉣ – ㉠ 13 ④ 14 ㉠, ㉡, ㉢ 15 지방 자치제 16 ③ 17 예
6·29 민주화 선언을 이끌어 냈고, 이를 통해 민주주의를 회복
할 수 있었다. 18 예 지역 주민들이 민주적인 절차에 따라 지
역을 스스로 발전시켜 나갈 수 있게 되었다.

1 4·19 혁명 당시에는 중·고등학생과 대학생뿐만 아니
라 초등학생까지 3·15 부정 선거를 비판하고 바로잡
기 위해 시위에 참여했다.

오답 확인

① 학생들은 민주주의를 위해 시위에 참여했다.
② 학생들은 불법적으로 이루어진 투표를 비판했다.
③ 학생들이 선거권을 주장하지는 않았다.
⑤ 이승만은 당시의 대통령이었다.

2 3·15 부정 선거는 이승만 정부가 1960년 3월 15일에
정부통령 선거에서 이기기 위해 각종 불법 행위를 일으
킨 사건이다.

3 4·19 혁명을 통해 부정 선거를 바로잡은 경험을 해 봄
으로써 사람들은 자유와 민주주의의 중요성을 깨닫
게 되었다. 학생들과 시민의 힘으로 독재를 무너뜨린
4·19 혁명은 민주화 운동의 밑거름이 되었다.

4 이승만은 여러 차례 개헌을 통해 대통령직을 차지했
고, 독재 정치를 비판하는 시민들에게 위기의식을 느
끼고 부정 선거를 일으켜 다시 대통령을 하려고 했다.

5 박정희 정부는 유신 헌법을 통해 대통령 횟수 제한을
해제하고, 직선제가 아닌 대통령 간선제 실시, 국회 해
산 및 언론과 출판의 자유를 제한하는 등의 대통령 권
한 강화를 이루어 내었다.

6 박정희 정부의 유신 헌법은 민주주의 정신을 훼손하
고, 한 사람의 독재 정치가 가능하도록 만든 헌법이었
다. 유신 헌법은 국회 해산 등 대통령 권한을 강화했
고, 언론과 출판의 자유를 제한하는 등 국민의 기본권
을 침해했다.

오답 확인 ② 직접 민주주의를 강조하지 않았다.

한눈에 쏙쏙 박정희 정부의 독재 정치

3선 개헌	헌법을 바꾸어 대통령을 세 번까지 할 수 있게 함.
유신 헌법	• 대통령을 할 수 있는 횟수 제한을 없앴음. • 대통령 간선제로 선거 방법을 바꾸었음.
독재 정치 강화	국회 해산, 언론과 출판의 자유 제한

7 자료는 서울을 점령한 신군부 세력의 군대이다. 전두
환을 중심으로 한 신군부 세력은 박정희 정부의 뒤를
이어 군사 정변을 일으키고 독재 정치를 지속했다. 이
과정에서 계엄령을 확대하여 독재 정치를 했고, 광주
민주화 운동을 포함한 여러 민주화 운동을 폭력적으로
탄압했다.

오답 확인

㉠ 광주에 계엄군을 보내 폭력적으로 시위를 진압했다.
㉣ 계엄령을 확대하고 민주주의를 요구하는 사람들을
탄압했다.

8 박정희 대통령이 암살당하면서 시민들은 민주주의의
회복을 기대했지만, 전두환을 중심으로 한 신군부 세
력이 군사 정변을 통해 다시 독재 정치를 시작하면서
민주화 운동은 계속되었다.

9 5·18 민주화 운동 당시 광주 시민들은 무자비한 계엄군
에 맞서 시민군을 만들어 대항했다. 계엄군은 도로를 막
고 통신을 끊어 광주를 외부로부터 고립시켰다. 시민들은
스스로 질서를 지키며 부상자를 치료하고 어려운 상황을
헤쳐 나가며 이 상황을 알리기 위해 노력했다. 수많은 사
람이 희생되어도 민주화 운동은 끝까지 계속되었다.
③ 광주 시민들은 계엄군에 항복하지 않고 끝까지 저항
했다.

10 5·18 민주화 운동은 신군부 세력의 계엄군에 대항해 광주에서 일어난 사건이다.

오답 확인

① 4·19 혁명은 이승만의 3·15 부정 선거에 반대하며 일어난 사건이다.

② 6월 민주 항쟁은 1987년 6월, 전두환 정부의 독재 정치에 반대하며 벌인 시위들이다.

③ 5·16 군사 정변은 박정희가 정권을 잡기 위해 벌인 사건이다.

⑤ 6·29 민주화 선언은 6월 민주 항쟁의 결과로 시민들의 민주화 요구를 수용했다.

11 전두환 정부가 국민의 대통령 직선제 요구를 받아들이지 않겠다고 선언하자, 시민들은 대통령 직선제를 요구하며 전국 곳곳에서 시위를 벌였다(6월 민주 항쟁).

12 전두환 정부의 독재 정치가 지속되자, 시민들은 시위를 벌였다. 이 과정에서 시위에 참여한 박종철이 경찰의 고문을 받다 사망한 사건이 드러나자, 분노한 시민들은 책임자 처벌, 대통령 직선제 개헌 등을 주장하며 6월 민주 항쟁을 일으켰다. 이에 당시 여당 대표는 대통령 직선제를 포함한 민주화 요구를 받아들이겠다는 6·29 민주화 선언을 발표했다.

13 1987년 새로운 대통령을 뽑을 시기가 다가오자 대통령 직선제로 헌법을 바꾸자는 시민들의 요구가 거세졌다. 그러나 전두환 정부는 이를 무시하고 호헌 조치를 발표했다. 한편 민주화 운동에 참여했던 박종철 학생이 경찰의 고문을 받다가 사망한 사건이 드러나자 6월 민주 항쟁의 도화선이 되어 시위가 계속 이어졌다. 국민의 요구를 무시할 수 없던 전두환 정부는 당시 여당 대표를 앞세워 6·29 민주화 선언을 발표했다.

④ 시민들은 대통령 직선제를 요구하며 6월 민주 항쟁을 이어 나갔다.

14 6월 민주 항쟁을 도화선으로 국민들의 지속적이고 거센 요구를 더 무시할 수 없었던 전두환 정부는 6·29 민주화 선언을 발표했다. 이 선언은 공정한 경쟁을 보장하는 대통령 선거법 개정, 인권을 보호하는 법 조항 강화, 언론의 자율성 보장 등 민주 사회에 필요한 여러 내용을 담고 있다.

㉣ 계엄군은 계엄령을 선포한 상황에서 나라의 질서를 유지하기 위한 군대로서, 민주주의가 실현되는 사회에서는 계엄군이 필요하지 않다.

한눈에 쏙쏙 6월 민주 항쟁의 과정

전두환이 간선제로 대통령 당선 → 전두환 정부의 민주화 탄압 → 대학생 박종철의 고문 치사 사건 발생 → 시민과 학생들의 고문 금지, 대통령 직선제 요구 → 전두환 정부의 호헌 조치 발표 → 대학생 이한열의 최루탄 사망 사건 발생 → 시민과 학생들의 전국적 시위 전개 → 6·29 민주화 선언 발표

15 지방 자치제란 지역 주민들이 직접 뽑은 지방 의회 의원과 지방 자치 단체장이 그 지역의 일을 스스로 처리하는 제도이다. 5·16 군사 정변으로 폐지되었던 지방 자치제는 6·29 민주화 선언 이후 다시 시행되었으며, 이 제도가 뿌리내리면서 지역 주민들은 민주적인 절차에 따라 지역을 함께 발전시켜 나갈 수 있게 되었다.

16 오늘날 시민들은 사회 공동의 문제를 해결하기 위해 다양한 방법으로 자신의 의견을 낼 수 있다. 투표뿐만 아니라 촛불 집회와 같은 대규모 집회, 캠페인, 서명 운동, 1인 시위 등 다양한 방식으로 정치에 참여하고 있다.

③ 시민군은 5·18 민주화 운동 당시 폭력적으로 시민들을 진압한 계엄군에 맞서 조직된 단체로, 사회 공동의 문제를 해결하는 방법이 아니다.

17 1987년 전두환 독재 반대, 대통령 직선제를 요구하는 시위가 전국에서 일어났다. 6월 민주 항쟁이 일어나자 국민의 거센 요구를 더 무시할 수 없었던 전두환 정부는 대통령 직선제와 민주주의 회복을 약속한 6·29 민주화 선언을 발표할 수밖에 없었다.

[채점 기준] '6·29 민주화 선언을 이끌어 냈다.'와 '민주주의 회복'의 내용을 포함해 바르게 썼다.

18 6월 민주 항쟁 이후 5·16 군사 정변으로 폐지되었던 지방 자치제가 다시 시행되었다. 주민 투표로 1991년에 지방 의회를 먼저 구성했고, 1995년에 도지사를 비롯한 지방 자치 단체장도 선출했다. 지방 자치제가 뿌리내리면서 지역 주민들은 민주적인 절차에 따라 지역을 함께 발전시켜 나갈 수 있게 되었다.

[채점 기준] '지역 주민들이 민주적인 절차에 따라 스스로 지역을 발전시킬 수 있게 되었다.'는 내용을 포함하여 바르게 썼다.

한눈에 쏙쏙 6월 민주 항쟁 이후 민주화 과정

대통령 직선제	1987년 제13대 대통령 선거부터 오늘날까지 계속 시행됨.
지방 자치제	1991년 지방 의회 선거가 실시되었고, 1995년에 완전하게 자리 잡게 되었음.

② 일상생활과 민주주의

31쪽 1 정치 2 × 3 ○
33쪽 1 ○ 2 인간의 존엄성 3 ○
35쪽 1 × 2 비판적 태도 3 ×
37쪽 1 주민 자치 위원회 2 다수결 3 ×
39쪽 1 × 2 ○ 3 다수결

주제 톡톡 문제
41~43쪽

1 정치 2 ④ 3 민주주의 4 ① 5 존엄성 6 ㉠ 평등, ㉡ 자유 7 ③ 8 ⑤ 9 대화 10 관용 11 ③ 12 주민 자치 위원회 13 ③ 14 ② 15 다수결 16 (1) ㉢ (2) ㉠ (3) ㉡ 17 정치 / 예 일상생활에서 경험할 수 있는 정치의 예로 학교에서 학생 자치회가 체육 대회 진행 방법을 결정하는 것을 들 수 있다. 18 다수결의 원칙 / 예 다수결의 원칙에 따르면 쉽고 빠르게 문제를 해결할 수 있다.

1 여러 사람이 함께 살아가다 보면 다양한 문제가 발생할 수 있다. 이렇게 사람들이 함께 살아가는 곳에서 발생하는 공동의 문제들을 원만하게 해결해 가는 과정을 정치라고 한다.

2 정치란 공동의 문제를 원만하게 해결해 가는 과정을 말한다. 즉 사람들 사이에서 생기는 의견 차이나 서로 다른 이해관계를 해결해 주는 활동이다.
④ 저녁으로 어떤 음식을 먹을지 고민하는 것은 공동의 문제를 원만하게 해결해 가는 과정인 정치의 사례에 해당하지 않는다.

3 민주주의는 국민이 국가의 주인으로서 권리를 갖고, 그 권리를 자유롭고 평등하게 행사하는 정치 제도이다.

4 민주주의는 자유를 존중하고 평등을 이루어 인간의 존엄성을 지켜가는 기본 정신을 바탕으로 이루어지며 생활 속에서 문제를 해결하는 중요한 원리이다. 민주주의의 예에는 학생 자치 위원회, 주민 자치 위원회, 공청회, 지방 의회 등이 포함된다.
① 체험 학습은 단순한 행사이므로 민주주의의 예가 될 수 없다.

5 민주주의는 모든 사람이 그 자체만으로도 존중받을 가치와 권리가 있다는 인간의 존엄성을 바탕으로 하고 있으며, 이를 실현하기 위해 개인의 자유와 평등을 보장한다.

한눈에 쏙쏙 일상생활 속에서의 민주주의 사례

공청회	나라의 중요한 정책을 결정하기에 앞서 그 정책과 관련 있는 여러 분야의 사람들과 함께 자유롭게 논의를 하는 것임.
학급 회의	학생들이 학급에서 발생하는 문제를 스스로 해결하기 위해 학급의 주인으로서 권리를 가지고 자유롭고 평등하게 논의하는 것임.
지방 의회	지방 의회 의원과 단체장이 모여 지방의 일을 민주적으로 해결하는 것임.
주민 자치 위원회	같은 지역에 거주하는 주민들이 그 지역의 문제를 스스로 해결하기 위해 지역의 주인으로서 권리를 가지고 자유롭고 평등하게 논의하는 것임.

6 모든 사람은 부당하게 차별받지 않고 평등하게 대우받아야 하며, 자신의 의사를 스스로 결정할 수 있는 자유를 인정받아야 한다. 누구나 차별받지 않고 똑같이 한 표씩 투표하는 것은 개인 간의 평등을 보장하는 것과 관련이 있다. 자신이 원하는 직업을 자유롭게 선택하는 것은 개인의 자유와 관련된 설명이다.

7 민주주의 사회에서는 모든 사람이 태어나는 순간부터 인간으로서 존엄성과 가치를 존중받아야 한다. 또한 국가나 다른 사람들에게 구속받지 않고 자신의 의사를 스스로 결정할 수 있는 자유를 인정받아야 한다. 더불어 신분, 인종, 성별, 나이, 직책, 재산 등에 부당하게 차별받지 않고 모두가 평등하게 대우받아야 한다.
③ 민주주의 사회에서 모든 사람은 국가나 다른 사람에게 구속받지 않고 자신의 의사를 스스로 결정할 수 있는 자유를 인정받아야 하며, 다른 사람의 권리를 침해해서도 안 된다. 이는 나의 권리만큼 다른 사람의 권리도 소중하기 때문이다.

8 대화에서 다영이는 지호의 의견이 일으킬 수 있는 부정적인 상황을 가정하며 지호의 의견이 옳은지 그른지를 따져 보고 있으므로 비판적 태도를 가지고 있다.

오답 확인
① 관용이란 나와 다른 의견을 너그럽게 인정하고 포용하는 태도이다.
② 양보는 자신의 입장만 주장하지 않고 다른 사람의 입장을 생각하여 내 주장을 한 걸음 물러나 주는 것이다.
③ 포용은 나와 다른 의견을 가진 사람을 수용하는 것이다.
④ 타협은 서로에게 이득이 되는 방향으로 두 의견의 절충안을 찾는 것이다.

9 우리가 각자 자신의 입장만 주장하다 보면 갈등과 대립은 심해지고 또 다른 문제들이 발생할 수 있다. 따라서 바람직한 의사 결정을 위해서는 대화와 토론을 바탕으로 관용과 비판적 태도, 양보와 타협하는 자세가 필요하다.

10 관용이란 민주 사회에서 문제를 해결하기 위해 필요한 자세 중 하나이며, 나와 다른 의견을 인정하고 포용하는 태도를 말한다.

11 공동의 문제를 민주적으로 해결할 때에는 대화와 토론을 바탕으로 관용과 비판적 태도, 양보와 타협하는 자세를 가지고 민주적으로 문제를 해결해야 한다.

`오답 확인`
① 다른 의견을 가진 상대방과 타협하는 태도도 중요하다.
② 지역의 문제는 지역의 주민들이 참여하여 스스로 해결하는 풀뿌리 민주주의가 실현되어야 한다.
④ 나중에 이 지역으로 이사 온 주민도 똑같은 주민이기 때문에 모두가 동의할 수 있는 의견으로 결정해야 한다.
⑤ 관련 공무원 역시 함께 의사 결정에 참여해야 하지만, 그렇다고 모든 책임을 혼자서 지고 사퇴한다고 해서 문제가 해결되는 것은 아니다.

한눈에 쏙쏙   민주주의를 실천하는 바람직한 태도

대화와 토론	의견을 제시하고 대화와 토론으로 의견 차이를 좁힘.
관용	나와 다른 의견을 인정하고 포용하는 태도
비판적 태도	어떤 사실이나 의견의 옳고 그름을 따져 살펴보는 태도
양보와 타협	내 의견만 주장하지 않고, 다른 사람의 의견을 받아들이거나 서로에게 좋은 새로운 방안을 찾아나가는 태도
실천	함께 결정한 일을 따르고 실제로 행동함.

12 주민 자치 위원회는 지역 주민들이 지역의 일을 자발적으로 해결하기 위해 만든 조직으로, 지역 안에서 주민들 간의 갈등이 있을 때 주민 자치 위원회 대표, 갈등 주민 대표, 지역 공무원 등이 모여 문제를 해결해 나갈 수 있다.

13 다수결의 원칙은 의견이 모아지지 않을 때 사용하는 방법으로, 먼저 모든 사람의 의견을 충분히 논의한 후 진행해야 한다. 다수결의 원칙은 민주 사회에서 사용하는 의사 결정 방법 중 하나이고, 더 많은 사람, 즉 다수의 의견이 더 나을 것으로 가정한다.
③ 다수결의 원칙은 쉽고 빠르게 문제를 해결할 수 있지만 소수의 의견도 존중해야 한다.

14 투표는 대표적인 다수결의 원칙을 이용하는 사례로, 다수가 뽑은 후보자가 더 나을 것으로 가정하는 것이다. 지역 문제를 해결하기 위한 투표는 더 많은 사람이 선택한 해결 방안이 나을 것으로 가정하는 것이다. 가족의 여행지를 결정하는 투표는 가족 중 더 많은 사람이 선택한 여행지가 더 나을 것으로 가정하는 것이다. 학급 회의의 안건을 선정할 때 투표로 결정하는 것은 더 많은 학생이 문제의식을 느끼는 안건이 더 중요한 안건이라고 가정하는 것이다.
② 다수결의 원칙은 힘이 센 친구의 의견대로 하는 것이 아니라 더 많은 사람이 선택한 의견으로 정하는 것을 말한다.

15 다수결의 원칙은 더 많은 사람이 선택한 의견이 더 나을 것으로 가정하고 다수의 의견을 채택하는 방법이다. 따라서 가장 많은 표를 얻은 의견을 최종적으로 결정하는 상황 역시 다수결로 의사 결정을 한 상황이라고 할 수 있다.

한눈에 쏙쏙   다수결의 원칙

의미	다수의 의견이 소수의 의견보다 합리적일 것이라고 가정하고 다수의 의견을 채택하는 방법
좋은 점	사람들끼리 양보와 타협이 어려울 때 쉽고 빠르게 문제를 해결할 수 있음.
주의점	다수의 의견이 항상 옳은 것이 아니기 때문에 소수의 의견도 존중해야 함.

16 타협은 자신의 입장만 주장하지 않고 다른 의견을 가진 상대방과 협의하는 태도를 말한다. 관용은 나와 다른 의견을 인정하고 포용하는 태도이다. 비판적 태도는 사실이나 의견의 옳고 그름을 따지는 태도를 말한다.

17 정치란 사람들이 함께 살아가다 보면 발생할 수 있는 공동의 문제를 원만하게 해결하는 방법이며, 학교, 지역, 가족 등의 문제를 해결하는 과정에서 정치의 예를 찾을 수 있다.

[채점 기준] '정치'와 '공동의 문제를 원만하게 해결한 과정의 예'를 포함하여 바르게 썼다.

18 다수결의 원칙은 다수의 의견을 채택하는 방법으로, 다수결의 원칙에 따르면 쉽고 빠르게 문제를 해결할 수 있다.

[채점 기준] '다수결의 원칙'과 '쉽고 빠르게 문제를 해결할 수 있다.'는 내용을 포함하여 바르게 썼다.

❸ 민주 정치의 원리와 국가 기관의 역할

47쪽 1 주권 2 헌법 3 ○
49쪽 1 국회 2 ○ 3 국정 감사
51쪽 1 ○ 2 국무 회의 3 ×
53쪽 1 재판 2 검사 3 ×
55쪽 1 권력 분립 2 국회 3 권리
57쪽 1 ○ 2 ○ 3 국회
59쪽 1 × 2 보건 복지부 3 국회

주제 톡톡 문제   61~63쪽

1 국민 주권 2 평등 선거 3 ① 4 법 5 ① 6 ① 7 국무 회의
8 ㉣ 9 ① 10 ㉠ 검사, ㉡ 판사 11 ㉠, ㉡ 12 ⑤ 13 권력 분
립 14 법원 15 ② 16 ⑤ 17 국민 주권 / ⑩ 국민이 나라의
주인이고, 나라의 의사를 결정할 수 있는 최고 권력인 주권이
국민에게 있다는 원리이다. 18 ⑩ 원칙적으로 한 사건에 대해
급이 다른 법원에서 세 번까지 재판받을 수 있는 삼심 제도가
있다.

---

1 국민 주권이란 국민이 나라의 주인이며, 국가의 정치 형
태와 구조 등 나라의 의사를 결정하는 최종적인 권력이
국민에게 있다는 민주 정치의 기본이 되는 원리이다.

한눈에 쏙쏙 　국민 주권

헌법에 명시된 국민 주권	대한민국의 주권은 국민에게 있고, 모든 권력은 국 민으로부터 나온다.
국민 주권을 지키기 위한 노력	• 역사적 사건: 4·19 혁명, 5·18 민주화 운동, 6월 민주 항쟁 등으로 나타났음. • 노력: 민주화를 요구하는 시위 → 민주주의를 지 켜냈음.

2 민주 선거의 원칙으로 보통 선거, 평등 선거, 직접 선
거, 비밀 선거가 있다. 그중 평등 선거는 그 사람의 신
분이나 재산 등과 관계없이 누구나 똑같이 한 표씩 행
사한다는 원칙이다.

3 민주 선거의 네 가지 원칙은 보통 선거, 평등 선거, 직
접 선거, 비밀 선거이다.
① 민주 선거의 원칙은 비밀 선거이다.

4 우리나라의 법은 국회에서 만들며, 법원에서는 헌법과
법에 따라 판결을 내린다. 우리나라와 같은 민주주의
국가에서 법은 문제 해결의 기준이 된다.

5 국회는 나라 살림의 바탕이 될 예산안을 심의하고, 정
부를 견제하기 위한 국정 감사를 실시한다. 또한 국회
는 법을 만들고 잘못된 법을 고치거나 없애며, 정부와
법원의 권력을 견제하여 삼권 분립을 유지한다.
① 국회에서 예산안을 심의하지만 예산안을 만들지는
않는다. 예산안을 만드는 곳은 정부이다.

6 대통령은 정부의 최고 책임자로서 나라의 중요한 일을
결정하고, 외국에 대해 우리나라를 대표한다. 또한 국
제회의에 참석하는 외교 활동을 하며, 정부에 속한 공
무원을 임명하고 국군을 통솔한다.
① 대통령의 임기는 5년이다.

7 국무 회의는 정부의 주요 정책을 심의하는 최고의 심의
기관으로, 대통령과 국무총리, 각부의 장관이 국무위
원으로 구성된다.

8 국토 교통부에서는 균형 있는 국토의 발전을 위한 일을
담당하고 있다. 또한 주택 정책 수립 및 주택 건설, 대
중교통의 서비스 수준 향상을 위해 일하고 있으며, 강
과 하천의 물 자원을 관리하기도 한다.

한눈에 쏙쏙 　정부 각부에서 하는 일

교육부	국민의 교육에 관한 일을 책임짐.
외교부	다른 나라와 협력할 수 있는 정책을 만들고, 다른 나 라에 있는 우리 국민을 보호함.
보건 복지부	국민의 건강을 책임짐.
국방부	국민과 나라를 지킴.
통일부	북한과 교류하고 통일을 위해 노력함.
국토 교통부	국토를 개발하는 일을 담당함.
기상청	기상을 관측해 날씨를 알려 줌.
소방청	국민의 생명과 재산을 보호함.

9 법원은 법에 따라 재판을 하는 곳이다. 법원은 사람들
사이의 다툼을 해결해 주고, 법을 지키지 않은 사람을
처벌한다. 또한 개인과 국가, 지방 자치 단체 사이에서
생긴 갈등을 해결해 준다. 사람들은 다툼이 생기거나
억울한 일을 당했을 때 재판을 통해 문제를 해결한다.
① 법을 고치거나 없애는 것, 새로운 법을 만드는 것은
국회에서 하는 일이다.

10 검사는 피고인이 잘못한 점을 지적하여 판사가 법에 따
라 벌을 내리도록 요구하는 사람이며, 판사는 재판을
이끌어 가며 법에 따라 판결을 내리는 사람이다. 따라
서 ㉠은 검사, ㉡은 판사이다.

11 법원은 외부의 영향이나 간섭을 받지 않아야 하고, 법관은 헌법과 법률에 따라 공정한 판결을 내려야 한다.

[오답 확인]

ⓒ 특정한 경우를 제외하고 모든 재판의 과정과 결과를 공개하도록 하고 있다.

ⓔ 공정한 재판을 위해 원칙적으로 한 사건에 대해 급이 다른 법원에서 세 번까지 재판을 받을 수 있다.

한눈에 쏙쏙 공정한 재판을 위한 제도

법원의 독립	• 법원은 외부의 영향이나 간섭을 받지 않아야 함. • 법원은 헌법과 법률에 따라 공정하게 판결을 내려야 함.
재판의 공개	특정한 경우를 제외하고 모든 재판의 과정과 결과를 공개해야 함.
삼심 제도	한 사건에 원칙적으로 급이 다른 법원에서 세 번까지 재판을 받을 수 있도록 함.

12 헌법 재판소는 헌법과 관련된 다툼을 해결하는 기관으로, 법률이 헌법에 어긋나지 않는지, 국가 기관이 헌법으로 보장하는 국민의 기본권을 침해하지 않았는지 판단한다. 대통령이나 국무총리 등 지위가 높은 공무원의 파면이 요구되었을 때 심판하는 일도 한다. 헌법 재판소에는 9명의 재판관이 있으며, 중요한 일을 결정할 때는 6명 이상이 찬성해야 한다.

⑤ 정당 해산의 경우, 정부가 어떤 정당이 민주적 질서를 어지럽혔다고 판단하여 해산할 것을 요구하면 이 요구가 타당한지 판단하는 일을 한다.

13 민주 국가에서는 독재 정치의 위험을 막고, 국민의 자유와 권리를 보장하기 위해 국가 권력을 서로 다른 기관이 나누어 맡게 한다. 이를 권력 분립의 원리라고 한다.

14 국회는 입법부로서 국가를 다스리는 법을 만들고, 정부는 행정부로서 법에 따라 국가 살림을 하는 곳이다. 법원은 사법부로서 법에 따라 재판을 한다.

15 국회는 정부가 나라 살림을 제대로 했는지 점검하는 국정 감사를 통해 정부를 견제한다.

[오답 확인]

① 법률안에 대한 거부권을 행사하는 것은 정부이다.

③ 국회가 대법관 후보자의 임명 동의안을 처리하는 것은 국회가 법원을 견제하는 것이다.

④ 제정된 법률이 헌법에 위배되는지 판단하는 것은 법원이다.

⑤ 국회에서 파면을 요구했을 때, 공무원의 파면을 결정하는 것은 헌법 재판소이다.

한눈에 쏙쏙 우리나라의 권력 분립의 모습

우리나라는 국회, 정부, 법원이 국가 권력을 나누어 맡고 있는 삼권 분립의 형태를 지니고 있다.

국회 (입법부)	• 국가를 다스리는 법을 만듦. • 국정 감사를 통해 정부를 견제하고, 입법 활동을 통해 법원을 견제함.
정부 (행정부)	• 법에 따라 국가 살림을 함. • 법률안 거부권을 통해 국회를 견제하고, 대법관 임명을 통해 법원을 견제함.
법원 (사법부)	• 법에 따라 재판을 함. • 잘못을 저지른 공무원을 파면하고, 국민의 권리를 침해한 공공기관을 처벌하며 법률안의 위헌 여부 판결을 통해 국회와 정부를 견제함.

16 삼권 분립은 민주주의 정신의 훼손을 막고, 국민의 자유와 권리를 보장하는 것에 도움이 된다. 또한 국가 기관의 권력을 균형 있게 나눔으로써 특정 기관이 권력을 독점하는 것을 막는다.

⑤ 우리나라는 삼권 분립을 통해 특정 기관에 국가의 중요한 일을 결정하는 권력이 치우치는 것을 막고 있다.

17 국민 주권은 국민이 나라의 주인이고, 나라의 의사를 결정할 수 있는 최고 권력인 주권이 국민에게 있다는 민주 정치의 원리이다. 우리나라 헌법에서도 주권이 국민에게 있음을 분명히 밝히고 있으며, 이를 실현하기 위해 국민의 자유와 권리를 법으로 보장하고 있다.

[채점 기준] '국민이 나라의 주인'이라는 내용과 '나라의 최고 권력이 국민에게 있다.'는 내용을 포함하여 바르게 썼다.

18 우리나라는 공정한 재판을 위해 한 사건에 대해 세 번까지 재판을 받을 수 있는 삼심 제도가 있다. 그 밖에도 법관이 헌법과 법률에 의해 양심에 따라 독립하여 심판하도록 하고 있으며, 특정한 경우를 제외한 모든 재판의 과정과 결과를 공개하도록 하고 있다.

[채점 기준] '삼심 제도', '공개 재판의 원칙', '헌법과 법률에 의해 양심에 따라 독립하여 심판'하는 내용 중 한 가지를 포함하여 바르게 썼다.

쪽지 시험 68쪽

1 부정 **2** 4·19 **3** 간선제 **4** × **5** 6·29 민주화 **6** ○ **7** 정치 **8** × **9** 관용 **10** 국민 주권 **11** 삼권 분립 **12** 국회, 정부, 법원

단원 톡톡 문제

69~71쪽

1 ④ 2 박정희 3 민주주의 4 ㉣ - ㉢ - ㉡ - ㉠ 5 ③ 6 직
선제, 보장 7 ⑤ 8 ② 9 ㉠, ㉡, ㉢ 10 평등 11 규현 12 ③
13 ⑤ 14 다수결의 원칙 15 ④ 16 (1) ㉡ (2) ㉠ (3) ㉢ 17 대
통령 18 ② 19 ㉠ 헌법, ㉡ 공개 20 권력 분립

---

1 이승만 정부는 1960년 대통령과 부통령 선거에서 이기
려고 부정 선거를 계획했다. 4·19 혁명은 3·15 부정
선거를 일으킨 이승만 정부가 물러나 민주주의를 회복
할 것을 요구한 시위이다.

   오답 확인

   ① 6·25 전쟁은 북한의 남침으로 인해 일어난 전쟁
   이다.

   ② 유신 헌법은 박정희 대통령 때의 일이다.

   ③ 8·15 광복은 일제 강점으로부터 우리나라를 되찾
   은 일이다.

   ⑤ 5·18 민주화 운동은 신군부의 계엄령으로 일어난
   민주화 운동이다.

2 4·19 혁명으로 새로운 정부가 들어섰지만, 박정희 등
의 군인들은 사회 혼란을 이유로 5·16 군사 정변을 일
으켜 독재 체제를 만들었다. 따라서 빈칸에 들어갈 알
맞은 인물은 박정희이다. 박정희가 암살당하고 유신
체제가 무너지자, 전두환을 비롯한 신군부 세력이 다
시 군사 정변을 일으켜 독재 체제를 유지했다.

3 5·18 민주화 운동은 광주의 시민들이 민주주의를 회
복하기 위해 전두환 정부에 항의하며 일으킨 시위이
다. 전두환 정부를 비롯한 신군부 세력은 이들을 무력
으로 진압했지만, 시민들과 학생들은 부당한 정권에
맞서 끝까지 민주주의를 지키려고 노력했다.

한눈에 쏙쏙 5·18 민주화 운동(1980년)

전개	• 전라남도 광주에서 대규모 민주화 시위가 일어났음. • 시민들은 시민군을 만들어 폭력적으로 시위를 진압하는 계엄군에 대항했음.
의의	부당한 정권에 맞서 민주주의를 지키려는 시민들과 학생들의 의지를 보여 주었음.

4 ㉣ 4·19 혁명으로 이승만 대통령이 하야한 후, ㉢ 사
회 혼란을 틈타 5·16 군사 정변을 일으킨 박정희 정부
가 들어섰다. ㉡ 박정희가 암살당한 후에도 전두환을
중심으로 한 신군부 세력의 독재가 이어지자 광주에서

5·18 민주화 운동이 발생했다. ㉠ 전국적인 민주화 운
동이 계속되자, 결국 정부는 대통령 직선제를 포함한
6·29 민주화 선언을 발표했다.

5 오늘날 우리나라에서는 국민들이 선거로 직접 대통령
을 뽑을 수 있고 지방 자치제가 시행되고 있다. 또한 누
구나 1인 시위, 대규모 집회, 시민 단체 활동, 정당 활
동 등 다양한 방법으로 민주 정치에 참여할 수 있다.

   ③ 오늘날 우리나라는 민주주의 체제를 유지하며, 언
   론의 자유가 보장되어 있어 정부는 언론을 통제하여 원
   하는 방향으로 여론을 조작할 수 없다.

6 1987년 6월, 시민들과 학생들은 전두환 정부의 독재에
반대하고 대통령 직선제를 요구하며 전국 곳곳에서 시
위를 벌였다. 6월 민주 항쟁 결과, 대한민국 헌법은 대
통령 직선제를 비롯한 국민의 다양한 민주화 요구를 담
게 되었다. 개정된 헌법은 국민의 기본권을 보장하고
민주주의 제도를 마련하는 바탕이 되고 있다.

7 제시된 자료는 촛불 집회 모습을 나타낸 것이다. 오늘
날 민주주의에서는 촛불 집회와 같은 대규모 집회, 캠
페인, 서명 운동, 1인 시위 등 다양한 방식으로 정치에
참여할 자유를 보장하고 있다.

8 정치는 사람들 사이의 갈등이나 대립을 조정하고 많은
사람에게 영향을 끼치는 여러 가지 공동의 문제를 원만
하게 해결해 가는 과정을 말한다.

   오답 확인

   ① 투표는 다수결의 원칙에 따라 문제를 해결하기 위한
   수단이다.

   ③ 관용은 생각이 달라도 너그럽게 포용하는 것을 뜻
   한다.

   ④ 회의는 정치의 한 수단으로 모여서 의논하는 것을
   뜻한다.

   ⑤ 타협은 의견이 다른 두 집단이 의견을 조정하고 협
   의함을 뜻한다.

9 민주주의의 기본 정신은 태어날 때부터 존중받을 권리
가 있다는 인간의 존엄성, 누구나 똑같이 한 표씩 투표
할 수 있다는 평등, 자신이 원하는 직업을 자유롭게 선
택할 수 있다는 자유가 포함된다.

   ㉣ 민주주의의 기본 정신에 국가가 위기에 처하면 권리
   를 제한한다는 내용은 들어가지 않는다.

10 민주주의의 기본 정신에는 인간의 존엄성, 자유와 함께
신분, 재산, 성별, 인종 등에 따라 부당하게 차별받지
않고 평등하게 대우받아야 한다는 내용이 깃들어 있다.

모든 국민이 국가의 주인으로서 권리를 가지고 있으며 그 권리를 자유롭고 평등하게 행사하는 정치 제도를 민주주의라고 한다. 이러한 민주주의는 세 가지 기본 정신을 가지고 있다.

인간의 존엄성	존엄성은 감히 범할 수 없을 정도로 높고 엄숙한 성질을 뜻한다. 모든 사람이 그 자체만으로도 존중받을 가치와 권리가 있다는 뜻이다.
자유	모든 사람은 다른 사람들에게 구속받지 않고 자신의 의사를 스스로 결정할 수 있는 자유를 인정받아야 하며, 다른 사람의 자유를 침해해서도 안 된다.
평등	모든 신분, 재산, 성별, 인종 등에 따라 부당하게 차별받지 않고 평등하게 대우받아야 한다.

11 몸이 불편한 학생에게 양보하면 된다는 의견을 지닌 선우의 의견에 대해 규현이는 양보받는 학생들의 마음이 불편할 수도 있다는 반론을 제시하고 있다. 옳고 그름을 따지고 있는 규현이가 비판적 태도를 가지고 있다.

12 나와 다른 의견을 인정하고 포용하는 태도를 관용이라고 한다.

오답 확인

① 비판은 잘잘못을 따지는 것을 말한다.
② 타협은 서로 의견을 조정하고 협의하는 것을 말한다.
④ 주장은 자신의 의견을 굳게 내세우는 것을 말한다.
⑤ 양보는 자기 주장을 굽혀 남의 의견에 따르는 것을 말한다.

13 민주적인 의사 결정을 위해서는 대화와 타협을 통해 문제를 해결하고, 소수의 의견도 존중할 수 있어야 한다.

오답 확인

① 민주적 의사 결정에서는 소수의 의견도 존중해야 한다.
② 시간이 오래 걸리더라도 토론을 통해 협의한다.
③ 나이와 상관없이 의견을 존중받을 수 있어야 한다.
④ 갈등이 일어나면 대화와 타협을 통해 문제를 해결한다.

14 다수결의 원칙은 많은 사람이 선택한 의견이 더 나을 것으로 가정하고 다수의 의견을 채택하는 방법이다. 다수결의 원칙에 따르면 쉽고 빠르게 문제를 해결할 수 있지만, 소수의 의견이 무시되지 않도록 주의해야 한다.

15 국회의 주된 일은 새로운 법을 만들고 기존의 법을 고치거나 없애는 것이다. 국회에서는 국민의 대표인 국회 의원이 모여 일을 한다. 국회에서는 정부의 국정을 감사하며, 예산을 제대로 사용하는지 살펴본다.

④ 국회는 나라 살림에 필요한 예산안을 심의하여 확정하는 일을 한다. 확정된 예산안을 바탕으로 직접 나라 살림을 운영하는 기관은 정부이다.

16 국회는 국민을 위한 법을 만들거나 수정하거나 없애는 입법부이다. 법원은 헌법과 법률에 따라 공정한 재판을 내려 억울한 국민이 없도록 돕는 사법부이다. 정부는 국민을 위한 정책을 만들고 나라 살림을 운영하는 행정부이다.

17 대통령은 정부의 최고 책임자로서 나라의 중요한 일을 결정하며, 외국에 대해 우리나라를 대표하여 외교 활동을 한다.

18 법원은 법에 따라 재판을 하는 곳이다. 법원에서는 사람들 사이의 다툼을 해결하고, 법을 지키지 않는 사람을 처벌한다. 또한 사법부로서 다른 국가 기관이 국민의 권리를 침해했는지 판단한다. 법원에서는 급이 다른 법원에서 세 번의 재판까지 받을 수 있도록 하여 공정한 재판을 받게 한다.

② 법원은 국가 기관에 대한 재판이나 범죄에 대한 재판뿐만 아니라, 사람들 사이의 사사로운 다툼을 해결하는 민사 재판을 진행한다.

19 우리나라는 법관이 헌법과 법률에 의해 양심에 따라 독립하여 심판하도록 하고 있다. 또한 특정한 경우를 제외한 모든 재판의 과정과 결과를 공개해 억울한 사람이 생기지 않도록 하고 있다. 따라서 ㉠은 헌법이며, ㉡은 공개이다.

20 민주 국가에서는 국가 권력을 서로 다른 기관이 나누어 맡게 하는 권력 분립의 원리를 따르고 있다. 권력 분립의 목적은 국가 기관들이 서로 견제하고 균형을 이루게 하여 국민의 자유와 권리를 지키려는 것이다.

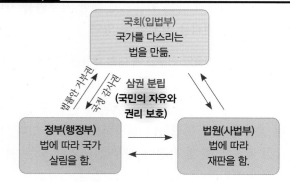

1 다수결의 원칙 2 예 사람들이 의견을 하나로 모으지 못하거나 양보와 타협이 어려울 때에 문제를 빠르게 해결하기 위해 다수결의 원칙을 사용한다. 3 예 많은 사람이 선택한 의견이 더 나을 것으로 가정하는 것이므로, 소수의 의견이 무시되지 않도록 존중해야 한다. 4 ㉠ 국회, ㉡ 정부, ㉢ 법원 5 예 정부는 국회가 만든 법안에 대해 거부할 권리를 행사하여 국회의 권력을 견제할 수 있다. 6 예 특정한 경우를 제외하고 모든 재판의 과정과 결과를 시민들에게 공개한다. 한 사건에 원칙적으로 세 번까지 재판을 받을 수 있도록 하고 있다.

1 다수결의 원칙은 많은 사람이 선택한 의견이 더 나을 것으로 가정하고 다수의 의견을 채택하는 방법으로, 학급 회의에서 거수로 의견을 결정하는 것 역시 다수결의 원칙을 사용하는 것이다.

2 민주 사회에서는 대화와 토론을 통해 상대방의 입장을 이해하며, 서로 양보하고 타협하며 모두가 만족할 만한 해결책을 찾아야 한다. 의견을 하나로 모으기 어려운 경우에 다수결의 원칙으로 문제를 해결할 수 있다.

【채점 기준】 '의견을 하나로 모으지 못한 상황', '양보와 타협이 어려운 상황' 등의 내용을 포함하여 바르게 썼다.

3 다수결의 원칙은 쉽고 빠르게 문제를 해결할 수 있지만, 항상 다수의 의견이 맞는 것은 아니므로 소수의 의견이 무시되지 않도록 존중해야 한다.

【채점 기준】 '소수의 의견도 존중해야 한다.'는 내용을 포함하여 바르게 썼다.

4 우리나라는 법을 만들고, 고치거나 없애는 국회, 법에 따라 나라 살림을 운영하는 정부, 법에 따라 공정한 재판을 하는 법원이 서로의 권력을 견제하고 있다.

5 정부는 국회에서 만든 법률안에 대한 거부권을 지니고 있어 국회의 권력을 견제할 수 있다.

【채점 기준】 '법률안 거부권'에 대한 내용을 포함하여 바르게 썼다.

6 법원은 공정한 재판을 위해 법관이 헌법과 법률에 의해 양심에 따라 독립하여 심판하도록 하고 있다. 또한 삼심 제도와 함께 특정한 경우를 제외한 모든 재판의 과정과 결과를 공개하도록 하고 있다.

【채점 기준】 '법관이 헌법과 법률에 의해 양심에 따라 독립하여 재판한다', '삼심 제도', '공개 재판의 원칙' 중 한 가지의 내용을 포함하여 바르게 썼다.

2. 우리나라의 경제 발전

❶ 우리나라 경제 체제의 특징

79쪽 1 경제활동 2 ○ 3 생산
81쪽 1 기업 2 × 3 시장
83쪽 1 × 2 큰 3 가치
85쪽 1 × 2 줄일 수 3 합리적
87쪽 1 자유 2 많은 3 ○
89쪽 1 ○ 2 공정 3 독과점
91쪽 1 ○ 2 경제 정의 3 ×

 93~95쪽

1 ③ 2 ㉠ 생산 활동, ㉡ 소비 활동 3 ⑤ 4 이윤 5 ② 6 선택 기준 7 ㉠, ㉢, ㉣ 8 ② 9 합리적 10 ④ 11 ㉠ 자유, ㉡ 경쟁 12 ① 13 ④ 14 공정 거래 위원회 15 ⑤ 16 ㉡, ㉢, ㉣ 17 예 정부는 공정 거래 위원회를 설치해 불공정 거래 행위를 감시한다. 시민 단체는 특정 기업끼리 불공정하게 거래하는 것을 감시한다. 18 예 우리나라 경제 체제는 자유 경쟁과 경제 정의의 조화를 추구하고 있다.

1 '경제활동'은 생활에 필요한 것을 생산하고 소비하는 것, 소득이나 부의 분배 따위의 경제와 관련된 모든 활동을 말한다.
③ 저녁에 무엇을 먹을지 고민하는 행위는 경제활동에 해당하지 않는다.

2 사람들은 '생산 활동'에 참여하여 그 대가로 소득을 얻고, 얻은 소득으로 생활에 필요한 물건이나 서비스를 사는 '소비 활동'에 참여한다. 이러한 경제활동은 우리나라 경제를 이끄는 중요한 역할을 한다.

3 가계는 가정 살림을 같이하는 생활 공동체이다. 가계의 경제 활동은 생산 활동에 참여한 대가로 소득을 얻어 생활에 필요한 물건을 구입하거나 서비스를 제공받는 등의 소비 활동을 한다.
⑤ 기업은 더 많은 이윤을 얻기 위해 소비자의 욕구를 반영한 다양한 물건을 만들어 판매한다.

4 기업의 목적은 물건과 서비스를 생산해 이윤을 얻는 것이며, 이윤은 물건이나 서비스를 생산하고 판매하여 얻게 되는 순수한 이익을 의미한다.

5 시장은 상품을 사려는 사람과 상품을 팔려는 사람이 만나 거래가 이루어지는 곳이다. 시장에서 기업은 생산한 물건과 서비스를 판매하여 이윤을 얻고, 가계는 이러한 기업의 생산 활동에 참여하여 소득을 얻는다.

한눈에 쏙쏙	가계와 기업이 만나는 시장
시장의 뜻	물건을 사고파는 곳
시장의 특징	시장에서 가계와 기업이 만나 경제활동이 이루어짐.
시장에서의 가계와 기업의 경제활동	• 가계: 필요한 물건을 더 싸게 사려고 노력함. • 기업: 더 많은 이윤을 얻으려고 소비자의 욕구를 반영해 다양한 물건을 만듦.
다양한 형태의 시장	• 눈에 보이는 물건을 사고파는 시장: 전통 시장, 할인 매장, 텔레비전 홈쇼핑, 인터넷 쇼핑 등 • 눈에 보이지 않는 것을 사고파는 시장: 인력 시장, 주식 시장, 외환 시장, 부동산 시장 등

6 가계는 물건을 살 때 합리적으로 선택하기 위해 선택 기준을 세운다. 또한 선택 기준은 다양하므로 어떤 선택 기준을 세우는지에 따라 합리적 선택이 다를 수 있다.

7 가계의 합리적 선택은 품질, 디자인 가격 등을 고려해 가장 적은 비용으로 큰 만족감을 얻을 수 있도록 선택하는 것이다. ⓒ 같은 품질이면 가격이 저렴한 것을 선택하는 것이 합리적 선택이다.

8 가계의 합리적 선택에서 가장 중요한 것은 만족감을 높이는 것이다. 물건을 선택할 때 고려해야 할 기준은 다양하므로 사람들에 따라 합리적 선택이 다를 수 있다.

② 가격이 더 비싸더라도 자신이 추구하는 가치를 지키면서 합리적으로 소비하는 사람들도 늘고있다.

9 기업은 소비자가 어떤 물건을 좋아하는지 분석해서 물건을 많이 팔 수 있는 방법을 생각한다. 이때 기업은 적은 비용으로 많은 이윤을 남길 수 있는 합리적 선택을 한다.

10 기업 입장에서의 합리적 선택은 다양한 기준을 고려하면서 적은 비용으로 많은 이윤을 남기는 것이다. 이때, 생산 비용을 낮추기 위해 노력하되, 상품의 질이 떨어질 경우 제품의 경쟁력이 떨어질 수 있다.

④ 생산 비용을 낮추는 과정에서 품질이 떨어진다면 기업 입장에서는 합리적이지 못한 선택이다.

11 개인은 벌어들인 소득을 자유롭게 사용할 수 있고, 자신의 능력과 적성에 따라 자유롭게 직업을 선택할 수 있다. 기업은 더 많은 이윤을 얻으려고 다른 기업과 인재 확보를 위한 경쟁, 상품 판매 경쟁 등을 한다.

12 기업은 이윤을 얻기 위해 자유롭게 경제활동을 할 수 있다. 이에 따라 소비자의 욕구를 반영해 자유롭게 다양한 물건을 생산할 수 있다.

오답 확인 ②, ③, ④, ⑤는 모두 개인의 경제활동의 자유와 관련 있다.

13 우리나라 경제의 특징은 자유와 경쟁이다. 개인은 직업 선택의 자유를 누리고 소득을 자유롭게 사용할 수 있으며, 기업은 인재 확보 경쟁을 통해 시장에서 우위를 차지하기 위해 노력한다.

④ 기업은 다른 기업과 경쟁하므로 더 싼 가격에 좋은 품질의 상품을 개발하려고 노력한다.

14 자유로운 경제활동은 우리 경제에 도움이 되지만 공정하지 않은 경제 활동은 여러 가지 문제를 낳는다. 정부는 공정 거래 위원회를 설치하여 불공정 거래 행위를 감시한다.

한눈에 쏙쏙	공정 거래 위원회
역할	자유롭고 공정한 시장 질서를 세우는 역할을 하는 국가 기관임.
하는 일	• 기업들 간의 경쟁이 자유롭게 이루어질 수 있는 환경을 만듦. • 자유로운 경쟁을 제한하는 행위나 불공정한 행위를 조사하여 바로잡는 일을 함.

15 정부와 시민 단체는 불공정한 경제활동을 바로잡고 개인이나 기업이 공정하고 자유롭게 경쟁할 수 있도록 여러 가지 노력을 하고 있다.

⑤ 공정한 경쟁을 위해 개인은 물건의 가격을 올리는 것에 반대하는 의견을 기업의 누리집에 작성할 수 있다.

16 ⊙ 우리나라는 개인과 기업의 경제상의 자유와 경쟁을 존중하지만, 개인과 기업이 공공의 이익을 해치는 경우 이를 규제한다.

17 정부는 공정한 경제활동을 할 수 있도록 공정 거래 위원회를 만들고 운영한다. 시민 단체는 허위·과대광고를 하지 못하도록 감시한다.

[채점 기준] '공정 거래 위원회 설치', '불공정 거래 행위 감시', '허위·과대광고 바로잡기' 등을 포함해 내용을 바르게 썼다.

18 우리나라는 개인과 기업의 경제상의 자유와 경쟁을 존중하지만, 공공의 이익을 해치는 경우 이를 규제한다. 이처럼 우리나라 경제 체제는 자유 경쟁과 경제 정의의 조화를 추구하고 있다.

[채점 기준] '자유 경쟁', '경제 정의' 등을 포함해 내용을 바르게 썼다.

❷ 우리나라의 경제 성장

99쪽 1 가난한 **2** × **3** 국민
101쪽 1 × **2** 경제 개발 5개년 계획 **3** 중화학
103쪽 1 ○ **2** 커졌다 **3** 자동차
105쪽 1 ○ **2** 첨단 **3** 서비스
107쪽 1 × **2** 공동 주택 **3** 큰
109쪽 1 줄어들면서 **2** 대중 매체 **3** ○
111쪽 1 외환 위기 **2** 인권 **3** ×
113쪽 1 수출 **2** 도시화 **3** ○

주제 톡톡 문제
115~117쪽

1 ③ **2** ① **3** 소비재 산업 **4** 경공업 **5** ⑤ **6** 경제 개발 5개년 계획 **7** ⑴ ㉡ ⑵ ㉠ **8** ① **9** ④ **10** ㉡, ㉣ **11** ⑤ **12** ㉠ 반도체, ㉡ 핀테크 **13** ㉢ - ㉣ - ㉠ - ㉡ **14** ② **15** 양극화 **16 예** 과거의 학교는 학급당 학생 수가 많았고 교육 시설이 낡았지만, 오늘날의 학교는 학급당 학생 수가 적고 스마트 기기를 활용한 교육이 이루어지고 있다. **17 예** 사회적 약자를 보호하기 위한 다양한 복지 제도를 확대하고 있다. 경제적 불평등을 해결하기 위해 공정한 분배에 대한 논의를 하고 있다.

---

1 6·25 전쟁 직후 우리나라는 산업 시설이 대부분 파괴되었고, 국토 전체가 폐허로 변했다. 길거리와 피난민촌에는 식량을 배급받는 사람들로 가득했다.
③ 1970년대부터 공장에서 자동차를 생산하기 시작했고, 1980년대부터 세계 시장에 본격적으로 수출하기 시작했다.

2 오늘날 우리나라는 정부, 기업, 국민이 함께 노력하여 경제가 크게 발전했다.
① 우리나라는 2020년에 전 세계가 감염병으로 힘든 상황에서도 세계 10위의 경제 대국으로 발돋움했다.

3 6·25 전쟁 이후 우리나라는 미국 등 여러 나라에서 온 원조 물자로 식량 부족 문제를 해결했고, 이 시기에 식료품 공업, 섬유 공업 등 주로 생활에 필요한 물품을 만드는 소비재 산업이 발달했다.

4 1960년대 우리나라는 도시로 인구가 몰려들어 노동력이 풍부했고, 이를 토대로 다른 나라보다 제품의 가격을 낮추어 수출에 유리한 환경을 조성했다. 이 시기에는 섬유, 신발, 가발처럼 비교적 가볍고 낮은 기술력으로 만들기 쉬운 경공업이 발달했다.

5 1960년대 우리나라에서는 섬유, 신발, 가발 등을 생산하는 경공업이 발달했고, 기업의 제품 생산에 필요한 원료를 공급하기 위해 정유 시설과 발전소를 건설했다. 또한 고속 국도와 항만이 만들어져 원료와 제품이 빠르게 운송되기 시작했다.
⑤ 1980년대부터 자동차를 세계 시장에 본격적으로 수출하기 시작했다.

6 우리나라 정부는 경제 성장을 위해 1962년부터 1996년까지 5년 단위로 국가의 경제 계획을 추진했는데, 이것을 '경제 개발 5개년 계획'이라고 한다.

7 ⑴ 1950년대에는 식료품 공업, 섬유 공업 등 생활에 필요한 물품을 만드는 소비재 산업이 주로 발달했다. ⑵ 1960년대에는 원료의 빠른 운송에 필요한 고속 국도와 항만 등을 건설했다.

한눈에 쏙쏙 — 1950년대와 1960년대 경제 성장 모습

1950년대	• 전쟁으로 산업 시설이 파괴되었고, 국토 전체가 폐허로 변했음. • 생활에 필요한 물품을 만드는 식료품 공업, 섬유 공업 등 주로 소비재 산업이 발전했음.
1960년대	• 정부의 노력: 경제 개발 5개년 계획 수립, 정유 시설과 발전소 건설, 고속 국도와 항만 건설, 수출 기업을 지원했음. • 기업의 노력: 정부의 경제 개발 계획에 따라 섬유, 신발, 가발, 의류 등과 같은 경공업 제품을 만들어 수출했음.

8 1970년대에는 많은 자본과 높은 기술력을 바탕으로 철강, 석유 화학, 자동차, 조선 등의 중화학 공업이 발달했고, 수출 100억 달러를 달성했다.
① 정부의 수출 정책에 힘입어 농업 중심 경제에서 공업 중심 경제로 변화해 갔다.

9 제시된 서울 올림픽 대회는 1988년에 개최되었다. 1980년대에 우리나라는 중화학 공업이 더욱 발달하여 수출 품목이 다양해지고 수출 규모도 커졌다. 이 과정에서 일부 기업은 정부의 지원을 받으며 대기업으로 성장했다.
④ 섬유, 신발, 가발처럼 가볍고 만들기 쉬운 경공업이 발달한 것은 1960년대이다.

10 ㉠ 의료, 관광, 금융, 문화 콘텐츠 산업 등 서비스 산업이 크게 성장한 것은 2000년대 이후이다. ㉢ 자동차, 선박, 텔레비전, 정밀 기계 등이 주요 수출품으로 자리 잡은 것은 1980년대이다.

11 2000년대 이후에는 정보 통신뿐만 아니라 항공·우주 개발, 생명 공학 등의 첨단 산업이 발달하고 있다. 또한 의료, 관광, 금융, 문화 콘텐츠 산업 등의 서비스 산업이 빠르게 성장하고 있다.

[오답 확인]

①, ③ 1970년대에 해당된다.

② 1990년대이다.

④ 1960년대이다.

12 ⊙ 1990년대에는 가정에 개인용 컴퓨터와 다양한 가전 제품이 보급되기 시작했다. 이에 반도체 산업이 성장했고, 수출에서 큰 비중을 차지했다. ⓒ 2000년대 이후 서비스 산업이 성장함에 따라 금융과 기술의 합성어인 핀테크 산업이 발달했다.

한눈에 쏙쏙 1990년대 경제 성장 모습

컴퓨터의 보급 확대	개인용 컴퓨터의 보급이 확대되고 관련 산업들이 생겨났음.
반도체 산업 발달	컴퓨터와 전자 제품에 들어가는 핵심 부품인 반도체 중요성이 커지고, 세계적인 반도체 강국이 됨.
정보 통신 산업 발달	1990년대 후반부터 전국에 걸쳐 초고속 정보 통신망을 만듦.

13 ⊙은 1990년대 후반, ⓒ은 2000년대 이후, ⓒ은 1960년대, ⓐ은 1970년대의 모습을 나타낸 설명이다. 따라서 시기순으로 바르게 나열하면 ⓒ – ⓐ – ⊙ – ⓒ 순으로 정렬할 수 있다.

14 경제 성장 과정에서 많은 사람이 도시로 이동하는 도시화에 따라 도시 내에 다양한 문제가 발생했다.

15 오늘날 우리나라의 경제 상황은 과거보다 크게 나아졌지만, 잘사는 사람과 그렇지 못한 사람의 소득 격차가 더욱 커졌다.

16 과거 우리나라의 학교는 학급당 학생 수가 많아 오전반과 오후반으로 나누어 수업했으며 교육 시설이 낡고 부족했다. 반면에 오늘날 학교 수가 늘어나면서 학급당 학생 수가 줄었으며 스마트 기기를 활용한 시청각 미디어 교육이 활발하게 이루어지고 있다.

[채점 기준] 과거 학교의 모습을 묘사하며 '학급당 학생 수가 많았다', '오전반과 오후반으로 나누어 수업했다', '교육 시설이 낡았다' 등의 내용을 포함하여 바르게 썼다. 현재 학교의 모습을 묘사하며 '학급당 학생 수가 줄었다', '스마트 기기를 활용한다', '시청각 미디어 교육이 이루어지고 있다' 등의 내용을 포함해 바르게 썼다.

17 오늘날 양극화 문제는 심각한 사회 문제로 자리 잡았다. 이를 해결하기 위해 우리 사회는 노인과 장애인 등 사회적 약자를 보호하기 위한 복지 제도를 확대해 나가고 있다.

[채점 기준] '사회적 약자 보호', '복지 제도 확대' 등의 내용을 포함해 바르게 썼다.

❸ 세계 속의 우리나라 경제

확인 톡!톡!

121쪽 1 많다 2 교류 3 ○

123쪽 1 × 2 수출 3 반도체

125쪽 1 × 2 넓어졌다 3 노동력

127쪽 1 × 2 자유 무역 협정(FTA) 3 경쟁

129쪽 1 ○ 2 보호 3 협상

131쪽 1 교류 2 많은 3 ○

주제 톡톡 문제 133~135쪽

1 ③ **2** ① **3** ⊙ 수출, ⓒ 수입 **4** 반도체 **5** ⑤ **6** ② **7** ⓒ, ⓒ **8** 노동력 **9** ② **10** ③ **11** 자유 무역 협정 **12** ⓒ, ⓐ **13** ③ **14** 보호 **15** ① **16** 국제기구 **17** ⑩ 브라질 / 우리나라는 반도체를 생산하는 기술이 뛰어나기 때문에 브라질에 반도체를 수출하고, 철광이 부족하기 때문에 브라질에서 철광을 수입한다. **18** ⑩ 자동차 수출 감소에 따른 ⓐ 나라 자동차 기업의 피해를 최소화하는 방안을 마련하고, 무역 분쟁을 해결하는 국제기구에 도움을 요청한다.

1 '경제 교류'란, 나라 간 필요한 것을 얻기 위해 교류하는 것이다. 우리 일상 속 주변에서 쉽게 보거나 자주 사용하는 물건들이 경제 교류의 결과물인 경우가 많다. ③ 경제 교류는 기본적으로 나라 간 경제적으로 교류하거나 소통하는 것을 의미한다.

2 세계 여러 나라는 지리적으로 다른 기후 및 지형 조건을 갖추고 있고, 문화적 배경이 서로 다르다. 따라서 나라마다 자연환경, 자본, 기술 등의 생산 기반 조건과 발달한 산업의 종류가 달라서 생산할 수 있는 물건이나 서비스의 종류와 질이 다르기 때문에 경제 교류를 한다. ① 나라마다 기술이 다르기 때문이다.

3 나라와 나라 간 무역을 하면서 수출과 수입이 일어난다. 이때 '수출'은 다른 나라에 물건을 파는 것을 의미하고, '수입'은 다른 나라에서 물건을 사 오는 것을 의미한다.

4 우리나라는 반도체 강국이라고 불릴 정도로 1990년대부터 반도체 산업이 발달하여 수출 품목 중 가장 큰 비중을 차지하고 있다. 수입 품목 중 가장 큰 비중을 차지하는 품목 또한 반도체이다.

5 우리나라는 반도체, 자동차, 석유 제품 등을 수출하고, 반도체 원유, 반도체 제조용 장비 등을 수입한다.
⑤ 우리나라의 주요 수출품에 반도체는 포함되어 있지만, 컴퓨터는 주요 수입품에 포함되어 있지 않다.

6 세계 여러 나라와의 경제 교류는 우리 생활에 많은 변화를 가져왔다. 다양한 나라와의 경제 교류를 통해 우리는 다양한 식재료, 농산물, 공산품 등을 생활 속에서 접하며 활용할 수 있다. 또한 최근에는 우리나라 문화 콘텐츠 산업이 각광을 받으며 해외에서 인기를 끄는 것도 경제 교류의 결과이다.
② 제주도는 우리나라 지역이므로 다른 나라와의 경제 교류가 아니다.

7 다른 나라와 교류가 활발해지면서 ㉠ 개인은 외국 기업에서 일자리를 얻을 수 있다. ㉣ 기업은 경제 교류 과정에서 새로운 기술과 아이디어를 다른 나라와 주고 받을 수 있다.

8 제시된 내용은 노동력에 대한 설명이다. 노동력은 경제활동 또는 노동을 담당하고 있는 인구를 뜻하기도 한다. 기업은 노동력이 값싼 나라에 공장을 세워 제조 비용을 줄일 수 있다.

9 우리나라는 물건뿐만 아니라 교육, 문화, 의료, 통신 등 다양한 분야에서 경제 교류를 한다.
② 우리나라는 건축 분야에서도 다른 나라와 경제 교류를 한다. 세계 여러 나라에서 우리나라 기업이 건설한 건물을 찾아 볼 수 있다.

10 세계 여러 나라는 지리적으로 다른 기후 및 지형 조건을 갖추고 있고, 문화적 배경이 서로 다르다. 따라서 나라마다 자연환경, 자본, 기술 등의 생산 기반 조건과 발달한 산업의 종류가 달라서 생산할 수 있는 물건이나 서비스의 종류와 질이 다르기 때문에 서로 경제적으로 의존한다.
③ 우리나라는 거리가 먼 나라와도 경제적으로 서로 의존하며 교류를 통해 경제적 이익을 얻고 있다.

11 '자유 무역 협정(Free Trade Agreement)'은 경제 교류 과정에서 각 나라 사이에 발생하는 세금을 낮추고 법과 제도를 개선하여 보다 자유롭게 경제 활동이 이루어지도록 한 약속이다.

12 세계 시장에서 다양한 나라들은 서로 경제적으로 의존하면서 동시에 경쟁을 하고 있다. 서로 필요한 자원과 재화를 수입하고 수출하는 것이 서로 경제적으로 의존하는 모습이라면, 기술이나 서비스, 가격, 신기술 등의 여러 측면에서 경쟁하는 모습을 보이기도 한다.

오답 확인
㉠ 우리나라는 다른 나라와 서로 의존하며 경제 교류를 하는 동시에 경쟁한다.
㉡ 우리나라는 같은 종류의 물건을 생산하는 나라 간에 기술, 가격 등에서 치열한 경쟁을 한다.

13 우리나라는 다른 나라와 경제 교류를 하며 우리나라 물건에 높은 관세 부과, 수입 제한으로 발생하는 수출 감소, 수입 의존에 따른 문제, 수입 거부 등의 문제를 겪기도 한다.

14 세계 여러 나라가 경제 교류를 하면서 불리한 점이 생겨 자기 나라의 경제만을 보호하다 보면 무역이 잘 이루어지지 않을 수 있고 또 다른 무역 문제가 발생할 수 있다.

15 세계 여러 나라는 경제 교류를 하면서 불리한 점이 발생할 경우, 자기 나라의 경제를 보호하는 경우가 있다. 이는 국민이 실업 상태에 놓이는 것을 막고 경쟁력이 낮은 산업을 보호하기 위해서이다. 또한 국가가 안정적으로 성장하도록 하고, 다른 나라의 불공정 무역에 대해 대응하기 위한 목적도 있다.

16 경제 교류를 하면서 생기는 문제는 무역 관련 국제기구의 설립과 가입, 여러 나라와의 협상 등을 통해 해결할 수 있다.

17 우리나라와 다른 나라는 각 나라의 특징을 살린 경제 교류를 통해 경제적 이익을 얻고 있다.

[채점 기준] '반도체 생산 기술', '철광 부족' 등을 포함해 내용을 바르게 썼다.

18 다른 나라와 무역을 하면서 생기는 문제 해결 방안에는 무역 관련 국제기구의 가입, 국내 기관 설립, 세계 여러 나라와의 협상 등으로 해결할 수 있다.

[채점 기준] '피해를 최소화하는 방안', '국제기구에 도움' 등을 포함해 내용을 바르게 썼다.

1 경제 활동 2 ✕ 3 경쟁 4 공정 거래 위원회 5 경공업 6 ○
7 반도체 8 금 모으기 운동 9 다르기 10 ○ 11 자유 무역
협정(FTA) 12 국제기구

단원 톡톡 문제

141~143쪽

1 ② 2 ㉠ 소비 활동, ㉡ 생산 활동 3 소득 4 합리적 선택 5
⑤ 6 이윤 7 ㉢ 시장의 종류에는 각 나라의 돈을 사고파는 외
환 시장이 있다. 8 ⑤ 9 경제 개발 5개년 계획 10 ② 11 ①
12 독일 13 ④ 14 ㉡ – ㉢ – ㉣ – ㉠ 15 예 1970년대부터
좁은 땅에 여러 사람이 살 수 있는 연립 주택, 다세대 주택, 아
파트 등과 같은 공동 주택이 지어졌다. 16 (1) ㉡ (2) ㉠ 17 ④
18 세계 무역 기구(WTO) 19 경쟁 20 ④

1 경제활동은 필요한 것을 생산하고 소비하는 것과 관련
된 모든 활동을 의미한다. 경제활동은 공장에서 물건
을 만드는 것과 같은 생산 활동과 시장에서 물건을 사
는 것과 같은 소비 활동을 모두 포함하고 있다.
② 학생이 학교에서 공부하는 행위는 필요한 것을 생산
하거나 소비하는 경제활동에 해당하지 않는다.

2 경제활동은 생산 활동과 소비 활동을 모두 포함하는 활
동이다. 생산 활동은 필요한 물건을 생산하거나 서비
스를 제공하는 활동을 의미하고, 새로운 직원을 뽑기
위한 면접 위원 활동은 생산 활동에 속한다. 소비 활동
은 물건이나 서비스를 사는 활동을 의미하고, 먹고 싶
은 음식을 주문하는 것은 소비 활동에 속한다.

3 가계는 가정 살림을 같이하는 생활 공동체이다. 가계
는 기업의 생산 활동에 참여한 대가로 소득을 얻고, 이
렇게 얻은 소득을 바탕으로 필요한 물품을 구입하거나
서비스를 제공받는 등의 소비 활동을 한다. 부모님께
서 벌어들이는 월급과 상여금 등은 모두 소득에 포함
된다.

4 합리적 선택은 가격, 품질, 디자인 등 여러 가지를 고
려해 가장 적은 비용으로 큰 만족감을 얻을 수 있도록
하는 것이다. 같은 가격이면 품질이 좋은 것을, 같은
품질이면 가격이 저렴한 것을 선택하는 것이 합리적 선
택이다. 한편 자신이 추구하는 삶의 가치를 지키며 소
비 생활을 하는 사람들도 늘고 있다.

5 기업은 일반적으로 소비자에게 필요한 물건을 만들거
나 서비스를 제공하는 생산 활동을 수행한다. 기업은
다양한 생산 활동을 하며 면접을 통해 신입 사원을 선
발하며 지역 사회에 일자리를 제공한다. 또한 신제품
개발을 위해 연구하며 신제품에 대한 반응이 좋을 경
우, 생산량을 늘려 판매 수익을 증대한다.
⑤ 가계는 생산 활동에 참여한 대가로 소득을 얻고, 이
를 활용하여 필요한 물건을 구매한다.

6 기업이 생산 활동을 하는 이유는 이윤을 얻기 위해서이
다. 이윤은 물건이나 서비스를 생산, 판매하여 얻게 되
는 순수한 이익을 의미한다. 이렇게 벌어들인 이윤을
활용하여 기업은 신제품 개발을 위한 연구를 하거나 직
원들에게 월급을 주기도 한다.

한눈에 쏙쏙 가계와 기업에서 하는 일

가계	• 가계 구성원은 기업의 생산 활동에 참여함. • 생산 활동의 대가로 소득을 얻음. • 소득으로 필요한 물건을 구입하거나 서비스를 제공받음.
기업	• 가계의 도움을 받아 물건과 서비스를 생산함. • 가계에 일자리를 제공함. • 물건을 생산해 판매하거나 서비스를 제공해 이윤을 얻음.

7 시장은 물건을 사고파는 곳으로, 일반적으로 가계와
기업은 시장에서 만나 다양한 물건과 서비스를 거래한
다. 그러나 시장에서는 눈에 보이는 물건만 거래하는
것이 아니다. 주식 거래가 이루어지는 주식 시장, 여
러 나라의 돈을 사고파는 외환 시장, 노동력을 사고파
는 인력 시장, 집이나 땅을 사고파는 부동산 시장 등도
있다.

8 가계의 합리적 선택에서 가장 중요한 일은 만족감을 높
이는 일이다. 이러한 만족감을 높이기 위해 최근에는
자신이 추구하는 가치를 지키면서 합리적으로 소비하
는 경우가 늘었다. 친환경적인 제품을 구매하면서 환
경을 보호하거나 공정 무역의 윤리적인 가치를 지키기
위한 소비를 실천하고 있다.
⑤ 가격이 저렴한 제품을 구입하는 것은 환경 보호, 인
권 보장 등 가치를 추구하는 소비와는 성격이 다르다.

9 경제 개발 5개년 계획은 1962년부터 1996년까지 5년
단위로 추진된 국가의 경제 계획이다. 정부는 경제 개
발 5개년 계획을 세우고 국내에서 생산한 제품을 해외
로 수출해 경제 성장을 이루고자 했다.

10 1960년대 우리나라에서는 사람들이 도시로 몰려들어 노동력이 풍부했고, 이를 토대로 제품의 가격을 낮추어 수출을 유리하게 만들었다. 또한 섬유, 신발, 가발 등의 비교적 가볍고 만들기 쉬운 제품을 생산하는 경공업이 발달했다. 정부에서는 기업의 생산 활동에 필요한 원료를 공급하기 위해 정유 시설과 발전소를 건설했고, 원료와 제품의 빠른 운송을 도와주는 고속 국도와 항만도 건설했다.
② 정부의 지원을 받아 철강 산업이 발달한 시기는 1970년대이다.

한눈에 쏙쏙 우리나라 산업 발달 과정

1950년대	식료품 공업, 섬유 공업 등 소비재 산업이 발달했음.
1960년대	섬유, 신발, 가발, 의류 등 경공업이 발달했음.
1970년대	철강, 석유 화학, 자동차, 조선 등 중화학 공업이 발달했음.
1980년대	자동차, 선박, 텔레비전, 정밀 기계 등이 주요 수출품으로 자리 잡았음.
1990년대	컴퓨터, 반도체, 정보 기술 산업이 발달했음.
2000년대	첨단 산업(항공, 우주 개발, 생명 공학 등)과 서비스 산업(의료, 관광, 문화 콘텐츠 산업 등)이 발달했음.

11 중화학 공업은 경공업보다 많은 자본과 높은 기술력이 필요한 산업이다. 우리나라의 중화학 공업은 1970년대에 들어 급격히 발달했다. 정부는 철강, 석유 화학, 자동차, 조선 등의 중화학 공업을 집중적으로 발전시켰으며, 기술력을 갖추고자 교육 시설과 연구소 등을 설립했다. 이로써 1977년에 수출 100억 달러를 돌파했다. 우리나라의 산업 구조는 점차 농업 중심 경제에서 공업 중심 경제로 바뀌어 갔다.
① 1970년대에는 중화학 공업의 발달과 함께 1977년에 수출액 100억 달러를 최초로 돌파했다.

12 1960년대 초반부터 1970년대 중후반까지 18,000여 명의 한국인 광부와 간호사가 독일에 파견되었다. 이들은 최소한 생활비를 제외하고 모든 돈을 한국에 있는 가족들에게 송금했고, 이는 외화가 부족하던 시절 우리나라 경제 발전의 밑거름이 되었다.

13 1980년대 우리나라에서는 중화학 공업이 더욱 발달하여 수출 품목이 다양해지고 수출 규모도 커졌다. 정부의 대규모 투자로 세계 시장에 본격적으로 수출한 자동차뿐만 아니라 선박, 텔레비전, 정밀 기계 등이 주요 수출품으로 자리잡았다. 이 과정에서 정부의 집중 투자로 대기업이 성장했다. 또한 1988년 서울 올림픽 대회를 개최하며 우리나라의 국제적 위상이 높아졌다.
④ FIFA 한일 월드컵이 개최된 시기는 2002년에 해당한다.

14 1970년대에 우리나라의 수출액 규모가 처음으로 100억 달러를 돌파했고, 1980년대에 정부의 지원을 받아 일부 기업이 대기업으로 성장했다. 1990년대에 정보 통신 기술 발달과 함께 인터넷 관련 기업이 생겨났고, 2000년대부터는 사람들에게 편리함이나 즐거움을 제공하는 서비스 산업이 성장하고 있다.

15 경제 성장과 함께 일자리를 찾아 사람들이 도시로 몰려들었고, 도시에서는 주택 부족 현상 문제가 발생했다. 이를 해소하기 위해 1970년대부터 한정된 공간에 여러 사람이 함께 살 수 있는 연립 주택, 다세대 주택, 아파트 등과 같은 공동 주택이 많이 지어졌다. 오늘날에도 아파트가 주거 형태에서 가장 큰 비중을 차지하고 있다.

16 경제 성장 과정에서 도시와 농촌 지역별로 다른 형태의 문제가 발생했다. 도시에는 일자리를 찾아 몰려든 인구가 증가함에 따라 주택 및 주차 공간 부족 문제가 발생했고 쓰레기 문제와 대기 오염 문제가 대두했다. 농촌에서는 도시로 사람들이 빠져나가 인구가 줄었고, 이는 노동력 부족 문제를 일으켰다.

17 우리나라는 필요한 것을 얻기 위해 세계 여러 나라와 경제 교류를 하고 있으며, 이때 나라와 나라 사이에 물건과 서비스를 사고파는 것을 무역이라고 한다. 무역은 다른 나라에 물건을 파는 수출과 다른 나라에서 물건을 사 오는 수입을 통해 이루어진다. 다른 나라와의 경제 교류를 통해 우리 생활에는 많은 변화가 있었고 개인은 다양한 물건을 선택할 수 있는 기회가 늘어났다.
④ 다른 나라와의 교류가 활발해지면서 개인이 물건을 선택할 수 있는 기회가 늘어났다.

18 세계 무역 기구(WTO)는 나라 간 경제 교류에 관한 문제가 발생했을 때 옳고 그름을 판가름하는 국제 기구로서, 2021년 기준 총 164개의 회원국이 있다. 세계 무역 기구는 무역이 잘 이루어지지 않던 분야의 무역 장벽을 낮추는 역할을 하기도 한다.

19 세계 시장에서 우리나라와 다른 나라는 서로 의존하면서 경쟁하는 관계에 놓여 있다. 원유, 철광석 등 우리나라에 부족하거나 없는 자원은 다른 나라로부터 수입

하며 의존하고, 휴대전화 등 비슷한 종류의 전자 기기를 제조하는 나라와는 기술, 가격, 디자인 등 여러 측면에서 경쟁한다.

20 각 나라는 경쟁력이 낮은 산업을 보호하여 국민의 실업을 방지하고, 불공정 무역에 대해 대응하여 국가의 안정적인 성장을 도모하고자 한다. 자국 경제를 보호할 경우, 나라 간 교류 관계를 유지하기보다 오히려 오해와 갈등이 발생하여 교류가 중단될 수 있다.
④ 나라 간 교류 관계 유지는 각 나라가 자기 나라의 경제를 보호하는 이유에 해당하지 않으며, 오히려 자기 나라의 경제를 보호할 경우, 나라 간 경제 교류가 어려워질 수 있다.

서술형 톡톡 문제   **144쪽**

1 예 ㉠ 이윤, ㉡ 소득 2 예 기업은 사회에 일자리를 제공한다. 3 예 가계: 기업에서 얻은 소득으로 물건과 서비스를 구매한다. 기업: 생산한 물건과 서비스를 판매하여 이윤을 얻는다. 4 예 1960년대 우리나라는 자원과 기술은 부족했지만, 사람들이 일자리를 찾아 도시로 몰려들어 노동력이 풍부했다. 5 중화학 공업 6 예 1970년대 정부의 수출 정책에 힘입어 우리나라의 산업 구조는 농업 중심 경제에서 공업 중심 경제로 변화했다.

---

1 경제활동은 필요한 것을 생산하고 소비하는 것과 관련된 모든 활동을 의미하며, 크게 생산 활동과 소비 활동으로 나누어진다. 이때, 기업은 물건을 만들거나 서비스를 제공하는 생산 활동을 수행하고, 그 결과로 이윤을 얻는다. 경제활동을 함께하는 생활 공동체를 의미하는 가계는 생산 활동에 참여한 대가로 소득을 얻는다.

2 기업은 경제활동 속에서 크게 두 가지의 기능을 수행한다. 첫 번째로, 기업은 이윤을 얻기 위해 물건을 생산하여 판매한다. 때로는 기업은 서비스를 제공하여 이윤을 얻기도 한다. 두 번째로, 기업은 사회에 일자리를 제공한다. 생산량을 늘리기 위해 기업은 면접 등을 통해 신입 사원을 채용한다.

[채점 기준] '일자리 제공'을 포함해 내용을 바르게 썼다.

3 시장은 상품을 사려는 사람과 상품을 팔려는 사람이 만나 거래하는 곳이다. 시장에서 가계는 기업에서 일하

여 얻은 소득으로 생활에 필요한 물건과 서비스를 구매하며, 필요한 물건을 더 싸게 사려고 노력한다. 시장에서 기업은 생산한 물건과 서비스를 판매하여 이윤을 얻으며, 소비자의 욕구를 반영한 다양한 물건을 만들어 더 많은 이윤을 얻고자 노력한다.

[채점 기준] 가계의 경우, '소득'이라는 단어를 포함하여 물건이나 서비스를 구매한다는 내용이 있다면, 정답 처리한다.
기업의 경우, '이윤'이라는 단어를 포함하여 물건이나 서비스를 판매한다는 내용이 있다면, 정답 처리한다.

4 제시된 우표는 1960년대의 '제1차 경제 개발 5개년 계획'을 기념하기 위한 우표이다. 이 시기에 우리나라는 자원과 기술이 부족했으나, 도시로 몰려든 인구로 인해 노동력이 풍부했고, 이는 섬유, 신발, 가발 등 비교적 만들기 쉬운 경공업이 발달할 수 있는 배경이 되었다.

[채점 기준] '자원과 기술의 부족함', '도시로의 인구 집중', '노동력 풍부' 등을 포함해 내용을 바르게 썼다.

5 1970년대 정부는 기술력을 갖추고자 교육 시설과 연구소 등을 만들었고, 기업들을 지원하여 전국 곳곳에 철강 산업 단지, 석유 화학 단지, 조선소 등을 건설했다. 그 결과, 우리나라에서는 많은 자본과 높은 기술력을 바탕으로 철강, 석유 화학, 자동차, 조선 등의 중화학 공업이 발달할 수 있었다.

6 1970년대부터 우리나라 산업에서 중화학 공업이 차지하는 비중이 점차 늘어났고, 세계 시장에 진출하는 수출 품목도 다양해졌으며, 1977년에 수출액 100억 달러를 달성했다. 이 같은 정부 주도의 수출 정책은 우리나라의 산업 구조를 농업 중심 경제에서 공업 중심 경제로 변하게끔 했다.

[채점 기준] '공업 중심 경제'를 포함해 내용을 바르게 썼다.

한눈에 쏙쏙   **1970년대 경제 성장 모습**

정부의 노력	• 높은 기술력을 갖추려고 교육 시설과 연구소 등을 설립함. • 많은 돈을 들여 철강 산업 단지, 석유 화학 단지를 설립하고 해당 산업이 발전하도록 도와줌.
철강·석유 화학·조선 산업의 발전	• 철강·석유 화학 산업: 정부의 지원으로 철, 합성 섬유, 합성 고무, 플라스틱 등의 다양한 재료를 개발하고 생산하여 성장했음. • 조선 산업: 1970년대에 기업들은 현대화된 대형 조선소를 건설하면서 세계 시장에 진출했음.

1. 우리나라의 정치 발전

　　　　　　　　　　　2~3쪽

❶ 민주주의 ❷ 유신 ❸ 간선제 ❹ 지방 자치제 ❺ 차별 ❻ 옳고 그름 ❼ 소수의 의견 ❽ 법 ❾ 권리와 의무 ❿ 국정 감사 ⓫ 대통령 ⓬ 세 번

가로톡 세로톡 퍼즐　　　　　　　　　4쪽

```
유      지 역 감 정
신      방
헌      자    다
법 원   정 치 수
률 행         결
국 정 감 사 국 회 의 원
   부            원
                칙
```

탐구 팡팡 수행 평가　　　　　　　5쪽

1 4·19 혁명 2 ㉢ → ㉡ → ㉠ → ㉣ 3 예 투표함을 바꿔서 투표 결과가 이승만 정부에게 유리하도록 했다. 이승만 정부를 지지하는 표를 미리 투표함에 넣어두는 불법적인 사전 투표가 시행되었다. 4 예 4·19 혁명은 많은 시민과 학생의 희생으로 자유와 민주주의의 중요성을 일깨우는 사건이었다. 학생들과 시민들의 힘으로 독재 정권을 무너뜨린 이 경험은 이후 민주화 운동의 소중한 밑거름이 되었다.

1 제시된 자료는 3·15 부정 선거를 통해 권력을 유지하려고 했던 이승만 정부에 대항하여 시민들이 일으켰던 4·19 혁명에 관한 사진 자료들이다.

2 3월 15일, 뇌물 제공, 투표함 바꿔치기 등 부정 선거에 항의해 마산에서 시위가 일어났다. 경찰의 무력 진압에 분노한 시민들은 4월 19일 전국 각지에서 시위를 일으켰고, 결국 이승만 대통령은 하야했다.

3 이승만 정부는 3월 15일 예정된 선거에서 승리하기 위해 여러 가지 방법으로 부정 선거를 저질렀다. 이승만 정부를 지지하는 표를 미리 투표함에 넣어두는 등 불법적인 사전 투표를 했고, 조를 이루어 투표소에 투입되어 이승만 정부를 강제로 뽑도록 했다. 여러 가지 뇌물들이 오고갔으며, 투표 결과가 이승만 정부에 유리하도록 투표함 바꿔치기를 하기도 했다.

[채점 기준] '투표함 바꿔치기', '불법적인 사전 투표', '뇌물 제공' 등 3·15 부정 선거 방법 중에서 두 가지를 포함하여 바르게 썼다.

4 4·19 혁명은 많은 시민과 학생의 희생으로 맺은 결실이었으며, 자유와 민주주의의 중요성을 일깨우는 사건이었다. 학생들과 시민의 힘으로 독재 정권을 무너뜨린 4·19 혁명은 이후 민주화 운동의 소중한 밑거름이 되었다.

[채점 기준] '자유와 민주주의', '이후 민주화 운동의 소중한 밑거름이 되었다.'는 내용을 포함하여 바르게 썼다.

단원 팡팡 문제 1회　　　　　　6~9쪽

1 3·15 부정 선거 2 ③ 3 예 4·19 혁명은 많은 시민과 학생들의 힘으로 독재 정권을 무너뜨린 사건이었고, 이후 민주화 운동의 소중한 밑거름이 되었다. 4 ③ 5 ③ 6 ㉠ 계엄군, ㉡ 시민군 7 ①, ⑤ 8 ④ 9 ⑤ 10 지방 자치제 11 민주주의 12 예 민주주의의 기본 정신에는 모든 사람이 그 자체만으로도 존중받을 가치와 권리가 있다는 인간의 존엄성이 있다. 13 (1) ㉠ (2) ㉢ (3) ㉡ 14 ④ 15 예 우리가 각자 자신의 입장만 주장하다 보면 갈등과 대립이 심해지고 또 다른 문제들이 생길 수 있기 때문이다. 16 ㉠ 다수, ㉡ 다수, ㉢ 소수 17 국민 주권 18 ① 19 ⑤ 20 국무 회의 21 ① 22 ④ 23 ① 24 예 혹시라도 잘못된 판결이 내려지는 것을 막아 국민이 공정한 재판을 받을 수 있도록 하기 위해서이다. 25 권력 분립

1 이승만 정부가 1960년 3월 15일 예정된 정부통령 선거에서 승리하기 위해 저지른 불법적인 선거를 3·15 부정 선거라고 한다. 이 일을 계기로 전국 각지에서 시민들이 참여한 4·19 혁명이 일어났다.

2 이승만 정부는 3월 1월 15일에 예정된 선거를 통해 선거에서 승리하여 자신들의 정권을 유지하기 위해 여러 가지 방법으로 부정 선거를 계획했다.

① 3·15 부정 선거는 민주주의를 탄압하는 사건이었다.

② 이승만 정부는 3·15 부정 선거에서 대통령 직선제가 아닌 간선제를 실시했다.

④ 3·15 부정 선거에서는 국민이 공정하게 투표하는 것을 방해했다.

⑤ 3·15 부정 선거는 이승만 정부가 정권을 유지하기 위함이었다.

3 4·19 혁명은 많은 시민과 학생들의 희생으로 맺은 결실이었으며, 자유와 민주주의의 중요성을 일깨우는 사건이었다. 시민들은 이에 크게 분노했고, 이는 이후 민주화 운동의 소중한 밑거름이 되었다.

[채점 기준] '자유와 민주주의', '이후 민주화 운동의 밑거름이 되었다.'는 내용을 포함하여 바르게 썼다.

4 4·19 혁명의 결과, 이승만 대통령이 하야하고, 새로운 정부가 들어서며 사람들은 민주주의의 회복을 기대했다. 하지만 1961년 박정희 등의 군인들은 사회 혼란을 명분으로 5·16 군사 정변을 일으켰고, 다시금 독재 체제를 만들어 나갔다.

5 유신 헌법은 1972년, 독재 체제를 강화하기 위해 개정된 헌법이며, 국회를 해산하고 언론과 출판의 자유를 제한했다.

③ 대통령을 세 번까지 할 수 있도록 한 것은 3선 개헌이고, 유신 헌법에서는 대통령의 횟수를 제한하지 않았다.

6 1980년 전라남도 광주에서 민주화를 요구하는 사람들의 시위가 일어나자, 전두환을 비롯한 신군부 세력은 계엄군을 광주로 보내 폭력적으로 시위를 진압했고, 이에 분노한 광주 시민들은 스스로 시민군을 만들어 계엄군에 대항했다.

7 광주 민주화 운동은 전두환 정부의 철저한 통제 아래 다른 지역으로 소식이 전해지지 않았다. 군인들이 일반인들의 광주 출입을 통제하고 있었고, 전두환 정부가 신문과 방송을 통제하고 있었기 때문에 다른 지역에서는 소식을 알기 어려웠다.

② 광주 시민들은 광주에서 민주주의가 훼손되고 국민이 탄압당한 일을 강하게 알리고 싶어 했지만 전두환 정부의 통제 때문에 불가능했다.

③ 광주 민주화 운동은 전두환 정부의 통제 아래 다른 지역으로 알려지지 않았으며, 이러한 일을 전혀 알려지지 않는 다른 지역에는 민주주의에 대한 열정이 전파되지 못했다.

④ 당시에도 신문과 방송으로 소통하고 지냈지만, 광주 민주화 운동은 전두환 정부의 통제로 다른 지역으로 알려지지 않았다.

8 전두환 정부는 신문과 방송 등 언론을 통제하여 시민들의 민주화 요구를 탄압했다. 1987년 6월 시민과 학생들은 전두환 정부의 독재에 반대하고 전국 곳곳에서 시위를 벌였다. 6월 민주 항쟁 결과 당시 여당 대표가 대통령 직선제를 포함해 6·29 민주화 선언을 발표했다.

④ 시민들은 대통령 직선제를 요구하며 전국적으로 시위를 일으켰다.

9 6월 민주 항쟁으로 인해 전두환 정부는 민주주의에 대한 국민의 거센 요구를 더 이상 무시할 수 없었다. 결국 정부는 대통령 직선제를 포함한 민주화 요구를 받아들이겠다는 6·29 민주화 선언을 수용했다. "내 손으로 대통령을 뽑을 수 있다."와 관련된 것은 대통령을 국민들이 직접 선출하는 대통령 직선제 제도와 관련이 있는 대화이다.

① 지방 자치제는 지방의 일을 지역 주민들이 스스로 결정할 수 있도록 지방 의회를 구성하는 것이다.

② 지역 감정 제거는 지역 간의 고정 관념과 다툼을 끝내고 서로 화합하여 지내는 것이다.

③ 언론의 자유는 전두환 정부가 그들의 잘못된 행동을 숨기기 위해 언론과 방송의 자유를 통제했던 것을 그만두는 것이다.

④ 정당 활동의 자유는 누구나 원하는 정당에 가입하여 자신의 의견을 주장할 수 있다는 것이다.

10 지방 자치제는 지역의 주민이 직접 선출한 지방 의회 의원과 지방 자치 단체장이 그 지역의 일을 처리하는 제도이다.

11 민주주의란 모든 국민이 국가의 주인으로서 권리를 가지고 있으며, 그 권리를 자유롭고 평등하게 행사하는 정치 제도이다. 민주주의는 모든 사람이 그 자체만으로도 존중받을 가치와 권리가 있다는 인간의 존엄성을 바탕으로 한다. 이를 실현하기 위해 개인의 자유와 평등을 보장하고 있다.

12 민주주의는 모든 사람이 그 자체만으로도 존중받을 가치와 권리가 있다는 인간의 존엄성, 그리고 이를 실현하기 위한 개인의 자유와 평등을 그 기본 정신으로 지니고 있다.

[채점 기준] '인간의 존엄성', '자유', '평등' 중 하나의 내용을 포함하여 바르게 썼다.

13 바람직한 민주주의를 실천하는 태도에는 대화와 토론, 양보와 타협, 관용, 비판적 태도 등이 있다. 타협은 서로 의견이 다른 상대방과 협의하는 것이고, 관용은 나와 다른 의견을 인정하고 포용하는 태도이다. 비판적 태도는 사실이나 의견의 옳고 그름을 따지는 태도를 가리킨다.

14 제시된 대화에서 선우는 다빈이의 의견에 대한 비판적 태도를 취하고 있으며 이는 대화와 토론, 관용, 양보와 타협하는 자세와 함께 민주주의의 바람직한 실천 태도 중 하나이다.

오답 확인

① 타협은 서로 의견이 다른 상대방과 협의하는 것을 의미한다.

② 양보는 나의 주장을 굽혀 다른 사람의 의견을 따르는 것을 의미한다.

③ 관용은 나와 다른 의견을 인정하고 포용하는 태도를 의미한다.

⑤ 수용은 다른 의견이나 다른 사람을 받아들이는 것을 의미한다.

15 여러 갈등 상황에서 모든 사람들이 각자 자신의 입장만 주장하다 보면 갈등과 대립은 심해지고 또 다른 문제들이 발생할 수 있다. 따라서 대화와 토론을 바탕으로 관용과 비판적 태도, 양보와 타협하는 자세가 필요하다.

[채점 기준] '대화와 토론', '관용', '비판적 태도', '양보와 타협' 중 하나의 내용을 포함하여 바르게 썼다.

16 다수결의 원칙이란, 다수가 선택한 의견이 더 나을 것이라고 가정하고 다수의 의견을 채택하는 방법이다. 하지만 다수의 의견이 언제나 옳은 것은 아니다. 따라서 우리는 다수결로 결정하기 전에 다양한 의견을 충분히 검토해야 하고, 비록 소수의 의견이라도 존중하며 경청해야 한다.

17 국민 주권이란, 민주주의 사회에서 국민이 나라의 주인이 되어 나라의 중요한 일을 스스로 결정하는 권리로, 국민이라면 누구나 가지는 권리이다. 우리나라 헌법 제1조 제2항에는 대한민국의 주권이 국민에게 있음을 밝히고 있다.

18 법은 민주주의 국가에서 발생하는 문제를 해결하는 기준이며, 국회에서 만들거나 없애고, 고칠 수 있다.

오답 확인

② 양심은 법원에서 법관이 헌법과 법률에 의해 독립적인 재판을 할 때의 판단 근거가 된다.

③, ④ 민주주의 국가에서 사람들은 재산이나 신분에 따른 부당한 차별을 받지 않을 권리가 있다.

⑤ 종교는 국가에서 발생하는 문제를 해결하는 기준이 될 수 없으며, 개인의 자유에 따라 믿을 수 있는 것이기 때문에 국회에서 만들거나 없애고, 고칠 수 없다.

19 국회는 국회 의원이 나라의 중요한 일을 의논하고 결정하는 곳이다. 국회에서 하는 가장 중요한 일은 국민을 위한 법을 만드는 것이다. 이 외에 정부의 예산안을 살펴보고, 정부가 나랏일을 잘하고 있는지 확인하려고 국정 감사를 한다.

⑤ 국회는 법원에서 재판의 근거가 되는 법을 만들거나 고치고 없애는 과정을 통해 법원의 권력을 견제하고 있다.

20 정부는 국회에서 만든 법에 따라 나라의 살림을 하는 곳이다. 정부는 대통령을 중심으로 국무총리와 여러 개의 부, 처, 청, 위원회 등으로 구성된다. 국무 회의는 대통령과 국무 총리, 각부 장관이 모여 정부의 주요 정책을 심의하는 최고 심의 기관이다.

21 정부는 대통령과 국무총리, 행정 각부로 이루어져 있다. 대통령은 외국에 대해 우리나라를 대표하는 정부의 최고 책임자이다.

오답 확인

② 나라 살림에 필요한 예산안을 심의하고 확정하는 것은 국회의 일이다.

③ 대통령과 국회 의원이 모여 중요한 일을 논의하는 곳은 국회이다.

④ 나라의 중요한 의사 결정은 정부가 단독으로 내릴 수 없다.

⑤ 우리나라 대통령은 5년마다 한 번씩 선출된다.

22 정부는 국민들이 편리하고 행복한 생활을 할 수 있도록 해 준다. 정부에는 여러 일을 나누어 맡아 하는 행정 각부가 있다. 행정 각부에는 최고 책임자인 장관, 그 다음으로 차관, 각부의 일을 맡아 하는 공무원들이 있다. 외교부에서는 다른 나라와 협력할 수 있는 정책을 만들고, 다른 나라에 있는 우리 국민을 보호한다. 대한민국과 국민을 지키는 국방부, 균형 있는 국토 발전을 위한 일을 담당하는 국토 교통부 등이 있다.

④ 문화 체육 관광부에서 우리나라의 문화유산을 보호하고 관리하는 일을 한다.

23 법원은 법에 따라 재판을 하는 기관이다. 개인 간의 사사로운 다툼, 범죄자의 처벌, 국가 기관이 국민의 권리를 침해했는지 등 다양한 재판을 한다.

오답 확인

②, ③, ④ 모두 국회에서 하는 일이다.

⑤ 개인 간의 사사로운 다툼을 재판으로 해결하는 것은 법원의 일이다.

24 우리나라는 공정한 재판을 위해 여러 가지 제도를 두고 있다. 한 사건에 대해 급이 다른 법원에서 세 번까지 재판을 받을 수 있는 삼심 제도 역시, 국민이 공정한 재판을 받을 수 있도록 하기 위한 제도이다.

[채점 기준] '공정한 재판'의 내용을 포함하여 바르게 썼다.

25 한 사람이나 기관이 국가의 모든 일을 결정하는 권한을 가지면 그 권한을 마음대로 사용하여 국민의 자유와 권리를 보장할 수 없게 된다. 이러한 문제를 막기 위해 민주 국가에서는 국가 권력을 서로 다른 기관이 나누어 맡게 하는 권력 분립 원리를 따르고 있다. 우리나라에서는 국회, 정부, 법원이 국가 권력을 나누어 맡고 있는데, 이를 삼권 분립이라고 한다. 이는 국가 기관이 서로 견제하고 균형을 이루게 하여 국민의 자유와 권리를 보장하려는 것이다.

단원 팡팡 문제 2회   10~13쪽

1 ④ **2** ⑤ **3** 5·16 군사 정변 **4** ⑤ **5** 예 유신 헌법은 대통령을 할 수 있는 횟수 제한을 없애고, 언론과 출판의 자유를 제한하는 등 박정희 정부의 독재 정치를 강화했다. **6** 신군부 **7** ③ **8** ④ **9** 6월 민주 항쟁 **10** ④ **11** 대통령 직선제 **12** ② **13** 예 왕, 귀족 등 소수가 나라를 다스릴 경우 특정 사람에게만 유리한 결정을 할 수 있기 때문이다. **14** ① **15** (1) ⓒ (2) ㉠ (3) ⓒ **16** ② **17** 국민 **18** ② **19** ③ **20** 예 국회 의원은 국민을 대표해 나랏일에 참여하는 것이기 때문에 국민들을 잘 대표할 수 있는 후보를 골라야 한다. **21** ⑤ **22** 국무총리 **23** ⑤ **24** ㉠ 국회, ⓒ 법원 **25** 예 우리나라에서는 국가 기관이 서로 견제하고 균형을 이루게 하여 국민의 자유와 권리를 지키려는 것이다.

---

1 부정 선거에 항의하는 시위를 경찰이 진압하면서 많은 사람이 죽거나 다쳤다. 이후 시위에 참여한 김주열 학생의 시신이 4월 11일 마산 앞바다에서 발견되자, 분노한 시민들의 시위가 점차 확산되었다.

오답 확인
①, ②, ③, ⑤ 4·19 혁명은 전국 각지의 시민들과 학생들이 일으킨 시위이지만, 김주열 학생 죽음과 관련된 시위는 마산에서 시작되었다.

2 4·19 혁명을 통해 민주주의가 훼손되었을 때는 국민 스스로 독재 정권을 무너뜨리고, 민주화 운동을 통해 스스로 바로잡아야 한다는 교훈을 얻게 되었다.

오답 확인
① 국민들이 스스로의 힘으로 달성했던 민주주의는 군사 정변 등으로 인해 다시 훼손되는 경우가 존재했다.
② 오늘날 민주 사회에서는 폭력적이지 않은 방법으로 자신의 의견을 자유롭게 주장할 수 있다.
③ 국민이 원하는 경우 대통령이라 할지라도 시민들이 물러나게 할 수 있었다.
④ 시민들의 전국적인 민주화 운동은 민주주의를 지켜 냈다.

3 1961년 박정희 등 군인들은 사회 혼란을 명분으로 5·16 군사 정변을 일으켰고, 이 정변을 통해 권력을 잡은 박정희는 독재 체제를 만들어 나갔다.

4 박정희 정부는 헌법을 고쳐 대통령을 할 수 있는 횟수 제한을 없앴다. 대통령을 국민이 직접 뽑는 직선제에서 간선제로 선거 방식을 바꾸었으며, 국회를 해산하고, 언론과 출판의 자유를 제한하여 독재 정치를 강화했다.

오답 확인
① 박정희 정부는 법원에서 유신 헌법을 개정해 민주주의를 훼손했다.
② 이승만 정부에서 부정 선거를 계획해 실행했다.
③ 박정희 정부는 유신 헌법을 통해 대통령 직선제를 간선제로 바꾸었다.
④ 박정희 정부는 국민의 언론과 출판의 자유를 부당하게 제한했다.

5 유신 헌법은 대통령의 횟수 제한을 없애고, 대통령 선거 방식을 간선제로 바꾸었으며, 국회 해산 및 언론과 출판의 자유 제한 등의 방법으로 박정희 정부의 독재 정치를 강화했다는 성격을 지닌다.

[채점 기준] '대통령을 할 수 있는 횟수 제한을 없앴다.', '간선제로 바꾸었다.', '국회를 해산했다.', '언론과 출판의 자유를 제한했다.'의 내용 중 하나와 '독재 정치를 강화했다.'의 내용을 포함하여 바르게 썼다.

6 박정희 대통령이 암살당하면서 사람들은 민주주의가 회복될 것이라고 기대했지만, 전두환을 중심으로 한 신군부 세력이 다시금 사회 혼란을 틈타 군사 정변을 일으켜 독재 정치는 계속되었다.

7 신군부 세력은 계엄령을 전국으로 확대하고 민주화 운동을 하는 정치인이나 학생들을 무력으로 탄압했다.

① 유신 헌법은 박정희 정부가 독재 정치를 강화하기 위해 개정한 것이다.

② 당시에는 박정희 정부의 대통령 간선제가 그대로 유지되었다.

④ 신군부 세력은 민주화 운동을 하는 정치인과 학생들을 무력으로 탄압했다.

⑤ 유신 헌법에서 대통령을 할 수 있는 횟수의 제한을 없앴다.

한눈에 쏙쏙   유신 체제와 신군부 세력의 독재 정치

유신 체제	• 박정희 정부는 유신 헌법을 통해 독재 정치를 강화했음. • 유신 헌법은 대통령의 횟수 제한 삭제, 대통령 선거 방식을 직선제에서 간선제로 변화, 국회 해산, 언론과 출판의 자유 제한 등의 내용을 포함하고 있음.
신군부 세력	• 전두환 정부는 신군부 세력을 이용해 독재 정치를 강화했음. • 신군부 세력은 계엄령 전국 확대, 시위 폭력 진압, 대통령 간선제 유지, 헌법을 바꾸지 않겠다는 호헌 조치 등을 통해 독재 체제를 유지했음.

8 시민군을 비롯한 시민들과 학생들은 계엄군이 광주에서 저지른 만행을 외부에 알리려고 노력했다. 정부와 계엄군에게 시위 중 잡혀간 사람들을 풀어 줄 것과 계엄군이 물러날 것을 요구했다. 그리고 시민들 스스로 광주 시내에 질서를 지키려고 애썼다.

④ 당시 광주는 군인들로 인해 봉쇄되었고, 부상당한 시민들을 다른 지역으로 이동시킬 수 없었다. 따라서, 시민들은 끝까지 광주 내의 병원을 운영하면서 부상당한 시민들을 치료했다.

9 전두환은 5·18 민주화 운동을 강제로 진압한 후 간선제로 대통령이 되었다. 1987년 6월, 전두환 정부의 독재 체제를 비판하며 학생들과 시민들은 거리로 나와 시위를 일으켰다. 그들은 대통령 직선제 실시 등을 요구하며 민주주의 회복을 주장했다.

10 6월 민주 항쟁이 계속되자, 더 이상 국민의 요구를 무시할 수 없었던 전두환 정부는 6·29 민주화 선언을 발표하고 대통령 직선제를 비롯한 민주주의의 회복을 약속했다.

① 3선 개헌은 박정희 정부가 더 오래 집권하기 위해 대통령이 3번 선출될 수 있도록 헌법을 개정한 것이다.

② 유신 헌법의 발표는 박정희 정부가 독재 체제를 강화하기 위한 것이다.

③ 전두환을 중심으로 한 신군부 세력은 박정희가 암살당한 후, 사회의 혼란을 틈타 다시금 군사 정변을 일으켜 독재 정치를 계속했다.

⑤ 계엄군에 맞서 시민군을 결성한 것은 5·18 민주화 운동에 해당하는 내용이다.

한눈에 쏙쏙   6월 민주 항쟁의 의의

국민들은 불법적으로 잡은 권력을 유지하고자 민주주의를 탄압했던 정권에 맞서 승리했다.

• 시민들의 민주화 의지를 보여 주었음.
• 6·29 민주화 선언을 이끌어 내 대통령 직선제를 이루었음.
• 우리 사회 여러 분야에서 민주적인 제도를 만들고 그것을 실천해 나갈 수 있게 한 중요한 사건이었음.

11 대통령 직선제는 국민들이 대통령을 직접 투표로 결정할 수 있도록 하는 제도이다. 6·29 민주화 선언 이후 1987년 제13대 대통령 선거부터 직선제로 시행되어 오늘날까지 이어지고 있다.

12 정치는 사람들이 함께 살아가다 보면 발생할 수 있는 사회 공동의 문제를 원만하게 해결하는 과정이다. 가족회의, 학급 회의, 주민 회의 등을 통해 여러 사람의 의견을 모으고, 선거로 전교 어린이회 임원을 뽑는 일 등은 생활 속 정치 활동의 모습이다.

13 옛날에는 왕이나 귀족 등 일부 사람들만 국가의 정치에 참여하고 있었다. 시대가 변하면서 사람들은 모든 사람이 평등한 존재라는 것을 깨닫고, 누구나 자유롭게 정치에 참여할 수 있는 제도를 만들고자 했다. 그 결과 오늘날에는 신분이나 재산, 성별 등과 관계 없이 모든 사람이 정치에 참여할 수 있다.

【채점 기준】 '특정 사람에게만 유리한 결정'의 내용을 포함하여 바르게 썼다.

14 관용은 바람직한 민주주의의 실천 태도 중 하나이다. 관용은 나와 다른 의견을 인정하고 포용하는 태도이다.

② 양보란 나의 주장을 굽혀 다른 사람의 의견을 따르는 것이다.

③ 대화란 나와 다른 사람이 서로 이야기를 주고받는 것으로 민주주의를 실천하는 바람직한 태도 중 하나이다.

④ 타협이란 서로 의견이 다른 상대방과 협의하는 것이다.

⑤ 토론이란 어떤 문제에 대해 여러 사람이 각자 의견을 말하며 논의하는 것이다.

15 인간의 존엄성은 태어날 때부터 인간은 누구나 존중받을 권리가 있다는 민주 정치의 원리이다. 이 외에 민주주의는 누구나 원하는 것을 선택할 수 있는 자유, 누구나 똑같은 권리를 갖는다는 평등이 있다.

16 국민 주권이란, 나라의 국민이라면 누구나 갖는 권리로, 국민이 나라의 중요한 일을 스스로 결정할 수 있는 권리를 뜻한다. 신체의 자유, 종교의 자유, 행복 추구권, 취업의 권리는 모두 우리나라 국민이라면 누릴 수 있는 권리들이 맞지만, 나라의 중요한 일을 스스로 결정하는 것과 관련된 권리는 국민 주권이다.

[오답 확인]

① 권력 분립은 국가 기관이 서로 권력을 나누어 맡고 서로 견제하는 민주 정치의 원리이다.

③ 자신의 신체와 관련되어 누구의 간섭도 받지 않을 권리이다.

④ 자신의 행복을 추구하기 위해 행동할 권리이다.

⑤ 원하는 직업을 가지고 원하는 곳에 자유롭게 취업할 권리이다.

17 대한민국 헌법에서는 나라의 주권이 국민에게 있으며, 모든 권력은 국민으로부터 나온다는 조항을 통해 국민 주권을 수호하고 있다.

18 국회는 국민의 대표인 국회 의원들이 나라의 중요한 일을 의논하고 결정하는 곳이다. 국회에서는 법을 만들고, 나라 예산을 심의하며 정부가 법에 따라 나랏일을 잘 처리하는지 확인하는 국정 감사를 실시한다.

② 법에 따라 나라의 살림을 맡아하는 곳은 정부이다.

19 정부는 나라 살림에 필요한 예산을 어떻게 사용할지 계획하는 일을 하는 기관이다. 정부에서 계획한 예산안은 국회로 넘어가, 국민들의 대표인 국회 의원이 모여 있는 국회의 심의를 받아 확정된다.

20 국회 의원은 국민을 대표하여 직접 의사 결정에 참여하는 사람들이다. 따라서 국민들은 자신을 대표하는 국회 의원을 선출할 때 어느 후보자가 국민과 나라를 위해 책임 있게 일할 수 있는지 잘 살펴보아야 한다.

[채점 기준] '국회 의원은 국민을 대표'와 '자신을 잘 대표할 수 있는 후보를 골라야 한다.'의 내용을 포함하여 바르게 썼다.

21 정부 조직도의 가장 위에 있는 자리이므로, 정부의 최고 책임자인 대통령을 가리킨다. 대통령은 정부 기관의 최고 책임자로, 나라의 중요한 일을 결정하며 외국에 대해 우리나라를 대표한다.

⑤ 공무원을 임명하는 일은 대통령의 권한이다.

22 국무총리는 대통령을 도와 여러 가지 일을 하는 사람이다. 만약 대통령이 외국을 방문하거나 특정한 이유로 일하지 못할 때 국무총리가 대통령의 임무를 대신 맡아 한다.

한눈에 쏙쏙 정부 구성

대통령을 중심으로 국무총리와 여러 개의 부, 처, 청, 위원회가 있다.	
대통령	외국에 대해 우리나라를 대표하며 정부의 최고 책임자로 나라의 중요한 일을 결정함.
국무총리	대통령을 도와 각 부를 관리하고, 대통령이 외국 방문 또는 특별한 이유로 일하지 못하면 대통령의 임무를 대신함.
각부	장관과 차관, 많은 공무원이 국민의 안전과 행복을 위해 여러 가지 일을 하고 있음.

23 법원은 공정한 재판을 위해 한 사건에 대해 원칙적으로 세 번까지 재판을 받을 수 있도록 하고 있다. 이러한 제도를 삼심 제도라고 한다.

[오답 확인]

① 우리나라의 재판은 특별한 경우를 제외하고 모든 재판의 과정과 결과를 공개해 억울한 사람이 생기지 않도록 하고 있다.

② 헌법 재판소에서는 헌법과 관련된 재판 등 특별한 재판을 관할한다.

③ 증거가 있어야 재판을 진행할 수 있다.

④ 국가 권력은 법원, 국회, 정부가 나누어 가지며 각자의 역할을 잘 할 수 있도록 서로 감시한다.

24 제시된 자료는 삼권 분립을 보여 주고 있다. 국회, 정부, 법원은 삼권 분립에 따라 국가 권력을 나누어 맡으며 각자의 일을 잘 하는지 감시한다. 국회는 국가를 다스리는 법을 만드는 기관이고, 정부는 법에 따라 국가 살림을 하는 기관이다. 법원은 법에 따라 재판을 하는 기관이다.

25 우리나라는 국회, 정부, 법원이 국가 권력을 나누어 맡고 있는 삼권 분립이 시행되고 있다. 이는 한 국가의 중요한 일을 마음대로 처리할 수 없도록 국가 기관이 서로 견제하고 균형을 이루게 하여 국민의 자유와 권리를 보장하려는 것이다.

[채점 기준] '견제와 균형', '국민의 자유와 권리'의 내용을 포함하여 바르게 썼다.

1 **예** 전두환 정부는 권력을 유지하기 위해 대통령 임기를 7년으로 바꾸었고, 신문과 방송 등의 언론을 통제하며 민주화 요구를 탄압했다. 2 **예** 국민들이 대통령을 직접 뽑을 수 있는 대통령 직선제와 지역 주민과 그들이 선출한 대표가 지역 살림살이를 처리하는 지방 자치제가 실시되었다. 3 **예** 지방 자치제가 뿌리내리면서 지역 주민들은 지역 문제에 스스로 참여해 의견을 제시하고, 지역 대표들은 주민의 의견을 모아 여러 가지 문제를 민주적으로 해결해 나갈 수 있게 되었다. 4 정치 / **예** 학급 회의를 통해 체험 학습 장소를 정할 수 있다. 5 **예** 다수결의 원칙으로 의사 결정을 할 때는 소수의 의견을 존중하고 소수의 의견이 무시되지 않도록 주의해야 한다. 6 **예** 민주적인 의사 결정을 할 때는 나와 다른 의견을 인정하고 포용하는 관용적인 태도가 필요하다. 7 **예** 국회에서는 법을 만드는 일을 하고, 법을 고치거나 없애는 일도 한다. 8 **예** 한 사람이나 한 기관이 국가의 모든 일을 결정하는 권한을 가지면 그 권한을 마음대로 사용하여 국민의 자유와 권리가 보장되지 못할 수 있기 때문이다.

---

1 전두환은 5·18 민주화 운동을 강제로 진압한 이후 간선제로 대통령이 되었다. 그는 권력을 유지하기 위해 대통령 임기를 7년으로 바꾸었으며, 신문과 방송 등의 언론을 통제하며 국민의 알 권리를 막고 시민들의 민주화 요구를 탄압했다.

[채점 기준] '신문과 방송 등 언론을 통제했다.', '대통령 임기를 7년으로 바꾸었다.', '대통령을 간선제로 유지했다.' 중 한 가지를 포함하여 바르게 썼다.

2 6월 민주 항쟁은 비민주적인 방법으로 권력을 장악하고 민주주의를 탄압했던 독재 정부에 시민들이 맞서 싸워 승리한 사건이었다. 이러한 경험은 오랫동안 억눌려 왔던 우리 사회 여러 분야에서 민주주의가 더욱 발전할 수 있는 발판을 마련했다. 그 결과 대통령 직선제와 지방 자치제가 실시되었다.

[채점 기준] '대통령 직선제', '지방 자치제'의 내용을 포함하여 바르게 썼다.

3 5·16 군사 정변 때 폐지되었던 지방 자치제가 6월 민주 항쟁 이후 다시 시행되었다. 지방 자치제가 뿌리내리면서 지역 주민들은 민주적인 절차에 따라 지역의 문제를 스스로 해결하고 발전시켜 나갈 수 있게 되었다.

[채점 기준] '지역 주민들이 지역 문제를 민주적으로 해결해 나간다.'는 내용을 포함하여 바르게 썼다.

4 정치란, 사람들이 함께 살아가다 보면 발생할 수 있는 공동의 문제를 원만하게 해결해 가는 과정이다. 학교에서 경험할 수 있는 정치의 예로 학급 회의를 통한 의사 결정 과정, 전교 어린이회 임원 선거 등이 있다.

[채점 기준] '학급 회의'를 통해 '학급에서 결정해야 할 일을 함께 민주적으로 결정하는 사례'를 포함하여 바르게 썼다.

5 다수결의 원칙은 많은 사람이 선택한 의견이 더 나을 것으로 가정하고 다수의 의견을 채택하는 방법이다. 사람들끼리 양보와 타협이 어려울 때 다수결의 원칙에 따르면 쉽고 빠르게 문제를 해결할 수 있다. 하지만 항상 다수의 의견이 항상 옳은 것이 아니기 때문에 소수의 의견도 존중해야 한다.

[채점 기준] '소수의 의견을 존중'한다는 내용을 포함하여 바르게 썼다.

6 공동의 문제를 해결하는 과정에서 각자 자신의 입장만 주장하다 보면 갈등과 대립은 심해지고 또 다른 문제들이 발생할 수 있다. 따라서 나와 다른 의견을 인정하고 포용하는 관용을 비롯하여 비판적 태도, 양보와 타협하는 태도가 필요하다.

[채점 기준] '대화와 토론', '양보와 타협', '관용', '비판적 태도' 중 한 가지를 포함하여 바르게 썼다.

7 국회는 국민의 대표인 국회 의원이 모여 법을 만드는 입법을 하며, 국정을 감시하고 견제하는 곳이다. 또한 국회는 새로운 법을 만들고 법을 고치거나 없애는 일을 한다. 정부가 계획한 예산안을 심의하고 확정하는 것도 국회가 하는 일이다. 제시된 자료에서는 법률안을 새로이 제안하고 있으므로 법을 만드는 입법에 관한 일을 하는 것을 보여 주고 있다.

[채점 기준] '법을 만드는 입법 활동'의 내용을 포함하여 바르게 썼다.

8 한 사람이나 한 기관이 국가의 모든 일을 결정하는 권한을 가지면 그 권한을 마음대로 사용하여 국민의 자유와 권리가 보장되지 못할 수 있다. 이러한 문제를 막기 위해 민주 국가에서는 국가 권력을 서로 다른 기관이 나누어 맡게 하는 권력 분립의 원리를 따르고 있다. 우리나라에서는 국가 권력을 국회, 정부, 법원이 나누어 맡는다.

[채점 기준] '한 사람이나 기관이 권력을 독점하면 국민의 자유와 권리의 보장이 어렵다.'는 내용을 포함하여 바르게 썼다.

2. 우리나라의 경제 발전

핵심만 쏙쏙 16~17쪽

❶ 소득 ❷ 이윤 ❸ 직업 ❹ 공정 거래 ❺ 소비재 ❻ 경공업 ❼ 자동차 ❽ 반도체 ❾ 한류 ❿ 경제 교류 ⓫ 수입 ⓬ 노동력 ⓭ 의존

가로 톡 세로 톡 퍼즐 18쪽

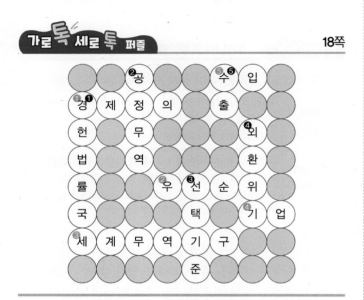

탐구 팡팡 수행 평가 19쪽

1 ㉠ 소비재 산업, ㉡ 경공업, ㉢ 중화학 공업, ㉣ 첨단 산업 2 ㉠ 도시, ㉡ 고속 국도, ㉢ 공업 중심 경제, ㉣ 서비스 산업 3 예 우리나라가 세계 주요 경제 국가로 발돋움했다. 국제 사회에서 우리나라의 위상이 높아지고 있다. 국민 개개인의 생활이 더욱 풍요롭고 편리해졌다.

1 ㉠은 6·25 전쟁 직후 발행된 원조 물자 포스터이다. 해당 시기에는 식료품 공업, 섬유 공업 등 주로 생활에 필요한 물품을 만드는 소비재 산업이 발달했다.
㉡은 1960년대 발행된 제1차 경제 개발 5개년 계획 기념우표이다. 해당 시기에는 섬유, 신발, 가발처럼 비교적 가볍고 만들기 쉬운 경공업이 발달했다.
㉢은 포항 제철소 준공 기념우표이다. 해당 시기에는 철강, 석유 화학, 자동차, 조선 등의 중화학 공업이 발달했다.
㉣은 2002년에 개최된 한일 월드컵 기념우표이다. 해당 시기에는 항공·우주 개발, 생명 공학 등 고도의 기술이 필요한 첨단 산업이 발달했다.

2 6·25 전쟁 이후 젊은 사람들은 일자리를 찾아 도시로 이동하기 시작했고, 도시로 몰려든 인구로 인해 노동력이 풍부해졌다. 1960년대 정부는 기업을 지원하기 위해 정유 시설, 발전소, 고속 국도, 항만 등을 건설했다. 1970년대 정부는 농업의 비중을 줄이고 공업의 비중을 늘렸다. 2000년대 이후에는 편리함이나 즐거움을 제공하는 서비스 산업이 성장하고 있다.

3 우리나라의 경제 성장 과정은 정부, 기업, 국민이 모두 함께 노력하여 이루었다. 그 결과 우리나라는 세계 주요 경제 국가로 발돋움했으며 국제 사회에서 위상이 높아지고 있다. 또한 국민의 생활 수준이 향상되어 국민의 삶이 더욱 풍요롭고 편리해지고 있다.

[채점 기준] '경제 발전', '국제적 위상', '세계 주요 경제 국가로의 발돋움', '국민의 생활 수준 높아짐', '국민의 삶의 질 향상' 등의 내용을 포함해 내용을 바르게 썼다.

 경제 성장으로 변화한 우리나라의 모습

국제 행사 개최	세계인이 모이는 다양한 국제 행사가 우리나라에서 열렸음. 예 서울 올림픽 경기, 월드컵 경기 등
해외 여행객 증가	경제가 성장하고 개인의 소득 수준이 증가하면서 해외 여행객도 늘어났음.
한류 확산	우리나라의 문화 관련 상품들이 해외에서 인기를 얻으며 한류가 나타났음.

단원 팡팡 문제 1회 20~23쪽

1 ④ 2 ㉠ 이윤, ㉡ 일자리 3 예 가계는 필요한 물건을 더 싸게 사기 위해 노력한다. 4 시장 5 우선순위 6 ② 7 가장 적은 비용으로 큰 만족감을 얻도록 소비해야 한다. 8 ① 9 자유 10 ① 11 소비재 산업 12 ② 13 예 1970년대 독일로 파견된 광부와 간호사들이 송금한 외화는 우리나라 경제 성장의 밑거름이 되었다. 14 예 정부는 교육 시설과 연구소 등을 설립했고, 철강 산업 단지, 조선소 등을 건설했다. 15 (1) ㉢ (2) ㉠ (3) ㉡ 16 ㉢ 우리나라는 '한강의 기적'이라고 불릴 만큼 빠른 경제 성장을 이루었다. 17 ③ 18 경공업 19 ㉠ 첨단 산업, ㉡ 서비스 산업 20 예 양극화 문제를 극복하기 위해 공정한 분배에 대한 논의가 이루어지고 있으며, 사회적 약자를 위한 복지 제도가 확대되고 있다. 21 ④ 22 예 우리나라에 부족하거나 없는 자원, 물건 등을 다른 나라로부터 수입하고, 우리나라의 우수한 물건과 기술을 다른 나라에 수출하여 경제적 이익을 얻기 위해서이다. 23 ① 24 자유 무역 협정(FTA) 25 ㉢ 반도체와 자동차가 우리나라의 주요 수출품과 수입품 중 겹치는 품목에 해당한다.

1 생산 활동은 물건이나 서비스를 만들어 제공하는 행위를 포함한다. 생산 활동의 예로는, 어부가 어업 행위를 하는 것, 농부가 농산물을 수확하는 것, 요리사가 음식점에서 요리를 만드는 것, 기업의 신입 사원 채용 과정에서 면접 위원으로 활동하는 것 등이 있다. ④ 스마트폰 애플리케이션으로 배달 주문을 하는 행위는 물건이나 서비스를 사는 소비 활동에 속한다.

2 생산 활동의 주체인 기업의 목적은 물건이나 서비스를 생산, 판매하여 얻게 되는 순수한 이익인 이윤을 얻는 것이다. 이러한 기업은 생산량을 늘리기 위해 직원을 지속적으로 채용하며 사회에 일자리를 제공한다.

3 가계와 기업은 시장에서 만나 물건과 서비스를 거래한다. 이때, 가계는 필요한 물건을 더 싸게 사려고 노력하고, 기업은 더 많은 이윤을 얻기 위해 소비자의 욕구를 반영한 다양한 물건을 생산한다.

4 시장은 상품을 사려는 사람과 상품을 팔려는 사람이 만나 거래하는 곳이다. 일반적으로 가계와 기업은 시장에서 만나 물건과 서비스를 거래한다. 전통 시장, 할인 마트, 편의점, 백화점 등이 모두 시장의 예에 해당한다.

5 가계는 생산 활동에 참여한 대가로 얻은 소득을 바탕으로 소비 활동에 참여한다. 이때, 소득이 한정적이므로 가계 구성원들끼리 함께 어떤 물건이 가장 필요한지 이야기를 나눈 후, 우선순위에 따라 소비한다.

6 가계는 합리적 선택을 위해 가격이 저렴하고 품질과 성능이 좋고 사후 관리 서비스 수준이 높은 제품을 구입해야 한다. 이를 위해 다양한 선택 기준을 사전에 비교하여 제품을 선택해야 한다. 최근에는 가격이 조금 비싸더라도 에너지를 절약할 수 있는 친환경 제품을 선호하는 분위기가 소비자들 사이에서 형성되고 있다.
② 노트북을 선택할 때 휴대성을 위해 무게가 가벼운 것을 선택하는 것이 합리적이다.

7 가계의 합리적 선택이란 가격, 품질, 디자인, 서비스 등 여러 가지 기준을 고려하여 가장 적은 비용으로 큰 만족감을 얻도록 소비하는 것을 의미한다. 최근에는 만족감도 높일 뿐만 아니라 자신이 추구하는 가치도 지키면서 소비하는 사람들이 늘고 있다.

8 기업은 제품을 생산하기 전에 소비자가 어떤 품질과 디자인의 제품을 좋아하는지 조사하여 소비자의 요구를 생산에 반영하고 생산 제품의 장단점을 분석하여 이를 토대로 새로운 제품을 개발한다. 또한 기업은 더 많은 이윤을 얻기 위해 가급적 생산 비용을 낮출 수 있는 생산 방법을 선정하고 판매량을 높이기 위한 효과적인 홍보 전략을 수립한다.
① 기업은 더 많은 이윤을 얻기 위해 가급적 비용을 줄이기 위한 생산 방법을 선정한다.

9 우리나라에서 개인은 벌어들인 소득을 자유롭게 소비하거나 저축할 수 있으며, 자신의 능력과 적성에 따라 자유롭게 직업을 선택할 수 있다. 기업은 무엇을 얼마나 생산하여 판매할지, 이윤을 어떻게 사용할지 자유롭게 결정할 수 있다.

한눈에 쏙쏙   우리나라 경제의 특징

개인과 기업들이 자유를 누리면서 자신의 이익을 얻으려고 경쟁한다.	
경제활동의 자유	• 개인: 직업 활동의 자유, 직업 선택의 자유, 소득을 자유롭게 사용할 자유 • 기업: 생산 활동의 자유
경제활동의 경쟁	• 개인: 원하는 직업을 얻기 위해 다른 사람과 경쟁함. • 기업: 이윤을 얻기 위해 다른 기업과 경쟁하여 가격을 낮추거나 좋은 물건과 서비스를 제공하려고 함.

10 정부와 시민 단체는 불공정한 경제 활동으로 인하여 피해가 발생하지 않도록 노력하고 있다. 정부는 공정 거래 위원회를 설치하여 불공정 거래 행위를 감시하고 허위·과대광고를 바로잡아 소비자의 피해를 막는다. 또한 정부와 시민 단체는 소수 기업이 가격을 미리 의논하여 정하는 담합 행위를 할 수 없도록 하고 독과점 시장에서도 공정하게 거래가 이루어지도록 감시한다.
① 정부는 독과점 시장에서 기업이 마음대로 가격을 조정하여 소비자에게 피해를 주는 행위를 막는다.

11 6·25 전쟁 직후 우리나라의 전 국토는 전쟁의 여파로 폐허가 되어 산업 생태계가 무너졌고 많은 국민이 굶주리게 되었다. 이에 우리나라는 미국 등 외국의 원조 물자로 식량 부족 문제를 해결하고 남은 물자를 팔아 파괴된 시설들을 복구했다. 이 과정에서 식료품 공업, 섬유 공업 등 주로 생활에 필요한 물품을 만드는 소비재 산업이 발달했다.

12 1960년대 정부는 경제 성장을 위해 경제 개발 5개년 계획을 추진했다. 이 시기에는 섬유, 신발, 가발처럼 비교적 가볍고 만들기 쉬운 경공업이 발달했다. 또한 정부는 제품 생산에 필요한 원료 공급을 위해 정유 시설과 발전소를 건립하였고, 원료와 제품의 빠른 운송을 위해 고속 국도와 항만을 건설했다.
② 1960년대 당시 우리나라는 자원과 기술이 부족했지만 도시로 몰린 인구로 인해 노동력이 풍부했다.

13 1960년대 초반부터 1970년대 중후반까지 18,000여 명의 한국인 광부와 간호사가 독일로 파견되었다. 또한 1970년대 대규모 건설 사업에 참여하기 위해 많은 노동자들이 중동 지역으로 향했다. 이들 모두는 외국에서 겪은 갖은 고생을 견디며 우리나라로 외화를 송금했다. 이는 당시 외화가 부족했던 우리나라의 경제 성장의 밑거름이 되었다.

14 1970년대 정부는 국가 경제를 획기적으로 발전시키려고 중화학 공업 육성 계획을 발표했다. 중화학 공업은 경공업보다 많은 돈과 높은 기술력이 필요했다. 이에 정부는 높은 기술력을 갖추려고 교육 시설과 연구소 등을 설립했다. 또한 기업을 지원하여 전국 곳곳에 철강·석유 화학 단지, 조선소 등을 건설했다.

> **[채점 기준]** '교육 시설과 연구소', '기업 지원' 등의 내용을 포함해 바르게 썼다.

15 6·25 전쟁 직후에는 식료품 공업, 섬유 공업 등 주로 생활에 필요한 물품을 만드는 소비재 산업이 발달했고, 1960년대에는 섬유, 신발, 가발처럼 비교적 가볍고 만들기 쉬운 경공업이 발달했다. 1970년대에서 1980년대 사이에는 정부의 투자와 지원 아래 철강, 석유 화학, 자동차, 조선 등의 중화학 공업이 발달했다. 1990년대에는 컴퓨터와 전자 제품의 핵심 부품인 반도체 산업이 크게 성장했다. 2000년대 이후에는 첨단 산업과 서비스 산업이 빠르게 성장하고 있다.

16 6·25 전쟁 이후 폐허 속에서 우리나라는 외국으로부터의 원조 물자로 식량 부족 문제를 해결하고 산업 발전의 토대를 만들었다. 경제 성장 과정에서 정부는 정유 시설, 발전소, 고속 국도, 항만 등을 만들며 기업의 성장을 지원했고, 독일 '라인강의 기적'에 빗댄 '한강의 기적'이라고 불릴 만큼 빠른 경제 성장을 이루었다. 그 결과, 현재 우리나라는 세계 주요 경제 국가로 발돋움했고, 국민의 생활도 향상되었다.

17 경제 성장은 사회 여러 분야에 걸쳐 변화를 가져왔다. 우선, 도시에는 경제 성장으로 인해 사람이 모여들면서 주택 부족 현상이 심해졌고, 이를 해결하기 위해 공동주택을 건설했다. 학교 현장에서는 과거에 비해 학급당 학생 수가 줄어들었고 정보화 사회로의 변화에 발맞추어 시청각 미디어 교육이 활발하게 이루어지고 있다. 끝으로, 대중문화가 인터넷을 통해 다양하게 생산되어 공유되고 있으며, 최근 '한류'라는 이름으로 전 세계적인 인기를 얻고 있다.

③ 경제 성장으로 도시에 사람이 모여들면서 도시에서의 주택 부족 현상이 심해졌다.

18 제시된 내용은 1960년대에 해당한다. 1960년대에 일자리를 찾아 도시로 모여든 인구로 인해 노동력이 풍부했다. 기술과 자본은 부족했지만 풍부한 노동력을 바탕으로 제품 가격을 낮출 수 있었고, 섬유, 신발, 가발처럼 비교적 가볍고 만들기 쉬운 경공업이 발달했다.

19 2000년대 이후에는 정보 통신뿐만 아니라 항공·우주 개발, 생명 공학 등 고도의 기술이 필요한 첨단 산업이 발달하고 있다. 또한 의료, 관광, 금융, 문화 콘텐츠 산업 등 사람들에게 편리함이나 즐거움을 제공하는 서비스 산업이 빠르게 성장하고 있다.

20 경제 성장으로 생활 수준은 향상되었지만 개인 간 소득 격차는 점점 심해졌다. 경제적 불평등은 교육 기회, 문화 경험의 격차로 이어졌고, 서로 다른 계층이나 집단이 더 달라지고 차이가 벌어지는 양극화 문제를 낳았다. 이러한 양극화 문제를 극복하기 위해 공정한 분배에 대한 논의가 활발해지고 있으며, 노인과 장애인 등 사회적 약자를 보호하기 위한 복지 제도가 확대해 나가고 있다.

> **[채점 기준]** '공정한 분배에 대한 논의', '사회적 약자 보호', '복지 제도 확대' 등의 내용을 포함해 바르게 썼다.

한눈에 쏙쏙 양극화의 문제점과 해결하기 위한 노력

문제점	• 잘사는 사람과 그렇지 못한 사람의 소득 격차가 더욱 커졌음. • 경제적 형편이 어려운 사람들의 인권이 지켜지지 않음.
해결 노력	• 국회에서 복지 정책을 위해 여러 법률을 제정함. • 정부는 가난한 사람들의 생계비, 양육비, 학비 등을 지원함. • 노인과 장애인 등 사회적 약자를 위한 복지 제도를 확대함.

21 세계 여러 나라가 서로 경제 교류를 하는 과정에서 나라와 나라 간에 필요한 물건과 서비스를 사고파는 것을 '무역'이라고 한다. 무역을 할 때, 다른 나라에서 물건을 사 오는 것을 '수입'이라고 하고, 다른 나라에 물건을 파는 것을 '수출'이라고 한다.

22 우리나라와 세계 여러 나라는 교육, 문화, 의료, 통신 등 다양한 분야에서 서로 의존하며 경제 교류를 하고 있다. 서로 의존하는 이유는 우리나라에 부족하거나 없는 자원, 물건, 기술, 노동력 등을 다른 나라로부터 수입하고 우리나라의 좋은 물건과 발전된 기술을 다른 나라에 수출하여 경제적 이익을 얻기 위해서이다.

> **[채점 기준]** '우리나라에 부족하거나 없는 것', '우리나라의 우수한 물건과 기술', '경제적 이익' 등의 내용을 포함해 바르게 썼다.

23 세계 시장에서 우리나라와 다른 나라는 서로 의존하며 경제 교류를 하는 동시에 경쟁을 하기도 한다. 같은 종류의 물건을 생산하는 나라들끼리는 다른 나라보다 더 많이 수출하기 위해 기술, 가격, 서비스, 품질 등에서 치열한 경쟁을 한다.

① 우리나라의 반도체가 다른 나라의 휴대폰 생산에 사용되는 경우는 서로 '협력'하는 모습에 해당하고 '경쟁'하는 모습에 해당하지 않는다.

24 대화 장면 속 빈칸 ㉡에 들어갈 알맞은 말은 '자유 무역 협정(FTA)'이다. 자유 무역 협정은 나라 간 물건이나 서비스 등의 자유로운 이동을 위해 세금, 법과 제도 등의 문제를 줄이거나 없애기로 한 약속이다. 우리나라는 2002년 현재 58개국과 자유 무역 협정을 맺고 있다.

25 세계 여러 나라는 각 나라의 특징을 살린 경제 교류를 통해 경제적 이익을 얻고 있다. 우리나라는 배, 반도체, 자동차 등을 만드는 기술이 뛰어나지만 원유, 철광석 등의 자원은 부족하다. 이에 우리나라는 배, 반도체, 자동차 등을 수출하고, 부족한 자원을 다른 나라에서 수입한다. 또한 중국과 베트남으로부터 반도체를 수입하고 독일로부터 자동차를 수입하는 사실을 통해 우리나라의 주요 수출품과 수입품 중 겹치는 품목에는 반도체와 자동차가 해당함을 파악할 수 있다.

단원 팡팡 문제 2회   **24~27쪽**

1 ④ **2** ㉠ 가계, ㉡ 소득 **3** 소비자의 요구 **4** 시장 **5** 공정 무역 **6** ② **7** 예 가계의 합리적 선택은 가격, 품질 등 여러 가지를 고려해 가장 적은 비용으로 큰 만족감을 얻도록 선택하는 것이다. **8** ① **9** 경쟁 **10** ② **11** ① **12** 경제 개발 5개년 계획 **13** 예 정부는 높은 기술력을 갖추려고 교육 시설과 연구소 등을 만들었다. **14** 예 정부의 수출 정책에 힘입어 우리나라의 산업 구조는 농업 중심 경제에서 공업 중심 경제로 변해 갔다. **15** (1) ㉠ (2) ㉢ (3) ㉡ **16** 예 도시의 주택 부족 현상을 해결하기 위해 좁은 땅에 여러 사람이 살 수 있는 공동 주택을 많이 지었다. **17** ⑤ **18** 중화학 공업 **19** ㉠ 인터넷, ㉡ 한류 **20** 예 외환 위기를 극복하기 위해 금을 모아서 나랏빚을 갚자는 '금 모으기 운동'이 일어났다. **21** 예 나라마다 자연환경, 자본, 기술 등이 달라서 더 잘 생산할 수 있는 물건이나 서비스가 다르기 때문이다. **22** ④ **23** 세계 무역 기구(WTO) **24** 중국 **25** ②

---

1 경제활동 중 소비 활동은 생활에 필요한 물건이나 서비스를 사는 행위이다. 소비 활동의 예로는, 할인 마트에서 과일을 구매하는 것, 자동차를 빌리기 위해 계약하는 것, 인터넷 방송 구독 서비스를 신청하는 것, 스마트폰을 통해 배달 주문을 하는 것 등이 포함된다.

④ 버스 운전사가 대중교통 버스를 운행하는 행위는 서비스를 제공하는 것으로 생산 활동에 속한다.

2 가계는 경제활동을 함께하는 생활 공동체를 의미한다. 가계는 기업의 생산 활동에 참여한 대가로 소득을 얻고, 얻은 소득을 바탕으로 소비 활동을 통해 필요한 물건이나 서비스를 구입한다.

3 기업은 생산한 물건과 서비스를 판매하여 이윤을 얻는데, 더 많은 이윤을 얻기 위해 소비자의 요구를 반영한 다양한 물건을 생산한다. 이 과정에서 생산 활동에 필요한 일자리를 만들고, 사람들이 생활하는 데 필요한 물건이나 서비스를 제공한다.

4 시장은 눈에 보이는 물건만 거래하는 것은 아니다. 주식 거래가 이루어지는 주식 시장, 다른 나라의 돈을 사고파는 외환 시장, 사람들의 노동력을 사고파는 인력 시장, 집이나 땅을 사고파는 부동산 시장 등이 있다. 최근에는 기술의 발달로 더욱 다양한 종류의 상품과 서비스가 거래되고 있다.

5 공정 무역은 생산자의 노동에 대한 가치를 인정하고 정당한 대가를 지불하고 소비자에게는 품질 좋은 물건을 공급하는 윤리적인 무역을 의미한다. 최근에는 자신이 추구하는 가치에 따라 물건을 구입하는 소비자들 사이에서 공정 무역을 통해 생산된 커피, 초콜릿 등이 인기를 얻고 있다.

6 가계에서 소비를 위해 합리적으로 선택할 때 가격, 품질, 디자인, 서비스 등 여러 가지를 고려해야 한다. 그 밖에도 에너지를 절약하거나 재생 소재로 되어 있어 환경친화적인 물건을 선택하는 것과 노동자의 인권 보호를 실천하기 위해 공정 무역 제품을 구입하는 것도 합리적으로 선택하는 행위에 속한다.

② 튼튼하더라도 부피가 크고 무거운 텐트는 휴대성이 떨어지므로 합리적 선택이라고 볼 수 없다.

7 가계의 합리적 선택은 가격, 품질, 서비스, 디자인 등 여러 가지를 고려하여 가장 적은 비용으로 큰 만족감을 얻도록 소비하는 것이다. 가계가 저렴한 가격, 좋은 품질, 사후 관리가 좋은 서비스, 아름다운 디자인을 갖춘 제품을 선택하는 것이 합리적인 선택이라고 할 수 있다.

8 기업은 다양한 기준을 고려하여 적은 비용으로 많은 이윤을 거두기 위해 합리적 선택을 한다. 이를 위해 소비자의 요구를 분석하여 제품을 생산하고 비용을 줄이기 위한 생산 방법을 선정한다. 또한 기업은 판매량을 늘리기 위한 홍보 전략을 연구하기 위해 고민한다.
② 기업은 주로 사람들에게 필요한 물건과 서비스를 생산하고 판매해 이윤을 얻는 곳이다.

9 개인은 원하는 일자리를 얻기 위해 다른 사람과 경쟁하며, 반대로 기업은 우수한 인재를 확보하기 위해 서로 다른 기업과 경쟁한다. 또한 기업은 더 많은 이윤을 얻기 위해 기술 개발, 상품 홍보 등의 여러 가지 방법을 이용하여 경쟁에 참여한다.

10 최근에 등장한 개념인 '사회적 기업'은 사회와 환경에 미치는 영향에 대해 책임 의식을 가지고 사회적 책임을 중요한 가치로 여기는 기업을 의미한다. 이러한 사회적 기업에는 기증받은 물품을 재사용하거나 재활용하여 판매하는 회사, 노숙인에게 일할 수 있는 기회를 주는 회사, 저소득층 노인들을 간병해 주는 단체 등이 포함된다. 사회적 기업은 소비자의 호감도가 높은 편이기 때문에 많은 이윤을 얻는 경우가 있다.
② 사회적 기업은 봉사 활동을 할 뿐만 아니라 동시에 생산 활동을 통해 이윤을 얻기도 한다.

11 6·25 전쟁 직후 우리나라는 폐허가 된 상황에서 미국 등 여러 나라에서 보낸 원조 물자로 식량 부족 문제를 해결했고, 남은 원조 물자를 팔아 파괴된 시설들을 복구했다. 이 과정에서 식료품 공업, 섬유 공업 등 주로 생활에 필요한 물품을 만드는 소비재 산업이 발달했고, 일자리를 찾아 젊은 사람들이 도시로 이동하기 시작했다. 소비재 산업의 발달과는 별개로, 당시 많은 사람이 농사를 지으며 생활했다.
① 6·25 전쟁 직후에는 전체 산업에서 여전히 농업이 큰 비중을 차지하고 있었다.

12 사진 속 모습은 가발 공장에서 노동자들이 일하는 모습이다. 가발을 포함하여 섬유, 신발 등 비교적 가볍고 만들기 쉬운 제품을 만드는 공업은 경공업이고, 이는 1960년대에 발달했다. 이 시기에 정부는 경제 성장을 위해 경제 개발 5개년 계획을 추진했고, 이 계획은 1962년부터 1996년까지 5년 단위로 추진된 국가의 경제 계획이었다. 이에 따라 정유 시설, 발전소, 고속 국도, 항만 등을 건설했고, 제품을 수출하는 기업들을 지원했다.

13 1970년대 정부는 철강, 석유 화학, 자동차, 조선 등의 중화학 공업에 집중 투자했는데, 이러한 중화학 공업은 많은 자본과 함께 높은 기술력이 필수적이었다. 따라서 정부는 높은 기술력을 갖추기 위해 교육 시설과 연구소 등을 만들었고, 기업들을 지원하며 전국 곳곳에 철강 산업 단지, 석유 화학 단지, 조선소 등도 건설했다.

[채점 기준] '기술력', '교육 시설', '연구소', '철강 산업 단지', '조선소' 등의 단어를 포함해 내용을 바르게 썼다.

14 1970년대부터 정부는 철강, 석유 화학, 자동차, 조선 등의 중화학 공업에 집중 투자했고, 그 결과 중화학 공업이 차지하는 비중이 점차 늘어났고 자연스럽게 수출 품목도 다양해졌다. 우리나라의 수출액은 1964년에 1억 달러를 돌파하였고, 1977년에 100억 달러를 달성하였다. 이러한 정부의 수출 주도 정책에 힘입어 우리나라의 산업 구조는 농업 중심 경제에서 공업 중심 경제로 변해 갔다.

[채점 기준] '공업 중심 경제로의 변화' 등을 포함해 내용을 바르게 썼다.

15 6·25 전쟁 직후에는 식료품 공업, 섬유 공업 등 주로 소비재 산업이 발달했고, 1960년대에는 섬유, 신발, 가발처럼 비교적 가볍고 만들기 쉬운 경공업이 발달했다. 1970년대에서 1980년대 사이에는 정부의 투자와 지원 아래 철강, 석유 화학, 자동차, 조선 등의 중화학 공업이 발달했고, 1990년대에는 전자 제품의 부품인 반도체 산업이 크게 성장했다. 2000년대 이후에는 첨단 산업과 서비스 산업이 빠르게 성장하고 있다.

16 경제 성장은 사회 여러 분야에 걸쳐 변화를 가져왔다. 우선, 도시에서는 갈수록 심해지는 주택 부족 현상을 해결하기 위해 아파트 등과 같은 공동 주택이 많이 지어졌고, 그 밖에 2000년대 서울 청계천 복원과 같이 녹지 공간 조성 사업이 진행되었다. 또한 학교 현장에는 과거에 비해 쾌적한 시설을 갖춘 교육 환경이 마련되었고, '한류' 열풍과 함께 대중문화의 확대는 관련 상품이 해외에 많이 수출되어 경제 발전에 큰 도움을 주고 있다.

17 우리나라는 과거 광부와 간호사의 독일 파견, 건설 노동자의 중동 지역 파견 등을 통해 외화를 벌어 경제적 토대를 마련할 수 있었다. 경제 성장 과정에서 정부가 경제 개발 계획을 추진하고 기업과 국민의 경제 활동을 지원하는 등 정부, 기업, 국민이 함께 노력해 '한강의

기적'이라고 불릴 만큼 빠르게 경제 성장을 이루었다. 오늘날 우리나라는 반도체 산업과 같이 다양한 산업 분야에서 세계적으로 인정받고 있다.

⑤ 1960년대 초반부터 1970년대 중후반까지 한국인 광부와 간호사가 독일에 파견되었다.

18 제시된 내용은 모두 1980년대부터 주요 수출품으로 자리 잡은 자동차와 컬러텔레비전에 대한 것이다. 1980년대는 1970년대 정부의 집중 투자 아래 성장한 중화학 공업이 더욱 발달하여 수출 품목이 다양해지고 수출 규모도 훨씬 커진 시기였다. 또한 해당 시기에 일부 기업은 정부의 집중 지원을 받으며 대기업으로 성장하기도 했다.

19 우리나라의 대중문화는 경제 성장과 함께 라디오, 텔레비전 등의 대중 매체가 보급되면서 크게 발달했고, 오늘날에는 인터넷을 통해 문화를 직접 생산하며 소통하고 있다. 또한 최근 '한류'라는 이름으로 전 세계적으로 인기를 얻고 있는 대중문화의 확대는 우리나라에 대한 좋은 인식을 심어주고 경제 발전에 큰 도움을 주고 있다.

20 수출 의존도가 높아 다른 나라의 경제 상황에 영향을 많이 받는 우리나라에는 경제 성장 과정에서 무분별하게 규모를 확장하는 기업이 있었다. 이러한 기업을 포함해 우리나라는 다른 나라에 빌린 돈을 갚지 못해 국제 통화 기금(IMF)에 도움을 요청하는 '외환 위기'라는 어려움을 겪었다. 외환 위기로 많은 기업이 문을 닫고 사람들이 일자리를 잃었지만, 이를 극복하기 위해 금을 모아서 나랏빚을 갚자는 '금 모으기 운동'이 일어나기도 했다.

> **[채점 기준]** '나랏빚 갚기', '금 모으기 운동' 등을 포함해 내용을 바르게 썼다.

21 세계 여러 나라가 서로 경제 교류를 하는 까닭은 각 나라마다 자연환경, 자본, 기술 등의 여러 가지 조건이 달라 더 잘 생산할 수 있는 물건이나 서비스의 종류가 다르기 때문이다. 각 나라는 더 잘 생산할 수 있는 것을 생산하고 이를 서로 교류하며 경제적 이익을 얻고자 노력하고 있다.

> **[채점 기준]** '나라마다 조건이 다름', '나라마다 자연환경, 자본, 기술 등이 다름', '나라마다 더 잘 생산할 수 있는 물건이나 서비스가 다름' 등을 포함해 내용을 바르게 썼다.

22 다른 나라와의 경제 교류는 우리 경제생활 전반에 영향을 끼쳤다. 다른 나라에서 만든 옷을 입거나 수입한 재료가 들어간 요리를 즐길 수 있게 되었고, 다른 나라에서 만든 영화 등을 볼 수 있다. 외국 기업에서 일하는 우리나라 국민의 수가 늘었다. 기업은 새로운 기술과 아이디어를 다른 나라와 주고받고, 노동력 값싸고 물건 운송이 편리한 나라에 공장을 세울 수 있게 되었다.

② 경제 교류를 통해 개인은 물건을 값싸게 살 수 있게 되었고, 선택의 기회도 늘어났다.

23 세계 여러 나라와 경제 교류를 하면서 여러 가지 문제가 발생하기도 한다. 세계 무역 기구(WTO)는 다른 나라와 경제 교류에 관한 문제가 생겼을 때 옳고 그름을 판단하고 심판하는 국제기구이며, 2021년 기준 164개의 나라가 가입한 상태이다. 세계 무역 기구는 무역이 잘 이루어지지 않는 분야의 무역 장벽을 낮추기도 하고 복잡한 무역 분쟁을 해결하기도 한다.

24 우리나라의 주요 수출국과 수입국을 나타낸 그래프를 통해 중국에 가장 많이 수출하고 동시에 중국으로부터 가장 많이 수입한다는 사실을 알 수 있다. 또한 1990년대부터 본격적으로 발달한 반도체를 가장 많이 수출함과 동시에 가장 많이 수입하고 있음을 알 수 있다.

25 우리나라의 주요 수출국과 수입국을 나타낸 그래프를 살펴보면, 최대 교역국인 중국을 포함하여 미국, 베트남, 일본 등이 우리나라의 주요 수출국이면서 동시에 주요 수입국임을 알 수 있다. 이를 통해 우리나라는 해외 특정 국가에 대한 무역 의존도가 높음을 분석할 수 있다. 주요 수출품과 수입품을 나타낸 그래프를 통해 원유, 천연가스 등의 천연자원을 주로 수입한다는 사실을 알 수 있고, 수입한 원유 중 일부를 가공하여 석유 제품으로 수출하는 가공 무역을 실시하고 있음을 알 수 있다. 또한 우리나라에서 자동차 산업이 발달했더라도 해외에서 생산된 외국산 자동차를 수입한다는 사실도 알 수 있다.

⑤ 우리나라는 자동차 산업이 발달하여 자동차와 그 부품을 수출하고 있고, 동시에 해외로부터 자동차를 수입하기도 한다.

1 ⑩ 나는 배터리 유지 시간이 길고 무상 수리 서비스가 좋은 제품을 구입할 거야. 2 ⑩ 최근에는 자신이 추구하는 가치를 지키면서 합리적으로 소비하는 사람들이 늘고 있다. 3 ⑩ 기업의 합리적 선택은 다양한 기준을 고려하면서 적은 비용으로 많은 이윤을 남기는 것이다. 4 ⑩ 우리나라 경제는 자유와 경쟁을 바탕으로 한다. 개인과 기업이 자유롭게 경쟁한다. 5 ⑩ 좁은 땅에 여러 사람이 살 수 있는 연립 주택, 다세대 주택, 아파트 등과 같은 공동 주택을 지었다. 6 ⑩ 인구가 도시로 빠져나가 노동력 부족 문제가 발생했다. 7 ⑩ 나라마다 자연환경, 자본, 기술 등이 서로 달라 더 잘 생산할 수 있는 물건이나 서비스가 다르기 때문이다. 8 ⑩ 개인은 외국 기업에서 일할 수 있는 기회가 생겨 경제활동 범위가 넓어졌다.

---

1 2번 노트북은 배터리 유지 시간이 10시간으로 가장 길고 수리 서비스 기간이 3년이며 무료이다. 따라서 대현이는 배터리 유지 시간과 수리 서비스 두 가지 측면에서 장점이 있는 2번 노트북을 선택했을 것이다.

> **[채점 기준]** '긴 배터리 유지 시간', '무상 수리 서비스' 등을 포함해 내용을 바르게 썼다.

2 물건을 선택할 때 고려해야 할 기준이 다양하므로 사람들에 따라 합리적 선택이 서로 다를 수 있다. 최근에는 자신이 추구하는 가치를 지키면서 합리적으로 소비하는 사람들이 늘고 있다.

> **[채점 기준]** '추구하는 가치 지키기', '합리적 선택하기' 등을 포함해 내용을 바르게 썼다.

3 기업의 합리적 선택은 다양한 기준을 고려하면서 적은 비용으로 많은 이윤을 남기는 것이다. 이를 위해 기업은 제품의 장단점을 분석하고 소비자의 요구를 파악하고 생산 비용을 어떻게 줄일 수 있을지 고민하며 적절한 홍보 전략에 대해 생각한다.

> **[채점 기준]** '다양한 기준 고려하기', '적은 비용으로 많은 이윤 남기기' 등을 포함해 내용을 바르게 썼다.

4 우리나라 경제는 자유와 경쟁을 바탕으로 하고 있다. 이러한 특징 덕분에 개인은 적성에 따라 직업을 자유롭게 선택하여 능력과 재능을 잘 발휘할 수 있다. 기업은 더 많은 이윤을 얻기 위해 품질 좋은 물건을 개발하며 경쟁한다.

> **[채점 기준]** '자유', '경쟁' 등을 포함해 내용을 바르게 썼다.

5 경제 성장 과정에서 공업 발달로 일자리가 많은 도시로 인구가 모여들어 도시에서는 주택 부족 현상을 겪었다. 따라서 1970년대부터 좁은 땅에 여러 사람이 함께 살 수 있는 연립 주택, 다세대 주택, 아파트 등 공동 주택이 지어졌다. 아파트는 오늘날에도 주거 형태에서 가장 큰 비중을 차지하고 있다.

> **[채점 기준]** '여러 사람이 살 수 있는 주거 시설', '공동 주택' 등을 포함해 내용을 바르게 썼다.

6 일자리를 찾아 인구가 농촌에서 도시로 빠져나가서 농촌에서는 노동력 부족 문제가 발생했다. 농촌에서는 파종을 하거나 수확하는 시기에 일손 부족 현상을 겪었고, 이를 해결하기 위해 도시와 농촌 간 교류 및 협력을 확대하거나 지역 간 균형 개발을 추구하는 등 여러 해결 방안들이 논의되고 있다.

> **[채점 기준]** '인구가 도시로 빠져나감', '노동력 부족 문제' 등을 포함해 내용을 바르게 썼다.

7 나라와 나라 사이에 경제 교류를 하는 까닭은 나라마다 자연환경, 자본, 기술 등이 서로 달라 더 잘 생산할 수 있는 물건이나 서비스가 다르기 때문이다. 예를 들어, 연중 따뜻한 열대 지방에서는 열대 과일을 생산하여 수출하고, 기술이 발전한 선진국에서는 품질이 우수한 전자 제품을 수출한다.

> **[채점 기준]** '나라마다 조건이 다름', '나라마다 자연환경, 자본, 기술 등이 다름', '나라마다 더 잘 생산할 수 있는 물건이나 서비스가 다름' 등을 포함해 내용을 바르게 썼다.

8 세계 여러 나라와의 경제 교류는 우리 생활에 많은 변화를 가져왔다. 사진 속 장면처럼 개인은 외국 기업에서 일할 수 있는 기회가 생겨 경제활동 범위가 넓어졌다. 또한 전 세계의 값싸고 다양한 물건을 선택할 수 있게 되었고, 기업은 기술, 아이디어 등을 다른 나라와 주고 받고 외국에 공장을 세워 제조 비용과 운반 비용을 절감할 수 있게 되었다.

> **[채점 기준]** '외국 기업에서 일할 수 있는 기회가 생김', '경제활동 범위가 넓어짐' 등을 포함해 내용을 바르게 썼다.

 재미 쏙쏙 사회 보드게임　30~31쪽

1 가계 2 공정 무역 3 사회적 기업 4 중화학 공업 5 첨단 산업 6 한류 7 무역 8 경쟁 9 자유 무역 협정(FTA)

MEMO

6-1

초등사회

자습서

개념톡톡

체계적인 **교과서 정리**와

활동 풀이!

1. 우리나라의 정치 발전
2. 우리나라의 경제 발전

금성출판사

KB070152

이렇게 공부해요

구성과 특징

1 교과서의 핵심 내용이 담긴 배움 영상을 QR 코드로 담았습니다.

2 교과서와 똑같은 구성으로 체계적인 자기 주도 학습이 가능하도록 구성했습니다.

3 과정 중심 평가와 수행 평가를 대비하도록 다양한 유형의 문제를 준비했습니다.

BOOK 1 개념 톡톡

체계적인 교과서 정리와 활동 풀이

교과서 내용을 충실하게 정리하여 빈틈없이 학습할 수 있습니다.

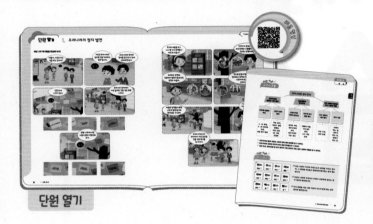

단원 열기

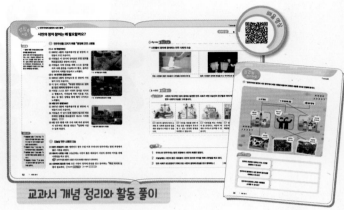

교과서 개념 정리와 활동 풀이

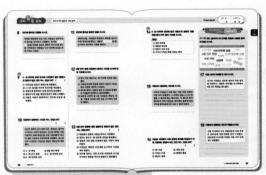

주제를 정리하는 기본 문제

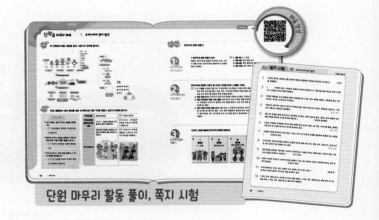

단원 마무리 활동 풀이, 쪽지 시험

톡톡 튀는 이야기

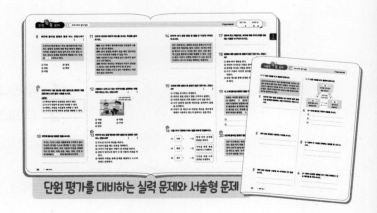

단원 평가를 대비하는 실력 문제와 서술형 문제

BOOK 2 문제 톡톡

학교 시험 완벽 대비

다양한 유형의 문제를 풀면서 시험에 자주 출제되는 내용을 알아볼 수 있습니다.

교과서 핵심 정리

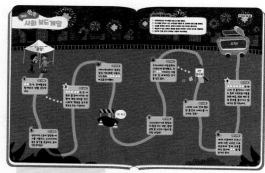

퍼즐 퀴즈와 수행 평가

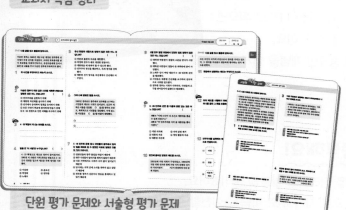

단원 평가 문제와 서술형 평가 문제

사회 보드 게임

BOOK 3 정답 톡톡

정확한 정답과 친절한 해설

정답과 해설로 실력을 점검하고 부족한 개념은 한눈에 쏙쏙 으로 보충할 수 있습니다.

주제 톡톡 정답과 해설

문제 톡톡 정답과 해설

비법 ① 사회 공부를 위한 맞춤 계획표를 작성해요!

공부를 시작하기 전에 나만의 맞춤 계획표를 작성하여 실천할 약속을 정해요.
내가 만든 맞춤 계획표를 따라 공부하다 보면 어느새 사회와 친한 사이가 되어 있을 거예요.

비법 ② 배움 영상을 활용해요!

'개념 톡톡'에 있는 QR 코드를 스마트폰이나 태블릿 PC로 찍으면
교과서의 핵심 내용이 담긴 배움 영상을 볼 수 있어요.
공부를 시작하기 전에 배움 영상을 보며 중요한 개념을 쉽게 파악해요.

비법 ③ 학교 진도에 맞춰 꾸준히 공부해요!

교과서와 똑같은 순서와 구성으로 개념을 정리하고 활동을 풀이했어요.
학교 진도에 맞춰 공부하다 보면 체계적으로 자기 주도 학습을 실천할 수 있어요.

비법 ④ '문제 톡톡'으로 시험을 대비해요!

학교 시험이 다가오면 '문제 톡톡'에 있는 단원 핵심 정리 내용과
다양한 문제를 풀어 보며 실력을 확인해요.

비법 ⑤ 맞은 문제는 빠르게, 틀린 문제는 꼼꼼히 다시 봐요!

공부를 마친 후에 맞은 문제는 빠르게, 틀린 문제는 꼼꼼히 되돌아봐요.
특히 틀린 문제는 꼭 표시해 두었다가 다시 풀어 봐야 해요.
사회와 친해지기 위해서는 복습하는 습관을 들이는 것이 매우 중요해요.

꾸준한 사회 공부를 위한 맞춤 계획표

공부 약속:

스스로 공부할 분량과 날짜를 적고,
계획표에 맞춰 공부한 후에 표시를 합니다.

○ 1일차	○ 2일차	○ 3일차	○ 4일차	○ 5일차
월 일	월 일	월 일	월 일	월 일
~ 쪽	~ 쪽	~ 쪽	~ 쪽	~ 쪽
○ 6일차	○ 7일차	○ 8일차	○ 9일차	○ 10일차
월 일	월 일	월 일	월 일	월 일
~ 쪽	~ 쪽	~ 쪽	~ 쪽	~ 쪽
○ 11일차	○ 12일차	○ 13일차	○ 14일차	○ 15일차
월 일	월 일	월 일	월 일	월 일
~ 쪽	~ 쪽	~ 쪽	~ 쪽	~ 쪽
○ 16일차	○ 17일차	○ 18일차	○ 19일차	○ 20일차
월 일	월 일	월 일	월 일	월 일
~ 쪽	~ 쪽	~ 쪽	~ 쪽	~ 쪽
○ 21일차	○ 22일차	○ 23일차	○ 24일차	○ 25일차
월 일	월 일	월 일	월 일	월 일
~ 쪽	~ 쪽	~ 쪽	~ 쪽	~ 쪽
○ 26일차	○ 27일차	○ 28일차	○ 29일차	○ 30일차
월 일	월 일	월 일	월 일	월 일
~ 쪽	~ 쪽	~ 쪽	~ 쪽	~ 쪽
○ 31일차	○ 32일차	○ 33일차	○ 34일차	○ 35일차
월 일	월 일	월 일	월 일	월 일
~ 쪽	~ 쪽	~ 쪽	~ 쪽	~ 쪽
○ 36일차	○ 37일차	○ 38일차	○ 39일차	○ 40일차
월 일	월 일	월 일	월 일	월 일
~ 쪽	~ 쪽	~ 쪽	~ 쪽	~ 쪽
○ 41일차	○ 42일차	○ 43일차	○ 44일차	○ 45일차
월 일	월 일	월 일	월 일	월 일
~ 쪽	~ 쪽	~ 쪽	~ 쪽	~ 쪽
○ 46일차	○ 47일차	○ 48일차	○ 49일차	○ 50일차
월 일	월 일	월 일	월 일	월 일
~ 쪽	~ 쪽	~ 쪽	~ 쪽	~ 쪽

차례

1 우리나라의 정치 발전

공부 계획표

- 자신의 일정에 맞게 계획을 세워 보고, 실제 학습일을 적어 봅시다.
- 학습을 마무리한 후 얼마나 학습 목표를 달성하였는지 스스로 점검해 봅시다.

	주제	쪽수	계획일	달성
단원 열기	우리나라의 정치 발전	8~11쪽	월 일	
1 민주주의의 발전과 시민 참여	시민의 정치 참여는 왜 필요할까요?	12~13쪽	월 일	
	4·19 혁명이 일어난 까닭은 무엇일까요?	14~15쪽	월 일	
	5·18 민주화 운동은 어떻게 기억해야 할까요?	16~17쪽	월 일	
	6월 민주 항쟁에 참여한 시민들이 바랐던 것은 무엇일까요?	18~19쪽	월 일	
	6월 민주 항쟁 이후 민주주의는 어떻게 발전하였을까요?	20~23쪽	월 일	
	민주주의를 위해 노력한 사람들에 대해 조사해 볼까요?	24~25쪽	월 일	
	즐겁게 정리해요, 주제 톡톡 문제	26~29쪽	월 일	
2 일상생활과 민주주의	생각이나 의견이 달라 갈등이 생긴 경험이 있나요?	30~31쪽	월 일	
	민주주의의 의미와 중요성을 알아볼까요?	32~33쪽	월 일	
	민주주의를 실천하는 바람직한 태도를 알아볼까요?	34~35쪽	월 일	
	민주적 의사 결정 원리를 알아볼까요?	36~37쪽	월 일	
	민주적 의사 결정 원리에 따라 생활 속 문제를 해결해 볼까요?	38~39쪽	월 일	
	즐겁게 정리해요, 주제 톡톡 문제	40~43쪽	월 일	
3 민주 정치의 원리와 국가 기관의 역할	국민이 주권을 가진다는 것은 어떤 뜻일까요?	46~47쪽	월 일	
	국회는 어떤 일을 하는지 알아볼까요?	48~49쪽	월 일	
	정부는 어떤 일을 하는지 알아볼까요?	50~51쪽	월 일	
	법원은 어떤 일을 하는지 알아볼까요?	52~53쪽	월 일	
	국가의 일을 나누어 맡는 까닭은 무엇일까요?	54~55쪽	월 일	
	민주 정치의 원리가 적용된 사례를 찾아볼까요?	56~57쪽	월 일	
	국가 기관이 국민의 생활을 위해 한 일을 알리는 소식지를 만들어 볼까요?	58~59쪽	월 일	
	즐겁게 정리해요, 주제 톡톡 문제	60~63쪽	월 일	
단원 마무리	단원을 마무리해요, 쪽지 시험	66~68쪽	월 일	
	단원 톡톡 문제, 서술형 톡톡 문제	69~72쪽	월 일	

희망 나무

우리나라 정치에서
중요한 것을 쪽지에
나무에 걸어 주세요.

안내

개인 정보

국무총리 비

국민 권익

금융 위원회

여성 가족부

외교부

통일부

행정 안전부

희망 나무 쪽지들을 완성해 보자!

쪽지의 내용을 보고 나니 몇 가지 장면들이 떠오르지 않니?

각 부처가 문제 해결을 위해 모인 장면과 사람들이 지역 문제를 알리는 장면이 떠올라.

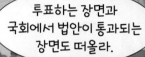

투표하는 장면과 국회에서 법안이 통과되는 장면도 떠올라.

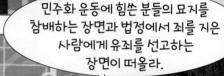

민주화 운동에 힘쓴 분들의 묘지를 참배하는 장면과 법정에서 죄를 지은 사람에게 유죄를 선고하는 장면이 떠올라.

떠올린 장면들이 희망 나무에 달린 쪽지와 관련 있는 것 같아.

그러네. 그럼 쪽지 내용과 어울리는 장면이 무엇인지 생각해 보자.

우리도 우리나라 정치에서 가장 중요한 것을 적은 쪽지를 남겨 보자.

사회랑 놀아요

희망 나무 쪽지를 완성해 보자.

사람들이 희망 나무에 많은 쪽지를 남겼어. 미로를 따라 어떤 내용들이 있는지 확인하고, 쪽지 내용과 어울리는 장면을 찾아 알맞은 번호를 써 보자!

출발!

5 민주주의를 위해 희생하신 분들을 기억해요.

2 시민들이 자유롭게 의견을 낼 수 있어요.

3 선거로 나라의 대표를 뽑아요.

4 우리의 삶에 필요한 법을 만들어요.

6 죄를 지은 사람이 그에 맞는 벌을 받아요.

1 정부 기관들이 협력하여 나랏일을 잘 해결해요.

도착!

1 이 문제를 해결하려면 각 부처의 협력이 필요합니다.

2 지역 문제를 사람들에게 알리자 환경보호 지구를

3 국회 의원을 뽑는 투표에 참여했어요. 투표소 투표함

4 어린이 보호 구역 관련 법안이 통과 되었습니다.

5 민주화 운동에 힘쓰신 분들께 감사드려요.

6 법에 따라 유죄를 선고합니다.

❓ 우리나라 정치에서 가장 중요하다고 생각하는 것은 무엇인지 이야기해 봅시다.

❓ **우리나라 정치에서 가장 중요하다고 생각하는 것은 무엇인지 이야기해 봅시다.**

예 • 민주 정치를 발전시키는 것이 중요합니다.
　• 시민의 꾸준한 관심과 적극적인 참여가 중요합니다.

도움 우리나라 정치에서 중요한 것을 떠올려 보아요.

이 단원에서 나는
📍 교과서 11쪽

도움 제시된 낱말을 연결해 나만의 학습 계획을 세워 보아요.

민주주의의	발전 과정을	알고 싶어요.
	의미를	탐구하고 싶어요.
	기본 원리를	조사하고 싶어요.

예 • 민주주의의 발전 과정을 조사하고 싶어요.
　• 민주주의의 의미를 알고 싶어요.
　• 민주주의의 기본 원리를 탐구하고 싶어요.

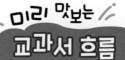

교과서 흐름

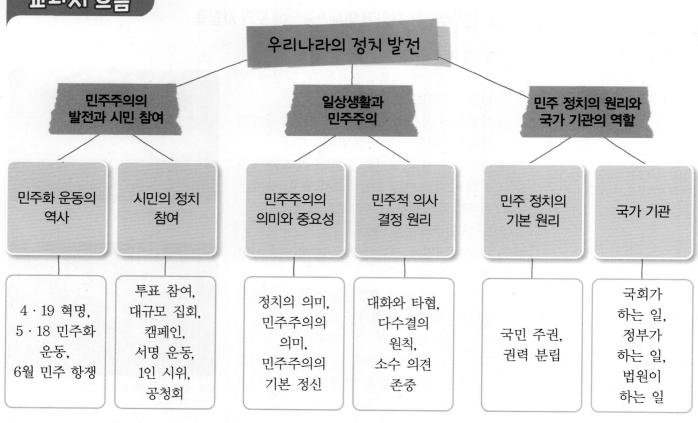

💡 민주주의의 발전 과정과 시민의 정치 참여 방법을 알 수 있어요.

💡 민주주의의 의미와 민주적 의사 결정 원리를 알 수 있어요.

💡 국민 주권, 권력 분립 등 민주 정치의 기본 원리와 국회, 정부, 법원의 역할을 알 수 있어요.

핵심 용어

❶ 민(民) 백성 민	주(主) 주인 주	주(主) 주인 주	의(義) 옳을 의	❶ 모든 국민이 국가의 주인으로서 권리를 가지고 있으며, 그 권리를 자유롭고 평등하게 행사하는 정치 제도입니다.
❷ 국(國) 나라 국	민(民) 백성 민	주(主) 주인 주	권(權) 권력 권	❷ 국민이 나라의 주인이고 주권이 국민에게 있다는 민주 정치의 원리입니다.
❸ 권(權) 권력 권	력(力) 힘 력	분(分) 나눌 분	립(立) 설 립	❸ 국가 권력을 서로 다른 기관이 나누어 맡게 하는 민주 정치의 원리입니다.

시민의 정치 참여는 왜 필요할까요?

보충 ①

● 광복 직후 우리나라의 민주주의를 둘러싼 논의

광복 직후 민주주의를 둘러싼 논의는 사상·이념의 차원보다 독립 국가 건설을 위한 정치·사회·경제 개혁과 일제 잔재 청산의 차원에서 전개되었으며, 각 정치 세력들은 다양한 국가 건설론과 개혁론을 제기했다.

① 민주주의를 지키기 위해 ❶광장에 모인 사람들

(1) 4·19 혁명(1960)

① 1960년 4월에 서울특별시청 앞 광장에 시민들이 모인 모습이다.

② 시민들은 이 당시에 일어났던 부정 선거를 바로잡으려고 광장에 모였다.

③ 시민들은 사회 안전을 위해 스스로 질서를 지켜 사회 혼란을 수습하고자 했고, 올바른 민주주의 사회를 만들려고 노력했다.

▲ 4·19 혁명 당시 시민들

(2) 5·18 민주화 운동(1980)

① 1980년 5월에 전라남도청 앞 광장에 시민들이 모인 모습이다.

② 이 당시 시민들은 ❷부당한 방법으로 권력을 잡은 세력에 항쟁하며 모였다.

③ 시민들 스스로 광주 시내의 질서를 지키려고 힘썼으며, 어려움에 처한 이웃을 서로 돕는 등 힘든 상황을 함께 헤쳐 나가려고 노력했다.

▲ 5·18 민주화 운동 당시 시민들

(3) 6월 민주 항쟁(1987)

① 1987년 6월에 서울특별시청 앞 광장에 시민들이 모인 모습이다.

② 시민들은 이 당시 독재 정권이 일으킨 비민주적인 상황을 바로잡고자 대규모 시위를 벌였다. **보충 ①**

③ 6월 민주 항쟁 이후 우리 사회 여러 분야에서 민주적인 제도를 만들고 ❸실천해 나갈 수 있게 되었다.

▲ 6월 민주 항쟁 당시 시민들

용어 사전

❶ 광장(廣: 넓을 광, 場: 마당 장): 공공의 목적을 위해 많은 사람이 모일 수 있게 만들어 놓은 넓은 장소를 말한다.

❷ 부당(不: 아닐 부, 當: 마땅 당): 이치에 맞지 않는 것을 말한다.

❸ 실천(實: 열매 실, 踐: 밟을 천): 생각한 바를 실제로 행하는 것이다.

❹ 책임(責: 꾸짖을 책, 任: 맡길 임): 맡아서 해야 할 임무나 의무를 말한다.

② 오늘날 민주 사회의 모습

(1) 발전 과정상의 시련: 대한민국 정부 수립 이후 우리나라 민주주의는 발전 과정에서 많은 시련을 겪었다.

(2) 대표의 나랏일 수행: 오늘날에는 시민이 뽑은 대표들이 시민의 권리와 이익을 위해 나랏일을 하고 있다.

> **내용➕** 민주주의를 염원한 수많은 시민의 희생을 바탕으로 이루어졌다.

(3) 시민에게 필요한 자세: 모든 시민이 정치에 관심을 갖고 참여하는 ❹책임 의식과 실천이 필요하다. （시험 대비 **핵심 자료**） （속 시원한 **활동 풀이**）

시험 대비 핵심 자료

● 시민들이 정치에 참여하는 민주 사회의 모습

투표: 시민들이 뽑은 대표들이 나랏일을 처리하도록 함.

집회: 시민들이 정치에 관심을 두고 적극적으로 참여함.

속 시원한 활동 풀이

다 함께 활동   시민의 적극적인 정치 참여로 발전한 민주 사회가 어떤 모습인지 친구들과 이야기한 후, 내가 바라는 민주 사회의 모습을 그려 봅시다.

예 민주적 절차에 따라 논의한 후 사회에 필요한 법을 새로 만들거나 바꿀 수 있습니다.

예 국민을 대표할 만한 자격을 갖춘 사람들이 후보가 될 수 있는 공정한 방법을 마련할 수 있습니다.

예 나랏일을 하는 기관들이 잘 운영되고, 세금이 제대로 쓰이는지 감시할 수 있습니다.

예 집회에 참여하여 사회 공동의 문제를 민주적으로 해결할 수 있습니다.

확인 톡! 톡!

정답과 해설 2쪽

1 우리나라 민주주의는 발전 과정에서 시민의 희생은 없었다. (O | X)

2 오늘날에는 시민이 뽑은 대표들이 시민의 권리와 이익을 위해 나랏일을 하고 있다. (O | X)

3 민주 사회가 잘 운영되기 위해 모든 시민이 정치에 관심을 갖고 참여하는 (   ) 의식과 실천이 필요하다.

4·19 혁명이 일어난 까닭은 무엇일까요?

보충 ①

◎ 4·19 혁명에 참여한 초등학생들

학교 수업을 마치고 집으로 가는 길에 3·15 부정 선거를 규탄하며 독재 정권 타도를 외치는 시민들을 따라다니다 경찰이 쏜 총에 맞고 숨진 초등학생들이 있다. 전한승(수송초등학교 6학년), 임동성(종암초등학교 3학년), 안병채(동신초등학교 4학년) 등이다.

❶ 4·19 혁명의 원인

(1) 이승만의 ❶독재 정치

① 헌법을 바꾸어 가며 세 차례나 대통령을 한 이승만은 1960년 3월 15일 제4대 대통령과 부통령을 뽑는 선거에 또 대통령 후보로 나왔다.

② 당시 시민들의 생활은 어려웠고 독재 정치를 비판하는 목소리가 커졌다.

(2) 3·15 부정 선거: 이승만 정부는 선거에서 이기려고 부정 선거를 계획했다.

우리를 저지하는 표를 미리 투표함에 넣어 두자.

이 후보를 꼭 찍으시오!

투표함을 바꿔서 투표 결과가 우리에게 유리하도록 하자.

▲ 불법적인 사전 투표　　▲ 조를 이루어 투표소에 투입된 시민들　　▲ 투표함 바꿔치기

보충 ②

◎ 4·19 혁명의 의의

많은 시민과 학생들의 희생으로 민주주의에 대한 국민의 관심이 높아졌다. 이를 통해 국민들의 관심이 있어야 민주주의를 지킬 수 있고, 잘못된 정권은 국민이 나서서 바로잡아야 함을 알 수 있다.

❷ 4·19 혁명의 전개와 의의

(1) 4·19 혁명의 전개　（시험 대비）핵심 자료

2월 28일
3월 15일 대통령과 부통령을 뽑는 선거를 앞두고 대구의 중·고등학생들이 이승만의 독재 정치를 비판하며 시위를 했음.

3월 15일
• 마산에서 3·15 부정 선거에 항의하는 시위가 일어났으나, 많은 사람이 경찰의 폭력적인 진압으로 다치거나 죽었음.
• 시위에 참여했다가 실종된 김주열 학생이 마산 앞바다에서 죽은 채로 발견되자 분노한 시민들과 학생들의 시위가 점차 확산했음.

4월 19일
• 마산 시위는 각계각층의 시민이 참여한 전국 시위로 확대됨.
• 이승만 정부의 무력 진압이 있었지만 시민들의 시위는 더욱 거세졌음.

보충 ①

(2) 4·19 혁명의 결과

① 이승만은 4월 26일에 대통령직에서 물러났고, 곧 하와이로 ❷망명했다.

② 3·15 부정 선거는 무효가 되었고, 재선거를 통해 새로운 정부가 세워졌다.

(3) 4·19 혁명의 의의　（속 시원한）활동 풀이　보충 ②

① 자유와 민주주의의 중요성을 일깨우는 사건이었다.

② 이후 민주화 운동의 소중한 밑거름이 되었다.

용어 사전

❶ **독재 정치**(獨: 홀로 독, 裁: 마를 재, 政: 나라를 다스리는 일 정, 治: 다스릴 치): 한 사람의 통치자가 민주적 절차를 무시하고 통치자 마음대로 행하는 정치이다.

❷ **망명**(亡: 망할 망, 命: 목숨 명): 정치적 이유로 박해를 받는 사람이 이를 피하려고 외국으로 몸을 옮기는 것이다.

시험 대비 핵심 자료

● 대학 교수단 시국 선언문(1960)

· 마산, 서울, 기타 각지의 학생 시위는 주권을 빼앗긴 국민의 울분을 대신하여 일어난 학생들의 순수한 정의감이 드러난 것이며 부정과 불의에 저항하는 민족정기의 표현이다.
· 3·15 선거는 불법 선거이다. 공정한 선거에 의하여 정·부통령 선거를 다시 실시하라.

1960년 3·15 부정 선거를 규탄하는 내용을 담은 대학 교수단의 「4·25 선언문」이다. 각 대학 교수 300여 명이 모여 채택했다. 교수들은 학생 시위를 불의에 항거한 민족정기의 표현이라고 보았으며, 대통령과 국회 의원, 대법관 사퇴를 촉구했고, 정부통령 선거 재실시, 부정 선거 주도자의 처단 등을 요구했다.

속 시원한 활동 풀이

스스로 활동 당시 시민들이 4·19 혁명에 어떤 마음으로 참여하였을지 생각해 봅시다.

▲ 국립 4·19 민주 묘지(서울특별시 강북구)

예 민주 정치가 발전하여 누구나 자신의 목소리를 낼 수 있는 사회가 되기를 바랐을 것 같습니다.

잠깐! 확인해요

부정 선거를 계기로 4·19 혁명이 전국적으로 일어났다. (O ㅣ X)

(O)

확인 톡!톡!

📍정답과 해설 2쪽

1 3·15 부정 선거의 방법으로 투표함 바꿔치기가 있었다.   (O ㅣ X)

2 (   )(으)로 이승만은 대통령 자리에서 물러났다.

3 4·19 혁명은 자유와 (   )의 중요성을 일깨우는 사건이 되었다.

5·18 민주화 운동은 어떻게 기억해야 할까요?

보충 ❶

⊙ 부·마 민주 항쟁

1979년 10월 부산과 마산의 시민과 학생들이 박정희 유신 독재에 대항하여 일어난 민주화 운동이다. 이는 자유와 민주, 정의를 위해 일어나 사실상 유신 독재의 붕괴를 아래로부터 촉발한 대한민국 민주주의 역사에서 결정적인 사건이었다.

보충 ❷

⊙ 5·18 민주화 운동의 진실을 알린 위르겐 힌츠페터

전두환이 광주에서 일어난 일을 신문이나 방송으로 알려지는 것을 막았기 때문에 국민들은 이러한 사실을 제대로 알 수 없었다. 독일 기자였던 힌츠페터는 한 택시 운전사의 도움으로 외부와 차단되었던 광주로 들어가 당시의 상황을 촬영했다. 이 영상이 여러 나라에서 보도되면서 감추어졌던 진실이 세상에 알려졌다.

용어 사전

❶ 정변(政: 나라를 다스리는 일 정, 變: 변할 변): 혁명이나 쿠데타 등 비합법적인 수단으로 생긴 정치상의 큰 변동이다.
❷ 유신(維: 밧줄 유, 新: 새 신): 낡은 제도를 고쳐 새롭게 한다는 뜻이다.
❸ 간선제(間: 사이 간, 選: 뽑을 선, 制: 규정 제): 국민이 뽑은 대리인에게 대표자를 뽑게 하는 선거 제도이다.
❹ 계엄령(戒: 경계할 계, 嚴: 엄할 엄, 令: 규칙 령): 전쟁이나 국가적 재난 등의 비상사태에 군대를 동원하는 조치이다.

❶ 5·18 민주화 운동의 원인

(1) 5·16 군사 정변: 4·19 혁명으로 새로운 정부가 들어섰지만 1961년 박정희 등 군인들은 사회 혼란을 명분으로 5·16 군사 ❶정변을 일으켰다.

(2) **박정희 정부의 독재 정치**

3선 개헌	박정희는 자신이 계속 대통령을 하려고 헌법을 바꿔 대통령을 세 번까지 할 수 있도록 했음.
❷유신 헌법	• 헌법을 또 바꾸어 대통령을 할 수 있는 횟수 제한을 없앴음. • 국민이 직접 대통령을 뽑는 직선제에서 ❸간선제로 선거 방식을 바꾸었음.
독재 정치 강화	국회를 해산하고 언론과 출판의 자유를 제한하는 등 독재 정치를 강화했음.

(3) **유신 체제의 붕괴와 신군부의 등장**

① 부산과 마산 지역에서 유신 헌법 폐지와 독재 정치를 반대하는 대규모 시위가 일어났다. 보충 ❶
② 박정희 대통령이 측근에게 암살당하면서 유신 체제가 무너졌다.
③ 전두환을 중심으로 한 신군부 세력이 군사 정변을 일으켜 독재 정치가 계속되었다.

▲ 서울을 점령한 신군부의 부대

내용➕ 박정희의 죽음 이후 국민은 민주주의 사회가 될 것이라고 기대했지만, 전두환이 중심이 된 군인들이 또 정변을 일으켰다.

❷ 5·18 민주화 운동의 전개와 의의

(1) **5·18 민주화 운동의 전개**

① 시민들은 이전 헌법을 새로 고치고 국민 투표로 새 정부를 세울 것을 요구하며 전국적으로 시위를 벌여 나갔다.
② 5월 18일 전라남도 광주에서 비상❹계엄령 해제, 신군부 퇴진 등을 요구하는 대규모 시위가 일어났다.
③ 신군부는 광주에 계엄군을 보내 시위대뿐만 아니라 일반 시민까지 진압했다.
④ 많은 사람이 죽거나 다치자 분노한 시민들은 시민군을 만들어 계엄군에 대항했다(5·18 민주화 운동).
⑤ 계엄군은 도로를 막고 통신을 끊어 광주를 외부로부터 고립시켰다. 보충 ❷

(2) **5·18 민주화 운동의 결과:** 5월 27일에 탱크까지 동원한 계엄군은 시민군을 강제로 진압했고 수많은 사람이 희생되었다.

(3) **5·18 민주화 운동의 의의** (속 시원한) 활동 풀이

① 부당한 권력에 맞서 민주주의를 지키려는 시민들과 학생들의 의지를 보여 주었다.
② 5월 18일을 해마다 기념하며 5·18 민주화 운동의 정신을 이어 가고 있다.
③ 5·18 민주화 운동 관련 기록물은 민주주의 발전에 관한 의미 있는 사례로 유네스코 세계 기록 유산으로 등재되었다. (시험 대비) 핵심 자료

시험 대비 핵심 자료

● 5 · 18 민주화 운동 기록물

▲ 5 · 18 민주화 운동 당시 여고생이 쓴 일기

5 · 18 민주화 운동 기록물은 5 · 18 민주화 운동과 관련해 정부, 국회, 시민, 미국 정부 등에서 만들어진 자료들을 뜻한다. 시민들의 증언, 일기, 기자들의 취재 수첩, 피해자 보상 관련 자료와 같은 문헌 기록물뿐만 아니라 사진, 영상물 등도 포함하고 있다. 이러한 기록물은 5 · 18 민주화 운동 과정을 생생하게 알려 주고, 다른 나라의 민주화 운동에 영향을 준 점을 인정받아 2011년 유네스코 세계 기록 유산으로 등재되었다.

속 시원한 활동 풀이

🖐 다 함께 활동　다음 질문들에 답하며 5 · 18 민주화 운동이 오늘날 우리에게 어떤 의미가 있는지 친구들과 이야기해 봅시다.

- 5·18 민주화 운동은 왜 일어났을까?
- 시민들은 왜 시민군을 만들었을까?
- 5·18 민주화 운동 기록물은 왜 세계 기록 유산이 되었을까?
- 사람들은 5·18 민주화 운동을 어떻게 기억하고 있을까?

예 신군부 퇴진, 비상계엄령 해제 등을 요구하기 위해 일어났습니다. / 계엄군에 맞서기 위해 만들었습니다. / 민주화 과정을 생생하게 알려 주기 때문입니다. / 부당한 군부 정권에 맞서 민주주의를 지키려는 의지를 보여 준 사건으로 기억하고 있습니다.

🍎 잠깐! 확인해요

신군부는 계엄군을 보내 5 · 18 민주화 운동을 진압하였다. (O ｜ X)　　　　　　　(O)

확인 톡! 톡!

📍 정답과 해설 2쪽

1 5월 18일 전라남도 광주에서 비상계엄령 해제, (　　　　) 퇴진 등을 요구하는 대규모 시위가 일어났다.

2 5 · 18 민주화 운동의 정신은 부당한 권력에 저항하는 시민들에 의해 계속 전해졌다. 　(O ｜ X)

3 5 · 18 민주화 운동 관련 기록물은 (　　　　) 세계 기록 유산으로 등재되었다.

6월 민주 항쟁에 참여한 시민들이 바랐던 것은 무엇일까요?

❶ 6월 민주 항쟁의 원인

(1) 전두환 정부의 등장

① 전두환은 5·18 민주화 운동을 강제로 진압한 후 간선제로 대통령이 되었다.

② 대통령 임기를 7년으로 바꾸었고, 신문과 방송 등 언론을 통제하며 시민들의 민주화 요구를 탄압했다.

> **내용➕** 전두환 정부는 신문과 방송을 통제해 정부를 비판하는 내용을 내보내지 않고 유리한 내용만 전하도록 함으로써 국민들의 알 권리를 막았다.

(2) 전두환 정부의 ❶호헌 조치 발표

① 1987년 새로운 대통령을 뽑을 시기가 다가오자 대통령 ❷직선제로 헌법을 바꾸자는 시민들의 요구가 거세졌다.

② 전두환 정부는 직선제 내용이 포함되도록 헌법을 바꿔야 한다는 시민들의 요구를 받아들이지 않겠다는 호헌 조치를 발표했다.

❷ 6월 민주 항쟁의 전개와 의의

(1) 6월 민주 항쟁의 전개 〔속 시원한 활동 풀이〕

① 1987년 민주화 운동에 참여했던 대학생 박종철이 경찰의 ❸고문을 받다 사망한 사건이 드러났다. 보충❶

② 시민들과 학생들은 고문 금지, 책임자 처벌, 직선제 개헌 등을 요구하며 전국 곳곳에서 시위를 벌였다.

③ 시위 과정에서 대학생 이한열이 경찰이 쏜 최루탄에 맞아 사망했다는 소식에 대통령 직선제를 요구하는 시위가 전국적으로 확대되었다. 보충❷

◀ 시청 앞에서 열린 이한열의 장례식에 모인 시민들

(2) 6월 민주 항쟁의 결과: 전두환 정부는 대통령 직선제를 포함한 민주화 요구를 받아들이겠다는 6·29 민주화 선언을 수용했다. 〔시험 대비 핵심 자료〕

(3) 6월 민주 항쟁의 의의

① 비민주적 방법으로 권력을 장악하고 민주주의를 탄압했던 독재 정부에 시민들이 맞서 싸워 승리한 사건이다.

② 6·29 민주화 선언을 이끌어 내 대통령 직선제를 이루었다.

③ 우리 사회 여러 분야에서 민주적인 제도를 만들고 민주주의가 더욱 발전할 수 있는 발판을 마련했다.

 핵심 자료

● 6 · 29 민주화 선언의 주요 내용들

▲ 대통령 직선제   ▲ 언론 자유 보장   ▲ 인권 보호

6 · 29 민주화 선언은 대통령 직선제, 언론의 자유 보장, 지방 자치제 시행 등 여러 내용을 담고 있다. 6월 민주 항쟁 이후 헌법을 개정하거나 법을 새롭게 만들어 이러한 내용을 실천해 나갔다.

 활동 풀이

 6월 민주 항쟁과 관련된 장소나 인물, 물건 등을 보여 주는 사진이나 영상 자료를 찾아 친구들에게 소개해 봅시다.

 복원된 이한열 운동화	 대통령 직선제를 요구하는 시민들	 전경에게 꽃을 전달하는 시민
6 · 29 민주화 선언이 보도된 신문을 보고 있는 할아버지들	6 · 29 민주화 선언을 기뻐하며 찻값을 받지 않은 가게	예 방독면을 쓰고 있는 역무원의 모습입니다. 6월 민주 항쟁 당시에 최루탄을 쏘기도 하여 많은 사람이 숨도 제대로 쉬기 힘들었다고 합니다.

 잠깐! 확인해요

6월 민주 항쟁에서 사람들은 대통령 간선제 개헌을 주장하였다. (O ㅣ X)   (X   )

확인 톡!톡!

📍정답과 해설 2쪽

1 1987년 대통령 직선제로 헌법을 바꾸자는 시민들의 요구가 거세졌으나 정부는 (   )을/를 발표했다.

2 6월 민주 항쟁 결과 정부는 대통령 직선제를 포함한 민주화 요구를 받아들이겠다는 (   )을/를 수용했다.

3 6월 민주 항쟁은 독재 정부에 시민들이 맞서 싸워 승리한 사건이었다.   (O ㅣ X)

6월 민주 항쟁 이후 민주주의는 어떻게 발전하였을까요?(1)

❶ 6월 민주 항쟁에 따른 결과

(1) 대한민국 헌법의 개정: 대통령 직선제를 비롯한 국민의 다양한 민주화 요구를 담는 방향으로 개정되었다. (시험 대비 핵심 자료)

(2) 개정된 헌법의 의의: 국민의 ❶기본권을 보장하고 민주주의 제도의 바탕이 되었다.

❷ 6월 민주 항쟁 이후 우리 사회의 변화

(1) 국민의 손으로 직접 뽑은 대통령 (시험 대비 핵심 자료)

① 대통령 직선제는 국민들이 대통령을 직접 뽑을 수 있는 제도이다.

② 1987년 12월에 치러진 제13대 대통령 선거를 시작으로 2022년까지 총 8명의 대통령이 직선제로 당선되었다.

> **내용** 대통령 직선제는 선거권을 가진 국민 모두에 의해 이루어지는 방식이므로 공정하고 공평한 선거이다.

▲ 제13대 대통령 선거 투표를 위해 줄을 선 시민들

③ 선거를 통한 평화적 정권 교체가 자리 잡아 오늘날까지 계속 시행되고 있다.

(2) ❷지방 자치로 배우는 풀뿌리 민주주의 보충 ❶

① 지방 자치제는 지역 주민이 직접 선출한 지방 의회 의원과 지방 자치 단체장이 그 지역의 일을 처리하는 제도이다.

② 6월 민주 항쟁 이후 5·16 군사 정변으로 폐지되었던 지방 자치제가 다시 시행되었다. (시험 대비 핵심 자료)

③ 주민 투표로 1991년에 지방 의회를 먼저 구성했고, 1995년에 도지사를 비롯한 지방 자치 단체장도 선출했다.

> **내용** 지방 의회는 지방 자치 단체의 의결 기관이고, 지방 자치 단체장은 지방 자치 단체의 집행 기관이자 대표 기관이다.

④ 지방 자치제가 뿌리내리면서 지역 주민들은 민주적인 절차에 따라 지역을 함께 발전시켜 나갈 수 있게 되었다.

> **내용** 주민이 직접 선출한 의원이나 단체장이 직무를 잘 수행하지 못했을 때 주민들이 투표로 그들을 자리에서 물러나게 할 수도 있다(주민 소환제).

(3) 진실과 화해를 위한 과거사 정리 보충 ❷

① 과거 비민주적인 국가 권력이 저지른 잘못을 반성하고 진실을 밝히는 과거사 정리가 진행되고 있다.

② 주로 전쟁 중 억울하게 목숨을 잃거나 민주화 운동 과정에서 국가에 희생된 사람들의 명예를 회복하는 활동이 이루어지고 있다.

③ 사건 책임자를 처벌할 수 있는 제도를 마련하고자 노력하고 있다.

시험 대비 핵심 자료

6월 민주 항쟁 이후 개정 헌법 전문

유구한 역사와 전통에 빛나는 우리 대한국민은 3·1 운동으로 건립된 대한민국 임시 정부의 법통과 불의에 항거한 4·19 민주 이념을 계승하고, 조국의 민주 개혁과 평화적 통일의 사명에 입각하여 정의·인도와 동포애로써 민족의 단결을 공고히 하고, 모든 사회적 폐습과 불의를 타파하며, 자율과 조화를 바탕으로 자유 민주적 기본 질서를 더욱 확고히 하여 정치·경제·사회·문화의 모든 영역에 있어서 각인의 기회를 균등히 하고, 능력을 최고도로 발휘하게 하며, 자유와 권리에 따르는 책임과 의무를 완수하게 하여, 안으로는 국민 생활의 균등한 향상을 기하고 밖으로는 항구적인 세계 평화와 인류 공영에 이바지함으로써 우리들과 우리들의 자손의 안전과 자유와 행복을 영원히 확보할 것을 다짐하면서 1948년 7월 12일에 제정되고 8차에 걸쳐 개정된 헌법을 이제 국회의 의결을 거쳐 국민 투표에 의하여 개정한다.

헌법 전문에서 대한민국 임시 정부의 법계통과 4·19 민주 이념의 계승 및 조국의 민주 개혁 사명을 드러내고 있다. 대한민국 헌법이 민주화 요구를 담는 방향으로 개정되었음을 보여 준다.

대통령 직선제

6월 민주 항쟁 이후 직선제로 당선된 역대 대통령을 보여 준다. 6월 민주 항쟁의 결과 발표된 6·29 민주화 선언에 따라 대통령 직선제가 시행되었다. 수많은 시민과 학생들이 군사 독재를 끝내고 민주화를 이루고자 노력한 결과이다.

지방 자치제

▲ 지방 자치제 시행 과정

▲ 지방 선거 포스터를 보고 있는 지역 주민

지방 자치제는 1995년 지방 의회 선거와 지방 자치 단체장 선거가 치러지면서 완전히 자리 잡았다. 주민들은 지역의 문제 해결을 위해 의견을 제시하고, 지역 대표들은 주민 의견을 수렴해 여러 가지 문제를 민주적으로 해결할 수 있게 되었다.

확인 톡!톡!

📍 정답과 해설 2쪽

1 1987년 12월에 치러진 대통령 선거를 시작으로 선거를 통한 평화적 정권 교체가 자리 잡았다.   (O ㅣ X)

2 6월 민주 항쟁 이후 5·16 군사 정변으로 폐지되었던 (   )이/가 다시 시행되었다.

3 진실과 화해를 위한 과거사 (정리, 은폐)이/가 진행되고 있다.

6월 민주 항쟁 이후 민주주의는 어떻게 발전하였을까요?(2)

보충 ❶

◉ 집회

여러 사람이 어떤 목적을 위해 일시적으로 모이는 것을 말한다. 집회는 반대, 지지 등을 위한 시위 행동이 따르는 때가 많다. 그러나 일상적으로 나타나는 시위 없는 집회도 있다.

보충 ❷

◉ 1인 시위

한 사람이 피켓이나 플래카드, 어깨띠 등을 두르고 혼자 하는 시위를 말한다. 주로 지나다니는 사람들이 많거나 상대에게 의견을 전달할 수 있는 장소에서 이루어진다. 「집회와 시위에 관한 법률」의 적용을 받지 않는다.

용어 사전

❶ 공청회(公: 공평할 공, 聽: 들을 청, 會: 모일 회): 국회, 행정 기관, 공공 단체 등에서 정책을 결정하기 이전에 이해 관계자나 전문가로부터 의견을 듣는 모임이다.

❷ 정당(政: 나라를 다스리는 일 정, 黨: 무리 당): 정치적인 견해가 같은 사람들이 정권을 잡고 정치적 이상을 실현하기 위해 조직한 단체이다.

(4) 시민 사회의 발전과 참여

① 민주적 제도가 마련되면서 사회 여러 분야에서 민주화가 이루어졌다.

② 노동자의 권리를 보장하려는 단체를 조직했고, 교육이나 환경 문제와 같은 공동의 문제를 해결하려는 시민 단체가 만들어졌다.

③ 사회적 약자의 권리와 복지에 대한 관심이 높아졌다.

▲ 투표 참여를 독려하는 캠페인

▲ 지구의 날을 기념하는 시민운동

내용➕ 6월 민주 항쟁 이후 시민들은 많은 사람이 다치거나 희생되지 않는 평화적인 방식으로 사회 공동의 문제를 해결하는 데 참여하고 있다.

❸ 시민의 정치 참여

(1) 시민들이 사회 공동의 문제에 참여하는 모습 (시험 대비 **핵심 자료**)

선거, 투표	대표를 뽑는 선거나 사람들 간의 의견 차이가 있는 문제를 해결하기 위한 투표에 참여한다.
대규모 집회	여러 사람이 특정 목적을 가지고 특정 장소에 일시적으로 모이는 모임이다. **예** 촛불 집회 **보충 ❶**
캠페인	사회적·정치적 목적을 이루기 위해 지속적으로 행하는 운동이다.
서명 운동	어떤 주장이나 의견에 대한 찬성의 뜻으로 서명을 받는다.
1인 시위	개인의 의견을 표현하는 시위이다. **보충 ❷**
❶공청회 참석	정책 결정 전에 관련된 사람들과 전문가의 의견을 듣는 공개 회의이다.
❷정당 활동	같은 정치적 의견을 가진 사람들이 모여 단체를 만든다.
시민 의회 활동	사회의 여러 가지 문제를 해결하기 위해 시민들이 스스로 모임을 만든다.
누리 소통망 서비스(SNS)	특정한 관심이나 활동을 공유하는 사람들을 연결해 주는 누리 소통망(SNS)을 활용해 자신의 의견을 제시한다.

(2) 민주 사회를 위한 노력: 시민들은 민주화 운동의 역사를 기억하며 더 나은 민주 사회를 만들어 가고 있다. (✿ 시원한 **활동 풀이**)

내용➕ 오늘날 시민들은 사회 공동의 문제를 평화적이고 민주적인 방법으로 해결하고 있다. 이에 따라 더 많은 시민이 사회 공동의 문제를 해결하는 데 참여하게 되었다.

1
단원

시험 대비 핵심 자료

● 시민들의 다양한 정치 참여 모습

▲ 촛불 집회

▲ 1인 시위

▲ 누리 소통망 서비스(SNS)를 통한 참여

오늘날 시민들은 투표, 대규모 집회, 캠페인, 서명 운동, 공청회 참석 등 다양한 방식으로 사회 공동의 문제를 해결하는 데 참여하고 있다. 정보 통신 기술이 발달하면서 누리 소통망 서비스(SNS)에 자신의 의견을 올리는 방식으로 참여가 이루어지기도 한다.

속 시원한 활동 풀이

다 함께 활동 6월 민주 항쟁 이후 나타난 민주주의의 발전 사례를 친구들에게 발표해 봅시다.

사례	예 ○○군은 마을 복지 계획 수립을 위한 주민 공청회를 개최했습니다. ○○군은 설문 조사를 바탕으로 사업 계획서를 작성했습니다. ○○군은 이번 공청회에서 사업 내용을 소개하고 주민 의견을 수렴하는 시간을 가졌다고 전했습니다.
설명	예 우리 지역에서 열린 공청회와 관련된 신문 기사를 찾아보았습니다. 6월 민주 항쟁 이후 지방 자치제가 다시 시행되었으며, 시민들은 공청회나 토론회에 참석하여 정치에 참여하고 있습니다.

잠깐! 확인해요

6월 민주 항쟁 이후 우리 사회의 민주주의는 더 발전하였다. (O ㅣ X)   (O)

확인 톡! 톡!

📍정답과 해설 2쪽

1 민주적인 제도가 마련되면서 사회 여러 분야에서 민주화가 이루어졌다.   (O ㅣ X)

2 오늘날 시민들은 (다양한, 일정한) 방식으로 정치에 참여하고 있다.

3 최근에 시민들은 (   )을/를 통해 자신의 의견을 적극적으로 제시하기도 한다.

민주주의를 위해 노력한 사람들에 대해 조사해 볼까요?

보충 ❶

◉ **민주주의를 위해 노력한 사람들 조사에 활용 가능한 누리집**

• 오픈 아카이브: 민주화 운동 기념사업회가 운영하는 누리집이다. 오픈 아카이브에 탑재된 자료로는 사료 컬렉션, 사진 아카이브, 사료 콘텐츠, 구술 아카이브 등이 있다.

• 현대 한국 구술 자료관: 2009년 4월 시작된 한국학 진흥 사업단 현대 한국 구술사 연구 사업의 지원으로 만들어졌다. 현대 한국의 민주화·산업화를 이끌었던 인물들의 구술 자료를 수집하고, 이를 온·오프라인을 통해 대중에게 제공하여 역사 연구와 시민 교육에 적극적으로 활용할 수 있도록 하고 있다.

❶ 우리나라 민주주의의 발전 과정

(1) 시민 참여: 우리나라 민주주의는 수많은 시민의 참여로 발전했다.

(2) 민주주의 발전 과정: 민주주의는 다양한 실천을 통해 함께 만들어 가는 것이다.

❷ 민주주의를 위해 노력한 사람들을 조사하는 방법

(1) ❶면담 조사

① 민주주의를 위해 어떤 활동을 하셨나요?

② 참여하게 된 계기는 무엇인가요?

③ 그때 무슨 일을 겪으셨는지 이야기해 주세요.

④ 오늘날 학생들에게 하고 싶은 이야기가 있다면 말씀해 주세요.

(2) 누리집 검색 보충 ❶

① ❷구술자는 민주주의를 위해 어떤 활동에 참여했나요?

② 구술자는 어떤 일을 겪었나요?

③ 영상에서 가장 기억에 남는 장면 또는 이야기는 무엇인가요?

(3) 조사 과정

> ❶ 민주주의를 위해 노력한 사람의 이야기를 어떻게 조사할지 논의한다.
> ❷ 조사 방법에 따라 질문하거나 조사할 내용을 미리 준비하여 조사한다.
> ❸ 조사한 내용을 다양한 방식으로 정리하여 친구들에게 소개한다.

(4) 조사 예시

• 조사한 날짜: 20◇◇년 3월 □일　　　　• 면담자 이름: ○○○
• 면담자 거주지: 서울특별시 □□구
• 주요 면담 내용: 6월 민주 항쟁 때 최루탄 추방을 위한 집회에 참여하셨다.

6월 민주 항쟁에 참여했던 ○○○ 님의 이야기를 들었다. 최루탄이 너무 독해서 쏟아지는 눈물, 콧물을 참으며 시위를 하고 있는데, 건물 창문에서 시민들이 두루마리 휴지를 던져 주며 닦으라고 응원해 주었다는 이야기가 인상적이었다. ○○○ 님은 민주화된 사회란 개인의 욕심을 우선하기보다 서로 나누고 이해하며 사는 세상이라고 하셨다.

용어 사전

❶ **면담**(面: 낯 면, 談: 말씀 담): 서로 만나서 이야기를 나누는 것이다.

❷ **구술**(口: 입 구, 述: 펼 술): 문서에 의하지 않고 입으로 경험이나 본 것을 말하는 것이다.

속 시원한 활동 풀이

1 단원

민주주의를 위해 노력한 사람 소개하기

조사 날짜	예 20○○년 ○월 ○일
조사 방법	예 가상 면담
면담자 이름	예 □□□
면담 내용	예 **나:** 어떤 민주화 운동에 참여하셨나요? □□□: 1980년 5·18 민주화 운동에 참여했습니다. **나:** 민주화 운동 과정에서 어떤 일을 겪으셨나요? □□□: 군인들이 광주 사람들을 다른 지역으로 나가거나 다른 지역의 사람들이 광주에 들어갈 수 없도록 통제했습니다. **나:** 당시 상황을 떠올리면서 가장 기억에 남는 순간이 있나요? □□□: 사람들이 시위에 참여한 사람들에게 음식을 나누어 주며 서로 돕는 등 힘든 상황을 함께 헤쳐 나가려고 했습니다. **나:** 시위에 참여했을 때 어떤 기분이 드셨나요? □□□: 시민들 스스로 광주 시내의 질서를 지킨다는 사명감을 느꼈습니다.
구술 내용 중 주요 장면	예  ◀ 당시 진실을 세계에 알리기 위해 노력하는 외국 기자
새롭게 알게 된 점	예 당시 언론이 통제되어 광주의 끔찍한 상황을 다른 지역 사람들은 몰랐다는 것, 시민군을 비롯한 시민들과 학생들은 계엄군이 광주에서 저지른 만행을 외부에 알리려고 노력했다는 점 등을 알게 되었습니다.
느낀 점	예 많은 사람이 희생되고 어려운 과정을 거쳐 이루어 낸 민주주의인 만큼 더욱 소중히 여기고 지켜 나가야겠다고 생각했습니다.

확인 톡!톡!

📍정답과 해설 2쪽

1 문서에 의존하지 않고 입으로 경험이나 본 것을 말하는 것을 (　　　　)(이)라고 한다.

2 오픈 아카이브 누리집에서는 민주화 운동과 관련된 다양한 이야기를 찾을 수 있다. (O ｜ X)

3 우리나라는 민주주의를 이루었으므로 민주주의를 지키기 위해 더 이상 노력할 필요는 없다. (O ｜ X)

즐겁게 정리해요

'민주주의의 발전과 시민 참여'에서 배운 내용을 떠올리며 관련된 내용을 선으로 연결해 봅시다.

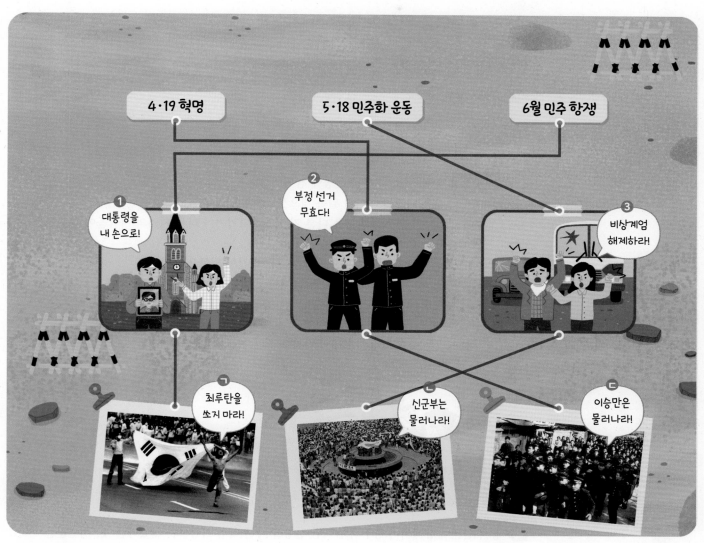

핵심 꿀꺽 질문

민주화 과정에서 일어난 주요 사건을 설명할 수 있나요?	
민주주의 발전에서 시민 참여의 중요성을 이해하고 있나요?	
민주주의 발전에 노력한 사람들을 소개할 수 있나요?	

1 1960년 4월 19일에 일어난 대규모 시위에 학생들이 참여한 까닭으로 알맞은 것은 어느 것입니까?
（　　　）

① 민주주의에 반대하기 위해서이다.
② 불법적인 투표를 하기 위해서이다.
③ 학생들에게 투표권을 주기 위해서이다.
④ 3·15 부정 선거를 비판하기 위해서이다.
⑤ 이승만을 대통령으로 만들기 위해서이다.

2 밑줄 친 '이 사건'은 무엇인지 쓰시오.

> 이승만 정부는 1960년 3월 15일, 제4대 대통령과 부통령을 뽑는 선거에 이기기 위해 불법 사전 투표, 투표함 바꿔치기 등의 방법을 동원하여 이 사건을 일으켰다.

3 🔵중요 빈칸에 들어갈 말을 쓰시오.

> 4·19 혁명은 자유와 □□□□□의 중요성을 일깨워 주었고, 이후 시민들은 올바른 사회를 만들려고 노력했다.

4 밑줄 친 '이 사람'은 누구인지 쓰시오.

> • 이 사람은 헌법을 바꾸어 가며 세 차례나 대통령을 했지만 또 대통령 후보로 나왔어.
> • 시민들의 표를 얻지 못할 것 같자 이 사람은 미리 투표하게 하거나 투표함을 바꾸는 등 부정 선거로 정권을 연장하려고 했어.

[5-6] 다음 자료를 읽고 물음에 답하시오.

> 〈유신 헌법의 주요 내용〉
> • 대통령 직선제를 간선제로 바꾸었다.
> • 대통령을 할 수 있는 횟수 제한이 없다.
> • 대통령이 손쉽게 국회를 해산하고, 언론과 출판의 자유를 제한할 수 있다.

5 위 헌법을 만든 정부를 쓰시오.

6 중요 위 자료를 통해 알 수 있는 유신 헌법의 성격으로 알맞지 않은 것은 어느 것입니까? （　　　）

① 대통령의 권한을 강화했다.
② 직접 민주주의를 강조했다.
③ 국민의 기본권을 손쉽게 제한했다.
④ 한 사람의 독재가 가능하도록 했다.
⑤ 민주화를 요구하는 시민들의 의견을 무시했다.

7 다음 자료와 관련 있는 정부에 대한 설명으로 알맞은 것을 보기 에서 모두 골라 기호를 쓰시오.

▲ 서울을 점령한 신군부의 군대

> 보기
> ㉠ 광주의 안전을 지키기 위해 노력했다.
> ㉡ 민주화 운동을 하는 사람들을 탄압했다.
> ㉢ 군사 정변을 일으켜 독재 정치를 계속했다.
> ㉣ 계엄령을 해제하고 민주주의를 회복시켰다.

8 빈칸에 들어갈 인물을 쓰시오.

> 박정희 대통령의 죽음 이후 사람들은 민주주의가 돌아올 것이라고 기대했다. 하지만 □□ □을/를 비롯한 신군부 세력이 다시 독재 정치를 시작하면서 사람들은 다시 민주화 운동을 위해 거리로 나섰다.

_____

9 5·18 민주화 운동 당시에 시민들이 했던 행동으로 알맞지 <u>않은</u> 것은 어느 것입니까? (   )

① 시민군을 만들어 계엄군에 대항했다.
② 스스로 질서를 지키며 부상자를 치료했다.
③ 계엄군에 항복하고 독재 정치에 굴복했다.
④ 계엄군이 한 일을 세상에 알리기 위해 노력했다.
⑤ 수많은 사람이 희생되어도 민주화 운동을 계속했다.

10 다음에서 설명하는 사건은 어느 것입니까?
(   )

> 신군부 세력의 군사 정변 이후, 전라남도 광주에서 대규모 시위가 일어났다. 신군부 세력은 이를 진압하기 위해 계엄군을 보내 시위대뿐만 아니라 일반 시민까지 무자비하게 진압했다. 분노한 광주 시민들은 시민군을 만들어 계엄군에 대항했다.

① 4·19 혁명   ② 6월 민주 항쟁
③ 5·16 군사 정변   ④ 5·18 민주화 운동
⑤ 6·29 민주화 선언

11 빈칸에 들어갈 알맞은 말을 쓰시오.

> 1987년 6월, 시민들과 학생들이 전두환 정부의 독재 정치에 반대하고, 대통령 □□□을/를 요구하며 전국적인 시위를 벌였다.

_____

12 6월 민주 항쟁 과정에서 일어난 사건을 순서에 맞게 기호를 쓰시오.

> ㉠ 당시 여당 대표가 6·29 민주화 선언을 발표했다.
> ㉡ 시위에 참여한 박종철 학생이 경찰의 고문을 받다 사망한 사건이 드러났다.
> ㉢ 전두환 정부는 신문과 방송 등 언론을 통제하며 시민들의 민주화 요구를 탄압했다.
> ㉣ 박종철 사건에 분노한 시민들은 책임자 처벌, 대통령 직선제 개헌 등을 요구하며 시위를 벌였다.

_____

13 6월 민주 항쟁에 대한 설명으로 알맞지 <u>않은</u> 것은 어느 것입니까? (   )

① 박종철이 경찰의 고문을 받다가 사망했다.
② 정부는 결국 6·29 민주화 선언을 발표했다.
③ 경찰의 시위 진압 과정에서 많은 사람이 희생되었다.
④ 시민들은 대통령 간선제를 요구하며 시위를 계속 벌였다.
⑤ 전두환 정부는 시위 초기에 시민들의 요구를 무시하고 헌법을 바꾸지 않겠다고 발표했다.

중요

14 6·29 민주화 선언에 담긴 내용으로 알맞은 것을 보기 에서 모두 골라 기호를 쓰시오.

보기

⊙ 지방 자치제
ⓒ 대통령 직선제
ⓒ 언론의 자유 보장
ⓔ 국가의 이익을 위해 계엄군 확대

_____

15 다음에서 설명하는 제도를 쓰시오.

지역의 주민들이 직접 뽑은 지방 의회 의원과 지방 자치 단체장이 그 지역의 일을 스스로 해결할 수 있도록 하는 제도이다. 이 제도가 뿌리 내리면서 지역 주민들은 민주적인 절차에 따라 지역을 함께 발전시켜 나갈 수 있게 되었다.

_____

16 오늘날 시민들이 사회 공동의 문제를 해결하기 위해 사용하는 방법이 아닌 것은 어느 것입니까?
( )

① 1인 시위   ② 서명 운동
③ 시민군 모집   ④ 캠페인 활동
⑤ 대규모 집회

워드 클라우드와 함께하는 **서술형 문제**

[17-18] 워드 클라우드의 단어를 이용해 서술형 문제의 답을 쓰시오.

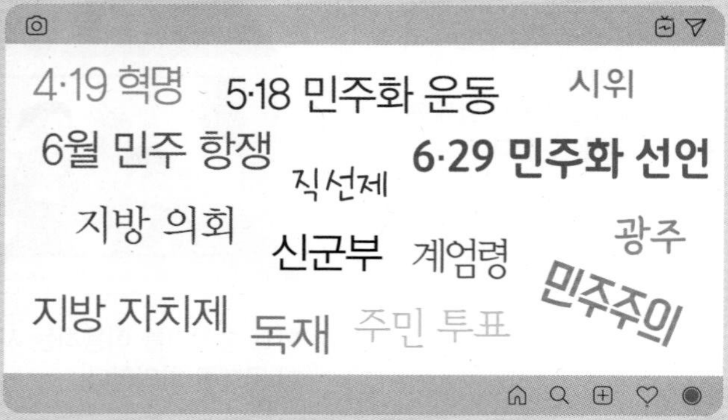

4·19 혁명   5·18 민주화 운동   시위
6월 민주 항쟁   6·29 민주화 선언
직선제
지방 의회   신군부   계엄령   광주
민주주의
지방 자치제   독재   주민 투표

⌂ 🔍 ⊞ ♡ ◉

17 다음 사건의 의의를 한 가지 쓰시오.

전국의 시민들은 전두환 정부의 독재 정치를 비판하고, 대통령 직선제를 요구하면서 6월 민주 항쟁을 일으켰다.

_____

18 다음에서 설명하는 제도의 역할을 쓰시오.

지방 자치제가 다시 시행되면서 주민 투표로 1991년에 지방 의회를 먼저 구성했고, 1995년에 도지사를 비롯한 지방 자치 단체장도 선출했다.

_____

생각이나 의견이 달라 갈등이 생긴 경험이 있나요?

❶ 학급 회의

(1) 학급 회의의 주제

학교 승강기를 이용하는 사람의 범위에 대한 문제를 회의한다.

자리 바꾸는 규칙을 어떻게 정할지 의논한다.

가을 ❶현장 체험 장소를 어디로 정할지 의논한다.

(2) 학급 회의의 진행 방법 보충 ❶

① 학급의 자리 바꾸는 규칙을 어떻게 정할지 친구들과 ❷토의했다.

② 여러 가지 의견 중 투표를 통해 규칙을 결정했다.

> 내용➕ 학급 회의 주제는 짝을 바꾸는 방법, 사물함 자리 정하는 방법, 청소 역할 정하는 방법, 급식 줄 서는 규칙 등 다양하다.

❷ 정치의 의미

(1) 정치의 뜻: 사람들이 함께 살아가다 보면 여러 가지 문제가 생길 수 있는데, 이러한 공동의 문제를 원만하게 해결해 가는 과정이다. 보충 ❷

> 내용➕ 사람들 사이에 생각이나 의견이 달라서 갈등이 생긴다.

(2) 정치의 사례 (시험 대비 핵심 자료) (속 시원한 활동 풀이)

가정	• 집안일 분담을 위한 가족회의 • ❸반려동물을 기르는 문제로 의견 나누기 • 인터넷 게임 시간을 정하기 위한 가족회의
학급	• 청소 당번을 정하기 위한 학급 회의 • 학급 규칙이나 학급 자리를 정하는 학급 회의 • 학급 임원 선거하기
학교	• 전교 어린이회 참석 • 전교 어린이회 임원 선거하기
지역	• 도서관 설립, 쓰레기 문제 등의 해결을 위한 주민 회의 • 환경 보호를 위한 시민 단체에서의 활동 • 지방 자치 단체장이나 지방 의회 의원 선거

보충 ❶

◉ **학급 회의를 하면 좋은 점**
- 학급 공동의 문제에 적극 참여하고 책임감을 가질 수 있다.
- 친구들의 다양한 의견을 들으며 문제를 민주적인 방법으로 해결할 수 있다.
- 학급 공동의 문제를 다 함께 계획하고 실천할 수 있다.

보충 ❷

◉ **정치의 의미**
좁은 의미의 정치는 국회 의원이 국민을 대표하여 법을 만들고, 대통령이나 장관 등이 국가의 중요한 일을 맡아 처리하며 정당에 가입하여 활동하는 것 등이다. 넓은 의미의 정치는 사회를 이루는 사람들 사이에 생기는 의견 차이를 좁히며 해결해 가는 모든 활동이다.

용어 사전

❶ **현장 체험**(現: 나타날 현, 場: 마당 장, 體: 몸 체, 驗: 시험 험): 일을 실제 진행하거나 작업하는 곳에 가서 몸소 겪는 것을 말한다.

❷ **토의**(討: 칠 토, 議: 의논할 의): 어떤 문제에 대해 검토하고 협의하는 것을 말한다.

❸ **반려동물**(伴: 짝 반, 侶: 짝 려, 動: 움직일 동, 物: 물건 물): 개, 고양이 등 가족처럼 생각하여 가까이 두고 보살피며 기르는 동물을 말한다.

시험 대비 **핵심 자료**

● 생활 속 정치의 사례

인터넷 게임 시간을 가족회의로 정하자.

가족회의로 인터넷 게임 시간을 정함.

버려지는 비닐을 줄이는 방법을 주민 회의에서 의논해 볼까요?

비닐 쓰레기를 줄이는 방법을 주민 회의에서 의논함.

누가 전교 회장이 될까?
투표함

선거를 통해 전교 어린이 회장을 뽑음.

우리 지역의 주택 부족 문제 해결 방안에 대한 의견을 말씀해 주세요.
공청회

주택 부족 문제 해결 방안을 공청회에서 논의함.

속 시원한 **활동 풀이**

스스로 활동 위 그림을 보고 가정, 학교, 지역 등 생활 속에서 이루어지는 정치의 사례를 찾아 써 봅시다.

예 우리 반을 대표하는 학급 임원을 뽑은 일이 정치에 해당합니다. 시민 단체가 환경 보호 활동을 합니다.

확인 톡!톡!

📍정답과 해설 4쪽

1 (   )(이)란 공동의 문제를 원만하게 해결해 가는 과정을 말한다.

2 교실의 자리 바꾸는 규칙을 정하는 것은 정치에 해당하지 않는다.   (O | X)

3 가족회의로 인터넷 게임 시간을 정하는 것은 정치에 해당한다.   (O | X)

민주주의의 의미와 중요성을 알아볼까요?

탐구해요

❶ 민주주의의 의미

(1) **옛날의 정치 참여:** 왕이나 귀족 등 신분이 높은 사람들만 국가의 일을 의논하고 결정하는 정치에 참여할 수 있었다. 보충 ❶

(2) **오늘날의 정치 참여**

① 시대가 변하면서 사람들은 모든 사람이 평등한 존재라는 것을 깨닫고, 누구나 자유롭게 정치에 참여할 수 있는 제도를 만들고자 노력했다.

② 오늘날에는 신분이나 재산, 성별 등과 관계없이 모든 사람이 정치에 참여할 수 있다.

(3) **민주주의의 의미:** 모든 국민이 국가의 주인으로서 ❶권리를 갖고, 그 권리를 자유롭고 평등하게 행사하는 정치 제도를 말한다. 보충 ❷ (시험 대비) 핵심 자료

(4) **민주주의의 다양한 예**

▲ 왕, 귀족 등 소수가 나라를 다스릴 경우 특정 사람에게만 유리한 결정을 할 수 있다.

▲ 학생 자치회: 학생이 학교의 중요한 일을 스스로 결정한다.

▲ 주민 자치회: 지역 주민이 지역 문제를 해결하는 데 참여한다.

▲ 공청회: 시민이 국가나 지방 자치 단체에서 여는 시민 공청회에 참석한다.

▲ 지방 의회: 지역 대표자가 지역 주민을 대신해 지역 일을 처리한다.

❷ 민주주의의 기본 정신

(1) **민주주의 기본 정신 실현:** 인간의 ❷존엄성을 바탕으로 자유와 평등을 보장한다.

(2) **민주주의의 기본 정신** (속 시원한) 활동 풀이

인간의 존엄성	모든 사람이 태어나는 순간부터 그 자체만으로도 존중받을 가치와 권리가 있다.
자유	국가나 다른 사람들에게 구속받지 않고 자신의 의사를 스스로 결정할 수 있어야 하고, 다른 사람의 자유를 침해해서도 안 된다.
평등	신분, 재산, 성별, 인종 등에 따라 부당하게 차별받지 않고 평등하게 대우받아야 한다.

보충 ❶

◉ **왕이 혼자서 정치 문제를 해결할 때의 장점과 단점**

· 장점: 문제를 신속하게 해결할 수 있다.

· 단점: 왕이 나라 전체의 일을 살펴 결정하기 어렵고, 백성들은 왕이 시키는 대로 따라야 한다.

보충 ❷

◉ **민주주의의 어원**

민주주의에서는 국민이 정치 권력을 가진다. 즉 국민이 국가의 주인으로서 주권을 가지고 그 권력을 스스로 행사한다. 민주주의(Democracy)라는 용어는 '국민'을 의미하는 그리스어 데모스(Demos)와 '통치'를 의미하는 그리스어 크라토스(Kratos)에서 생겨났다. 즉 민주주의는 국민이 통치하는 정치 제도를 말한다.

용어 사전

❶ **권리**(權: 권세 권, 利: 이로울 리): 어떤 일을 하거나 다른 사람에 대해 당연히 요구할 수 있는 힘이나 자격을 말한다.

❷ **존엄성**(尊: 높을 존, 嚴: 엄할 엄, 性: 성품 성): 감히 범할 수 없을 정도로 높고 엄숙한 성질을 뜻한다.

시험 대비 핵심 자료

● 고대 그리스 아테네의 민주주의

민주 정치는 고대 그리스 아테네에서 처음 나타났다. 고대 아테네에서는 시민으로 구성된 민회에서 공동체의 중요한 일을 결정하는 직접 민주 정치가 이루어졌다. 하지만 아테네의 민주 정치는 여자, 노예, 외국인 등을 제외한 20세 이상의 성인 남자만 정치에 참여할 수 있었기 때문에 오늘날의 민주 정치와 차이가 있었다.

속 시원한 활동 풀이

스스로 활동 생활 속에서 민주주의를 실천한 사례를 살펴봅시다.

1 아래 빈칸에 들어갈 민주주의의 기본 정신을 낱말 카드에서 골라 써 봅시다.

인간의 존엄성	평등	자유
태어날 때부터 존중받을 권리가 있어요.	누구나 똑같이 한 표씩 투표해요.	자신이 원하는 직업을 자유롭게 선택할 수 있어요.

인간의 존엄성
평등
자유

2 일상생활에서 경험한 민주주의의 실천 사례를 발표해 봅시다.

예 원하는 곳을 자유롭게 갈 수 있고, 내가 가진 의견을 자유롭게 말할 수 있습니다.

잠깐! 확인해요

민주주의는 권력을 가진 사람들에게만 국가의 주인으로서의 권리를 보장한다. (O ㅣ X)   (X   )

확인 톡! 톡!

♥ 정답과 해설 4쪽

1 민주주의의 예로 학생 자치회, 주민 자치회를 들 수 있다.   (O ㅣ X)

2 민주주의는 모든 사람이 그 자체만으로도 존중받을 가치와 권리가 있다는 (   )을/를 바탕으로 한다.

3 신분, 재산, 성별, 인종 등에 따라 부당하게 차별받지 않고 평등하게 대우받아야 한다.   (O ㅣ X)

민주주의를 실천하는 바람직한 태도를 알아볼까요?

보충 ①

◉ 생활 속에서의 민주주의 실천
어떤 문제가 생겼을 때 그와 관련된 사람들의 의견을 모두 듣고 토론하면서 서로 양보하고 타협하며 결정할 때 생활 속에서 민주주의를 실천한다고 할 수 있다. 어느 한 사람의 일방적인 주장이 아니라 여러 사람의 의견을 모아 서로 다른 의견을 받아들이고 조정할 때 공동의 문제를 원만히 해결할 수 있다.

❶ 학교 승강기 이용 문제에 관한 의견

(1) 몸이 불편한 학생들만 승강기를 이용하자는 의견

① 많은 학생들이 승강기를 사용하면 몸이 불편한 학생들은 승강기를 쓰지 못할 수도 있다.

② 학교의 승강기는 원래 몸이 불편한 학생들을 위해 만들어졌다는 것을 생각해야 한다.

◀ 몸이 불편한 학생만 승강기를 이용하자.

(2) 다 함께 승강기를 이용하자는 의견

① 몸이 불편한 학생이 있을 때는 양보하면 된다.

② 아침에 무거운 가방을 메고 5층 교실까지 올라가기 힘들다.

◀ 다 함께 승강기를 이용하자.

❷ 민주주의를 실천하는 바람직한 태도

(1) 민주주의를 실천하는 태도의 필요성 보충 ①

① 각자 자신의 입장만 주장하다 보면 갈등과 대립은 심해지고 또 다른 문제들이 발생할 수 있다.

② 대화와 토론을 바탕으로 ❶관용과 비판적 태도, 양보와 ❷타협하는 자세가 필요하다.

(2) 민주주의를 실천하는 태도 시험 대비 핵심 자료   속 시원한 활동 풀이

관용	나와 다른 의견을 인정하고 ❸포용하는 태도이다. 예 학교 시설을 같이 이용한다는 측면은 좋은 것 같아.
비판적 태도	사실이나 의견의 옳고 그름을 따지는 태도를 가리킨다. 예 학교 승강기 안에 장애인용이라고 표시되어 있어.
양보와 타협	상대방에게 서로 배려하고 협의하는 것이다. 예 몸이 불편한 학생들이 먼저 사용해야 한다는 규칙을 만들면 될 것 같아.
실천	함께 결정한 일을 따르거나 실제로 행동하는 것이다. 예 꼭 필요할 때 쓰지 못하는 일이 발생하지 않도록 해야 해.

용어 사전

❶ 관용(寬: 너그러울 관, 容: 용서할 용): 남의 잘못을 너그럽게 용서하거나 받아들임을 말한다.

❷ 타협(妥: 온당할 타, 協: 도울 협): 어떤 일을 서로 양보해 협의하는 것이다.

❸ 포용(包: 쌀 포, 容: 얼굴 용): 남을 너그럽게 감싸 주거나 받아들이는 것을 뜻한다.

공부한 날   월   일

시험 대비 핵심 자료

● 민주적으로 문제를 해결하는 과정

| 갈등, 다툼, 공동의 문제 발생 | > | 의견을 제시하고, 대화와 토론으로 의견 차이를 좁혀 나감. | > | 관용, 비판적 태도, 양보와 타협의 자세가 필요함. | > | 의견을 모아 결정한 사항을 따르고 실천함. |

> 이번에는 농장으로 현장 체험을 가서 많은 경험을 해 보면 좋겠어.

> 부족한 일손도 도울 겸 농장으로 가는 것도 좋을 것 같아.

속 시원한 활동 풀이

 다 함께 활동 민주주의를 실천하는 바람직한 태도를 생각해 봅시다

1 학급 공동의 문제를 해결하는 과정에서 어떤 태도를 가져야 할지 이야기해 보고, 붙임 딱지를 붙여 봅시다. 붙임❷ 활용

예 대화와 토론을 바탕으로 관용과 비판적 태도, 양보와 타협하는 자세가 필요합니다.
관용: 나와 다른 의견을 인정하고 포용하는 태도
비판적 태도: 사실이나 의견의 옳고 그름을 따져 살펴보는 태도
양보와 타협: 서로 배려하고 협의하는 것

2 승강기 이용 문제를 어떻게 해결하면 좋을지 모둠별로 토의해 봅시다.

예 몸이 불편한 학생이 우선 사용하되 급하지 않을 때는 모두 사용하게 하는 규칙을 정하면 좋을 것 같습니다.

🐸 잠깐! 확인해요

일상생활 속 문제를 해결할 때 나와 다른 의견을 인정하고 포용하는 ☐☐이/가 필요하다.   (관용)

확인 톡! 톡!

📍정답과 해설 4쪽

1 어떤 문제에 대한 의견이 나누어졌을 때 각자 자신의 입장만 주장하면 문제를 해결할 수 있다.   (O ㅣ X)

2 사실이나 의견의 옳고 그름을 따지는 태도는 (관용, 비판적 태도)이다.

3 생활 속에서 민주주의를 실천하려면 함께 결정한 일은 따르고 실천해야 할 필요가 없다.   (O ㅣ X)

민주적 의사 결정 원리를 알아볼까요?

① 일상생활 속 갈등

(1) ❶갈등 발생: 얼마 전까지 가축을 키우는 농가가 있던 지역에 아파트가 들어서면서 농가에 사는 주민들과 아파트 단지에 사는 주민들 간에 갈등이 일어났다.

가축을 잘 기르고 있었는데 아파트 단지가 들어선 게 문제예요.

사람들이 사는 곳 주변에 가축을 기르는 농가가 있으면 안 돼요.

(2) 갈등 전개

① 갈등이 심해지자 주민들은 시청에 문제를 해결해 줄 것을 요구했다.

② 아파트 단지에 사는 주민들은 축산 농가를 다른 지역으로 옮겨 줄 것을 요구했고, 축산 농가 사람들은 그럴 수 없다고 반대했다.

(3) 갈등 해결 노력: 농가 주민의 대표, 아파트 단지 주민의 대표, 주민 자치 위원회 대표, 시청 공무원과 그 외 지역 주민들이 만나 회의를 했다. 보충 **①**

(4) 문제 해결

① 농가 대표: 악취 감소 시설을 알아보겠다.

② 아파트 단지 대표: 분기별 간담회를 열어 함께 잘 살아갈 방안을 찾아보겠다.

③ 시청 공무원: 농가에서 악취 감소 시설을 설치하는 데 드는 비용을 지원하겠다.

내용➕ 각 대표자들은 대화와 토론을 거쳐 양보와 타협으로 문제를 해결했다.

② 민주적 **❷**의사 결정 원리   시험 대비 핵심 자료   속 시원한 활동 풀이

(1) 대화와 토론: 상대방의 생각을 확인하고 이해할 수 있다.

(2) 양보와 타협: 모두가 만족할 만한 해결책을 찾을 수 있다.

내용➕ 언제나 대화와 토론을 거쳐 양보와 타협에 이르는 것은 아니다. 양보와 타협이 어려우면 사람들은 다수결의 원칙으로 문제를 해결한다.

(3) 다수결의 원칙 보충 **②**

① 뜻: 많은 사람이 선택한 의견이 더 나을 것으로 가정하고 다수의 의견을 채택하는 방법이다.

② 좋은 점: 사람들끼리 양보와 타협이 어려울 때 쉽고 빠르게 문제를 해결할 수 있다.

③ 주의점: 소수의 의견을 존중하는 태도를 가져야 한다.

내용➕ 다수의 의견이 항상 옳은 것이 아니기 때문에 다수의 횡포로부터 소수를 보호하고, 소수의 의견도 존중하는 태도를 가져야 한다.

1 단원

시험 대비 핵심 자료

● 다수결의 원칙을 이용하는 모습

일상생활에서의 의사 결정   학급 회의로 안건 결정

민주주의 사회에서는 다양한 의견을 하나로 모아 결정할 때 다수결의 원칙에 따라 의견을 결정하게 된다. 하지만 다수결의 원칙을 통해 결정된 사항이 있더라도 다수의 사람은 그것을 반대했던 소수의 의견을 존중해야 하며, 소수의 의견도 귀를 기울여야 한다.

속 시원한 활동 풀이

🔥 **스스로 활동**

1 위 사례에서 주민들이 갈등을 어떻게 해결하였는지 이야기해 봅시다.

[예] 대화를 하면서 상대방의 생각을 확인하고 이해하고자 했습니다. 양보와 타협을 통해 서로의 의견 차이를 줄이려고 했습니다. 각자의 위치에서 할 수 있는 방안을 찾아 문제를 해결하고자 했습니다.

2 생활 속에서 다수결의 원칙을 이용하는 모습을 찾아 써 봅시다.

[예] 가정 – 집안일 분배를 다수결의 원칙으로 정했습니다.
지역 – 주민 투표를 통해 주민 자치 회의 안건을 다수결의 원칙에 따라 결정했습니다.
학교 – 학급 규칙을 정할 때 다수결의 원칙에 따랐습니다.

🐸 **잠깐! 확인해요**

☐☐☐의 원칙이란 많은 사람이 선택한 의견이 더 나을 것으로 가정하고 다수의 의견을 채택하는 방법이다.

(다수결)

확인 톡!톡!

📍정답과 해설 **4**쪽

1 지역 주민들이 지역의 일을 자발적으로 해결하기 위해 만든 조직을 (   )(이)라고 한다.

2 의견을 하나로 모으기 어려울 때 다수의 의견을 채택하는 방법을 (   )의 원칙이라고 한다.

3 다수결의 원칙을 적용할 때 빠르게 문제를 해결해야 하므로 소수의 의견을 존중할 필요는 없다.   (O I X)

민주적 의사 결정 원리에 따라 생활 속 문제를 해결해 볼까요?

보충 ①

◉ 민주적 의사 결정 원리에 따른 문제 해결
- 문제 확인
- 문제 발생 원인 파악
- 문제 해결 방안 탐색: 대응 방안 생각하기
- 문제 해결 방안 결정: 다수결의 원칙으로 해결 방안 결정하기
- 문제 해결 방안 실천: 결정한 내용 실천하기

보충 ②

◉ 모둠에서 논의한 해결 방안 예시

서로 존중하고 평화로운 학교를 만들기 위해 '서로 높임말을 쓰자, 학교 폭력 예방 학생 자치 위원회를 만들자, 선생님과 함께 학생 고민 상담소를 운영하자'를 제안한다.

① 내가 바라는 학교의 모습

(1) 생활 속 문제의 민주적 해결 사례: 우리 학교에 어떤 문제가 있고, 내가 바라는 학교의 모습이 무엇인지 생각해 보고 문제 해결 방안을 찾아본다.

(2) 내가 바라는 학교의 모습 예시

① **체육관:** 체육관이 좁아 비가 오면 운동하기가 힘들므로 체육관이 넓어 비 오는 날에도 운동을 할 수 있었으면 좋겠다.

② **점심시간:** 점심시간이 짧아 급식을 급히 먹으므로 급식 시간이 늘었으면 좋겠고, 우리가 좋아하는 음식이 자주 나왔으면 좋겠다.

③ **학교 폭력:** 학교 폭력이 없는 학교를 원하므로 바른말 고운 말을 사용하고, 서로 존중하는 평화로운 학교면 좋겠다.

④ **휴식 공간:** 쉬는 시간에 교실에만 있는 것은 답답하므로 쉴 수 있는 곳이 만들어졌으면 좋겠다.

② 내가 바라는 학교 모습을 만들기 위한 해결 방안

(1) 문제 해결 방안 과정 보충 ①

❶ 내가 바라는 학교의 모습에 대해 비슷한 생각을 하는 친구들끼리 모여 모둠을 만든다.
❷ 모둠에서 바라는 학교를 만들기 위해 어떤 문제를 해결하면 좋을지 의논한다.
❸ 모둠에서 논의한 문제 해결 방안을 규칙으로 만든 뒤 발표한다.
❹ 어느 모둠의 규칙이 가장 먼저 필요한지 다수결의 원칙에 따라 결정한다. 그 뒤 전교 어린이회 등 학교에 그 규칙을 ❶건의한다.

(2) 문제 해결 방안 예시 보충 ②

용어 사전

❶ **건의**(建: 세울 건, 議: 의논할 의): 개인이나 단체가 의견이나 희망을 내놓는 것을 말한다.

내용↑ ① 충분한 대화와 토론을 통해 서로 양보하여 하나의 의견을 모은다.
② 다수결의 원칙을 활용해서 의견을 하나로 모은다.

속 시원한 **활동 풀이**

내가 바라는 학교의 모습

예 모두가 안전한 학교를 만드는 방법

예 ㆍ학교 계단에 안전 울타리를 설치하여 안전한 학교를 만듭시다.
ㆍ복도나 계단에서 오른쪽 통행을 합시다.
ㆍ복도나 계단에서 뛰거나 장난을 치지 맙시다.

예 쉼터가 있는 행복한 학교를 만드는 방법

예 ㆍ복도에 쉼터 공간을 만들고 책을 두고 읽거나, 작품을 감상할 수 있는 공간을 만듭시다.
ㆍ쉼터에서는 쉬고 있는 친구들을 위해 시끄럽게 장난치지 맙시다.
ㆍ모두가 행복한 쉼터가 되기 위해 청소를 돌아가면서 합시다.

확인 **톡!톡!**

📍정답과 해설 **4쪽**

1 다수결의 원칙은 문제를 민주적으로 해결하는 유일한 수단이다.   (O ㅣ X)

2 해결하고 싶은 문제를 선정할 때에는 충분한 논의를 거친 후 결정한다.   (O ㅣ X)

3 민주적 의사 결정에 따른 문제를 해결할 때 (   )의 원칙에 따라 결정한다.

즐겁게 정리해요

● '일상생활과 민주주의'에서 배운 내용을 떠올리며 가로, 세로, 대각선으로 낱말을 연결해 문제의 답을 찾아봅시다.

태	도	토	지	관	용	④비
존	③자	사	결	규	난	판
엄	유	타	①정	칙	대	화
평	기	협	치	⑤다	실	천
가	등	증	문	제	수	행
양	소	수	경	견	권	결
보	②민	주	주	의	동	력

❶ 가정, 학교, 지역, 국가 등에서 일어나는 문제를 원만히 해결해 가는 과정을 말한다.

❷ 모든 국민이 국가의 주인으로서 권리를 가지고 있으며 그 권리를 자유롭고 평등하게 행사하는 정치 제도를 말한다.

❸ 자신의 의사를 구속받지 않고 스스로 결정할 수 있는 것을 말한다.

❹ 사실이나 의견의 옳고 그름을 따져 살펴보는 태도를 □□적 태도라고 한다.

❺ 의견을 하나로 모으기 어려울 때 많은 사람이 선택한 의견이 더 나을 것으로 생각해 더 많은 사람들의 의견을 채택하는 방법을 □□□의 원칙이라고 한다.

핵심 꿀꺽 질문

| 민주주의의 의미와 중요성을 설명할 수 있나요? | |

| 생활 속에서 민주주의를 실천하는 태도를 가질 수 있나요? | |

| 민주적 의사 결정 원리를 이해하고 생활 속에서 실천할 수 있나요? | |

1 밑줄 친 '이것'을 무엇이라고 하는지 쓰시오.

> 사람들이 함께 살아가는 곳에서는 여러 가지 문제가 생길 수 있다. 이러한 공동의 문제를 원만하게 해결해 가는 과정을 이것이라고 한다.

_____

2 정치의 사례로 알맞지 <u>않은</u> 것은 어느 것입니까?
(　　　)

① 학급 임원을 뽑는 선거에 참여한다.
② 시민 단체가 환경 보호 활동을 한다.
③ 청소 당번을 정하는 학급 회의를 한다.
④ 저녁으로 어떤 음식을 먹을지 고민한다.
⑤ 주차 문제를 해결하기 위해 주민 회의를 한다.

중요
3 빈칸에 들어갈 알맞은 말을 쓰시오.

> □□□□(이)란 모든 국민이 국가의 주인으로서 권리를 갖고, 그 권리를 자유롭고 평등하게 행사하는 정치 제도를 말한다.

_____

4 민주주의의 예로 알맞지 <u>않은</u> 것은 어느 것입니까?
(　　　)

① 체험 학습　　　② 학급 회의
③ 지방 의회　　　④ 시민 공청회
⑤ 주민 자치 위원회

5 빈칸에 공통으로 들어갈 알맞은 말을 쓰시오.

> 민주주의는 모든 사람이 그 자체만으로도 존중받을 가치와 권리가 있다는 인간의 □□□을/를 바탕으로 한다. □□□□(이)란 감히 범할 수 없을 정도로 높고 엄숙한 성질을 뜻한다.

_____

중요
6 ㉠, ㉡에 들어갈 알맞은 말을 각각 쓰시오.

> 민주주의의 기본 정신 중 누구나 똑같이 한 표씩 투표하는 것은 [㉠] 과/와 관련 있다. 자신이 원하는 직업을 누구나 스스로 선택할 수 있는 것은 [㉡] 과/와 관련 있다.

㉠ _____
㉡ _____

중요
7 민주주의를 이루기 위한 기본 정신으로 알맞지 <u>않은</u> 것은 어느 것입니까? (　　　)

① 모든 사람은 존중받아야 한다.
② 모든 사람은 평등하게 대우받아야 한다.
③ 모든 사람은 항상 자유롭게 행동할 수 있다.
④ 모든 사람은 자신의 의사를 스스로 결정할 수 있다.
⑤ 모든 사람은 재산, 성별 등에 따라 부당하게 차별받지 않아야 한다.

8 다음 대화에서 다영이가 실천하고 있는 민주적인 태도는 어느 것입니까? (　　　)

> 영주: 학교 승강기 안을 보면 장애인용이라고 표시되어 있어. 하지만 나도 힘들 땐 사용하고 싶은데 모두가 사용할 수 있도록 하는 것은 어때?
> 지호: 좋은 의견이야. 하지만 꼭 필요할 때 쓰지 못하는 경우가 없도록 몸이 불편한 학생들이 먼저 사용해야 한다는 규칙을 정하면 좋을 것 같아.
> 다영: 양보받는 학생들의 마음이 불편할 수도 있다는 사실을 생각해 보아야 할 것 같아.

① 관용　　　　　　② 양보
③ 포용　　　　　　④ 타협
⑤ 비판적 태도

9 빈칸에 들어갈 알맞은 말을 쓰시오.

> 우리가 각자 자신의 입장만 주장하다 보면 갈등과 대립은 심해지고 또 다른 문제들이 발생할 수 있다. 따라서 [　　]과/와 토론을 바탕으로 관용과 비판적 태도, 양보와 타협하는 자세가 필요하다.

10 다음에서 설명하는 민주주의를 실천하는 바람직한 태도를 쓰시오.

> 민주적인 방법으로 문제를 해결하기 위해 나와 다른 의견을 인정하고 포용하는 태도이다.

11 민주주의 사회에서 다음 문제를 해결하는 방법으로 알맞은 것은 어느 것입니까? (　　　)

> 얼마 전까지 가축을 키우는 농가가 있던 지역에 아파트가 들어서면서 축사에서 발생하는 악취로 인해 농가에 사는 주민들과 아파트 주민들 사이에 갈등이 일어났다.

① 의견이 같은 사람들끼리만 모인다.
② 지방 자치 단체장의 결정에 따른다.
③ 대표자들이 모여 대화와 토론을 바탕으로 문제를 해결한다.
④ 이 지역에 먼저 살고 있었던 농가 주민들의 뜻에 따라 결정한다.
⑤ 아파트 건설을 허가한 시청 공무원이 모든 것을 책임지고 사퇴한다.

12 밑줄 친 '이 조직'은 무엇인지 쓰시오.

> <u>이 조직</u>은 지역 주민들이 지역의 일을 자발적으로 해결하기 위해 만들어졌다. <u>이 조직</u>의 대표와 지역 소속 공무원들이 모여 주민들 사이의 갈등을 해결해 나갈 수 있다.

중요
13 다수결의 원칙에 대한 설명으로 알맞지 않은 것은 어느 것입니까? (　　　)

① 쉽고 빠르게 의사 결정을 할 수 있다.
② 모든 사람의 의견을 충분히 논의한 후 진행한다.
③ 다수의 의견으로 결정하므로 소수의 의견은 무시한다.
④ 더 많은 사람이 선택한 의견이 나을 것으로 가정한다.
⑤ 다수결의 원칙은 민주적인 의사 결정 방법 중 하나이다.

14 생활 속에서 다수결의 원칙을 이용하는 모습으로 알맞지 **않은** 것은 어느 것입니까? (   )

① 지방 자치 단체장을 선출하기 위한 투표를 한다.

② 학급 규칙을 정할 때 힘이 센 친구의 의견대로 한다.

③ 지역 문제를 해결하기 위해 주민들이 모여 투표를 한다.

④ 가족끼리 여행 갈 곳을 정할 때 더 많은 사람이 고른 곳으로 정한다.

⑤ 학급 회의에서 안건을 결정할 때 더 많은 학생이 고른 안건으로 결정한다.

15 빈칸에 들어갈 알맞은 말을 쓰시오.

> **회장:** 우리 학교의 운동장 이용 시간에 대한 문제를 해결하기 위해 충분한 논의를 거쳤는 데도 의견이 하나로 잘 모이지 않고 있습니다. 따라서 □□□ 의 원칙으로 결정해서 가장 많은 표를 얻은 의견을 채택하겠습니다.

중요

16 민주주의를 실천하는 태도와 그에 대한 설명을 바르게 선으로 연결하시오.

(1)	타협	•		•	㉠	나와 다른 의견을 인정하고 포용하는 태도
(2)	관용	•		•	㉡	사실이나 의견의 옳고 그름을 따지는 태도
(3)	비판적 태도	•		•	㉢	서로 다른 의견을 가진 상대방과 협의하는 것

워드 클라우드와 함께하는 서술형 문제

[17-18] 워드 클라우드의 단어를 이용해 서술형 문제의 답을 쓰시오.

> 정치   일상생활   가정   **다수결의 원칙**
> 학교   사회   대화와 토론   권리
> **양보와 타협**   **관용**   **비판적 태도**
> 회의   공동체
> 공동의 문제   국민   기본권   **민주주의**

17 밑줄 친 '이것'을 쓰고, 일상생활에서 경험할 수 있는 '이것'의 예를 한 가지 쓰시오.

> 사람들이 함께 살아가다 보면 여러 가지 문제가 생길 수 있다. 이러한 공동의 문제는 민주적인 방법으로 원만하게 해결하기 위해 노력해야 한다. 이러한 과정을 <u>이것</u>(이)라고 한다.

18 밑줄 친 '이것'을 쓰고, '이것'의 장점을 간단하게 쓰시오.

> 공동체에 발생한 문제를 해결할 때 의견을 하나로 모으기 어려운 때가 있다. 이때 <u>이것</u>으로 문제를 해결할 수 있다.

색깔로 세상을 바꾼 학생들

살색은 우리나라에서 사람의 피부색을 뜻하는 색으로 사용되어 왔습니다. '살색'이 '연주황(軟朱黃)'을 거쳐 '살구색'으로 바뀐 과정에는 초 · 중학생 6명의 숨은 노력이 있었습니다.

▲ 크레파스의 '살색'을 '살구색'으로 바꾼 학생들

여러분은 살색이라고 하면 어떤 색이 떠오르나요?

사람마다 피부색은 모두 다른데, 특정한 색 하나를 살색으로 불러도 될까요?

2000년대 초반까지 우리나라 크레파스에는 살색이 존재했습니다. 하지만 일부 사람들이 국가 인권 위원회에 '살색'이라는 표현은 인종 차별이고 평등권 침해라는 문제를 제기하면서 변화를 가져왔습니다.

2002년, 국가 인권 위원회는 이들의 의견을 받아들여, 국가 기술 표준원에 KS(한국 산업 규격) 표준을 개정하도록 권고했습니다. 색깔의 명칭을 담당하는 기술 표준원은 '살색'을 '연주황'으로 바꾸었습니다.

하지만 크레파스를 주로 사용하는 어린 학생들은 새로 바뀐 '연주황(軟朱黃)'이라는 색이 어떤 색인지 알기 어려웠습니다. 연할 '연(軟)', 붉을 '주(朱)', 누를 '황(黃)'을 조합한 연주황이란 한자가 너무 어렵기 때문이었지요.

여섯 명의 학생들은 "어른들도 잘 모르는 '연주황'을 왜 어린이들이 쓰는 크레파스와 물감의 색 이름으로 정했는지 이해할 수 없다."라고 하며 "어른들만 아는 색깔은 어린이의 인권을 침해하는 것이라고 주장했습니다. 알기 쉬운 '살구색'으로 바꿔 달라고 국가 인권 위원회에 다시 진정서를 냈습니다.

어른들도 잘 모르는 '연주황'을 왜 어린이들이 쓰는 크레파스와 물감의
색이름으로 정했는지 알 수 없어요.

— 대한민국 어린이들 대표 김○○ —

결국 국가 인권 위원회는 이들의 의견을 받아들여 권고하기로 했고, 2005년 기술 표준원은 '살색'이라는 명칭을 '살구색'으로 바꾸었습니다. 여섯 명의 학생들이 '살색'을 '살구색'으로 바꾸게 된 것입니다.

무심코 지나칠 수 있는 크레파스의 색깔에 대해 비판적인 태도로 접근한 사람들, 양보와 타협의 태도로 이들의 의견을 무시하지 않은 국가 인권 위원회의 민주적인 태도로 누구나 쉽게 알 수 있는 '살구색'이 탄생하게 되었습니다.

국민이 주권을 가진다는 것은 어떤 뜻일까요?

① 대통령 선거

(1) 공약 살펴보기: 대통령 선거일 전날 대통령 후보자들의 공약을 다시 살펴본다.

(2) 선거일: 투표소에는 많은 사람이 투표를 하기 위해 줄을 선다.

(3) 선거 관련 뉴스: 선거 투표율 소식, ❶선거권을 가지게 되어 기뻤다는 고등학생의 면담, 해외에 사는 우리나라 국민의 투표 참여 등의 소식을 다룬다.

(4) 투표에 참여하는 까닭: 자신이 원하는 후보자에게 투표할 수 있는 권리를 가지고 있기 때문이다. (속 시원한 활동 풀이)

② 국민 주권

(1) 국민 주권의 뜻: 국민이 나라의 주인이고 나라의 의사를 결정할 수 있는 최고 권력인 주권이 국민에게 있다는 민주 정치의 원리이다. 보충❶, ❷

(2) 국민 주권의 원리: 우리나라 ❷헌법에서도 주권이 국민에게 있음을 분명히 밝히고 있으며, 이를 실현하기 위해 국민의 자유와 권리를 법으로 보장하고 있다. (시험 대비 핵심 자료) (속 시원한 활동 풀이)

(3) 권력 분립의 원리: 국민 주권을 지키려고 국회, 정부, 법원 등의 국가 기관이 국가 권력을 서로 나누어 맡아 국민의 자유와 권리를 보장하고 있다.

(4) 우리나라 정치 발전 과정에서 국민 주권을 지키려는 노력: 4·19 혁명, 5·18 민주화 운동, 6월 민주 항쟁 등에서 찾아볼 수 있다.

(5) 국민 주권을 위해 우리가 할 수 있는 일

① 국민으로서 권리와 의무를 다해야 한다.

② 정치에 항상 관심을 가지고 적극적으로 참여해야 한다.

③ 민주 선거의 원칙

(1) 선거: 국민이 주인으로서 권리를 행사하는 중요한 방법이다.

내용➕ 국민을 대표할 사람을 뽑는 사람이 국민이고, 그들을 뽑는 방법이 선거이기 때문에 민주주의의 꽃이라고 한다.

(2) 선거 관리 위원회: 선거와 국민 투표가 공정하게 이루어지도록 관리하는 독립된 국가 기관이다. 보충❸

(3) 민주 선거의 기본 원칙

보통 선거	선거일 기준으로 만 18세 이상의 국민이면 누구나 선거에 참여할 수 있음.
평등 선거	누구나 똑같이 한 표씩만 투표할 수 있음.
직접 선거	선거권을 가진 사람이 직접 투표해야 함.
비밀 선거	자신이 누구에게 투표했는지 다른 사람이 알지 못하게 함.

보충 ❶

● **주권**

나라의 의사를 최종적으로 결정하는 최고의 권력을 말한다. 나라 내부적으로는 다른 어떤 권력에 대해서도 우월한 최고의 권력이고, 나라 외부적으로는 다른 나라의 의사에서 독립하여 활동할 수 있는 성격을 가진다.

보충 ❷

● **민주 정치의 원리**

국민 주권의 원리	나라의 의사를 결정하는 최고 권력인 주권이 국민에게 있다는 것을 의미함.
권력 분립의 원리	국가 권력을 서로 다른 기관이 나누어 맡아 함께하는 것을 의미함.

보충 ❸

● **선거 관리 위원회의 역할**

부정 선거가 일어나는지 감시하고, 국민에게 선거에 관한 올바른 의식을 갖도록 하는 교육을 한다.

용어 사전

❶ **선거권**(選: 가릴 선, 擧: 들 거, 權: 권리 권): 선거에 참여하여 투표할 수 있는 권리이다.

❷ **헌법**(憲: 법 헌, 法: 법 법): 나라의 통치 조직과 운영 원리, 국민의 기본권을 정해 둔 최고의 법을 말한다.

시험 대비 핵심 자료

● 헌법에 명시된 국민 주권의 원리

대한민국 헌법

제1조 ① 대한민국은 민주 공화국이다
　　　② 대한민국의 주권은 국민에게 있고,
　　　　모든 권력은 국민으로부터 나온다.
제24조 모든 국민은 법률이 정하는 바에
　　　의하여 선거권을 가진다.

국민 주권은 민주 정치의 원리 중 하나이다. 우리나라 헌법에서는 주권이 국민에게 있음을 밝히고 있다. 국민이 주인으로서 권리를 행사하는 중요한 방법으로, 그 권리에 관한 내용도 담겨 있다. 국민이 국가의 주민이라는 사실을 잊거나 지키려고 노력하지 않는다면, 자신의 주권을 누군가에게 빼앗길 수도 있다.

속 시원한 활동 풀이

 스스로 활동

1 투표에 관한 경험을 떠올려 보고 많은 사람이 투표에 참여하는 까닭을 발표해 봅시다.

예 학급 임원과 전교 어린이회 임원 선거에 참여했습니다. 투표에 참여하는 까닭은 선거에 참여해서 자신이 원하는 후보자에게 투표할 수 있는 권리를 가지고 있기 때문입니다.

2 만약 국민에게 주권이 없다면 어떤 일이 일어날지 이야기해 봅시다.

예 국가의 일을 하는 정치인들이 국민의 권리를 보장하지 않고 함부로 정치를 할 것입니다.

확인 톡!톡!

♀ 정답과 해설 6쪽

1 국민 주권은 국민이 나라의 주인이고 나라의 의사를 결정할 수 있는 최고 권력인 (　　　　)이/가 국민에게 있다는 민주 정치의 원리이다.

2 우리나라 (규칙, 헌법)에서는 주권이 국민에게 있음을 분명히 밝히고 있다.

3 민주주의 국가에서는 민주주의의 기본 정신을 실현하기 위해 민주 정치의 기본 원리를 두고 있다. （ O ｜ X ）

국회는 어떤 일을 하는지 알아볼까요?

❶ 국회와 국회 의원

(1) 국회: 국민의 대표인 국회 의원이 모여 있는 곳이다.

(2) 국회 의원: 국민의 선거를 통해 4년마다 선출한다. 보충 ❶

(3) 국회 의원 선출 시 판단이 중요한 까닭: 국민을 대표하는 기관인 국회가 하는 일이 매우 중요하므로 책임 있게 일할 후보자를 뽑아야 한다.

❷ 국회에서 하는 일

(1) 입법에 관한 일 (시험 대비) 핵심 자료 (속 시원한) 활동 풀이

① 새로운 법을 만들고 법을 고치거나 없애는 일을 한다.

② 법을 만들고 바꾸는 일은 국회에서 하는 가장 중요한 일이다.

(2) 국가 재정에 관한 일

① 나라 살림에 필요한 ❶예산안을 ❷심의하여 확정하는 일을 한다.

② 국민이 낸 세금으로 마련된 예산을 정부에서 잘 계획하고 꼭 필요한 곳에 사용했는지를 검토한다.

(3) 국가 정치에 관한 일

① 정부가 법에 따라 나랏일을 잘 처리하는지 국정 ❸감사를 한다.

② 정부에서 일하는 공무원을 국회로 불러서 궁금한 점을 묻거나 잘못된 점을 바로잡도록 요구한다.

❸ 국회 의사당 회의장

- 국회 의사당은 국회 의원들이 일을 하는 곳이다.
- 천장에 달린 365개의 전등에는 1년 내내 국민들이 지켜보고 있다는 뜻이 담겨 있다.
- 2층에는 기자들이 취재하는 곳과 사람들이 와서 볼 수 있는 곳 등이 있다.
- 국회 의원들은 책상에 있는 컴퓨터로 전자 투표를 한다.
- 국회 의원이 전자 투표에서 찬성과 반대 표시를 하면 그 결과가 화면에 보인다.
- 국회의 상징은 우리나라 꽃인 무궁화를 본떠 만들었다.
- 대통령이나 장관은 국회에 와서 국민을 위해 하고 있는 일을 국회 의원에게 설명한다.
- 국회 의장은 국회를 대표하고 의사를 정리하며, 질서를 유지하고 사무를 감독하는 일을 한다.

보충 ❶

◉ 국회 의원

- 국회 의원 피선거권자: 18세 이상이 되는 국민은 국회 의원 후보자로 출마할 수 있다.
- 임기: 4년(연임 가능), 국회 의원으로 당선되면 4년 동안 국회 의원으로서 활동할 수 있다. 따라서 4년마다 한 번씩 국회 의원을 뽑는 선거를 한다.
- 권한: 국회 의원이 부당한 간섭을 받지 않고 자주적으로 활동할 수 있도록 권한을 보장한다.
- 의무: 헌법과 국회법에는 국회 의원이 지켜야 할 의무가 있다. 국회 의원은 국회 의원으로 활동하는 동안 다른 직업을 가질 수 없고, 국민을 대표하는 사람으로서 품위를 지켜야 하는 등의 의무를 지켜야 한다.

용어 사전

❶ 예산(豫: 미리 예, 算: 계산 산): 1년 동안 나라 살림에 필요한 돈을 어디에, 어떻게 나누어 쓰겠다는 계획을 말한다.

❷ 심의(審: 살필 심, 議: 의논할 의): 어떤 일을 자세히 조사하고 토의하여 적절한지 판단하는 일이다.

❸ 감사(監: 살필 감, 査: 조사할 사): 감독하고 검사하는 것을 말한다.

시험 대비 **핵심 자료**

● **국회에서 하는 일**

국회에서는 국민의 자유와 권리를 보호하고 사회 질서를 유지하는 등의 역할을 하는 법을 만들고 고친다. 법은 민주주의 국가에서 일어나는 문제를 해결하는 기준이 되므로 법을 만드는 일은 국회에서 하는 가장 중요한 일이 된다.

> 어린이가 가정에서 안전하게 보호받을 수 없다고 판단하면 지방 자치 단체장이 즉시 그 어린이를 다른 시설에서 보호할 수 있도록 하는 「아동 복지법 일부 개정 법률안」을 발의합니다.

대한민국 국회

> 국회에서 통과된 이 법으로 어린이의 안전을 빨리 확보할 수 있게 되었습니다.

속 시원한 **활동 풀이**

다 함께 **활동**   만일 내가 국회 의원이라면 어떤 법을 제안할지 어린이에게 필요한 법을 모둠별로 만들어 봅시다.

1 생활하면서 불편하거나 어려웠던 사례를 떠올려 봅시다.

예 지난번에 화재 예방 교육을 받을 때 생각했는데, 주변에 설치된 소화기가 어린이들이 사용하기에는 너무 무거웠습니다.

2 떠올린 사례와 관련된 법이 있다면 어떻게 바꾸는 것이 좋을지, 법이 없다면 어떤 법을 만드는 것이 좋을지 생각해 봅시다.

예 어린이용 소화기를 제작하고 이를 어린이들이 많이 이용하는 곳에서는 꼭 설치하도록 하는 법을 만들겠습니다.

3 법률 제안서를 만들어 발표해 봅시다. 붙임**3** 활용

법률 제안서

*법률안 이름	어린이용 소화기 제작 및 설치에 관한 법률안
제안한 까닭	학교나 집에 설치되어 있는 소화기는 우리가 실제로 사용하기에 너무 무겁다. 또한 소화기 사용 방법이 우리가 이해하기 어려운 영어와 한자로 되어 있어 긴급한 상황에서 쉽게 사용하기 어렵다.
주요 내용	● 어린이의 신체 조건에 알맞은 소화기를 만든다. ● 어린이가 이해하기 쉬운 말로 사용 방법을 넣고 친근한 디자인으로 제작한다. ● 어린이의 활동이 많은 교육 관련 기관에 설치한다.
기대 효과	● 긴급한 상황에서 소화기를 쉽게 사용할 수 있다. ● 소화기에 관심을 갖게 되어 필요할 때 잘 쓸 수 있다.

4 친구들이 만든 법률 제안서 중에서 지금 가장 필요한 법률 제안서가 무엇인지 정해 봅시다.

예 어린이용 소화기 제작 및 설치에 관한 법률안입니다.

잠깐! **확인해요**

국회에서는 새로운 법을 만들고, 법을 고치거나 없애는 일을 한다. (O | X)   (O   )

확인 **톡!톡!**

📍 정답과 해설 6쪽

1 (   )에서는 새로운 법을 만들고 바꾸는 일을 한다.

2 국회는 나라 살림에 필요한 예산안을 심의하여 확정하는 일을 한다.   (O | X)

3 국회는 정부가 법에 따라 나랏일을 잘 처리하는지 확인하려고 (   )을/를 한다.

정부는 어떤 일을 하는지 알아볼까요?

① 정부

(1) **정부의 의미**: 국회가 만든 법에 따라 나라의 살림을 맡아 하는 곳이다.

(2) **정부의 구성**: 대통령을 중심으로 국무총리와 여러 개의 부, 처, 청, 위원회 등으로 구성된다.

② 대통령, 국무총리, 행정 각부가 하는 일

(1) **대통령** 보충 ❶

① 정부의 최고 책임자로서 나라의 중요한 일을 결정하며 외국에 대해 우리나라를 대표한다. 우리나라 대통령은 5년마다 국민이 직접 뽑는다.

② 공무원을 임명하고 국군을 ❶통솔하며 국제회의에 참석하는 등 ❷외교 활동을 한다.

(2) **국무총리**

① 대통령을 도와 행정 각부를 관리한다.

② 대통령이 외국을 방문하거나 특정한 이유로 일하지 못할 때 대통령의 임무를 대신 맡아서 한다.

(3) **행정 각부**: 여러 일을 나누어 맡아 한다. 최고 책임자인 장관, 그다음으로 차관, 각 부의 일을 맡아 하는 공무원들이 있다. (시험 대비 핵심 자료) (속 시원한 활동 풀이)

교육부	국민의 교육에 관한 일을 책임짐.	환경부	국민이 깨끗한 환경에서 살도록 환경을 관리하고 보호함.
외교부	다른 나라와 협력할 수 있는 정책을 만드는 일을 함.	국토 교통부	균형 있는 국토 발전을 위해 국토를 개발하는 일을 함.
통일부	북한과 교류, 협력 등에 관한 정책을 세우고 통일을 위해 노력함.	국방부	나라와 국민을 지킴.
보건 복지부	국민의 건강이나 복지 정책에 관한 일을 함.	문화 체육 관광부	우리나라의 문화유산을 보호하고 관리함.

(4) **국무 회의**

① 정부의 주요 정책을 심의하는 최고의 심의 기관이다.

② 대통령과 국무총리, 국무 위원(각부 장관)으로 구성된다.

보충 ❶

◉ **대통령제**

우리나라는 국민이 선출한 대통령이 국가 살림을 맡는 정부를 구성하여 운영한다. 이를 대통령제라고 한다. 대통령제의 기본 원칙은 정부와 국회가 엄격하게 권력을 나누어 가진다는 것이다. 이때 대통령은 국회의 간섭을 받지 않고 국가의 중요한 일을 결정하며 국가를 운영할 수 있다. 이에 따라 대통령제의 장점은 국회 다수당의 횡포를 막고 대통령 임기 동안 국가가 안정적으로 운영된다는 데 있다. 반면에 대통령의 권한이 지나치게 강해져 독재 정치가 이루어질 수 있다는 단점이 있다.

용어 사전

❶ **통솔**(統: 거느릴 통, 率: 거느릴 솔): 무리를 거느려 다스리는 것을 말한다.

❷ **외교**(外: 바깥 외, 交: 사귈 교): 다른 나라와 정치적, 경제적, 문화적 관계를 맺는 일이다.

시험 대비 핵심 자료

● 우리나라 정부 조직도(2021년 10월 기준)

정부는 국민들의 생명과 안전을 지켜 주고, 국민들이 편리하고 행복한 생활을 하도록 해 준다. 정부 조직은 법률에 따라 새로 만들어지거나 바뀌기도 한다. 교육부는 국민의 교육에 관한 일을 하고, 외교부는 다른 나라와 협력할 수 있는 정책을 만드는 일을 하며, 국방부는 나라를 지키는 일을 한다.

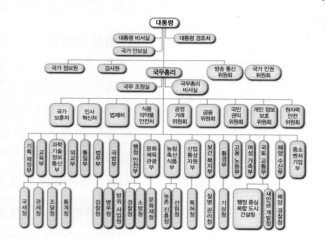

속 시원한 활동 풀이

스스로 활동 정부가 하는 일을 살펴봅시다.

1 그림은 정부가 하는 일을 나타낸 것입니다. 우리나라 정부 조직도를 확인하고 빈칸에 알맞은 기관을 써 봅시다.

국민이 깨끗한 환경에서 살도록 환경을 관리하고 보호합니다.	대한민국과 국민을 지킵니다.	균형 있는 국토 발전을 위한 일을 합니다.	우리나라의 문화유산을 보호하고 관리합니다.
환경부	국방부	국토 교통부	문화 체육 관광부

2 우리나라 정부 조직도에서 하나의 부서를 선택하여 하는 일을 조사해 봅시다. **붙임4 활용**

예 기획 재정부 / 경제 정책과 세금 정책을 세우고 나라 살림을 관리하며, 공공 기관의 경영을 관리하고 국제기구와 협력하여 우리나라 경제를 안정적으로 운영하는 업무를 합니다.

잠깐! 확인해요

☐☐☐은/는 정부의 최고 책임자이면서 외국에 대해 우리나라를 대표한다.   (대통령)

확인 톡! 톡!

◉ 정답과 해설 6쪽

1 정부는 국회에서 만든 법에 따라 나라의 살림을 맡아 하는 곳이다.   (O | X)

2 (   )은/는 정부의 주요 정책을 심의하는 최고의 심의 기관이다.

3 장관은 대통령이 외국을 방문하거나 특정한 이유로 일하지 못할 때 대통령의 임무를 대신 맡아서 한다. (O | X)

법원은 어떤 일을 하는지 알아볼까요?

보충 ❶

◎ 재판의 종류
- 민사 재판: 개인 간에 발생하는 문제를 해결하기 위한 재판이다.
- 형사 재판: 사기, 살인과 같이 사회 질서를 어지럽히는 행동을 한 사람에게 벌을 주는 재판이다.

❶ 법원에서 하는 일

(1) **법원**: 법에 따라 재판을 하는 곳으로, 사람들은 다툼이 생기거나 억울한 일을 당했을 때 재판을 통해 문제를 해결한다. (시험 대비) 핵심 자료

(2) **법원에서 하는 일** 보충 ❶ (속 시원한) 활동 풀이

① 사람들 사이에 생긴 다툼을 해결해 준다.

② 법을 어긴 사람을 처벌하여 사회 질서를 유지한다.

③ 개인이나 나라로부터 피해를 입은 사람들의 권리를 보호해 준다.

(3) **공정한 재판을 위한 제도**

법원의 독립	법원은 정부나 국회에서 독립되어 외부의 영향이나 간섭을 받지 않아야 한다.
재판의 공정성	❶법관은 개인적인 의견이 아니라 헌법과 법률에 따라 공정하게 판결을 내려야 한다. 우리나라는 특정한 경우를 제외한 모든 재판의 과정과 결과를 공개하여 억울한 사람이 생기지 않도록 하고 있다.
삼심 제도	원칙적으로 한 사건에 대해 급이 다른 법원에서 세 번까지 재판을 받을 수 있는 삼심 제도를 두고 있다. 보충 ❷

내용 우리나라 법원은 지방 법원, 고등 법원, 대법원으로 나뉘어 있다. 어떤 사건이 발생하면 먼저 지방 법원에서 판단을 내린다. 만약 사건 당사자가 그 판단에 이의가 있다면 고등 법원에 또 한 번 판단을 요청할 수 있고, 고등 법원에서 판단에 또 이의가 있으면 대법원에 판단을 내려 달라고 요청할 수 있다.

보충 ❷

◎ 삼심 제도
재판을 받은 사람이 판결에 따를 수 없다고 생각할 때 다시 재판을 신청해 받을 수 있는 제도이다. 우리나라 법원은 지방 법원, 고등 법원, 대법원의 순으로 법원 간 상하 계급을 두고 있다. 지방 법원에서 대법원까지 세 번 재판받을 수 있어 삼심 제도라고 한다.

❷ 헌법 재판소에서 하는 일

(1) **헌법 재판소**: 헌법과 관련된 다툼을 해결하는 일을 하는 곳이다.

(2) **헌법 재판소에서 하는 일**

① 법률이 헌법에 어긋나지 않는지 또는 국가 기관이 헌법으로 보장하는 국민의 기본권을 침해하지 않았는지 판단한다.

② 대통령이나 국무총리 등 지위가 높은 공무원이 헌법이나 법률을 위반하여 국회에서 ❷파면을 요구하면 이를 심판한다.

③ 정부가 어떤 정당이 민주적 질서를 어지럽혔다고 판단하여 해산할 것을 요구하면 이를 판단하여 결정한다.

(3) **헌법 재판소 재판관**: 9명의 재판관이 있으며, 중요한 일을 결정할 때는 재판관 6명 이상이 찬성해야 한다.

▲ 헌법 재판소(서울특별시 종로구)

내용 헌법 재판소장은 대통령이 국회의 동의를 얻어 임명한다.

용어 사전

❶ **법관**(法: 법도 법, 官: 벼슬 관): 대법원과 각급 법원에서 재판을 담당하는 사람을 가리킨다. 각급 법원의 법관을 판사라고 한다.

❷ **파면**(罷: 파할 파, 免: 면할 면): 잘못을 저지른 공무원을 자리에서 물러나도록 하는 것을 말한다.

(시험 대비) 핵심 자료

● 법원에서 재판하는 모습

왼쪽 그림은 다른 사람이나 사회에 피해를 준 사람을 재판하는 형사 재판 모습이다. 형사 재판은 피고인의 유·무죄 여부를 판단하고 유죄인 경우 그에 합당한 형벌을 정하는 재판이다.

• 판사: 재판을 이끌어 가며 법에 따라 심판한다.
• 검사: 피고인이 잘못한 점을 지적해 판사가 법에 따라 벌을 내리도록 요구한다.
• 변호인: 피고인을 보호하고 도와주는 일을 한다.
• 피고인: 법을 어겼을 가능성이 있다고 여겨져 일정한 절차에 따라 재판을 받는다.
• 증인: 사건과 관련하여 자신이 보고 들은 사실을 말한다.

(속 시원한) 활동 풀이

🙌 다 함께 활동   법관이 되어 판결을 내려 봅시다.

1️⃣ 재판 장면 사례를 읽어 보고 만약 여러분이 법관이라면 어떤 판결을 내릴 것인지 이야기해 봅시다.

> ○○○ 씨는 가게에 몰래 들어가 빵과 과자를 훔친 일로 재판을 받게 되었다.

예 검사는 피고인이 여러 차례 절도죄를 저질렀고 배가 고파 물건을 훔쳤다는 것은 벌을 피하기 위한 것이라고 말하고 있습니다. 변호인은 피고인이 돈은 없고 배가 고프다고 하는 자녀들을 위해 어쩔 수 없이 물건을 훔쳤다는 점을 생각해야 한다고 말하고 있습니다. 법관은 피고인이 일자리를 찾은 후에 훔친 물건값의 두 배를 가게 주인에게 갚도록 판결할 것입니다.

2️⃣ 내가 내린 판결과 그 까닭을 써 보고, 친구들과 비교해 봅시다.

예 위 사례는 유죄로 판단됩니다. 왜냐하면 피고인에게 사정이 있기는 했지만 다른 사람의 재산을 침해했으므로 그에 합당한 벌을 받아야 하기 때문입니다.

잠깐! 확인해요

법원에서는 판사와 검사의 생각에 따라 재판을 한다. (O | X)   (X   )

📍 정답과 해설 6쪽

1 법원에서는 (   )을/를 통해 사람들 사이에 생긴 다툼을 해결한다.

2 (검사, 피고인)은/는 피고인이 잘못한 점을 지적하여 판사가 법에 따라 벌을 내리도록 요구한다.

3 우리나라는 원칙적으로 한 사건에 대해 급이 다른 법원에서 두 번까지 재판을 받을 수 있다.   (O | X)

국가의 일을 나누어 맡는 까닭은 무엇일까요?

❶ 국가의 일을 나누어 맡는 까닭

(1) 권력이 집중될 때의 문제

① 한 사람이나 한 기관이 국가의 모든 일을 결정하는 권한을 가지면 그 권한을 마음대로 사용하거나 잘못된 결정을 할 수 있다.

② 국민의 자유와 권리가 보장되지 못한다.

◀ 프랑스 왕 루이 14세(1638~1715) 루이 14세는 프랑스 역사상 가장 강력한 권력을 가졌던 왕이다. "내가 곧 국가이다."라는 말을 남겼을 만큼 자신의 마음대로 법을 만들고 집행해 백성들의 불만을 샀다.

(2) 권력 ❶분립: 국가 권력을 다른 기관이 나누어 맡게 하여 서로 감시하는 민주 정치의 원리이다.

내용➕ 국민 주권과 권력 분립은 민주 정치의 중요한 원리이다.

❷ 우리나라의 권력 분립

(1) 삼권 분립: 우리나라에서는 국가 권력을 국회, 정부, 법원이 나누어 맡고 있는데 이를 삼권 분립이라고 한다. **보충 ①** **시험 대비** 핵심 자료 **속 시원한** 활동 풀이

국회 (입법부)		• 국민의 대표인 국회 의원으로 구성되어 있다. • 국가를 다스리는 법을 만들거나 바꾸고, 없애는 일을 한다. • 국정 감사를 하고, 정부의 예산을 감독한다.
정부 (행정부)		• 대통령과 국무총리, 행정 각부로 구성되어 있다. • 법에 따라 나라의 살림을 한다. • 대통령은 국회에서 결정되어 정부로 보내진 법률안을 다시 의논하도록 국회에 요구할 수 있다(법률안 거부권).
법원 (사법부)		• 재판에서 심판하는 법관으로 구성되어 있다. • 국가 안에서 일어나는 일을 법에 따라 재판한다. • 국회에 위헌 법률 심판 제청권을 가진다.

(2) 삼권 분립의 목적: 국가 기관이 서로 ❷견제하고 균형을 이루게 하여 국민의 자유와 권리를 보장하려는 것이다.

(시험 대비) 핵심 자료

● **삼권 분립**

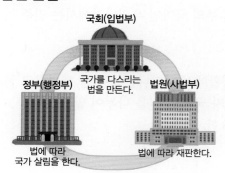

국회(입법부)
국가를 다스리는 법을 만든다.
정부(행정부)
법원(사법부)
법에 따라 국가 살림을 한다.
법에 따라 재판한다.

우리나라에서는 국민의 자유와 권리를 보호하려고 법을 만드는 국회, 법에 따라 나라의 살림을 하는 정부, 법에 따라 재판을 하는 법원이 일을 나누어 맡고 있다. 만약 어느 한 기관에만 권력이 집중되어 그 기관이 잘못된 결정을 한다거나 권한을 마음대로 사용한다면 국가가 위태로워질 수 있고, 국민의 자유와 권리도 침해받을 수 있다.

(속 시원한) 활동 풀이

스스로 활동　다음 신문 기사를 읽고, 국가 기관이 서로 어떻게 견제하고 있는지 빈칸에 써 봅시다.

국회, 2021년도 국정 감사 실시	국회, 대법관 후보자 임명 동의안 처리	법원, 「국가 유공자 등 예우 및 지원에 관한 법률」 위헌 법률 심판 제청	정부, ○○○ 법률안 거부하기로
제21대 국회 두 번째 국정 감사가 10월 1일부터 10월 21일까지 상임 위원회별로 실시될 예정이다. 2021년도 국정 감사 대상 기관은 745개 기관으로, 지난해 대비 24개 기관이 증가했다. －「M 이코노미 뉴스」 2021. 9. 30.	오늘 국회는 대법관 후보자에 대한 청문회를 거쳐 본회의 표결로 임명 동의안을 처리할 예정이다. 앞서 국회 대법관 임명 동의에 관한 인사 청문 특별 위원회는 3일에 후보자에 대한 임명 동의안 심사 경과 보고서를 채택했다. －「법률 신문」 2020. 9. 7.	법원은 가장 나이가 많은 자녀 1명에게만 6·25 유공자 자녀 수당을 지급하도록 한 「국가 유공자 등 예우 및 지원에 관한 법률」의 해당 조항에 대해 위헌 법률 심판 제청을 했다. 이에 헌법 재판소는 해당 법률 조항이 평등권을 침해해 헌법에 어긋난다고 판단했다. －「서울 신문」 2021. 3. 25.	국회는 지난 5월 29일에 ○○○ 법률안을 통과시켰다. 대통령은 국무 회의에서 국회가 통과시킨 ○○○ 법률안에 대한 거부권을 행사하기로 결정했다. 헌법에 따라 대통령은 법률안에 이의가 있을 때 국회에 다시 심사, 의결하도록 요구할 수 있다. －「연합 뉴스」 2015. 6. 25.
㉮ 국회가 정부를 견제하는 사례	㉯ 국회가 법원을 견제하는 사례	㉰ 법원이 국회를 견제하는 사례	㉱ 정부가 국회를 견제하는 사례

잠깐! 확인해요

☐☐☐☐☐(이)란 국가 권력을 국회, 정부, 법원이 나누어 맡는 민주 정치의 원리이다.　　　（　삼권 분립　）

확인 톡!톡!

📍정답과 해설 6쪽

1 국가 권력을 서로 다른 기관이 나누어 맡게 하는 민주 정치의 원리를 (　　　　　)(이)라고 한다.

2 삼권 분립에 따라 (국회, 정부)는 국가를 다스리는 법을 만든다.

3 서로 다른 국가 기관이 국가 권력을 나누어 맡게 하는 것은 국가 기관이 서로 견제하고 균형을 이루게 함으로써 국민의 자유와 (　　　　　)을/를 보장하기 위한 것이다.

민주 정치의 원리가 적용된 사례를 찾아볼까요?

❶ 민주 정치의 원리 ❶적용

(1) **민주주의 국가와 민주 정치의 원리 적용**: 민주주의 국가인 우리나라에서는 민주 정치의 원리에 따라 정치를 한다.

(2) **민주 정치의 원리와 일상생활**

① 국회, 정부, 법원 등의 국가 기관은 일상생활에서 나타나는 문제를 해결하고 국가의 주인인 국민의 자유와 권리를 보호하고자 국가의 일을 나누어 맡고 있다.

② 국민 주권과 권력 분립은 민주 정치의 중요한 원리이다.

❷ 민주 정치의 원리 적용 사례

(1) **상황:** 공원에서 새로 생긴 미세 먼지 알림이 신호등을 보고 그 신호등을 설치한 까닭을 알아보고자 한다.

(2) **민주 정치의 원리 적용 사례** 보충 ❶ 시험 대비 핵심 자료 속 시원한 활동 풀이

미세 먼지가 심한 날이 점점 늘어나자 사람들은 국가가 미세 먼지 문제를 해결하는 데 노력할 것을 요구했다.

미세 먼지에 관한 대책을 마련하라는 요구가 많아지자 정부는 미세 먼지 대책 보완 방안을 마련하기 위해 공청회를 열었다.

내용➕ 정책 결정 전에 관련된 사람들과 전문가의 의견을 듣기 위해서이다.

국회는 미세 먼지를 줄이고 지속적으로 관리하는 데 필요한 법률안을 통과시켰다. 이 법은 심각해지는 미세 먼지 문제를 해결하여 국민의 건강을 지키고 쾌적한 환경을 만드는 데 목적이 있다. 이에 따라 미세 먼지 관리 기관을 설치하고 미세 먼지를 줄이기 위한 여러 비상조치를 시행할 수 있게 되었다.

지난번 국회에서 통과한 법에 따라 교육부는 학교 교실에 공기 정화 장치를 설치하고 미세 먼지가 심할 때는 학생들을 보호하는 프로그램을 마련하기로 하였다. ○○도는 미세 먼지가 심해짐에 따라 차량 2부제를 실시하고 미세 먼지를 배출하는 공장의 가동 시간을 줄이도록 했다.

미세 먼지와 관련한 법과 조직이 지나치게 나누어져 있어 미세 먼지에 관한 대책을 세우는 데 더 큰 어려움이 있다는 반응이 있다. 한편에서는 미세 먼지 관련 법으로 미세 먼지를 줄이는 데 도움을 주고 있다는 의견도 있다.

(시험 대비) **핵심 자료**

● **일상생활에서 민주 정치가 적용된 사례**

학부모와 교육 단체는 청소년의 수면권과 행복 추구권을 보장하기 위해 학원 심야 교습을 금지할 것을 요구했다. 이에 반해 학원장들은 학원 영업의 자유 보장을 주장했다. 각계각층의 의견과 여론을 반영하여 국회에서 학원 심야 교습 금지 정책이 통과되었다. 교육부에서는 결정된 정책을 집행하여 해당 정책을 알리고, 학원에서 심야 교습을 하지 못하도록 감시하기도 하며, 정책 결정 이후 심야 교습을 하는 학원에 과태료를 부과했다. 심야 교습 금지가 잘 이루어지고 있다고 보는 의견이 있는 반면, 심야 교습 금지에 대한 홍보가 부족해 많은 사람이 정책을 제대로 알지 못하거나 심야 교습의 기준을 모호하게 받아들이는 경우가 있다는 의견도 있다.

국회, 교육부 등 국가 기관이 나서서 갈등을 해결하는 과정에서 학원 심야 교습 금지 정책이 결정되어 집행되었다.

(속 시원한) **활동 풀이**

 **다 함께 활동** 다음 사례에 민주 정치의 원리가 어떻게 적용되었는지 친구들과 이야기해 보고, 일상생활에서 민주 정치의 원리가 적용된 사례를 찾아 발표해 봅시다.

예 쾌적한 환경에서 살 권리를 보장받지 못하고 있기 때문입니다. 공청회를 열어 미세 먼지 문제를 해결하는 데 필요한 의견을 모으고자 했습니다. 미세 먼지 관리에 관한 법률안을 통과시켰습니다. 학교에 공기 정화 장치를 설치하고 차량 2부제를 실시해 미세 먼지를 감소하고자 했습니다. 한쪽에서는 미세 먼지 관련 법과 조직을 지나치게 세분화하여 문제 해결이 어렵다고 합니다. 다른 한쪽에서는 미세 먼지 관련 법으로 미세 먼지 감소에 도움이 되었다고 봅니다.

사례: 주차를 둘러싼 갈등이 자주 일어나자 주차 문제를 해결하고자 관련 제도를 만들어 달라는 요구가 늘어났습니다. 도심 지역의 주차난 해결을 위해 평일 야간이나 주말 동안 공공 기관의 주차장을 일반 시민들에게 개방할 수 있도록 하는 법안이 발의되었습니다. 국공립 학교 주차장을 누구나 이용할 수 있게 개방할 권한을 지방 자치 단체장에게 부여하는 방안이 철회되었습니다. 학생 안전을 위협한다는 비판이 거세졌기 때문입니다. 교육부는 「주차장법」 개정안을 수정해 국회 본회의에 상정하기로 했다고 밝혔습니다. 정부와 국회는 요구를 받아들여 국공립 학교의 부설 주차장은 제외하는 내용의 법을 만들었습니다. "시장·군수 또는 구청장이 주차난을 해소하는 데 필요한 경우 공공 기관 등의 부설 주차장을 개방 주차장으로 지정하여 일반 국민도 이를 이용할 수 있도록 한다."라는 조항을 「주차장법」에 마련했습니다.

 잠깐! 확인해요

국민 주권, 권력 분립과 같은 민주 정치의 원리는 일상생활에 영향을 미친다. (O | X)   (O   )

확인 톡!

📍정답과 해설 6쪽

1 민주주의 국가인 우리나라에서는 국민 주권, 권력 분립과 같은 민주 정치의 원리에 따라 정치를 한다. (O | X)

2 국가 기관은 일상생활에서 나타나는 문제를 해결하고 국가의 주인인 국민의 자유와 권리를 보호하고자 국가의 일을 나누어 맡고 있다. (O | X)

3 미세 먼지 관련 대책을 마련해 달라는 요구가 많아지자 (국회, 정부)는 미세 먼지를 줄이고 지속적으로 관리하는 데 필요한 법률안을 통과시켰다.

국가 기관이 국민의 생활을 위해 한 일을 알리는 소식지를 만들어 볼까요?

❶ 국가 기관이 하는 일

(1) **국가 기관이 국민 생활에 미치는 영향:** 국회, 정부, 법원은 국민의 생활을 위해 여러 일을 한다. **보충 ①**

(2) **국가 기관 조사 방법**

① 정부가 한 일을 알리는 ❶소식지를 만든다.

② 신문 기사에서 법원이 한 일을 찾아본다.

③ 국회의 활동을 알리기 위해 조사한다.

❷ 국가 기관이 한 일을 알리는 소식지 만드는 방법

(1) **조사 과정**

> ❶ 모둠별로 국회, 정부, 법원 등 국가 기관 중 한 가지를 선택한다.
> ❷ 국가 기관이 하는 일을 생각하고, 그 일을 나타내는 말이나 표현을 떠올린다. 또 국가 기관이 하는 일에 어울리는 상징물을 생각한다.
> ❸ 최근에 국가 기관이 한 일을 찾아 소식지를 만든다.
> ❹ 각 모둠에서 만든 소식지를 읽어 보며 국가 기관이 하는 일이 국민의 생활에 어떤 영향을 주는지 발표한다.

(2) **조사 예시**

국가 기관	정부
하는 일	법에 따라 국가 살림을 맡아 한다.
나타내는 낱말이나 표현	부지런하다. 국민을 위해서 일한다.
어울리는 상징물	개미: 열심히 일하는 모습에서 정부와 공통점이 있다고 보기 때문이다.

소식지

국민을 위한 정부

1. 대통령
미국 국무 장관을 만나 양국 간 논의가 필요한 문제에 대해 의견을 나누었다.

2. 농림 축산 식품부
반려인과 비반려인 간 갈등 완화를 위해 모두가 지켜야 할 반려동물 예절을 홍보하였다.

3. 행정 안전부
지구촌 전등 끄기 캠페인에 동참해 정부 세종 청사와 정부 서울 청사의 전등을 약 10분간 껐다.

4. 보건 복지부
기존 복지 제도의 혜택을 받지 못하는 저소득층에 일시적으로 생계 지원금을 지급하기로 하였다.

지원금

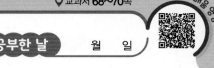

속 시원한 **활동 풀이**

국가 기관이 한 일을 조사하여 소식지 만들기

소식지

예 나라의 중요한 일을 의논하고 결정하는 국회

예 **1. 법 제정**

어린이 보호 구역 내에서 교통사고가 줄어들고, 학생들이 안심하고 다닐 수 있도록「어린이 보호 구역 내 교통 안전 시설 설치 의무화 법안」을 통과시켰다.

예 **2. 예산안 심의, 확정**

정부측의 예산안 설명: 국회 전문 위원의 검토 보고를 듣고 토론 과정을 거쳐 꼭 필요한 곳에 예산이 집행될 수 있도록 예산안을 심의했다.

예 **3. 국정 감사**

매년 10월이 되면 국회의 국정 감사가 실시된다. 올해도 정부를 필두로 각 국가 기관이 1년 동안 일을 제대로 했는지 불러서 물어보고 조사했다.

확인 톡!톡!

📍정답과 해설 6쪽

1 국가 기관이 하는 일은 국민의 생활에 영향을 미치지 않는다.   (○ | X)

2 (교육부, 보건 복지부)는 저소득층에 일시적으로 생계 지원금을 지급하는 일을 하기도 한다.

3 (국회, 법원)은/는 사회 질서를 유지하는 데 필요한 법안을 통과시키는 역할을 한다.

즐겁게 정리해요

● '민주 정치의 원리와 국가 기관의 역할'에서 배운 내용을 떠올리며 빈칸에 알맞은 말을 써 봅시다.

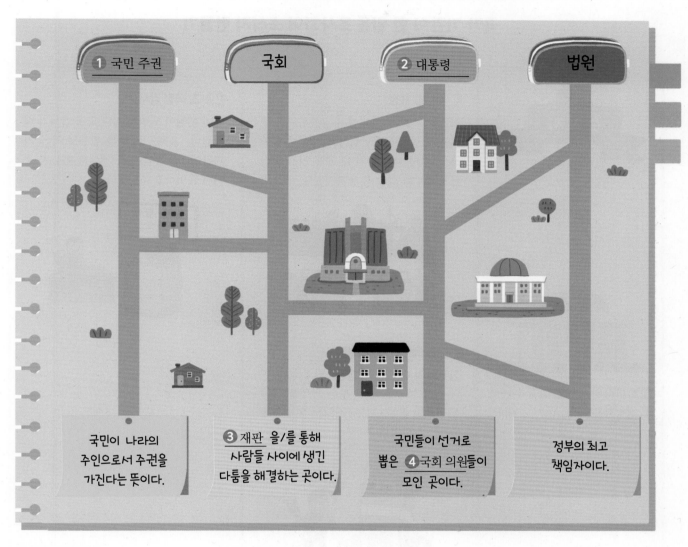

❶ 국민 주권   국회   ❷ 대통령   법원

국민이 나라의 주인으로서 주권을 가진다는 뜻이다.

❸ 재판 을/를 통해 사람들 사이에 생긴 다툼을 해결하는 곳이다.

국민들이 선거로 뽑은 ❹ 국회 의원들이 모인 곳이다.

정부의 최고 책임자이다.

핵심 꿀꺽 질문

국민이 주권을 가진다는 것의 의미를 설명할 수 있나요?

국회, 정부, 법원이 하는 일을 설명할 수 있나요?

국가 기관이 국가의 일을 나누어 맡는 까닭을 설명할 수 있나요?

중요

1 밑줄 친 '이것'을 쓰시오.

> 이것은 국민이 나라의 주인이고 나라의 의사를 결정할 수 있는 최고 권력이 국민에게 있다는 민주 정치의 원리이다.

_____

2 다음 그림과 관련 있는 민주 선거의 원칙을 쓰시오.

누구나 똑같이 한 표씩 행사해요.

_____

3 민주 선거의 원칙이 <u>아닌</u> 것은 어느 것입니까?
( )

① 공개 선거　　② 비밀 선거
③ 평등 선거　　④ 직접 선거
⑤ 보통 선거

4 빈칸에 공통으로 들어갈 알맞은 말을 쓰시오.

> • 우리나라의 [　　] 은/는 국회에서 만든다.
> • 법원에서는 [　　] 에 따라 판결을 내려야 한다.
> • 민주주의 국가에서 [　　] 은/는 문제 해결의 기준이 된다.

중요

5 국회에서 하는 일로 알맞지 <u>않은</u> 것은 어느 것입니까? ( )

① 예산안을 만든다.
② 국정 감사를 한다.
③ 예산안을 심의한다.
④ 잘못된 법을 고치거나 없앤다.
⑤ 정부, 법원의 권력을 견제한다.

중요

6 대통령에 대한 설명으로 알맞지 <u>않은</u> 것은 어느 것입니까? ( )

① 임기는 4년이다.
② 정부의 최고 책임자이다.
③ 외국에 대해 우리나라를 대표한다.
④ 공무원을 임명하고 국군을 통솔한다.
⑤ 국제회의에 참석하는 등 외교 활동을 한다.

7 다음과 같이 정부의 주요 정책을 심의하는 기관을 쓰시오.

8 다음과 같은 일을 하는 행정부는 어디인지 [보기] 에서 찾아 기호를 쓰시오.

> 균형 있는 국토 발전을 위한 일을 담당하고 있다. 주택 정책을 만들고 주택을 건설하기도 하며, 대중교통의 서비스 수준을 높이기 위해 일한다.

[보기]

ㄱ 교육부　　　ㄴ 외교부
ㄷ 고용 노동부　ㄹ 국토 교통부

중요
9 법원에서 하는 일로 알맞지 <u>않은</u> 것은 어느 것입니까? (　　)

① 법을 만들거나 고친다.
② 범죄를 지은 사람에게 벌을 준다.
③ 억울한 일을 당한 개인을 지켜 준다.
④ 사람들 사이에 생긴 다툼을 해결한다.
⑤ 개인이 나라로부터 피해를 입을 때 도와준다.

---

10 법원에서 재판할 때 ㄱ, ㄴ에 들어갈 알맞은 사람을 각각 쓰시오.

> ┌─ㄱ─┐ : 피고인은 다른 사람의 집에 무단으로 침입하여 재산에 손해를 입혔으므로 징역 ○년형에 처해 주십시오.
> ┌─ㄴ─┐ : 피고인에게 징역 □년을 선고합니다.

ㄱ

ㄴ

중요
11 공정한 재판에 대한 설명으로 알맞은 것을 [보기] 에서 모두 골라 기호를 쓰시오.

[보기]

ㄱ 법원은 외부의 간섭을 받지 않는다.
ㄴ 법관은 헌법과 법률에 따라 재판해야 한다.
ㄷ 어떤 경우에도 재판의 과정과 결과를 공개하지 않는다.
ㄹ 원칙적으로 한 사건에 대해 두 번까지 재판을 받을 수 있다.

---

12 헌법 재판소에서 하는 일로 알맞지 <u>않은</u> 것은 어느 것입니까?? (　　)

① 헌법과 관련된 다툼을 해결하는 일을 한다.
② 9명의 재판관이 있으며, 중요한 일을 결정할 때는 6명 이상이 찬성해야 한다.
③ 국가 기관이 헌법으로 보장하는 국민의 기본권을 침해하지 않았는지 판단한다.
④ 대통령이나 국무총리 등 지위가 높은 공무원의 파면을 요구하면 심판하는 일을 한다.
⑤ 어떤 정당이 민주적 질서를 어지럽혔다고 판단하면 그 정당의 해산을 직접 요구할 수 있다.

중요
13 다음에서 설명하는 민주 정치의 원리를 쓰시오.

> 한 사람이나 기관이 국가의 모든 일을 결정하는 권한을 가지면 그 권한을 마음대로 사용할 수 있어 국민의 자유와 권리가 보장되지 못할 것이다. 이러한 문제를 막기 위해 우리나라에서는 국회, 정부, 법원이 국가 권력을 나누어 맡고 있는 삼권 분립이 이루어지고 있다.

14 다음 자료의 빈칸에 들어갈 알맞은 기관을 쓰시오.

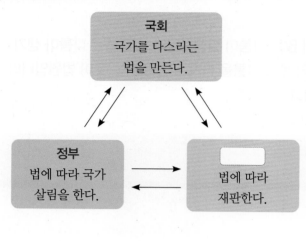

국회
국가를 다스리는
법을 만든다.

정부
법에 따라 국가
살림을 한다.

법에 따라
재판한다.

_____

중요
15 국회가 정부를 견제하는 방법으로 알맞은 것은 어느 것입니까? (　　　)

① 제정된 법률에 대한 거부권을 행사한다.
② 국정 감사를 통해 나라 살림을 점검한다.
③ 대법관 후보자의 임명 동의안을 처리한다.
④ 제정된 법률이 헌법에 위배되는지 판단한다.
⑤ 공무원이 잘못을 저질렀을 때 파면을 시킨다.

16 우리나라에서 국가의 일을 세 기관이 나누어 맡는 까닭으로 알맞지 <u>않은</u> 것은 어느 것입니까? (　　　)

① 민주주의 정신을 훼손하지 않기 위해서이다.
② 국민의 자유와 권리를 보장하기 위해서이다.
③ 특정 기관이 권력을 독점하는 것을 막기 위해서이다.
④ 국가 기관들 사이의 권력을 균형 있게 나누기 위해서이다.
⑤ 특정 기관에 국가의 중요한 일을 결정하는 권력을 부여하기 위해서이다.

워드 클라우드와 함께하는 서술형 문제

[17-18] 워드 클라우드의 단어를 이용해 서술형 문제의 답을 쓰시오.

법원　국회　권력 분립　국민　정부
헌법 재판소　권력　주인　공개 재판
민주주의　재판　법률안　국민 주권
국정 감사　대법관　공정　삼권 분립
헌법

17 다음 헌법 조항과 관련 있는 민주 정치의 원리를 쓰고 그 원리의 의미를 쓰시오

제1조　① 대한민국은 민주 공화국이다.
　　　② 대한민국의 주권은 국민에게 있고, 모든 권력은 국민으로부터 나온다.

_____

_____

18 밑줄 친 '제도'의 예를 <u>한 가지</u> 쓰시오.

법원에서는 재판을 통해 사람들 사이에 발생한 다툼을 해결한다. 공정한 재판을 위해 여러 가지 <u>제도</u>를 두고 있다.

_____

톡톡 튀는 이야기

법원에서는 어떤 재판이 열릴까?

사람은 서로 다른 지성을 가진 사람들과 더불어 살아가면서 많은 다툼이 발생합니다. 사람들은 다툼이 생기거나 억울한 일을 당했을 때 재판으로 문제를 해결합니다. 법에 따라 옳고 그름을 따져 재판을 하는 곳이 법원입니다.

그렇다면 법원에서는 어떤 재판을 통해 이 문제들을 해결하고 있을까요?

민사 재판

민사 재판이란 개인과 개인 사이에 권리 또는 법률관계에 대한 다툼이 생겼을 때 이루어지는 재판입니다. 개인과 개인 사이의 문제도 대화와 타협을 통해 해결되지 않는 경우들이 많이 있습니다. 이때 사람들은 민사 재판을 청구하여 법원이 법에 따라 옳고 그름을 대신 판단하게 할 수 있습니다.

*원고: 민사 소송을 제기한 사람(재판을 요구한 사람)
*피고: 민사 소송을 제기당한 사람(원고의 상대방)

가사재판

가족이나 친척 간에 다툼이 있는 사건과 가정에 관한 일반적인 사건을 다루는 재판입니다.

이혼이나 혼인 무효, 친자 관계 확인, 양육권 문제 등은 이 재판을 통해 해결할 수 있습니다. 우리나라의 경우 가정 법원 또는 가정 법원 지원에서 가사 재판을 다룹니다.

형사 재판

도둑질이나 사기, 살인 등은 단순히 범죄자와 피해자 간의 개인적인 문제뿐만 아니라 사회 질서를 어지럽히는 문제입니다. 이 때문에 국가 기관인 검사가 사건을 수사한 후 유죄라고 판단할 경우 그에 합당한 처벌을 요구하는 소송을 제기하는데, 이를 형사 재판이라고 합니다. 형사 재판은 원칙적으로 검사가 법원에 재판을 청구해야 시작됩니다. 범죄자는 형사 재판을 통해 감옥에 가거나 벌금을 내는 등 저지른 범죄에 합당한 벌을 받게 됩니다.

*검사: 수사하여 법원에 심판을 요구하는 사람
*피고인: 범죄를 저지른 것으로 의심되어 재판에 넘겨진 사람

행정 재판

국가 또는 자치 단체인 행정 기관의 잘못으로 국민이 권리 또는 이익을 침해당했을 때 행정 기관을 상대로 이루어지는 재판입니다. 국가 기관의 잘못으로 개인이 피해를 입게 되는 경우, 개인은 행정 재판을 신청하여 적절한 피해 보상을 받을 수 있습니다. 예를 들면 잘못된 세금 부과에 대한 문제, 운전면허 취소나 정지에 대한 문제 등을 다룹니다.

이 밖에도 법원에서는 선거 무효와 당선 무효를 다루는 선거 소송 사건에 대한 선거 재판, 특허권이나 상표권 등 지식 재산권 침해 등에 대한 다툼을 해결하기 위한 특허 재판, 군인이 범죄를 저지른 경우에 하는 군사 재판, 청소년의 위법 행위를 판단하는 소년 재판 등 다양한 재판이 열리고 있습니다.

단원을 마무리 해요 　1. 우리나라의 정치 발전

이 단원에서 배운 내용을 글과 그림으로 정리해 봅시다.

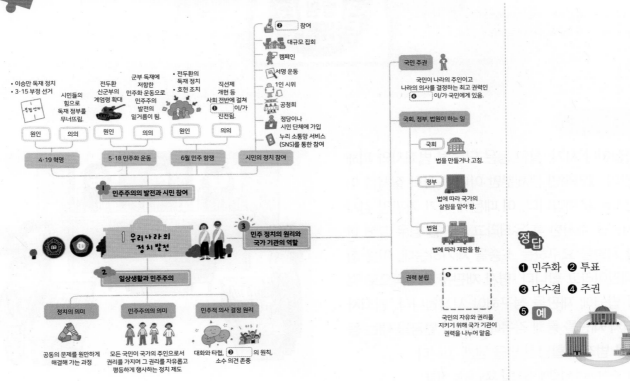

정답
1. 민주화 　2. 투표
3. 다수결 　4. 주권
5. 예

만일 대통령이 되어 정부를 새로 조직한다면 어떤 '부'를 만들고 싶은지 표현해 봅시다.

만드는 방법

1. 내가 만들고 싶은 국가의 모습을 생각합니다.
   - 예 어린이들이 안전한 국가를 만들고 싶습니다.

2. 생각한 국가의 모습을 실현하기 위해 정부에 어떤 '부'를 만들면 좋을지 씁니다.
   - 예 어린이 안전부를 만들면 좋겠습니다.

3. 우리 반 친구나 주변 인물 중에서 그 '부'의 장관을 찾아봅니다.
   - 예 ○○○을/를 어린이 안전부 장관으로 임명하고 싶습니다.

'부'의 이름	어린이 복지부	예 어린이 안전부
'부'의 장관과 장관으로 정한 까닭	○○○ – 도움이 필요한 친구를 잘 도와주기 때문이다.	예 ○○○ – 친구들의 안전을 우선으로 생각하기 때문이다.
'부'가 하는 일	어린이의 권리를 보장하고 어린이가 행복한 삶을 살도록 도와준다.	예 어린이가 안전한 생활을 누리도록 여러 가지 제도를 마련한다.

세상 속으로 민주주의 달력 만들기

1단계
민주주의 관련
사례 수집하기

⚙ **민주주의 달력 만들기 순서**
월별로 민주주의와 관련한 역사적인 사건, 우리가 생활 속에서 민주주의를 경험하거나 실천한 일을 수집해요.

예 **1. 3월 1일:** 3·1 운동
2. 3월 5일: 학급 임원 선거
3. 3월 8일: 학급 회의에서 학급 규칙 결정
4. 3월 15일: 전교 학생 자치회 임원 선거

2단계
사례 내용에 맞는
자료 만들기

민주주의와 관련한 사례가 잘 나타난 사진을 찍거나 그림을 그려요.

예 **1. 3·1 운동:** 1919년 3월 1일, 각 종교계의 지도자들로 구성된 민족 대표들은 서울의 태화관에서 독립 선언식을 했다. 같은 시각, 수천 명의 학생과 시민은 탑골 공원에 모여 독립 선언식을 하고 태극기를 흔들며 만세 시위를 벌였다.
2. 학급 임원 선거: 새 학기가 되어 우리 학급을 이끌어 갈 회장, 부회장 등 임원을 뽑았다.
3. 학급 회의에서 학급 규칙 결정: 민주적으로 학급 규칙을 정해 학급의 질서를 세우기로 했다. 모둠별로 모여서 꼭 필요한 규칙 3개를 정하고, 모든 규칙 중에 투표해서 그중 3~4개만 뽑기로 했다.
4. 전교 학생 자치회 임원 선거: 3월 15일, 4~6학년이 참가하는 1학기 전교 학생 자치회 임원 선거를 실시하기로 했다. 선거 관리 위원회의 결정에 따라 전교 학생 자치회 임원 선거 출마자들은 복도 게시판에 선거 포스터를 붙이고 방송실에서 소견 발표를 하기로 결정했다.

3단계
민주주의 달력
만들기

사진과 그림을 활용해 민주주의 달력을 만들어요.

3 / 1 / 월요일 / 3·1운동

3 / 5 / 금요일 / 학급 임원 선거

3 / 8 / 월요일 / 학급 회의에서 학급 규칙 결정

3 / 15 / 월요일 / 전교 학생 자치회 임원 선거

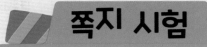
1 이승만 정부는 1960년 3월 15일에 예정된 대통령과 부통령 선거에서 이기려고 (   ) 선거를 계획했다.

2 (   ) 혁명의 결과, 이승만은 대통령 자리에서 물러났으며, 재선거를 통해 새로운 정부가 세워지고 시민들은 민주주의를 되찾았다.

3 박정희 대통령은 유신 헌법을 만들어 대통령을 할 수 있는 횟수 제한을 없앴고, 대통령을 뽑는 선거 방식을 (직선제, 간선제)로 바꾸었다.

4 전라남도 광주에서 대규모 민주주의 회복을 위한 시위가 일어나자 정부는 계엄군을 보냈으나, 시민군의 저항으로 계엄군은 항복했다.　　　　　　　　　　　　　　　　　　　　　　(○ , ×)

5 6월 민주 항쟁을 통해 전국적으로 민주화를 요구하는 시위가 끊이지 않자, 정부는 결국 대통령 직선제를 포함한 민주화 요구를 받아들이겠다는 (   ) 선언을 발표했다.

6 오늘날 시민들은 투표뿐만 아니라 촛불 집회와 같은 대규모 집회, 1인 시위, 시민 단체 활동, 캠페인, 서명 운동 등 다양한 방식으로 정치에 참여하고 있다.　　　　　　　　　　　(○ , ×)

7 사람들이 함께 살아가다 보면 생길 수 있는 여러 가지 공동의 문제를 원만하게 해결해 가는 과정을 (   )(이)라고 한다.

8 우리나라는 국민의 권리를 보장하고 공정한 선거를 위해 보통 선거, 평등 선거, 직접 선거, 공개 선거 등 민주 선거의 기본 원칙을 두고 있다.　　　　　　　　　　　　　　　　(○ , ×)

9 민주주의를 실천하는 태도에는 사실이나 의견의 옳고 그름을 따지는 비판적 태도, 양보와 타협, 나와 다른 의견을 인정하고 포용하는 (   )이/가 있다.

10 국민이 나라의 주인이고 나라의 의사를 결정할 수 있는 최고 권력인 주권이 국민에게 있다는 민주 정치의 원리를 (   )(이)라고 한다.

11 우리나라에서는 국회, 정부, 법원이 국가 권력을 나누어 맡고 있는 (   )을/를 통해 특정 기관에 권력이 치우치는 것을 방지하고 있다.

12 (국회, 정부, 법원)은/는 국가를 다스리는 법을 만들고, (국회, 정부, 법원)은/는 법에 따라 국가 살림을 하며, (국회, 정부, 법원)은/는 법에 따라 재판한다.

1 단원

1 4 · 19 혁명의 배경이 된 사건은 어느 것입니까?
(   )

① 6 · 25 전쟁   ② 유신 헌법
③ 8 · 15 광복   ④ 3 · 15 부정 선거
⑤ 5 · 18 민주화 운동

2 빈칸에 들어갈 알맞은 인물을 쓰시오.

> • 4 · 19 혁명으로 새로운 정부가 들어섰지만, ☐☐☐ 등의 군인들이 사회 혼란을 이유로 정권을 장악했다.

3 빈칸에 알맞은 말을 쓰시오.

> 1980년에 일어난 5 · 18 민주화 운동은 부당한 정권에 맞서 ☐☐☐☐을/를 지키려던 시민들과 학생들의 의지를 보여 주었다.

중요
4 우리나라 민주주의의 발전 과정을 순서대로 기호를 쓰시오.

> ㉠ 정부는 대통령 직선제를 약속했다.
> ㉡ 5월 18일, 광주에서 민주화 운동이 일어났다.
> ㉢ 5 · 16 군사 정변으로 박정희 정부가 들어섰다.
> ㉣ 4 · 19 혁명으로 이승만이 대통령직에서 물러났다.

5 오늘날 우리나라 민주주의의 모습에 대한 설명으로 알맞지 않은 것은 어느 것입니까? (   )

① 1인 시위로 개인의 뜻을 전달한다.
② 국민들은 직접 선거를 통해 대통령을 선출한다.
③ 정부에서 언론을 통제하여 사회 안정을 유지한다.
④ 지방 자치제가 시행되어 지역 주민들이 지역의 일을 직접 해결할 수 있다.
⑤ 시민들은 대규모 집회, 시민 단체 활동 참여, 정당 활동 참여 등 다양한 방법으로 개인의 뜻을 전달한다.

6 빈칸에 들어갈 알맞은 말에 ○표 하시오.

> 6월 민주 항쟁 결과, 대한민국 헌법은 대통령 (간선제, 직선제)를 비롯한 국민의 다양한 민주화 요구를 담는 방향으로 개정되었다. 개정된 헌법은 국민의 기본권을 (보장, 침해)하고 민주주의 제도를 마련하는 바탕이 되었다.

7 다음에서 나타나고 있는 민주주의 제도는 어느 것입니까?
(   )

① 대통령 직선제   ② 지방 자치제
③ 지역 감정 없애기   ④ 언론의 자유 보장
⑤ 정치 참여의 자유 보장

8 빈칸에 들어갈 알맞은 말은 어느 것입니까?
( )

> 은성이네 학교에서는 학교 엘리베이터를 이용하는 방법의 문제에 대한 학급 회의가 열렸다. 이처럼 사람들이 함께 살아가다 보면 생길 수 있는 공동의 문제를 원만하게 해결해 가는 과정을 ☐☐(이)라고 한다.

① 투표   ② 정치
③ 관용   ④ 회의
⑤ 타협

중요
9 민주주의의 기본 정신에 대한 설명으로 알맞은 것을 보기 에서 모두 골라 기호를 쓰시오.

> **보기**
> ㉠ 태어날 때부터 존중받을 권리가 있다.
> ㉡ 누구나 똑같이 한 표씩 투표할 수 있다.
> ㉢ 원하는 직업을 자유롭게 선택할 수 있다.
> ㉣ 국가가 위기에 처하면 권리를 제한할 수 있다.

10 빈칸에 들어갈 알맞은 말을 쓰시오.

> 우리는 국가나 다른 사람들에게 구속받지 않고 자신의 의사를 스스로 결정할 수 있는 자유를 인정받아야 하며, 다른 사람의 자유를 침해해서도 안 된다. 또한 신분, 재산, 성별, 인종 등에 관계없이 ☐☐하게 대우받아야 한다.

11 선우의 의견에 비판적 태도를 보이는 학생을 골라 쓰시오.

> **혜인**: 모든 학생이 엘리베이터를 자유롭게 사용할 수 있으면 좋겠어.
> **선우**: 몸이 불편한 학생이 있을 때만 양보하면 누구나 자유롭게 사용할 수 있을 거야.
> **다빈**: 아침에 무거운 가방을 들고 4층까지 올라가기 너무 힘들어.
> **규현**: 하지만 양보받는 학생들의 마음이 불편할 수 있다는 것을 생각해 보아야 할 것 같아.
> **민지**: 학교 시설을 모두가 같이 이용한다는 측면에서 좋은 의견이야.

12 그림에서 나타나고 있는 민주주의를 실천하는 바람직한 태도는 어느 것입니까?
( )

① 비판   ② 타협
③ 관용   ④ 주장
⑤ 양보

중요
13 민주적 의사 결정 원리에 대한 설명으로 알맞은 것은 어느 것입니까?
( )

① 무조건 다수의 의견을 따른다.
② 시간이 없을 때는 토론을 생략한다.
③ 나이가 가장 많은 사람이 낸 의견을 따른다.
④ 갈등이 일어나면 힘이 더 센 사람의 의견을 따른다.
⑤ 대화와 타협을 통해 문제를 해결하고 소수의 의견도 존중한다.

14 민주적 의사 결정 방법 중 밑줄 친 '이것'은 무엇인지 쓰시오.

> 민주 사회에서는 대화와 토론을 통해 모두가 만족할 만한 해결책을 찾아 나간다. 하지만 의견을 하나로 모으기 어려운 때도 있다. 이런 경우에 이것을 활용해 문제를 해결할 수 있다. 이것은 많은 사람이 선택한 의견이 더 나을 것으로 가정하고 다수의 의견을 채택하는 방법이다.

_____

15 국회에 대한 설명으로 알맞지 **않은** 것은 어느 것입니까? ( )

① 국정을 감시하고 견제한다.
② 새로운 법을 만들고 법을 고치거나 없앤다.
③ 국민의 대표인 국회 의원이 모여 일을 한다.
④ 나라 살림에 필요한 예산안을 심의하여 살림을 운영한다.
⑤ 국민이 낸 세금으로 마련된 예산을 정부에서 제대로 사용하고 있는지 살펴보는 일을 한다.

16 다음 국가 기관에서 하는 일을 바르게 연결하시오.

(1) 국회 · · ㉠ 법에 따라 공정한 판결을 내린다.

(2) 법원 · · ㉡ 국민을 위한 법을 만들거나 수정한다.

(3) 정부 · · ㉢ 국민을 위한 나라 살림을 운영한다.

17 정부의 최고 책임자로, 외국에 대해 우리나라를 대표하는 사람은 누구인지 쓰시오.

_____

18 법원에 대한 설명으로 알맞지 **않은** 것은 어느 것입니까? ( )

① 법에 따라 재판을 한다.
② 개인의 사사로운 다툼은 관여하지 않는다.
③ 범죄를 저지른 사람을 법에 따라 처벌한다.
④ 국가 기관이 국민의 권리를 침해하였는지 판단한다.
⑤ 삼심 제도를 통해 공정한 재판을 받을 수 있도록 한다.

19 ㉠, ㉡에 들어갈 알맞은 말을 각각 쓰시오.

> 법원은 다양한 방법으로 공정한 재판을 진행한다. 법관이 ┌ ㉠ ┐ 과/와 법률에 의해 양심에 따라 독립하여 심판하도록 한다. 또한 급이 다른 법원에서 세 번까지 재판을 받을 수 있는 삼심 제도를 두고, 특정한 경우를 제외한 모든 재판의 과정과 결과를 ┌ ㉡ ┐ 하고 있다.

㉠ _____

㉡ _____

20 빈칸에 들어갈 알맞은 말을 쓰시오.

> 민주 국가에서는 개인이나 기관이 권력을 독점하는 것을 막기 위해 국가 권력을 서로 다른 기관이 나누어 맡게 하는 □□□□의 원리를 따르고 있다. 우리나라는 국회, 정부, 법원이 국가 권력을 나누어 맡고 있다.

[1-3] 다음 자료를 보고 물음에 답하시오.

> 은성이네 학교에서는 학교 엘리베이터를 이용하는 방법의 문제에 대한 학급 회의가 열렸다. 친구들의 여러 의견이 나왔지만 의견을 하나로 모으기 어려웠다. 이에 많은 사람의 의견에 따라 안건에 대한 찬성과 반대 여부를 결정하기로 했다.

1 민주적 의사 결정 과정에서 위 자료와 같은 방법으로 문제를 해결하는 것을 무엇이라고 하는지 쓰시오.

_____

2 위와 같은 방법을 사용하는 이유를 쓰시오.

_____

_____

3 위와 같은 방법을 사용할 때 주의해야 할 점을 쓰시오.

_____

_____

[4-6] 다음 자료를 보고 물음에 답하시오.

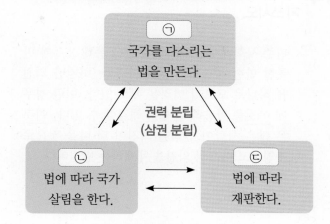

4 ㉠~㉢에 들어갈 기관의 이름을 쓰시오.

㉠ _____

㉡ _____

㉢ _____

5 ㉡ 기관이 ㉠ 기관을 견제하는 방법을 한 가지 쓰시오.

_____

_____

6 ㉢ 기관이 공정한 재판을 하기 위해 마련하고 있는 제도를 한 가지 쓰시오.

_____

_____

2 우리나라의 경제 발전

공부 계획표

- 자신의 일정에 맞게 계획을 세워 보고, 실제 학습일을 적어 봅시다.
- 학습을 마무리한 후 얼마나 학습 목표를 달성하였는지 스스로 점검해 봅시다.

박물관에서 어색한 부분을 찾아라!

사회랑 놀아요 박물관에서 어색한 부분을 찾아라!

박물관 전시실에서 우리나라 경제활동에 관한 전시 모형을 관람했어. 그런데 각 구역에서 시대에 어울리지 않는 모습들이 있었어. 어떤 모습들이 잘못되었는지 찾아볼래?

❓ 찾은 경제활동 모습이 왜 시대에 어울리지 않는지 그 까닭을 이야기해 봅시다.

예
• 할인 매장에서 지게를 사용하는 모습이 어색합니다.
• 항구에서 소달구지와 옛날 쌀가마니가 어색합니다.
• 자동화 공장에서 흑백텔레비전이 어색합니다.

도움 박물관 전시실에서 시대에 어울리지 않는 경제활동 모습을 찾아보아요.

⭐ **이 단원에서 나는**

📍 교과서 79쪽

우리나라의	경제 체제 특징을	알고 싶어요.
	경제 성장 과정을	탐구하고 싶어요.
	경제 교류를	조사하고 싶어요.

도움 제시된 낱말을 연결해 나만의 학습 계획을 세워 보아요.

예
• 우리나라의 경제 체제 특징을 탐구하고 싶어요.
• 우리나라의 경제 성장 과정을 알고 싶어요.
• 우리나라의 경제 교류를 조사하고 싶어요.

미리 맛보는 교과서 흐름

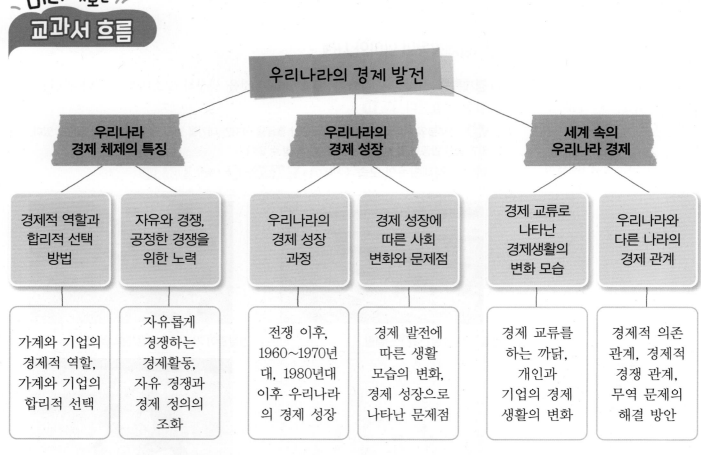

우리나라의 경제 발전

우리나라 경제 체제의 특징 / 우리나라의 경제 성장 / 세계 속의 우리나라 경제

| 경제적 역할과 합리적 선택 방법 | 자유와 경쟁, 공정한 경쟁을 위한 노력 | 우리나라의 경제 성장 과정 | 경제 성장에 따른 사회 변화와 문제점 | 경제 교류로 나타난 경제생활의 변화 모습 | 우리나라와 다른 나라의 경제 관계 |

가계와 기업의 경제적 역할, 가계와 기업의 합리적 선택

자유롭게 경쟁하는 경제활동, 자유 경쟁과 경제 정의의 조화

전쟁 이후, 1960~1970년대, 1980년대 이후 우리나라의 경제 성장

경제 발전에 따른 생활 모습의 변화, 경제 성장으로 나타난 문제점

경제 교류를 하는 까닭, 개인과 기업의 경제생활의 변화

경제적 의존 관계, 경제적 경쟁 관계, 무역 문제의 해결 방안

💡 가계와 기업의 경제적 역할과 합리적 선택 방법, 우리나라 경제 체제의 특징을 알 수 있어요.
💡 우리나라의 경제 성장 과정과 경제 성장에 따른 사회 변화와 문제점을 알 수 있어요.
💡 경제 교류 사례로 경제생활의 변화 모습과 우리나라와 다른 나라의 경제 관계를 알 수 있어요.

미리 맛보는 핵심 용어

| ❶ **경**(經) 다스릴 경 | **제**(濟) 도울 제 | **활**(活) 살 활 | **동**(動) 움직일 동 | ❶ 사람들에게 필요한 것을 생산하고 소비하는 것과 관련된 모든 활동을 말합니다. |

| ❷ **경**(經) 다스릴 경 | **제**(濟) 도울 제 | **성**(成) 이룰 성 | **장**(長) 길 장 | ❷ 나라의 전체적인 생산 수준이나 국민 소득이 계속해서 증가하는 것을 말합니다. |

| ❸ **무**(貿) 바꿀 무 | **역**(易) 바꿀 역 | ❸ 나라와 나라 간에 필요한 물건과 서비스를 사고파는 것을 말합니다. |

1. 우리나라 경제 체제의 특징

생활 속에서 경제활동의 모습을 찾아볼까요?

보충 ❶

● 경제활동의 대상
경제활동의 대상에는 재화와 서비스가 있다. 재화는 모양을 지니고 있어 눈으로 볼 수 있거나 만질 수 있는 물건을 말한다. 서비스는 사람들이 다른 사람을 만족시키기 위한 행위를 말한다.

보충 ❷

● 경제활동과 사회의 관계
만약 경제활동이 없다면 사회는 유지될 수 없을 것이다. 누군가가 전기를 만들거나 버스를 운전하는 생산 활동을 하기 때문에 우리가 전기 제품을 사용하거나 버스를 타고 이동할 수 있는 것이다.

---

❶ 경제활동의 의미와 사례

(1) **경제활동**: 사람들이 살아가는 데 필요한 것을 생산하고 소비하는 것과 관련된 모든 활동을 말한다. 보충 ❶

> **내용⁺** 대부분의 사람들은 돈을 벌려고 생산 활동을 하지만 대가를 받지 않고 하는 생산 활동도 있다. 집안 일과 봉사 활동도 꼭 필요한 생산 활동이라 할 수 있다.

(2) **다양한 경제활동의 모습** (시험 대비) 핵심 자료 (속 시원한) 활동 풀이

매장 직원이 물건을 ❶진열함.

경찰관이 거리에서 교통 정리를 함.

가족이 주말에 여행을 떠남.

운동선수가 운동 경기를 함.

환자가 병원에서 진료를 받음.

회사가 ❷채용을 위해 면접을 함.

> **내용⁺** 이 외에도 텔레비전에서 가수가 노래를 부르거나 요리사가 음식을 요리하는 것도 경제활동에 속한다.

용어 사전

❶ **진열**(陳: 늘어놓을 진, 列: 벌일 열): 여러 사람에게 보이기 위해 물건을 죽 벌여 놓은 것을 말한다.
❷ **채용**(採: 캘 채, 用: 쓸 용): 사람을 골라서 쓰는 것을 말한다.

❷ 생활 속 경제활동과 경제활동의 의의

(1) **생활 속 경제활동**: 대부분의 사람들은 생산 활동에 참여하고 그 대가로 소득을 얻어 생활에 필요한 물건이나 서비스를 사는 소비 활동을 한다.
(2) **경제활동의 의의**: 경제활동은 우리나라의 경제를 이끄는 중요한 역할을 한다.
보충 ❷

시험 대비 핵심 자료

● 생활 속 다양한 경제활동

민수는 오늘 자전거를 타고 학교에 갔다. 학교에서 선생님과 함께 공부를 하고 급식을 먹고 집으로 돌아왔다. 집에 와서는 즐겁게 게임을 한 후 위인전을 읽었다. 그리고 어머니와 함께 버스를 타고 백화점에 가서 바지를 샀다. 집으로 돌아와 과자를 먹으면서 텔레비전으로 축구 중계를 시청했다.

민수의 일과처럼 생활 속에서 다양한 경제활동을 찾을 수 있다. 할인 매장에서는 물건을 구매하거나 판매하는 모습 등을 볼 수 있고, 병원에서는 의사가 환자를 치료하는 모습, 환자가 의사에게 진료받는 모습 등을 볼 수 있다.

속 시원한 활동 풀이

 스스로 활동   그림에서 경제활동의 모습을 찾아 이야기해 봅시다.

예 할인 매장에서 과일을 삽니다.

예 계산원이 물건값을 계산합니다.

예 점심을 사 먹습니다.

예 음식점 점원이 주문을 받습니다.

예 대중교통을 이용합니다.

예 저녁을 배달 주문합니다.

확인 톡! 톡!

📍정답과 해설 10쪽

1 필요한 것을 생산하고 소비하는 것과 관련된 모든 활동은?   (   )

2 병원에서 의사에게 진료를 받는 것은 경제활동이다.   (O | X)

3 사람들은 대부분 (   ) 활동에 참여하고 그 대가로 소득을 얻어 소비 활동을 한다.

경제활동에서 가계와 기업의 역할을 알아볼까요?

❶ 경제활동의 주체

(1) 경제활동의 주요 ❶주체: 가계와 기업이다.

(2) 가계

① 경제활동을 함께하는 생활 공동체이다.

② 대부분 생산 활동에 참여하고 소비 활동을 한다.

(3) 기업

① 가계의 구성원이 생산 활동에 참여해 소득을 얻는 곳이다.

② 자동차 공장, 음료수 회사 등이 있다.

> **내용➕** 기업에는 큰 규모의 공장이나 회사뿐만 아니라 작은 규모의 미용실, 문방구도 포함된다.

❷ 가계와 기업의 경제적 역할

(1) 가계의 경제적 역할

① 가계는 기업의 생산 활동에 참여한다.

② 생산 활동의 대가로 소득을 얻는다.

③ 가계는 소득으로 기업에서 생산한 물건이나 서비스를 ❷구매한다. 보충❶

(2) 기업의 경제적 역할 (속 시원한 활동 풀이)

① 기업은 가계의 도움을 받아 물건과 서비스를 생산한다.

② 기업은 물건을 생산해 판매하거나 서비스를 제공해 이윤을 얻는다.

③ 기업은 생산 활동에 필요한 일자리를 만든다.

신제품 생산 전략을 짜 볼까요?

▲ 이윤을 얻으려고 생산 ❸전략을 짜는 기업

❸ 시장의 의미와 시장에서 가계와 기업의 관계

(1) 시장: 상품을 사려는 사람과 상품을 팔려는 사람이 만나 거래하는 곳이다.

눈에 보이는 물건을 사고파는 시장	• 전통 시장: 직접 가서 원하는 물건을 살수 있음. • 할인 매장, 백화점: 한 건물 안에서 편리하게 물건을 살 수 있음. • 텔레비전 홈 쇼핑, 인터넷 쇼핑: 직접 시장에 가지 않고 물건을 살 수 있음. 보충❷
눈에 보이지 않는 물건을 사고파는 시장	• 인력 시장: 사람의 노동력을 사고파는 시장 • 주식 시장: 주식 거래가 이루어지는 시장 • ❹외환 시장: 다른 나라의 돈을 사고파는 시장

(2) 시장에서 가계와 기업의 관계 (속 시원한 활동 풀이)

① 가계와 기업은 시장에서 만나 거래한다.

① 가계는 시장에서 생활에 필요한 물건과 서비스를 구매하고 비용을 지불한다.

② 기업은 생산한 물건과 서비스를 판매해 이윤을 얻는다.

보충 ❶

◉ **물건(재화)과 서비스**

물건	모양이 있어 눈에 보이고 만질 수 있는 것 예 과일, 노트북
서비스	다른 사람을 만족시키기 위한 행위로 눈에 보이지 않음. 예 의사가 진료하는 것, 가수가 노래 부르는 것

보충 ❷

◉ **전자 상거래 시장**

전자 상거래 시장은 전통적 시장과 달리 시·공간적 제약이 없다. 이곳에서는 가계와 기업이 직접 가지 않고도 물건을 사고팔 수 있다. 대표적인 전자 상거래 시장에는 인터넷, 텔레비전 등을 활용한 홈 쇼핑이 있다.

용어 사전

❶ **주체**(主: 주인 주, 體: 몸 체): 어떤 일에 적극적으로 나서서 그 일을 주도해 나가는 세력을 말한다.

❷ **구매**(購: 살 구, 買: 살 매): 물건이나 권리 따위를 돈을 주고 다른 사람으로부터 넘겨받는 것을 말한다.

❸ **전략**(戰: 싸울 전, 略: 다스릴 략): 정치나 경제에서 사회적 활동을 하는 데 필요한 방법이다.

❹ **외환**(外: 바깥 외, 換: 바꿀 환): 다른 나라와 거래할 때 쓰는 돈을 말한다.

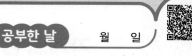

2 단원

속 시원한 활동 풀이

스스로 활동 가계와 기업의 경제적 역할을 생각해 보고, 그림의 빈칸에 알맞은 말을 본문에서 찾아 써 봅시다.

가계는 기업의 생산 활동에 참여한 대가로 ✏️_____ 을/를 얻는다.

기업은 ✏️_____ 을/를 얻으려고 물건을 생산해 판매한다.

기업은 ✏️_____ 을/를 제공한다.

다 함께 활동 가계와 기업, 시장의 관계를 생각해 봅시다.

1️⃣ 가계와 기업의 관계를 생각해 보고, 빈칸에 알맞은 붙임 딱지를 붙여 봅시다. 붙임 ② 활용

2️⃣ 붙임 ⑥ 을 활용하여 앞면에는 경제 용어를 나타내는 그림을 그리고, 뒷면에는 설명을 써서 친구와 경제 용어 맞히기 놀이를 해 봅시다.

예

가계

경제활동을 함께하는 생활 공동체이다.

잠깐! 확인해요

☐☐은/는 기업의 생산 활동에 참여하여 얻은 소득으로 필요한 물건을 구매한다.   (가계)

확인 톡! 톡!

📍정답과 해설 10쪽

1 이윤을 얻으려고 물건을 생산해 판매하는 경제활동의 주체는?   (   )

2 가계는 생산 활동에 필요한 일자리를 제공한다.   (O l X)

3 가계와 기업은 (   )에서 만나 물건과 서비스를 거래한다.

가계의 합리적 선택 방법을 알아볼까요?

보충 ❶

◉ 가계의 합리적 선택을 위해 고려해야 할 점
· 어떤 물건을 먼저 살지 우선순위 정하기
· 좋은 물건을 사기 위해 선택 기준 세우기
· 선택 기준에 따라 여러 물건을 비교하고 평가해서 가장 좋은 것 고르기

❶ 가계의 합리적 선택

(1) 필요한 물건의 우선순위 정하기: 필요한 물건들 중 어떤 물건이 가장 필요한지 우선순위를 정한다.

(2) 물건을 선택할 때 고려해야 할 점 [예] 노트북을 선택할 때 보충 ❶

❶예산의 범위 안에서 노트북을 선택함.

노트북의 무게와 디자인을 고려함.

노트북의 성능을 고려함.

노트북의 에너지 절약 기능을 고려함.

(3) 가계의 합리적 선택 방법 (속 시원한 활동 풀이)
① 가격, 품질, 디자인 등 여러 가지를 고려해 가장 적은 ❷비용으로 큰 만족감을 얻을 수 있도록 선택해야 한다.
② 물건을 선택할 때 같은 가격이면 품질이 좋은 것을, 같은 품질이면 가격이 저렴한 것을 선택해야 한다.
③ 품질, 디자인, 서비스 등을 고려해 가격이 비싸더라도 우수한 물건을 선택하는 경우도 있다.

보충 ❷

◉ 공정 무역과 공정 무역 제품
공정 무역은 생산자의 노동에 정당한 대가를 지불하면서 소비자에게 좀 더 좋은 물건을 공급하는 윤리적인 무역이다. 공정 무역 제품에는 공정 무역의 원칙에 따라 생산되고 거래되는지 소비자가 확인할 수 있도록 공정 무역 인증 마크가 부착되어 있다.

❷ 가계의 합리적 소비

(1) 합리적 소비 생활 (속 시원한 활동 풀이)
① 물건을 선택할 때 고려해야 할 기준이 다양하므로 사람들에 따라 합리적 선택은 서로 다를 수 있다.
② 최근에는 자신이 추구하는 다양한 ❸가치를 지키면서 합리적으로 소비하는 사람들이 늘고 있다.
③ 가격이 더 비싸더라도 지구 환경이나 인권 보호, 공정 무역에 도움을 주는 제품을 구매하기도 한다. 보충 ❷

(2) 합리적 선택에 따른 만족감 (시험 대비 핵심 자료)
① 가계의 합리적 선택에서 가장 중요한 일은 만족감을 높이는 일이다.
② 가격, 품질, 디자인뿐만 아니라 자신이 추구하는 가치까지 고려해서 물건을 합리적으로 선택해야 가장 큰 만족감을 얻을 수 있다.

용어 사전

❶ **예산(豫:** 미리 예, **算:** 계산 산): 필요한 돈을 미리 헤아려 계산하는 것을 말한다.
❷ **비용(費:** 쓸 비, **用:** 쓸 용): 어떤 일을 하는 데 드는 돈을 말한다.
❸ **가치(價:** 값 가, **値:** 값 치): 사람의 욕구나 관심의 대상 또는 목표가 되는 것을 말한다.

(시험 대비) 핵심 자료

● **큰 만족감을 얻을 수 있는 합리적 선택**

물건을 선택할 때 모든 사람에게 가격이 가장 중요한 선택 기준은 아니다. 가격이 더 비싸더라도 환경 오염을 예방하는 세제를 구매하거나 공정 무역을 통해 생산한 커피를 사는 경우도 있다. 이처럼 가계는 가격, 품질, 디자인뿐만 아니라 자신이 추구하는 삶의 가치까지 고려해서 합리적으로 물건을 선택해야 큰 만족감을 얻을 수 있다.

(속 시원한) 활동 풀이

👏 **다 함께 활동**   내가 이 가계의 구성원이 된다면 어떤 기준으로 노트북을 선택할지 생각해 봅시다.

❶ 여러 가지 노트북의 정보를 수집하고 분석해 봅시다.	예 1번 노트북	예 2번 노트북	예 3번 노트북
	• 가격이 비쌈. • 작업 처리 속도가 빠름. • 수리 서비스 1년 무료	• 무게가 적당함. • 에너지 절약 기능이 있음. • 수리 서비스 3년 무료	• 가격이 저렴함. • 무게가 무거움. • 작업 처리 속도가 느림.
❷ 각자 기준에 따라 노트북을 선택하고, 그 까닭을 써 봅시다.	예 • 내가 선택한 노트북: 3번 노트북 • 선택한 까닭: 가격을 중요하게 생각하고 가전제품은 금세 신제품이 나오기 때문입니다.		
❸ 친구들의 선택 기준과 비교해 보고 어떤 차이가 있는지 이야기해 봅시다.	예 친구들은 무료 수리 서비스 기간과 노트북의 작업 처리 속도를 선택 기준으로 삼고 노트북을 선택했습니다.		

✊ **스스로 활동**   가격이 더 비싸더라도 지구 환경이나 인권 보호에 도움을 주는 제품을 구매한 경험을 이야기해 봅시다.

예 • 가격이 더 비싸더라도 공정 무역 초콜릿을 구매했습니다.
   • 지구 환경을 보호하기 위해 종이 빨대나 친환경 대나무 빨대, 스테인리스강 빨대를 구매했습니다.

🐭 **잠깐! 확인해요**

가계는 다양한 기준을 고려해 가장 적은 비용으로 큰 만족감을 얻도록 선택해야 한다. (O ∣ X)   (O   )

확인 특!특!

📍 정답과 해설 10쪽

1   가계가 합리적 선택을 하기 위해서는 물건의 가격만 고려하면 된다.   (O ∣ X)

2   가계는 다양한 기준을 고려해 적은 비용으로 (큰, 작은) 만족감을 얻도록 선택해야 한다.

3   가계는 가격, 품질, 디자인뿐만 아니라 자신이 추구하는 (   )까지 고려해서 물건을 합리적으로 선택해야 한다.

기업의 합리적 선택 방법을 알아볼까요?

❶ 기업의 합리적 선택 필요성

(1) 기업이 고민을 하는 까닭: 기업은 물건을 생산할 때 더 많은 이윤을 남기기 위해 다양한 고민을 한다.

(2) 물건을 생산할 때 고려해야 기준 예 음료수를 만드는 기업 (속 시원한 활동 풀이)

생산 품목: 어떤 종류의 음료수를 생산해 판매할지 고민함.

생산 비용: 음료수를 만드는 데 필요한 돈과 노력이 어느 정도일지 고민함.

디자인: 음료수병의 디자인을 어떻게 하는 것이 좋을지 고민함.

홍보 방법: 이윤을 가장 많이 남기기 위한 방법을 고민함.

❷ 기업의 합리적 선택

(1) 기업의 합리적 의사 결정

① 물건의 생산 비용을 줄일 수 있는 방법을 선정한다. 보충❶

② 제품의 장단점을 분석해 더 많이 팔 수 있는 홍보 전략을 ❶수립한다.

③ 소비자가 어떤 물건을 좋아하는지, 무엇을 더 필요로 하는지 분석해 소비자의 ❷요구를 잘 파악한다.

▲ 물건을 많이 팔 수 있는 방법을 생각하는 기업

▲ 더 많은 이윤을 남기기 위해 다양한 고민을 하는 기업

(2) 기업의 합리적 선택 방법: 기업은 다양한 기준을 고려하면서 적은 비용으로 많은 이윤을 남길 수 있도록 선택해야 한다. 보충❷

내용➕ 기업이 합리적 선택을 하지 않으면 다른 기업과의 경쟁에서 밀려 손해를 볼 수 있다.

보충 ❶

● **생산 비용을 줄이는 방법**
같은 시간에 더 많은 물건을 생산하는 근로자를 채용하거나 발전한 기술을 활용해 물건을 더 많이 생산하면 생산 비용을 줄여 많은 이윤을 남길 수 있다.

보충 ❷

● **사회적 기업**
사회적 기업은 사회와 환경에 미치는 영향에 책임 의식을 갖고, 사회적 책임을 중요한 목표로 두는 기업을 말한다. 사회적 기업은 소비자들의 호감을 사 더 많은 이윤을 얻기도 한다.

용어 사전

❶ **수립**(樹: 나무 수, 立: 설 립): 계획, 제도, 정부 등을 이룩해 세우는 것을 말한다.

❷ **요구**(要: 중요할 요, 求: 구할 구): 받아야 할 것을 필요에 의해 달라고 부탁하는 것을 말한다.

속 시원한 활동 풀이

다 함께 활동 음료수 회사의 합리적 선택 방법에 대해 탐색해 봅시다.

1 다음 자료를 보고 각 질문에 대한 나의 생각을 빈칸에 써 봅시다.

연도별 음료수 판매량

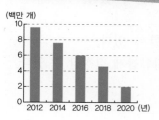

음료수 판매량은 어떻게 변하고 있나요?

예 연도별로 음료수 판매량은 줄어들고 있습니다.

음료수 종류별 판매량(2020년)

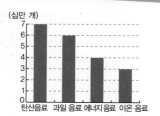

어떤 종류의 음료수가 잘 팔리나요?

예 탄산음료가 가장 잘 팔리고 있습니다.

연도별 음료수 제조 회사 수

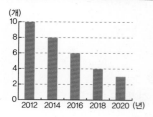

음료수 제조 회사 수는 어떻게 변하고 있나요?

예 음료수를 제조하는 회사 수는 감소하고 있습니다.

연도별 가격과 생산 비용

구분	가격(원)	생산 비용(원)
가 회사	1,300	
나 회사	1,200	350
다 회사	1,500	

회사별 음료수 가격과 생산 비용은 얼마인가요?

예 생산 비용은 350원으로 같지만 판매 가격은 회사마다 다릅니다.

2 내가 회사의 직원이라면 어떤 음료수를 얼마나 생산하면 좋을지 친구들과 이야기해 보고, 그 특징이 나타난 음료수 캔을 디자인해 봅시다. 붙임⑦ 활용

예 탄산음료를 1,100원에 판매합니다. 가격이 저렴한 대신 음료수를 많이 팔아 이윤을 남길 수 있습니다.

예 경쟁 회사가 탄산음료를 생산할 때 과일 음료를 생산해 1,500원에 팔아 이윤을 남길 수 있습니다.

잠깐! 확인해요

기업은 다양한 기준을 고려하여 많은 □□을/를 남길 수 있는 합리적 선택을 한다.   (이윤)

 확인 톡!톡!

📍 정답과 해설 10쪽

1 기업은 소비자가 어떤 물건을 좋아하는지, 무엇을 좀 더 필요로 하는지 분석할 필요가 없다.   (O | X)

2 기업은 물건을 생산할 때 생산 비용을 (늘일 수, 줄일 수) 있는 방법을 생각한다.

3 기업은 다양한 기준을 고려해 많은 이윤을 남길 수 있는 (   ) 선택을 한다.

경제활동 속에서 우리나라 경제의 특징을 찾아볼까요?

보충 ❶

◉ **인재 확보를 위한 경쟁**
개인이 원하는 일자리를 얻기 위해 경쟁하듯이 기업도 다른 기업과 인재 확보를 위한 경쟁을 한다. 특히 4차 산업을 주도하고 있는 IT 관련 기업들은 인재 확보를 위한 경쟁이 치열하다.

❶ 경제활동 속 자유

(1) 개인의 자유로운 경제활동 (속 시원한 활동 풀이)
① 자신이 선택한 일에서 자유롭게 직업 활동을 할 수 있다.
② 자신의 능력과 ❶적성에 따라 자유롭게 직업을 선택할 수 있다.
③ 자신이 벌어들인 소득을 자유롭게 소비하거나 저축할 수 있다.

(2) 기업의 자유로운 경제활동
① 물건을 얼마만큼 생산해 판매할지 자유롭게 결정할 수 있다.
② 생산 활동을 통해 얻은 이윤을 어떻게 사용할지 자유롭게 결정할 수 있다.

❷ 경제활동 속 ❷경쟁

보충 ❷

◉ **자유와 경쟁이 없는 경제활동**
경제활동에 자유와 경쟁이 없다면 개인은 일자리를 얻기 위해 경쟁할 필요가 없고 능력에 따라 직업을 선택할 수 없다. 기업은 다른 기업과 기술 개발 경쟁, 상품 판매 경쟁을 할 필요가 없다.

(1) 개인의 경제활동 속 경쟁 보충 ❶, ❷
① 원하는 일자리를 얻기 위해 다른 사람과 경쟁한다.
② 원하는 물건을 구매하려고 다른 사람과 경쟁한다.

(2) 기업의 경제활동 속 경쟁 (속 시원한 활동 풀이) 보충 ❶, ❷
① 더 많은 이윤을 얻기 위해 다른 기업과 기술 개발 경쟁을 한다.
② 상품 홍보를 통해 다른 기업과 상품 판매 경쟁을 한다.

내용➕ 다른 기업과 경쟁하며 가격을 낮추거나 더 좋은 물건과 서비스를 제공하려고 노력한다.

❸ 경제활동의 자유와 경쟁이 우리 생활에 주는 도움

(1) 개인에 주는 도움
① 자신이 하고 싶은 일을 하면서 더 즐겁게 일할 수 있다.
② 소비자는 품질이 좋은 다양한 상품과 더 많은 혜택으로 만족감이 커진다.

용어 사전

❶ **적성**(適: 맞을 적, 性: 성품 성): 어떤 일에 알맞은 성질이나 소질을 말한다.
❷ **경쟁**(競: 다툴 경, 爭: 다툴 쟁): 같은 목적을 가지고 이기거나 앞서려고 겨루는 것을 말한다.
❸ **발휘**(發: 필 발, 揮: 휘두를 휘): 재능, 능력을 떨쳐 나타내는 것이다.

| 개인이 능력과 재능을 더 잘 ❸발휘할 수 있음. | 질 좋은 서비스를 받을 수 있음. |

(2) 기업에 주는 도움
① 무엇을 생산하고 판매할지 자유롭게 정할 수 있다.
② 자유롭게 경쟁하며 품질 좋은 상품을 개발해 더 많은 이윤을 얻을 수 있다.
(3) 국가에 주는 도움: 개인과 기업의 자유로운 경쟁은 국가 전체의 경제 발전에 도움을 준다.

2
단원

 **속 시원한** 활동 풀이

스스로 활동 일상생활 사례를 보고 우리나라 경제의 특징을 생각해 봅시다.

1 **치킨 가게가 광고를 하는 까닭과 광고를 하면 좋은 점을 이야기해 봅시다.**

예 치킨 가게를 사람들에게 알려 이윤을 늘릴 수 있습니다.

2 **치킨 가게가 많으면 좋은 점과 그 까닭을 말해 봅시다.**

예 소비자가 여러 치킨 가게를 비교해 보고 원하는 치킨 가게에서 먹을 수 있습니다.

3 **위 사례를 통해 알 수 있는 우리나라 경제의 특징을 이야기해 봅시다.**

예 치킨 가게는 이윤을 많이 남기기 위해 다른 가게와 경쟁하고, 소비자는 자유롭게 원하는 치킨을 고를 수 있습니다.

스스로 활동 그림을 보고 우리 주변에서 볼 수 있는 자유와 경쟁의 사례를 찾아 써 봅시다.

예 • 개인은 원하는 기업에 들어가기 위해 열심히 취업 준비를 합니다.
• 사람들은 경제활동으로 얻은 소득을 자유롭게 사용합니다.
• 기업이 인재를 확보하기 위해 채용 박람회에 참여합니다.
• 제약 회사는 바이러스 치료제 개발을 위해 다른 회사와 경쟁합니다.

 잠깐! 확인해요

우리나라 경제의 주요한 특징은 □□와/과 경쟁이다.   (자유)

확인 톡!톡!

정답과 해설 10쪽

1 우리나라에서 개인은 자신의 능력과 적성에 따라 (   )롭게 직업을 선택할 수 있다.

2 기업은 자유롭게 경쟁하며 품질 좋은 상품을 개발하여 더 (많은, 적은) 이윤을 얻을 수 있다.

3 개인과 기업의 자유와 경쟁은 국가 전체의 경제 발전에 도움을 준다.   (O | X)

공정한 경쟁을 위한 노력을 알아볼까요?

보충 ❶

어린이 공정 거래 교실
어린이 공정 거래 교실 누리집에서 제공하는 만화, 동영상, 퀴즈 등을 통해 공정 거래 위원회가 하는 일에 대해 알 수 있다. 이 누리집(https://www.ftc.go.kr/kids/index.do)에 접속해 '학습 마당'을 누른 후 공정 거래 위원회에 대해 알아본다.

❶ 기업의 불공정한 경제활동

(1) 불공정한 경제활동 사례: 식품 효과에 관해 ❶허위·과대광고를 했다. 마스크가 부족한 상황에서 마스크를 보관하고 인터넷을 통해 비싸게 팔았다. (속 시원한 활동 풀이)

▲ 식품 효과에 관한 허위·과대광고를 한 기업　　▲ 마스크를 창고에 쌓아 두고 비싸게 판 기업

(2) 불공정한 경제활동으로 발생하는 문제
① 광고를 보고 제품을 구매했는데 실제 제품과 달라 피해를 입는다.
② 물건의 가격이 올라 물건을 구매하기 위해 더 많은 돈을 내야 한다.
③ 특정 기업이 ❷부당한 이익을 얻고, 공정하게 경제활동을 하는 기업이 손해를 본다.

보충 ❷

불공정 거래 행위
공정하고 자유로운 경쟁의 촉진을 막는 거래 행위를 말한다. 부당하게 거래 상대방을 차별하는 행위, 허위·과대광고를 해 상품의 질 또는 양을 속이는 행위 등이 불공정 거래 행위이다.

❷ 공정한 경쟁을 위해 노력하는 우리나라 경제의 모습

(1) 공정한 경쟁을 위한 정부와 시민 단체의 노력 (시험 대비 핵심 자료)

정부는 공정 거래 위원회를 설치해 불공정 거래 행위를 감시함. 보충 ❶, ❷	허위·과대광고를 바로잡아 소비자의 피해를 막음.

보충 ❸

독과점 규제
독과점은 하나의 기업이 시장을 차지하는 독점과 소수의 기업이 시장을 차지하는 과점을 아울러 말한다. 각 나라는 독과점의 폐해를 막기 위해 제정된 법 조항을 만들어 시행하고 있다.

소수 기업이 가격을 미리 의논해 정할 수 없도록 감시함.	시민 단체는 특정 기업끼리 불공정하게 거래하는 것을 감시함. 보충 ❸

내용+ 정부와 시민 단체는 기업이 공정한 경쟁을 할 수 있도록 감시함을 알 수 있다.

(2) 공정한 경쟁을 위한 노력으로 알 수 있는 점
① 정부와 시민 단체는 불공정한 경제활동으로 발생한 문제를 해결하려고 한다.
② 개인과 기업이 공정하고 자유로운 경쟁을 할 수 있도록 여러 가지 노력을 한다.

용어 사전

❶ **허위**(虛: 빌 허, 僞: 거짓 위): 진실이 아닌 것을 진실인 것처럼 꾸민 것을 말한다.
❷ **부당**(不: 아닐 부, 當: 마땅할 당): 이치에 맞지 않는 것을 말한다.

(시험 대비) 핵심 자료

● 공정 거래 위원회가 하는 일

공정 거래 위원회는 자유롭고 공정한 시장 질서를 세우는 역할을 하는 국가 기관이다. 공정 거래 위원회는 기업들 간의 경쟁이 자유롭게 이루어질 수 있는 환경을 만들고, 자유로운 경쟁을 제한하는 행위나 불공정한 행위를 조사하여 바로잡는 일을 한다.

경쟁 촉진	몇몇 기업이 결합해 가격을 올리는 등의 불공정한 거래 행위를 막고, 공정한 경쟁 질서가 이루어지게 한다.
소비자 권익 증진	허위·과대광고를 시정하고 소비자에게 정확한 정보를 전달하게 함으로써 합리적 선택을 할 수 있게 한다.
중소기업 경쟁 보장	대기업의 불공정 행위를 시정함으로써 중소기업이 공정하게 경쟁할 수 있도록 돕는다.

(속 시원한) 활동 풀이

다 함께 활동 · 불공정한 경제활동을 조사하고 해결 방안을 토의해 봅시다.

1 우리 생활에서 공정하지 않은 경쟁으로 문제가 발생한 사례를 찾아봅시다.

예 • 특정 기업끼리 상품의 가격을 의논해서 올립니다.
• 광고 속 제품과 실제 제품의 차이가 심합니다.

2 위 사례와 같은 문제가 발생한 까닭을 생각해 보고, 친구들과 해결 방안을 이야기해 봅시다.

예 • 상품을 만드는 기업의 수가 적기 때문입니다.
• 허위·과대광고를 하면 제품을 많이 팔 수 있기 때문입니다.
• 제품의 가격을 부당하게 올려서 파는 기업을 공정 거래 위원회에 신고합니다.
• 허위·과대광고를 하는 기업의 누리집에 비판하는 글을 올려 소비자가 피해를 입지 않도록 합니다.

잠깐! 확인해요

정부는 ☐☐☐☐ 위원회를 설치하여 불공정 거래 행위를 감시한다.   (공정 거래)

확인 톡!톡!

◎ 정답과 해설 10쪽

1 시민 단체는 특정 기업끼리 불공정하게 거래하는 것을 감시한다.   (O | X)

2 개인이나 기업이 (   )하고 자유롭게 경쟁할 수 있도록 정부와 시민 단체는 노력을 하고 있다.

3 하나의 기업이 시장을 차지하는 독점과 소수의 기업이 시장을 차지하는 과점을 아울러 이르는 말은?   (   )

우리나라 경제 체제의 특징을 소개해 볼까요?

보충 ❶

◉ **부당 표시 광고**
소비자를 그럴듯하게 속이거나 잘못 알게 할 우려가 있는 내용을 포함한 표시나 광고이다. 공정 거래 위원회는 부당 표시 광고를 불공정 거래 행위로 보고 이를 규제하고 있다.

❶ 우리나라 경제 체제의 특징

(1) 우리나라 경제의 모습
① 개인과 기업의 경제상의 자유와 경쟁을 존중한다.
② 개인과 기업의 경제활동이 공공의 이익을 해치는 경우 이를 ❶규제한다.
(2) 우리나라 경제의 모습에서 알 수 있는 점: 우리나라 경제 ❷체제는 자유 경쟁과 경제 정의의 조화를 추구한다.

❷ 우리나라 경제 체제의 특징을 소개하는 방법

> ❶ 누리집, 신문 기사, 방송 자료 등에서 우리나라 경제 체제의 특징이 나타난 경제활동의 사례를 찾아본다.
> ❷ 조사한 사례를 비슷한 내용의 경제활동끼리 묶어 분류한다.
> ❸ 우리나라 경제 체제의 특징이 나타난 자료를 만들어 소개한다.

보충 ❷

◉ **자료를 소개하는 방법**
친구들에게 자료를 소개하는 방법에는 전달하고 싶은 내용을 이미지와 간단한 글로 재구성해 보여 주는 카드 뉴스나 포스터를 만들어 소개하는 것 등이 있다.

❸ 우리나라 경제 체제의 특징을 소개하는 활동 (속 시원한 활동 풀이)

(1) 경제활동 사례 찾아보기 예 일자리를 구하는 개인, 설비 투자를 확대하는 기업, 부당한 표시 광고를 신고한 시민 단체, 계란 가격에 대한 공정 거래 위원회의 조사 등

기업 ❸공채 시험의 전 부문에 걸쳐 두 자릿수 이상의 경쟁률을 보여 개인의 일자리 경쟁이 치열합니다.	배터리 시장의 점유율을 위해 기업들이 설비 투자를 확대하고 인재 확보를 위해 채용 경쟁 중입니다.	한 시민 단체가 특정 기업이 부당한 표시 광고를 해 공정 거래 질서를 해치고 있다며 신고했습니다. **보충 ❶**	공정 거래 위원회는 계란의 가격이 많이 올라 소비자들이 피해를 보자 조사에 나섰습니다.

(2) 조사한 경제활동 사례 분류하기

자유와 경쟁	공정한 경쟁을 위한 노력
• 취업을 위한 개인의 노력 • 기술 개발을 위한 기업 간 경쟁	• 시민 단체의 감시 • 공정 거래 위원회의 조사

(3) 우리나라 경제 체제의 특징이 나타난 자료 만들어 소개하기 예 "기업들이 서로 기술 개발 경쟁을 하고 있는 모습을 표현했어요.", "불공정 경쟁을 하는 기업의 부당함을 알리는 시민 단체의 노력을 나타냈어요." 등 **보충 ❷**

용어 사전

❶ **규제**(規: 법 규, 制: 억제할 제): 규칙이나 규정에 의해 일정한 한도를 정하고 이를 넘지 못하게 막는 것을 말한다.
❷ **체제**(體: 몸 체, 制: 억제할 제): 사회의 조직이나 일정한 제도의 양식을 말한다.
❸ **공채**(公: 공평할 공, 採: 캘 채): 여러 사람에게 널리 알리어 공개적으로 사람을 채용하는 것을 말한다.

우리나라 경제 체제의 특징	자유와 경쟁	공정한 경쟁을 위한 노력
자유와 경쟁 / 공정한 경쟁을 위한 노력	자동차 배터리를 생산하는 두 기업이 설비 투자를 확대하고 인재를 확보하는 등 기술 개발 경쟁을 하고 있습니다.	시민 단체는 ㉑기업이 부당한 표시 광고를 하여 불공정 경쟁을 하고 있다고 주장하며 공정 거래 위원회에 신고하였습니다.

▲ 우리나라 경제 체제의 특징이 나타난 카드 뉴스

 활동 풀이

우리나라 경제 체제의 특징이 나타난 자료 만들기

우리나라 경제 체제의 특징이 나타난 경제활동 사례	사례 1	**예** 코로나 바이러스가 확산함에 따라 국내 바이오 업계들도 백신 개발을 본격화하고 있다. 보건 복지부에 따르면 코로나 바이러스 백신을 개발하기 위해 경쟁하는 우리나라 기업은 4개이다.
	사례 2	**예** 반도체 업계의 인력난이 심해짐에 따라 기업들은 인재 확보를 위한 경쟁을 하고 있다. ㉮ 기업은 임직원의 임금을 평균 8% 인상했고, ㉯ 기업은 신입 사원의 임금을 14.3% 인상해 취업 시장에서 인재를 확보하기 위한 경쟁에 나서고 있다.
	사례 3	**예** 닭고기 판매 기업들이 식용 닭의 가격과 출고량을 미리 의논하고 합의해 온 것으로 드러났다. 이에 공정 거래 위원회는 치킨에 사용하는 닭의 가격과 출고량을 합의해 온 16개 닭고기 판매 기업에 과징금을 부과했다.
	사례 4	**예** 한 시민 단체가 이동 통신사 기업이 인터넷 속도를 허위·과대광고를 한다고 주장하며 공정 거래 위원회에 신고했다. 신고를 접수한 공정 거래 위원회는 표시 광고법 위반 혐의로 이동 통신사 기업을 조사하고 있다.

조사한 경제활동 사례 분류	자유와 경쟁	공정한 경쟁을 위한 노력
	예 • 기업 간 백신 개발 경쟁 • 인재 확보를 위한 기업 간 경쟁	**예** • 공정 거래 위원회의 과징금 부과 • 시민 단체의 신고

우리나라 경제 체제의 특징이 나타난 자료

예 카드 뉴스

우리나라 경제 체제의 특징

자유 경쟁

경제 정의

자유 경쟁

코로나 바이러스 백신을 개발하기 위해 우리나라의 많은 기업이 경쟁을 하고 있습니다. 최근에는 코로나 바이러스 변이 맞춤형 백신 개발을 위해 4개의 기업이 기술 개발에 뛰어들었습니다.

경제 정의

최고치! 최고 20배 빠른 속도

허위·과대광고 여부 조사하겠습니다.

공정거래위원회

시민 단체는 이동 통신사 기업이 인터넷 속도를 허위·과대광고를 한다고 주장하며 신고하였습니다. 공정 거래 위원회는 이를 조사하기로 결정하였습니다.

📍정답과 해설 10쪽

1 우리나라는 개인과 기업의 경제활동이 공공의 이익을 해치는 경우 이를 규제한다. 　　(O ｜ X)

2 우리나라 경제 체제는 자유 경쟁과 (　　　　　)의 조화를 추구하고 있다.

3 우리나라 경제 체제의 특징을 소개하는 방법에는 카드 뉴스 만들기만 있다. 　　(O ｜ X)

'우리나라 경제 체제'의 특징에서 배운 내용을 떠올리며 설명에 알맞은 ○, × 카드를 선택하여 낱말 카드를 완성해 봅시다.

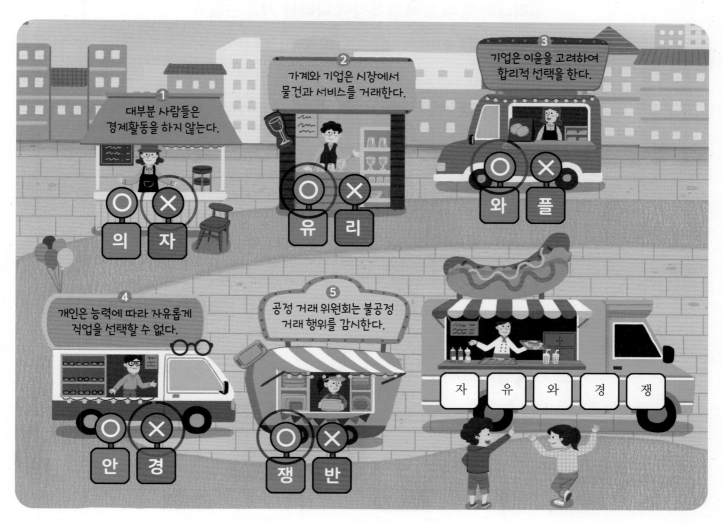

핵심 꿀꺽 질문

가계와 기업의 경제적 역할을 설명할 수 있나요?	
가계와 기업의 합리적 선택 방법을 설명할 수 있나요?	
우리나라 경제 체제의 특징을 말할 수 있나요?	

1 경제활동으로 알맞지 <u>않은</u> 것은 어느 것입니까? ( )

① 할인 매장에서 물건을 판매한다.
② 직장에 출근해 업무에 참여한다.
③ 저녁에 무엇을 먹을지 고민한다.
④ 음식점에서 만들어진 음식을 배달한다.
⑤ 품질 좋은 물건을 만들기 위해 연구한다.

2 ㉠과 ㉡에 들어갈 알맞은 말을 쓰시오.

> 사람들은 대부분 [㉠]에 참여하고 그 대가로 소득을 얻어 생활에 필요한 물건이나 서비스를 사는 [㉡]을/를 한다.

㉠ _____

㉡ _____

중요
3 가계에 대한 설명으로 알맞지 <u>않은</u> 것은 어느 것입니까? ( )

① 경제활동을 함께하는 생활 공동체이다.
② 필요한 물건을 더 싸게 사려고 노력한다.
③ 생산 활동에 참여한 대가로 소득을 얻는다.
④ 기업의 생산 활동에 참여하고 소비 활동을 한다.
⑤ 더 많은 이윤을 얻기 위해 물건을 생산해 판매한다.

4 빈칸에 공통으로 들어갈 알맞은 말을 쓰시오.

> 기업은 [ ][ ]을/를 얻으려고 생산 활동을 한다. [ ][ ]은/는 물건이나 서비스를 생산, 판매해 얻게 되는 순수한 이익을 말한다.

5 밑줄 친 '이것'은 무엇입니까? ( )

> 이것은 상품을 사려는 사람과 상품을 팔려는 사람이 만나 거래하는 곳이다. 가계와 기업은 다양한 형태의 이것에서 만나 물건과 서비스를 거래한다.

① 국회   ② 시장
③ 학교   ④ 공청회
⑤ 공공 기관

[6-7] 다음 대화를 읽고 물음에 답하시오.

> **부모님:** 좋은 물건을 사려면 어떤 점을 고려해야 하는지 [㉠]을/를 세워 보자.
> **지민:** 저는 속도가 빠른 노트북이 좋아요.
> **민수:** 가격이 더 비싸더라도 에너지를 절약할 수 있는 제품이 좋을 것 같아요.
> **지민:** [㉠]을/를 어떻게 세우는지에 따라 ㉡ 합리적 선택이 다를 수 있어요.

6 위 대화에서 ㉠에 들어갈 알맞은 말을 쓰시오.

_____

7 밑줄 친 ㉡을 하는 친구를 보기 에서 모두 골라 기호를 쓰시오.

> **보기**
> ㉠ **준표:** 나는 무게가 가볍고 디자인이 좋은 노트북으로 선택했어.
> ㉡ **동섭:** 나는 같은 품질의 노트북 중 가격이 가장 비싼 노트북을 선택했어.
> ㉢ **현종:** 나는 노트북을 자주 사용할 계획이라 성능이 제일 좋은 노트북을 선택했어.
> ㉣ **기영:** 나는 가격이 비싸지 않으면서 무료 수리 서비스 기간이 긴 노트북을 선택했어.

8 가계의 합리적 선택에 대한 설명으로 알맞지 <u>않은</u> 것은 어느 것입니까? 　　　　　(　　)

① 물건이 같은 가격이면 품질이 좋은 물건을 선택한다.
② 물건을 선택할 때 가장 중요한 기준은 항상 가격이다.
③ 자신이 추구하는 가치를 지키면서 합리적으로 소비해야 한다.
④ 가계의 합리적 선택에서 가장 중요한 일은 만족감을 높이는 일이다.
⑤ 다양한 기준을 고려해 적은 비용으로 큰 만족감을 얻도록 선택해야 한다.

9 빈칸에 들어갈 알맞은 말을 쓰시오.

> 기업은 물건을 많이 팔 수 있는 방법을 생각한다. 이를 위해 기업은 다양한 기준을 고려하면서 적은 비용으로 많은 이윤을 남길 수 있는 ☐☐☐ 선택을 한다.

_____

10 기업이 합리적 선택을 하기 위한 행동으로 알맞지 <u>않은</u> 것은 어느 것입니까? 　　(　　)

① 비용을 줄일 수 있는 생산 방법을 선정한다.
② 기업에서 생산한 제품의 종류별 장단점을 분석한다.
③ 시장 조사를 통해 소비자가 원하는 디자인을 조사한다.
④ 제품이 질이 떨어지더라도 생산 비용을 낮추기 위해 노력한다.
⑤ 소비자의 구매 의욕을 자극하기 위해 효과적인 홍보 전략을 수립한다.

11 우리나라 경제의 특징에 대한 설명에서 ㉠과 ㉡에 들어갈 알맞은 말을 쓰시오.

> • 개인은 자신의 능력과 적성을 고려하여 직업을 ［ ㉠ ］롭게 선택할 수 있다.
> • 기업은 더 많은 이윤을 얻기 위해 기술을 개발하거나 상품을 홍보하는 등 여러 가지 방법을 이용하여 ［ ㉡ ］한다.

㉠ _____

㉡ _____

12 기업이 가지는 경제활동의 자유로 알맞은 것은 어느 것입니까? 　　　　(　　)

① 자동차 공장을 짓는다.
② 사고 싶은 물건을 산다.
③ 자신의 월급을 은행에 저축한다.
④ 자신이 하고 싶은 직업을 선택한다.
⑤ 자신이 원하는 일을 하면서 더 즐겁게 일한다.

13 경제활동의 자유와 경쟁이 우리 생활에 주는 도움으로 알맞지 <u>않은</u> 것은 어느 것입니까?(　　)

① 우리나라 전체의 경제가 발전한다.
② 기업에게 질 좋은 서비스를 받을 수 있다.
③ 자신의 재능과 능력을 더 잘 발휘할 수 있다.
④ 기업은 물건을 비싸게 팔아 이윤을 남길 수 있다.
⑤ 소비자는 원하는 조건의 물건을 구매할 수 있다.

14 다음에서 설명하는 기관을 쓰시오.

> 불공정 거래 행위를 감시하기 위해 정부가 설치한 기관으로 허위·과대광고를 바로잡아 소비자가 정확한 정보를 바탕으로 합리적인 선택을 할 수 있도록 한다.

_____

15 공정한 경쟁을 위한 노력으로 알맞지 <u>않은</u> 것은 어느 것입니까? (   )

① 상품에 대한 허위·과대광고를 바로잡아 소비자의 피해를 막는다.
② 시민 단체는 특정 기업끼리 불공정하게 거래하는 것을 감시한다.
③ 정부는 공정 거래 위원회를 설치해 불공정 거래 행위를 감시한다.
④ 소수 기업이 물건의 가격을 미리 의논해 정할 수 없도록 감시한다.
⑤ 물건의 가격을 올린 기업 누리집에 기업에 대한 허위 사실을 작성한다.

16 우리나라 경제 체제의 특징에 대해 알맞은 설명을 한 친구를 보기 에서 모두 골라 기호를 쓰시오.

> **보기**
>
> ㉠ **수연**: 우리나라는 개인과 기업의 경제상의 자유와 경쟁을 규제해.
> ㉡ **혜민**: 우리나라 경제 체제는 자유 경쟁과 경제 정의의 조화를 추구해.
> ㉢ **규인**: 우리나라 경제 체제의 특징이 나타난 사례로 개인의 일자리 경쟁 기사를 찾을 수 있어.
> ㉣ **다빈**: 공정 거래 위원회가 가격을 합의한 기업들에게 경고한 것은 우리나라 경제 체제의 특징이 나타난 사례야.

워드 클라우드와 함께하는 서술형 문제

[17-18] 워드 클라우드의 단어를 이용해 서술형 문제의 답을 쓰시오.

> 과대 광고   경제 발전   경제활동
> 경제 체제   **경쟁**
> 정부   **공정 거래 위원회**   시민 단체
>   소비자   조화   *경제 정의*
> 기업   **자유**   **불공정 거래**

17 공정한 경쟁을 위한 정부와 시민 단체의 노력을 <u>두 가지</u> 이상 쓰시오.

_____

_____

18 다음 글을 읽고 알 수 있는 우리나라 경제 체제의 특징을 쓰시오.

> ○○ 기업 공채 시험에 총 5,000명 대의 사람들이 원서를 접수했다. 전 부문에 걸쳐 두 자릿수 이상의 경쟁률을 보였다. 이는 예상했던 지원자 수보다 3배 이상 많은 규모이다.

> 시민 단체가 □□ 기업이 부당한 표시 광고를 해 공정한 거래 질서를 해치고 있다며 공정 거래 위원회에 신고했다. 신고를 받은 공정 거래 위원회는 □□ 기업에 대한 조사를 시작했다.

_____

착한 소비를 위한 첫걸음, 공정 무역

우리가 향긋한 커피를 마실 동안 남아메리카의 커피 농부들에게 커피 한 잔 가격의 0.5%만 몫으로 돌아갑니다. 또한 초콜릿의 원료가 되는 카카오를 재배하느라 아프리카 아이들 약 25만 명이 학교에 가지 못하고 노동하고 있습니다. 이러한 불균형을 해소하기 위한 것이 바로 공정 무역입니다. 공정 무역이란 생산자의 노동에 대하여 정당한 대가를 지불함과 동시에 소비자에게는 좋은 품질의 제품을 제공하는 무역을 말합니다. 현재 세계 여러 나라는 공정 무역을 통해 가난한 나라의 낮은 임금 문제와 어린이 노동 등의 문제를 해결하기 위해 노력하고 있으며, 많은 사람이 이러한 공정 무역을 응원하며 지지하고 있습니다.

공정 무역에서 지켜야 할 원칙

- 구매자는 생산자에게 최저 구매 가격을 보장하고 대화와 참여를 통해 합의된 가격을 지급한다.
- 생산자는 인종, 국적, 종교, 나이, 성별 등에 따른 차별을 없애고 동일 노동, 동일 임금 원칙을 준수한다.
- 아동의 권리를 존중하고 안전한 노동 환경을 제공하며 환경 보호를 위해 노력해야 한다.

공정 무역 바나나

열대 지방에서 자라는 바나나를 재배하기 위해서는 사람의 손을 많이 거쳐야 합니다. 현재 전 세계의 농장에서 바나나 농부와 노동자들이 공정 무역을 통해 바나나를 재배하고 있습니다. 공정 무역 바나나를 재배하는 생산자들은 이전보다 수입이 평균 34% 정도 늘었다고 말합니다.

공정 무역 카카오

카카오 전체 생산량의 60%가 코트디부아르와 가나에서 생산되고 있습니다. 현재 소규모 농부들이 공정 무역을 통해 카카오를 생산해 판매하고 있습니다. 공정 무역 카카오의 판매량은 매년 증가하고 있어, 앞으로 많은 농부가 공정 무역의 보호를 받으며 카카오를 생산할 수 있을 것입니다.

공정 무역 커피

사람들이 많이 마시는 커피의 재료가 되는 원두의 60%가 넘는 양이 브라질, 베트남, 콜롬비아, 인도네시아 이렇게 단 4개 국가에서만 재배되고 있습니다. 현재 전 세계의 73만 명 이상의 농부들이 공정 무역 원두를 재배하고 있습니다. 이들이 생산하는 커피의 양은 무려 47만 톤에 달합니다.

공정 무역 차

규모가 작은 농장에서 차를 재배하는 농부들은 큰 규모의 농장의 차 제품과 경쟁해야 하기 때문에 어려움을 겪습니다. 현재 36만 명 정도의 농부들과 노동자들이 공정 무역을 통해 차를 생산하고 있습니다. 이들은 차의 최저 가격을 보장받기 때문에 안정적이고 품질 좋은 차를 생산할 수 있습니다.

6·25 전쟁 이후 우리나라 경제는 어떤 변화를 겪었을까요?

❶ 6·25 전쟁 직후 우리나라의 경제와 모습들

(1) 6·25 전쟁 직후 우리나라의 경제 （시험 대비 핵심 자료）（보충 ❶）

① 우리나라는 세계에서 가장 가난한 나라 중 하나였다.

② 많은 사람이 죽거나 다쳤고 시설 대부분이 ❶파괴돼 생활용품을 구하기 어려웠다.

③ 정부와 국민은 다른 나라의 도움을 받아 여러 시설을 복구하고 농토를 일구는 등 경제를 살리려고 노력했다.

(2) 6·25 전쟁 직후 모습들

▲ 전쟁으로 파괴된 시내

▲ 판자촌 앞에서 빨래를 하는 사람들

▲ 우유 ❷배식을 받는 피난민촌 아이들

▲ ❸원조받은 식량을 나누어 주는 모습

❷ 경제가 성장할 수 있었던 까닭과 우리나라의 경제 성장

(1) 경제가 성장할 수 있었던 까닭: 국내외 상황에 따라 여러 차례 경제 위기를 겪었지만, 국민과 정부, 기업이 힘을 모아 함께 노력했기 때문이다.

(2) 우리나라의 경제 성장 （시험 대비 핵심 자료）（속 시원한 활동 풀이）

① 도움을 받던 나라에서 세계 여러 나라를 돕는 나라가 되었다. （보충 ❷）

② 2020년에는 전 세계가 감염병으로 힘든 상황에서도 세계 10위의 경제 대국으로 발돋움했다.

내용＋ 2020년 세계 경제 규모 순위(단위: 달러)

순위	국가	국내 총생산	순위	국가	국내 총생산
1	미국	20조 9330억	7	프랑스	2조 5990억
2	중국	14조 7230억	8	이탈리아	1조 8850억
3	일본	5조 490억	9	캐나다	1조 6430억
4	독일	3조 8030억	10	대한민국	1조 6310억
5	영국	2조 7110억	11	러시아	1조 4650억
6	인도	2조 7090억	12	브라질	1조 4341억

(국제 통화 기금, 2020년 명목 국내 총생산 기준)

보충 ❶

◉ 6·25 전쟁으로 인한 피해

6·25 전쟁으로 우리나라 경제는 엄청난 피해를 입었다. 약 60만 채의 일반 주거용 주택이 파괴되었고, 군사 시설로 이용했던 도로, 철도 대부분이 파괴되었다.

보충 ❷

◉ 개발 협력의 날

매년 11월 25일은 개발 협력의 날이다. 이날은 우리나라가 경제 협력 개발 기구 산하 기구인 개발 원조 위원회에 가입한 것을 기념하는 날이다.

용어 사전

❶ 파괴(破: 깨뜨릴 파, 壞: 무너질 괴): 때려 부수거나 깨뜨려 헐어버리는 것을 말한다.

❷ 배식(配: 짝 배, 食: 먹을 식): 군대나 단체 같은 데서 식사를 나누어 주는 것이다.

❸ 원조(援: 도울 원, 助: 도울 조): 물품이나 돈 등으로 도움을 주는 것이다.

(시험 대비) 핵심 자료

● 1950년대 경제 성장 과정

6 · 25 전쟁 이후 우리나라의 상황	경제 발전 노력
• 전쟁으로 산업 시설이 대부분 파괴되었고, 국토 전체가 폐허로 변함. • 우리나라는 세계에서 가장 가난한 나라 중 하나였음.	• 파괴된 여러 시설을 복구하고 경제적으로 자립하려고 공업 발전에 힘을 모음. • 다른 나라의 도움을 받아 농업 중심의 산업 구조를 공업 중심의 산업 구조로 변화시키려고 노력함.

(속 시원한) 활동 풀이

🖐 다 함께 활동 '우리나라의 어제와 오늘' 사진들을 비교해 보고 알 수 있는 점을 친구들에게 이야기해 봅시다.

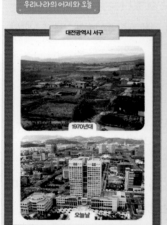

예 • 오늘날에는 사람들이 주로 도시에 모여 살고 있습니다.
  • 우리나라는 6 · 25 전쟁 직후의 힘든 상황을 함께 이겨 내며 발전했습니다.
  • 우리나라는 전쟁 이후 무너진 건물과 도로 등을 복구하는 데 많은 노력을 들였습니다.

확인 톡!톡!

📍 정답과 해설 12쪽

1 6 · 25 전쟁 직후 우리나라는 세계에서 가장 (가난한, 부유한) 나라 중 하나였다.

2 6 · 25 전쟁 직후 우리나라는 다른 나라의 도움 없이 어려움을 극복했다.　　　　　(O | X)

3 우리나라 경제는 (　　　　)과/와 정부, 기업이 힘을 모아 함께 노력했기 때문에 성장할 수 있었다.

우리 경제는 어떻게 성장해 왔을까요?

❶ 1950년대 우리나라의 경제 상황과 사회 변화

(1) 1950년대 우리나라의 경제 상황

① 정부는 미국 등 여러 나라에서 보낸 원조 물자로 식량 문제를 해결했다.

② 정부는 남은 원조 물자를 기업에 팔아 파괴된 시설을 복구했다.

③ 식료품 공업, 섬유 공업 등 주로 생활에 필요한 물품을 만드는 소비재 산업이 발달했다.

> **내용⁺** 미국의 원조 물자인 밀가루, 설탕, 면화를 원료로 식료품 공업, 섬유 공업 등 소비재 산업이 주로 발달했다.

(2) 우리나라에 나타난 사회 변화: 농업이 전체 산업에서 가장 큰 비중을 차지했지만, 젊은 사람들은 일자리를 찾아 도시로 이동하기 시작했다.

❷ 1960년대 우리나라의 경제 성장

(1) 1960년대 우리나라의 경제 성장 과정

① 정부는 경제 성장을 위해 경제 개발 5개년 계획을 추진했다.

> **내용⁺** 정부는 경제 발전을 위해 1962년부터 1996년까지 5년 단위로 경제 개발 5개년 계획을 추진했다.

② 정부는 수출을 통해 경제 성장을 하려고 했다.

③ 섬유, 신발, 가발처럼 비교적 가볍고 만들기 쉬운 경공업이 발달했다.

(2) 경공업이 발달한 까닭 (시험 대비 핵심 자료)

① 사람들이 도시로 몰려 노동력이 풍부했기 때문이다.

② 다른 나라보다 제품의 가격을 낮출 수 있어 수출에 유리했기 때문이다.

(3) 산업 발전을 위해 정부가 마련한 다양한 시설

① 기업 제품 생산에 필요한 원료를 공급하도록 ❶정유 시설과 발전소를 건설했다.

② 원료와 제품의 빠른 운송에 필요한 고속 국도와 ❷항만을 만들었다. 보충 ❶

❸ 1970년대 우리나라의 경제 성장

(1) 1970년대 우리나라의 경제 성장 과정 (시험 대비 핵심 자료)

① 정부는 철강, 석유 화학, 자동차, ❸조선 등의 중화학 공업에 집중 투자했다.

② 정부는 중화학 공업에 필요한 높은 기술력을 갖추기 위해 교육 시설과 연구소 등을 건설했다.

③ 정부는 전국 곳곳에 철강 산업 단지, 석유 화학 단지, 조선소 등을 건설해 기업들을 지원했다.

> **내용⁺** 1970년대에 기업들은 현대화된 대형 조선소를 건설하면서 세계 시장에 진출했다.

(2) 경제 성장을 위해 노력한 결과 보충 ❷

① 우리나라는 1977년에 수출 100억 달러를 달성했다.

② 정부의 수출 정책에 힘입어 우리나라의 산업 구조가 농업 중심 경제에서 공업 중심 경제로 변해 갔다. (속 시원한 활동 풀이)

보충 ❶

◉ **경부 고속 국도**

경부 고속 국도는 서울과 부산을 잇는 도로이다. 정부는 1968년에 경부 고속 국도 공사를 시작해 1970년 7월 7일에 완공했다.

보충 ❷

◉ **타국으로 파견을 떠난 사람들**

1960년대 초반부터 1970년대 중후반까지 외화를 벌어들이기 위해 수많은 한국인 광부와 간호사가 독일로 파견되었다. 이들이 국내로 송금한 돈은 한국 경제 발전의 밑거름이 되었다.

용어 사전

❶ **정유**(精: 찧을 정, 油: 기름 유): 원유 상태의 석유나 동물 지방 따위를 사용 가능한 형태로 깨끗하게 하는 것이다.

❷ **항만**(港: 항구 항, 灣: 물굽이 만): 화물 및 사람이 배로부터 육지에 오르내리기 편리하도록 만든 곳이다.

❸ **조선**(造: 지을 조, 船: 배 선): 배를 만들거나 고치고 수리하는 것을 말한다.

시험 대비 핵심 자료

● 경공업의 발달과 경제 성장

▲ 가발 공장에서 일하는 노동자

1960년대 우리나라는 선진국보다 자원과 기술이 많이 부족했다. 하지만 도시로 사람들이 몰려 노동력이 풍부했기 때문에 직접 손으로 만드는 과정이 많은 가발, 신발, 섬유와 같은 제품을 만드는 산업이 발달하는 데 매우 유리했다. 기업은 많은 노동력이 필요한 제품을 저렴하게 생산해 낮은 가격으로 다른 나라에 많이 판매할 수 있었다. 이를 통해 기업은 빠르게 성장할 수 있었으며 가계의 소득도 점점 증가했다.

● 중화학 공업 투자에 따른 경제 성장

▲ 포항 제철소에서 철강을 만드는 장면

1970년대 정부는 중화학 공업에 필요한 높은 기술력을 갖추기 위해 교육 시설과 연구소 등을 설립했고, 기업에 돈을 빌려줘 각종 산업에 참여할 수 있도록 지원했다. 특히 1973년에는 포항 제철소가 만들어져 본격적으로 철강을 생산할 수 있었다. 이를 통해 산업에 필요한 다양한 철강 제품을 여러 곳에 공급하며 우리나라의 철강 산업과 경제가 크게 발전했다.

속 시원한 활동 풀이

스스로 **활동** 농업 중심 경제에서 공업 중심 경제로 산업 구조가 바뀌면서 사람들의 생활은 어떻게 달라졌을지 생각해 봅시다.

예 • 도시로 사람들이 모여 들면서 도시가 크게 성장했을 것 같습니다.
　　 • 공장에서 일하는 노동자의 수가 증가했을 것 같습니다.

잠깐! 확인해요

정부는 수출에 유리한 산업을 발전시켜 경제를 성장시키려고 하였다. (○ | X)　　　　　(　○　)

확인 톡! 톡!

📍 정답과 해설 12쪽

1 1950년대 직후 우리나라는 식료품 공업, 섬유 공업 등 주로 생활에 필요한 물품을 만드는 경공업이 주로 발달했다.　　　　　　　　(○ | X)

2 경제 성장을 위해 1962년부터 1996년까지 5년 단위로 추진된 국가의 경제 계획은?　　(　　　　　　)

3 1970년대부터 정부는 철강, 석유 화학, 자동차, 조선 등의 (　　　　) 공업에 집중 투자했다.

탐구해요

우리 경제는 어떻게 발전하고 있을까요?(1)

보충 ①

◉ 독일 '라인강의 기적'
제2차 세계 대전 이후 폐허가 된 독일이 1950년대부터 1970년대까지 이룬 경제 성장을 일컫는 말이다.

보충 ②

◉ 서울 올림픽 대회
1988년 서울 올림픽은 분단 국가인 한국에 세계 여러 나라가 모였다는 점에서 큰 의미를 지닌다. 1980년 모스크바 올림픽과 1984년 로스앤젤레스 올림픽은 정치적 대결을 이유로 많은 나라가 불참했기 때문이다.

❶ 한강의 기적과 우리나라가 개최한 국제 행사

(1) 한강의 기적: 우리나라의 빠른 경제 성장 과정을 독일 '라인강의 기적'에 빗대어 부르는 말이다. 보충 ①

(2) 우리나라가 개최한 국제 행사 (시험 대비) 핵심 자료

① 전 세계인이 모이는 올림픽과 월드컵 같은 대규모 국제 행사를 개최했다. 보충 ②

▲ 서울 올림픽 대회(1988)

▲ FIFA 한일 월드컵(2002)

② 세계 무대에서 우리나라의 ❶위상이 높아졌다.

❷ 1980년대 우리나라의 경제 성장

(1) 1980년대 우리나라의 경제 성장 과정
① 1970년대부터 정부가 집중 투자한 중화학 공업이 더욱 발달했다.
② 수출 품목이 다양해지고 수출 규모도 커졌다.

(2) 우리나라의 경제 발전 모습 (시험 대비) 핵심 자료
① 정부의 대규모 투자로 자동차를 본격적으로 수출했다.
② 한국의 조선업은 세계 2위 수준으로 발돋움했다.
③ 정부의 집중 지원을 받은 일부 기업은 ❷대기업으로 성장했다.

(3) 우리나라의 주요 수출 품목

▲ 수출용 선박에 실리는 자동차들

▲ 수출 준비 중인 대형 선박

▲ 진열대에 전시된 컬러텔레비전

▲ 전자 산업과 관련한 정밀 기계

용어 사전

❶ 위상(位: 자리 위, 相: 서로 상): 어떤 사물이 다른 사물과의 관계 속에서 가지는 위치나 상태이다.
❷ 대기업(大: 큰 대, 企: 꾀할 기, 業: 업 업): 자본금이나 종업원 수의 규모가 큰 기업을 말한다.

공부한 날   월   일

시험 대비 핵심 자료

● **우리나라가 개최한 대규모 국제 행사**

▲ 서울 올림픽 기념우표

▲ 대전 엑스포 기념우표

▲ FIFA 한일 월드컵 기념우표

우리나라는 '한강의 기적'이라고 불릴 만큼 빠른 경제 성장을 이룬 후, 전 세계 사람이 모이는 대규모 국제 행사를 여러 차례 개최했다. 1988년에는 서울에서 종합 스포츠 축제인 올림픽을 개최했고, 1993년에는 대전에서 국제 박람회인 엑스포를 개최했다. 2002년에는 우리나라에서 주요 국제 스포츠 대회인 월드컵이 열리기도 했다. 당시 우리나라를 방문한 외국인들은 세계에서 가난한 나라 중 하나인 우리나라가 짧은 시간에 경제 발전을 이룬 것에 대해 매우 놀라워했다.

● **우리나라 자동차 산업의 성장**

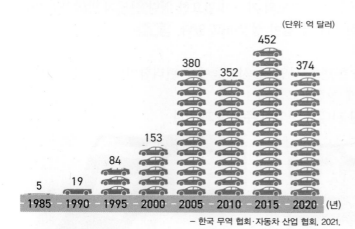

(단위: 억 달러)

452
380 352 374
153
84
19
5
1985 1990 1995 2000 2005 2010 2015 2020 (년)
– 한국 무역 협회·자동차 산업 협회, 2021.

▲ 자동차 수출 규모의 확대

우리나라는 1980년대에 본격적으로 자동차를 해외로 수출하기 시작했으며, 수출 품목도 다양해져 자동차, 선박, 텔레비전, 정밀 기계 등이 우리나라의 주요 수출품으로 자리 잡았다. 특히 1980년대부터 우리나라의 자동차, 기계 산업이 크게 발달했다. 1985년 5억 달러였던 자동차 수출액은 2020년에 374억 달러를 넘어섰다.

확인 톡!톡!

📍 정답과 해설 12쪽

1 우리나라는 '한강의 기적'이라고 불릴 만큼 빠르게 경제 성장을 이루었다. (O ｜ X)

2 1980년대에는 중화학 공업이 더욱 발달해 수출 품목이 다양해지고 수출 규모도 (커졌다, 작아졌다).

3 1980년대에는 해외에 본격적으로 수출한 ( )뿐만 아니라 선박, 텔레비전, 정밀 기계 등이 주요 수출품으로 자리 잡았다.

우리 경제는 어떻게 발전하고 있을까요?(2)

보충 ❶

●반도체 수출액
2020년 기준 우리나라의 반도체 수출액은 약 992억 달러이다. 반도체 수출액은 2020년 전체 수출액의 19%에 해당한다. 이처럼 반도체 산업은 우리나라 경제에 큰 영향을 미치고 있다.

보충 ❷

● 의료용 로봇
의료용 로봇은 병을 치료하거나 수술하는 데 사용되는 로봇이다. 의료용 로봇은 의사가 조작하는 대로 작동하기 때문에 정밀한 수술이 가능하다.

용어 사전

❶ 반도체(半: 반 반, 導: 통할 도, 體: 몸 체): 온도에 따라 전기가 잘 통하기도 하고 안 통하기도 하는 물질이다.
❷ 공학(工: 장인 공, 學: 배울 학): 공업의 이론, 기술, 생산 등을 체계적으로 연구하는 학문이다.
❸ 원격(遠: 멀 원, 隔: 막을 격): 멀리 떨어져 있는 상태를 말한다.

❸ 1990년대 우리나라의 경제 성장

(1) 컴퓨터의 보급 확대
① 국내 기업들이 컴퓨터를 개발하고 생산하기 시작했다.
② 개인용 컴퓨터의 보급이 확대되었고 관련 산업들이 생겨나기 시작했다.

(2) ❶반도체 산업의 성장
① 컴퓨터와 가전제품의 생산이 늘어나면서 전자 제품의 핵심 부품인 반도체 산업이 크게 성장했다.
② 우리나라 반도체 산업은 세계적으로 인정받아 수출에서 큰 비중을 차지하고 있다. 보충 ❶

(3) 정보 통신 기술 산업의 발달
① 1990년대 후반부터 정부와 기업은 전국에 초고속 정보 통신망을 설치해 정보화 사회를 준비했다.
② 인터넷과 관련된 다양한 기업들이 생겨났고 정보 통신 기술 산업이 발달했다.

❹ 2000년대 이후 우리나라의 경제 성장

(1) 첨단 산업의 발달
① 항공·우주 개발, 생명 ❷공학 등 고도의 기술이 필요한 첨단 산업이 발달하고 있다.
② 정보 통신 기술과 결합한 의료 산업이 성장하고 있다. 보충 ❷

(2) 서비스 산업의 성장
① 의료, 관광, 금융, 문화 콘텐츠 산업 등 사람들에게 편리함이나 즐거움을 제공하는 서비스 산업이 빠르게 성장하고 있다.
② 금융과 기술의 합성어인 핀테크 산업이 주목받고 있다.

▲ 정보 통신 기술을 활용한 ❸원격 의료

▲ 스마트폰을 활용한 상품 결제

❺ 경제 성장을 위한 노력과 우리나라의 경제적 위치

(1) 경제 성장을 위한 노력: 우리 경제는 정부와 기업, 국민이 함께 노력해 빠르게 성장할 수 있었다. (시험 대비) 핵심 자료

(2) 오늘날 우리나라의 경제적 위치
① 우리나라는 세계 주요 경제 국가로 발돋움했다.
② 국제 사회에서 위상이 높아지고 있다.
③ 국민의 생활이 향상되어 더욱 풍요롭고 편리해지고 있다. (속 시원한) 활동 풀이

시험 대비 핵심 자료

● 우리나라의 경제 성장을 위한 노력

정부	경제 개발 계획을 추진하고, 기업과 국민들의 경제활동을 지원했다.
기업	기술력을 높이고 세계 시장에 통하는 다양한 제품을 만들기 위해 노력했다.
국민	국내뿐만 아니라 세계 곳곳에서 경제 발전을 위해 노력했다.

정부와 기업, 국민이 경제 성장을 위해 함께 노력했기 때문에 우리나라 경제가 빠르게 성장할 수 있었다. 그 결과 우리나라는 국제 사회에서 위상이 높아졌고, 국민의 생활도 향상되었다.

2 단원

속 시원한 활동 풀이

다 함께 활동 다음 그래프를 보고 물음에 답합시다.

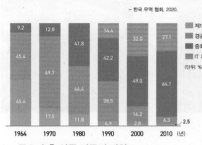

▲ 주요 수출 상품 비중의 변화

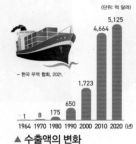

▲ 수출액의 변화

▲ 1인당 국민 총소득의 변화

1 주요 수출 상품의 비중이 어떻게 달라졌는지 말해 봅시다.

예 중화학 공업의 수출 비중이 점점 늘어났고, 제1차 산업의 수출 상품 비중이 크게 줄어들었습니다.

2 수출액과 1인당 국민 총소득이 어떻게 변하고 있는지 생각해 봅시다.

예 • 수출액은 1980년대 이후 가파르게 상승해 2020년에는 5천억 달러를 넘었습니다.
• 2020년의 1인당 국민 총소득은 1960년과 비교했을 때 약 28배 더 높습니다.

3 세 그래프를 통해 우리나라 경제가 어떻게 성장하였는지 친구들과 이야기해 봅시다.

예 공업 제품의 수출 비중이 확대되면서, 수출액과 1인당 국민 총소득도 증가했습니다.

잠깐! 확인해요

전자 제품의 핵심 부품인 ☐☐☐은/는 오늘날 우리나라를 대표하는 수출품이다.   (반도체)

📍정답과 해설 12쪽

1 1990년대에는 우리나라에 개인용 컴퓨터가 보급되고, 가전제품이 대중화되었다.   (O | X)

2 2000년대 이후에는 항공 · 우주 개발, 생명 공학 등 고도의 기술이 필요한 (소비재, 첨단) 산업이 발달하고 있다.

3 의료, 관광, 문화 콘텐츠 산업 등 사람들에게 편리함이나 즐거움을 제공하는 (   ) 산업이 성장하고 있다.

탐구해요

경제 성장으로 사회는 어떻게 변하였을까요?(1)

❶ 청계천의 어제와 오늘

(1) **1960년대 청계천의 모습**: 청계천 주변에 사람들이 모여 판자촌을 이루었다.

(2) **1990년대 청계천의 모습**: 판자촌은 ❶철거되고, 하천이 덮이고 만들어진 다리와 도로 옆에는 작은 상가들이 들어섰다.

(3) **오늘날 청계천의 모습**: 청계천 ❷복원 사업이 진행되어 상가와 도로를 없애고, 청계 천이 흐르는 녹지 공간을 조성했다. (시험 대비) 핵심 자료 보충 ❶

1960년대 청계천 주변 판자촌 → 1990년대 청계천을 덮어 만든 도로 → 오늘날 복원된 청계천

❷ 경제 성장에 따른 주거 형태의 변화

(1) **주택 부족 현상이 심해진 까닭**: 경제 성장으로 농촌에서 도시로 많은 사람이 모여들 었기 때문이다.

(2) **유형별 주택 수 비율의 변화로 알 수 있는 점**

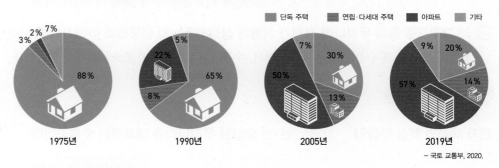

■ 단독 주택　■ 연립·다세대 주택　■ 아파트　■ 기타

1975년 / 1990년 / 2005년 / 2019년

— 국토 교통부, 2020.

▲ 유형별 주택 수 비율의 변화

① 단독 주택의 비율이 감소하고 있다.

② 연립·다세대 주택의 비율이 증가하고 있다.

③ 아파트의 비율이 증가하고 있다. 보충 ❷

④ 1970년대부터 좁은 땅에 여러 사람이 살 수 있는 공동 주택이 많이 지어졌다.

내용+ 통계 자료를 통해 경제 성장에 따른 주거 형태의 변화를 파악할 수 있다.

(3) **오늘날 주거 형태의 특징**: 아파트가 주거 형태에서 가장 큰 비중을 차지하며 주거 문 화의 중심을 이루고 있다. (시험 대비) 핵심 자료

보충 ❶

◉ **청계천 복원 사업**

청계천은 조선 시대 인공 하천 인 개천으로 형성된 이래 서울의 역사와 늘 함께해 왔다. 2005년 에 완공된 청계천 복원은 단순한 하천 복원뿐만 아니라 역사와 문 화의 복원이자 생명 복원 사업이 다. 그러나 생태적 다양성 부족, 훼손된 문화유산의 복원 문제 등 의 과제가 남아 있다.

보충 ❷

◉ **우리나라의 아파트**

우리나라 최초의 아파트는 1932년 서울 충정로에 건설한 5층짜리 아파트였다. 이후 제2 차 경제 개발 5개년 계획에 따 라 아파트 건설이 본격적으로 추진되었다.

용어 사전

❶ **철거**(撤: 거둘 철, 去: 갈 거): 건 물, 시설 등을 무너뜨려 없애 거나 걷어치우는 것을 말한다.

❷ **복원**(復: 돌아올 복, 元: 처음 원): 원래대로 회복하는 것을 말한다.

시험 대비 핵심 자료

● 청계천을 복원한 까닭과 다양한 노력

▲ 복원된 청계천

청계천을 오늘날의 모습으로 복원한 까닭은 과거에는 소외되었던 환경 보존과 청계천의 역사적 가치 등에 대한 논의가 활발해졌기 때문이다. 우리 사회는 청계천 복원 후 남아 있는 문제들을 해결하고자 다양한 노력을 하고 있다.

● 주거 형태의 변화와 그에 따른 생활 모습의 변화

▲ 1950년대 단독 주택

▲ 오늘날 주거 문화의 중심을 이룬 아파트

1950년대에는 많은 사람이 농사를 지으며 생활했기 때문에 도시에 인구가 집중하지 않아 단독 주택이 많았다. 하지만 점차 농사로 먹고살기가 어려워짐에 따라 노동자들이 도시로 모여들기 시작하면서 도시에는 주택 부족 현상이 심해졌다. 이에 1970년대부터 공동 주택이 많이 지어졌는데, 그중 아파트는 1975년에 전체 주택 수에서 차지하는 비율이 2%에 불과했으나 2019년에는 57%를 차지하고 있다.

주거 문화의 중심이 단독 주택에서 아파트로 바뀌면서 사람들의 생활도 달라지기 시작했다. 같은 집에 함께 살거나 이웃집에 친척이 살았던 과거와 달리 오늘날에는 아파트의 층마다 서로 다른 가족이 살고 있다. 또한 아파트 단지 내 다양한 편의 시설이 존재하기 때문에 사람들은 일상생활의 대부분을 아파트 단지 내에서 보낼 수 있다.

확인 톡!톡!

📍정답과 해설 12쪽

1 2000년대에는 청계천 복원 사업이 진행되어 다리와 도로 옆에 작은 상가들이 들어섰다.   (O ㅣ X)

2 1970년대부터 여러 사람이 살 수 있는 연립·다세대 주택, 아파트 등과 같은 (   )이/가 많이 지어졌다.

3 오늘날에는 아파트가 주거 형태에서 가장 (큰, 작은) 비중을 차지하며 주거 문화의 중심을 이루고 있다.

경제 성장으로 사회는 어떻게 변하였을까요?(2)

보충 ❶

◉ **컬러텔레비전의 보급과 광고**
컬러텔레비전이 보급되자 광고에 나오는 상품이나 출연자의 의상이 컬러 화면에 맞게 화려해졌다. 사람들은 화면 속 상품에 큰 관심을 가졌고, 기업이 새로운 상품을 만들어 판매하는 주기가 더욱 빨라졌다.

보충 ❷

◉ **해외에서 인기를 끄는 한류**
1997년에 정부는 문화 수출을 경제 정책으로 삼았다. 2000년 전후부터 우리나라의 드라마나 대중가요가 여러 나라에서 방송되었다. 이를 계기로 전 세계에서 우리나라 문화 전반에 대한 인기가 높아졌다.

❸ 경제 성장에 따른 학교생활의 변화

(1) 1960년대 학교생활 모습
① '콩나물 교실'이라 불릴 정도로 학생 수에 비해 학교가 부족했다.
② 한 학급당 학생 수가 많아 오전반과 오후반으로 나누어 수업을 했다.
③ 책걸상과 같은 교육 시설이 낡고 부족했다.

(2) 오늘날의 학교생활 모습
① 경제 성장으로 학교 수가 늘어나고, 학생 수는 줄어들면서 공간 부족 문제를 해결할 수 있었다. (시험 대비 핵심 자료)
② 책걸상, 화장실, 냉난방기 등 쾌적한 시설을 갖춘 교육 환경이 마련되었다.
③ 2000년대 이후에는 정보화 사회로의 변화와 함께 텔레비전, 컴퓨터 등이 많이 ❶보급되어 시청각 미디어 교육이 활발하게 이루어지고 있다.

▲ 1960년대 운동장에 모여 있는 초등학교 학생들

▲ 오늘날 스마트 기기를 사용하며 수업을 듣는 학생들

❹ 경제 성장에 따른 대중 매체와 대중문화의 발달

(1) 대중문화의 발달 배경
① 경제 성장으로 텔레비전, 라디오와 같은 대중 ❷매체가 보급되었다.
② 대중 매체를 통해 대중가요, 영화, 드라마, 스포츠 등이 대중문화의 중심이 되었다.

(2) 대중 매체의 보급과 대중화 (시험 대비 핵심 자료)

흑백텔레비전 보급	컬러텔레비전 보급	컴퓨터와 인터넷의 대중화	스마트폰의 대중화
1960년대부터 흑백텔레비전이 보급되어 방송 영상을 접하는 사람이 늘어 갔다.	1980년대부터 컬러텔레비전이 보급되어 방송 프로그램이 다양해졌다. (보충 ❶)	2000년대부터 인터넷이 보급되어 즐길 수 있는 문화의 폭이 늘었다.	오늘날에는 스마트폰이 대중화되어 대중이 문화를 직접 생산하며 소통하고 있다.

(3) 대중문화의 확대에 따른 경제 성장 (쏙 시원한 활동 풀이)
① 다양하게 발전한 대중문화는 최근 '한류'라는 이름으로 전 세계적으로 큰 인기를 끌고 있다. (보충 ❷)
② 대중문화의 확대는 우리나라에 대한 좋은 인식을 심어 준다.
③ 관련 상품이 해외에 많이 수출되어 우리나라의 경제 발전에도 큰 도움을 주고 있다.

용어 사전

❶ **보급**(補: 기울 보, 給: 줄 급): 물자나 자금 등을 계속해서 대어 주는 것을 말한다.
❷ **매체**(媒: 중매 매, 體: 몸 체): 정보를 다른 쪽으로 전달하기 위한 모든 수단을 말한다.

공부한 날   월   일

● 학급당 평균 학생 수의 감소

▲ 학급당 평균 학생 수(초등학교)

1963년에는 우리나라의 초등학교 학급당 평균 학생 수가 65.2명이었다. 이 당시에는 한 학급당 학생이 너무 많아 오전반, 오후반으로 나누어 수업을 했다. 하지만 저출산 현상이 점점 심해짐에 따라 초등학교의 학급당 평균 학생 수는 꾸준히 줄어들어 2020년에는 21.8명까지 떨어졌다.

● 인터넷의 대중화와 인터넷 이용률 변화

▲ 인터넷의 대중화   ▲ 인터넷 이용률 변화

2000)))) 44.7%
2010))))) 77.8%
2020)))))) 91.9%
(년)
– 과학 기술 정보 통신부, 2021.

우리나라는 2000년대 들어 컴퓨터와 인터넷이 매우 빠르게 대중화했다. 그 결과 사람들은 더 쉽게 다른 나라의 문화를 접할 수 있게 되었다.
2000년에 44.7%였던 인터넷 이용률은 2010년 77.8%로 크게 증가하더니, 2020년 91.9%에 이르렀다. 최근에는 스마트폰의 대중화로 인터넷을 통해 사람들이 문화를 직접 생산하며 소통하고 있다.

속 시원한 활동 풀이

스스로 활동 경제 성장이 사람들의 일상생활에 어떤 영향을 끼쳤는지 생각해 봅시다.

예 • 도시로 사람들이 모여들면서 많은 사람이 아파트와 같은 공동 주택에 살고 있습니다.
• 학교에서 텔레비전, 컴퓨터 등을 활용한 시청각 미디어 교육을 하고 있습니다.
• 스마트폰이 대중화되면서 누리 소통망 서비스(SNS)로 다른 사람과 의견을 실시간으로 주고받습니다.

잠깐! 확인해요

경제 성장으로 우리 사회에 여러 가지 변화가 나타났다. (O | X)   (O   )

확인 톡!톡!

◉ 정답과 해설 12쪽

1 경제 성장으로 학교 수가 늘어나고 학생 수는 (늘어나면서, 줄어들면서) 공간 부족 문제를 해결할 수 있었다.

2 경제 성장으로 텔레비전, 라디오와 같은 (   )이/가 사람들에게 보급되었다.

3 다양하게 발전한 대중문화는 최근 '한류'라는 이름으로 전 세계적인 인기를 얻고 있다.   (O | X)

경제 성장 과정에서 어떤 문제가 나타났을까요?

❶ 외환 위기가 발생한 까닭과 극복하기 위한 노력

(1) 외환 위기: 1997년 우리나라는 다른 나라에 빌린 돈을 갚지 못해 큰 어려움을 겪었고, 정부가 국제 통화 기금(IMF)에 도움을 요청한 일을 말한다.

(2) 외환 위기가 발생한 까닭

① 수출 의존도가 높아져 다른 나라의 경제 상황에 영향을 많이 받았기 때문이다.

② 경제 성장으로 무분별하게 규모를 확장하는 기업이 늘어났기 때문이다.

(3) 외환 위기를 극복하기 위한 노력

① 국민, 기업, 정부가 함께 힘을 모아 극복했다.

② 많은 국민이 금을 모아서 나랏빚을 갚자는 '금 모으기 운동'에 참여했다.

❷ 도시화에 따른 사회 문제와 해결 방안

(1) 도시화에 따른 도시 문제 (속 시원한 활동 풀이)

① 도시 내에 주택이 부족해 열악한 주거 환경이 만들어졌다.

② 도시에 인구가 집중되면서 주차 공간 부족이 심해지고 있다. 보충 ❶

③ 과도한 개발로 도시 주변의 대기가 오염되고 있다.

(2) 도시화에 따른 농촌 문제: 계속 인구가 줄어들어 노동력 부족 현상이 나타났다.

(3) 도시와 농촌에 발생한 문제 해결 방안

① 수도권 집중 현상을 해결하기 위해 도시와 농촌의 교류 및 협력을 확대한다.

② 농촌의 노동력 부족 현상 해결을 위해 지역 간 균형 있는 개발을 논의한다.

③ 대기 오염을 막기 위해 친환경 에너지를 적극적으로 ❶도입한다.

❸ 노동 문제와 이를 해결하기 위한 노력

(1) 경제 성장 과정에서 나타난 노동 문제: 노동자는 경제 성장을 이끈 주역 중 하나였지만, 이들은 안전하지 않은 일터에서 오랜 시간 낮은 ❷임금으로 일하는 경우가 많았다.

(2) 노동 문제를 해결하기 위한 노력 (시험 대비 핵심 자료)

① 시민의 참여와 행동으로 노동자들의 인권을 보장하는 제도들이 마련되었다.

② 노동 환경 개선, 좋은 일자리를 마련하기 위한 정책들이 논의되고 있다.

❹ 양극화 문제와 이를 해결하기 위한 노력

(1) 양극화: 서로 다른 ❸계층이나 집단이 더 달라지고 차이가 벌어지는 것을 뜻한다.

(2) 경제 성장 과정에서 나타난 양극화 문제

① 잘사는 사람과 그렇지 못한 사람 간의 소득 격차가 점점 심해지고 있다.

② 경제적 불평등은 교육 기회, 문화 경험의 격차로도 이어지면서 심각한 사회 문제로 자리 잡았다.

(3) 양극화 문제를 해결하기 위한 노력 (시험 대비 핵심 자료)

① 공정한 분배에 대한 논의가 활발해지고 있다.

② 사회적 약자를 보호하기 위한 복지 제도를 확대해 나가고 있다. 보충 ❷

보충 ❶

● 주차 공간 부족 문제
부족한 주차 공간으로 불법 주차 민원이 증가하고 있다. 서울특별시는 2020년 불법 주정차 관련 민원 건수가 약 102만 개로 2016년 불법 주정차 관련 민원 건수에 비해 두 배 늘었다고 발표했다.

보충 ❷

● 다양한 복지 제도
우리나라는 사회적 약자들을 지원하는 다양한 복지 제도를 시행하고 있다. 저소득층 노인의 생활 안정을 위해 기초 연금을 지급하거나 혼자 사는 독거 노인의 집에 방문해 음식과 생필품을 제공하는 복지 제도 등이 있다.

용어 사전

❶ **도입**(導: 이끌 도, 入: 들 입): 기술, 방법, 물자 등을 끌어 들이는 것이다.

❷ **임금**(賃: 품팔이 임, 金: 쇠 금): 근로자가 노동의 대가로 사용자에게 받는 보수를 말한다.

❸ **계층**(階: 섬돌 계, 層: 층 층): 사회적 지위가 비슷한 사람들의 층을 말한다.

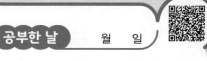

시험 대비 핵심 자료

● 경제 성장에 따른 노동 문제와 해결 방안

옛날에는 경제 성장을 이유로 노동자들이 적은 월급을 받으며 하루에 12시간 이상 일하는 경우가 많았다. 이러한 노동 문제를 해결하기 위해 많은 사람이 노력했다. 이에 주 52시간 근무제 준수, 최저 임금 보장, 안전한 노동 환경 조성 등이 활발하게 논의되고 있다.

● 경제 성장에 따른 양극화 문제와 해결 방안

경제적 격차가 점점 심해짐에 따라 형편이 어려운 사람들은 인간다운 삶을 살지 못할 수도 있다. 이를 해결하기 위해 정부는 국민 기초 생활 보장법, 장애인 복지법 등 여러 복지 정책을 법률로 정해 사회적 약자를 보호한다. 또한 시민 단체는 사회적 약자를 보호하고자 다양한 봉사 활동을 한다.

속 시원한 활동 풀이

스스로 활동 경제 성장 과정에서 나타난 문제점을 잘 보여 주는 사진을 찾아봅시다.

예 한강 다리를 빠르게 건설하기 위해 진행한 부실 공사로 인해 1994년 성수 대교가 무너졌습니다.

예 경제 성장 과정에서 많은 사람이 도시로 이동하면서 도시의 공기가 안 좋아졌습니다.

잠깐! 확인해요

☐☐☐ 문제를 해결하기 위해 공정한 분배가 논의되고 있다.

(양극화)

확인 톡!톡!

📍정답과 해설 12쪽

1 1997년에 우리나라가 다른 나라에게 빌린 돈을 갚지 못해 국제 통화 기금(IMF)에 도움을 요청한 일은? (   )

2 많은 사람의 노력으로 노동자의 (   )을/를 보장하는 여러 제도가 마련되었다.

3 생활 수준이 옛날보다 크게 좋아졌기 때문에 잘사는 사람과 그렇지 못한 사람 간의 소득 격차는 줄어들고 있다.

(O | X)

2. 우리나라의 경제 성장

경제 성장 과정에서 나타난 문제들과 해결 방안에 관해 토론해 볼까요?

❶ 우리나라의 경제 성장과 그 과정에서 나타난 문제들

(1) **우리나라의 경제 성장:** 우리나라의 경제는 수출 중심 경제 정책으로 빠르게 성장했지만, 그 과정에서 많은 문제가 발생했다.

(2) **경제 성장 과정에서 나타난 문제들**
① 기후 위기 문제
② 경제적 불평등에 따른 사회 양극화 문제 [보충 ①]
③ 도시화로 인한 농촌·도시 문제와 지역 불균형 문제
④ 수출과 성장 위주의 경제 정책에서 ❶소외된 노동 문제 [보충 ②]

❷ 경제 성장 과정에서 나타난 문제점과 해결 방안에 관한 토론 방법

❶ 경제 성장 과정에서 나타난 문제점 중 하나를 토론 주제로 정한다.
❷ 주제에 관해 함께 토론할 질문을 여러 개 만든다.
❸ 돌아가며 한 명씩 발표하고 논의를 통해 모둠 의견을 정한다.
❹ 모둠별로 토론 결과를 정리해 학급 친구들에게 발표한다.

❸ 토론할 때 지켜야 할 주의 사항

❶ 토론 주제와 관련된 자료를 조사한다.
❷ 자료를 바탕으로 자신의 의견과 그렇게 생각한 이유를 정리한다.
❸ 친구들의 의견을 적으며, 궁금한 점이 있으면 질문한다.
❹ 토론 과정에서 떠오른 생각을 자유롭게 이야기한다.

❹ 경제 성장 과정에서 나타난 문제점과 해결 방안 토론 활동 (속 시원한 활동 풀이)

(1) **경제 성장 과정에서 나타난 문제점을 토론 주제로 정하기** [예] 도시 문제, 농촌 문제, 환경 문제, 노동자 인권 문제, 빈부 격차, 양극화 문제 등

(2) **주제와 함께 토론할 질문 만들기**

- 경제 성장 과정에서 나타난 여러 문제 중 친구들과 논의하고 싶은 문제와 그 까닭은 무엇인가요?
- 선택한 문제가 오늘날 우리 사회에 나타나게 된 까닭이 무엇이라고 생각하나요?
- 선택한 문제를 해결하기 위해 필요한 것은 무엇이라고 생각하나요?
- 선택한 문제를 어떻게 해결하면 좋을까요?

(3) **한 명씩 발표하고 논의를 통해 모둠 의견 정하기** [예] "각자 가지고 있는 능력과 경제적 ❷여건이 다르기 때문에 빈부 격차가 발생한다고 생각합니다.", "빈부 격차를 해결하려는 국민적 공감대가 형성되어야 한다고 생각합니다." 등

(4) **토론 결과를 정리해 학급 친구들에게 발표하기** [예] "생활 수준은 옛날보다 좋아졌지만, 오늘날 양극화 문제는 심각해지고 있습니다.", "이를 해결하기 위해서는 생활비 지원, 기부 문화 ❸확산, 복지 제도 확대 등이 이루어져야 합니다." 등 [보충 ②]

속 시원한 활동 풀이

경제 성장 과정에서 나타난 문제점과 해결 방안 토론하기

토론할 문제점	문제	예 환경 오염 문제
	선택한 이유	예 경제 성장 과정에서 과도한 개발로 환경이 빠른 속도로 오염되었습니다. 환경 오염 문제는 생활 속에서 쉽게 접할 수 있는 심각한 문제입니다.
주제에 관해 함께 토론할 질문		예 • 경제 성장 과정에서 나타난 여러 문제 중 친구들과 논의하고 싶은 문제와 그 까닭은 무엇인가요? • 선택한 문제가 오늘날 우리 사회에 나타나게 된 까닭이 무엇이라고 생각하나요? • 선택한 문제를 해결하기 위해 필요한 것은 무엇이라고 생각하나요? • 선택한 문제를 어떻게 해결하면 좋을까요?
토론 주제에 대한 나의 의견		예 공장에서 나오는 폐수로 물이 오염되어 물고기가 집단으로 죽고 있으므로 폐수 배출 시설을 설치했는지 조사해야 합니다.

	이름	의견
토론 주제에 대한 친구들의 의견	나은	예 풍력, 태양열 등 친환경 에너지를 생산하려고 노력해야 합니다.
	경태	예 기업들이 제품을 생산할 때 오염 물질이 나오는 것을 최대한 줄이려고 노력해야 합니다.
	우리	예 기업들이 친환경 제품을 생산하도록 지원하고, 소비자들이 친환경 제품을 사용하도록 합니다.
	형석	예 배기가스를 배출하지 않는 전기 자동차를 구매하는 사람들에게 일정한 금액의 돈을 지원해야 합니다.
우리 모둠의 토론 결과		예 • 전기 자동차를 구매하는 사람들에게 일정한 금액의 돈을 지원하고, 기업들이 전기 자동차를 더 많이 생산할 수 있도록 여러 가지 지원을 해 줍니다. • 기업은 제품을 생산할 때 나오는 오염 물질을 최대한 줄이도록 노력하고, 정부는 공장의 폐수 배출 시설을 정기적으로 점검합니다.

확인 톡!톡!

📍정답과 해설 12쪽

1 우리나라는 (   ) 중심 경제 정책으로 빠르게 성장했지만, 그 과정에서 많은 문제가 발생했다.

2 경제 성장 과정에서 나타난 문제점에는 (도시화, 세계화)로 인한 농촌·도시 문제와 지역 불균형이 있다.

3 토론을 할 때는 친구들의 의견을 적으며, 궁금한 점이 있으면 질문한다.   (O | X)

즐겁게 정리해요

● '우리나라의 경제 성장'에서 배운 내용을 떠올리며 우표를 보고 빈칸에 알맞은 내용을 써 봅시다.

발행 연도 | 1963

경제 성장을 위해 수출을 늘리는 방향으로 경제 계획을 세웠다.

발행 연도 | 1970

① 예 산업 발전에 필요한 다양한 시설을 마련했다.

발행 연도 | 1977

② 예 중화학 공업에 집중 투자해 수출 100억 달러를 달성했다.

발행 연도 | 2006

③ 예 경제가 크게 성장해 반도체 등이 주요 수출품이 되었다.

핵심 꿀꺽 질문

우리나라 경제가 어떤 과정을 거쳐 성장했는지 말할 수 있나요?

경제 성장 과정에서 어떤 사회 변화가 나타났는지 설명할 수 있나요?

경제 성장 과정에서 나타난 문제들에 대해 토론할 수 있나요?

1 6·25 전쟁 직후 우리나라의 모습으로 알맞지 <u>않</u>은 것은 어느 것입니까? (　　　)

① 전쟁으로 파괴된 시내의 모습
② 판자촌 앞에서 빨래하는 모습
③ 공장에서 자동차를 생산하는 모습
④ 원조받은 식량을 나누어 주는 모습
⑤ 피난민촌에서 우유 배식을 받는 모습

[4-5] 다음 대화를 읽고 물음에 답하시오.

> **지민:** 1960년대 우리나라 경제는 어떤 모습이었나요?
> **할아버지:** 당시 우리나라는 자원과 기술은 부족했지만, 노동력이 풍부했단다. 그래서 이 시기에는 섬유, 신발, 가발처럼 비교적 만들기 쉬운 　㉠　 이/가 발달했지.
> **지민:** 그렇군요! ㉡ 1960년대 정부의 노력과 경제 성장 모습을 더 말씀해 주세요.

4 위 대화에서 ㉠에 들어갈 알맞은 말을 쓰시오.

_____

중요
2 오늘날 우리나라 경제 성장의 모습으로 알맞지 <u>않</u>은 것은 어느 것입니까? (　　　)

① 2020년에 세계 5위의 경제 대국으로 발돋움했다.
② 오늘날에는 사람들이 주로 도시에 모여 살고 있다.
③ 도움을 받던 나라에서 여러 나라를 돕는 나라가 되었다.
④ 국민과 정부, 기업이 함께 노력해 경제 성장을 이루었다.
⑤ 누구나 쉽게 통신수단, 교통수단을 이용할 수 있게 되었다.

중요
5 위 대화에서 밑줄 친 ㉡에 해당하는 내용으로 알맞지 <u>않</u>은 것은 어느 것입니까? (　　　)

① 정부는 경제 개발 5개년 계획을 세웠다.
② 정유 시설과 발전소를 건설해 원료를 공급했다.
③ 고속 국도와 항만이 건설되어 제품 운송이 빨라졌다.
④ 제품을 해외로 수출해 경제 성장을 이루고자 했다.
⑤ 정부의 대규모 투자로 자동차를 세계 시장에 본격적으로 수출하기 시작했다.

3 빈칸에 들어갈 알맞은 말을 쓰시오.

> 6·25 전쟁 이후 정부는 남은 원조 물자를 기업에 팔아 파괴된 시설을 복구했다. 이 과정에서 식료품 공업, 섬유 공업 등 주로 생활에 필요한 물품을 만드는 □□□□□이/가 발달했다.

6 다음에서 설명하는 국가 계획을 쓰시오.

> 경제 성장을 위해 1962년부터 1996년까지 5년 단위로 추진된 국가의 경제 계획을 말한다. 서울과 부산을 잇는 경부 고속 국도는 이 계획에 따라 1970년에 건설되었다.

7 다음 해당 시기와 우리나라 경제 발전 모습을 바르게 연결하시오.

(1) 1950년대 ·   · ㉠ 원료의 빠른 운송에 필요한 고속 국도와 항만을 만들었다.

(2) 1960년대 ·   · ㉡ 식료품 공업, 섬유 공업이 발달했다.

8 1970년대 우리나라의 경제 상황으로 알맞지 <u>않은</u> 것은 어느 것입니까?   (   )

① 농업 중심 경제
② 중화학 공업 투자
③ 철강, 자동차 생산
④ 수출 100억 달러 달성
⑤ 석유 화학, 조선 산업 발달

9 다음 자료와 관련된 시기의 우리나라 상황으로 알맞지 <u>않은</u> 것은 어느 것입니까?   (   )

◀ 서울 올림픽 대회 개막식

① 자동차, 선박 등을 제조해 해외로 수출했다.
② 중화학 공업이 발달하고 수출 품목이 다양해졌다.
③ '한강의 기적'이라고 불릴 만큼 빠른 경제 성장을 이루었다.
④ 가발, 신발, 섬유 등 가벼운 제품들이 공장에서 많이 생산되었다.
⑤ 일부 기업이 정부의 집중 지원을 받으며 대기업으로 성장했다.

10 1990년대 우리나라 경제 상황에 대해 바르게 설명한 친구를 보기 에서 모두 골라 기호를 쓰시오.

보기

㉠ **은수**: 관광, 문화 콘텐츠 사업 등의 서비스 산업이 본격적으로 발달했어.
㉡ **지아**: 전국에 초고속 정보 통신망을 설치하면서 정보화 사회를 준비했어.
㉢ **혜민**: 자동차, 선박, 텔레비전, 정밀 기계 등이 주요 수출품으로 자리 잡았어.
㉣ **준성**: 가전제품이 대중화됨에 따라 전자 제품의 핵심 부품인 반도체 산업이 성장했어.

_____

11 2000년대 이후 우리나라의 경제 상황으로 알맞은 어느 것입니까?   (   )

① 수출 100억 달러를 달성했다.
② 인터넷과 관련된 다양한 기업들이 생겨났다.
③ 전국 곳곳에 철강 산업 단지, 석유 화학 단지 등을 건설했다.
④ 주로 생활에 필요한 물품을 만드는 소비재 산업이 발달했다.
⑤ 항공·우주 개발, 생명 공학 등 고도의 기술이 필요한 첨단 산업이 발달했다.

12 ㉠, ㉡에 들어갈 알맞은 말을 쓰시오.

• ㉠ 은/는 스마트폰 등 대부분의 전자 제품에 들어가는 부품으로 우리나라의 주요 수출품이다.
• ㉡ 은/는 금융과 기술의 합성어로 최근 이 산업이 주목받고 있다.

㉠ _____

㉡ _____

중요

13 보기 의 우리나라 경제 발전 과정을 순서에 맞게 기호를 쓰시오.

보기

ⓐ 전국에 초고속 정보 통신망이 설치되었다.

ⓑ 생명 공학, 항공·우주 개발 등의 첨단 산업이 발달했다.

ⓒ 풍부한 노동력을 바탕으로 섬유, 신발, 가발, 의류 등 경공업이 발달했다.

ⓓ 정부의 집중 투자로 철강, 석유 화학, 조선, 자동차 등 중화학 공업이 발달했다.

_____

14 다음에서 설명하는 문제의 원인으로 알맞은 것은 어느 것입니까? (   )

도시 내에 주택이 부족해 열악한 주거 환경이 만들어졌고, 주차와 교통, 쓰레기 문제도 심각해졌다.

① 고령화   ② 도시화

③ 다양화   ④ 지역화

⑤ 세계화

15 다음에서 설명하는 용어를 쓰시오.

서로 다른 계층이나 집단이 더 달라지고 차이가 벌어지는 것을 말한다. 오늘날 이것을 극복하기 위해 공정한 분배에 대한 논의가 활발하게 이루어지고 있다.

_____

워드 클라우드와 함께하는 서술형 문제

[16-17] 워드 클라우드의 단어를 이용해 서술형 문제의 답을 쓰시오.

생활 수준   교육 시설   시청각 미디어

교육 환경   **소득 격차**

경제 성장   사회적 약자

교육 기회   **양극화**   문화 격차

경제적 불평등   복지 제도

16 다음 자료를 보고 경제 성장에 따른 학교생활의 변화를 과거와 비교하여 쓰시오.

_____

_____

17 다음 글을 읽고 밑줄 친 것에 대한 예시를 두 가지 이상 쓰시오.

오늘날 생활 수준은 옛날보다 크게 좋아졌지만, 잘사는 사람과 그렇지 못한 사람 간의 소득 격차는 점점 심해지고 있다. 경제적 불평등은 교육 기회, 문화 경험의 격차로도 이어지고 있다. 이러한 양극화 문제를 극복하기 위해 우리 사회는 <u>다양한 노력</u>을 하고 있다.

_____

_____

지속 가능 발전 목표

지속 가능 발전이란 1987년 유엔 환경 계획(UNEP)의 보고서에서 처음으로 사용되었으며, 유네스코에서는 지속 가능 발전을 미래 세대의 필요를 충족시킬 능력을 저해하지 않으면서 현 세대의 필요를 충족하는 발전이라고 규정하고 있습니다. 현 세대를 위해 무분별하게 개발하기보다는 후손 세대를 위해 개발과 보존을 균형적인 시각에서 바라보아야 한다는 것입니다. 이러한 지속 가능 발전에는 2030년까지 전 세계가 힘을 합쳐 달성하기로 한 인류 공동의 17개 목표가 있습니다. 이를 지속 가능 발전 목표라고 합니다.

▲ 지속 가능 발전 목표

빈곤 퇴치

세계 빈곤 퇴치
빈곤에서 희망으로

2000년 이래 세계 빈곤율은 절반으로 낮아졌지만, 여전히 가난한 나라에 사는 10명 중 1명은 하루에 3,000원이 안 되는 생활비로 살고 있습니다. 이를 해결하기 위해서는 지속 가능한 일자리를 통한 경제 발전이 필요하고 빈곤을 없애기 위한 전 세계 사람들의 관심이 필요합니다.

양질의 교육

현재 전 세계의 6억 1700만 명의 청소년들이 기본적인 계산과 읽고 쓰는 능력이 부족합니다. 이 이유로 그 나라의 교사가 부족하고 학교 시설이 열악한 것을 뽑을 수 있습니다. 이를 해결하기 위해 학교 건축과 학교 설비에 대한 투자, 교사 양성 등을 해 양질의 교육을 받을 수 있도록 해야 합니다.

깨끗한 물과 위생

깨끗하고 이용 가능한 물은 건전한 생태계와 사람들의 건강에 필수적입니다. 하지만 전 세계 사람들의 10명 중 3명은 안전한 식수 장치를 이용하지 못하고, 아직도 많은 사람이 집에 수도 시설이 없어서 먼 거리에 있는 우물 등에서 물을 떠오고 있습니다. 이를 해결하기 위해서 개인은 물을 아끼는 노력을 해야 하며, 국가는 위생 시설 관리에 대한 투자를 확대해야 합니다.

기후 행동

기후 변화는 전 세계 사람들에게 영향을 미치고 있습니다. 지구의 온도가 1℃ 상승할 때마다 곡물 생산량이 5% 감소합니다. 이러한 기후 변화를 해결하기 위한 대표적인 방안으로 탄소 배출 줄이기 운동이 있습니다. 배기가스를 배출하지 않는 자동차를 타거나 고기와 비슷한 맛을 내는 식물성 단백질인 비건 식품을 섭취하는 것을 통해 탄소 배출을 줄일 수 있습니다.

다른 나라에서 온 물건을 찾아볼까요?

❶ 다른 나라에서 온 물건과 이를 통해 알 수 있는 점

(1) 다른 나라에서 온 물건

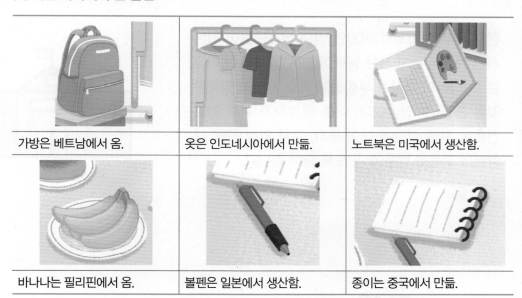

가방은 베트남에서 옴.	옷은 인도네시아에서 만듦.	노트북은 미국에서 생산함.
바나나는 필리핀에서 옴.	볼펜은 일본에서 생산함.	종이는 중국에서 만듦.

(2) 다른 나라에서 온 물건을 통해 알 수 있는 점: 옷과 가방, 볼펜과 종이 등 우리가 평소 사용하는 각종 물건들은 다른 나라에서 온 경우가 많다.

❷ 원산지의 의미와 생활 속 경제 교류 사례

(1) ❶원산지: 물건을 생산한 지역을 말한다.
(2) 생활 속 경제 교류 사례 (속 시원한 **활동 풀이**)
① ❷가전제품 매장에서 세계 여러 나라에서 온 전자 제품을 볼 수 있다.
② ❸식료품 매장에서 농산물의 원산지가 다양하다는 것을 확인할 수 있다. **보충 ❶**

▲ 세계 여러 나라에서 온 전자 제품

▲ 원산지가 다양한 농산물

❸ 우리나라가 경제 교류를 하는 까닭과 경제 교류의 범위

(1) 우리나라가 경제 교류를 하는 까닭: 우리나라는 필요한 것을 얻기 위해 세계 여러 나라와 경제 교류를 한다.
(2) 경제 교류의 범위: 식품, 의류, 가전제품, 가구 등에 걸쳐 다양하게 이루어진다.

1 주변에 있는 물건들 중 다른 나라에서 온 것이 무엇인지 생각해 보고, 아래 그림에 알맞은 붙임 딱지를 붙여 봅시다.

2 물건들을 살펴보고 어느 나라에서 왔는지, 어느 나라의 원료로 만들었는지, 어떤 과정을 거쳐 들어왔는지 이야기해 봅시다.

예 • 노트북의 원산지는 미국입니다.
   • 바나나의 원산지는 필리핀입니다.
   • 커피의 원산지는 온두라스입니다.

◉ 정답과 해설 13쪽

1 책상과 컴퓨터, 연필과 종이, 옷과 가방 등 우리가 평소 사용하는 각종 물건들은 다른 나라에서 온 경우가 (많다, 적다).

2 우리나라는 필요한 것을 얻으려고 세계 여러 나라와 경제 (   )을/를 한다.

3 경제 교류는 식품, 의류, 가전제품, 가구 등에 걸쳐 다양하게 이루어진다.   (O | X)

다른 나라와 경제 교류를 하는 까닭을 알아볼까요?

보충 ❶

◉ **무역의 변화**

화폐가 생기기 전에는 물건을 서로 바꾸는 물물 교환이 무역이었다. 화폐가 만들어진 이후부터는 나라와 나라 간 교역이 더욱 활발해졌다. 오늘날은 스포츠 선수의 해외 진출, 영화의 수출 등 서비스 무역도 발달하고 있다.

보충 ❷

◉ **반도체의 수출과 수입**

우리나라는 정보를 저장하는 메모리 반도체의 생산 기술이 뛰어나 다른 나라에 많이 수출한다. 하지만 정보를 처리하는 비메모리 반도체는 대부분 다른 나라로부터 수입한다.

메모리 반도체	정보를 저장하는 반도체 예 컴퓨터의 메모리
비메모리 반도체	정보를 처리하는 반도체 예 컴퓨터의 중앙처리 장치

용어 사전

❶ **자본**(資: 재물 자, 本: 근본 본): 상품을 만드는 데 필요한 생산 수단이나 노동력을 통틀어 이르는 말이다.

❷ **원유**(原: 근원 원, 油: 기름 유): 땅속에서 뽑아내 정제하지 않은 그대로의 기름이다.

❶ 경제 교류를 하는 까닭과 경제 교류의 좋은 점

(1) 경제 교류를 하는 까닭 (속 시원한 활동 풀이)

① 나라마다 자연환경과 ❶자본, 기술 등이 다르기 때문이다.

② 나라마다 부족하거나 필요한 것을 얻기 위함이다.

(2) 경제 교류의 좋은 점: 각 나라는 더 잘 생산할 수 있는 것을 생산하고 이를 서로 교류하며 경제적 이익을 얻을 수 있다. (시험 대비 핵심 자료)

❷ 무역과 수출, 수입의 의미

(1) 무역: 나라와 나라 간에 필요한 물건과 서비스를 사고파는 것이다. 보충 ❶

(2) 수출: 무역을 할 때 다른 나라에 물건을 파는 것이다.

(3) 수입: 무역을 할 때 다른 나라에서 물건을 사 오는 것이다.

❸ 우리나라의 무역 현황

(1) 우리나라의 주요 수출국과 수입국

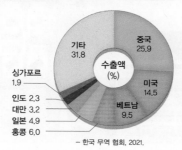

▲ 수출액 비율

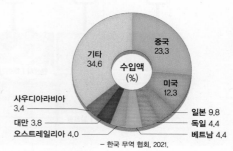

▲ 수입액 비율

(2) 그래프를 통해 알 수 있는 점

① 수출액 비율이 가장 높은 나라는 중국이고, 그다음으로 미국, 베트남 등의 순이다.

② 수입액 비율이 가장 높은 나라는 중국이고, 그다음으로 미국, 일본 등의 순이다.

(3) 우리나라의 주요 수출품과 수입품 (시험 대비 핵심 자료)

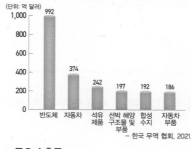

▲ 주요 수출품

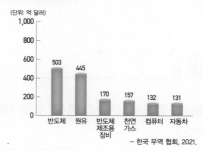

▲ 주요 수입품

(4) 그래프를 통해 알 수 있는 점

① 우리나라의 주요 수출품은 반도체, 자동차, 석유 제품 등이다.

② 우리나라의 주요 수입품은 반도체, ❷원유, 반도체 제조용 장비 등이다. 보충 ❷

2 단원

시험 대비 핵심 자료

● 각 나라가 더 잘 생산할 수 있는 것을 전문적으로 생산하면 좋은 점

소비자	더 값싸고 질 좋은 제품을 살 수 있다.
기업	생산 비용을 줄여 제품을 생산할 수 있다.

● 우리나라의 원유 수입과 석유 제품 수출

우리나라는 다른 나라로부터 필요한 원유를 전부 수입해야 한다. 하지만 원유를 가공·처리하는 기술이 뛰어나기 때문에 다양한 석유 제품을 수출한다.

속 시원한 활동 풀이

다 함께 활동

㉮ 나라	㉯ 나라
㉮ 나라는 날씨가 덥고 일 년 내내 비가 많이 내립니다. 사람들은 바나나, 야자 등 열대 과일을 주로 재배합니다. 원유, 천연가스, 천연고무와 같은 자원과 노동력은 풍부하지만 휴대 전화, 자동차, 배 등을 만드는 기술은 부족합니다.	㉯ 나라는 기후가 온난하고 사계절이 뚜렷합니다. 품질이 우수한 반도체, 휴대 전화, 배 등을 만드는 기술이 뛰어납니다. 상대적으로 원유, 천연가스, 천연고무와 같은 자원은 부족합니다.

1 ㉮, ㉯ 나라의 이야기를 살펴보고, 친구들의 질문에 답해 봅시다.

두 나라의 자연환경은 어떨까?

두 나라에서 풍부하거나 뛰어난 것은 각각 무엇일까?

두 나라에 부족하거나 필요한 것은 각각 무엇일까?

두 나라는 부족하거나 필요한 것은 어떻게 구할까?

| 예 ㉮ 나라는 날씨가 덥고 비가 많이 내리며, ㉯ 나라는 사계절이 뚜렷합니다. | 예 ㉮ 나라는 자원과 노동력이 풍부하고, ㉯ 나라는 첨단 기술이 뛰어납니다. | 예 ㉮ 나라는 첨단 기술이 부족하고, ㉯ 나라는 자원이 부족합니다. | 예 두 나라는 서로 자신의 나라에 부족한 것을 다른 나라에서 사 옵니다. |

2 ㉮, ㉯ 나라가 어떤 물건을 교류하면 좋을지 친구들과 이야기해 봅시다.

예 ㉮ 나라는 ㉯ 나라에서 휴대 전화를 사고, ㉯ 나라는 ㉮ 나라에서 자원을 삽니다.

잠깐! 확인해요

나라와 나라 사이에 물건과 서비스를 사고파는 것을 ☐☐(이)라고 한다.   (무역)

확인 톡!톡!

정답과 해설 13쪽

1 나라마다 자연환경, 자본, 기술 등이 같기 때문에 경제 교류를 한다.   (O | X)

2 무역을 할 때 다른 나라에 물건을 파는 것은?   (   )

3 우리나라의 주요 수출품에는 (반도체, 원유), 자동차, 석유 제품 등이 있다.

다른 나라와의 경제 교류가 우리 경제생활에 미친 영향을 알아볼까요?

보충 ❶

◉ **식생활의 변화**

다른 나라와의 경제 교류가 활발해지면서 우리나라에서 베트남 음식점을 쉽게 볼 수 있다. 경제 교류로 베트남에 가지 않고도 베트남 음식을 즐길 수 있게 된 것이다.

보충 ❷

◉ **값싼 노동력과 이윤의 관계**

세계 여러 나라와의 경제 교류로 기업은 다른 나라에 공장을 세워 그 나라의 값싼 노동력을 활용해 물건을 생산할 수 있다. 기업은 제조 비용과 운반 비용을 줄여 물건을 판매할 때 더 많은 이윤을 남길 수 있다.

❶ 다른 나라와의 경제 교류가 우리 생활에 미친 영향

(1) 경제 교류가 의식주 및 여가 생활에 미친 영향

의생활	식생활

• 다양한 나라에서 만든 옷을 입을 수 있음. • 우리나라 기업 제품이지만 다른 나라에서 만드는 경우도 있음.	• 다양한 나라의 전통 음식을 국내에서 먹을 수 있음. 보충 ❶ • 다른 나라에 직접 가지 않고도 여러 나라 음식의 재료를 구할 수 있음.
주생활	여가 생활

• 다른 나라에서 수입한 가구를 사용하는 가정이 많아졌음. • 외국의 건물 구조와 비슷한 건물을 볼 수 있음.	• 다른 나라에서 만든 영화를 영화관에서 관람할 수 있음. • 다양한 나라의 책을 도서관에서 읽을 수 있음.

(2) 경제 교류가 우리 생활에 미친 영향을 통해 알 수 있는 점: 세계 여러 나라와의 경제 교류는 사람들의 의식주 생활 및 여가 생활에 많은 변화를 가져왔다. (속 시원한) 활동 풀이

❷ 다른 나라와의 경제 교류가 개인과 기업에 미친 영향

(1) 경제 교류가 개인의 경제생활에 미친 영향 (시험 대비) 핵심 자료

① 전 세계에 있는 값싸고 다양한 물건을 선택할 수 있는 기회가 늘어났다.

② 외국 기업에서 일자리를 얻을 수 있다.

(2) 경제 교류가 기업의 경제생활에 미친 영향 (시험 대비) 핵심 자료

① 다른 나라와 새로운 기술, 아이디어를 주고받을 수 있다.

② 노동력이 값싸고 물건을 ❶운반하기 편리한 나라에 공장을 세워 ❷제조 비용과 운반 비용을 줄일 수 있다. 보충 ❷

용어 사전

❶ **운반**(運: 운전할 운, 搬: 옮길 반): 물건을 옮겨 나르는 것이다.

❷ **제조**(製: 지을 제, 造: 지을 조): 공장에서 큰 규모로 물건을 만드는 것을 말한다.

시험 대비 핵심 자료

● 경제 교류가 개인의 경제생활에 미친 영향

▲ 다른 나라에서 수입한 과일

▲ 외국 기업에 취업하려는 우리나라 국민

다른 나라와의 경제 교류가 활발해지면서 개인은 소비자로서 외국에서 수입한 과일을 쉽게 구매할 수 있다. 또한 개인은 우리나라에서 열리는 해외 기업 취업 박람회를 통해 다양한 나라의 기업에 대한 정보를 얻는 등 경제활동 범위가 넓어졌다.

● 경제 교류가 기업의 경제생활에 미친 영향

▲ 우리나라에 기술을 배우러 온 외국인

▲ 해외로 옮긴 우리나라 기업의 공장

여러 기업이 모여 있는 기술 박람회에서 우리나라 기업의 발전된 기술을 배우러 온 외국인을 볼 수 있다. 그리고 우리나라 기업은 경제 교류 과정에서 생산 비용을 낮추기 위해 인도, 중국, 베트남 등 해외로 공장을 옮기기도 한다.

속 시원한 활동 풀이

스스로 활동 우리 주변에서 다른 나라와의 경제 교류로 달라진 생활 모습을 찾아봅시다.

예 • 베트남에서 만든 티셔츠와 일본에서 만든 바지를 입습니다.
• 이탈리아 음식 전문점에서 이탈리아 전통 음식을 먹습니다.
• 거실을 꾸미기 위해 스웨덴에서 만든 커튼과 가구들을 구매합니다.
• 다른 나라의 인기 있는 드라마를 집에서 텔레비전을 통해 시청합니다.

잠깐! 확인해요

경제 교류가 활발해지면서 다양한 물건을 선택할 수 있는 기회가 (늘어났다 | 줄어들었다).　　　(늘어났다)

확인 톡! 톡!

📍정답과 해설 13쪽

1 다른 나라와의 경제 교류로 다양한 나라에서 만든 옷을 입을 수 있다.　　　(○ | X)

2 개인은 외국 기업에서 일자리를 얻는 등 경제활동 범위가 (넓어졌다, 좁아졌다).

3 기업은 (　　　　)이/가 값싸고 물건을 운반하기 편리한 나라에 공장을 세워 생산 비용을 줄일 수 있다.

우리나라는 어떻게 교류하고 있을까요?

① 우리나라의 경제 교류 사례와 이를 통해 알 수 있는 점

(1) 우리나라의 경제 교류 사례 (속 시원한 활동 풀이)

① 우리나라와 아랍 에미리트는 문화 교류 ❶촉진을 위한 축제를 개최했다.

② 우리나라의 통신사들은 세계 여러 나라의 통신사에 5G 기술을 수출했다.

③ 우리나라와 캐나다는 의료 기기 시스템 발전을 위한 주요 인력을 교류한다.

④ 우리나라 기업은 두바이에 있는 세계 최고 높이의 ❷건축물 건설에 참여했다.

⑤ 우리나라는 미국산 소고기를 많이 수입하고, 미국은 우리나라 농식품을 수입한다.

⑥ 우리나라는 칠레의 포도를 수입하고, 칠레는 우리나라의 자동차 부품을 수입한다.

(2) 경제 교류 사례를 통해 알 수 있는 점: 우리나라는 물건뿐만 아니라 교육, 문화, 의료, 통신 등 다양한 분야에서 다른 나라와 경제 교류를 한다.

② 우리나라와 다른 나라의 경제 관계

(1) 다른 나라와의 경제적인 의존 관계

① 우리나라는 세계 여러 나라와 서로 의존하며 경제적으로 교류한다.

② 우리나라의 좋은 물건과 발전된 기술을 다른 나라에 수출하고, 우리나라에 부족하거나 없는 자원, 물건, 기술, 노동력 등을 다른 나라로부터 수입한다.

③ 우리나라는 나라 간 경제 교류를 자유롭고 편리하게 하려고 세계 여러 나라와 자유 무역 협정(FTA)을 체결했다. 보충 ❶

(2) 우리나라와 다른 나라가 서로 주고받는 도움 (속 시원한 활동 풀이)

– 관세청, 2021.

(3) 다른 나라와의 경제적인 경쟁 관계

① 세계 시장에서 다른 나라와 의존하며 경제 교류를 하는 동시에 경쟁을 하기도 한다.

② 같은 종류의 물건을 생산하는 다른 나라보다 더 많이 수출하려고 기술, 가격 등에서 치열한 경쟁을 한다.

(4) 경제적인 경쟁 관계 사례: 전기 자동차 기술 경쟁, 모니터 가격에 따른 모니터 판매 경쟁 등 보충 ❷

보충 ❶

◉ **자유 무역 협정(FTA)**

자유 무역 협정은 국가가 외국 무역에 아무런 간섭이나 보호를 하지 않고 자유롭게 하는 무역이다. 우리나라는 2004년 칠레와 첫 자유 무역 협정을 체결했다. 이후 우리나라는 2022년 기준 58개국과 총 18건의 자유 무역 협정을 체결했다.

보충 ❷

◉ **전기 자동차 기술 경쟁**

세계 각국이 자동차 배출 가스 규제를 강화하고 있다. 이에 우리나라와 다른 나라 간 전기 자동차를 개발하는 기술 경쟁이 매우 치열하다.

용어 사전

❶ **촉진**(促: 재촉할 촉, 進: 나아갈 진): 다그쳐 빨리 나아가게 하는 것이다.

❷ **건축물**(建: 세울 건, 築: 쌓을 축, 物: 만물 물): 땅 위에 지은 구조물 중에서 지붕, 기둥, 벽이 있는 건물을 통틀어 이르는 말이다.

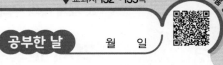

속 시원한 활동 풀이

다 함께 활동 다음 경제 교류 사례를 보고 물음에 답합시다.

물자 분야 교류	의료 분야 교류	음식 분야 교류	문화 분야 교류	통신 분야 교류	건축 분야 교류
우리나라는 칠레의 포도를 수입한다. 한국의 타이어는 칠레에서 큰 인기를 끌고 있다.	우리나라는 캐나다와 의료 기기 시스템 발전을 위한 주요 인력 교류를 하기로 했다.	우리나라 음식에 대한 미국의 높은 관심으로 미국이 농식품 수출액 2위에 올랐다.	한국과 아랍 에미리트는 문화 협력 협정을 체결하고 문화 교류 촉진을 위한 축제를 개최했다.	세계 최초로 5G 통신 기술을 개발한 우리나라는 세계 여러 나라에 해당 기술을 전수하고 있다.	두바이에 있는 세계 최고 높이의 건축물인 부르즈 할리파 건설에 우리나라 기업이 참여했다.

1 위의 사례들을 참고하여 우리나라와 다른 나라 간의 경제 교류 사례를 친구들과 함께 찾아봅시다.

나라	교류 물건 또는 서비스
예 우리나라와 베트남	예 우리나라는 베트남에 화장품을 수출하고 옷을 수입합니다.

2 거리가 먼 두 나라가 경제적으로 서로 의존하는 까닭은 무엇인지 이야기해 봅시다.

예 두 나라는 필요한 것을 얻기 위해 다른 나라와 경제적으로 서로 의존합니다.

스스로 활동 126쪽의 지도를 살펴보며 우리나라가 다른 나라와 무엇을 주고받는지 살펴봅시다.

1 지도에서 우리나라와 경제적으로 의존하며 교류하는 나라를 찾아봅시다.

예 독일, 중국, 오스트레일리아, 미국, 브라질 등입니다.

2 우리나라가 각 나라와 무엇을 주고받는지 써 봅시다.

구분	미국	브라질	오스트레일리아	중국	베트남	독일	나이지리아
주요 수출품	예 자동차	반도체	자동차	반도체	반도체	반도체	플라스틱
주요 수입품	원유	철광	원유	반도체	반도체	자동차	원유

잠깐! 확인해요

우리나라와 다른 나라는 서로 도움을 주고받는 동시에 경쟁하며 경제 교류를 한다. (O | X)   (O   )

확인 톡!톡!

◉ 정답과 해설 13쪽

1 우리나라는 물건, 교육, 문화 분야에서만 다른 나라와 경제 교류를 한다.   (O | X)

2 우리나라는 경제 교류를 자유롭고 편리하게 하려고 세계 여러 나라와 (   )을/를 체결했따.

3 같은 종류의 물건을 생산하는 나라끼리는 기술, 가격 등에서 서로 (경쟁, 의존)한다.

3. 세계 속의 우리나라 경제

경제 교류를 하면서 생기는 문제와 해결 방안을 알아볼까요?

❶ 우리나라가 겪는 경제 교류 문제와 사례

(1) 우리나라가 겪는 경제 교류 문제: 우리나라는 다른 나라와 경제 교류를 하면서 이익을 얻기도 하지만 동시에 여러 가지 문제를 겪기도 한다.

(2) 우리나라가 겪는 경제 교류 문제 사례 (속 시원한 활동 풀이)

① 우리나라 물건에 높은 ❶관세 부과: ㉮ 나라는 자국 세탁기 판매를 위해 한국산 세탁기에 높은 관세를 부과하기로 결정했다.

② 수입 제한으로 발생하는 수출 감소: ㉯ 나라는 한국산 가전제품이 자국 제조업체를 무너뜨릴 수 있다며 한국 가전제품에 대한 수입 금지령을 내렸다.

③ 수입 의존에 따른 갈등: ㉰ 나라에 발생한 폭염으로 밀 수확량이 크게 떨어져, ㉰ 나라산 밀 의존도가 높은 우리나라는 직접적인 영향을 받게 되었다.

④ 수입 거부에 따른 갈등: 우리나라가 국민의 안전을 위해 ㉱ 나라의 수산물 수입을 금지하자, ㉱ 나라는 수입 금지 조치의 완화 및 철폐를 요청했다.

❷ 무역 문제의 원인과 자기 나라의 경제를 보호하는 까닭

(1) 무역 문제의 원인: 세계 여러 나라는 무역을 하다가 불리한 점이 생기면 서로 자기 나라의 경제만을 보호하기 때문이다.

(2) 자기 나라의 경제를 보호하는 여러 가지 까닭

국민의 실업 방지	다른 나라 물건 때문에 우리나라 물건이 팔리지 않으면 공장이 문을 닫아 실업자가 늘어나기 때문이다.
경쟁력이 낮은 산업 보호	다른 나라보다 ❷경쟁력이 부족한 우리나라의 산업을 먼저 보호해야 하기 때문이다.
국가의 안정적 성장	값싼 수입 농산물이 많이 팔리면 우리나라 농업이 흔들려 국가의 안정적인 성장이 어렵기 때문이다.
불공정 무역에 대한 대응	자기 나라의 게임은 수출하고 다른 나라 게임의 수입을 금지하는 불공정 무역을 하고 있기 때문이다.

❸ 무역 문제의 해결 방안과 관련 기구

(1) 무역 문제의 해결 방안

① 세계 여러 나라가 무역 문제를 해결하기 위해 의논하고 합의한다.

② 무역 문제가 발생했을 때 이를 해결하는 국제기구에 도움을 요청한다.

③ 무역 문제로 생기는 피해를 줄일 수 있는 국내 기관에 도움을 받는다.

(2) 무역 문제를 해결하는 데 도움을 주는 기구: 세계 무역 기구(WTO), 우리나라 정부 부서인 산업 통상 자원부 등이 있다. 보충 ❶, ❷

보충 ❶

◉ **세계 무역 기구(WTO)**

만든 목적	세계 무역 기구는 다른 나라와 경제 교류에 관한 문제가 생겼을 때 옳고 그름을 판단하고 심판하려고 만든 국제기구임.
하는 일	• 지구촌의 경제 질서를 유지하면서 세계 무역을 보다 자유롭게 할 수 있도록 함. • 무역 장벽을 낮추고, 각종 공산품과 서비스 산업이 자유롭게 이동할 수 있도록 각 나라의 무역 관련 정책을 수집하는 데 기준을 제시함.

보충 ❷

◉ **세계 무역 기구의 판결 사례**

2013년 우리나라가 일본산 식품 수입을 금지하기로 하자 일본은 문제를 제기했다. 이에 세계 무역 기구는 우리나라가 일본산 수산물 일부를 수입하지 않아도 된다는 판결을 내려 무역 문제를 해결할 수 있었다.

용어 사전

❶ **관세**(關: 빗장 관, 稅: 세금 세): 국경을 통과하여 들어오는 상품에 대해 부과하는 세금이다.

❷ **경쟁력**(競: 다툴 경, 爭: 다툴 쟁, 力: 힘 력): 상대와 경쟁하여 버티거나 이길 수 있는 힘이다.

 **속 시원한 활동 풀이**

다 함께 활동

1 모둠별로 누리집, 신문 기사, 방송 자료 등을 이용해 다른 나라와 무역을 하면서 발생하는 문제를 조사해 봅시다.

예 인도가 우리나라의 철강 제품 4개에 고율의 관세를 부과했습니다.

2 다음 자료를 살펴보고 우리 모둠이 조사한 무역 문제의 원인을 찾아봅시다.

국민의 실업 방지   경쟁력이 낮은 산업 보호   국가의 안정적 성장   불공정 무역에 대한 대응

   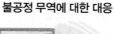

예 자기 나라의 경쟁력이 낮은 산업을 보호하기 위해 우리나라 제품에 높은 관세를 부과했습니다.

3 우리나라가 세계 경제 상황 변화에 대처하며 다른 나라와의 무역 문제를 해결하는 방안에는 무엇이 있을지 토의해 봅시다.

예 무역 문제가 발생했을 때 이를 해결하는 국제기구에 도움을 요청합니다.

4 토의한 내용을 정리하여 친구들에게 발표해 봅시다.

경제 교류의 문제와 해결 방안		
교류하는 나라	예 우리나라 ↔ 인도	
교류하는 물품 또는 서비스	예 철강	**경제 교류의 문제점** 예 인도가 한국산 알루미늄 등 4개의 철강 제품에 고율의 관세를 부과하기로 했습니다.
원인	예 코로나 바이러스로 전 세계적으로 경제가 어려워지자 인도가 자기 나라의 철강 업체들을 보호하기 위해 우리나라의 철강 제품에 높은 관세를 부과했습니다.	
해결 방안	예 인도가 우리나라의 철강 제품에 차별 관세를 부과하지 않도록 세계 무역 기구(WTO) 등 국제기구에 경제 교류 문제 해결을 요청합니다.	

잠깐! 확인해요

경제 교류를 하며 생기는 문제는 관련 국제기구만 해결할 수 있다. (○ | X)   (X)

확인 톡!톡!

📍정답과 해설 13쪽

1 우리나라는 다른 나라와 경제 교류를 하면서 이익을 얻기도 하고 여러 가지 문제를 겪기도 한다.   (○ | X)

2 세계 여러 나라는 무역을 하다 불리한 점이 생기면 자기 나라 경제를 (보호, 방임)하기도 한다.

3 무역 관련 국내 기관 설립, 세계 여러 나라와의 (   )을/를 통해 다른 나라와의 무역 문제를 해결할 수 있다.

무역놀이를 해 볼까요?

① 경제 교류가 발생하는 까닭과 무역놀이를 통한 체험

(1) **경제 교류가 발생하는 까닭**: 각 나라는 경제 교류를 통해 자기 나라의 부족하거나 필요한 것을 다른 나라로부터 얻을 수 있기 때문이다.

(2) **무역놀이를 통한 체험**: 다른 나라와의 경제 교류 활동을 체험할 수 있다. 보충 ❶

② 무역놀이 하는 방법

❶ 학급 전체를 5개의 모둠으로 나누고, 자원 카드, 화폐 카드, 실물 카드를 모아 선생님께 제출한다.

❷ 나라별 봉투를 만들어 자원 카드는 ❶임의로 넣고, 화폐 카드는 80,000원씩 넣는다.

❸ 돌림판으로 나라를 정하고, 나라별 봉투를 하나씩 가져간다.

❹ 모둠별로 상품 생산 표를 보고 어떤 상품을 생산할지 논의한다. 상품 생산에 필요한 자원 카드가 없다면 다른 나라와 교환하거나 화폐 카드로 사고판다.

❺ 생산할 상품에 필요한 자원 카드를 모아 선생님께 가져가서 실물 카드와 교환한다.

❻ 교환한 실물 카드는 칠판에 붙여 생산 ❷현황을 확인한다. 주어진 시간 동안 가장 많은 상품을 생산한 나라가 승리한다.

❼ 무역놀이를 하고 난 후 질문지를 참고해 소감을 발표한다.

③ 무역놀이 활동 (속 시원한 활동 풀이)

(1) **자원 카드 배분하기** 예 "우리 모둠의 봉투에 들어 있는 자원 카드는 노동력 카드 13장, 섬유 카드 8장, ❸철광석 카드 10장, 석유 카드 11장, 반도체 카드 9장입니다." 등

(2) **다른 나라와 무역하기** 보충 ❷

① 상품 생산 표를 보고 우리 모둠이 가지고 있는 자원 카드를 고려해 어떤 상품을 생산할지 논의한다.

상품 생산 표 안내서					
구분	노동력	섬유	철광석	석유	반도체
배	1장	2장	3장	1장	3장
옷	3장	4장	–	3장	–
신발	3장	3장	–	4장	–
자동차	1장	3장	2장	2장	2장
텔레비전	2장	–	3장	1장	4장
휴대 전화	2장	–	4장	1장	3장

② 상품 생산에 필요한 자원 카드가 없다면 다른 나라와의 무역을 통해서 얻는다.

(3) **상품 생산하기** 예 "우리 모둠은 배 1척, 자동차 2대, 휴대 전화 2대를 생산했습니다." 등

(4) **소감 발표하기** 예 "필요한 자원을 얻기 위해서는 교환이 필요하다는 것을 알게 됐습니다.", "교류를 통해 자원을 얻어 더 많은 상품을 생산할 수 있다는 것을 알게 되었습니다." 등

보충 ❶

◉ 무역 불균형

에티오피아에서 커피는 주요 수출품이다. 하지만 거대 커피 회사들은 에티오피아로부터 매우 싼 가격에 커피 원두를 수입해 판매하기 때문에 에티오피아는 많은 경제적 이익을 얻지 못한다. 이처럼 모든 사람이 무역을 통해 경제적 이익을 얻는 것은 아니다.

보충 ❷

◉ 효과적인 무역놀이 방법

만약 나라별 봉투에 반도체 카드가 많다면 텔레비전을 생산하는 것이 가장 효과적이다. 또는 반도체 카드를 필요로 하는 다른 모둠과의 교환을 통해 필요한 자원 카드를 얻을 수 있다.

용어 사전

❶ **임의**(任: 마음대로 임, 意: 생각할 의): 일정한 기준이나 원칙 없이 하고 싶은 대로 하는 것을 말한다.

❷ **현황**(現: 나타날 현, 況: 하물며 황): 현재의 상황이다.

❸ **철광석**(鐵: 쇠 철, 鑛: 쇳돌 광, 石: 돌 석): 철을 함유하고 있어 제철의 원료로 쓰이는 광석이다.

속 시원한 활동 풀이

무역놀이하기

우리 모둠의 봉투에 들어 있는 자원 카드	노동력 카드	섬유 카드	철광석 카드	석유 카드	반도체 카드
	예 8장	11장	9장	8장	14장

우리 모둠이 생산하고 싶은 상품	예 우리 모둠은 배 3척, 신발 2켤레, 휴대 전화 2대를 생산하고 싶습니다.

생산할 상품에 필요한 자원 카드를 얻은 방법	예 • 우리 모둠은 섬유 카드가 필요해서 우리 모둠의 노동력 카드를 다른 모둠의 섬유 카드와 교환했습니다. • 우리 모둠은 반도체 카드가 필요해서 화폐 카드 12,000원을 주고 다른 모둠으로부터 반도체 카드 4장을 수입했습니다.

우리 모둠이 생산한 상품	배	옷	신발	자동차	텔레비전	휴대 전화
	예 3척	–	1켤레	–	1대	2대

무역놀이에서 내가 한 역할	예 • 우리 모둠에 필요한 자원 카드를 다른 모둠으로부터 화폐 카드로 샀습니다. • 우리 모둠이 많이 가지고 있는 자원 카드를 다른 모둠으로부터 상품 생산에 필요한 자원 카드와 교환했습니다.

무역놀이 질문지	모둠별로 다른 자원 카드를 가진 까닭은 무엇일까요? 예 나라별 봉투에 자원 카드를 임의로 넣었기 때문입니다. 왜 다른 모둠과 자원을 교환해야 했나요? 예 상품을 생산하는 데 필요한 자원 카드를 다른 모둠이 가지고 있기 때문입니다. 자급자족과 무역에서 생산의 차이가 난 까닭은 무엇일까요? 예 무역을 통해 자원 카드를 얻어 더 많은 상품을 생산할 수 있기 때문입니다. 무역놀이를 통해 알게 된 점은 무엇인가요? 예 여러 나라가 경제 교류를 하는 까닭을 알게 되었습니다.

확인 톡!톡!

정답과 해설 13쪽

1 무역놀이를 통해 다른 나라와의 경제 (　　　) 활동을 체험할 수 있다.

2 다른 모둠과의 무역을 통해 더 (많은, 적은) 상품을 생산할 수 있다.

3 모둠이 많이 가지고 있는 자원 카드는 다른 모둠에 판매할 수 있다. 　(O | X)

즐겁게 정리해요

● '세계 속의 우리나라 경제'에서 배운 내용을 떠올리며 문제를 풀어 수출품을 실은 배를 안전하게 도착지로 운항해 봅시다.

핵심 꿀꺽 질문

다른 나라와의 경제 교류가 우리 경제생활에 미친 영향을 설명할 수 있나요?	
다른 나라와의 경제 교류 사례를 조사할 수 있나요?	
다른 나라와 경제 교류를 하면서 겪는 문제를 알아보고 합리적인 해결 방안을 찾을 수 있나요?	

1 경제 교류에 대한 설명으로 알맞지 <u>않은</u> 것은 어느 것입니까? (　　)

① 경제 교류로 다양한 원산지의 농산물을 구매할 수 있다.
② 평소 사용하는 물건들은 다른 나라에서 온 경우가 많다.
③ 같은 나라에서 물건이나 서비스를 주고받는 것만이 경제 교류이다.
④ 우리나라는 필요한 것을 얻기 위해 세계 여러 나라와 경제 교류를 한다.
⑤ 여러 나라로부터 온 부품들로 하나의 제품을 만드는 것은 경제 교류의 결과이다.

2 경제 교류를 하는 까닭으로 알맞지 <u>않은</u> 것은 어느 것입니까? (　　)

① 모든 나라의 기술이 똑같기 때문이다.
② 나라마다 자연환경과 자본 등이 다르기 때문이다.
③ 나라마다 더 잘 생산할 수 있는 물건이나 서비스가 다르기 때문이다.
④ 자기 나라에 부족하거나 필요한 것을 다른 나라로부터 구할 수 있기 때문이다.
⑤ 각 나라는 물건과 서비스를 서로 교류하며 경제적 이익을 얻을 수 있기 때문이다.

3 ㉠, ㉡에 들어갈 알맞은 말을 쓰시오.

> 무역을 할 때 다른 나라에 물건을 파는 것을 ㉠ , 다른 나라에서 물건을 사 오는 것을 ㉡ (이)라고 한다.

㉠ _____

㉡ _____

[4-5] 다음 그래프를 보고 물음에 답하시오.

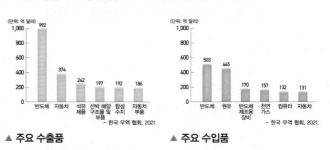

▲ 주요 수출품　　　　▲ 주요 수입품

4 우리나라가 가장 많이 수출하는 상품은 무엇인지 쓰시오.

_____

5 위 그래프에 대해 알맞지 <u>않은</u> 설명을 한 친구는 누구입니까? (　　)

① 지은: 우리나라는 원유, 천연가스 등 천연자원을 많이 수입하고 있어.
② 진수: 우리나라는 자동차 품목에서 수출액이 수입액보다 약 3배 정도 많아.
③ 민지: 우리나라는 반도체 품목에서 수출액이 수입액보다 약 2배 정도 많아.
④ 준혁: 주요 수출품에 자동차와 자동차 부품이 있는 것으로 보아 우리나라는 자동차 산업이 발달했어.
⑤ 시우: 우리나라의 주요 수출품에는 반도체와 컴퓨터가 포함되어 있어 전자 기기와 관련된 산업이 발달했어.

6 다른 나라와의 경제 교류로 나타난 경제생활의 변화로 알맞지 <u>않은</u> 것은 어느 것입니까? (　　)

① 베트남에서 만든 옷을 입을 수 있다.
② 제주도에서 재배한 한라봉을 먹을 수 있다.
③ 음식 전문점에서 인도 음식을 먹을 수 있다.
④ 미국에서 만든 영화를 극장에서 관람할 수 있다.
⑤ 프랑스의 건물 구조와 비슷한 건물을 볼 수 있다.

7 경제 교류로 나타난 개인과 기업의 경제생활 변화 모습을 보기 에서 모두 골라 기호를 쓰시오.

> **보기**
>
> ㉠ 개인은 국내 기업에서만 원하는 일자리를 얻을 수 있다.
> ㉡ 기업은 물건을 운반하기 편리한 나라에 공장을 세울 수 있다.
> ㉢ 개인은 값싸고 다양한 물건을 선택할 수 있는 기회가 늘어났다.
> ㉣ 기업은 새로운 기술과 아이디어를 국내 기업들과만 주고받을 수 있다.

8 다음에서 설명하는 용어를 쓰시오.

> 물건을 만들거나 서비스를 제공하는 데 드는 인간의 정신적, 신체적인 모든 능력을 말한다. 기업은 이것이 값싼 나라에 공장을 세워 생산 비용을 줄일 수 있다.

9 우리나라의 경제 교류에 대한 설명으로 알맞지 않은 것은 어느 것입니까? ( )

① 우리나라는 칠레에 타이어를 수출하고 포도를 수입한다.
② 우리나라는 건축 분야에서 다른 나라와 경제 교류를 하지 않는다.
③ 우리나라의 5G 기술을 다른 나라에 수출하는 것은 경제 교류 사례이다.
④ 우리나라는 물건뿐만 아니라 교육, 의료, 문화 등 다양한 분야에서 경제 교류를 한다.
⑤ 한국과 아랍 에미리트가 문화 교류 촉진을 위한 축제를 개최하는 것은 경제 교류 사례이다.

10 우리나라의 경제적인 의존 관계에 대한 설명으로 알맞지 않은 것은 어느 것입니까? ( )

① 우리나라는 여러 나라와 서로 의존하며 경제적으로 교류한다.
② 우리나라의 좋은 물건과 발달한 기술을 다른 나라에 수출한다.
③ 우리나라는 거리가 먼 나라와는 경제적으로 서로 의존하지 않는다.
④ 우리나라에 부족하거나 없는 자원, 기술, 노동력 등을 다른 나라로부터 수입한다.
⑤ 우리나라와 다른 나라는 각 나라의 특징을 살린 경제 교류를 통해 경제적 이익을 얻고 있다.

11 빈칸에 들어갈 알맞은 말을 쓰시오.

> 우리나라는 나라 간 경제 교류를 자유롭고 편리하게 하려고 세계 여러 나라와 ☐☐☐☐ ☐☐(FTA)을/를 체결했다.

12 우리나라의 경제적인 경쟁 관계에 대한 설명으로 알맞은 것을 보기 에서 모두 골라 기호를 쓰시오.

> **보기**
>
> ㉠ 세계 시장에서 우리나라와 다른 나라는 서로 경쟁만 한다.
> ㉡ 우리나라는 물건을 생산하는 기술에서 다른 나라와 경쟁을 하지 않는다.
> ㉢ 신기술을 중시하는 자동차, 컴퓨터 시장에서 주로 경쟁 관계가 나타난다.
> ㉣ 같은 종류의 물건을 생산하는 나라보다 더 많이 수출하려고 가격에서 경쟁을 한다.

중요
13 우리나라가 경제 교류를 하며 겪는 문제로 알맞지 <u>않</u>은 어느 것입니까? (   )

① 수입 거부에 따른 갈등
② 수입 의존에 따른 문제
③ 자유 무역 협정(FTA) 체결
④ 우리나라 물건에 높은 관세 부과
⑤ 수입 제한으로 발생하는 수출 감소

14 빈칸에 들어갈 알맞은 말을 쓰시오.

> 세계 여러 나라는 무역을 하다가 불리한 점이 생기면 자기 나라 경제를 [   ]하고 경쟁력이 낮은 산업을 발전시키려고 한다.

_____

15 자기 나라의 경제를 보호하는 까닭으로 알맞지 <u>않</u>은 것은 어느 것입니까? (   )

① 무역 장벽 낮추기   ② 국민의 실업 방지
③ 국가의 안정적 성장   ④ 불공정 무역에 대응
⑤ 경쟁력 낮은 산업 보호

16 빈칸에 들어갈 알맞은 말을 쓰시오.

> 오늘날 세계 여러 나라는 다른 나라와 경제 교류를 하면서 겪는 문제를 해결하려고 [ ][ ] [ ][ ]의 설립과 가입, 관련 국내 기관 설립, 세계 여러 나라와의 협상 등을 하며 다양한 노력을 하고 있다.

_____

워드 클라우드와 함께하는 서술형 문제

[17-18] 워드 클라우드의 단어를 이용해 서술형 문제의 답을 쓰시오.

> 수출   기술   수입 원유
> 반도체   **의존**   경제 교류
> 무역 문제   피해
> 해결 방안   경제적 이익
> **국제기구**   **무역 분쟁**

17 다음 지도를 보고 우리나라와 경제적으로 의존하며 교류하는 나라의 예를 들고, 그 나라와 경제적으로 서로 의존하는 까닭을 쓰시오.

나라:

까닭:

_____

18 다음에서 두 나라 간의 무역 문제를 해결할 수 있는 방안을 쓰시오

> ㉮ 나라가 ㉯ 나라산 자동차 수입이 급증해 자국 자동차 기업들이 피해를 보고 있다고 판단하고, ㉯ 나라산 자동차에 높은 관세를 부과하기로 했다.

_____

우리나라의 자유 무역 협정(FTA)

자유 무역 협정은 자유로운 무역을 위해 합의한 약속입니다. 세계 시장에 참여하는 여러 나라는 더욱 자유롭게 무역을 하기 위해 서로 자유 무역 협정을 맺고, 물건이나 서비스 등의 다양한 재화가 교류될 수 있도록 하고 있습니다. 우리나라도 2004년에 체결한 칠레와의 자유 무역 협정을 시작으로 세계 여러 나라와 자유 무역 협정을 추진했고, 2022년 기준 58개 나라와 자유 무역 협정을 맺고 있습니다.

FTA 발효 국가	발효 시기	FTA 발효 국가	발효 시기	FTA 발효 국가	발효 시기
칠레	2004. 4. 1.	**유럽 연합(EU)**		캐나다	2015. 1. 1.
싱가포르	2006. 3. 2.	오스트리아, 벨기에, 불가리아, 키프로스, 체코, 덴마크, 에스토니아, 핀란드, 프랑스, 독일, 그리스, 헝가리, 아일랜드, 이탈리아, 라트비아, 리투아니아, 룩셈부르크, 몰타, 네덜란드, 폴란드, 포르투갈, 루마니아, 슬로베니아, 에스파냐, 스웨덴, 크로아티아	2011. 7. 1.	중국	2015. 12. 20.
유럽 자유 무역 연합(EFTA)				뉴질랜드	
스위스, 노르웨이, 아이슬란드, 리히텐슈타인	2006. 9. 1.			베트남	
				콜롬비아	2016. 7. 15.
동남아시아 국가 연합(ASEAN)				**중앙아메리카**	
베트남, 미얀마, 싱가포르, 말레이시아, 인도네시아, 필리핀, 캄보디아, 브루나이, 라오스, 타이	2007. 6. 1. (나라별 다름.)	페루	2011. 8. 1.	파나마, 코스타리카, 온두라스, 니카라과, 엘살바도르	2019. 10. 1. (나라별 다름.)
		미국	2012. 3. 15.	**역내 포괄적 경제 동반자 협정(RCEP)**	
		튀르키예	2013. 5. 1.	아세안(ASEAN) 10개국, 오스트레일리아, 중국, 일본, 뉴질랜드	2022. 2. 1. (나라별 다름.)
인도	2010. 1. 1.	오스트레일리아	2014. 12. 12.		

▲ 우리나라의 자유 무역 협정(FTA) 발효 국가(2022년 7월 기준)

한-칠레 FTA

칠레는 우리나라의 첫 자유 무역 협정이며, 태평양을 사이에 둔 국가끼리의 첫 자유 무역 협정이라는 데 의의가 있습니다. 이를 계기로 우리나라의 기업들은 활동 반경을 넓히고 수출 시장을 다양하게 확보할 수 있었습니다.

한-싱가포르 FTA

싱가포르와 체결한 자유 무역 협정은 칠레에 이어 우리나라가 두 번째로 체결한 자유 무역 협정입니다. 싱가포르와의 자유 무역 협정은 우리나라가 주요 인접한 나라들과 본격적으로 자유 무역 협정을 추진하고 있음을 전 세계에 알렸습니다.

한-아세안 FTA

아세안(ASEAN)은 동남아시아 국가 간에 전반적인 상호 협력을 증진하기 위한 동남아시아 국가 연합입니다. 아세안은 우리나라의 2대 교역국으로, 아세안과의 자유 무역 협정은 경제적으로 큰 혜택을 가져왔고, 아시아 시장을 하나로 연결하는 중심축 역할을 했습니다.

한-오스트레일리아 FTA

오스트레일리아는 아시아 국가와의 무역 비중이 높은 국가입니다. 우리나라는 자유 무역 협정을 통해 자원 협력 강화와 안정적인 자원 공급이 가능할 것으로 기대하고 있습니다. 특히, 우리나라는 자동차 등 공산품과 등유 등 석유 제품을 주로 수출하고, 오스트레일리아는 유연탄 및 천연가스 등 천연자원을 수출하고 있습니다.

한-베트남 FTA

베트남은 매년 약 5~6%의 경제 성장률을 보이는 나라입니다. 베트남과의 자유 무역 협정을 통해 베트남 시장에서 우리나라 기업들의 경쟁력이 높아질 것으로 기대하고 있습니다. 또한 베트남에서 한류가 큰 인기를 끌고 있기 때문에 자유 무역 협정을 통해 우리나라의 문화도 많이 수출될 것으로 예상합니다.

단원을 마무리 **해요**　　2. **우리나라의 경제 발전**

 콕콕 정리　이 단원에서 배운 내용을 글과 그림으로 정리해 봅시다.

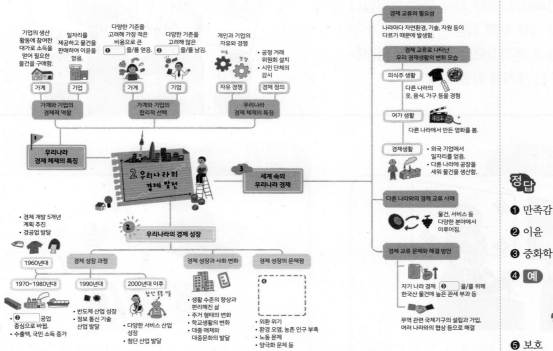

기업의 생산 활동에 참여한 대가로 소득을 얻어 필요한 물건을 구매함.

일자리를 제공하고 물건을 판매하여 이윤을 얻음.

다양한 기준을 고려해 가장 적은 비용으로 큰 ❶ 을/를 얻음.

다양한 기준을 고려해 많은 ❷ 을/를 남김.

개인과 기업의 자유와 경쟁
· 공정 거래 위원회 설치
· 시민 단체의 감시

가계 / 기업
가계와 기업의 경제적 역할

가계 / 기업
가계와 기업의 합리적 선택

자유 경쟁 / 경제 정의
우리나라 경제 체제의 특징

우리나라 경제 체제의 특징

2. 우리나라의 경제 발전

③ 세계 속의 우리나라 경제

· 경제 개발 5개년 계획 추진
· 경공업 발달

② 우리나라의 경제 성장

1960년대 | 경제 성장 과정 | 경제 성장과 사회 변화 | 경제 성장의 문제점

1970~1980년대 | 1990년대 | 2000년대 이후

· ❸ 공업 중심으로 바뀜.
· 수출액, 국민 소득 증가

· 반도체 산업 성장
· 정보 통신 기술 산업 발달

· 다양한 서비스 산업 성장
· 첨단 산업 발달

· 생활 수준의 향상과 편리해진 삶
· 주거 형태의 변화
· 학교생활의 변화
· 대중 매체와 대중문화의 발달

❹
· 외환 위기
· 환경 오염, 농촌 인구 부족
· 노동 문제
· 양극화 문제 등

경제 교류의 필요성
나라마다 자연환경, 기술, 자원 등이 다르기 때문에 발생함.

경제 교류로 나타난 우리 경제생활의 변화 모습

의식주 생활
다른 나라의 옷, 음식, 가구 등을 경험

여가 생활
다른 나라에서 만든 영화를 봄.

경제생활
· 외국 기업에서 일자리를 얻음.
· 다른 나라에 공장을 세워 물건을 생산함.

다른 나라와의 경제 교류 사례
물건, 서비스 등 다양한 분야에서 이루어짐.

경제 교류 문제와 해결 방안
자기 나라 경제 ❺ 을/를 위해 한국산 물건에 높은 관세 부과 등

무역 관련 국제기구의 설립과 가입, 여러 나라와의 협상 등으로 해결

정답
❶ 만족감
❷ 이윤
❸ 중화학
❹ 예
❺ 보호

팡팡 창의　기업가가 되어 새로운 기업을 만들어 봅시다.

만드는 방법

❶ 내가 만들고 싶은 기업의 모습을 생각합니다.
· 어린이에게 즐거움을 주는 기업을 만들고 싶습니다.
· **예** 사람들에게 음악을 들려 주는 기업을 만들고 싶습니다.

❷ 내가 생각한 기업의 이름을 만들어 봅시다.
· '내 집 안의 그림책'으로 짓고 싶습니다.
· **예** '즐거운 노랫소리'로 짓고 싶습니다.

❸ 기업에서 제공할 제품이나 서비스를 정한 뒤 어떤 직원이 필요한지 생각해 봅시다.
· 화상으로 재미있는 그림책을 읽어 주는 서비스를 제공하고 싶으므로 그림책을 좋아하고 목소리가 따뜻한 사람이 직원으로 필요합니다.
· **예** 일상에 지친 사람들에게 음악을 제공하고 싶으므로 음악과 사람을 좋아하는 사람이 직원으로 필요합니다.

기업 이름	내 집 안의 그림책	**예** 즐거운 노랫소리
기업 로고		**예**
기업에 필요한 직원	그림책을 좋아하는 사람, 목소리가 따뜻한 사람	**예** 음악을 좋아하는 사람, 사람을 좋아하는 사람
기업의 장점	어린이가 혼자 있어도 불안하지 않고 즐겁게 시간을 보낼 수 있다.	**예** 일상에 지친 사람들에게 즐거움을 주고, 재능을 나눌 수 있다.

미래의 경제생활 상상 일기 쓰기

1단계

과거와 현재의 경제생활 변화 생각하기

> **예** • 과거에는 한 학급에 학생이 56명이 있었고, 오늘날에는 한 학급에 학생이 23명이 있습니다.
> • 과거에는 친구들의 주소를 수첩에 적었고, 오늘날에는 친구들과 누리 소통망 서비스(SNS)를 통해 연락하기로 약속했습니다.
> • 과거에는 졸업 선물로 영어 사전을 받았고, 오늘날에는 졸업 선물로 영어 단어 검색이 편리한 최신 휴대 전화를 받았습니다.

2단계

경제 자료 찾아보기

활용한 경제 자료	**예** IT 관련 회사들이 홀로그램 기술을 일상적인 생활에서 폭넓게 활용할 수 있도록 개발하고 있다.	**예** 정부가 드론의 비행 거리를 최대 20km까지 늘리기 위한 드론 통신 기술을 개발하기로 했다.	**예** 자율 주행 기술의 발전 속도가 매우 빨라 2030년에는 완전 자율 주행 기술을 탑재한 자동차가 나올 전망이다.
예상되는 미래의 경제생활	**예** 먼 곳에서 열리는 회의에 직접 이동하지 않아도 홀로그램 기술을 이용해 참석할 수 있을 것이다.	**예** 드론의 성능이 크게 향상하여 드론을 활용해 택배 배달, 방역, 해양 감시 등이 가능할 것이다.	**예** 자동차의 운전대가 사라지고 사람이 자동차를 운전하지 않아도 목적지까지 안전하게 이동할 것이다.

3단계

미래의 경제생활 상상 일기 쓰기

예

> OOOO년 O월 O일 O요일
>
> 오늘은 오랜만에 학교에 갔다. 평소 홀로그램 기술을 통해 집에서 수업을 들어 학교에 갈 일이 없지만, 오늘은 졸업식이 있는 날이기 때문이다. 자율 주행 자동차를 타고 가서 부모님과 마주 보고 이야기하며 갔다. 졸업식이 끝나는 시간에 맞게 드론이 음식을 배달해 부모님과 함께 맛있게 점심을 먹었다.

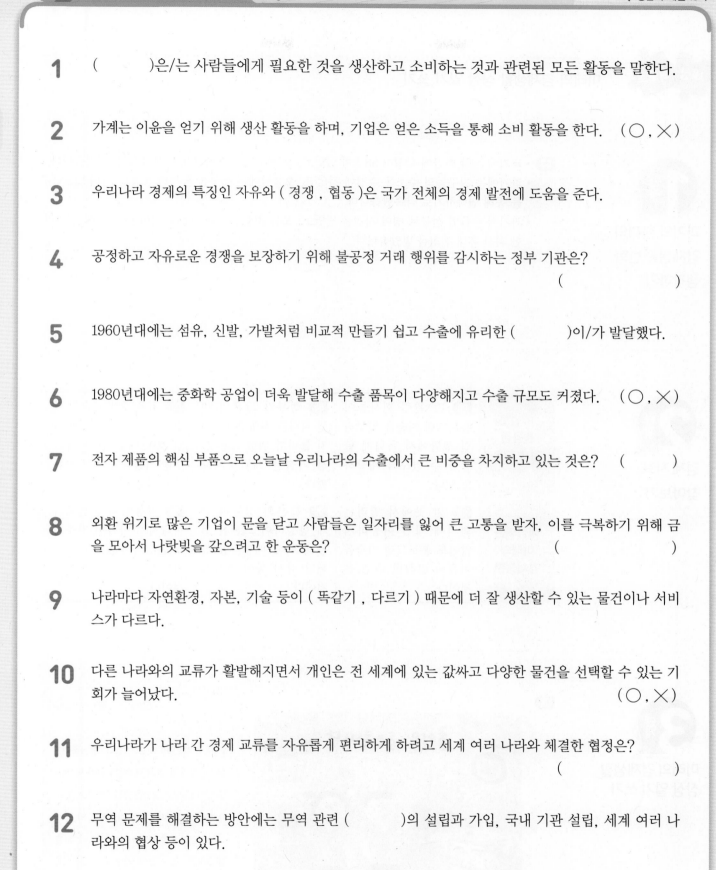

1 (   )은/는 사람들에게 필요한 것을 생산하고 소비하는 것과 관련된 모든 활동을 말한다.

2 가계는 이윤을 얻기 위해 생산 활동을 하며, 기업은 얻은 소득을 통해 소비 활동을 한다. (○ , ✕)

3 우리나라 경제의 특징인 자유와 (경쟁 , 협동)은 국가 전체의 경제 발전에 도움을 준다.

4 공정하고 자유로운 경쟁을 보장하기 위해 불공정 거래 행위를 감시하는 정부 기관은?
(　　　　　　)

5 1960년대에는 섬유, 신발, 가발처럼 비교적 만들기 쉽고 수출에 유리한 (   )이/가 발달했다.

6 1980년대에는 중화학 공업이 더욱 발달해 수출 품목이 다양해지고 수출 규모도 커졌다. (○ , ✕)

7 전자 제품의 핵심 부품으로 오늘날 우리나라의 수출에서 큰 비중을 차지하고 있는 것은? (　　　)

8 외환 위기로 많은 기업이 문을 닫고 사람들은 일자리를 잃어 큰 고통을 받자, 이를 극복하기 위해 금을 모아서 나랏빚을 갚으려고 한 운동은? (　　　　　)

9 나라마다 자연환경, 자본, 기술 등이 (똑같기 , 다르기) 때문에 더 잘 생산할 수 있는 물건이나 서비스가 다르다.

10 다른 나라와의 교류가 활발해지면서 개인은 전 세계에 있는 값싸고 다양한 물건을 선택할 수 있는 기회가 늘어났다. (○ , ✕)

11 우리나라가 나라 간 경제 교류를 자유롭게 편리하게 하려고 세계 여러 나라와 체결한 협정은?
(　　　　　　)

12 무역 문제를 해결하는 방안에는 무역 관련 (   )의 설립과 가입, 국내 기관 설립, 세계 여러 나라와의 협상 등이 있다.

2
단원

1 다음 중 경제활동에 포함되지 <u>않는</u> 것은 어느 것입니까? (　　　)

① 배달원이 물건을 배달하는 모습
② 학생이 학교에서 공부하는 모습
③ 공장에서 전자 기기를 생산하는 모습
④ 마트에서 점원이 물건을 판매하는 모습
⑤ 소비자가 과일 가게에서 과일을 구매하는 모습

중요
2 ㉠과 ㉡에 들어갈 알맞은 용어를 쓰시오.

> 경제활동은 　㉠　 과/와 　㉡　 을/를 모두 포함하는 활동을 의미한다. 　㉠　 의 예시로는 먹고 싶은 음식을 주문하는 사례가 있고, 　㉡　 의 예시로는 새로운 직원을 뽑는 데 면접 위원으로 참여하는 사례가 있다.

㉠ _____

㉡ _____

3 빈칸에 공통적으로 들어갈 용어를 쓰시오.

> • 가계는 기업의 생산 활동에 참여한 대가로 ☐☐을/를 얻는다.
> • 가계는 ☐☐(으)로 필요한 물건을 구매한다.

_____

4 빈칸에 공통적으로 들어갈 용어를 쓰시오.

> • 가계가 ☐☐☐☐을/를 하려면 가격, 품질, 디자인 등 여러 가지를 고려해야 한다.
> • 가계의 ☐☐☐☐에서 가장 중요한 일은 만족감을 높이는 일이다.

[5-6] 다음 자료를 읽고 물음에 답하시오.

> **지민이의 직장 소개**
> 내가 속한 ㉠ 기업의 공장에서는 여러 종류의 장난감을 생산한다. 또한 우리 기업은 장난감을 만들면서 동시에 망가진 장난감을 수리해 주는 서비스도 제공하고 있다. 현재 새로운 장난감을 생산하고 헌 장난감을 수리하는 서비스를 제공하여 얻게 되는 순수한 이익인 　㉡　 을/를 증대하기 위해 노력하고 있다.

5 밑줄 친 '㉠ 기업'이 하는 일로 적절하지 <u>않은</u> 것은 어느 것입니까? (　　　)

① 지역 사회에 일자리를 제공한다.
② 면접을 통해 신입 사원을 선발한다.
③ 신제품 반응이 좋을 경우 생산량을 늘린다.
④ 구성원이 협의하여 신제품 생산 전략을 계획한다.
⑤ 생산 활동에 참여한 대가로 필요한 물건을 구매한다.

6 ㉡에 들어갈 알맞은 용어를 쓰시오.

_____

7 보기 에서 '시장'과 관련된 설명으로 옳지 <u>않은</u> 것을 고른 후, 바르게 고쳐 쓰시오.

> **보기**
> ㉠ 가계와 기업은 다양한 형태의 시장에서 만난다.
> ㉡ 오늘날에는 인터넷을 활용한 시장이 만들어지기도 한다.
> ㉢ 시장의 종류에는 각 나라의 돈을 사고파는 주식 시장이 있다.
> ㉣ 시장에서 눈에 보이는 물건뿐만 아니라 눈에 보이지 않는 물건을 거래하기도 한다.

8 다음 소비 생활의 사례 중에서 성격이 나머지와 <u>다른</u> 사람은 누구입니까? (　　　)

① 민진: 재생 소재로 만든 옷을 구매했어.
② 규리: 로컬 푸드로 만든 음식을 주문했어.
③ 수종: 공정 무역을 통해 생산한 커피를 구매했어.
④ 진수: 환경에 피해를 끼치지 않는 세제를 구매했어.
⑤ 서진: 저렴한 가격이 마음에 들어서 신발을 구매했어.

9 밑줄 친 '이 계획'을 쓰시오.

> • 1962년부터 정부는 경제 성장을 위해 <u>이 계획</u>을 추진했다.
> • 이 계획은 1996년까지 5년 단위로 추진된 국가의 정책이다.

_____

중요
10 1960년대 우리나라의 경제 상황을 설명한 내용으로 옳지 <u>않은</u> 것은 어느 것입니까? (　　　)

① 경제 개발 5개년 계획을 세웠다.
② 정부의 지원을 받아 철강 산업이 발달했다.
③ 사람들이 도시로 몰려들어 노동력이 풍부했다.
④ 섬유, 신발, 가발 등 가벼운 제품을 만드는 경공업이 발달했다.
⑤ 정부는 제품 생산을 돕기 위해 정유 시설과 발전소를 건설했다.

11 1970년대 우리나라의 경제 상황을 설명한 내용으로 옳지 <u>않은</u> 것은 어느 것입니까? (　　　)

① 1977년에 수출 10억 달러를 돌파했다.
② 세계 시장에 진출하는 수출 품목도 다양해졌다.
③ 석유 화학, 자동차, 조선 등의 중화학 공업이 발달했다.
④ 정부는 기술력을 갖추고자 교육 시설과 연구소 등을 만들었다.
⑤ 우리나라의 산업 구조는 농업 중심 경제에서 공업 중심 경제로 변해 갔다.

12 다음 자료 속 인물들이 외화를 벌기 위해 파견된 나라를 쓰시오.

_____

13 1980년대 우리나라의 경제 상황을 설명한 내용으로 옳지 <u>않은</u> 것은 어느 것입니까? (　　　)

① 정부의 집중 지원을 받으며 대기업이 성장했다.
② 중화학 공업이 더욱 발달하여 수출 품목이 다양해졌다.
③ 선박, 텔레비전, 정밀 기계 등이 주요 수출품으로 자리 잡았다.
④ FIFA 한일 월드컵을 개최하여 세계 속 우리나라의 위상이 높아졌다.
⑤ 서울 올림픽 대회가 열리며 우리나라를 찾는 외국인들이 늘어났다.

14 다음은 1970년대부터 2000년대까지의 우리나라 경제 성장에 대한 설명이다. 시대 순서에 알맞게 기호를 쓰시오.

> ㉠ 사람들에게 편리함이나 즐거움을 제공하는 서비스 산업이 성장하기 시작했다.
> ㉡ 수출액 규모가 처음으로 100억 달러를 돌파했다.
> ㉢ 정부의 지원 아래 일부 기업이 대기업으로 성장했다.
> ㉣ 인터넷 관련 기업이 생겨났고, 정보 통신 기술이 발달했다.

_____

15 다음의 문제 상황을 해결하기 위해 어떤 변화가 이루어졌는지 쓰시오.

> 경제 성장으로 도시에 많은 사람이 모여들면서 주택 부족 현상이 심해졌다.

_____

_____

16 경제 성장 과정에서 도시와 농촌에서 생긴 문제를 구분하여 선으로 이으시오.

(1) [도시] •   • ㉠ [노동력 부족 문제]

(2) [농촌] •   • ㉡ [주차 공간 문제]

17 다른 나라와의 경제 교류에 대한 설명으로 옳지 **않은** 것은 어느 것입니까? (   )

① 나라와 나라 간에 물건과 서비스를 사고파는 것을 무역이라고 한다.
② 세계 여러 나라와의 경제 교류는 우리 생활에 많은 변화를 가져왔다.
③ 우리나라는 필요한 것을 얻으려고 세계 여러 나라와 경제 교류를 한다.
④ 다른 나라와의 교류가 활발해지면서 개인이 물건을 선택할 수 있는 기회는 줄어들었다.
⑤ 다른 나라에 물건을 파는 것을 수출, 다른 나라에서 물건을 사 오는 것을 수입이라고 한다.

18 다음과 같은 일을 담당하는 국제기구를 쓰시오.

> 다른 나라와 경제 교류에 관한 문제가 생겼을 때 옳고 그름을 판단하고 심판한다.

_____

19 빈칸에 들어갈 알맞은 말을 쓰시오.

> 세계 시장에서 우리나라와 다른 나라는 서로 도움을 주고받으며 교류하는 동시에 서로 더 많이 수출하기 위해서 기술, 가격 등에서 ☐☐을/를 한다.

_____

20 각 나라가 자기 나라의 경제를 보호하는 까닭으로 옳지 **않은** 것은 어느 것입니까? (   )

① 국민의 실업 방지
② 국가의 안정적 성장
③ 경쟁력 낮은 산업 보호
④ 나라 간 교류 관계 유지
⑤ 불공정 무역에 대한 대응

[1-3] 다음 자료를 보고 물음에 답하시오.

〈윤재의 특별한 탐방기〉

오늘은 일주일 전부터 손꼽아 기대한 날이었다. 아버지께서 자동차 부품을 만드는 기업에서 일하시는데, 회사에서 직원 가족을 대상으로 기업 탐방을 할 수 있게 해 주었다. 탐방을 통해 기업은 물건을 생산, 판매하여 얻게 되는 순수한 이익인 ⟨ ㉠ ⟩을/를 얻고, 우리가 속한 가계는 기업의 생산 활동에 참여한 대가로 ⟨ ㉡ ⟩을/를 얻는다는 것을 알게 되었다. 또한 기업은 ㉢ 면접을 통해 생산량을 늘리기 위해 직원을 뽑는 것과 기업에서 생산한 물건이 ㉣ 시장으로 이동한다는 사실도 알 수 있었다.

1 ㉠과 ㉡에 들어갈 알맞은 용어를 쓰시오.

㉠ _____

㉡ _____

2 ㉢과 관련하여 기업의 기능을 한 가지 쓰시오.

_____

3 밑줄 친 '㉣ 시장'에서 가계와 기업의 관계를 생각하며 각각의 역할을 쓰시오.

가계: _____

기업: _____

[4-6] 다음 자료 및 대화 상황을 보고 물음에 답하시오.

㉠   ㉡

▲ 제1차 경제 개발 5개년 계획   ▲ 포항 제철소 준공 기념우표
  기념우표

철민: 우표 박물관에 정말 신기한 우표들이 많다.
민지: 여기 제1차 경제 개발 5개년 계획 기념 우표가 발행된 시기에는 경공업이 발달했다고 들었어.
준식: 저기에는 포항 제철소 준공을 기념하는 우표도 있어. 해당 시기에는 우리나라가 자동차, 배 등을 직접 만들어 수출했다고 들었어.

4 ㉠ 우표가 발행된 시기에 경공업이 발달한 이유를 쓰시오.

_____

_____

5 ㉡ 우표가 발행된 시기에 발달하기 시작한 공업의 종류를 알맞은 용어로 쓰시오.

_____

6 ㉡ 우표가 발행된 시기의 정부 수출 정책에 따라 산업 구조에 어떤 변화가 있었는지 쓰시오.

_____

_____

6-1

초등 사회
평가 문제집

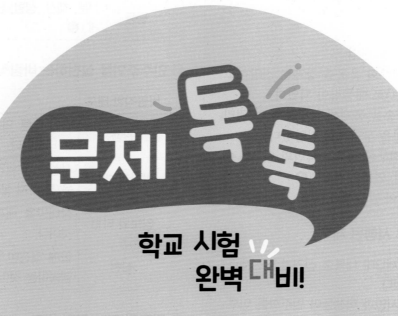

문제 톡 톡

학교 시험
완벽 대비!

1. 우리나라의 정치 발전
2. 우리나라의 경제 발전

금성출판사

(1) 민주주의의 발전과 시민 참여

❶ 4·19 혁명

(1) 4·19 혁명: 이승만 정부의 3·15 부정 선거 등 부정부패에 저항해 민주화 운동이 일어났다.

(2) 4·19 혁명의 결과: 이승만 정부가 물러나고, 재선거가 실시되어 새로운 정부가 세워졌다.

(3) 4·19 혁명의 의의
  ① 자유와 (❶   )의 중요성을 일깨웠다.
  ② 학생과 시민의 힘으로 독재 정권을 무너뜨렸다.

❷ 5·18 민주화 운동

(1) 5·18 민주화 운동의 원인: 박정희 대통령의 죽음 이후 (❷   ) 체제가 붕괴되고 전두환을 비롯한 신군부 세력이 독재 정치를 계속했다.

(2) 5·18 민주화 운동 전개
  ① 1980년 5월 광주에서 민주화 시위가 일어났다.
  ② 전두환은 광주에 계엄군을 보내 시위를 진압했다.
  ③ 분노한 시민들이 시민군을 만들어 대항했다.

❸ 6월 민주 항쟁

(1) 전두환 정부의 민주주의 탄압
  ① 전두환은 5·18 민주화 운동을 강제로 진압하고 (❸   )(으)로 대통령이 되었다.
  ② 정부는 신문과 방송을 통제해 국민들의 알 권리를 막았으며, 국민을 무력으로 진압했다.

(2) 6·29 민주화 선언: 전두환 정부는 국민의 요구를 수용하여 대통령 직선제, 언론의 자유, (❹   ) 시행 등의 내용을 담아 발표했다.

❹ 6월 민주 항쟁 이후 시행된 제도

대통령 직선제	• 1987년 제13대 대통령 선거가 직선제로 시행되었다. • 수많은 시민과 학생들이 민주화를 이루고자 노력한 결과이다.
지방 자치제	• 지역의 주민이 직접 선출한 지방 의회 의원과 지방 자치 단체장이 지역의 일을 처리하는 제도이다. • 주민들은 지역 문제를 해결하기 위해 의견을 제시하고, 지역 대표들은 주민들의 의견을 수렴해 문제를 민주적으로 해결한다.

(2) 일상생활과 민주주의

❶ 정치

(1) 정치의 뜻: 여러 사람들 사이에서 생기는 다양한 문제들을 원만하게 해결해 가는 과정이다.

(2) 정치의 사례: 가족회의, 학급 규칙 정하는 회의, 주민 회의, 시민 공청회 등 일상생활과 밀접하다.

❷ 민주주의의 의미와 중요성

(1) 민주주의의 뜻: 모든 국민이 나라의 주인으로서 권리를 가지고, 그것을 자유롭고 평등하게 누리는 정치 제도이다.

(2) 민주주의의 기본 정신

인간의 존엄성	모든 사람이 태어날 때부터 인간으로서 존엄과 가치를 존중받아야 한다.
자유	국가나 다른 사람에게 구속받지 않고 자신의 의사를 스스로 결정할 수 있고, 다른 사람의 자유를 침해해서도 안 된다.
평등	신분, 재산, 성별, 인종 등에 따라 부당하게 (❺)받지 않아야 한다.

❸ 민주주의를 실천하는 바람직한 태도

바람직한 태도	의미
관용	나와 다른 의견을 인정하고 포용하는 태도이다.
비판적 태도	사실이나 의견의 (❻)을/를 따져 살펴보는 태도이다.
양보와 타협	상대방을 배려하고 서로 협의하는 것이다.
실천	함께 결정한 일을 따르거나 실제로 행동하는 것이다.

❹ 민주적 의사 결정 원리

(1) 대화와 토론: 상대방의 입장을 이해할 수 있다.

(2) 양보와 타협: 모두가 만족할 만한 해결책을 찾을 수 있다.

(3) 다수결의 원칙: 다수의 의견이 (❼   )보다 합리적일 것이라고 판단해 다수의 의견을 선택하는 방법이다. 다수의 의견이 항상 옳은 것은 아니기 때문에 소수의 의견도 존중해야 한다.

(3) 민주 정치의 원리와 국가 기관의 역할

❶ 국민 주권

(1) 국민 주권의 뜻: 국민이 한 나라의 주인으로서 나라의 중요한 일을 스스로 결정하는 권리이다.

(2) 대한민국 헌법: 주권이 국민에게 있다는 것을 분명히 밝히고 있으며, 이를 실현하기 위해 국민의 자유와 권리를 (❽   )(으)로 보호한다.

(3) 국민 주권을 지키기 위해 우리가 할 수 있는 일
  ① 정치에 적극적으로 관심을 가지고 참여해야 한다.
  ② 국민으로서 (❾   )을/를 다해야 한다.

❷ 국회가 하는 일

법에 관한 일	• 법을 만들고, 법을 고치거나 없애기도 한다. • 법은 민주주의 국가에서 일어나는 문제를 해결할 때 판단의 기준이 된다. • 법을 만드는 일은 국회에서 하는 가장 중요한 일 중 하나이다.
나라 살림에 관한 일	• 정부에서 계획한 예산안을 심의하고 확정한다. • 이미 사용된 예산에 대해 계획대로 잘 사용했는지 검토한다.
국정에 관한 일	• 정부가 법에 따라 국가의 일을 잘했는지 국민을 대표해 확인한다. • (❿)을/를 통해 공무원에게 국가의 여러 일에 대해 궁금한 점을 묻거나 잘못된 일은 바로잡도록 요구한다.

❸ 정부가 하는 일

(1) 정부: 법에 따라 나라의 살림을 맡아 하는 곳이다.

(2) 정부의 구성: 대통령을 중심으로 국무총리와 여러 개의 부, 처, 청 그리고 위원회가 있다.

(3) 정부가 하는 일
  ① (⓫   )은/는 정부의 최고 책임자로 나라의 중요한 일을 결정하며, 외국에 대해 우리나라를 대표한다.
  ② 국무총리는 대통령을 도와 행정 각부를 관리한다.
  ③ 장관과 차관, 많은 공무원이 행정 각부의 일을 맡아 진행한다.

❹ 법원이 하는 일

(1) 법원이 하는 일
  ① 사람들 사이의 다툼을 해결해 준다.
  ② 법을 지키지 않은 사람을 처벌한다.
  ③ 개인과 국가, 지방 자치 단체 사이에서 생긴 갈등을 해결한다.

(2) 공정한 재판을 위한 제도

법원의 독립	법원은 외부의 영향이나 간섭을 받지 않아야 하고, 법관은 헌법과 법률에 따라 공정한 판결을 내려야 한다.
재판 공개	특정한 경우를 제외한 모든 재판의 과정과 결과를 공개해야 한다.
삼심 제도	공정한 재판을 위해 한 사건에 원칙적으로 급이 다른 법원에서 (⓬) 까지 재판을 받을 수 있다.

(3) 헌법 재판소가 하는 일
  ① 법률이 헌법에 어긋나지 않는지 또는 국가 기관이 국민의 기본권을 침해했는지 판단한다.
  ② 대통령이나 국무총리와 같이 지위가 높은 공무원이 큰 잘못을 저질러 국회에서 파면을 요구하면 이를 심판한다.

❺ 국가의 일을 나누어 맡아야 하는 까닭

(1) 권력 분립: 국가 기관이 권력을 나누어 가지고 서로 견제하는 민주 정치의 원리이다.

(2) 우리나라의 삼권 분립
  ① 국회(입법부): 국가를 다스리는 법을 만든다.
  ② 정부(행정부): 법에 따라 국가 살림을 한다.
  ③ 법원(사법부): 법에 따라 재판을 한다.

❻ 민주 정치의 원리가 적용된 사례

예시: 미세 먼지 알림이 신호등이 생긴 과정
① 사람들이 국가가 미세 먼지 문제를 해결하는 데 노력할 것을 요구함. ② 정부는 미세 먼지 대책 보완 방안을 마련하기 위한 공청회를 개최함. ③ 국회는 미세 먼지를 줄이고 지속적으로 관리하는 법률안을 통과시킴. ④ 국회에서 통과한 법에 따라 정부의 여러 기관이 관련 정책을 시행함.

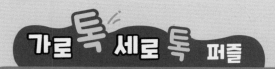

정답과 해설 18쪽

가로 문제와 세로 문제를 읽고, 퍼즐을 풀어 보시오.

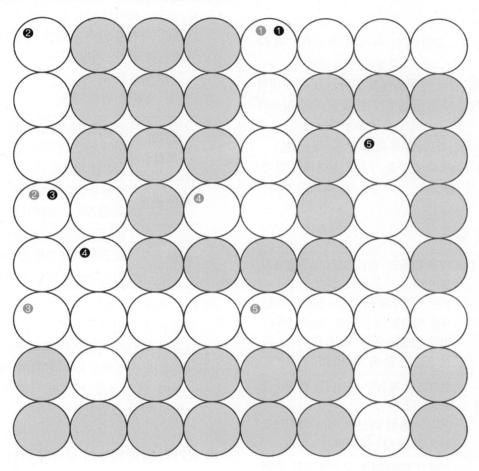

가로 문제

❶ 다른 지역 주민끼리 서로 경쟁의식을 갖고 심한 경우에 서로 다투는 일. 6월 민주 항쟁 이후 이것을 없애기 위해 노력했다.

❷ 우리가 사는 사회에서 일어나는 크고 작은 다툼은 □□에서 법에 따라 재판을 함으로써 해결할 수 있다.

❸ 국회는 정부가 법에 따라 나랏일을 잘 처리하는지 확인하기 위해 □□ □□을/를 한다.

❹ □□은/는 사람들이 함께 살아가다 보면 발생할 수 있는 여러 가지 공동의 문제를 원만하게 해결해 가는 과정이다.

❺ □□ □□은/는 국민을 대표하여 국회에서 일을 하는 사람들이므로, 어느 후보자가 국민을 위해 책임 있게 일할 수 있는지 잘 판단해야 한다.

세로 문제

❶ 6월 민주 항쟁 이후, □□ □□이/가 다시 시행되었다. □□ □□이/가 뿌리내리면서 지역 주민들은 민주적 절차에 따라 지역을 발전시켜 나갈 수 있게 되었다.

❷ 박정희 대통령이 대통령 횟수 제한 삭제, 독재 정치 강화를 위해 개헌한 헌법. '낡은 제도를 새롭게 고친다.'라는 뜻을 가지고 있다.

❸ 법관은 개인적인 의견이 아니라 헌법과 □□에 따라 공정한 판결을 내려야 한다.

❹ 정부는 나라 살림을 운영하는 기관으로, □□□이다. 그 밖에 국회는 입법부, 법원은 사법부이다.

❺ 민주 사회에서 의견이 하나로 모아지지 않을 때, 다수가 선택한 것이 나을 것이라고 가정하여 의사 결정을 하는 방법이다.

정답과 해설 **18쪽**

단원명	우리나라의 정치 발전

평가 목표	4·19 혁명의 역사적 배경과 흐름 알기

평가 문항

[1-3] 다음 자료를 보고 물음에 답하시오.

▲ 각계각층의 시민이 전 국적으로 시위에 참여

▲ 3·15 부정 선거를 비판 하는 마산 시위

▲ 3·15 부정 선거를 위해 뇌물로 제공된 물건들

▲ 하와이로 망명하는 이 승만

1 위의 자료를 보고 알 수 있는 역사적 사건은 무엇인지 쓰시오

_____

2 위의 자료에 나타난 사실이 전개된 과정을 순서대로 기호를 쓰시오.

(→   →   →   )

_____

3 ⓒ 외에 3·15 부정 선거 당시 이루어진 방법을 <u>두 가지</u> 쓰시오.

_____

_____

4 위 역사적 사건의 의의는 무엇인지 쓰시오.

_____

_____

[1-2] 다음 글을 읽고 물음에 답하시오.

이승만 정부는 1960년 3월 15일 예정된 정부통령 선거에서 부정 선거를 저질렀다. 조작된 투표용지를 넣어 투표함을 바꿔치기하거나, 유권자들에게 돈이나 물건 등 뇌물을 주고 이승만 정부에 투표하도록 했다.

1 위 사건을 무엇이라고 하는지 쓰시오.

_____

중요
2 이승만 정부가 위와 같은 사건을 계획한 까닭으로 알맞은 것은 어느 것입니까? ( )

① 민주주의를 실현하기 위해
② 대통령 직선제를 실시하기 위해
③ 선거에서 승리하여 정권을 유지하기 위해
④ 모든 국민이 투표에 참여하게 만들기 위해
⑤ 6·25 전쟁으로 인한 피해를 복구하기 위해

서술형
3 4·19 혁명이 지니는 의의를 쓰시오.

_____

_____

4 밑줄 친 '이 사람'은 누구입니까? ( )

4·19 혁명으로 새로운 정부가 들어섰지만, 1961년 이 사람은 사회 혼란을 명분으로 5·16 군사 정변을 일으켜 새로운 독재 정치를 시작했다.

① 이승만   ② 윤보선
③ 박정희   ④ 전두환
⑤ 노태우

5 유신 헌법의 내용으로 알맞지 않은 것은 어느 것입니까? ( )

① 언론과 출판의 자유를 제한했다.
② 박정희 정부가 새로 개정한 헌법이다.
③ 대통령을 세 번까지 할 수 있도록 했다.
④ 민주주의 정신을 훼손하고, 독재 정치를 강화했다.
⑤ 대통령 선거 방식을 직선제에서 간선제로 바꾸었다.

6 ㉠과 ㉡에 알맞은 말을 쓰시오.

1980년 전라남도 광주에서 민주화를 요구하는 시민들의 대규모 시위가 일어났다. 신군부 세력은 이들을 진압할 ㉠ 을/를 광주로 보냈고, 폭력적으로 시민들을 진압했다. 이에 분노한 시민들은 ㉡ 을/를 만들어 대항했다.

㉠ _____

㉡ _____

7 5·18 민주화 운동 당시 국민들이 광주에서 일어난 일을 제대로 알 수 없었던 이유로 알맞은 것을 두 가지 고르시오. (,)

① 일반인들의 광주 출입을 막았기 때문에
② 광주 시민들이 알리기를 원하지 않았기 때문에
③ 다른 지역에서도 시위가 너무 많이 일어났기 때문에
④ 당시에는 지역 간에 소식을 전하지 않고 살았기 때문에
⑤ 전두환 정부가 신문이나 방송을 통제하고 있었기 때문에

8 6월 민주 항쟁 과정에서 있었던 일로 알맞지 <u>않은</u> 것은 어느 것입니까? (   )

① 대학생 박종철이 경찰의 고문을 받다가 사망했다.

② 대학생 이한열이 경찰이 쏜 최루탄에 맞아 사망했다.

③ 노태우 당시 여당 대표가 6·29 민주화 선언을 발표했다.

④ 시민들은 대통령 간선제를 요구하며 전국적으로 시위를 일으켰다.

⑤ 전두환 정부는 시위가 시작되자, 국민들의 요구를 받아들이지 않겠다고 발표했다.

중요
9 6·29 민주화 선언 중 다음과 관련 있는 것은 어느 것입니까? (   )

> **시민 1:** "이제 드디어 내 손으로 대통령을 뽑을 수 있게 되었구나."
> **시민 2:** "꼭 민주주의를 지켜 줄 대통령을 뽑아야겠어."

① 지방 자치제   ② 지역 감정 제거

③ 언론의 자유   ④ 정당 활동의 자유

⑤ 대통령 직선제

10 빈칸에 들어갈 알맞은 제도를 쓰시오.

> 1991년에 지방 의회가 구성되었고, 1995년에 지방 의회 선거와 함께 지방 자치 단체장 선거라 치러지면서 [   ]이/가 완전하게 자리 잡게 되었다.

[11-12] 다음 글을 읽고 물음에 답하시오.

> 모든 국민이 국가의 주인으로서 권리를 가지고 있으며, 그 권리를 자유롭고 평등하게 행사하는 정치 제도를 말한다.

11 윗글에서 설명하는 제도는 무엇인지 쓰시오.

_____

서술형
12 위의 제도를 시행하기 위해 필요한 기본 정신 중 하나를 골라 그 뜻을 포함해 쓰시오.

_____

_____

13 민주주의를 실천하는 태도와 그 설명을 바르게 선으로 연결하시오.

(1) 타협 •

(2) 관용 •

(3) 비판적 태도 •

• ㉠ 서로 다른 의견의 상대방과 협의하는 것

• ㉡ 상대방 의견의 옳고 그름을 따져 보는 것

• ㉢ 나와 다른 의견을 포용하고 인정하는 것

[14-15] 다음 대화를 읽고 물음에 답하시오.

규현: 학교 승강기를 모두가 사용하면 안 될까?
나영: 학교 승강기 안을 보면 장애인용이라고 표시되어 있어.
다빈: 학교 시설을 다 함께 이용한다는 측면은 좋은 것 같아.
선우: 모두가 사용하다 보면 꼭 필요할 때 쓰지 못하는 일이 생길 수도 있지 않을까?
지아: 몸이 불편한 학생들이 먼저 사용한다는 규칙을 만들면 어떨까?

14 위의 대화에서 선우가 지니고 있는 민주주의 태도는 어느 것입니까?   (   )

① 타협
② 양보
③ 관용
④ 비판적 태도
⑤ 수용

서술형

15 위의 대화처럼 대화와 토론을 바탕으로 문제를 해결해야 하는 까닭을 쓰시오.

_____

_____

16 (   ) 안에서 알맞은 말을 골라 ○표 하시오.

다수결의 원칙이란, ㉠ ((다수, 소수)가 선택한 의견이 더 나을 것으로 가정하고 ㉡ ((다수, 소수)의 의견을 채택하는 방법이다. 다수결의 원칙에 따르면 쉽고 빠르게 문제를 해결할 수 있지만, ㉢ (다수,(소수)의 의견도 존중해야 한다.

17 다음에서 설명하는 것은 무엇인지 쓰시오.

• 국민이 나라의 주인이 되어 나라의 중요한 일을 스스로 결정하는 권리이다.
• 헌법 제1조 제2항: 대한민국의 주권은 국민에게 있고, 모든 권력은 국민으로부터 나온다.

_____

중요

18 다음에서 설명하는 것은 어느 것입니까?
(   )

• 민주주의 국가에서 발생하는 문제를 해결하는 기준이다.
• 국회에서 하는 가장 중요한 일로 이것을 만들거나 없애고, 고칠 수 있다.

① 법
② 양심
③ 재산
④ 신분
⑤ 종교

19 국회에서 하는 일에 대한 설명으로 알맞지 않은 것은 어느 것입니까?   (   )

① 국민을 위한 법을 만들거나 고친다.
② 정부에서 계획한 예산안을 살펴본다.
③ 정부가 법에 따라 나랏일을 잘하고 있는지 확인한다.
④ 정부의 공무원을 국회로 불러 잘못된 점을 바로잡는다.
⑤ 법원의 독립 재판을 보장하기 위해 법원의 일에 관여하지 않는다.

20 다음과 같은 정부의 기관을 무엇이라고 하는지 쓰시오.

> • 정부의 주요 정책을 심의하는 최고의 심의 기관이다.
> • 대통령과 국무총리, 행정 각부의 장관들이 참석한다.

_____

중요
21 정부에 대한 설명으로 알맞은 것은 어느 것입니까? ( )

① 외국에 대해 우리나라를 대표하는 대통령이 있다.
② 나라 살림에 필요한 예산안을 심의하고 확정한다.
③ 대통령과 국회 의원이 모여 중요한 일을 논의한다.
④ 나라의 중요한 의사 결정을 단독으로 내릴 수 있다.
⑤ 우리나라 대통령은 4년마다 한 번씩 직접 선출한다.

22 정부의 각부에서 하는 일로 알맞지 <u>않은</u> 것은 어느 것입니까? ( )

① 보건 복지부: 국민의 건강을 책임진다.
② 국토 교통부: 국토를 개발하는 일을 담당한다.
③ 교육부: 국민의 교육에 관한 일을 책임진다.
④ 외교부: 우리나라의 문화유산을 보호하고 관리한다.
⑤ 국방부: 국민들이 안전하게 생활할 수 있도록 나라를 지킨다.

23 법원에 대한 설명으로 알맞은 것은 어느 것입니까? ( )

① 법에 따라 재판을 한다.
② 국가를 다스리는 법을 제정한다.
③ 나라 살림에 필요한 예산안을 확정한다.
④ 국민을 대표하여 중요한 의사 결정을 한다.
⑤ 개인 간의 사사로운 다툼은 관여하지 않는다.

✨서술형
24 다음과 같은 제도를 실행하는 이유를 쓰시오.

> 우리나라에서는 원칙적으로 한 사건에 대해 급이 다른 법원에서 세 번까지 재판을 받을 수 있다.

_____

_____

25 다음과 같이 국가 기관이 권력을 나누어 가지고 서로 감시하는 민주 정치의 원리를 무엇이라고 하는지 쓰시오.

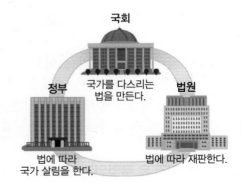

국회 — 국가를 다스리는 법을 만든다.
정부 — 법에 따라 국가 살림을 한다.
법원 — 법에 따라 재판한다.

_____

1 다음 사건이 일어난 지역은 어디입니까?
(   )

> • 시민들은 부정한 방법으로 선출된 이승만 정부의 잘못을 바로잡기 위해 시위에 참여했다.
> • 이 시위에 참여한 김주열 학생의 시신이 바다에서 발견되자, 분노한 시민들의 시위는 더욱 확산되었다.

① 서울   ② 광주
③ 부산   ④ 마산
⑤ 대구

중요
2 4 · 19 혁명이 우리에게 남긴 교훈으로 알맞은 것은 어느 것입니까? (   )

① 한 번 달성한 민주주의는 훼손되지 않는다.
② 폭력 없이는 민주주의를 이루어 낼 수 없다.
③ 대통령은 그 어떤 경우에도 권력을 유지한다.
④ 시민들의 힘만으로는 민주주의를 지킬 수 없다.
⑤ 민주적 절차를 무시한 정부는 국민 스스로 바로잡아야 한다.

[3-4] 다음 글을 읽고 물음에 답하시오.

> 4 · 19 혁명으로 새로운 정부가 들어섰지만, 1961년 박정희 등 군인들은 사회 혼란을 명분으로 5월 16일, 이것을 일으켰다. 이것을 통해 권력을 잡은 박정희는 여러 가지 방법으로 독재 체제를 만들어 나갔다.

3 밑줄 친 '이것'은 무엇인지 쓰시오.

_____

4 박정희 정부가 독재 체제를 유지하기 위해 사용한 방법으로 알맞은 것은 어느 것입니까?(   )

① 법원을 없앴다.
② 부정 선거를 계획했다.
③ 대통령 직선제를 실시했다.
④ 언론과 출판의 자유를 보장했다.
⑤ 대통령을 할 수 있는 횟수 제한을 없앴다.

서술형
5 박정희 정부가 발표한 유신 헌법의 성격을 쓰시오.

_____

_____

[6-7] 다음 글을 읽고 물음에 답하시오.

> 박정희 대통령이 암살당하면서 사람들은 민주주의가 회복될 것이라고 기대했지만, 전두환을 중심으로 한 □□□ 세력의 등장으로 독재 정치는 계속되었다.

6 빈칸에 알맞은 말을 쓰시오.

_____

7 위의 세력이 독재 체제를 유지하기 위해 한 일로 알맞은 것은 어느 것입니까? (   )

① 유신 헌법을 없앴다.
② 대통령 직선제를 실시했다.
③ 계엄령을 전국으로 확대했다.
④ 시위에 참여한 학생을 도와주었다.
⑤ 대통령을 할 수 있는 횟수 제한을 만들었다.

8 5·18 민주화 운동 당시, 시민들이 했던 노력으로 알맞지 <u>않은</u> 것은 어느 것입니까? (   )

① 시민군을 만들어 계엄군에 맞섰다.
② 봉쇄로 혼란해진 도시를 스스로 정비했다.
③ 민주주의를 끝까지 포기하지 않고 주장했다.
④ 부상당한 시민들을 다른 지역으로 이동시켰다.
⑤ 계엄군의 만행을 다른 지역에 알리기 위해 노력했다.

[9-10] 다음 글을 읽고 물음에 답하시오.

전두환은 5·18 민주화 운동을 강제로 진압한 후 간선제로 대통령이 되었다. 1987년 6월, 전국의 학생과 시민들은 전두환 정부의 독재 체제를 비판하고 대통령 직선제를 요구하는 시위를 벌였다.

9 윗글에서 설명하는 민주화 운동은 무엇인지 쓰시오.

_____

중요
10 위의 민주화 운동의 과정에서 이루어 낸 성과로 알맞은 것은 어느 것입니까? (   )

① 3선 개헌 실시
② 유신 헌법 발표
③ 신군부 세력의 등장
④ 6·29 민주화 선언 발표
⑤ 계엄군에 맞설 시민군 결성

11 다음에서 설명하는 제도는 무엇인지 쓰시오.

• 국민이 직접 대통령을 뽑는 제도이다.
• 6월 민주 항쟁을 통해 시민들이 이루어 낸 제도이며, 오늘날도 실시하고 있다.

_____

12 정치에 대한 설명으로 알맞지 <u>않은</u> 것은 어느 것입니까? (   )

① 사회 공동의 문제를 원만하게 해결하는 과정이다.
② 가족 간의 회의는 사적인 것으로 정치에 포함되지 않는다.
③ 학급에서 자리 바꾸는 규칙을 정하는 것도 정치의 사례이다.
④ 사람들이 함께 살아가다 보면 생길 수 있는 문제를 해결하는 과정이다.
⑤ 우리나라는 민주적인 방법으로 정치에 참여할 수 있는 여러 가지 제도가 있다.

서술형
13 다음 대화를 읽고 지민의 물음에 대한 답을 쓰시오.

• **수빈:** 오늘날은 모든 사람이 사회 공동의 문제를 해결하는 과정에 참여할 수 있어.
• **지민:** 옛날처럼 왕이나 귀족들이 나라를 다스리면 의사 결정이 훨씬 간단할텐데, 왜 모두가 정치에 참여하는 과정이 필요할까?

_____

14 다음에서 설명하는 민주주의를 실천하는 바람직한 태도를 무엇이라고 합니까? (   )

> 민주적인 의사 결정을 위해서는 자신의 입장만 주장하기보다는, 나와 다른 의견을 인정하고 포용하는 태도가 필요하다.

① 관용   ② 양보
③ 대화   ④ 타협
⑤ 토론

중요
15 다음 민주주의 기본 정신과 관련 있는 것을 찾아 선으로 연결하시오.

(1) | 인간의 존엄성 | • | • ㉠ | "나는 내가 원하는 직업을 선택할 수 있어."

(2) | 자유 | • | • ㉡ | "인간은 태어날 때부터 존중받을 권리가 있어."

(3) | 평등 | • | • ㉢ | "누구나 똑같이 한 표씩 행사해야 해."

16 다음에서 설명하는 권리로 알맞은 것은 어느 것입니까? (   )

> 국가의 주인은 국민이므로 국가의 중요한 일을 결정할 수 있는 최고 권리가 있다.

① 권력 분립   ② 국민 주권
③ 신체의 자유   ④ 행복 추구권
⑤ 취업의 권리

17 빈칸에 공통으로 들어갈 알맞은 말을 쓰시오.

> 대한민국 헌법
> 제1조 제2항
> 대한민국의 주권은 [   ]에게 있고, 모든 권력은 [   ](으)로부터 나온다.

_____

중요
18 국회에서 하는 일에 대한 설명으로 알맞지 <u>않은</u> 것은 어느 것입니까? (   )

① 법을 만들거나 고치는 일을 하고 있다.
② 법에 따라 나라의 살림을 맡아 하는 곳이다.
③ 나라 살림에 필요한 예산안을 심의하여 확정한다.
④ 정부가 법에 따라 나랏일을 잘 처리하는 지 확인한다.
⑤ 정부에서 일하는 공무원에게 궁금한 것을 묻고, 잘못한 일이 있으면 바로잡는다.

19 ㉠, ㉡에 들어갈 말을 알맞게 짝지은 것은 어느 것입니까? (   )

> [㉠]은/는 나라 살림에 필요한 예산을 어떻게 사용할지 계획하는 일을 한다. 이렇게 계획된 예산안은 [㉡]의 심의를 받아 확정된다.

	㉠	㉡		㉠	㉡
①	법원	국회	②	국회	법원
③	정부	국회	④	정부	법원
⑤	국회	정부			

서술형

20 다음과 같은 판단을 해야 하는 이유를 쓰시오.

> 국민들은 국회 의원을 선출할 때 어느 후보자가 국민과 나라를 위해 책임 있게 일할 수 있는지 잘 판단해야 한다.

_____

_____

[21-22] 다음 정부 조직도를 보고 물음에 답하시오.

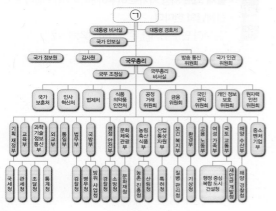

중요
21 ㉠에 들어갈 사람에 대한 설명으로 알맞지 <u>않은</u> 것은 어느 것입니까? ( )

① 대통령이다.
② 정부의 최고 책임자이다.
③ 외국에 대해 우리나라를 대표한다.
④ 국제회의에 참석하여 외교 활동을 한다.
⑤ 국회가 임명한 공무원과 함께 중요한 일을 의논한다.

22 ㉠이 외국을 방문하는 등 특정 이유로 일을 하지 못할 경우 그 임무를 대신 맡아서 하는 사람을 위의 조직도에서 찾아 쓰시오.

23 우리나라에서 공정한 재판을 위해 실시하고 있는 제도로 알맞은 것은 어느 것입니까? ( )

① 재판 과정은 비공개로 운영한다.
② 헌법 재판소에서 모든 재판을 관할한다.
③ 증거 없이도 증인이 있다면 재판을 진행한다.
④ 법원은 국회, 정부의 간섭 없이 모든 권력을 지닌다.
⑤ 한 사건에 대해 원칙적으로 급이 다른 법원에서 세 번까지 재판을 받을 수 있다.

[24-25] 다음 자료를 보고 물음에 답하시오.

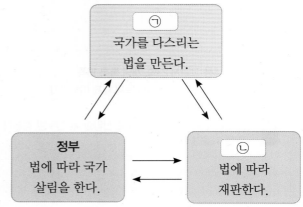

중요
24 ㉠, ㉡에 들어갈 국가 기관을 쓰시오.

㉠ _____

㉡ _____

 서술형

25 위와 같이 우리나라에서 국가 기관이 권력을 나누어 갖는 이유를 쓰시오.

_____

[1-2] 다음 자료를 읽고 물음에 답하시오.

> • 1980년 전라남도 광주에서는 계엄령 확대와 휴교령에 반대하던 학생들을 계엄군이 폭력적으로 진압했다. 분노한 시민들이 시민군을 만들어 대항하자 계엄군이 이들을 강제로 진압하면서 수많은 사람이 희생되었다(5·18 민주화 운동).
> • 5·18 민주화 운동을 진압한 후 전두환은 간선제로 대통령에 선출되었고, 민주화를 요구하는 사람들을 탄압했다. 1987년 6월, 시민들과 학생들은 전두환 정부의 독재에 반대하고 대통령 직선제를 요구하며 전국 곳곳에서 시위를 벌였다(6월 민주 항쟁).

1 5·18 민주화 운동을 진압한 후 전두환 정부가 권력을 유지하기 위해 실시한 것을 쓰시오.

_____

_____

> **평가 실마리**
> • **관련 내용** 교과서 23쪽, 개념 톡톡 18쪽
> • **출제 의도** 전두환 정부의 독재 체제 이해하기
> • **선생님의 한마디**
> "5·18 민주화 운동을 강제로 진압한 후 전두환 정부가 한 일을 떠올려 봐!"

2 6월 민주 항쟁 이후 이루어진 민주화 내용을 <u>두 가지</u> 쓰시오.

_____

> **평가 실마리**
> • **관련 내용** 교과서 26쪽, 개념 톡톡 20쪽
> • **출제 의도** 6월 민주 항쟁의 의의 알기
> • **선생님의 한마디**
> "6월 민주 항쟁으로 이루어 낸 성과를 떠올려 봐!"

3 다음 자료에서 설명하는 제도가 뿌리내리면서 나타난 변화를 쓰시오.

> • 1961년 5·16 군사 정변으로 폐지되었고, 이후 6·29 민주화 선언에 따라 다시 부활했다.
> • 1991년 지방 의회가 구성되었고, 1995년에 지방 의회 의원 선거와 함께 지방 자치 단체장 선거가 치러졌다.

_____

_____

> **평가 실마리**
> • **관련 내용** 교과서 27쪽, 개념 톡톡 20쪽
> • **출제 의도** 지방 자치로 이루어 낸 풀뿌리 민주주의 이해하기
> • **선생님의 한마디**
> "풀뿌리 민주주의가 무엇인지 생각해 봐!"

4 빈칸에 들어갈 말이 무엇인지 쓰고, 학교에서 경험할 수 있는 사례를 <u>한 가지</u> 쓰시오.

> 사람들이 함께 살아가다 보면 여러 가지 문제가 생길 수 있다. 이러한 공동의 문제를 원만하게 해결해 가는 과정을 ☐☐☐(이)라고 한다.

> **평가 실마리**
> • **관련 내용** 교과서 35쪽, 개념 톡톡 30쪽
> • **출제 의도** 일상생활 속의 정치의 사례 이해하기
> • **선생님의 한마디**
> "학교에서 할 수 있는 의사 결정을 떠올려 봐!"

[5-6] 다음 내용을 읽고 물음에 답하시오.

가정에서	• 가족회의에서 여행 갈 곳을 다수결로 정한다. • 인터넷 게임 시간을 어떻게 할지 다수결로 정한다.
학급에서	• 교실 자리 바꾸기, 급식 받는 순서 정하기, 청소 당번 정하기 등을 다수결로 결정한다. • 체험 학습으로 갈 장소를 다수결로 정한다.

5 위와 같은 방법으로 의사 결정을 할 때 주의할 점을 쓰시오.

_____

• **관련 내용** 교과서 42쪽, 개념 톡톡 36쪽
• **출제 의도** 다수결의 원칙 이해하기
• **선생님의 한마디**
"다수의 의견만 들었을 때의 문제점을 떠올려 봐!"

6 위의 상황처럼 민주적인 의사 결정을 할 때 지녀야 할 태도를 한 가지 쓰시오.

_____

• **관련 내용** 교과서 39쪽, 개념 톡톡 34쪽
• **출제 의도** 민주주의를 실천하는 바람직한 태도 알기
• **선생님의 한마디**
"각자 자신의 입장만 주장하다 보면 어떻게 될지 생각해 봐!"

7 다음 자료를 통해 알 수 있는 국회에서 하는 일을 쓰시오.

> ### ○○○ 의원, 「어린이 복지법 관련 개정 법안」 발의
> ○○○ 의원은 어린이가 안전하게 보호받을 수 없다고 판단하면 지방 자치 단체장이 즉시 그 어린이를 다른 시설에 보호할 수 있는 「아동 복지법 일부 개정 법률안」을 발의했다.

_____

• **관련 내용** 교과서 53쪽, 개념 톡톡 48쪽
• **출제 의도** 국회가 하는 일 알기
• **선생님의 한마디**
"국회가 하는 법과 관련된 일을 떠올려 봐!"

8 다음 자료와 같이 권력 분립을 해야 하는 까닭을 쓰시오.

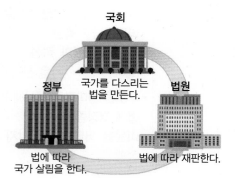

국회 — 국가를 다스리는 법을 만든다.
정부 — 법에 따라 국가 살림을 한다.
법원 — 법에 따라 재판한다.

_____

• **관련 내용** 교과서 64쪽, 개념 톡톡 54쪽
• **출제 의도** 권력 분립을 해야 하는 이유 알기
• **선생님의 한마디**
"한 기관이 권력을 독점하면 어떤 일이 일어날지 생각해 봐!"

(1) 우리나라 경제 체제의 특징

❶ 경제활동의 의미와 의의

(1) 경제활동: 필요한 것을 생산하고 소비하는 것과 관련된 모든 활동을 말한다.

(2) 경제활동의 의의: 경제활동은 우리나라 경제를 이끄는 중요한 역할을 한다.

❷ 가계와 기업의 경제적 역할

가계	• 기업의 생산 활동에 참여한 대가로 (❶)을/를 얻음. • 소득으로 필요한 물건이나 서비스를 구매함.
기업	• 이윤을 얻으려고 물건을 생산해 판매함. • 생산 활동에 필요한 일자리를 제공함.

❸ 가계와 기업의 합리적 선택 방법

(1) 가계의 합리적 선택 방법: 가격, 품질, 디자인뿐만 아니라 자신이 추구하는 가치까지 고려해서 물건을 합리적으로 선택해야 큰 만족감을 얻을 수 있다.

(2) 기업의 합리적 선택 방법: 다양한 기준을 고려하면서 적은 비용으로 많은 (❷   )을/를 남길 수 있는 합리적 선택을 한다.

❹ 우리나라 경제의 특징

(1) 경제활동 속 자유

가계	• 경제활동으로 얻은 소득을 자유롭게 소비하거나 저축함. • 자신의 능력과 적성에 따라 자유롭게 (❸)을 선택함.
기업	• 무엇을 얼마만큼 생산해 판매할지 자유롭게 결정함. • 이윤을 어떻게 사용할지 자유롭게 결정함.

(2) 경제활동 속 경쟁

가계	원하는 일자리를 얻기 위해 다른 사람과 경쟁함.
기업	더 많은 이윤을 얻기 위해 기술 개발, 상품 홍보 등 다른 기업과 경쟁함.

❺ 공정한 경쟁을 위한 노력

(1) 정부는 (❹   ) 위원회를 설치해 불공정 거래 행위를 감시한다.

(2) 허위·과대광고를 바로잡아 소비자의 피해를 막는다.

(3) 소수 기업이 가격을 미리 의논해 정할 수 없도록 감시한다.

(4) 시민 단체는 특정 기업끼리 불공정하게 거래하는 것을 감시한다.

(2) 우리나라의 경제 성장

❶ 1950년대 경제 성장 모습

(1) 6·25 전쟁 직후 우리나라의 상황: 세계에서 가장 가난한 나라 중 하나였다.

(2) 1950년대 경제 성장 과정: 생활에 필요한 물품을 만드는 식료품 공업, 섬유 공업 등 (❺   ) 산업이 주로 발전했다.

❷ 1960~1970년대 우리나라의 경제 성장 과정

1960 년대	• 1962년부터 정부는 경제 성장을 위해 경제 개발 5개년 계획을 추진함. • 풍부한 노동력을 바탕으로 수출에 유리한 (❻)이/가 발달함.
1970 년대	• 철강, 석유 화학, 자동차, 조선 등의 중화학 공업에 집중 투자함. • 전국 곳곳에 철강 산업 단지, 석유 화학 단지 등을 건설함.

❸ 1980년대 이후 우리나라의 경제 성장 과정

1980 년대	• 중화학 공업이 더욱 발달해 수출 품목이 다양해지고 수출 규모도 커짐. • (❼), 선박, 텔레비전, 정밀 기계 등이 주요 수출품으로 자리 잡음.
1990 년대	• 컴퓨터와 전자 제품의 핵심 부품인 (❽) 산업이 크게 성장함. • 인터넷과 관련된 다양한 기업들이 생겨났고 정보 통신 기술 산업이 발달함.
2000 년대	• 고도의 기술이 필요한 첨단 산업이 발달함. • 사람들에게 편리함이나 즐거움을 제공하는 서비스 산업이 빠르게 성장함.

❹ 경제 성장으로 인한 생활 모습의 변화

(1) 주거 형태의 변화: 과거에는 단독 주택이 많았지만 오늘날에는 아파트가 전체 주택의 절반 이상을 차지하고 있다.

(2) 학교생활의 변화: 경제 성장으로 학급당 평균 학생 수가 적어지고, 낡은 교육 시설들이 최신식으로 교체되었다.

(3) 대중 매체와 대중문화의 발달: 대중 매체가 보급되면서 대중문화가 크게 발달했다. 다양하게 발전한 대중문화는 (❾   )(이)라는 이름으로 전 세계적인 인기를 얻고 있다.

❺ 경제 성장 과정에서 나타난 사회 문제

(1) 도시화에 따른 사회 문제: 열악한 주거 환경, 주차 공간 부족, 대기 오염, 농촌 인구 부족 등의 현상이 나타났다.

(2) 노동 문제: 열악한 근무 환경, 장시간 저임금 노동 문제가 나타났다.

(3) 경제적 양극화 문제: 잘사는 사람과 그렇지 못한 사람의 소득 격차가 심해지면서 교육 기회, 문화 경험의 격차로 이어졌다.

---

(3) 세계 속의 우리나라 경제

❶ 생활 속 다른 나라와의 경제 교류

(1) 다른 나라에서 온 물건: 인도네시아에서 온 옷, 베트남에서 온 가방, 미국에서 온 노트북 등이 있다.

(2) 다른 나라에서 온 물건을 통해 알 수 있는 점: 우리나라는 필요한 것을 얻으려고 세계 여러 나라와 (❿   )을/를 한다.

❷ 경제 교류를 하는 까닭과 무역의 의미

(1) 경제 교류를 하는 까닭: 나라마다 자연환경과 자본, 기술 등이 서로 다르기 때문에 더 잘 생산할 수 있는 물건이나 서비스를 교류하면서 경제적 이익을 얻고자 한다.

(2) 무역: 나라와 나라 간에 필요한 물건이나 서비스를 사고파는 것을 말한다. 무역을 할 때 다른 나라에 물건을 파는 것을 수출, 다른 나라에서 물건을 사 오는 것을 (⓫   )(이)라고 한다.

❸ 경제 교류로 나타난 경제생활의 변화

(1) 경제 교류로 나타난 의식주와 여가 생활의 변화

의생활	다양한 나라에서 만든 옷을 입을 수 있음.
식생활	다른 나라의 전통 음식을 먹을 수 있음.
주생활	주택의 내부 구조가 외국과 비슷해지고 수입한 가구를 사용할 수 있음.
여가 생활	다른 나라에서 만든 영화를 관람할 수 있음.

(2) 다른 나라와의 경제 교류가 우리 경제 생활에 미친 영향

개인	• 전 세계에 있는 값싸고 다양한 물건을 선택할 수 있는 기회가 늘어남. • 외국 기업에서 일자리를 얻을 수 있음.
기업	• 새로운 기술과 아이디어를 다른 나라와 주고받을 수 있음. • (⓬)이/가 값싸고 물건을 운반하기 편리한 나라에 공장을 세워 비용을 줄일 수 있음.

❹ 우리나라와 다른 나라의 경제 관계

(1) 경제적인 의존 관계
  ① 우리나라는 다른 나라와 서로 (⓭   ) 하며 경제적으로 교류한다.
  ② 자유롭고 편리하게 도움을 받을 수 있도록 자유 무역 협정(FTA)을 체결했다.

(2) 경제적인 경쟁 관계
  ① 같은 종류의 물건을 생산하는 다른 나라와 경쟁을 한다.
  ② 신기술을 중시하는 자동차, 컴퓨터, 휴대 전화 시장에서 더 치열하게 경쟁한다.

❺ 경제 교류의 문제점과 해결 방안

(1) 경제 교류로 생기는 문제: 우리나라 물건에 높은 관세 부과, 수입 제한에 따른 수출 감소, 수입 의존에 따른 문제, 수입 거부에 따른 갈등 등이 있다.

(2) 경제 교류를 하면서 생기는 문제의 해결 방안
  ① 세계 여러 나라가 함께 의논하고 합의한다.
  ② 무역 관련 국제기구를 설립하고 가입하거나 국내 기관을 설립한다.

🧩 가로 문제와 세로 문제를 읽고, 퍼즐을 풀어 보시오.

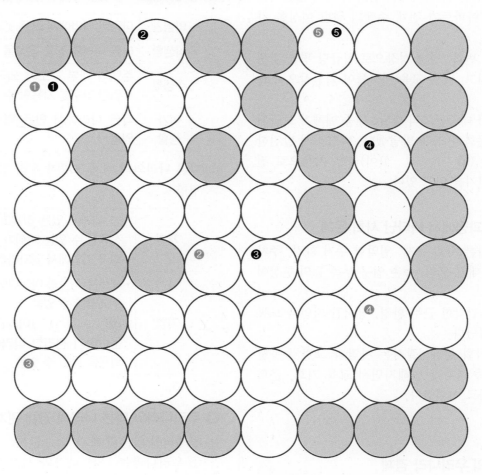

가로 문제

❶ □□ □□은/는 각자의 경제활동이 정당하게 평가 받고 공정하게 보상받는 것을 의미하는데, 우리나라 경제 체제는 자유 경쟁과 □□ □□의 조화를 추구 하고 있다.

❷ 가족회의를 통해 물건을 구매할 때, 어떤 물건이 필 요한지 이야기해 보고 □□□□에 따라 결정한다.

❸ □□ □□ □□은/는 다른 나라와 경제 교류에 관 한 문제가 생겼을 때 옳고 그름을 판단하고 심판하는 국제기구이다.

❹ □□은/는 이윤을 얻기 위해 생산 활동을 하고 사회 에 일자리를 제공한다.

❺ 무역을 할 때 다른 나라에서 물건을 사 오는 것을 □ □(이)라고 한다.

세로 문제

❶ 1960년대에 우리나라는 섬유, 신발, 가발처럼 비교 적 가볍고 만들기 쉬운 □□□이/가 발달했다.

❷ □□ □□은/는 생산자의 노동에 정당한 대가를 지불하고, 소비자에게 좋은 물건을 공급하는 윤리적 인 무역을 의미한다.

❸ 물건을 구매할 때, 어떤 점을 고려해야 하는지 □□ □□을/를 세워 보고, 이를 표로 작성하여 비교해 보는 과정이 필요하다.

❹ □□ □□은/는 1997년 우리나라가 다른 나라에게 빌린 돈을 갚지 못하여 겪은 어려움을 의미하고, 이 를 해결하기 위해 '금 모으기 운동'이 일어났다.

❺ 무역을 할 때 다른 나라에 물건을 파는 것을 □□ (이)라고 한다.

📍 정답과 해설 **25**쪽

단원명	우리나라의 경제 발전

평가 목표	우리나라의 경제 성장 과정의 흐름을 이해하고, 경제 성장의 결과를 파악한다.

평가 문항

[1-3] 다음 자료를 보고 물음에 답하시오.

ⓒ ▲ 원조 물자 포스터

ⓛ  ▲ 제1차 경제 개발 5개년 계획 기념우표

ⓒ ▲ 포항 제철소 준공 기념우표

ⓔ  ▲ 한일 월드컵 기념우표

1 위 자료가 발행된 시기에 주로 발달하기 시작한 산업 또는 공업의 종류를 **보기**에서 골라 쓰시오.

> **보기**
>
> 중화학 공업   농업   경공업   첨단 산업   소비재 산업   어업

㉠		㉡	
㉢		㉣	

2 각 자료가 발행된 시기의 경제 상황과 관련하여 빈칸에 들어갈 알맞은 말을 쓰시오.

㉠	6·25 전쟁 이후 젊은 사람들은 일자리를 찾아 ( )(으)로 이동하기 시작했다.
㉡	정부는 원료와 제품의 빠른 운송을 위해 ( )과/와 항만을 만들었다.
㉢	정부의 수출 정책에 힘입어 농업 중심 경제에서 ( )(으)로 변해 갔다.
㉣	의료, 관광, 금융, 문화 콘텐츠 산업 등 편리함이나 즐거움을 제공하는 ( )이/가 빠르게 성장하고 있다.

3 경제 성장 과정을 돌아보며 정부, 기업, 국민이 함께 노력하여 이룬 경제 성장의 결과를 쓰시오.

_____

_____

1 경제활동 중 '생산 활동'에 해당하지 <u>않는</u> 것은 어느 것입니까? ( )

① 어부가 바다에서 물고기를 잡는 행위
② 농부가 과수원에서 사과를 수확하는 행위
③ 음식점의 요리사가 맛있는 요리를 만드는 행위
④ 스마트폰 애플리케이션으로 배달 주문을 하는 행위
⑤ 새로운 직원을 뽑기 위해 면접 위원으로 참여하는 행위

2 ㉠, ㉡에 들어갈 알맞은 말을 쓰시오.

• 기업은 ㉠ 을/를 얻기 위해 생산 활동을 한다.
• 기업은 직원을 채용하며 사회에 ㉡ 을/를 제공한다.

㉠ _____

㉡ _____

3 가계와 기업이 시장에서 만나 물건과 서비스를 거래할 때 가계의 경제활동 모습을 쓰시오.

_____

4 빈칸에 공통으로 들어갈 알맞은 말을 쓰시오.

[   ]은/는 상품을 사려는 사람과 상품을 팔려는 사람이 만나 거래하는 곳이다. 일반적으로 가계와 기업은 [   ]에서 만나 물건과 서비스를 거래한다.

[5-7] 다음 자료를 읽고 물음에 답하시오.

우리 가족의 노트북 구매기

오늘은 우리 가족이 노트북을 구매하여 아주 기분 좋은 날이었다. 처음에는 휴대 전화, 청소기, 노트북 등 가족들마다 구매하고 싶은 물건이 다양했는데, 아버지께서는 어떤 물건이 가장 필요한지 ㉠ 에 따라 결정하자고 하셨다. 우리 가족은 부모님의 회사 업무, 나와 동생의 학교 비대면 수업 참여를 위해 노트북을 구매하기로 결정했다. 다음으로, 전자 제품 매장에 방문해 가격, 품질, 서비스, 디자인 등 여러 조건을 고려하여 노트북을 구매했다. 이번에 노트북을 구매한 경험을 바탕으로 가계가 합리적으로 선택하기 위해서 가격, 품질 등 여러 가지를 고려해 ㉡ <u>가장 적은 (   )(으)로 큰 (   )을/를 얻도록 소비해야 한다</u>는 것을 깨달았다.

5 ㉠에 들어갈 알맞은 말을 쓰시오.

_____

6 위 노트북 구매 시 합리적 선택과 거리가 <u>먼</u> 것은 어느 것입니까? ( )

① 가격이 같다면 품질이 좋은 노트북을 선택한다.
② 무게가 무겁고 가격이 비싼 노트북을 선택한다.
③ 품질이 같다면 가격이 저렴한 노트북을 선택한다.
④ 선택 기준을 세운 후 서로 비교하여 노트북을 선택한다.
⑤ 가격이 조금 비싸더라도 에너지를 절약할 수 있는 노트북을 선택한다.

7 가계의 합리적 선택의 의미를 생각하며 밑줄 친 ㉡의 (   ) 안에 들어갈 알맞은 말을 넣고 깨달은 점을 완성해 쓰시오.

8 기업에 대한 설명 중 알맞지 <u>않은</u> 것은 어느 것입니까? (   )

① 기업은 가급적 비용을 늘릴 수 있는 생산 방법을 선정한다.

② 기업은 소비자가 원하는 디자인을 조사하여 제품을 생산한다.

③ 기업은 판매량을 높이기 위해 효과적인 홍보 전략을 수립한다.

④ 기업은 생산한 제품의 장단점을 분석하여 새로운 제품을 개발한다.

⑤ 기업은 제품을 생산하기 전 소비자가 어떤 제품을 좋아하는지 분석한다.

9 빈칸에 공통으로 들어갈 말을 쓰시오.

- 개인은 직업 선택의 [   ]이/가 있다.
- 기업은 무엇을 얼마나 생산하여 판매할지 결정할 수 있는 [   ]이/가 있다.

중요

10 공정한 경쟁을 위한 정부와 시민 단체의 노력으로 알맞지 <u>않은</u> 것은 어느 것입니까?

(   )

① 정부는 독과점 시장을 보호하는 법률을 제정한다.

② 허위·과대광고를 바로잡아 소비자의 피해를 막는다.

③ 특정 기업끼리 불공정하게 거래하는 것을 감시한다.

④ 소수 기업이 가격을 미리 의논하여 정할 수 없도록 감시한다.

⑤ 정부는 공정 거래 위원회를 설치하여 불공정 거래 행위를 감시한다.

11 다음 자료를 보고 빈칸에 들어갈 알맞은 산업의 종류를 쓰시오.

6·25 전쟁 이후 정부는 다른 나라에서 보낸 원조 물자로 식량 부족 문제를 해결하고 파괴된 시설을 복구

▲ 원조받은 식량

했다. 이 과정에서 식료품 공업, 섬유 공업 등 주로 생활에 필요한 물품을 만드는 [   ]이/가 발달했다.

12 1960년대 우리나라의 경제 상황에 대한 설명으로 알맞지 <u>않은</u> 것은 어느 것입니까? (   )

① 제품의 빠른 운송을 위해 고속 국도를 만들었다.

② 당시 우리나라는 자원이 풍부했지만, 노동력이 부족했다.

③ 섬유, 신발, 가발처럼 가볍고 만들기 쉬운 경공업이 발달했다.

④ 제품 생산에 필요한 원료 공급을 위해 정유 시설을 건설했다.

⑤ 정부는 1962년부터 경제 성장을 위해 경제 개발 5개년 계획을 추진했다.

서술형

13 우리나라의 경제 성장 과정에서 1970년대 독일로 파견된 광부와 간호사들의 역할을 쓰시오.

서술형

14 1970년대 정부가 중화학 공업의 발전에 필요한 기술력과 자본을 갖추려고 노력한 일을 쓰시오.

_____

_____

15 우리나라의 각 시기에 해당하는 경제 발달 모습을 찾아 선으로 연결하시오.

(1)	6·25 전쟁 직후	•	• ㉠ 정부가 중화학 공업에 집중 투자하였다.
(2)	1970 년대	•	• ㉡ 반도체 산업이 크게 성장했고, 수출에서 큰 비중을 차지하고 있다.
(3)	1990 년대	•	• ㉢ 생활에 필요한 물품을 만드는 소비재 산업이 발달했다.

16 보기의 우리나라 경제 성장에 대한 설명 중 알맞지 않은 것을 골라 바르게 고치시오.

보기

㉠ 6·25 전쟁 직후에는 외국에서 보낸 원조 물자로 식량 부족 문제를 해결했다.

㉡ 정부가 원료와 제품의 빠른 운송에 필요한 고속 국도와 항만을 만들었다.

㉢ 우리나라는 '라인강의 기적'이라고 불릴 만큼 빠른 경제 성장을 이루었다.

㉣ 현재 우리나라는 세계 주요 경제 국가로 발돋움했고, 국민의 생활도 향상되었다.

17 경제 성장에 따른 우리나라 사회 변화 모습으로 알맞지 <u>않은</u> 것은 어느 것입니까? (   )

① 과거에 비해 현재에는 한 학급당 학생 수가 줄었다.

② 오늘날에는 인터넷을 통해 문화를 직접 생산하며 소통하고 있다.

③ 경제 성장으로 농촌에 사람이 모여들면서 주택 부족 현상이 심해졌다.

④ 우리나라의 대중문화가 최근 '한류'라는 이름으로 전 세계적인 인기를 얻고 있다.

⑤ 학교 현장에서 정보화 사회로의 변화와 함께 시청각 미디어 교육이 활발하게 이루어지고 있다.

중요

18 다음 내용과 관련 있는 시기에 우리나라에서 발달한 산업은 무엇인지 쓰시오.

• 정부가 주도적으로 경제 개발 5개년 계획을 세우고 활발한 수출로 경제를 성장시키고자 했다.

• 도로와 항만을 건설해 기업에서 생산된 상품이 쉽게 운반되고 수출될 수 있도록 했다.

_____

19 ㉠, ㉡에 들어갈 알맞은 말을 쓰시오.

2000년대 이후에는 항공·우주 개발, 생명 공학 등 고도의 기술이 필요한 [㉠]와/과 의료, 관광, 금융, 문화 콘텐츠 산업 등 편리함이나 즐거움을 제공하는 [㉡]이/가 성장하고 있다.

㉠ _____

㉡ _____

20 다음 경제 성장 과정에서 발생한 문제를 극복하기 위한 정부의 노력을 두 가지 쓰시오.

> 오늘날 경제적 불평등은 교육 기회, 문화 경험의 격차로 이어지면서 심각한 사회 문제로 자리 잡았다.

_____

_____

21 ㉠, ㉡에 들어갈 알맞은 말을 바르게 짝지은 것은 어느 것입니까? ( )

> 세계 여러 나라가 서로 경제 교류를 하는 과정에서 다른 나라에서 물건을 사 오는 것을 [㉠](이)라고 하고, 다른 나라에 물건을 파는 것을 [㉡](이)라고 한다.

	㉠	㉡		㉠	㉡
①	수출 –	무역	②	수입 –	무역
③	수출 –	수입	④	수입 –	수출
⑤	무역 –	수출			

22 우리나라가 세계 여러 나라와 경제 교류를 하며 서로 의존하는 까닭을 쓰시오.

_____

_____

[23-25] 다음 대화를 읽고 물음에 답하시오.

> • **혁수:** 우리나라의 수출품과 수입품을 보면서 세계 여러 나라가 서로 의존하면서 동시에 ㉠ 경쟁을 하기도 한다는 것을 발표하면 좋겠어.
> • **현욱:** 우리나라가 나라 간 경제 교류를 자유롭고 편리하게 하기 위해 세계 여러 나라와 [㉡]을/를 체결한 내용도 발표하면 좋겠어.

23 밑줄 친 ㉠의 예시로 알맞지 않은 것은 어느 것입니까? ( )

① 우리나라의 반도체가 다른 나라의 휴대폰 생산에 사용되는 경우
② 자동차의 자율 주행을 위한 신기술을 개발하기 위해 연구하는 경우
③ 판매 제품의 오작동에 대응하기 위해 사후 관리 서비스의 수준을 높이는 경우
④ 모니터 판매량을 높이기 위해 가격을 합리적인 수준으로 낮추어 판매하는 경우
⑤ 불량품 생산을 줄이고 공장에서 생산 과정을 점검하여 품질 좋은 제품을 생산하는 경우

24 ㉡에 들어갈 알맞은 용어를 쓰시오.

_____

25 보기에서 우리나라의 경제 교류 자료에 들어갈 내용으로 알맞지 않은 것의 기호를 골라 바르게 고쳐 쓰시오.

> **보기**
> ㉠ 우리나라는 원유, 철광석 등 부족한 천연자원을 수입한다.
> ㉡ 반도체만 우리나라의 주요 수출품과 수입품 중 겹치는 품목에 해당한다.
> ㉢ 우리나라와 중국 사이에 수출품과 수입품 모두 1위를 차지한 품목은 반도체이다.

1 경제활동 중 '소비 활동'에 해당하지 <u>않는</u> 것은 어느 것입니까?   (   )

① 마트에서 과일을 구매하는 행위
② 자동차를 빌리기 위해 계약하는 행위
③ 인터넷 방송 구독 서비스를 신청하는 행위
④ 버스 운전사가 대중교통 버스를 운행하는 행위
⑤ 스마트폰 애플리케이션으로 배달 주문을 하는 행위

중요

2 경제활동의 주체에 대한 설명 중 ㉠, ㉡에 들어갈 알맞은 말을 쓰시오.

• ㉠ 은/는 경제활동을 함께하는 생활 공동체를 의미한다.
• ㉠ 은/는 기업의 생산 활동에 참여한 대가로 ㉡ 을/를 얻는다.

㉠ _____

㉡ _____

3 기업이 더 많은 이윤을 얻기 위해 무엇을 파악하여 제품 생산에 반영하는지 쓰시오.

_____

4 빈칸에 공통으로 들어갈 알맞은 말을 쓰시오.

• _____ 은/는 가계와 기업이 만나 물건을 사고파는 곳이다.
• _____ 은/는 만질 수 있는 물건뿐만 아니라 눈에 보이지 않는 것도 거래한다.

[5-7] 다음 대화를 읽고 물음에 답하시오.

혜성이네 가족의 캠핑 준비기

• **아버지:** 우리 이번 여름에 캠핑갈 때, 우선 어떤 식재료를 준비하면 좋을까?
• **혜수:** 좋아요! 저는 라면을 가져가고 싶어요.
• **혜성:** 저는 삼겹살을 준비해 가면 좋겠어요.
• **어머니:** 저는 ㉠ 을/를 통해 생산한 커피를 준비하고 싶네요.
• **혜수:** ㉠ 은/는 처음 듣는 말인데?
• **혜성:** ㉠ 은/는 생산자의 노동에 정당한 대가를 지불하고 소비자에게 좋은 물건을 공급하는 윤리적인 무역을 의미해.
• **어머니:** 그렇지! 또한 우리 가족이 캠핑용 식재료를 준비하는 합리적 선택 과정에서 무엇보다 가장 중요한 것은 ㉡ 을/를 높이는 일이야.

5 ㉠에 공통으로 들어갈 알맞은 말을 쓰시오.

_____

6 캠핑 물품을 추가로 구입할 때, 합리적 선택으로 알맞지 <u>않은</u> 것은 어느 것입니까?   (   )

① 사후 관리 서비스가 좋은 매트
② 튼튼하지만 부피가 크고 무거운 텐트
③ 가볍고 디자인이 아름다운 접이식 탁자
④ 가격이 저렴한 편이고 재생 소재로 된 침낭
⑤ 에너지를 절약할 수 있는 환경친화적인 손전등

7 ㉡에 들어갈 알맞은 단어와 **보기** 속 단어를 모두 활용하여 '가계의 합리적 선택'의 의미를 쓰시오.

보기
선택, 가격, 큰, 품질, 적은, 비용, 고려, 가장

_____

8 기업에 대한 설명으로 알맞지 <u>않은</u> 것은 어느 것입니까? ( )

① 주로 소비 활동을 담당한다.
② 많은 이윤을 남길 수 있는 합리적 선택을 한다.
③ 소비자가 무엇을 필요로 하는지 분석하여 제품을 생산한다.
④ 다양한 기준을 고려하여 적은 비용으로 이익을 거두기 위해 노력한다.
⑤ 생산 비용을 줄이고 많이 팔기 위한 홍보 전략을 연구하기 위해 고민한다.

9 빈칸에 공통으로 들어갈 말을 쓰시오.

> • 개인은 원하는 일자리를 얻기 위해 다른 사람과 서로 [　　　]한다.
> • 기업은 더 많은 이윤을 얻기 위해 기술을 개발하여 [　　　]한다.

_____

10 '사회적 기업'에 대한 설명으로 알맞지 <u>않은</u> 것은 어느 것입니까? ( )

① 사회적 기업은 사회적 책임을 중요한 목표로 둔다.
② 사회적 기업은 봉사만을 수행하기 때문에 이윤을 얻지 못한다.
③ 사회적 기업은 사회와 환경에 미치는 영향에 책임 의식을 가지고 활동한다.
④ 기증받은 물품을 재사용하거나 재활용하여 판매하는 회사는 사회적 기업에 해당한다.
⑤ 노숙인에게 일할 수 있는 기회를 주거나 저소득층 노인들을 간병해 주는 단체는 사회적 기업에 해당한다.

11 6·25 전쟁 직후 우리나라의 경제 상황에 대한 설명으로 알맞지 <u>않은</u> 것은 어느 것입니까? ( )

① 전체 산업에서 공업이 큰 비중을 차지했다.
② 해당 시기에 많은 사람이 농사를 지으며 생활했다.
③ 사람들이 일자리를 찾아 도시로 이동하기 시작했다.
④ 미국 등 여러 나라에서 보낸 원조 물자로 식량 부족 문제를 해결했다.
⑤ 식료품 공업 등 생활에 필요한 물품을 만드는 소비재 산업이 발달했다.

12 다음 자료를 보고 빈칸에 들어갈 국가 계획의 명칭을 쓰시오.

이 시기에 정부는 경제 성장을 위해 [　　　]을/를 추진했다. 이 계획은 1996년까지 5년 단위로 추진되었다.

▲ 가발 공장의 모습

_____

서술형

13 1970년대 정부가 집중 투자한 중화학 공업은 높은 기술력이 필요했는데, 이를 위해 정부는 어떤 노력을 했는지 쓰시오.

_____

서술형

14 1970년대 정부의 수출 정책이 우리나라의 산업 구조에 미친 영향을 쓰시오.

_____

_____

15 우리나라의 각 시기에 해당하는 경제 발달 상황을 찾아 선으로 연결하시오.

(1) | 1960년대 | • | ㉠ | 섬유, 신발, 가발처럼 비교적 가볍고 만들기 쉬운 경공업이 발달했다.

(2) | 1980년대 | • | ㉡ | 편리함이나 즐거움을 제공하는 서비스 산업이 발달했다.

(3) | 2000년대 | • | ㉢ | 선박, 텔레비전, 정밀 기계 등이 주요 수출품으로 자리 잡았다.

16 보기 에서 경제 성장에 따른 변화 모습에 대한 설명으로 알맞지 <u>않은</u> 것을 바르게 고쳐 쓰시오.

> 보기
> ㉠ 도시의 주택 부족 현상을 해결하기 위해 단독 주택을 많이 지었다.
> ㉡ 오늘날 학교 현장에는 쾌적한 시설을 갖춘 교육 환경이 마련되었다.
> ㉢ 대중문화의 확대는 관련 상품이 해외에 많이 수출되어 경제 발전에 큰 도움을 주고 있다.

17 우리나라 경제 성장 과정에 대한 설명으로 알맞지 <u>않은</u> 것은 어느 것입니까? ( )

① 우리 경제는 정부와 기업, 국민이 함께 노력하여 빠르게 성장해 왔다.
② 우리나라는 '한강의 기적'이라고 불릴 만큼 빠른 경제 성장을 이루었다.
③ 정부는 경제 개발 계획을 추진했고 기업과 국민의 경제활동을 지원했다.
④ 오늘날 우리나라 반도체 산업은 세계적으로 인정받아 수출에서 큰 비중을 차지하고 있다.
⑤ 1960년대 초반부터 1970년대 중후반까지 한국인 광부와 간호사가 중동 지역에 파견되었다.

중요

18 다음 내용과 관련 있는 시기에 우리나라에서 발달한 산업을 쓰시오.

> • 본격적으로 세계 시장에 자동차를 수출했다.
> • 전자 산업도 크게 발전해 컬러텔레비전이 주요 수출품으로 자리 잡았다.

_____

19 ㉠, ㉡에 들어갈 알맞은 말을 쓰시오.

> 우리나라의 대중문화는 경제 성장과 함께 대중 매체가 보급되면서 크게 발달했고, 오늘날에는 ㉠ 을/를 통해 문화를 직접 생산하며 소통하고 있다. 또한 최근 ㉡ (이)라는 이름으로 전 세계적으로 인기를 얻고 있다.

㉠ _____

㉡ _____

서술형

20 다음 경제 성장 과정에서 발생한 문제를 극복하기 위한 국민들의 노력을 쓰시오.

> 1997년 우리나라는 다른 나라에 빌린 돈을 갚지 못했고, 정부는 국제 통화 기금(IMF)에 도움을 요청했다.

 서술형

21 세계 여러 나라가 서로 경제 교류를 하는 까닭을 쓰시오.

중요

22 다른 나라와의 경제 교류가 경제생활에 미친 영향으로 알맞지 **않은** 것은 어느 것입니까? ( )

① 다양한 나라의 음식을 먹을 수 있다.
② 외국 기업에서 일자리를 얻기도 한다.
③ 기업이 해외로 공장을 옮기는 경우가 있다.
④ 개인이 값싼 물건을 살 수 있게 되었지만, 선택의 기회는 줄어들었다.
⑤ 기업이 새로운 기술과 아이디어를 다른 나라와 주고받을 수 있게 되었다.

23 다음에서 설명하는 국제기구의 명칭을 쓰시오.

> • 나라와 나라 사이의 경제 교류로 생긴 문제에 대해 옳고 그름을 판단하고 심판한다.
> • 2021년 기준 164개의 나라가 가입한 상태이다.

[24-25] 다음 자료를 보고 물음에 답하시오.

우리나라의 주요 수출국과 수입국(2020년)

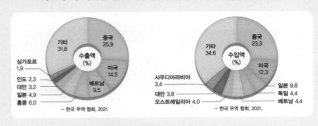

우리나라의 주요 수출품과 수입품

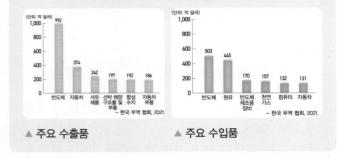

▲ 주요 수출품   ▲ 주요 수입품

24 우리 나라의 주요 수출국과 수입국을 나타낸 그래프에서 우리나라의 수출액과 수입액이 가장 높은 나라를 쓰시오.

25 위 자료의 그래프를 바탕으로 분석한 내용으로 알맞지 **않은** 것은 어느 것입니까? ( )

① 우리나라는 천연자원을 주로 수입한다.
② 우리나라는 반도체와 자동차를 수출만 하고 수입은 하지 않는다.
③ 우리나라 주요 수출품과 수입품의 종류 중 서로 겹치는 품목이 존재한다.
④ 우리나라가 수입한 원유 중 일부를 가공하여 석유 제품으로 수출한다는 것을 파악할 수 있다.
⑤ 우리나라 주요 수출국과 수입국을 살펴보면, 각 상위 다섯 나라의 비중이 절반 이상을 차지한다.

[1-2] 다음 자료를 보고 물음에 답하시오.

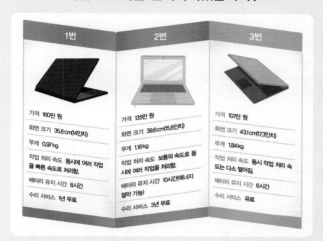

어떤 노트북을 선택하시겠습니까?

1번	2번	3번
가격 160만 원	가격 135만 원	가격 107만 원
화면 크기 35.6cm(14인치)	화면 크기 39.6cm(15.6인치)	화면 크기 43.1cm(17.3인치)
무게 0.97kg	무게 1.16kg	무게 1.84kg
작업 처리 속도 동시에 여러 작업을 빠른 속도로 처리함.	작업 처리 속도 보통의 속도로 동시에 여러 작업을 처리함.	작업 처리 속도 동시 작업 처리 속도는 다소 떨어짐
배터리 유지 시간 8시간	배터리 유지 시간 10시간(에너지 절약 가능)	배터리 유지 시간 6시간
수리 서비스 1년 무료	수리 서비스 3년 무료	수리 서비스 유료

- **철민:** 노트북의 종류가 다양해서 어떤 것을 구매할지 고민되네.
- **예림:** 나는 화면이 크고 가격이 저렴한 3번 노트북을 선택하고 싶어.
- **대현:** (㉠)
- **아영:** 나는 무게가 가볍고 성능이 좋아서 작업 처리 속도가 빠른 1번 노트북을 선택하고 싶어.
- **수진:** ㉡ 나는 가격이 저렴한 편은 아니지만 에너지 절약이 가능하여 친환경적인 2번 노트북을 선택하고 싶어. 최근에는 나처럼 생각하는 사람이 늘고 있다고 들었어.

1 대현이가 2번 노트북을 구입했다고 할 때, 2번 노트북을 구입한 까닭을 생각하여 ㉠에 들어갈 알맞은 문장을 쓰시오.

_____

평가 실마리
- **관련 내용** 교과서 88쪽, 개념 톡톡 82쪽
- **출제 의도** 선택 기준에 따라 구입할 물건 파악하기
- **선생님의 한마디**
"2번 노트북이 다른 두 개의 노트북보다 더 나은 점을 생각해 봐!"

2 밑줄 친 ㉡의 내용을 통해 알 수 있는 사실을 쓰시오.

_____

평가 실마리
- **관련 내용** 교과서 89쪽, 개념 톡톡 82쪽
- **출제 의도** 가치를 추구하는 합리적 선택의 의미 이해하기
- **선생님의 한마디**
"재생 소재로 만든 옷을 사거나 공정 무역을 통해 생산한 커피를 사는 경우를 생각해 봐!"

3 다음 내용을 참고하여 기업의 합리적 선택이 의미하는 것을 쓰시오.

- 생산 비용을 줄일 수 있는 방법을 고민한다.
- 많이 팔기 위해 홍보 전략이 중요함을 이해한다.

_____

평가 실마리
- **관련 내용** 교과서 91쪽, 개념 톡톡 84쪽
- **출제 의도** 기업의 합리적 선택 의미 이해하기
- **선생님의 한마디**
"기업이 물건을 판매하며 얻는 것이 무엇인지 생각해 봐!"

4 다음 내용을 참고하여 우리나라 경제의 특징을 쓰시오.

- 개인이 능력과 재능을 잘 발휘할 수 있다.
- 기업으로부터 품질 좋은 물건이 개발된다.

_____

평가 실마리
- **관련 내용** 교과서 95쪽, 개념 톡톡 86쪽
- **출제 의도** 우리나라 경제의 특징 이해하기
- **선생님의 한마디**
"개인이 적성에 따라 직업을 선택하고 기업이 품질 좋은 물건을 개발할 수 있는 이유를 생각해 봐!"

[5-6] 다음 대화를 읽고 물음에 답하시오.

> **현우네 반의 사회 수업 시간**
>
> • **선생님:** 이번 시간에는 경제 성장으로 사회가 어떻게 변했는지에 대해 함께 이야기해 보는 시간을 가져 봅시다. 우선, 경제 성장 과정에서 도시와 농촌에는 어떤 변화가 일어났는지 살펴볼까요?
> • **현우:** 공업이 발달한 도시에 일자리를 찾아 사람들이 모여들었습니다.
> • **지우:** 한꺼번에 많은 사람이 모여들어 주택 부족 현상이 발생했습니다.
> • **선생님:** 그럼 도시에서 발생한 주택 부족 현상을 해결하기 위해 어떤 노력은 했을까요?
> • **민결:** (㉠   )
> • **선생님:** 그럼 반대로 농촌에서는 어떤 문제가 발생했을까요?
> • **예림:** (㉡   )

5 도시의 주택 부족 현상을 해결하기 위한 노력을 생각하여 ㉠에 들어갈 내용을 쓰시오.

평가 실마리

• **관련 내용** 교과서 115쪽, 개념 톡톡 106쪽
• **출제 의도** 경제 성장에서 발생한 도시 문제 파악하기
• **선생님의 한마디**
"인구가 밀집한 곳에 높은 건물이 있는 이유를 생각해 봐!"

6 농촌에서 발생한 문제에 대해 생각하여 빈칸 ㉡에 들어갈 내용을 알맞게 쓰시오.

평가 실마리

• **관련 내용** 교과서 119쪽, 개념 톡톡 110쪽
• **출제 의도** 경제 성장에서 발생한 농촌 문제 파악하기
• **선생님의 한마디**
"인구가 농촌에서 도시로 빠져나갔을 때, 어떤 문제가 일어났을지 생각해 봐!"

7 다음 자료를 참고하여 세계 여러 나라가 서로 경제 교류를 하는 까닭을 쓰시오.

인도네시아에서 옴.
베트남에서 옴.
미국에서 옴.
중국에서 옴.
필리핀에서 옴.

평가 실마리

• **관련 내용** 교과서 128쪽, 개념 톡톡 122쪽
• **출제 의도** 나라 간 경제 교류를 하는 까닭 이해하기
• **선생님의 한마디**
"책상 위에 놓여진 물건과 식제품들이 서로 다른 나라에 온 까닭을 생각해 봐!"

8 다음 자료와 관련하여 다른 나라와의 경제 교류가 개인의 경제생활에 미친 영향을 쓰시오.

평가 실마리

• **관련 내용** 교과서 131쪽, 개념 톡톡 124쪽
• **출제 의도** 경제 교류가 경제생활에 미친 영향 이해하기
• **선생님의 한마디**
"사진 속 여러 사람이 다양한 국기가 붙어 있는 게시판을 살펴보고 있다는 점에 주목해 봐!"

재미 쏙쏙

사회 보드게임

출발!

4 ↻ 100쪽

1970년대부터 정부는 철강, 석유 화학, 자동차, 조선 등의 □□□□□ 에 집중 투자했다.

1 ↻ 80쪽

□□은/는 경제활동을 함께하는 생활 공동체 이다.

3 ↻ 84쪽

□□□ □□은/는 사회와 환경에 미치는 영향에 책임 의식을 갖고 사회적 책임을 중요한 목표로 두는 기업이다.

1회 휴식

2 ↻ 96쪽

생산자의 노동에 정당한 대가를 지불하고, 소비자에게 좋은 물건을 공급하는 윤리적인 무역은?

📍정답과 해설 31쪽

보드게임 진행 방법

1. 가위바위보로 주사위를 던질 순서를 정해요.
2. 주사위를 던져서 나온 숫자만큼 이동한 후, 문제에 대한 답을 말해요.
3. 정답을 말하면 제자리, 말하지 못하면 이전 위치로 돌아가요.
4. 화살표가 있는 칸에서 정답을 말하지 못하면 가리킨 곳으로 이동해요.
5. 마지막 칸에 먼저 도착하는 사람이 우승이에요.

도착!

6 ↻108쪽

우리나라의 대중문화는 다양하게 발전했고, 최근 '□□'(이)라는 이름으로 전 세계적인 인기를 얻고 있다.

2칸 앞으로

9 ↻126쪽

□□ □□ □□은/는 나라 간 물건이나 서비스 등의 자유로운 이동을 위해 세금, 법과 제도 등의 문제를 줄이거나 없애기로 한 약속이다.

7 ↻122쪽

나라와 나라 간에 필요한 물건과 서비스를 사고파는 것은?

5 ↻104쪽

2000년대 이후 발달하여 항공·우주 개발, 생명공학 등 고도의 기술이 필요한 산업은?

8 ↻126쪽

세계 시장에서 우리나라와 다른 나라는 서로 의존하며 경제 교류를 하는 동시에 □□을/를 하기도 한다.

MEMO

평가 영역
■ 수학 사고력 ☐ 수학 창의성
☐ 수학 STEAM

평가 요소
☐ 개념 이해력 ■ 개념 응용력
☐ 유창성 ☐ 독창성 및 융통성
☐ 문제 파악 능력 ☐ 문제 해결 능력

교과 영역
☐ 수와 연산 ■ 도형 ☐ 측정
☐ 규칙성 ☐ 확률과 통계

난이도 ★ ☆ ☆

크기가 모두 같은 정사각형 모양의 색종이 5장을 다음과 같이 겹쳐놓았다. 색종이 한 변의 길이가 10 cm일 때, 색칠한 부분의 넓이의 합을 풀이과정과 함께 구하시오. (단, 점 O는 색종이의 중심이다.) [8점]

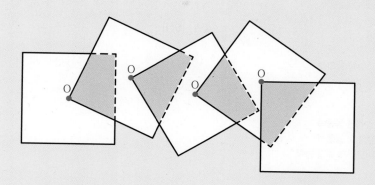

• 풀이과정

• 답

평가 영역
■ 수학 사고력　□ 수학 창의성
□ 수학 STEAM

평가 요소
■ 개념 이해력　□ 개념 응용력
□ 유창성　□ 독창성 및 융통성
□ 문제 파악 능력　□ 문제 해결 능력

교과 영역
■ 수와 연산　□ 도형　□ 측정
□ 규칙성　□ 확률과 통계

난이도 ★ ★ ☆

2에서 9까지의 숫자 8개를 한 번씩만 사용하여 두 개의 네 자리 수를 만들었다. 물음에 답하시오.

1 곱이 가장 큰 두 네 자리 수를 만드는 방법을 풀이과정과 함께 구하시오. [5점]

• 풀이과정

• 답

2 곱이 가장 큰 두 네 자리 수의 합과 차를 풀이과정과 함께 구하시오. [3점]

• 풀이과정

• 답

평가 영역
■ 수학 사고력 □ 수학 창의성
□ 수학 STEAM

평가 요소
□ 개념 이해력 ■ 개념 응용력
□ 유창성 □ 독창성 및 융통성
□ 문제 파악 능력 □ 문제 해결 능력

교과 영역
□ 수와 연산 □ 도형 ■ 측정
□ 규칙성 □ 확률과 통계

난이도 ★ ★ ☆

다음은 지후가 기차를 타고 정동진으로 가족 여행을 갔을 때 쓴 일기이다. 지후네 가족이 집에서 출발하여 다시 집으로 돌아올 때까지 걸린 시간은 몇 시간 몇 분인지 풀이과정과 함께 구하시오. [8점]

어제 오후 11시 30분에 출발하는 기차를 타기 위해 집에서 1시간 30분 전에 출발했다. 기차를 타고 정동진역에 오늘 오전 6시에 도착하여 해돋이를 보고 아침을 먹었다. 식사 후 다시 기차를 타고 정동진역을 출발하여 청량리역에 도착한 시각은 오후 6시 30분이었다. 집에 도착하여 시계를 보니 청량리역에서 집까지 오는 데 55분이 걸렸다.

• 풀이과정

• 답

평가 영역
■ 수학 사고력 □ 수학 창의성
□ 수학 STEAM

평가 요소
□ 개념 이해력 ■ 개념 응용력
□ 유창성 □ 독창성 및 융통성
□ 문제 파악 능력 □ 문제 해결 능력

교과 영역
■ 수와 연산 □ 도형 □ 측정
□ 규칙성 □ 확률과 통계

난이도 ★ ★ ☆

□ 안에 1에서 6까지의 숫자를 한 번씩 모두 써 넣어 계산 결과가 자연수가 되도록 만들려고 한다. 물음에 답하시오.

$$\square\dfrac{\square}{7}+\square\dfrac{\square}{7}+\square\dfrac{\square}{7}$$

1 식을 계산한 결과가 자연수가 되기 위한 조건을 서술하시오. [4점]

2 □ 안에 1에서 6까지의 숫자를 한 번씩 모두 써넣어 계산 결과가 자연수가 되는 경우를 풀이과정과 함께 모두 구하시오. (단, 계산 결과가 같은 값이 나오는 경우는 같은 경우로 본다.) [4점]

· 풀이과정

· 답

평가 영역

□ 수학 사고력 　■ 수학 창의성
□ 수학 STEAM

평가 요소

□ 개념 이해력 　□ 개념 응용력
■ 유창성 　■ 독창성 및 융통성
□ 문제 파악 능력 　□ 문제 해결 능력

교과 영역

■ 수와 연산 　□ 도형 　□ 측정
□ 규칙성 　■ 확률과 통계

난이도 ★ ★ ★

다음 달력의 녹색 사각형 안의 수에서 찾을 수 있는 규칙을 세 가지 서술하시오. [10점]

July						
				1	2	3
4	5	6	7	8	9	10
11	12	13	14	15	16	17
18	19	20	21	22	23	24
25	26	27	28	29	30	

❶ _____

❷ _____

❸ _____

_____

_____

_____

_____

_____

평가 영역
☐ 수학 사고력　■ 수학 창의성
☐ 수학 STEAM

평가 요소
☐ 개념 이해력　☐ 개념 응용력
■ 유창성　☐ 독창성 및 융통성
☐ 문제 파악 능력　☐ 문제 해결 능력

교과 영역
☐ 수와 연산　■ 도형　☐ 측정
☐ 규칙성　☐ 확률과 통계

난이도 ★ ★ ★

다음 그림과 같이 한 변의 길이가 모두 같은 정삼각형 2개와 정사각형 2개가 있다. 이 4개의 도형을 변끼리만 이어 붙여서 만들 수 있는 도형을 10개 그리시오. (단, 돌리거나 뒤집어서 겹쳐지는 것은 같은 것으로 본다.) [10점]

수학 창의성

08

평가 영역
☐ 수학 사고력 ■ 수학 창의성
☐ 수학 STEAM

평가 요소
☐ 개념 이해력 ☐ 개념 응용력
■ 유창성 ■ 독창성 및 융통성
☐ 문제 파악 능력 ☐ 문제 해결 능력

교과 영역
☐ 수와 연산 ■ 도형 ☐ 측정
☐ 규칙성 ☐ 확률과 통계

난이도 ★ ★ ★

다음 상황에서 좋은 점, 나쁜 점, 재미있는 점을 찾아 두 가지씩 서술하시오.
[10점]

> 만약 달걀이 정육면체 모양이었다면 어떻게 될까?

• 좋은 점

①

②

• 나쁜 점

①

②

• 재미있는 점

①

②

평가 영역
☐ 수학 사고력 ☐ 수학 창의성
■ 수학 STEAM

평가 요소
☐ 개념 이해력 ☐ 개념 응용력
☐ 유창성 ☐ 독창성 및 융통성
■ 문제 파악 능력 ☐ 문제 해결 능력

교과 영역
■ 수와 연산 ☐ 도형 ☐ 측정
■ 규칙성 ☐ 확률과 통계

난이도 ★ ★ ☆

다음 기사를 읽고 물음에 답하시오.

기사

우리가 사용하고 있는 '+' 기호는 언제부터 사용했을까? 지금으로부터 약 500년 전이라고 한다. 13세기경 이탈리아의 수학자 레오나르도 피사노가 '7 더하기 8'을 '7 et 8'로 썼다. et 이란 '그리고, ~와'라는 뜻의 라틴어이다. et 을 빨리 쓰다가 '+'와 같은 모양이 되었다고 한다.

et → et → ㅗ → ㅗ → 大 → ㅊ → ＋

1 우리가 사용하는 덧셈, 뺄셈 등의 기호는 오래전 수학자들에 의하여 만들어진 것이다. 만약 나라마다 사용하는 덧셈과 뺄셈의 기호가 다를 때 일어날 수 있는 일을 예상하여 두 가지 서술하시오. [5점]

① _____

_____

_____

② _____

_____

_____

_____

_____

_____

2 많은 학생들이 수학을 공부하기 싫어하는 이유 중 하나는 덧셈과 뺄셈과 같은 연산에 흥미를 느끼지 못하기 때문이다. 연산을 쉽게 익히는 방법 중 하나는 재미있는 게임을 통해 연산을 연습하는 것이다. 친구들과 할 수 있는 덧셈을 이용한 게임을 만들고, 게임 이름과 게임 방법을 서술하시오. (단, 숫자 카드나 주사위와 같은 도구를 사용할 수 있다.) [10점]

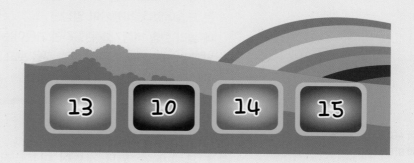

• 게임 이름

_____

_____

• 게임 방법

_____

_____

_____

_____

_____

_____

_____

다음 일기를 읽고 물음에 답하시오.

일 기

해외여행을 위해 공항에 간 가온이는
난생처음 비행기를 타게 된다는 생각
에 무척 기분이 좋았다. 사람과 짐을
싣기 위해 기다리고 있는 비행기들은
TV나 사진으로 보던 것보다 훨씬 더
큰 모습이었다. 비행기의 엄청난 크기

에 놀라 한참 비행기를 관찰하던 가온이는 비행기의 바퀴가 앞쪽 가운데에 1곳, 뒤쪽
날개 부분에 2곳에 바퀴가 달린 것을 보고 '바퀴를 더 여러 곳에 달면 더 안전하지 않
을까?'라고 생각했다.

평가 영역
□ 수학 사고력 □ 수학 창의성
■ 수학 STEAM

평가 요소
□ 개념 이해력 □ 개념 응용력
□ 유창성 □ 독창성 및 융통성
■ 문제 파악 능력 □ 문제 해결 능력

교과 영역
□ 수와 연산 ■ 도형 ■ 측정
□ 규칙성 □ 확률과 통계

난이도 ★ ★ ★

1 무게가 약 20톤 정도인 덤프트럭은 6군데에 1개나 2개의 바퀴가 달려
있다. 하지만 무게가 100톤이 넘는 비행기의 바퀴는 3군데에 달려있
다. 그 이유를 세 가지 서술하시오. [5점]

① _____

② _____

③ _____

평가 영역
□ 수학 사고력   □ 수학 창의성
■ 수학 STEAM

평가 요소
□ 개념 이해력   □ 개념 응용력
□ 유창성   □ 독창성 및 융통성
□ 문제 파악 능력   ■ 문제 해결 능력

교과 영역
□ 수와 연산   ■ 도형   ■ 측정
□ 규칙성   □ 확률과 통계

난이도 ★ ★ ★

2 비행기 바퀴와 같이 삼각형의 성질을 이용한 물체를 다섯 가지 쓰시오.
[10점]

①

②

③

④

⑤

안쌤의 창의적 문제해결력

파이널 50제

수학2

초등
3·4
학년

다음과 같이 3 L, 5 L들이 물통이 각각 1개씩 있다. 이 물통을 이용해 4 L의 물을 담는 방법을 표를 이용해 서술하시오. [8점]

구분	3L 물통	5L 물통
처음	0	0
1회		
2회		
3회		
4회		
5회		
6회		
7회		
8회		
9회		
10회		

수학 사고력

12

평가 영역
■ 수학 사고력 ☐ 수학 창의성
☐ 수학 STEAM

평가 요소
■ 개념 이해력 ☐ 개념 응용력
☐ 유창성 ☐ 독창성 및 융통성
☐ 문제 파악 능력 ☐ 문제 해결 능력

교과 영역
■ 수와 연산 ☐ 도형 ☐ 측정
☐ 규칙성 ☐ 확률과 통계

난이도 ★ ★ ☆

7로 나누면 나머지가 3이 되는 두 자리 수와 9로 나누면 나머지가 7이 되는 두 자리 수의 개수의 합을 풀이과정과 함께 구하시오. [8점]

• 풀이과정

• 답

평가 영역
■ 수학 사고력 □ 수학 창의성
□ 수학 STEAM

평가 요소
■ 개념 이해력 □ 개념 응용력
□ 유창성 □ 독창성 및 융통성
□ 문제 파악 능력 □ 문제 해결 능력

교과 영역
□ 수와 연산 ■ 도형 □ 측정
□ 규칙성 □ 확률과 통계

난이도 ★ ★ ☆

똑같은 고리 모양의 종이를 다음과 같이 이어 붙였다. 선분 ㄱㄴ의 길이가 68cm일 때, 물음에 답하시오.

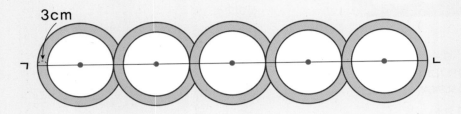

1 작은 원의 지름은 몇 cm인지 풀이과정과 함께 구하시오. [4점]

• 풀이과정

• 답

2 큰 원의 반지름은 몇 cm인지 풀이과정과 함께 구하시오. [4점]

• 풀이과정

• 답

평가 영역

■ 수학 사고력　□ 수학 창의성
□ 수학 STEAM

평가 요소

□ 개념 이해력　■ 개념 응용력
□ 유창성　□ 독창성 및 융통성
□ 문제 파악 능력　□ 문제 해결 능력

교과 영역

□ 수와 연산　□ 도형　■ 측정
□ 규칙성　□ 확률과 통계

난이도 ★ ★ ★

양팔 저울과 무게가 1 kg, 3 kg, 9 kg인 추가 각각 하나씩 있다. 양팔 저울과 주어진 추들을 이용하여 잴 수 있는 무게는 모두 몇 가지인지 풀이과정과 함께 구하시오. [8점]

• 풀이과정

• 답

민규네 목장에는 말 6마리와 소 4마리가 있다. 아버지께서 민규에게 말과 소에게 줄 물을 받아 놓으라고 하셨다. 말과 소가 먹는 물의 양이 다음과 같을 때, 민규가 받아 놓아야 하는 물의 양은 몇 L 인지 풀이과정과 함께 서술하시오. (단, 말과 소는 하루에 1 L 단위로 물을 먹고, 말과 소가 하루에 먹는 물의 양은 일정하다.) [8점]

평가 영역
■ 수학 사고력 □ 수학 창의성
□ 수학 STEAM

평가 요소
□ 개념 이해력 ■ 개념 응용력
□ 유창성 □ 독창성 및 융통성
□ 문제 파악 능력 □ 문제 해결 능력

교과 영역
■ 수와 연산 □ 도형 □ 측정
□ 규칙성 □ 확률과 통계

난이도 ★ ★ ★

- 말 4마리와 소 6마리가 하루에 먹는 물은 42 L이다.
- 말 7마리와 소 15마리가 하루에 먹는 물은 87 L이다.

• 풀이과정

• 답

평가 영역

☐ 수학 사고력　■ 수학 창의성
☐ 수학 STEAM

평가 요소

☐ 개념 이해력　☐ 개념 응용력
■ 유창성　■ 독창성 및 융통성
☐ 문제 파악 능력　☐ 문제 해결 능력

교과 영역

☐ 수와 연산　■ 도형　☐ 측정
☐ 규칙성　☐ 확률과 통계

난이도 ★ ★ ★

원 모양의 CD나 레코드 판은 빙글빙글 돌면서 자료를 저장하거나 저장된 자료를 읽는다. 우리 주변에서 원 모양이 사용된 물건을 원 모양이 사용된 이유와 함께 다섯 가지 서술하시오. [10점]

① _____

② _____

③ _____

④ _____

⑤ _____

평가 영역
☐ 수학 사고력　■ 수학 창의성
☐ 수학 STEAM

평가 요소
☐ 개념 이해력　☐ 개념 응용력
■ 유창성　■ 독창성 및 융통성
☐ 문제 파악 능력　☐ 문제 해결 능력

교과 영역
☐ 수와 연산　☐ 도형　☐ 측정
☐ 규칙성　■ 확률과 통계

난이도 ★ ★ ☆

우리는 많은 자료를 효과적으로 표현하기 위해 표나 그래프를 사용한다. 우리 주변에서 표나 그래프가 사용되는 곳을 다섯 가지 서술하시오. [10점]

①

②

③

④

⑤

수학 창의성
18

평가 영역
☐ 수학 사고력 ■ 수학 창의성
☐ 수학 STEAM

평가 요소
☐ 개념 이해력 ☐ 개념 응용력
■ 유창성 ■ 독창성 및 융통성
☐ 문제 파악 능력 ☐ 문제 해결 능력

교과 영역
■ 수와 연산 ☐ 도형 ☐ 측정
☐ 규칙성 ☐ 확률과 통계

난이도 ★ ★ ☆

체육대회 상품으로 71자루의 연필을 받았다. 반 학생의 수가 21명 일 때, 반 학생들에게 최대한 공평하게 연필을 나누어 줄 수 있는 아이디어를 세 가지 서술하시오. [10점]

❶

❷

❸

평가 영역

□ 수학 사고력　□ 수학 창의성
■ 수학 STEAM

평가 요소

□ 개념 이해력　□ 개념 응용력
□ 유창성　□ 독창성 및 융통성
■ 문제 파악 능력　□ 문제 해결 능력

교과 영역

□ 수와 연산　□ 도형　■ 측정
■ 규칙성　□ 확률과 통계

난이도 ★ ★ ☆

다음 기사를 읽고 물음에 답하시오.

기사

달력은 1년의 날짜를 순서에 맞게 월, 일, 요일로 표시한 것이다. 지금은 너무나 당연한 날짜의 변화는 조상들의 수없는 관찰과 경험에 의해 완성되었다. 인간이 농사를 짓기 시작하면서 달력의 중요성은 더 커지게 되었다. 씨앗을 뿌릴 시기를 정하고 홍수가 올 시기를 미리 대비하는 것과 같은 반복적인 일들은 달력이 생기고 난 후 더욱 정확해지게 되었다.

July						
				1	2	3
4	5	6	7	8	9	10
11	12	13	14	15	16	17
18	19	20	21	22	23	24
25	26	27	28	29	30	

1 지금 우리가 사용하고 있는 달력은 그레고리력으로 1582년에 만들어진 것이다. 4년에 한 번씩 윤년을 두고, 연도가 100의 배수일 때에는 평년, 400의 배수일 때에는 윤년으로 하고 있다. 이러한 달력을 만들 때 고려해야 할 점을 세 가지 서술하시오. [5점]

①

②

③

2 **❶**의 내용을 고려하여 새로운 달력을 만들고, 자신이 만든 달력의 원리를 서술하시오. [10점]

평가 영역
□ 수학 사고력 □ 수학 창의성
■ 수학 STEAM

평가 요소
□ 개념 이해력 □ 개념 응용력
□ 유창성 □ 독창성 및 융통성
□ 문제 파악 능력 ■ 문제 해결 능력

교과 영역
□ 수와 연산 □ 도형 ■ 측정
■ 규칙성 □ 확률과 통계

난이도 ★ ★ ★

• 달력

• 원리

수학 STEAM
20

다음 기사를 읽고 물음에 답하시오.

> **기사**
>
> 많은 사람들의 의견을 알아보기 위한 방법 중의 하나로 여론조사를 들 수 있다. 여론조사는 '국민의 의견은 국민에게 물어보면 알 수 있다'라는 단순한 아이디어를 기초로 시작되었다. 여론조사를 실시할 때, 질문에 참여하는 사람의 조건을 특별히 정하지 않는다면 적은 사람들의 의견을 통해 다수의 의견을 추측해 볼 수 있다. 이것은 여론조사가 가진 선거와의 공통점이다. 이러한 특징 때문에 여론조사는 오늘날 여러 가지 의사 결정에 활용되고 있다.

1 다음은 어느 반 학생들의 의견을 알아본 결과이다. 조사 결과를 그래프로 나타내시오. [5점]

[반 학생들이 좋아하는 운동]

종목	농구	축구	야구	테니스
학생 수(명)	3	5	12	2

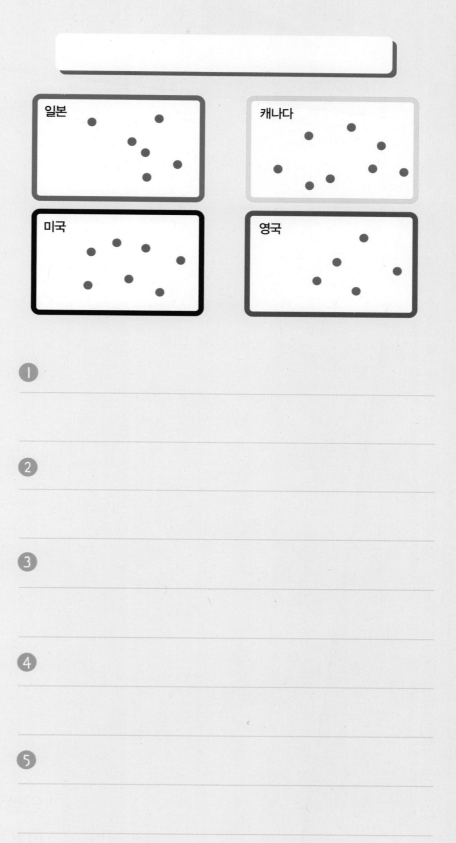

수학 2강

평가 영역

☐ 수학 사고력 ☐ 수학 창의성
■ 수학 STEAM

평가 요소

☐ 개념 이해력 ☐ 개념 응용력
☐ 유창성 ☐ 독창성 및 융통성
☐ 문제 파악 능력 ■ 문제 해결 능력

교과 영역

☐ 수와 연산 ☐ 도형 ■ 측정
☐ 규칙성 ■ 확률과 통계

난이도 ★ ★ ★

② 다음은 어느 반 학생들의 의견을 알아본 결과이다. 무엇을 알아보기 위한 조사인지 빈칸에 들어갈 적절한 질문을 다섯 가지 서술하시오. [10점]

일본

캐나다

미국

영국

① _____

② _____

③ _____

④ _____

⑤ _____

안쌤의 창의적 문제해결력

파이널 50제

수학 3

초등
3 · 4
학년

평가 영역

■ 수학 사고력　□ 수학 창의성
□ 수학 STEAM

평가 요소

□ 개념 이해력　■ 개념 응용력
□ 유창성　□ 독창성 및 융통성
□ 문제 파악 능력　□ 문제 해결 능력

교과 영역

■ 수와 연산　□ 도형　□ 측정
□ 규칙성　□ 확률과 통계

난이도 ★ ★ ☆

여러 개의 방으로 연결된 미로 안에 다음과 같은 글이 적혀 있다. 이 식에 따라 네 번째로 옮겨간 방의 번호가 43이었다면 처음에 있던 방의 번호로 가능한 것을 풀이과정과 함께 모두 구하시오. (단, 모든 방의 번호는 자연수이다.)
[8점]

> ㉠ 방 번호가 홀수이면 2를 곱한 후 1을 더한 값과 같은 번호의 방으로 간다.
> ㉡ 방 번호가 짝수이면 2로 나눈 몫과 같은 번호의 방으로 간다.

• 풀이과정

• 답

수학 사고력

22

평가 영역
■ 수학 사고력   □ 수학 창의성
□ 수학 STEAM

평가 요소
■ 개념 이해력   □ 개념 응용력
□ 유창성   □ 독창성 및 융통성
□ 문제 파악 능력   □ 문제 해결 능력

교과 영역
□ 수와 연산   ■ 도형   □ 측정
□ 규칙성   □ 확률과 통계

난이도 ★ ★ ☆

사각형 ABCD는 네 변의 길이가 같은 정사각형이고, 삼각형 FBC는 정삼각형이다. 각 DCF의 크기가 30°일 때, 각 AFE의 크기를 풀이과정과 함께 구하시오. [8점]

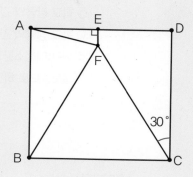

• 풀이과정

• 답

평가 영역
■ 수학 사고력 □ 수학 창의성
□ 수학 STEAM

평가 요소
□ 개념 이해력 ■ 개념 응용력
□ 유창성 □ 독창성 및 융통성
□ 문제 파악 능력 □ 문제 해결 능력

교과 영역
■ 수와 연산 □ 도형 ■ 측정
□ 규칙성 □ 확률과 통계

난이도 ★ ★ ★

다음은 은수네 학교 4학년 학생 수에 대한 설명이다. 은수네 학교 4학년 학생 수는 모두 몇 명인지 풀이과정과 함께 구하시오. [8점]

> ㉠ 학교 강당의 긴 의자 한 개에 5명씩 앉으면 71개의 의자가 필요하다.
> ㉡ 학교 강당의 긴 의자 한 개에 6명씩 앉으면 59개의 의자가 필요하다.
> ㉢ 학교 대청소를 위해 각 모둠의 학생 수를 같게 하여 모둠을 만들 때 14모둠으로 하면 10명이 부족하다.

• 풀이과정

• 답

평가 영역

■ 수학 사고력　□ 수학 창의성
□ 수학 STEAM

평가 요소

■ 개념 이해력　□ 개념 응용력
□ 유창성　□ 독창성 및 융통성
□ 문제 파악 능력　□ 문제 해결 능력

교과 영역

■ 수와 연산　□ 도형　■ 측정
□ 규칙성　□ 확률과 통계

난이도 ★ ★ ☆

다음과 같은 표의 빈 칸에 어떤 수들이 채워지면 가로, 세로, 대각선의 합이 모두 같게 된다. ㉠에 들어갈 소수를 풀이과정과 함께 구하시오. [8점]

$2\frac{1}{10}$	0.3		$\frac{3}{2}$
		㉠	
		$\frac{3}{10}$	
$\frac{2}{5}$		0.5	

• 풀이과정

• 답

평가 영역
■ 수학 사고력 □ 수학 창의성
□ 수학 STEAM

평가 요소
□ 개념 이해력 ■ 개념 응용력
□ 유창성 □ 독창성 및 융통성
□ 문제 파악 능력 □ 문제 해결 능력

교과 영역
□ 수와 연산 □ 도형 □ 측정
□ 규칙성 ■ 확률과 통계

난이도 ★ ★ ★

다음 식에서 ㉠, ㉡, ㉢, ㉣은 서로 다른 자연수를 나타낸다. 이 식을 만족하는 가장 큰 세 자리 수 ㉠㉡㉢을 풀이과정과 함께 구하시오. [8점]

$$
\begin{array}{cccc}
 & ㉠ & ㉡ & ㉢ \\
+ & ㉢ & ㉣ & ㉠ \\
\hline
1 & 1 & 8 & ㉣
\end{array}
$$

• 풀이과정

• 답

수학 3강

수학 창의성 26

평가 영역
- ☐ 수학 사고력 ■ 수학 창의성
- ☐ 수학 STEAM

평가 요소
- ☐ 개념 이해력 ☐ 개념 응용력
- ■ 유창성 ■ 독창성 및 융통성
- ☐ 문제 파악 능력 ☐ 문제 해결 능력

교과 영역
- ☐ 수와 연산 ☐ 도형 ☐ 측정
- ☐ 규칙성 ■ 확률과 통계

난이도 ★ ★ ☆

다음은 한국인의 하루 평균 당 섭취량에 대한 기사이다.

기사

우리나라 국민은 얼마나 많은 양의 당을 먹고 있나?

미국 캘리포니아대학 로스앤젤레스 캠퍼스 데이비드 게펜 의과대 연구진이 발표한 '당분을 과다 섭취하게 되면 머리가 나빠진다'는 연구 결과가 주목을 받고 있는 가운데 한국인의 당 섭취량이 최근 3년간 꾸준히 증가 추세를 보이고 있어 우려를 사고 있다.

분석 결과, 2010년 한국인의 1인당 하루 평균 당류 섭취량은 WHO(세계보건기구) 당 섭취 권고량의 59~87 %의 높지 않은 수준으로 드러났지만, 꾸준히 증가하고 있는 당 섭취량 증가 추세를 고려한다면 높은 당 섭취량을 기록한 만 12~49세의 경우 5년 내에 WHO 권고량을 초과하게 될 것으로 예상하고 있다.

2010년 한국인의 하루 평균 당 섭취량은 61.4 g으로 2008년 49.9 g에 비해 23 % 증가한 것으로 나타났으며, 가공식품을 통한 당 섭취량이 크게 증가함으로써 전체 섭취량 증가에 영향을 미친 것으로 분석됐다. 전체 당 섭취량 중 가공식품을 통한 당 섭취량이 차지하는 비율 역시 2008년부터 꾸준히 증가한 것으로 나타났다.

만약 2020년 같은 조사를 실시한 결과 하루 평균 당 섭취량이 2008년 수준으로 낮아졌다면 무슨 일이 있었는지 예상하여 세 가지 서술하시오. [10점]

①

②

③

평가 영역
□ 수학 사고력 ■ 수학 창의성
□ 수학 STEAM

평가 요소
□ 개념 이해력 □ 개념 응용력
■ 유창성 ■ 독창성 및 융통성
□ 문제 파악 능력 □ 문제 해결 능력

교과 영역
■ 수와 연산 □ 도형 □ 측정
□ 규칙성 □ 확률과 통계

난이도 ★ ★ ☆

다음 두 수에서 공통적으로 찾을 수 있는 성질을 다섯 가지 서술하시오. [10점]

24,   48

① _____

② _____

③ _____

④ _____

⑤ _____

평가 영역

☐ 수학 사고력　■ 수학 창의성
☐ 수학 STEAM

평가 요소

☐ 개념 이해력　☐ 개념 응용력
■ 유창성　■ 독창성 및 융통성
☐ 문제 파악 능력　☐ 문제 해결 능력

교과 영역

☐ 수와 연산　☐ 도형　■ 측정
☐ 규칙성　■ 확률과 통계

난이도 ★ ★ ★

2014년 7월 27일, 해운대 해수욕장에는 50만 명의 피서객들이 찾았다고 집계 되었다. 하지만 다른 언론에서는 45만 명의 피서객이 해운대를 찾았다고 보 도하기도 했다. 같은 인파를 보고 사람마다 그 수를 다르게 추산하는 이유를 다섯 가지 서술하시오. [10점]

①

②

③

④

⑤

평가 영역
□ 수학 사고력 □ 수학 창의성
■ 수학 STEAM

평가 요소
□ 개념 이해력 □ 개념 응용력
□ 유창성 □ 독창성 및 융통성
■ 문제 파악 능력 □ 문제 해결 능력

교과 영역
□ 수와 연산 ■ 도형 ■ 측정
□ 규칙성 □ 확률과 통계

난이도 ★ ★ ☆

다음 기사를 읽고 물음에 답하시오.

기사

전 세계 모든 나라에서 1 m는 같은 길이를 나타낸다. 1791년 프랑스의 대학자들이 모여 영원히 변치 않는 도량형에 관해 회의를 연 결과 "지구의 북극에서 남극까지의 거리, 즉 자오선의 4천만 분의 1을 길이의 단위로 삼자"라고 정하였다. 그리하여 7년간에 걸친 노력으로 자오선의 길이를 측정하였고, 이 길이의 4천만 분의 1을 길이의 단위인 '1 미터'라고 정하였다. 이때 1 m에 상당하는 길이의 백금 막대 두 개를 만들어 1 m의 기준으로 삼았다.

1 전 세계 사람들이 모두 사용할 수 있는 새로운 길이의 단위를 만들려고 한다. 길이의 단위 기준이 되는 물건을 선택하려고 할 때, 고려해야 할 사항을 세 가지 서술하시오. [5점]

① _____

② _____

③ _____

평가 영역

□ 수학 사고력   □ 수학 창의성
■ 수학 STEAM

평가 요소

□ 개념 이해력   □ 개념 응용력
□ 유창성   □ 독창성 및 융통성
□ 문제 파악 능력   ■ 문제 해결 능력

교과 영역

□ 수와 연산   □ 도형   ■ 측정
■ 규칙성   □ 확률과 통계

난이도 ★ ★ ★

2 1 m가 아닌 자주 사용할 수 있는 자신만의 길이 단위를 정의하고, 단위의 이름과 이유, 활용할 수 있는 아이디어를 서술하시오. [10점]

• 길이 단위의 이름

• 정의한 이유

• 활용 아이디어

수학 3강

다음 기사를 읽고 물음에 답하시오.

기사

아프리카의 야생동물 보호 협회는 아프리카의 야생동물의 보호가 이루어지지 않으면 머지않아 여러 야생동물이 멸종할 것이라고 발표했다. 1980년대 약 20만 마리에 달하던 아프리카의 사자들이 현재 약 3만 마리로 줄어들었으며, 특별한 보호조치를 취하지 않을 경우 10년 안에 아프리카에서 사자는 자취를 감출 것으로 예상된다. 코끼리 역시 밀렵꾼들에 의해 꾸준히 죽고 있다. 지난해 아프리카에서만 약 3만 6,000마리가 학살당한 것으로 추정되고 있다. 이러한 속도라면 12년 후에는 코끼리 역시 멸종할 것이라고 한다. 야생동물 보호 협회는 인간의 공격과 지구의 기후변화, 서식지의 축소로 인하여 그 수가 줄어들고 있는 아프리카 야생동물을 보호하기 위하여 인간의 노력과 국가 간의 협조가 필요하다고 강조하였다.

1 지난해 밀렵꾼에 의해 아프리카에서만 죽은 코끼리의 수는 약 3만 6,000마리로 추정된다. 이 내용을 토대로 하루에 밀렵꾼에 의해 죽는 코끼리의 수를 풀이과정과 함께 구하시오. [5점]

• 풀이과정

• 답

평가 영역
☐ 수학 사고력 ☐ 수학 창의성
■ 수학 STEAM

평가 요소
☐ 개념 이해력 ☐ 개념 응용력
☐ 유창성 ☐ 독창성 및 융통성
☐ 문제 파악 능력 ■ 문제 해결 능력

교과 영역
☐ 수와 연산 ☐ 도형 ■ 측정
☐ 규칙성 ■ 확률과 통계

난이도 ★ ★ ☆

2 지금으로부터 15년 후 아프리카의 야생 사자와 코끼리의 수는 지금과 비교하여 어떻게 변화될지 예상하여 이유와 함께 서술하시오. [10점]

안쌤의 창의적 문제해결력

파이널 50제
수학4

초등
3 · 4
학년

평가 영역

■ 수학 사고력 □ 수학 창의성
□ 수학 STEAM

평가 요소

■ 개념 이해력 □ 개념 응용력
□ 유창성 □ 독창성 및 융통성
□ 문제 파악 능력 □ 문제 해결 능력

교과 영역

■ 수와 연산 □ 도형 □ 측정
□ 규칙성 □ 확률과 통계

난이도 ★ ☆ ☆

다음은 수를 일정한 규칙에 따라 늘어놓은 것이다. 열한째 번에 놓인 수와 열두째 번에 놓인 수의 차를 풀이과정과 함께 구하시오. [8점]

> 0.1, 0.23, 0.456, 0.7891, 0.23456, 0.789123, …

• 풀이과정

• 답

수학 사고력 32

평가 영역
■ 수학 사고력   □ 수학 창의성
□ 수학 STEAM

평가 요소
□ 개념 이해력   ■ 개념 응용력
□ 유창성   □ 독창성 및 융통성
□ 문제 파악 능력   □ 문제 해결 능력

교과 영역
□ 수와 연산   ■ 도형   □ 측정
□ 규칙성   ■ 확률과 통계

난이도 ★ ☆ ☆

그림과 같이 주어진 길이가 1 cm인 선분의 끝점에서 길이를 1 cm씩 늘려가며 규칙적으로 수선을 그어 나간다. 그어진 선분이 모두 13개일 때 처음에 그어진 선분과 마지막으로 그은 선분 사이의 거리를 풀이과정과 함께 구하시오.
[8점]

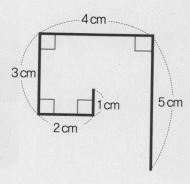

• 풀이과정

• 답

수아네 반 학생 45명과 유건이네 반 학생 45명이 1대 1로 팔씨름을 하여 이기면 4점, 비기면 2점, 지면 1점씩 받는다고 한다. 수아네 반은 12명이 팔씨름에 졌고 수아네 반 학생의 점수를 모두 더하면 100점이 된다. 유건이네 반 학생이 얻은 점수를 모두 더하면 몇 점인지 풀이과정과 함께 구하시오. [8점]

• 풀이과정

• 답

평가 영역

■ 수학 사고력　□ 수학 창의성
□ 수학 STEAM

평가 요소

□ 개념 이해력　■ 개념 응용력
□ 유창성　□ 독창성 및 융통성
□ 문제 파악 능력　□ 문제 해결 능력

교과 영역

□ 수와 연산　■ 도형　□ 측정
□ 규칙성　■ 확률과 통계

난이도 ★ ★ ☆

다음 도형들을 보고 물음에 답하시오.

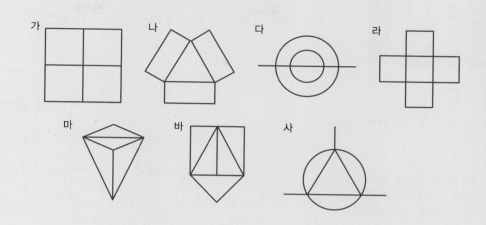

❶ 위 도형들 중 한붓그리기가 가능한 것을 모두 찾으시오. [4점]

_____

_____

❷ 한붓그리기가 가능한 것 중 출발점과 도착점이 서로 다른 것을 찾으시
오. [4점]

_____

_____

_____

_____

_____

_____

성냥개비를 다음 그림과 같은 규칙으로 놓았다. 이 규칙을 계속 따라 간다면, 크고 작은 정사각형의 개수가 처음으로 100개가 넘는 ☐ 번째에 사용된 성냥개비의 개수를 풀이과정과 함께 구하시오. [8점]

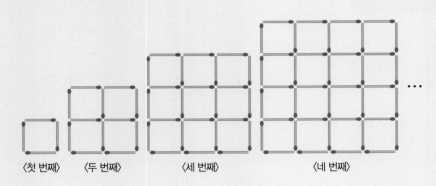

〈첫 번째〉　〈두 번째〉　　〈세 번째〉　　　〈네 번째〉

• 풀이과정

• 답

수학 창의성
36

평가 영역
□ 수학 사고력 ■ 수학 창의성
□ 수학 STEAM

평가 요소
□ 개념 이해력   □ 개념 응용력
■ 유창성   ■ 독창성 및 융통성
□ 문제 파악 능력 □ 문제 해결 능력

교과 영역
□ 수와 연산 ■ 도형 □ 측정
□ 규칙성   □ 확률과 통계

난이도 ★ ★ ☆

다음은 '네모의 꿈'이라는 노래이다. 이 노래의 가사를 살펴보면 우리 주변에서 흔히 찾을 수 있는 사각형이나 직육면체 모양의 물건들을 재미있게 나열하고 있다. 이 노래의 가사와 같이 우리 주변에서 직육면체 모양인 것을 찾고 직육면체로 만든 이유와 함께 다섯 가지 서술하시오. [10점]

네모의 꿈

− 화이트−

네모난 침대에서 일어나 눈을 떠 보면, 네모난 창문으로 보이는 똑같은 풍경.

네모난 문을 열고 네모난 테이블에 앉아 네모난 조간신문 본 뒤,

네모난 책가방에 네모난 책들을 넣고 네모난 버스를 타고 네모난 건물을 지나,

네모난 학교에 들어서면 또 네모난 교실 , 네모난 칠판과 책상들.

네모난 오디오 네모난 컴퓨터 TV, 네모난 달력에 그려진 똑같은 하루를

의식도 못한 채로 그냥 숨만 쉬고 있는 걸~

---

❶

❷

❸

❹

❺

다음 수들의 나열을 보고 알 수 있는 사실을 다섯 가지 서술하시오. [10점]

$$1$$
$$1 \quad 1$$
$$1 \quad 2 \quad 1$$
$$1 \quad 3 \quad 3 \quad 1$$
$$1 \quad 4 \quad 6 \quad 4 \quad 1$$
$$1 \quad 5 \quad 10 \quad 10 \quad 5 \quad 1$$
$$1 \quad 6 \quad 15 \quad 20 \quad 15 \quad 6 \quad 1$$
$$1 \quad 7 \quad 21 \quad 35 \quad 35 \quad 21 \quad 7 \quad 1$$

① _____

② _____

③ _____

④ _____

⑤ _____

수학 창의성

38

평가 영역
☐ 수학 사고력 ■ 수학 창의성
☐ 수학 STEAM

평가 요소
☐ 개념 이해력 ☐ 개념 응용력
■ 유창성 ■ 독창성 및 융통성
☐ 문제 파악 능력 ☐ 문제 해결 능력

교과 영역
☐ 수와 연산 ■ 도형 ☐ 측정
☐ 규칙성 ☐ 확률과 통계

난이도 ★ ★ ★

다음 건물의 창문 모양이 어떤 사각형인지 알아보려고 한다. 사각형을 구분하는 방법을 열 가지 서술하시오. [10점]

① _____

② _____

③ _____

④ _____

⑤ _____

⑥ _____

⑦ _____

⑧ _____

⑨ _____

⑩ _____

_____

_____

_____

수학 STEAM
39

평가 영역
□ 수학 사고력 □ 수학 창의성
■ 수학 STEAM

평가 요소
□ 개념 이해력 □ 개념 응용력
□ 유창성 □ 독창성 및 융통성
■ 문제 파악 능력 □ 문제 해결 능력

교과 영역
□ 수와 연산 ■ 도형 □ 측정
■ 규칙성 □ 확률과 통계

난이도 ★ ★ ☆

다음 기사를 읽고 물음에 답하시오.

기사

테셀레이션이란 정삼각형 · 정사각형 · 정육각형과 같이 똑같은 모양의 도형을 이용해 어떠한 빈틈이나 겹침도 없이 공간을 가득 채우는 것을 말한다. 테셀레이션은 4를 뜻하는 그리스어 '테세레스(tesseres)'에서 유래한 용어로, 가장 먼저 정사각형을 붙여 만드는 과정에서 생겨났다. 이것을 우리 말로 옮긴 것이 쪽매맞춤이다. 쪽매붙임 · 쪽매맞춤은 여러 조각의 쪽매를 바탕이 되는 널빤지에 붙인 것으로 재료를 나무에 한정하지 않는 테셀레이션과는 약간의 차이가 있을 수 있다. 테셀레이션이 미술 장르로 정착된 것은 20세기의 일이지만, 실제로 미술 · 건축 등에 적용된 것은 훨씬 오래 전인 기원전부터 일 것으로 추측된다. 이집트 · 페르시아 · 그리스 · 로마 등 서양은 물론, 중국 · 한국 · 일본 등 동양의 각종 장식예술품에서도 테셀레이션을 이용한 문양이 곳곳에서 발견되기 때문이다.

1 평면을 정다각형만을 이용하여 테셀레이션 한다고 할 때, 가능한 정다각형의 종류를 이유와 함께 서술하시오. [5점]

평가 영역

□ 수학 사고력   □ 수학 창의성
■ 수학 STEAM

평가 요소

□ 개념 이해력   □ 개념 응용력
□ 유창성   □ 독창성 및 융통성
□ 문제 파악 능력   ■ 문제 해결 능력

교과 영역

□ 수와 연산   ■ 도형   □ 측정
■ 규칙성   □ 확률과 통계

난이도 ★ ★ ★

❷ 다음 정사각형이 테셀레이션이 되도록 변형하고, 어디에 장식하면 좋을지 이유와 함께 서술하시오. [10점]

• 변형

• 이유

수학 STEAM
40

평가 영역
□ 수학 사고력 □ 수학 창의성
■ 수학 STEAM

평가 요소
□ 개념 이해력 □ 개념 응용력
□ 유창성 □ 독창성 및 융통성
■ 문제 파악 능력 □ 문제 해결 능력

교과 영역
□ 수와 연산 □ 도형 ■ 측정
□ 규칙성 ■ 확률과 통계

난이도 ★ ★ ☆

다음 기사를 읽고 물음에 답하시오.

기사

풍력 발전은 바람을 이용하여 전기를 만들어 낸다. 풍력 발전기는 바람의 에너지를 전기 에너지로 바꾸어 주는 장치로, 풍력 발전기의 날개를 회전시키고 이때 생긴 날개의 회전력으로 전기를 생산한다. 풍력 발전은 환경 오염을 발생시키지 않기 때문에 청정에너지에 해당한다.

1 풍력 발전기의 날개가 일정한 속도로 계속 돌아가면 전기 에너지를 생산한다. 풍력 발전기의 날개 속도를 일정하게 돌아가게 하기 위해 전기 에너지를 사용해 발전기를 제어해 준다. 어느 풍력 발전소에서 풍력 발전기를 이용해 생산한 전기 에너지의 양을 계산해 보려고 할 때, 알아야 할 요소를 네 가지 서술하시오. [5점]

① _____

_____

② _____

_____

③ _____

_____

④ _____

_____

_____

_____

2 다음은 새로운 풍력 발전소 건설을 위해 조사한 자료의 일부이다. 세 도시 중 풍력 발전소를 건설하기 가장 적합한 도시를 고르고 그렇게 생각한 이유를 세 가지 서술하시오. [10점]

구분	A 도시	B 도시	C 도시
인구	2,500,000 명	18,000 명	278,000 명
위치	내륙 지역	해안에 가까운 내륙 지역	해안 지역
주변 환경	산으로 둘러싸인 분지이며, 도시로 발달함	산악 지형이며 해안으로 부터 약 200km 떨어져 있다.	간척사업으로 만들어진 간척지
평균 풍속	2.2 m/s	3.8 m/s	3.6 m/s

❶

❷

❸

안쌤의 창의적 문제해결력

파이널 50제

수학5

초등
3·4
학년

수학 사고력
41

평가 영역

■ 수학 사고력 □ 수학 창의성
□ 수학 STEAM

평가 요소

□ 개념 이해력 ■ 개념 응용력
□ 유창성 □ 독창성 및 융통성
□ 문제 파악 능력 □ 문제 해결 능력

교과 영역

■ 수와 연산 □ 도형 □ 측정
□ 규칙성 □ 확률과 통계

난이도 ★ ★ ☆

지후네 학교 3학년은 4개의 반이 있고 각 반에는 30명의 학생이 있다. 각 반마다 키가 작은 학생부터 순서대로 1번부터 30번까지 번호를 붙인다. 다음과 같은 방법으로 학생들의 이름 앞에 번호를 붙일 때, 3학년 학생 중에서 번호가 대칭수인 학생은 모두 몇 명인지 풀이과정과 함께 구하시오. (단, 대칭수는 121, 34543과 같이 숫자의 배열이 대칭인 수를 말한다.) [8점]

> 3학년 1반에서 키가 셋째 번으로 작은 학생 ➡ 313
> 3학년 3반에서 키가 열넷째 번으로 작은 학생 ➡ 3314

• 풀이과정

• 답

수학 5강

수학 사고력

42

평가 영역
■ 수학 사고력 □ 수학 창의성
□ 수학 STEAM

평가 요소
■ 개념 이해력 □ 개념 응용력
□ 유창성 □ 독창성 및 융통성
□ 문제 파악 능력 □ 문제 해결 능력

교과 영역
□ 수와 연산 ■ 도형 □ 측정
□ 규칙성 □ 확률과 통계

난이도 ★ ★ ☆

다음 그림과 같이 가로의 길이가 9 cm인 큰 직사각형을 6개의 작은 직사각형으로 나누었다. 가, 나, 다, 라, 마, 바의 둘레가 각각 16 cm, 10 cm, 18 cm, 12 cm, 10 cm, 14 cm이고, 마의 세로의 길이가 2 cm 일 때, 가장 큰 직사각형의 둘레는 얼마인지 풀이과정과 함께 구하시오. [8점]

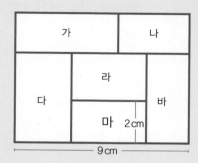

• 풀이과정

• 답

수학 사고력

43

평가 영역

■ 수학 사고력 □ 수학 창의성
□ 수학 STEAM

평가 요소

■ 개념 이해력 □ 개념 응용력
□ 유창성 □ 독창성 및 융통성
□ 문제 파악 능력 □ 문제 해결 능력

교과 영역

□ 수와 연산 □ 도형 ■ 측정
□ 규칙성 □ 확률과 통계

난이도 ★ ★ ☆

어느 기계 기술자가 실수로 짧은 바늘과 긴바늘이 보통 시계와 반대 방향으로 움직이도록 시계를 만들었다. 잘못 만들어진 시계의 짧은 바늘과 긴바늘은 반대 방향으로 움직이지만, 보통 시계와 같이 긴바늘이 한 바퀴 돌 때 짧은 바늘이 큰 눈금 한 칸을 움직인다. 이렇게 잘못 만들어진 시계가 어느 날 정오에 8시 40분을 가리키고 있었다. 이 시계가 이 날 정오 이후 처음으로 정확한 시각을 가리키게 되는 것은 몇 시간 몇 분 후인지 풀이과정과 함께 구하시오. [8점]

・ 풀이과정

・ 답

평가 영역
■ 수학 사고력　□ 수학 창의성
□ 수학 STEAM

평가 요소
□ 개념 이해력　■ 개념 응용력
□ 유창성　□ 독창성 및 융통성
□ 문제 파악 능력　□ 문제 해결 능력

교과 영역
□ 수와 연산　□ 도형　□ 측정
■ 규칙성　□ 확률과 통계

난이도 ★ ★ ☆

다음은 어떤 규칙에 따라 수를 늘어놓은 것이다. 물음에 답하시오.

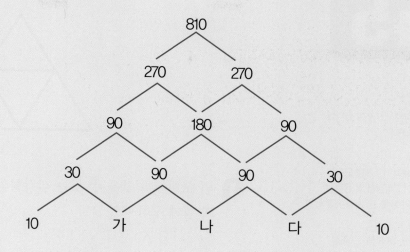

1 어떤 규칙에 따라 수를 늘어놓았는지 규칙을 서술하시오. [5점]

_____

_____

_____

_____

2 가, 나, 다에 알맞은 수를 쓰시오. [3점]

_____

_____

_____

_____

평가 영역
■ 수학 사고력　□ 수학 창의성
□ 수학 STEAM

평가 요소
■ 개념 이해력　□ 개념 응용력
□ 유창성　□ 독창성 및 융통성
□ 문제 파악 능력　□ 문제 해결 능력

교과 영역
□ 수와 연산　■ 도형　□ 측정
□ 규칙성　□ 확률과 통계

난이도 ★ ★ ☆

다음 물음에 답하시오.

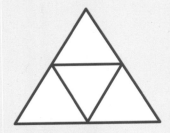

1 위 도형에서 찾을 수 있는 삼각형의 개수는 모두 몇 개인지 풀이과정과 함께 구하시오. [4점]

_____

_____

_____

_____

_____

2 찾을 수 있는 삼각형의 개수가 13개가 되도록 선분 하나를 그리시오. [4점]

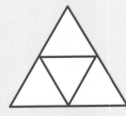 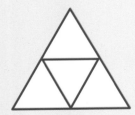 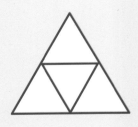

평가 영역
☐ 수학 사고력   ■ 수학 창의성
☐ 수학 STEAM

평가 요소
☐ 개념 이해력   ☐ 개념 응용력
■ 유창성   ■ 독창성 및 융통성
☐ 문제 파악 능력   ☐ 문제 해결 능력

교과 영역
☐ 수와 연산   ■ 도형   ☐ 측정
☐ 규칙성   ■ 확률과 통계

난이도 ★ ★ ★

다음 사진은 일반적으로 사용되고 있는 일회용 종이컵이다. 종이컵을 이와 같은 모양으로 만들었을 때 좋은 점을 다섯 가지 서술하시오. [10점]

❶

❷

❸

❹

❺

수학 창의성
47

평가 영역
□ 수학 사고력 ■ 수학 창의성
□ 수학 STEAM

평가 요소
□ 개념 이해력 □ 개념 응용력
■ 유창성 ■ 독창성 및 융통성
□ 문제 파악 능력 □ 문제 해결 능력

교과 영역
□ 수와 연산 □ 도형 □ 측정
□ 규칙성 ■ 확률과 통계

난이도 ★ ★ ☆

어느 초등학교의 A, B, C 세 반에서 각각 3명의 선수가 출전하여 게임을 하였다. 게임 결과 참가 학생 9명의 순위가 다음 표와 같을 때, A 반이 1등이 되도록 등수를 정하는 기준을 다섯 가지 쓰시오. [10점]

순위	1	2	3	4	5	6	7	8	9
반	B	A	A	C	C	A	C	B	B

❶

❷

❸

❹

❺

수학 창의성
48

평가 영역
☐ 수학 사고력 ☑ 수학 창의성
☐ 수학 STEAM

평가 요소
☐ 개념 이해력 ☐ 개념 응용력
☑ 유창성 ☐ 독창성 및 융통성
☐ 문제 파악 능력 ☐ 문제 해결 능력

교과 영역
☐ 수와 연산 ☑ 도형 ☐ 측정
☐ 규칙성 ☐ 확률과 통계

난이도 ★ ★ ★

백합은 6장의 꽃잎을 가진 꽃이다. 꽃 위에서 찍은 사진을 꽃의 중앙을 지나는 가로와 세로로 접는다면 완전히 포개어지므로, 백합은 상하좌우가 대칭인 모습이다. 이처럼 우리 주변에서 찾을 수 있는 상하좌우 대칭을 열 가지 찾아 쓰시오. [10점]

① _____

② _____

③ _____

④ _____

⑤ _____

⑥ _____

⑦ _____

⑧ _____

⑨ _____

⑩ _____

평가 영역
□ 수학 사고력 □ 수학 창의성
■ 수학 STEAM

평가 요소
□ 개념 이해력 □ 개념 응용력
□ 유창성 □ 독창성 및 융통성
■ 문제 파악 능력 □ 문제 해결 능력

교과 영역
□ 수와 연산 ■ 도형 ■ 측정
□ 규칙성 □ 확률과 통계

난이도 ★ ★ ☆

다음 기사를 읽고 물음에 답하시오.

기사

길거리의 광고판을 들여다보면 언제부턴가 오른쪽과 같은 정사각형 모양의 불규칙한 마크가 있음을 알 수 있다. 특수기호나 상형문자 같기도 한 이 마크를 'QR코드'라 한다. QR은 'Quick Response'의 약자로 빠른 응답을 얻을 수 있다는 의미이다. 기존의 바코드는 정보의 배열이 나란히 나열된 선 모양이므로 흔히 1차원 바코드라 부르고, QR코드는 점자식 또는 모자이크식 코드로 조그만 사각형 안에 정보를 표현하므로 2차원 바코드라 한다.

1 QR코드의 단점을 두 가지 서술하시오. [5점]

1

2

평가 영역
□ 수학 사고력   □ 수학 창의성
■ 수학 STEAM

평가 요소
□ 개념 이해력   □ 개념 응용력
□ 유창성   □ 독창성 및 융통성
□ 문제 파악 능력   ■ 문제 해결 능력

교과 영역
□ 수와 연산   ■ 도형   ■ 측정
□ 규칙성   □ 확률과 통계

난이도 ★ ★ ★

2 QR코드의 단점을 보완하거나 더 발전시킬 수 있는 방법을 두 가지 고안하시오. [5점]

❶

_____

_____

❷

_____

_____

_____

_____

_____

_____

_____

수학 STEAM
50

평가 영역
□ 수학 사고력 □ 수학 창의성
■ 수학 STEAM

평가 요소
□ 개념 이해력 □ 개념 응용력
□ 유창성 □ 독창성 및 융통성
■ 문제 파악 능력 □ 문제 해결 능력

교과 영역
■ 수와 연산 □ 도형 ■ 측정
□ 규칙성 □ 확률과 통계

난이도 ★ ★ ☆

다음 기사를 읽고 물음에 답하시오.

기사

전남 해남을 습격한 수십만 마리의 메뚜기 떼. 이러한 메뚜기 떼로 인한 피해는 신라시대 기록에서도 찾아볼 수 있다. 메뚜기들은 습기를 좋아하기 때문에 알을 낳아도 비가 와서 축축해져야 알에서 깨어난다. 하지만 가뭄이 들면 알들이 깨어나지 못하고 계속 쌓여 가다가 비가 내리면 일제히 부화한다. 이번 메뚜기 떼의 주인공은 풀무치이다. 풀무치들에 의해 추수를 앞둔 수 십 ha(헥타르, 1 헥타르=10,000 m²)의 논이 피해를 입은 것으로 조사되었다.

1 메뚜기 떼의 메뚜기 수는 정확하지 않지만 수십만 마리로 표현하였다. 이처럼 어떤 사실이나 정보를 수를 이용해 표현하는 이유를 세 가지 서술하시오. [5점]

① _____

_____

② _____

_____

③ _____

_____

_____

_____

_____

수
학
5
강

평가 영역
□ 수학 사고력 □ 수학 창의성
■ 수학 STEAM

평가 요소
□ 개념 이해력 □ 개념 응용력
□ 유창성 □ 독창성 및 융통성
□ 문제 파악 능력 ■ 문제 해결 능력

교과 영역
■ 수와 연산 □ 도형 ■ 측정
□ 규칙성 □ 확률과 통계

난이도 ★ ★ ★

2 메뚜기 떼의 메뚜기 수를 조금 더 정확하게 구하고자 한다. 메뚜기의 수를 추산하기 위한 방법을 두 가지 서술하시오. [10점]

❶

❷

안쌤의 창의적 문제해결력

파이널 수학 50제 5강

50제 시리즈로 대비할 수 있는

수학 대회
안내

☑ **4월** 초등수학 창의사고력 대회
— 서울교육대학교 주최

☑ **9월** 영재교육대상자 선발
— 교육청 주최

☑ 기출문제 및 예시문제

초등수학 창의사고력대회

👓 목적

초등학생의 수학에 대한 흥미를 증진시키고, 수학에 대한 관심과 이해 정도를 파악할 수 있는 기회를 제공한다.

👓 주최 · 주관 서울교육대학교 · 기초과학교육연구원원

👓 대상 및 참가인원

- 대상 : 전국 초등학교 3, 4, 5, 6학년 학생
- 참가비 : 40,000원(접수비 6,000원 포함)

👓 일시 및 장소

- 접수 기간 : 4월(홈페이지 참고)
- 시험 일시 : 4월(홈페이지 참고)
- 시험 장소 : 서울교육대학교

👓 시험 형식 및 출제 방향

- 시험 형식 : 주관식(단답형+서술형) 문항
- 출제 범위 : 하위 학년 전 과정~해당 학년 1학기 전 과정
- 출제 방향 : 하위 학년 전 과정~해당 학년 1학기 전 과정
  - 학교에서 학습한 모든 과목의 기초 지식을 활용하여 창의적으로 문제를 해결하는 능력을 평가한다.
  - 6개 수학 능력(수리능력, 공간능력, 표상능력, 추론능력, 종합능력, 창의능력)의 수준을 평가한다.

👓 홈페이지 http://bsedu.snue.ac.kr

[I] 아래 그림에서 위에 있는 칸의 ㉠ 지점을 출발하여 중간에 있는 다섯 개의 통로를 모두 한 번씩만 통과하여 아래 있는 칸의 ㉡ 지점까지 가려고 한다. 지나간 길이 서로 만나지 않게 가는 서로 다른 방법은 모두 몇 가 지인지 구하시오.

－(공간 능력)

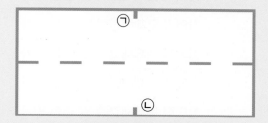

예를 들어 통로가 세 개인 경우는 아래 그림처럼 두 가지가 있다.

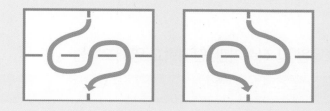

[모범답안] 4가지

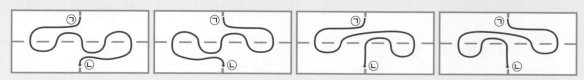

[II] 민수네 집은 아들만 셋이다. 옆집에 얼마 전 이사를 온 동수네 어머니가 민수네 집에 놀러오셨다. 동수 어 머니와 민수 어머니는 36세로 동갑이다. 동수 어머니가 민수네 아들들의 나이를 물어보니 민수 어머니가 다음과 같이 대답했다. 민수네 집의 큰 아들의 나이를 구하시오.

－(추론능력)

> "저희 집 세 아들의 나이를 곱하면 제 나이의 두 배가 됩니다."
> "저는 지금 초등학교에 다니는 가장 큰 아들을 낳은 후
> 몇 년 뒤에 아들 쌍둥이를 낳았습니다."

[모범답안] 8살

[해설] 큰 아들의 나이를 □라 하고, 쌍둥이의 나이를 ○라 하면

□×○×○ = 36×2 = 72, □ = 8(살), ○ = 3(살)

영재교육 대상자 선발

🤓 영재교육원 종류 및 시기

기관	선발 방법	선발 시기
교육지원청 영재교육원	창의적 문제해결력 및 면접 평가	11월~12월
단위학교 영재교육원	창의적 문제해결력 및 면접 평가	11월~12월
직속기관 영재교육원	창의적 문제해결력 및 면접 평가	11월~12월
영재학급	창의적 문제해결력 및 면접 평가	2월~3월
대학부설 영재교육원	창의적 문제해결력 및 면접 평가	8월~11월

※ 지역별로 선발 과정이 다를 수 있으니 반드시 해당 영재교육원 모집 공고를 확인하세요.

🤓 일정 및 방법

• 교육지원청 영재교육원 및 직속기관, 단위학교 영재교육원

단계	주관	일정	세부 내용
지원 단계	학생	11월	• GED에서 지원서, 자기체크리스트 작성 • 지원서를 출력하여 소속 학교 담임교사에게 제출
추천 단계	소속 학교	11월	• 담임교사 학생 지원 자료 확인 및 창의적인성검사 제출 • 학교추천위원회 학교별 지원자 명단 확인 후 최종 추천
창의적 문제해결력 및 면접 평가 단계	교육지원청	12월	• 창의적 문제해결력 및 면접 평가 실시
최종 합격자 발표	교육지원청	12월	• 아래 합산 성적순 −교사 체크리스트 : 20점 −창의적 문제해결력 평가 : 70점 −면접 : 10점

🤓 유의 사항

• 동일 교육청 소속 영재교육원 중복 지원 불가
• 동일 학년도 내에서 영재교육기관 합격자는 타 영재교육기관에 지원 불가
• 중복 지원이 허용되는 경우 중복 합격이 가능하지만 중복 등록은 불가

[Ⅰ] 하나의 큰 정사각형(네 변의 길이가 같은 도형)을 작은 정사각형 조각으로 나누어 보려고 한다. 정사각형을 다양하게 나누면 다음과 같은 모양이 만들어진다.

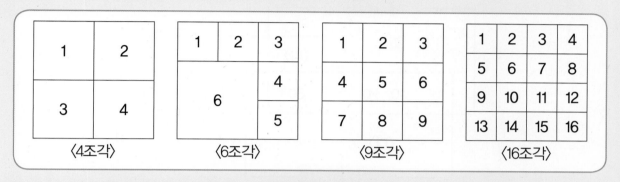

위 정사각형을 참고하여 조건에 맞게 아래 정사각형을 나누고 숫자를 적으시오.

〈7조각〉   〈8조각〉

〈10조각〉   〈13조각〉

[모범답안]

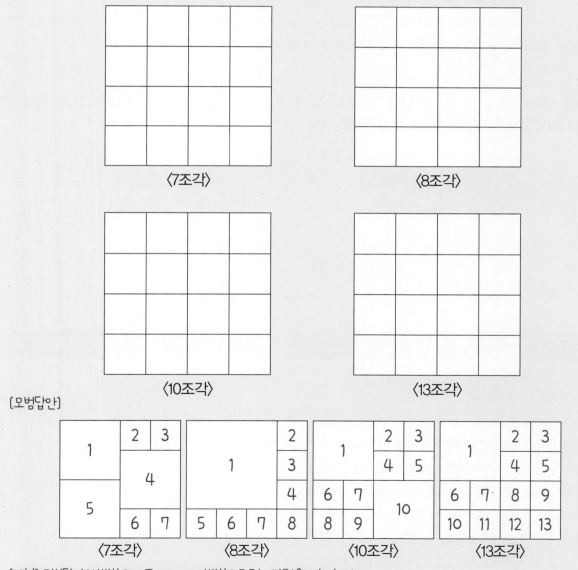

[해설] 모범답안의 방법 외에도 여러 가지 방법으로 정사각형을 나눌 수 있다.

[II] 다음 〈가〉, 〈나〉, 〈다〉에 들어갈 내용을 구하시오. (단, 사용된 수는 1부터 30까지의 수이다.)

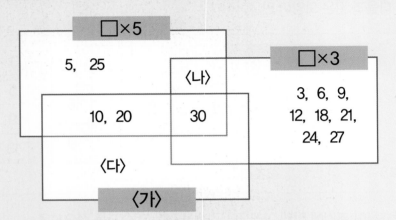

[모범답안] 〈가〉 : □×10 , 〈나〉 : 15, 〈다〉 : 없음

[해설] 〈가〉는 10, 20, 30의 수를 포함하므로 □×10이다. 〈나〉는 3의 배수이면서 5의 배수이고, 30을 제외한 수이므로 15이다.
〈다〉는 1부터 30까지의 수 중에서 10의 배수이면서 10, 20, 30을 제외한 수이므로 해당하는 수는 없다.

[III] 〈그림 1〉과 〈그림 2〉는 같은 모양의 그림이다. 〈그림 1〉의 A, B, C, D, E, F에 해당하는 〈그림 2〉의 숫자를 아래 표에 알맞게 써넣고, 풀이과정을 서술하시오.

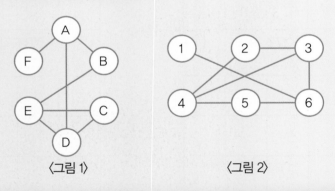

〈그림 1〉   〈그림 2〉

번호	A	B	C	D	E	F
알파벳에 해당되는 숫자	6	5	2	3	4	1

[풀이과정] 하나만 연결된 것은 F와 1이므로 F는 1이다. F와 연결된 것은 F-A, 1-6이므로 A는 6이다.

A에 연결된 B는 두 군데 연결되어 있으므로 6에 연결되어 있고 두 군데 연결되어 있는 5가 B이다.

B에 연결된 것은 E이고, 5에 연결된 것은 4이므로 E는 4이다.

A에 연결된 D는 세 군데 연결되어 있으므로 6에 연결되어 있고 세 군데 연결되어 있는 3이 D이다.

C는 E, D와 삼각형을 이루므로, 4, 3과 삼각형을 이루는 것은 2가 C이다.

그러므로 A는 6, B는 5, C는 2, D는 3, E는 4, F는 1이다.

[IV] 다음 글을 읽고 과일가게 주인이 위조지폐로 인해 손해 본 총 금액을 구하고 그렇게 생각한 이유를 서술하시오.

> 어떤 사람이 과일가게에 가서 8,000원짜리 수박을 사고 50,000원짜리 지폐를 주었다. 잔돈이 부족한 과일가게 주인은 옆에 있는 식당에서 돈을 바꾸어 잔돈 42,000원을 거슬러 주었다. 그런데 그 사람이 사라진 후 식당 주인으로부터 50,000원짜리 지폐가 위조지폐라는 것을 알게 되었다. 그러나 그 사람이 이미 사라진 뒤라 과일가게 주인은 식당 주인에게 50,000원을 변상하였다.

[모범답안] 식당 주인에게 5만 원을 받아서 손님에게 수박(8,000원)과 거스름돈 42,000원을 주고, 위조지폐로 인해 식당 주인에게 5만 원을 변상했으므로 손해 본 금액은 5만원이다.

[해설] 손님에게 받은 위조지폐 5만원을 그냥 종이로 생각하면 쉽다.

[V] 다음 모양과 같은 판이 있다. 주어진 도형 (가)와 (나)를 최소한으로 사용하여 판을 빈틈없이 덮는 방법을 나타내시오.

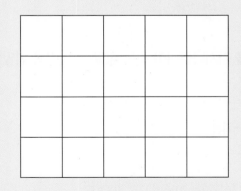

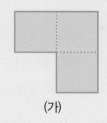

(가)

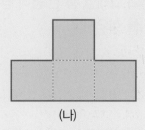

(나)

[모범답안]

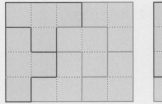
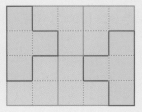

[해설] ▢의 개수가 (가)는 3개, (나)는 4개, 판은 4×5=20(개)이다. (나)만 사용하여 판을 빈틈없이 덮으려면 5개를 사용하면 된다. 그러나 (나)의 모양으로는 빈틈없이 덮을 수 없다. 그 다음으로 도형을 최소한으로 사용하는 방법은 (가) 4개, (나) 2개이다. 이 방법 외에도 빈틈없이 판을 덮는 방법은 여러 가지 있다.

[VI] 영재는 새로운 규칙의 주사위 놀이를 했다. 이 놀이는 주사위 1개를 두 번 굴려 나온 눈금에 따라 일정한 규칙으로 점수를 얻는 놀이이다.

〈주사위 놀이 방법〉
① 1회에 한 개의 주사위를 2번 던진다.
② 주사위를 던져 나온 눈금을 차례대로 결과표에 적는다.
③ 주사위 눈금의 결과에 따라 정해진 규칙으로 점수를 계산한다.

회	1회		2회		3회		4회		5회		6회		최종점수
결과	5	2	4	1	2	2	4	6	6	3	4	4	45
점수	3		3		4		24		3		8		

놀이 결과를 보고 알 수 있는 주사위 놀이의 점수 계산 방법을 모두 서술하시오.

[모범답안]

① 두 수의 차가 3이면 점수는 3이다.

② 두 수가 같으면 두 수를 합한 값이 점수이다.

③ 두 수의 차가 2이면 두 수를 곱한 값이 점수이다.

[VII] 헨젤과 그래텔 중 한 명이 감옥에 갇혀 남은 한 명이 식량을 가져다주어야 하는 상황이다. 감옥 비밀번호의 규칙을 찾으시오.

$$161224 - 16 - 24 - 48$$

[모범답안] 앞의 6자리 수는 연도와 월, 날짜를 순서대로 나타낸 것이다. 161224는 2016년 12월 24일이다.

다음 연속하는 3개의 두 자리 수는 앞의 여섯 자리 수를 이용해 만들 수 있다.

여섯 자리 수를 ABCDEF라고 한다면 연속하는 3개의 두 자리 수는 AB − (CD×2) − (EF×2)로 나타낼 수 있다.

[VIII] 삼각형 안과 밖의 수는 일정한 규칙으로 이루어져 있다. 그 규칙을 쓰고, 아래 삼각형에 같은 규칙이 되도록 빈 곳에 1~6까지의 수를 한 번씩 써넣으시오.

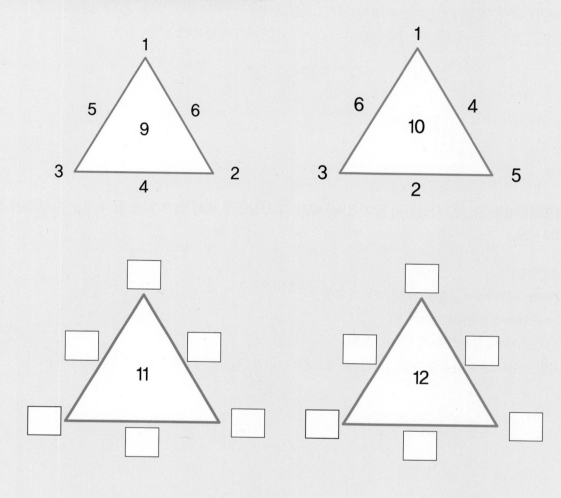

[모범답안]

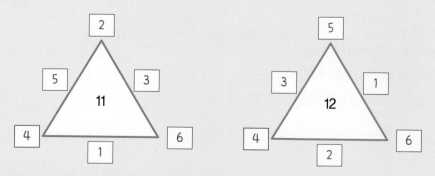

〈규칙〉 삼각형의 한 변에 놓인 수들의 합이 삼각형 안의 수가 된다.

[해설] 각 삼각형의 변에 놓인 수의 합은 33과 36이며, 빈칸에 들어갈 주어진 수(1~6)의 합은 21이다. 주어진 수를 이용해 33－21, 36－21의 값인 12와 15를 만들 수 있는 3개의 수를 찾아 삼각형의 각 꼭짓점에 넣고, 나머지 수를 채운다.

〈면접〉

[I] 다른 친구들과 어울리지 못하는 아이가 있을 때 나라면 어떻게 할 것인지 말해보시오.

[해설] 인성 면접 문제이다. 영재원에서는 대부분 팀으로 탐구하므로 갈등 해소 능력, 겉도는 친구를 포용하는 마음, 다른 사람의 감정을 공감하는 능력 등을 확인하는 질문이 많이 나온다. 미리 적절한 답안을 생각해보는 것이 좋다.

[II] 아프리카에는 가난한 사람들이 많이 있다. 내가 그 사람들을 위해 어떤 일을 할 수 있는지 방법을 3가지 말해보시오.

[모범답안]
① 여러 구호단체의 모금 활동, 기부, 후원을 통해 돕는다.
② 아프리카 어린이를 위해 편지를 쓴다.
③ 아프리카의 상황을 주변 사람들에게 알린다.
[해설] 어른이 되어서 돈을 벌어서 도와주겠다는 생각보다 지금 내가 할 수 있는 작은 도움을 생각해보는 것이 좋다.

[III] 수학이 생활에서 적용되는 예를 3가지 말해보시오.

[모범답안]
① 자동차의 연비를 계산할 때 사용한다.
② 마트나 편의점에서 물건 가격을 계산할 때 사용한다.
③ 게임을 만들었을 때 그 게임이 공정한지 판단할 때 사용한다.

[IV] 나의 장래 희망이 수학이나 과학과 연관 있는지 말해보시오.

[해설] 지원 분야에 맞지 않는 장래 희망보다 지원 분야에 맞는 장래 희망을 말하는 것이 좋다. 자신의 장래 희망과 관련된 수학이나 과학 부분을 찾아보고 사회에 어떤 영향이나 도움을 줄 수 있는지도 함께 찾아서 자신만의 답변을 준비하는 것이 좋다.

수학과 연관 있는 꿈은 통계학자, 수학자, 수학교사(중학교, 고등학교), 소프트프로그램 개발자 등이 있다. 과학과 연관 있는 꿈은 물리학자, 천문연구원, 항공우주공학연구원, 인공위성 개발자, 전기전자연구원, 관제사, 기계공학자(엔지니어), 생태학자, 천문학자, 환경공학연구원, 생명공학연구원, 과학교사 등이 있다.

[V] 모둠원들이 민수의 행동을 선생님께 말씀 드려야 할지에 대해 자신의 입장을 정하여 토론하시오.

> 민수네 학급은 오늘 미술 시간에 협동화 그리기를 했습니다. 그러나 민수는 자기가 맡은 그림에 색칠도 안 하고 놀기만 했습니다. 끝날 시간이 되자 모둠 아이들은 마음이 급한 나머지 민수의 그림까지 함께 색칠해서 냈습니다. 선생님은 민수네 모둠의 협동화가 가장 멋있다고 칭찬을 해 주시며 모둠원 전체에게 스티커를 한 장씩 주셨습니다. 모둠원들은 민수가 협동화 그리기는 하지 않고 장난만 치고 스티커를 받았다는 사실을 선생님께 말씀드려야 할지 고민했습니다.

[해설] 모둠 활동에서 자주 발생할 수 있는 상황이다. 모둠 활동에서 주로 1명이 주도적으로 하고 1~2명이 참여를 하지 않는 경우가 발생하기도 한다. 협동화나 조별 과제 등을 해결할 때 참여하지 않는 친구가 생기면 대부분 한두 번 이야기하고 그래도 참여하지 않으면 선생님께 말씀드린다. 그러나 이번 상황은 민수에게 색칠하라고 이야기하는 사람도 없었고, 선생님께 말씀드리지도 않은 상황에서 민수를 빼고 협동화를 마무리했다. 모둠원들이 민수의 행동을 선생님께 말씀드린다면 모둠원들이 민수와 협동하려고 노력하지 않는 부분에서 모둠원들에게 준 스티커를 모두 회수할 수 있다. 또한, 선생님께 민수의 행동을 말씀드린다고 해서 민수가 다음부터 협동할 확률은 그리 높지 않을 것이다. 가장 중요한 핵심은 민수가 왜 협동하지 않았는지에 대한 모둠원들의 고민 없이 민수를 무시한 부분이다. 따라서 선생님께 말씀드리는 부분보다는 민수와 협동하기 위해 어떻게 해야 하는 것이 좋을지에 대한 해결 방안을 이야기하는 것이 좋다.

안쌤이 추천하는
영재교육원 대비 3,4학년 로드맵

STEP

개념+창의력

안쌤의 최상위 줄기과학 초등 시리즈 `학기별 8강, 총 32강`

STEP
문제해결력

안쌤의 창의적 문제해결력 시리즈 `수학 8강, 과학 8강`

STEP
실전테스트

안쌤의 창의적 문제해결력 실전 시리즈 `수학 50제, 과학 50제, 모의고사 4회`

안쌤이 추천하는
영재교육원 대비 5,6학년 로드맵

STEP

개념+창의력

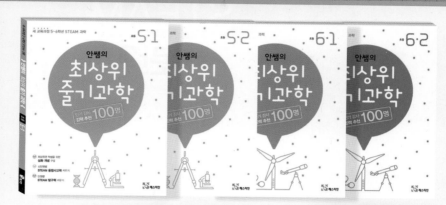

안쌤의 최상위 줄기과학 초등 시리즈 | 학기별 8강, 총 32강

STEP

문제해결력

안쌤의 창의적 문제해결력 시리즈 | 수학 8강, 과학 8강

STEP

실전 대비

안쌤의 창의적 문제해결력 실전 시리즈 | 수학 50제, 과학 50제, 모의고사 4회

융합인재교육 STEAM 이란?

과학 [Science] **S**
수학 [Mathematics] **M**
STEAM 융합인재교육
기술 [Technology] **T**
예술 [Art] **A**
공학 [Engineering] **E**

· 수학, 과학, 기술, 공학 간 상호 연계성 고려, 학문 간 공통 핵심 요소 중심으로 교육
· 예술적 소양을 함양하고 타 학문에 대한 이해가 깊은 미래형 인재 양성으로 교육

[자료 출처 : 한국과학창의재단]

융합인재교육은 과학기술공학과 관련된 다양한 분야의 융합적 지식, 과정, 본성에 대한 흥미와 이해를 높여 창의적이고 종합적으로 문제를 해결할 수 있는 융합적 소양(STEAM Literacy)을 갖춘 인재를 양성하는 교육이라고 정의하고 있다. 학습자가 실제 문제 상황을 다양하게 설계하고 해결하는 과정을 통해 새로운 개념을 생성하고, 창의적으로 설계하며, 더불어 사는 인성, 즉 사회적 감성을 발달하도록 하는 것이다.
이러한 융합인재교육(STEAM)의 목적은 다음과 같이 정리할 수 있다.

✽ 빠르게 변화하는 사회 변화의 적응력을 높이는 것이다.
✽ 개인의 창의인성, 지성과 감성의 균형 있는 발달을 돕는 것이다.
✽ 타인을 배려하고 협력하며, 소통하는 능력을 함양하는 것이다.
✽ 과학 효능감과 자신감, 과학에 대한 흥미 등을 증진시킴으로써 과학 학습에 대한 동기 유발을 높이는 것이다.
✽ 융합적 지식 및 과정의 중요성을 인식시키는 것이다.
✽ 학습자 중심의 수평적 융합적 교육으로 전환하는 것이다.
✽ 합리적이고 다양성을 인정하는 문화 형성에 기여하는 것이다.
✽ 대중의 과학화를 기반으로 한 합리적인 사회를 구성하는 데 기여하는 것이다.
✽ 창조적 협력 인재를 양성하는 것이다.
✽ 수학, 과학, 기술, 공학 간 상호 연계성 고려, 학문 간 공통 핵심 요소 중심으로 교육
✽ 예술적 소양을 함양하고 타 학문에 대한 이해가 깊은 미래형 인재 양성으로 교육

영재교육원 영재학급 관찰추천제 대비

안쌤의
「창의적 문제 해결력」 수학 과학 공통

모의고사

1 모의고사[4회]

○ 최근 시행된 전국 관찰추천제 **기출 완벽 분석 및 반영**

○ 서울권 창의적 문제해결력 **평가 대비**

○ 영재성검사, 학문적성검사, **창의적 문제해결력 검사 대비**

2 평가 가이드 및 부록

○ 영역별 점수에 따른 **학습 방향 제시와 차별화된 평가 가이드 수록**

○ 창의적 문제해결력 평가와 면접 기출유형 및 예시답안이 포함된 **관찰추천제 사용설명서 수록**

안쌤의
줄기과학 시리즈

새 교육과정
3~4학년
학기별
STEAM 과학

3-1 **8강** 3-2 **8강**　　　　4-1 **8강** 4-2 **8강**

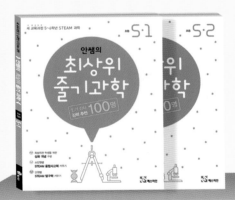

새 교육과정
5~6학년
학기별
STEAM 과학

5-1 **8강** 5-2 **8강**　　　　6-1 **8강** 6-2 **8강**

새 교육과정
중등 영역별
STEAM 과학

물리학 **24강**　화학 **16강**　생명과학 **16강**　지구과학 **16강**　　물리학 워크북　　화학 워크북

5일 완성 프로젝트

파이널

안쌤의 창의적 문제해결력

수학 50제

정답 및 해설

파이널 50제 5강 구성

★ 영재성검사, 창의적 문제해결력 평가 및 검사,
  창의탐구력 검사에 공통으로 출제되는 수학 사고력,
  수학 창의성, 수학 STEAM(융합사고) 문제 유형으로 구성

★ 서술형 채점 기준으로 자신의 답안을 채점하면서
  답안 작성 능력을 향상시킬 수 있도록 구성

부록 |
50제 시리즈로 대비할 수 있는
수학 대회 안내

초등수학 창의사고력 대회, 영재교육원 선발에 대한 안내와 기출 유형 문제 수록

초등
3~4학년

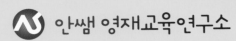 안쌤 영재교육연구소

상위 1%가 되는 길로 안내하는 이정표로,
학생들이 꿈을 이루어갈 수 있도록 콘텐츠 개발과 강의 연구를 하고 있다.

저자 **안쌤 영재교육연구소**

안재범, 최은화, 유나영, 이상호, 추진희, 허재이, 오아린, 이나연, 김혜진, 김샛별, 최혜성

검수

강영미, 권영경, 김혜선, 송경화, 안혜정, 오소영, 이미영, 이진실, 장시영, 전정희, 정회은

이 교재에 도움을 주신 선생님

강수남, 김영균, 김정환, 김지영, 김진선, 김진영, 김형진, 노관호, 류수진, 박기훈, 박미경, 박선재,
박지숙, 어유선, 윤소영, 이경미, 이미영, 이석영, 이아란, 전익찬, 전현정, 정영숙, 정회은, 조지흔

영재교육원 영재학급 관찰추천제 대비

5일 완성 프로젝트

파이널

안쌤의 창의적 문제해결력

수학 50제

정답
및
해설

초등
3~4 학년

매스티안

문항 구성 및 채점표

평가영역 문항	수학 사고력		수학 창의성		수학 STEAM	
	개념 이해력	개념 응용력	유창성	독창성 및 융통성	문제 파악 능력	문제 해결 능력
1	점					
2		점				
3	점					
4		점				
5		점				
6			점	점		
7			점			
8			점	점		
9					점	점
10					점	점

평가영역별 점수	개념 이해력	개념 응용력	유창성	독창성 및 융통성	문제 파악 능력	문제 해결 능력
	수학 사고력		수학 창의성		수학 STEAM	
	/ 40점		/ 30점		/ 30점	

총점	

평가 결과에 따른 학습 방향

사고력	35점 이상	정확하게 답안을 작성하는 연습을 하세요.
	24~34점	교과 개념과 연관된 응용문제로 문제 적응력을 기르세요.
	23점 이하	틀린 문항과 관련된 교과 개념을 다시 공부하세요.

창의성	26점 이상	보다 독창성 및 융통성 있는 아이디어를 내는 연습을 하세요.
	18~25점	다양한 관점의 아이디어를 더 내는 연습을 하세요.
	17점 이하	적절한 아이디어를 더 내는 연습을 하세요.

STEAM	26점 이상	답안을 보다 구체적으로 작성하는 연습을 하세요.
	18~25점	문제 해결 방안의 아이디어를 다양하게 내는 연습을 하세요.
	17점 이하	실생활과 관련된 수학 기사로 수학적 사고를 확장하는 연습을 하세요.

정답 및 해설

01

· 풀이과정

1부터 100까지의 수를 순서대로 5로 나누어 보면 그 나머지는

1, 2, 3, 4, 0, 1, 2, 3, 4, 0, … 과 같이 1, 2, 3, 4, 0의 5개의 수가 반복되는 규칙이 있다.

100은 5개의 수가 20번 반복되므로 1부터 100까지의 수를 5로 나눈

나머지의 합은 (1+2+3+4+0)×20=200이다.

· 답 : 200

요소별 채점 기준	점수
나머지의 규칙을 설명한 경우	6점
나머지를 더한 값을 구한 경우	2점

[해설] 나눗셈을 이용해 나머지를 구할 수 있어야 한다. 나머지로 나온 숫자들 사이의 규칙성을 발견하면 그 규칙성을 이용해 계산을 쉽게 할 수 있다. 1부터 100까지의 수를 5로 나눌 때의 나머지를 모두 직접 구하지 않도록 한다.

02

· 풀이과정

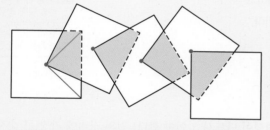

(가)와 같이 색칠된 부분의 넓이를 비교해 보면,

색칠된 부분 1개의 넓이는 색종이 전체 넓이의 $\frac{1}{4}$이다.

따라서 색칠된 부분의 넓이의 합은 색종이 1개의 넓이와 같다.

색칠된 부분의 넓이의 합=10×10=100 (cm²)

· 답 : 100 cm²

요소별 채점 기준	점수
정사각형 한 개에서 색칠된 부분의 넓이를 구한 경우	4점
답을 구한 경우	4점

[해설] 그림과 같이 보조선을 이용해 색종이의 겹친 부분의 넓이를 확인해 보면 전체 넓이의 $\frac{1}{4}$임을 알 수 있다.

03

• **풀이과정**

높은 자리일수록 큰 숫자를 사용해야 한다.

9□□□×8□□□

백의 자리는 9와 8을 제외한 가장 큰 숫자인 7이 큰 숫자인 9□□□와 곱해져야 한다.

96□□×87□□

십의 자리 역시 남은 수 중 가장 큰 수인 5가 큰 숫자인 96□□와 곱해져야 한다.

964□×875□

일의 자리도 3이 큰 수인 9 6 4 □와 곱해져야 한다.

따라서 두 네 자리 수의 곱이 가장 큰 경우는 9642×8753이다.

• **답** : 9642, 8753

❷

• **풀이과정**

두 네 자리 수의 곱이 가장 큰 경우는 9642×8753이므로

두 네 자리 수의 합은 9642＋8753＝18395이고

두 네 자리 수의 차는 9642－8753＝889이다.

• **답** : 합 18395, 차 889

요소별 채점 기준	점수
곱이 가장 큰 식을 만드는 방법을 바르게 설명한 경우	3점
곱이 가장 큰 두 네 자리 수를 구한 경우	2점
두 네 자리 수의 합과 차를 구한 경우	3점

[해설]

❶ 백의 자리에 들어갈 숫자를 결정하는 방법에 대한 설명이 반드시 있어야 한다. 천의 자리에 가장 큰 숫자가 사용된 9□□□와 곱해지는 수의 백의 자리에 7이 들어가야 두 수의 곱이 가장 큰 값이 된다.

04

• **풀이과정**

집에서 출발한 시각＝오후 11시 30－1시간 30분＝오후 10시이고

집에 도착한 시각＝오후 6시 30분＋55분＝오후 7시 25분이다.

밤 12시를 기준으로 2시간 전인 어젯밤 10시에 출발하여

19시간 25분 후인 오늘 오후 7시 25분에 도착했으므로

걸린 시간은 21시간 25분이다.

• **답** : 21시간 25분

요소별 채점 기준	점수
출발 시각과 도착 시각을 바르게 구한 경우	4점
걸린 시간을 구한 경우	4점

[해설] 집에서 출발하여 다시 집으로 돌아온 시각을 구하는 데 필요한 내용만을 찾아 계산할 수 있도록 한다.

05

❶ 분자의 자리에 위치한 ☐ 안에 들어갈 숫자의 합은 7의 배수가 되어야 한다.

❷

• **풀이과정**

−분자의 자리에 위치한 ☐ 안에 들어갈 숫자의 합이 7이 되는 경우

$$3\frac{1}{7}+5\frac{2}{7}+6\frac{4}{7}=15$$

−분자의 자리에 위치한 ☐ 안에 들어갈 숫자의 합이 14가 되는 경우

$$1\frac{3}{7}+2\frac{5}{7}+4\frac{6}{7}=9$$

• **답** : $3\frac{1}{7}+5\frac{2}{7}+6\frac{4}{7}=15$, $1\frac{3}{7}+2\frac{5}{7}+4\frac{6}{7}=9$

요소별 채점 기준	점수
식의 결과가 자연수가 되는 조건을 바르게 서술한 경우	4점
자연수가 되는 경우를 모두 구한 경우	4점

[해설]

❶ 분수의 덧셈은 분모는 변함없이 분자의 숫자만 더한다. 이때 자연수가 되기 위해서는 분자가 분모의 배수가 되어 약분이 되어야 하므로 분자에 들어가는 숫자의 합이 7의 배수가 되어야 한다.

❷ 분자의 자리에 위치한 ☐ 안에 들어갈 숫자들의 합은 7의 배수인 7이나 14가 되어야 한다. 계산 결과가 자연수가 되는 경우를 찾는 것이므로 ☐ 안에 들어갈 숫자의 순서가 다르더라도 계산 결과가 맞으면 점수를 부여한다.

$3\frac{1}{7}+5\frac{2}{7}+6\frac{4}{7}=15$, $6\frac{2}{7}+3\frac{4}{7}+5\frac{1}{7}=15$, $3\frac{4}{7}+6\frac{2}{7}+5\frac{1}{7}=15$ 모두 같은 경우이다.

06

• ╲방향의 수들은 8씩 커지는 규칙을 가지고 있다.
• ╱방향의 수들은 6씩 커지는 규칙을 가지고 있다.
• 파란색 선으로 이은 수들의 합은 같다.
  6+14+22=8+14+20
• 세로 줄의 수들은 7씩 커지는 규칙을 가지고 있다.
• 가로 줄의 수들은 1씩 커지는 규칙을 가지고 있다.

※ 유창성 [6점]

총체적 채점 기준	점수
한 가지 마다	2점

※ 독창성 및 융통성 [4점]

요소별 채점 기준	점수
증감과 관련된 규칙을 서술한 경우	2점
합과 차에 관련된 규칙을 서술한 경우	2점

[해설] 달력의 녹색 사각형 안의 수 배열에서 찾을 수 있는 규칙은 모두 점수를 부여한다.

07

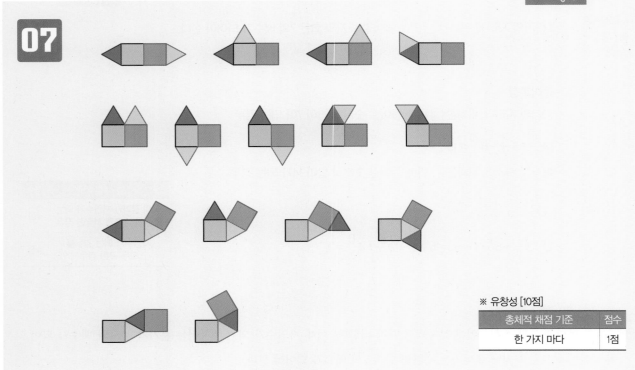

[해설] 3개의 도형으로 만들 수 있는 도형을 먼저 찾고, 나머지 1개의 도형을 붙여서 만들 수 있는 도형을 찾는다.

08

• 좋은 점
- 굴러가서 깨질 일이 없을 것이다.
- 포장하기 쉬울 것이다.
- 냉장고에 정리하기 쉬울 것이다.

• 나쁜 점
- 닭이 알을 낳을 때 아플 것 같다.
- 계란껍질이 더 잘 부서질 것 같다.

• 재미있는 점
- 정육면체 모양의 알에서 태어난 병아리의 머리 모양은 네모일 것이다.
- 달걀이 정육면체이므로 안에 있는 노른자도 정육면체일 것이다.
- 달걀로 블록 놀이를 할 수 있을 것이다.
- 콜럼버스의 달걀 일화가 사라질 것이다.

정답 및 해설

[해설] 문제의 달걀과 상관없는 것은 답안으로 보지 않는다.

콜럼버스가 신대륙을 발견하고 지구는 둥글다는 것을 증명했다. 그런데 사람들은 그것쯤이야 누구나 할 수 있다는 말들을 하며 시기와 질투를 했다. 콜럼버스는 자기를 질투하는 무리들에게 달걀을 한 번 세워보라고 했다. 아무도 둥근 달걀을 세우지 못 했다. 콜럼버스는 달걀 한쪽을 깨서 달걀 한쪽을 평평하게 만들어 세웠다. 달걀을 깨서 세우는 것은 알고 보면 쉬운 것이고, 남이 하고 난 다음엔 더 쉬워 보인다. 하지만 처음으로 그 일을 하는 것은 쉽지 않다. 이것이 콜럼버스의 달걀 일화이다.

❶

- 만약 다른 나라로 여행을 가거나 유학을 가게 되었을 때, 새로운 기호를 익혀야 하는 불편함이 생길 것이다.
- 다른 나라 수학자들이 연구한 결과를 확인하고 배우는 데 많은 노력과 시간이 걸리므로 지금보다 수학이 발전하는 속도가 매우 느릴 것이다.
- 다른 나라와 물건을 사고팔 때 의사소통에 어려움이 생길 것이다.

총체적 채점 기준	점수
두 가지를 서술한 경우	5점
한 가지를 서술한 경우	2점

❷

- **북덧셈**
  ① 책을 한 권 준비하고, 두 사람 또는 여러 사람이 가위 바위 보를 해서 순서를 정한다.
  ② 정한 순서대로 준비한 책의 아무 면이나 펼쳐 왼쪽의 페이지 수를 확인한다.
  ③ 페이지의 각 자리 수를 모두 더해 더 큰 수가 나오는 사람이 이긴다.

- **셈카드**
  ① 1~9까지의 숫자 카드를 2세트 준비한다.
  ② 잘 섞은 숫자 카드를 뒤집어 놓은 뒤 목표수를 정한다.
  ③ 한 장씩 숫자 카드를 가지고 간 뒤, 숫자 카드의 수를 더해서 먼저 목표수를 만드는 사람이 이긴다.

요소별 채점 기준	점수
게임의 이름이 게임 내용을 나타내는 경우	2점
게임의 방법을 설명한 경우	4점
여러 사람이 공정하게 할 수 있는 게임인 경우	2점

[해설]

❶ 수학에서 사용되는 기호는 수학의 언어이자 약속이다. 실제 나라마다 행동의 의미가 다른 경우가 있다. 대부분의 나라에서 고개를 끄덕이는 것은 '네'를 뜻하지만 인도에서는 '아니오'를 뜻한다.

❷ 친구들과 할 수 있는 게임이므로 여러 사람이 할 수 있는 게임이어야 하며, 덧셈을 활용하고 승부를 가리는 방법이 공정해야 한다.

①

- 비행기는 하늘을 날기 때문에 무게를 가볍게 하는 것이 중요하다. 바퀴의 수를 줄여서 바퀴와 바퀴와 관련된 장치의 무게를 줄이기 위해 바퀴를 세 군데에만 달았다.
- 비행기의 가장 무거운 부분은 날개 부분이다. 날개 부분의 무게를 견디기 위해 두 개의 바퀴를 달고 균형을 잡기 위해 앞쪽에 하나의 바퀴를 더 달았다.
- 세 점을 이은 삼각형은 하나의 평면을 결정한다. 즉 세 개의 바퀴를 이용해 착륙하게 되면 바닥이 평평하지 않아도 쓰러지지 않고 균형을 잡을 수 있기 때문에 바퀴를 세 군데에만 달았다.

총체적 채점 기준	점수
세 가지 이유를 서술한 경우	5점
두 가지 이유를 서술한 경우	3점
한 가지 이유를 서술한 경우	1점

②

- 카메라를 세워두는 삼각대
- 악보를 올려두는 악보대
- 선조들이 주로 야외에서 사용하던 개다리소반 (다리가 세 개인 상)
- 실험에 사용되는 삼발이
- 야외에서 사용되는 휴대용 버너
- 어릴 때 타던 세발자전거

총체적 채점 기준	점수
삼각형의 성질을 이용한 것 한 가지 마다	2점

[해설]

① 모든 비행기의 바퀴가 3군데에 달린 것은 아니다. 하지만 덤프트럭보다 무거운 전투기나 대부분의 여객기는 3군데에 바퀴를 달고 있다. 덤프트럭과 비교해 그 이유를 찾아본다.

② 사용된 모양이 삼각형이며 그 이유가 삼각형의 성질과 관련이 있는 물건을 찾아본다.

문항 구성 및 채점표

평가영역 문항	수학 사고력		수학 창의성		수학 STEAM	
	개념 이해력	개념 응용력	유창성	독창성 및 융통성	문제 파악 능력	문제 해결 능력
11	점					
12	점					
13	점					
14		점				
15		점				
16			점	점		
17			점	점		
18			점	점		
19					점	점
20					점	점

	개념 이해력	개념 응용력	유창성	독창성 및 융통성	문제 파악 능력	문제 해결 능력
평가영역별 점수						
	수학 사고력		수학 창의성		수학 STEAM	
	/40점		/30점		/30점	

총점	

평가 결과에 따른 학습 방향

사고력	35점 이상	정확하게 답안을 작성하는 연습을 하세요.
	24~34점	교과 개념과 연관된 응용문제로 문제 적응력을 기르세요.
	23점 이하	틀린 문항과 관련된 교과 개념을 다시 공부하세요.
창의성	26점 이상	보다 독창성 및 융통성 있는 아이디어를 내는 연습을 하세요.
	18~25점	다양한 관점의 아이디어를 더 내는 연습을 하세요.
	17점 이하	적절한 아이디어를 더 내는 연습을 하세요.
STEAM	26점 이상	답안을 보다 구체적으로 작성하는 연습을 하세요.
	18~25점	문제 해결 방안의 아이디어를 다양하게 내는 연습을 하세요.
	17점 이하	실생활과 관련된 수학 기사로 수학적 사고를 확장하는 연습을 하세요.

11

5L 물통에 물을 가득 채운 후 3L 물통에 물을 부어 2L를 남긴다. 3L 물통을 비운 후 5L 물통에 담긴 2L의 물을 3L 물통에 담는다. 5L 물통에 물을 가득 채워 2L의 물이 담긴 3L 물통에 1L의 물을 채우면 5L 물통에 4L의 물이 남는다.

구분	3L 물통	5L 물통
처음	0	0
1회	0	5
2회	3	2
3회	0	2
4회	2	0
5회	2	5
6회	3	4

요소별 채점 기준	점수
표를 이용한 경우	4점
방법을 바르게 서술한 경우	4점

[해설] 3L, 5L 들이 물통을 활용하는 문제는 물통으로 물 3L, 5L를 담을 수 있고, 다른 물통으로 옮기면서 생기는 합과 차를 이용하여 문제에서 요구하는 답을 가장 적은 횟수로 구한다.

다음과 같이 구할 수도 있다.

3L 물통에 물을 가득 채운 후 5L 물통에 붓고, 다시 한번 3L 물통에 물을 가득 채워 5L 물통을 가득 채운다. 가득 찬 5L 물통의 물을 버리고 3L 물통에 담긴 1L의 물을 5L 물통에 옮겨 담는다. 3L 물통을 가득 채워 5L 물통에 부으면 5L 물통에 4L의 물이 담긴다.

구분	3L 물통	5L 물통
처음	0	0
1회	3	0
2회	0	3
3회	3	3
4회	1	5
5회	1	0
6회	0	1
7회	3	1
8회	0	4

12

- **풀이과정**

① 7로 나누면 나머지가 3이 되는 가장 작은 두 자리 수는 7×1+3=10이다.

10부터 7씩 커지는 두 자리 수가 7로 나누면 나머지가 3이 되는 두 자리 수이다.

따라서 10, 17, 24, 31, 38, 45, 52, 59, 66, 73, 80, 87, 94의 13개이다.

② 9로 나누면 나머지가 6이 되는 가장 작은 두 자리 수는

9×1+7=16이다.

16부터 9씩 커지는 두 자리 수가 9로 나누면 나머지가 7이 되는

두 자리 수이다. 따라서 16, 25, 34, 43, 52, 61, 70, 79, 88, 97의 10개이다.

①과 ② 조건을 각각 만족하는 두 자리 수의 개수의 합은 13+10=23이다.

- **답 : 23**

요소별 채점 기준	점수
7로 나누면 나머지가 3이 되는 수를 모두 구한 경우	3점
9로 나누면 나머지가 7이 되는 수를 모두 구한 경우	3점
각 조건을 만족하는 수의 개수를 구한 경우	1점
개수의 합을 구한 경우	1점

[해설] 7×1+3=10이므로 7로 나누면 나머지가 3인 가장 작은 수는 10이다.

또 9×1+7=16이므로 9로 나누면 나머지가 7인 가장 작은 수는 16이다.

13

❶

- **풀이과정**

작은 원의 지름×5+3×6=68 (cm)이므로

작은 원의 지름×5=50 (cm), 작은 원의 지름=50÷5=10 (cm)이다.

- **답 : 10 cm**

❷

- **풀이과정**

큰 원의 지름×5−3×4=68 (cm)이므로 큰 원의 지름×5=80 (cm)이다.

큰 원의 지름=80÷5=16 (cm)이고,

큰 원의 반지름=16÷2=8 (cm)이다.

- **답 : 8 cm**

요소별 채점 기준	점수
작은 원의 지름을 구하는 풀이과정을 서술한 경우	2점
작은 원의 지름을 구한 경우	2점
큰 원의 반지름을 구하는 풀이과정을 서술한 경우	2점
큰 원의 반지름을 구한 경우	2점

[해설]

❶ 작은 원과 큰 원 사이의 겹치는 부분의 길이를 고려하여 작은 원의 지름을 정확하게 구한다.

❷ 다음과 같이 구할 수도 있다.

큰 원의 반지름=작은 원의 지름÷2+3=10÷2+3=8 (cm)

큰 원의 반지름=(작은 원의 지름+6)÷2=(10+6)÷2=8 (cm)

14

• 풀이과정

– 저울 한쪽에 추 1개를 놓아서 잴 수 있는 무게 : 1 kg, 3 kg, 9 kg ➡ 3가지

– 저울 한쪽에 추 2개를 놓아서 잴 수 있는 무게 :

  4 kg(1 kg + 3 kg), 10 kg(1 kg + 9 kg), 12 kg(3 kg + 9 kg) ➡ 3가지

– 저울 한쪽에 추 3개를 놓아서 잴 수 있는 무게 : 13 kg ➡ 1가지

– 저울 양쪽에 추를 놓아서 잴 수 있는 무게 :

  3 kg − 1 kg = 2 kg,

  9 kg − 3 kg − 1 kg = 5 kg,

  9 kg − 3 kg = 6 kg,

  9 kg + 1 kg − 3 kg = 7 kg,

  9 kg − 1 kg = 8 kg,

  9 kg + 3 kg − 1 kg = 11 kg ➡ 6가지

  따라서 모두 13가지의 무게를 잴 수 있다.

• 답 : 13가지

총체적 채점 기준	점수
열 세 가지의 경우를 모두 구한 경우	8점
한 가지 경우가 부족할 경우	각 −1점

[해설] 저울 양쪽에 추를 놓아 잴 수 있는 무게도 구해야 한다.

• 2 kg : 저울의 한 쪽에 3 kg인 추를 놓고 다른 쪽에 1 kg의 추를 놓는다.

• 5 kg : 저울의 한 쪽에 9 kg인 추를 놓고 다른 쪽에 1 kg과 3 kg의 추를 함께 놓는다.

• 6 kg : 저울의 한 쪽에 9 kg인 추를 놓고 다른 쪽에 3 kg의 추를 놓는다.

• 7 kg : 저울의 한 쪽에 3 kg인 추를 놓고 다른 쪽에 1 kg과 9 kg의 추를 함께 놓는다.

• 8 kg : 저울의 한 쪽에 9 kg인 추를 놓고 다른 쪽에 1 kg의 추를 놓는다.

• 11 kg : 저울의 한 쪽에 1 kg인 추를 놓고 다른 쪽에 3 kg과 9 kg의 추를 함께 놓는다.

15

• 풀이과정

말 4마리와 소 6마리가 하루에 먹는 물은 42 L이므로 다음과 같이 표를 만들 수 있다.

하루에 먹는 물(L)	42	42	42	42	42	42
소 1마리가 하루에 먹는 물(L)	1	2	3	4	5	6
소 6마리가 하루에 먹는 물(L)	6	12	18	24	30	36
말 4마리가 하루에 먹는 물(L)	36	30	24	18	12	6
말 1마리가 하루에 먹는 물(L)	9		6		3	

가능한 경우는 소가 1 L씩, 말이 9 L씩 먹을 때, 소가 3 L씩, 말이 6 L씩 먹을 때, 소가 5 L씩, 말이 3 L씩 먹을 때의 3가지 경우이다.

소가 3 L씩, 말이 6 L씩 먹는다고 할 때,

말 7마리와 소 15마리가 하루에 먹는 물은

$3 \times 15 + 6 \times 7 = 45 + 42 = 87$ (L)로 조건을 모두 만족한다.

따라서 소는 3 L씩, 말은 6 L씩 물을 먹으므로 준비해야 할 물은

$3 \times 4 + 6 \times 6 = 12 + 36 = 48$ (L)이다.

• 답 : 48 L

요소별 채점 기준	점수
풀이과정을 바르게 서술한 경우	6점
준비해야 할 물의 양을 구한 경우	2점

[해설] 말과 소의 먹는 물의 양을 알아보는 표를 그릴 때 마리수가 많은 소를 먼저 계산하는 것이 편하다.

말과 소가 하루에 1 L 단위로 물을 먹는다는 조건은 말과 소가 하루에 먹는 물에 양이 자연수라는 것을 의미한다. 그리고 말과 소가 하루에 먹는 물의 양이 일정하므로 말과 소 한 마리가 각각 하루에 먹는 물의 양을 구하면 여러 마리가 먹는 물의 양을 구할 수 있다.

예시답안

16
• 자동차 바퀴, 자전거 바퀴, 수레바퀴 : 잘 굴러가기 위해 원 모양이 사용되었다.
• 이어폰 : 귀의 모양을 본떠 귓속에 잘 들어가기 위해 원 모양으로 만들었다.
• 휴대전화의 모서리 : 예쁜 모양과 안전을 위해 원의 일부를 본떠 만들었다.
• 통조림 : 적은 재료로 많은 내용물을 담고 뚜껑을 만들기 쉬우며 안전을 위해 원 모양이 사용되었다.
• 보온병 : 같은 양의 내용물을 담을 때 열을 빼앗기는 표면의 넓이를 줄이기 위해 원 모양이 사용되었다.
• 맨홀 뚜껑 : 뚜껑이 맨홀에 빠지지 않도록 원 모양으로 만들었다.
• 프라이팬 바닥 : 가열하는 중심으로부터 같은 거리가 되도록 하기 위해 원 모양으로 만들었다.
• 컵 : 안정적이고 다른 도형들에 비해 부피가 커서 많은 양의 물을 담을 수 있다.

※ 유창성 [6점]
총체적 채점 기준	점수
다섯 가지를 서술한 경우	6점
네 가지를 서술한 경우	4점
세 가지를 서술한 경우	3점
두 가지를 서술한 경우	2점
한 가지를 서술한 경우	1점

※ 독창성 및 유창성 [4점]
요소별 채점 기준	점수
중심에서 같은 거리에 있는 것을 서술한 경우	2점
표면적과 관련된 것을 서술한 경우	2점

[해설] 주변에서 원을 찾을 수 있는 물건을 쓰고, 원 모양이 사용된 타당한 이유를 쓴다. 대부분의 사람들이 그 물건의 모양을 원이라고 생각하는 물건이어야 한다.

17

- 선거 결과나 투표자의 수를 그래프로 나타낸다.
- 일기예보를 보면 기온이나 강수량과 같은 정보를 표나 그래프로 나타낸다.
- 주식이나 환율정보를 표나 그래프를 이용해 나타낸다.
- 시험을 보고 난 후 자신의 성적을 표나 그래프로 정리한다.
- 오디오의 볼륨을 올리거나 내리면 그 정도가 그래프로 표시된다.
- 스마트폰 배터리의 남은 양이나 통화 가능 정도를 그래프로 나타낸다.

※ 유창성 [6점]

총체적 채점 기준	점수
다섯 가지 예를 서술한 경우	6점
네 가지 예를 서술한 경우	4점
세 가지 예를 서술한 경우	3점
두 가지 예를 서술한 경우	2점
한 가지 예를 서술한 경우	1점

※ 독창성 및 유창성 [4점]

요소별 채점 기준	점수
단순한 정보를 표현한 것을 서술한 경우	2점
연속적인 변화를 표현한 것을 서술한 경우	2점

[해설] 표와 그래프는 조사한 자료를 정리하여 알아보기 쉽게 나타내는 방법이다. 표는 조사한 자료를 어떤 기준에 따라 가로 세로로 나뉘어진 직사각형 모양의 칸에 정리하여 자료에 나타난 수량을 한눈에 알아보기 쉽게 만든 것이다. 자료가 비교적 간단한 경우에는 표와 그래프의 차이를 느끼지 못하지만 만약 자료의 양이 더 많아지면 표만으로는 어떤 것이 크고 작은지 한눈에 들어오지 않는다. 복잡한 자료일수록 표보다 그래프가 자료를 비교하는 데 더 편리하다.

18

- 모든 학생들에게 연필을 3자루 씩 나누어 주고, 체육대회에 참가한 학생들에게 남는 연필을 나누어 준다.
- 모든 학생들에게 연필을 3자루 씩 나누어 주고, 남은 연필은 선생님께 맡겨 두었다가 반을 위해 봉사하는 학생에게 상으로 준다.
- 모든 학생들에게 연필을 3자루 씩 나누어 주고, 남은 연필은 선생님과 단체 가위 바위 보를 해서 이긴 사람이 한 자루씩 더 가지고 간다.
- 모든 학생들에게 연필을 3자루 씩 나누어 주고, 남은 연필 8자루를 학교 시험 후 1~8등까지 한 자루씩 나누어 준다.

※ 유창성 [6점]

총체적 채점 기준	점수
아이디어 한 가지 마다	2점

※ 독창성 및 유창성 [4점]

요소별 채점 기준	점수
남은 연필을 게임을 통해 나누어 준 경우	2점
남은 연필을 상의 형태로 나누어 준 경우	2점

[해설] 학생들에게 연필을 되도록 공평하게 나누어 주고, 학생들의 불만이 생기지 않을 아이디어를 찾는다.

19

❶
- 일 년의 날 수와 지구의 공전 주기가 같아야 한다. (약 365일)
- 일 년을 몇 개의 달로 나누었을 때 날짜를 표현하기 복잡하지 않아야 한다.
- 한 달의 날 수가 많다면 요일을 7보다 더 나누어야 한다.
- 모든 달이나 요일이 규칙적으로 반복되어 날짜를 세거나 달력을 읽기 쉬워야 한다.

총체적 채점 기준	점수
세 가지를 서술한 경우	5점
두 가지를 서술한 경우	3점
한 가지를 서술한 경우	1점

❷
- 달력

월	화	수	금	일
1	2	3	4	5
6	7	8	9	10
11	12	13	14	15
16	17	18	19	20

- **원리** : 365일을 18개의 달로 나누어 한 달을 20일씩으로 정하고 남는 5일은 매년 마지막 달에 포함시킨다. 한 달의 일주일은 5일이며 5일에 한 번씩 휴일을 정한다. 한 달은 20일이고 일주일은 5일이므로 1년 동안 매월 1일은 같은 요일에 시작된다. 마지막 18월의 추가된 5일은 휴일로 정하고 지구의 공전 주기에 따라 휴일의 날수를 늘리거나 줄일 수 있도록 한다.

요소별 채점 기준	점수
기존의 달력과 다르며 사용이 가능한 경우	10점
기존의 달력과 유사하며 사용이 가능한 경우	5점
새로운 원리를 설명하였으나 사용이 불가능할 경우	2점

[해설]

❶ 달력은 지구 공전 주기를 바탕으로 인간이 만든 것이다. 처음에는 홀수 달을 31일로, 짝수 달을 30일로 했다가 황제의 생일이 7월 31일이라 균형을 맞춘다고 2월의 하루를 떼어 29일을 만들고 8월, 10월, 12월을 홀수 달처럼 31일로 만든 것으로 알려져 있다. 이처럼 달력은 사람이 만든 것으로 지구의 공전 주기만 거스르지 않는다면 그 구성은 충분히 달라질 수도 있다.

❷ 달력을 만들 때 고려해야 할 점들을 바탕으로 우리가 당연하게 생각하고 있는 달력에 창의적인 생각을 더해 새로운 달력을 만들어본다.

①

[반 학생들이 좋아하는 운동]

종목	학생 수(명)	
농구	●●●	
축구	●●●●●	
야구	●●●●●●●●●●●●	
테니스	●●	

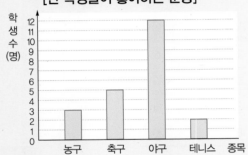

[반 학생들이 좋아하는 운동]

요소별 채점 기준	점수
표의 내용을 그래프로 바르게 나타낸 경우	4점
그래프의 제목을 쓴 경우	1점

②

• 가장 살기 좋은 나라라고 생각되는 나라는 어디인가요?

• 여행하고 싶은 나라는 어디인가요?

• 한류의 열기가 가장 뜨겁다고 생각되는 나라는 어디인가요?

• 가장 선진국이라고 생각되는 나라는 어느 나라인가요?

• 물가가 가장 높은 나라는 어디인가요?

총체적 채점 기준	점수
질문 한 가지 마다	2점

[해설]

① 자료를 표나 그래프로 나타내는 이유는 그 결과를 한눈에 파악할 수 있고, 누구나 쉽게 이해할 수 있도록 표현할 수 있기 때문이다.

② 조사 결과를 보고 어떤 질문에 대한 결과인지 예상해본다.

문항 구성 및 채점표

평가영역 문항	수학 사고력		수학 창의성		수학 STEAM	
	개념 이해력	개념 응용력	유창성	독창성 및 융통성	문제 파악 능력	문제 해결 능력
21		점				
22	점					
23		점				
24	점					
25		점				
26			점	점		
27			점	점		
28			점	점		
29					점	점
30					점	점

평가영역별 점수	개념 이해력	개념 응용력	유창성	독창성 및 융통성	문제 파악 능력	문제 해결 능력
	수학 사고력		수학 창의성		수학 STEAM	
	/ 40점		/ 30점		/ 30점	

총점	

평가 결과에 따른 학습 방향

사고력	35점 이상	정확하게 답안을 작성하는 연습을 하세요.
	24~34점	교과 개념과 연관된 응용문제로 문제 적응력을 기르세요.
	23점 이하	틀린 문항과 관련된 교과 개념을 다시 공부하세요.

창의성	26점 이상	보다 독창성 및 융통성 있는 아이디어를 내는 연습을 하세요.
	18~25점	다양한 관점의 아이디어를 더 내는 연습을 하세요.
	17점 이하	적절한 아이디어를 더 내는 연습을 하세요.

STEAM	26점 이상	답안을 보다 구체적으로 작성하는 연습을 하세요.
	18~25점	문제 해결 방안의 아이디어를 다양하게 내는 연습을 하세요.
	17점 이하	실생활과 관련된 수학 기사로 수학적 사고를 확장하는 연습을 하세요.

21

• 풀이과정

세 번째 방의 번호가 홀수일 때와 짝수일 때로 나누어 생각해 본다.

① 43이 나오기 전의 수가 홀수였다면 (□×2)+1=43, 세 번째 수=21

세 번째 나온 수가 21이므로 다시 21이 나오기 전의 수가 홀수일 경우와 짝수일 경우로 나누어 생각한다.

홀수일 경우 (□×2)+1=21, □=10 짝수가 나오므로 성립하지 않는다.

짝수일 경우 □÷2=21, 두 번째 수=42

두 번째 나온 수가 42이므로 첫 번째 수를 홀수와 짝수로 나누어 생각해 보면

홀수일 경우 (□×2)+1=42, ∴ 식이 성립하지 않는다.

짝수일 경우 □÷2=42, ∴ □=84

② 43이 나오기 전의 수가 짝수였다면 □÷2=43 세 번째 수=86

세 번째 나온 수가 86이므로 다시 86이 나오기 전의 수가 홀수일 경우와 짝수일 경우로 나누어 생각한다.

홀수일 경우 (□×2)+1=86, ∴ 식이 성립하지 않는다.

짝수일 경우 (□÷2)=86, 두 번째 수=172

두 번째 나온 수가 172이므로 첫 번째 수를 홀수와 짝수로 나누어 생각해 보면

홀수일 경우 (□×2)+1=172, ∴식이 성립하지 않는다.

짝수일 경우 □÷2=172, ∴ □=344

• 답 : 84, 344

요소별 채점 기준	점수
세 번째 방의 번호를 두 가지 경우로 나누어 서술한 경우	4점
방의 번호를 모두 구한 경우	4점

[해설] 네 번째로 옮겨온 방의 번호가 43이므로 거꾸로 계산해 본다.

22

• 풀이과정

삼각형 FBC는 정삼각형이므로 각 FBC=60°이고, 각 FBA= 30°이다.

변 AB=변 BC= 변 BF이므로 삼각형 ABF는 이등변삼각형이고,

두 밑각인 각 AFB=각 BAF= (180°−30°)÷2=75°이다.

각 FAE=90°−75°=15°이므로,

삼각형 AFE에서 180°−90°−15°=75°이다.

따라서 각 AFE=75°이다.

• 답 : 75°

요소별 채점 기준	점수
각 ABF의 크기를 구한 경우	2점
각 AFB의 크기를 구한 경우	2점
각 FAE의 크기를 구한 경우	2점
각 AFE의 크기를 구한 경우	2점

정답 및 해설

[해설]

사각형 ABCD와 삼각형 FBC의 한 변의 길이가 같으므로 삼각형 ABF는 이등변삼각형이라는 것을 알 수 있다.

23

• 풀이과정

① 70개의 의자에 5명씩 앉고 1개의 의자에 1명이 앉으면 학생 수는 70×5+1=351 (명)이고,

71개의 의자에 5명씩 앉으면 학생 수는 71×5=355 (명)이다.

따라서 학생 수의 범위는 351명 이상 355명 이하이다.

② 58개의 의자에 6명씩 앉고 1개의 의자에 1명이 앉으면 학생 수는 58×6+1=349 (명)이고,

59개의 의자에 6명씩 앉으면 학생 수는 59×6=354 (명)이다.

따라서 학생 수의 범위는 349명 이상 354명 이하이다.

③ ①과 ②에서 구한 범위를 모두 만족하는 학생 수의 범위를 알아보면 다음과 같다.

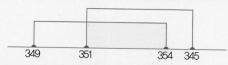

은수네 학교 4학년 학생 수의 범위는 351명 이상 354명 이하이다.

④ 351 이상 354 이하는 351, 352, 353, 354이다.

14모둠으로 하면 10명이 부족하므로

각각 14로 나누어 나머지가 14−10=4인 것을 알아본다.

351÷14=25…1, 352÷14=25…2, 353÷14=25…3, 354÷14=25…4

따라서 은수네 학교 4학년 학생은 354명이다.

• 답 : 354명

요소별 채점 기준	점수
㉠을 이용하여 학생 수의 범위를 구한 경우	2점
㉡을 이용하여 학생 수의 범위를 구한 경우	2점
㉠과 ㉡을 동시에 만족하는 학생 수의 범위를 구한 경우	2점
학생 수를 구한 경우	2점

[해설] ㉠과 ㉡을 만족하는 학생 수의 범위를 구하고 ㉢을 만족하는 학생 수를 구한다.

24

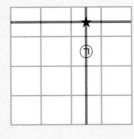

- **풀이과정**

가로, 세로, 대각선의 합이 모두 같아야 하므로
아래 식이 성립한다.

$$2\frac{1}{10}+0.3+\bigstar+\frac{3}{2}=\bigstar+\bigcirc+\frac{3}{10}+0.5$$

$$2.1+0.3+1.5=\bigcirc+0.3+0.5$$

$$3.9=\bigcirc+0.8$$

$$\therefore \bigcirc=3.1$$

- **답 : 3.1**

요소별 채점 기준	점수
풀이과정을 바르게 서술한 경우	6점
㉠에 들어갈 수를 구한 경우	2점

[해설] 등식의 양변에 같은 수를 더하거나 빼도 등식을 성립한다.

25

- **풀이과정**

십의 자리의 계산에서 ㉡+㉣는 18, 17, 8, 7의 네 가지 경우가 가능하다.

㉡+㉣=18인 경우에는 ㉡과 ㉣이 모두 9이어야 하므로 조건을 만족하지 않는다.

㉡+㉣=17인 경우에는 일의 자리의 ㉢+㉠>100이고
백의 자리의 ㉠+㉢=100이어야 하므로 모순이 된다.

㉡+㉣=8인 경우에는 일의 자리의 ㉢+㉠<100이고
백의 자리의 ㉠+㉢=110이어야 하므로 모순이 된다.

㉡+㉣=7인 경우에는 백의 자리의 ㉠+㉢=110이므로
일의 자리의 ㉣=10이고 십의 자리의 ㉡=60이 된다.

이 경우 서로 다른 두 자연수의 합 (㉠+㉢)이 110이 되는 경우는
(9, 2), (8, 3), (7, 4), (6, 5)의 네 가지이므로
가장 큰 세 자리 수 ㉠㉡㉢은 9620이다.

- **답 : 962**

요소별 채점 기준	점수
㉡+㉣의 값을 네 가지 경우로 나누어 서술한 경우	3점
㉡+㉣의 값을 구한 경우	2점
㉠㉡㉢의 세 자리 수를 구한 경우	3점

[해설] 일의 자리 숫자는 모두 알 수 없으므로 십의 자리 숫자의 계산 결과를 이용해 ㉠, ㉡, ㉢를 구해야 한다. ㉠, ㉡, ㉢ 모두 한 자리 수이므로 받아 올림이 있는 경우와 없는 경우로 나누어 가능한 경우를 생각해 보고 백의 자리 숫자의 계산에서도 받아 올림이 있음에 유의한다.

26

- 당류의 과다 섭취에 대한 위험성이 널리 알려져 사람들이 당류의 섭취를 줄였다.
- 사람들의 건강을 위해 당류가 많이 들어있는 가공식품을 만드는 회사에서 당류의 함유량을 줄였다.
- 법으로 당류의 섭취량을 제한하였다.
- 당류의 섭취량을 줄이자는 캠페인이 진행되었다.
- 당류의 섭취를 줄이고 건강을 생각하는 다이어트 붐이 일었다.

※ 유창성 [8점]

총체적 채점 기준	점수
세 가지 이유를 서술한 경우	8점
두 가지 이유를 서술한 경우	5점
한 가지 이유를 서술한 경우	2점

※ 독창성 및 유창성

요소별 채점 기준	점수
국가 대책 마련을 서술한 경우	2점

[해설] 2014년 저당 바람이 새롭게 불어닥치며 소비자들의 당 섭취 취향을 바꿔놓기 시작했다. 한국인의 당류 섭취량이 세계보건기구 권고안의 두 배가 넘으며 과도한 당 섭취가 건강에 해롭다는 사실이 알려지면서, 당분의 체내 흡수를 줄이거나 영양적으로 올리고 당이나 자일로스 설탕 등 설탕 보다 더 뛰어난 감미료를 선호하는 저당 트렌드가 빠르게 확산되었다. 특히 올리고 당은 열량이 설탕의 4분의 1 정도면서 체내 소화 · 흡수가 빨리 이뤄지지 않아 인슐린 분비를 안정시킨다는 것이 알려지면서 최근 소비량이 크게 늘었다. 식약청은 국민의 당 섭취를 줄이도록 보건복지부와 공동으로 당 저감화 대책을 마련해 학계, 소비자단체, 산업체 등이 함께 참여하는 당류 저감화 캠페인 등을 추진해나갈 계획이다. 또한 가공식품 및 외식에 대한 지속적인 당류 함량 모니터링을 진행하고 이에 대한 데이터베이스를 구축해 섭취량 평가를 실시할 예정이다. 아울러 산업체와 협의체를 구성해 자율적인 저감화를 추진해 가공식품의 당 함량 저감화를 위한 기술지원 방안을 마련하고 당류섭취 저감화를 위한 대국민 캠페인을 추진할 방침이다. 식약청은 제품 구입시 영양표시 중 당류를 확인해 당이 적은 식품을 선택하고, 여름철 갈증 해소를 위해 음료류나 빙과류 등을 자주 섭취하는 것 보다 생수를 마시는 등 단 식품의 과다 섭취에 주의할 것을 당부했다.

27

- 두 자리 수이다.
- 2로 나누어떨어진다.
- 각 자리 숫자의 합이 짝수이다.
- 각 자리 숫자의 합이 15보다 작다.
- 각 자리 숫자의 합이 6의 배수이다.
- 2의 배수, 3의 배수, 4의 배수, 6의 배수, 12의 배수이다.
- 나이로 보면 같은 띠이다.
- 십의 자리 숫자로 일의 자리 숫자를 나눌 수 있다.

※ 유창성 [6점]

총체적 채점 기준	점수
다섯 가지 성질을 서술한 경우	6점
네 가지 성질을 서술한 경우	4점
세 가지 성질을 서술한 경우	3점
한두 가지 성질을 서술한 경우	2점

※ 독창성 및 융통성 [4점]

요소별 채점 기준	점수
두 자리 수와 관련된 성질을 서술한 경우	2점
각 자리 숫자와 관련된 성질을 서술한 경우	2점

[해설] 두 수에서 공통적으로 찾을 수 있는 성질을 다양하게 서술해야 좋은 점수를 받을 수 있다. 비슷한 성질을 여러 번 서술하면 한 가지로 인정한다.

28

• 해운대 해수욕장의 전체 면적을 다르게 생각했기 때문이다.
• 단위 면적당 사람 수(밀도)를 다르게 생각했기 때문이다.
• 앉아 있거나 서 있는 사람의 비율을 다르게 생각했기 때문이다.
• 사람들이 이동하는 정도를 다르게 생각했기 때문이다.
• 인파를 추산한 시각이 달랐기 때문이다.

예시답안

※ 유창성 [6점]

총체적 채점 기준	점수
다섯 가지 이유를 서술한 경우	6점
네 가지 이유를 서술한 경우	4점
세 가지 이유를 서술한 경우	3점
한두 가지 이유를 서술한 경우	2점

※ 독창성 및 유창성 [4점]

요소별 채점 기준	점수
단위 면적당 사람 수를 서술한 경우	2점
유동 인구에 관해 서술한 경우	2점

[해설] 해운대 해수욕장 인파 측정법으로 '페르미 추정법'을 사용하고 있다. 페르미 추정법은 가로 20 m, 세로 30 m의 표본 구역을 밀집 지역, 주변지역으로 나눠 사람 수를 센 뒤 평균을 내고 전체 면적을 곱해 추정하는 방식이다. 시간대별로 사람 수가 다를 수 있기 때문에 낮에 네 번 측정해 합산한다. 입구에 무인 측정기를 설치하거나 샤워장 이용객 수를 집계하는 등 좀 더 정확한 산출 방법이 필요하다.

예시답안

29

❶

• 세계 어디서든 쉽게 구할 수 있어야 한다.
• 그 크기(길이)가 일정해야 한다.
• 길이를 측정하기 쉬워야 한다.
• 쉽게 길이가 변하지 않아야 한다.

총체적 채점 기준	점수
세 가지 사항을 서술한 경우	5점
두 가지 사항을 서술한 경우	3점
한 가지 사항을 서술한 경우	1점

❷

① **카세 또는 카가**
• **길이 단위의 이름** : 1카세=카드 1개의 세로 길이, 1카가=카드 1개의 가로 길이
• **정의한 이유** : 카드는 교통카드, 신용카드 등 많은 사람들이 휴대하고 다니고, 단단하고 얇아서 물체의 크기를 측정하기 편하다. 전 세계적으로 카드 크기는 가로 8.6 cm, 세로 5.35 cm로 같다.

- **활용 아이디어** : 전화로 어떤 물건이나 물체의 크기를 설명할 때 자가 없어도 카드로 크기를 측정하여 설명하면 상대방도 카드로 쉽게 크기를 가늠할 수 있다. 인터넷 쇼핑몰에 상품을 올려 판매할 때 카드와 비교하여 크기가 어느 정도인지 표시하면 소비자들이 상품의 크기를 쉽게 이해할 수 있다. 상품이 카드의 2~3배 정도 크기 정도일 때 활용하는 것이 좋다.

② **오동**
- **길이 단위의 이름** : 1오동＝오백 원짜리 동전의 지름
- **정의한 이유** : 손가락 두께보다 두꺼워 물체의 크기를 재기 편하고, 오백 원짜리 동전은 우리나라에서 쉽게 구할 수 있고 크기가 일정하므로 단위의 기준으로 정하기 알맞다.
- **활용 아이디어** : 동그란 원의 지름을 측정하기 편하다. 미술 시간에 그리는 그림의 크기를 자가 없어도 간단히 측정하여 설명하기 편하다.

③ **엄지**
- **길이 단위의 이름** : 1엄지 = 엄지손가락 폭(너비)의 길이
- **정의한 이유** : 사람마다 손가락 길이의 차이는 크지만 상대적으로 손가락의 폭(너비)의 차이는 크지 않다. 단위 길이가 되는 엄지손가락은 대부분 사람들이 가지고 있기 때문에 길이의 기본 단위로 알맞다.
- **활용 아이디어** : 요리 레시피에 재료를 자르는 길이와 폭을 나타내는 단위로 사용한다. 요리할 때 길이를 측정하는 자를 사용하기 힘들므로 엄지 단위를 사용하면 편하게 길이를 측정할 수 있다.

요소별 채점 기준	점수
단위의 이름을 정한 경우	2점
이유를 서술한 경우	4점
새로운 단위를 활용할 수 있는 아이디어를 서술한 경우	4점

[해설]

❶ 과거에 1 m를 자오선의 4천만 분의 1로 정했지만 자오선의 길이가 변하고 있어 새로운 기준이 필요하다. 그래서 1984년 국제 도량형 총회에서 빛이 299792458분의 1초 동안 진공 중에 이동한 길이를 1 m로 하는 기준이 결정되었다.

❷ 세계 어디서든 쉽게 구할 수 있고 크기(길이)가 일정하며, 길이를 측정하기 쉽고 쉽게 길이가 변하지 않는 단위를 생각해 본다. 아몬드, 돌, 콩처럼 모양이 일정하지 않은 것은 길이 단위로 적당하지 않다.

30

❶

- **풀이과정**

지난해 밀렵꾼에 의해 죽은 코끼리의 수는 약 36000마리이다.

하루에 밀렵꾼에 의해 죽는 코끼리의 수가 대략적인 값이므로

1년을 360일로 계산한다. 36000÷360＝100, 약 100마리이다.

- **답 : 약 100마리**

요소별 채점 기준	점수
식의 계산이 올바른 경우	2점
계산 결과를 바탕으로 결과를 구한 경우	3점

❷

- 인간이 서식지를 파괴하고 무분별하게 사냥한 결과 야생 사자와 코끼리는 결국 동물원에서만 볼 수 있게 될 것이다. 동물원의 사자와 코끼리를 야생으로 돌려보내는 노력을 하고 있을 것이다.

- 서식지의 감소와 사냥으로 꾸준히 그 수가 감소하던 사자와 코끼리는 사람들의 관심과 노력으로 지금의 수와 큰 변함없이 유지되고 있을 것이다.

- 야생동물 보호의 중요성을 깨닫고 많은 노력을 한 결과 야생 사자와 코끼리의 수가 늘어나 오히려 개체 수 조절이 필요한 상황이 되었을 것이다.

요소별 채점 기준	점수
변화를 예상한 경우	2점
예상한 변화에 타당한 근거를 서술한 경우	8점

[해설]

❶ 하루에 밀렵꾼에 의해 죽는 코끼리의 수를 구하는 방법이 논리적이면 된다. 다음과 같은 방법으로도 구할 수 있다.

1년이 12개월이고 1개월을 30일로 생각하면 36000÷12÷30＝100이므로

하루에 밀렵꾼에 의해 죽는 코끼리는 약 100마리이다.

또는 1년은 365일이고 36000÷365＝98.63…이므로 밀렵꾼에 의해 하루에 죽는 코끼리는 약 99마리이다.

❷ 15년 후 야생 사자와 코끼리의 수는 인간의 노력과 국가 간의 협조가 어떻게 이루어졌는지에 따라 달라질 수 있다.

따라서 인간의 노력과 국가 간의 협조가 어떻게 이루어졌을지 예상하여 야생 사자와 코끼리의 수를 추정하면 된다.

문항 구성 및 채점표

평가영역 문항	수학 사고력		수학 창의성		수학 STEAM	
	개념 이해력	개념 응용력	유창성	독창성 및 융통성	문제 파악 능력	문제 해결 능력
31	점					
32		점				
33	점					
34		점				
35		점				
36			점	점		
37			점	점		
38			점	점		
39					점	점
40					점	점

평가영역별 점수	개념 이해력	개념 응용력	유창성	독창성 및 융통성	문제 파악 능력	문제 해결 능력
	수학 사고력		수학 창의성		수학 STEAM	
	/40점		/30점		/30점	

총점	

평가 결과에 따른 학습 방향

사고력	35점 이상	정확하게 답안을 작성하는 연습을 하세요.
	24~34점	교과 개념과 연관된 응용문제로 문제 적응력을 기르세요.
	23점 이하	틀린 문항과 관련된 교과 개념을 다시 공부하세요.

창의성	26점 이상	보다 독창성 및 융통성 있는 아이디어를 내는 연습을 하세요.
	18~25점	다양한 관점의 아이디어를 더 내는 연습을 하세요.
	17점 이하	적절한 아이디어를 더 내는 연습을 하세요.

STEAM	26점 이상	답안을 보다 구체적으로 작성하는 연습을 하세요.
	18~25점	문제 해결 방안의 아이디어를 다양하게 내는 연습을 하세요.
	17점 이하	실생활과 관련된 수학 기사로 수학적 사고를 확장하는 연습을 하세요.

31

• 풀이과정

주어진 수의 일정한 규칙은 소수점 아래 자릿수가 1개, 2개, 3개, …로 늘어나고,
숫자는 1부터 9까지의 숫자가 반복된다.
첫째 번부터 열째 번에 놓인 수까지 소수점 아래에 놓인 숫자는
$1+2+3+\cdots+9+10=(1+10)+(2+9)+(3+8)+(4+7)+(5+6)=11\times5=55$이다.
55개의 숫자는 1부터 9까지의 숫자가 6번 반복되고 1까지 놓였다.
그러므로 11째 번에 놓인 수는 소수 11자리 수이며
10째 번에 놓인 수의 소수점 아래 마지막 자리의 수가 1이므로 0.23456789123이고,
$55\div9=6\cdots1$이므로 12째 번에 놓인 수는 소수 12자리 수이며
0.456789123456이다.
따라서 두 수의 차는
$0.456789123456-0.23456789123=0.22221232226$이다.

• 답 : 0.22221232226

요소별 채점 기준	점수
열한 번째 번에 놓인 수를 구한 경우	3점
열두 번째 번에 놓인 수를 구한 경우	3점
두 수의 차를 구한 경우	2점

[해설] 주어진 수의 일정한 규칙은 소수점 아래 자릿수가 1개에서 1개씩 늘어나고, 숫자는 1부터 9까지의 숫자가 반복되는 규칙이다. 11째 번에 놓인 수를 구하기 위해서는 열째 번에 놓인 수의 마지막 숫자를 알아야 한다.

위 풀이과정과 같이 구해도 되고, 주어진 수가 여섯째 번까지 나와 있으니 일곱~열째 번 수까지 구해도 된다.

0.4567891, 0.23456789, 0.123456789, 0.1234567891

이 방법은 문제에서 요구하는 방법은 아니지만 주어진 상황에서 수학적 재치로 빠르게 구할 수도 있다.

32

• 풀이과정

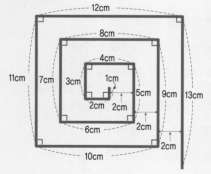

수선을 그은 규칙은 선분의 끝점에서 시계 방향으로 수선을
계속 그어 나가는 규칙이다. 규칙에 따라 그어진 선분이 모두
13개가 될 때까지 수선을 그어 보면 왼쪽 그림과 같다.
따라서 처음에 그은 선분과 마지막으로 그은 선분 사이의 거
리는 1 cm인 선분과 13 cm인 선분 사이의 거리가 되고
그 길이는 $2+2+2=6\,(cm)$이다.

• 답 : 6 cm

요소별 채점 기준	점수
선분이 그어진 규칙을 설명한 경우	4점
거리를 구한 경우	4점

[해설] 처음에 그어진 선분과 마지막으로 그은 선분 사이의 거리를 구하는 문제이므로 13째 번에 그어진 선분이 첫째 번에 그어진 선분과 어느 방향으로 떨어진 것인지 먼저 찾은 후 문제에 주어진 그림을 통해 두 선분 사이의 거리를 구할 수도 있다. 13 cm 선분은 1 cm 선분에서 봤을 때 5 cm 선분 방향으로 9 cm 선분 다음에 놓이게 되므로 1 cm와 5 cm 선분 사이의 거리에 3배가 된다. 따라서 2 cm×3=6 cm이다.

33

예시답안

• 풀이과정

수아네 반은 12명이 1점씩 받았으므로 2점과 4점을 받은 학생은 45−12=33 (명)이고,

받은 점수는 100−12=88 (점)이다.

33명이 모두 비겼다고 가정하면 88−33×2=22 (점) 차이가 난다.

그러므로 수아네 반에서 이긴 학생은 22÷(4−2)=11 (명)이다.

수아네 반에서 이긴 학생이 11명, 비긴 학생이 22명, 진 학생이 12명이므로

유건이네 반에서 이긴 학생은 12명, 비긴 학생은 22명, 진 학생은 11명이다.

따라서 유건이네 반 학생들이 받은 점수를 모두 더하면

12×4+22×2+11×1=103 (점)이다.

• 답 : 103점

요소별 채점 기준	점수
수아네 반에서 이긴 학생 수를 구한 경우	3점
유건이네 반에서 이긴 학생 수를 구한 경우	3점
유건이네 반 학생이 얻은 점수의 합을 구한 경우	2점

[해설] 다음과 같이도 구할 수 있다.

수아네 반은 12명이 팔씨름에서 졌으니 나머지는 이기거나 비겼다. 이기면 4점, 비기면 2점이므로 2점 차이가 난다. 따라서 수아네 반 학생 45명 중 33명이 이겼다고 가정했을 때 점수와 수아네 반 점수와의 차이를 구해 2점으로 나누면 비긴 학생 수를 구할 수 있다.

33×4=132 (점), 132−88=44 (점), 44÷2=22 (명)이다.

이기면 4점, 지면 1점이므로 유건이네 반 점수와 수아네 반 점수 차이는 이긴 학생 수 차이에 3점을 곱한 점수이다. 유건이네 반 점수는 수아네 반보다 이긴 학생이 1명 더 많으므로 수아네 점수에 3점을 더한 103점이다.

34

❶ 나, 다, 라, 마, 바

❷ 다, 마, 바

요소별 채점 기준	점수
한붓그리기가 가능한 도형을 모두 찾은 경우	4점
한붓그리기가 가능한 도형 중 출발점과 도착점이 다른 도형을 모두 찾은 경우	4점

[해설]

❶ 한 점(꼭짓점)에 모이는 변의 개수가 홀수개인 점을 홀수점이라고 한다.

각 도형의 홀수점의 개수를 구하면 가 : 4개, 나 : 0개, 다 : 2개, 라 : 0개, 마 : 2개, 바 : 2개,

사 : 6개이다. 이때 홀수점의 개수가 0개이거나 2개인 도형만 한붓그리기가 가능하다.

❷ 홀수점의 개수가 2개인 도형은 한붓그리기를 했을 때, 출발점과 도착점이 서로 다르다.

한붓그리기

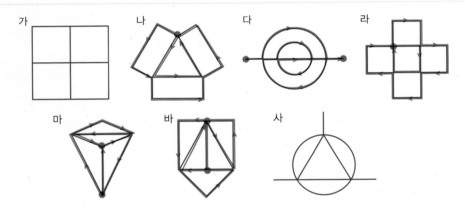

35

• 풀이과정

첫 번째에서 정사각형은 $1×1=1$(개),

사용된 성냥개비는 $1×(2+2)=4$(개)이다.

두 번째에서 정사각형은 $1×1+2×2=5$(개),

사용된 성냥개비는 $2×(3+3)=12$(개)이다.

세 번째에서 정사각형은 $1×1+2×2+3×3=14$(개),

사용된 성냥개비는 $3×(4+4)=24$(개)이다.

네 번째에서 정사각형은 $1×1+2×2+3×3+4×4=30$(개),

사용된 성냥개비는 $4×(5+5)=40$(개)이다.

$1×1+2×2+3×3+4×4+5×5+6×6=91$(개)이므로,

정사각형의 개수가 처음으로 100개가 넘을 때는 일곱 번째이다.

따라서 일곱 번째에서 사용된 성냥개비는 $7×(8+8)=112$(개)이다.

• 답 : 112개

사용된 성냥개비 수 구하는 방법

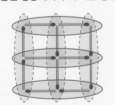

두 번째 성냥개비 개수
=성냥개비 2개 짜리×(가로 3줄+세로 3줄)
=$2×(3+3)=12$(개)

요소별 채점 기준	점수
풀이과정을 바르게 서술한 경우	6점
성냥개비의 개수를 구한 경우	2점

[해설] 먼저 크고 작은 정사각형의 개수가 처음으로 100개가 넘는 □번째를 구해야 하므로 첫 번째부터 크고 작은 정사각형의 개수가 어떤 규칙으로 늘어나는지 찾는다.

첫 번째 1

두 번째 $1+4=5$

세 번째 $1+4+9=14$

네 번째 $1+4+9+16=1\times1+2\times2+3\times3+4\times4=30$

□번째 $1\times1+2\times2+3\times3+4\times4+\cdots+□\times□$

따라서 $1\times1+2\times2+3\times3+4\times4+5\times5+6\times6=91$이므로 일곱 번째 100개 넘는다.

일곱 번째 사용된 성냥개비의 개수를 구해야 하므로

첫 번째부터 사용된 성냥개비의 개수가 어떤 규칙으로 늘어나는지 찾는다.

첫 번째 $1\times(2+2)=4$

두 번째 $2\times(3+3)=12$

세 번째 $3\times(4+4)=24$

네 번째 $4\times(5+5)=40$

□ 번째 $□\times(□+1+□+1)$

따라서 일곱 번째 $7\times(8+8)=112$이므로 성냥개비의 개수는 112개이다.

예시답안

36

- 책의 모양 : 많은 글과 그림을 넣기 위해 사각형 모양의 종이를 사용하고 그 사각형 모양의 종이를 쌓아 만들었기 때문이다.
- 냉장고의 모양 : 냉장고는 비교적 크기 때문에 한 장소에 세워두고 사용한다. 모서리나 벽에 붙여두기 편하고, 냉장고 안에 물건들을 넣어두기 편리하도록 직육면체 모양으로 만들었다.
- 책장이나 서랍장의 모양 : 책이나 물건을 효율적으로 넣고 벽이나 모서리에 세워두기 위하여 직육면체 모양으로 만들었다.
- 교실이나 방의 모양 : 방이나 교실에는 가구나 책상과 같은 물건들을 배치해야 하므로 직육면체의 모양이 편리하기 때문이다.
- 아파트의 모양 : 집이나 방을 나눌 때, 직육면체 모양으로 나누기 때문에 직육면체 모양을 이어 붙인 큰 직육면체 모양을 하고 있다.

※ 유창성 [6점]

총체적 채점 기준	점수
다섯 가지 이유를 서술한 경우	6점
네 가지 이유를 서술한 경우	4점
세 가지 이유를 서술한 경우	3점
두 가지 이유를 서술한 경우	2점
한 가지 이유를 서술한 경우	1점

※ 독창성 및 융통성 [4점]

요소별 채점 기준	점수
편리한 부분을 서술한 경우	2점
공간 효율 부분을 서술한 경우	2점

[해설] 직육면체 모양인 이유가 다양한 것을 서술해야 좋은 점수를 받을 수 있다. 비슷한 이유를 여러 가지 서술하면 한 가지로 인정한다.

37

- 숫자의 나열이 삼각형 모양을 이룬다.
- 모든 줄의 끝은 1로 이루어져 있다.
- 윗줄의 두 수를 더하면 두 수 사이의 아랫줄의 수가 된다.
- 대각선 두 번째 줄은 1씩 커진다.
- 삼각형을 반으로 접으면 서로 만나는 수가 같다.
- 첫 번째 줄을 제외한 각 줄의 합은 2의 거듭제곱(2, 4, 8, 16, …)이다.
- 빨간 선으로 표시된 부분을 합하면 표시한 숫자가 된다.

```
            1
          1   1
        1   2   1
      1   3   3   1
```

- 대각선 세 번째 줄의 위 아래 두 수의 합은 거듭제곱수이다.

$$1+3=4=2^2,\ 3+6=9=3^2,\ 6+10=16=4^2,\ 10+15=25=5^2,\ \cdots$$

※ 유창성 [6점]

총체적 채점 기준	점수
다섯 가지 사실을 서술한 경우	6점
네 가지 사실을 서술한 경우	4점
세 가지 사실을 서술한 경우	3점
두 가지 사실을 서술한 경우	2점
한 가지 사실을 서술한 경우	1점

※ 독창성 및 융통성 [4점]

요소별 채점 기준	점수
합과 관련된 사실을 서술한 경우	2점
대칭과 관련된 사실을 서술한 경우	2점

[해설] 수들의 나열을 보고 알 수 있는 사실을 글로만 표현하기 힘든 경우는 그림과 함께 표현해서 좀 더 정확하게 표현하는 것이 좋다.

38

- 한 쌍의 대변이 평행하면 사다리꼴이다.
- 사다리꼴의 평행하지 않은 다른 한 쌍의 대변의 길이가 같으면 등변사다리꼴이다.
- 사다리꼴의 마주 보는 두 쌍의 대변이 평행하면 평행사변형이다.
- 사다리꼴의 마주 보는 두 쌍의 대각의 크기가 같으면 평행사변형이다.
- 사다리꼴의 마주 보는 한 쌍의 대변의 길이가 같고 평행하면 평행사변형이다.
- 사다리꼴의 대각선이 서로 다른 대각선을 이등분하면 평행사변형이다.
- 사다리꼴의 이웃하는 두 내각의 크기의 합이 180°이면 평행사변형이다.
- 평행사변형의 한 내각의 크기가 90°이면 직사각형이다.
- 평행사변형의 두 대각선의 길이가 같으면 직사각형이다.
- 평행사변형의 두 대각선이 직각으로 만나면 마름모이다.
- 평행사변형의 이웃하는 두 변 또는 네 변의 길이가 같으면 마름모이다.
- 직사각형의 이웃하는 두 변의 길이 또는 네 변의 길이가 같으면 정사각형이다.
- 직사각형의 두 대각선이 직각으로 만나면 정사각형이다.
- 마름모의 한 내각이 직각이면 정사각형이다.
- 마름모의 두 대각선의 길이가 같으면 정사각형이다.
- 네 변의 길이가 모두 같으면 정사각형이나 마름모이다.

※ 유창성 [6점]

총체적 채점 기준	점수
10 가지 방법을 서술한 경우	6점
8~9 가지 방법을 서술한 경우	5점
6~7 가지 방법을 서술한 경우	4점
3~5 가지 방법을 서술한 경우	2점
1~2 가지 방법을 서술한 경우	1점

※ 독창성 및 융통성 [4점]

요소별 채점 기준	점수
사다리꼴의 성질을 서술한 경우	1점
평행사변형의 성질을 서술한 경우	1점
직사각형의 성질을 서술한 경우	1점
마름모 또는 정사각형을 서술한 경우	1점

[해설] 사다리꼴, 평행사변형, 직사각형, 마름모, 정사각형을 구분하는 방법이 적어도 한 가지 이상 있어야 한다.

39

❶

- 가능한 정다각형의 종류 : 정삼각형, 정사각형, 정육각형
- 이유 : 정다각형 한 내각의 크기가 120° 보다 작거나 같아야 하고, 몇 개의 내각이 모여 360°가 되어야 하기 때문이다. 또는 360°를 정다각형 한 내각의 크기로 나누었을 때 나누어 떨어져야 하기 때문이다.

요소별 채점 기준	점수
가능한 정다각형의 종류를 모두 찾은 경우	2점
이유를 서술한 경우	3점

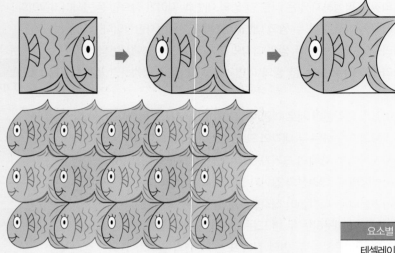

❷

• 변형

• 이유 : 옷의 무늬로 장식하고 싶다. 왜냐하면 물고기 모양으로 친근하고 시원한 느낌을 주고 나를 아는 사람들에게 보여주고 싶기 때문이다.

요소별 채점 기준	점수
테셀레이션이 가능한 도형으로 변형한 경우	6점
장식할 것과 이유를 서술한 경우	4점

[해설]

❶ 정삼각형의 한 내각은 60°이므로, 6개의 정삼각형이 모이면 360°이다. 정오각형의 한 내각은 108°이므로 몇 개가 모여도 360°가 되지 않는다. 정육각형의 한 내각은 120°이므로 3개의 정육각형이 모이면 360°이다. 정칠각형부터는 한 내각의 크기가 120°를 넘어서 3개 미만으로는 평면 테셀레이션을 만들 수 없다. 정n각형의 한 내각은 $\dfrac{180° \times (n-2)}{n}$으로 구하거나 정다각형을 삼각형으로 나누어 내각의 합을 구한 뒤 그 값을 n으로 나누어 구한다.

❷ 정사각형의 일부를 잘라서 대변에 붙이면 쉽게 만들 수 있다. 옷, 책갈피, 컵, 벽지, 바닥 타일, 이불, 베개에 테셀레이션 모양을 장식할 수 있다. 각 작품 모양의 특징을 이용하여 어디에 장식을 하면 좋을지 이유를 서술한다.

40

①
- 발전소에 있는 풍력 발전기의 수
- 발전기 1대를 제어하는 데 필요한 전기 에너지의 양
- 풍력 발전기의 단위 시간당 생산한 전기 에너지의 양 (바람의 세기나 풍력 발전기의 날개가 돌아가는 빠르기)
- 풍력 발전기가 가동된 시간

총체적 채점 기준	점수
네 가지 요소를 서술한 경우	5점
세 가지 요소를 서술한 경우	3점
두 가지 요소를 서술한 경우	2점
한 가지 요소를 서술한 경우	1점

②

• B 도시
- 인구가 적어 새로운 시설이 비교적 쉽게 들어갈 수 있다.
- 평균 풍속이 가장 빨라 발전량이 많을 것이다.
- 바다에서 불어오는 바람이 산을 만나 일정한 방향으로 꾸준히 부는 곳을 찾는다면 효율적으로 발전을 할 수 있다.
- 산과 산 사이의 좁은 곳을 통과하는 바람은 세기가 강하므로 발전 효율이 높을 것이다.

• C 도시
- 해안지역이므로 바다에서 꾸준히 불어오는 바람으로 발전이 잘 될 것이다.
- 간척지이므로 풍력 발전기를 건설할 수 있는 공간이 충분할 것이다.
- 비교적 바람의 세기가 세고, 산이나 건물에 의해 바람이 줄어들거나 바람의 방향이 변하는 경우가 적을 것이다.

총체적 채점 기준	점수
세 가지 이유를 서술한 경우	10점
두 가지 이유를 서술한 경우	5점
한 가지 이유를 서술한 경우	2점

[해설]

① 풍력 발전소에서 생산한 전기 에너지의 양은 다음과 같이 계산할 수 있다.

(풍력 발전기의 단위 시간당 생산한 전기 에너지의 양−발전기 1대를 제어하는 데 필요한 전기 에너지의 양)×풍력 발전기의 수×풍력 발전기 가동 시간

② 풍력 발전기는 풍속이 셀수록(바람이 세게 불수록) 더 많은 전기를 생산할 수 있다.

보통 높이가 높아질수록 바람이 세게 불기 때문에 높은 곳의 발전기가 낮은 곳의 발전기보다 크고 발전량도 많다. 풍력 발전소는 매우 큰 규모의 풍력 발전기가 만들어지므로 주변 환경을 크게 훼손하지 않아야 하며, 최근 관광지로서의 가치도 증가하여 주변 관광지나 지역의 특징을 고려해야 한다.

[풍력 발전소의 입지 조건]
- 평균 풍속이 강해야 한다.
- 주변 자연 환경에 주는 영향이 적어야 한다.
- 풍력 발전기를 세울 수 있는 튼튼한 지반이 있어야 한다.
- 주변 경관이나 관광지로서 가치가 있어야 한다.
- 사람들이 사는 주거지로부터의 거리가 멀어야 한다.
- 유지보수 등을 위한 도로가 있어야 한다.
- 고도가 너무 높아서는 안된다.
- 바닷가에 설치하는 경우 수심이 얕아야 한다.

문항 구성 및 채점표

평가영역 / 문항	수학 사고력		수학 창의성		수학 STEAM	
	개념 이해력	개념 응용력	유창성	독창성 및 융통성	문제 파악 능력	문제 해결 능력
41		점				
42	점					
43	점					
44		점				
45	점					
46			점	점		
47			점	점		
48			점			
49					점	점
50					점	점

평가영역별 점수	개념 이해력	개념 응용력	유창성	독창성 및 융통성	문제 파악 능력	문제 해결 능력
	수학 사고력		수학 창의성		수학 STEAM	
	/ 40점		/ 30점		/ 30점	

총점	

평가 결과에 따른 학습 방향

사고력	35점 이상	정확하게 답안을 작성하는 연습을 하세요.
	24~34점	교과 개념과 연관된 응용문제로 문제 적응력을 기르세요.
	23점 이하	틀린 문항과 관련된 교과 개념을 다시 공부하세요.

창의성	26점 이상	보다 독창성 및 융통성 있는 아이디어를 내는 연습을 하세요.
	18~25점	다양한 관점의 아이디어를 더 내는 연습을 하세요.
	17점 이하	적절한 아이디어를 더 내는 연습을 하세요.

STEAM	26점 이상	답안을 보다 구체적으로 작성하는 연습을 하세요.
	18~25점	문제 해결 방안의 아이디어를 다양하게 내는 연습을 하세요.
	17점 이하	실생활과 관련된 수학 기사로 수학적 사고를 확장하는 연습을 하세요.

41

- **풀이과정**

번호를 세 자리 수와 네 자리수로 나누어 대칭수를 찾는다.

① 세 자리 대칭수인 번호

백의 자리 숫자가 3이므로 일의 자리 숫자도 3이어야 한다.

1반에서 셋째 번으로 작은 학생 313, 2반에서 셋째 번으로 작은 학생 323,

3반에서 셋째 번으로 작은 학생 333, 4반에서 셋째 번으로 작은 학생 343

② 네 자리 대칭수인 번호

천의 자리 숫자가 3이므로 일의 자리 숫자도 3이고, 학생 수는 30명이므로

십의 자리 숫자는 3을 넘지 않는다.

1반에서 13째 번으로 작은 학생 3113,

2반에서 23째 번으로 작은 학생 3223

따라서 번호가 대칭수인 학생은 모두 6명이다.

- **답 : 6명**

요소별 채점 기준	점수
세 자리의 대칭수를 모두 찾은 경우	4점
네 자리의 대칭수를 모두 찾은 경우	4점

[해설] 반에서 키가 아홉째 번으로 작은 학생들의 번호는 세 자리 수이고, 나머지 학생들의 번호는 네 자리 수이다. 따라서 세 자리 수와 네 자리수인 경우로 나눠서 대칭수를 찾는다.

42

- **풀이과정**

작은 직사각형들의 가로와 세로의 길이의 합을 살펴보면

먼저 가의 둘레가 16 cm이므로 가로와 세로의 길이의 합은 8 cm이고,

나의 가로와 세로의 합은 5 cm,

다의 가로와 세로의 합은 9 cm, 바의 가로와 세로의 합은 7 cm,

마의 가로 길이는 $\{10-(2\times2)\}\div2=3$ cm이다.

따라서 가장 큰 직사각형의 둘레는 $8+9+3+7+5=32$ (cm)이다.

- **답 : 32 cm**

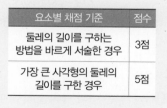

요소별 채점 기준	점수
둘레의 길이를 구하는 방법을 바르게 서술한 경우	3점
가장 큰 사각형의 둘레의 길이를 구한 경우	5점

[해설] 이 문제에서 가장 중요한 핵심은 '직사각형의 가로와 세로의 길이의 합은 둘레의 반이다'라는 것이다.

따라서 가장 큰 직사각형의 둘레=가의 가로와 세로의 길이의 합+다의 가로와 세로의 길이 합+마의 가로 길이+바의 가로와 세로의 길이 합+나의 가로와 세로의 길이 합이다.

43

• 풀이과정

잘못 만들어진 시계는 정확한 시각보다 3시간 20분이 늦은 위치에 있다.

잘못 만들어진 시계는 정확한 시계가 1분 움직일 때, 1분 거꾸로 움직이므로 1분마다 2분씩 늦어진다.

그러므로 잘못 만들어진 시계는 정확한 시계와 12시간 차이가 나게 될 때,

즉 720분 늦어지면 정확한 시각을 가리키게 된다.

현재 3시간 20분(200분) 늦은 위치에 있으므로

520분 더 늦어지면 정확한 시각을 가리키게 된다.

따라서 $520 \div 2 = 260$(분)$= 4$시간 20분 후에 정확한 시각을 가리키게 된다.

• 답 : 4시간 20분 후

요소별 채점 기준	점수
풀이과정을 바르게 서술한 경우	4점
정답을 구한 경우	4점

[해설] 잘못 만들어진 시계는 1분마다 정상적인 시계보다 2분씩 늦어진다. 잘못 만들어진 시계는 정상적인 시계와 12시간 차이가 나면 같은 시각을 가리킨다. 잘못 만들어진 시계가 정오에 8시 40분을 가리키고 있으니 3시간 20분 늦다고 생각할 수도 있고, 8시간 40분 빠르다고 할 수 있다. 8시간 40분 빠르다고 생각하면 1분마다 2분씩 느려지므로 4시간 20분 후면 정상적인 시계와 같은 시각을 가리킨다고 문제의 답을 구할 수도 있다.

44

❶ 양쪽 가장자리 부분은 위 수를 3으로 나눈 수를 쓰고, 가운데는 위의 두 수의 합을 3으로 나눈 수를 쓰는 규칙이다.

❷
• 가$=(30+90) \div 3 = 40$
• 나$=(90+90) \div 3 = 60$
• 다$=(30+90) \div 3 = 40$

요소별 채점 기준	점수
규칙을 설명한 경우	5점
가, 나, 다에 들어갈 수를 구한 경우	각 1점

[해설]

 늘어놓은 수의 규칙을 찾을 때 양쪽 가장자리 부분과 가운데 부분을 나눠서 생각한다.

45

❶
- 삼각형 1개로 이루어진 삼각형 : 4개
- 삼각형 4개로 이루어진 삼각형 : 1개

따라서 찾을 수 있는 삼각형의 개수는 모두 5개이다.

❷

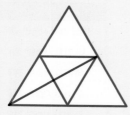 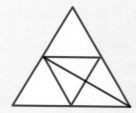 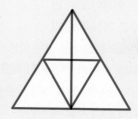

요소별 채점 기준	점수
삼각형의 개수를 모두 구한 경우	4점
조건에 맞는 선분을 정확하게 그린 경우	4점

[해설]

❶ 작은 삼각형 1개로 이루어진 경우와 작은 삼각형 4개로 이루어진 경우를 나눠서 생각하면 된다.

❷
- 삼각형 1개로 이루어진 삼각형 : 6개
- 삼각형 2개로 이루어진 삼각형 : 4개
- 삼각형 3개로 이루어진 삼각형 : 2개
- 삼각형 6개로 이루어진 삼각형 : 1개

따라서 찾을 수 있는 전체 삼각형의 개수는 13개다.

46

- 컵이 컵 속으로 잘 들어가므로 많은 양을 쌓을 수 있다.
- 많은 양을 쌓을 수 있기 때문에 유통시킬 때 물류비를 줄일 수 있다.
- 자판기 같은 자동화 기계에서 걸리지 않고 컵이 잘 이동할 수 있다.
- 위아래가 같은 원통형이라면 내용물을 나오게 하기 위해서 팔과 고개를 더 많이 올려야 한다.
- 손으로 잡기 편하다.
- 입을 대는 부분이 둥근 모양이라 내용물을 흘리지 않는다.

※ 유창성 [6점]

총체적 채점 기준	점수
다섯 가지 서술한 경우	6점
네 가지 서술한 경우	4점
세 가지 서술한 경우	3점
두 가지 서술한 경우	2점
한 가지 서술한 경우	1점

※ 독창성 및 융통성 [4점]

요소별 채점 기준	점수
겹쳐지는 부분을 서술한 경우	2점
사용하는 할 때 좋은 점을 서술한 경우	2점

종이컵 모양과 관련된 부분을 서술해야 하고, 종이컵의 재질인 종이의 좋은 점을 서술한 경우는 점수를 주지 않는다.

예시답안

47

- 4등까지 가장 많은 학생이 있는 반
- 7등 이하의 인원수가 가장 적은 반
- 같은 반 학생이 연속으로 들어온 경우 학생의 순위가 더 높은 반
- 각 반의 1위와 꼴찌의 순위의 합이 가장 작은 반
- 각 반의 1등과 2등의 순위의 합이 가장 작은 반
- 각 반 학생들 순위의 합이 가장 작은 반

※ 유창성 [6점]

총체적 채점 기준	점수
다섯 가지 서술한 경우	6점
네 가지 서술한 경우	4점
세 가지 서술한 경우	3점
두 가지 서술한 경우	2점
한 가지 서술한 경우	1점

※ 독창성 및 융통성 [4점]

요소별 채점 기준	점수
순위 범위를 한정한 경우	2점
순위의 합을 이용한 경우	2점

[해설] A 반의 순위 분포를 확인하여 A 반이 1등이 될 수 있는 기준을 찾는다.

예시답안

48

- 축구공, 야구공, 배구공 등의 공
- CD, 래코드판
- 일본 국기
- 맨홀 뚜껑
- 책, 공책
- 자음 ㅇ, ㅁ, ㅍ
- 육각형
- 창문, 문, 교문
- 타지마할
- 그릇, 접시, 컵
- 알파벳 O, X
- 모음 ㅣ, ㅡ

※ 유창성 [6점]

총체적 채점 기준	점수
한 가지 마다	1점

[해설] 인도의 대표적 이슬람 건축물로 무굴제국의 황제였던 샤 자한이 왕비 뭄타즈 마할을 추모하여 건축한 궁전 형식의 묘지이다.

49

❶

- 스마트폰과 스마트폰에 QR코드를 인식할 수 있는 애플리케이션이 있어야 QR코드를 인식할 수 있다.
- 악성코드나 유해 웹사이트 정보를 심어 놓아 QR코드를 스캔하면 악성코드에 노출되거나 유해 사이트로 이동하기도 한다.

총체적 채점 기준	점수
두 가지 단점을 서술한 경우	5점
한 가지 단점을 서술한 경우	2점

❷

- QR코드 내에 정보를 직접 저장한다. QR코드는 주로 웹사이트나 동영상이 저장된 페이지를 연결해 주는 역할을 하기 때문에 스마트폰에 인터넷이 연결되어야 한다. 그러나 QR코드에 정보를 직접 저장해 두면, QR코드를 스캔하여 정보를 바로 볼 수 있다.
- 흑백의 QR코드에 색을 입혀 컬러로 만든다. 컬러로 만들면 QR코드 자체를 기업의 로고나 간단한 포스터로 활용 가능하고, 다양하고 개성 있는 QR코드를 만들 수 있다. → 컬러코드
- QR코드를 연결할 때마다 메인 서버에 데이터를 전송한다. QR 코드를 스캔하면 누가 언제 어디에서 사용했는지 분석할 수 있다.
- QR코드에 유효기간을 설정한다. → 스마트태그
- QR코드에 암호를 설정한다. 모든 사람에게 정보를 공개하지 않고 암호를 알고 있는 사람만 정보를 볼 수 있다. → 스마트태그
- QR코드를 복제하지 못하도록 한다. 정품 인증 확인 시스템으로 활용할 수 있다.

총체적 채점 기준	점수
두 가지 방법을 서술한 경우	10점
한 가지 방법을 서술한 경우	5점

[해설]

❶ 기존 바코드는 막대 선의 굵기에 따라 가로 방향으로만 정보를 표현할 수 있지만, QR코드는 가로와 세로 모두에 정보를 담을 수 있다. 따라서 QR코드는 기존 바코드보다 100배나 정도 많은 정보를 넣을 수 있다. QR코드에 숫자는 최대 7089자, 문자는 최대 4296자, 한자는 최대 1817자 정도를 기록할 수 있다. QR코드는 30 % 정도 훼손되어도 자체적으로 복구하여 스캐너로 읽을 수 있다. 물론 QR코드도 손상·오염 정도가 심하면 복원이 불가능하지만, 기존 바코드에 비해 인식률이 우수하다. QR코드에는 위치를 인식하는 패턴(가장자리 작은 사각형 3개)이 심어져 있기 때문에 어느 방향에서 읽더라도 제대로 정보를 파악할 수 있다. QR코드는 유해 정보가 담겨 있는지 육안 또는 애플리케이션으로 판단할 수 없기 때문에 어떤 목적으로 어디서 제공하는 것인지 확인하고 연결해야 한다.

❷ 스마트태그는 마이크로소프트 태그라고도 불리며 마이크로소프트 태그(Microsoft Tag)에서만 생성이 되고 리더 역시 마이크로소프트(Microsoft)에서만 제공한다. 스마트태그는 보통 5 cm 정도의 제한이 있는 QR코드와는 달리 300 cm 까지 제작이 가능하다. 스마트태그를 읽었을 때 자신이 운영하는 웹상의 인터넷 주소에 연결되게 하거나, 자신을 나타내주는 사진, 명함, 동영상 등이 재생되게 할 수도 있으며 나에게 전화를 걸도록 설정할 수도 있다. 스마트태그는 기업의 로고나 그림 등을 삽입할 수 있어서 스마트태그를 스캔하지 않아도 기업의 개성을 맘껏 드러내 주는 아이콘으로 사용할 수 있는 장점이 있다. 컬러코드는 크게 제작이 가능하므로 200~300 m 밖에서도 스마트폰을 통해 정확한 인식이 가능하다. 또한 컬러코드는 다양하고 개성 있는 디자인으로 만들 수 있기 때문에 백화점이나 건물 외벽에 걸어 두어

정답 및 해설

광고 효과를 얻을 수 있다.

 ❶

- 수를 이용해 자료를 표현하면 신뢰도가 높아진다. (믿을 만하다고 생각한다.)
- 누구나 수를 이용해 그 양을 어림할 수 있다.
- 사실이나 정보를 표현하기 편리하다.
- 사실이나 정보를 보다 정확하게 전할 할 수 있다.

총체적 채점 기준	점수
세 가지 이유를 서술한 경우	5점
두 가지 이유를 서술한 경우	3점
한 가지 이유를 서술한 경우	1점

❷

- **방법 1**
  ① 메뚜기 떼가 나타난 지역의 면적을 파악한다.
  ② 단위 면적 안에 메뚜기가 몇 마리나 있는지 알아본다.
  ③ 단위 면적당 메뚜기의 수를 메뚜기 떼가 나타난 지역의 면적과 곱하여 메뚜기의 수를 추산한다.

- **방법 2**
  ① 메뚜기 1마리가 입힐 수 있는 피해가 얼마나 되는지 실험을 통해 알아본다.
  ② 메뚜기 떼가 나타난 지역의 피해를 조사한다.
  ③ 조사한 피해 내용을 기간과 메뚜기 1마리가 입힐 수 있는 피해로 나누어 메뚜기 수를 추산한다.

- **방법 3**
  ① 메뚜기가 이동하는 길목에 작은 문을 만들어 설치한다.
  ② 10분 동안 이동하는 메뚜기의 마리 수를 파악한다.
  ③ 이동하는 메뚜기 떼의 지름을 알아본다.
  ④ 메뚜기 떼가 이동하는 경로, 시간 등을 감안하여 메뚜기 떼의 수를 추산한다.

총체적 채점 기준	점수
두 가지 방법을 서술한 경우	10점
한 가지 방법을 서술한 경우	5점

[해설]

❶ 어떤 사실이나 정보를 수를 이용해 표현하면 수가 정확하지 않아도 신뢰도가 높아진다. 쉽게 수를 가늠할 수 있는 사실이나 정보일수록 심리적으로 신뢰도가 더 높아진다.

❷ 메뚜기 떼의 메뚜기 수를 추산하는 이유는 수를 빠르게 추산하여 피해를 줄이기 위한 대책을 세워야 하기 때문이다. 정확한 수도 중요하지만 대략의 수를 빠르게 파악하는 것이 더 중요하다. 그래서 헬기나 드론을 통해 메뚜기 떼의 사진을 찍어 사진 속 단위 면적에 있는 메뚜기의 수를 파악하여 평균을 구하고, 사진 속 전체 면적을 구해서 메뚜기 떼의 메뚜기 수를 추산한다.

안쌤의
창의적 문제해결력 시리즈

초등 1~2 학년

초등 3~4 학년

초등 5~6 학년

중등 1~2 학년

영재교육원 영재학급 관찰추천제 대비

5일 완성 프로젝트
파이널
안쌤의 창의적 문제해결력

수학 50제

초등
1~2
학년

영재교육원 영재학급 관찰추천제 대비

5일 완성 프로젝트
파이널
안쌤의 창의적 문제해결력

수학 50제

초등
3~4
학년

영재교육원 영재학급 관찰추천제 대비

5일 완성 프로젝트
파이널
안쌤의 창의적 문제해결력

수학 50제

초등
5~6
학년

영재교육원 영재학급 관찰추천제 대비

5일 완성 프로젝트
파이널
안쌤의 창의적 문제해결력

수학 50제

중등
1~2
학년

안쌤의 창의적 문제해결력 시리즈

초등 1·2학년
안쌤의 창의적 문제해결력 수학 1·2학년
안쌤의 창의적 문제해결력 과학 1·2학년
안쌤의 창의적 문제해결력 파이널 수학 50제 1·2학년
안쌤의 창의적 문제해결력 파이널 과학 50제 1·2학년
안쌤의 창의적 문제해결력 모의고사 1·2학년 (수학 과학 공통)

초등 3·4학년
안쌤의 창의적 문제해결력 수학 3·4학년
안쌤의 창의적 문제해결력 과학 3·4학년
안쌤의 창의적 문제해결력 파이널 수학 50제 3·4학년
안쌤의 창의적 문제해결력 파이널 과학 50제 3·4학년
안쌤의 창의적 문제해결력 모의고사 3·4학년 (수학 과학 공통)

초등 5·6학년
안쌤의 창의적 문제해결력 수학 5·6학년
안쌤의 창의적 문제해결력 과학 5·6학년
안쌤의 창의적 문제해결력 파이널 수학 50제 5·6학년
안쌤의 창의적 문제해결력 파이널 과학 50제 5·6학년
안쌤의 창의적 문제해결력 모의고사 5·6학년 (수학 과학 공통)

중등 1·2학년
안쌤의 창의적 문제해결력 파이널 수학 50제 중등 1·2학년
안쌤의 창의적 문제해결력 파이널 과학 50제 중등 1·2학년
안쌤의 창의적 문제해결력 모의고사 중등 1·2학년 (수학 과학 공통)

매스티안

펴낸곳 ㈜타임교육　**펴낸이** 이길호
지은이 안쌤 영재교육연구소
주소 서울특별시 강남구 봉은사로 442　**연락처** 1588-6066

팩토카페 http://cafe.naver.com/factos
안쌤카페 http://cafe.naver.com/xmrahrrhrhghkr

자율안전확인신고필증번호: B361H200-4001
1. 주소: 06153 서울특별시 강남구 봉은사로 442
2. 문의전화: 1588-6066
3. 제조년월: 2021년 12월
4. 제조국: 대한민국
5. 사용연령: 8세 이상
※ KC마크는 이 제품이 공통안전기준에 적합하였음을 의미합니다.

⚠ 주의

종이, 모서리에 다칠 수 있으니 주의하세요!

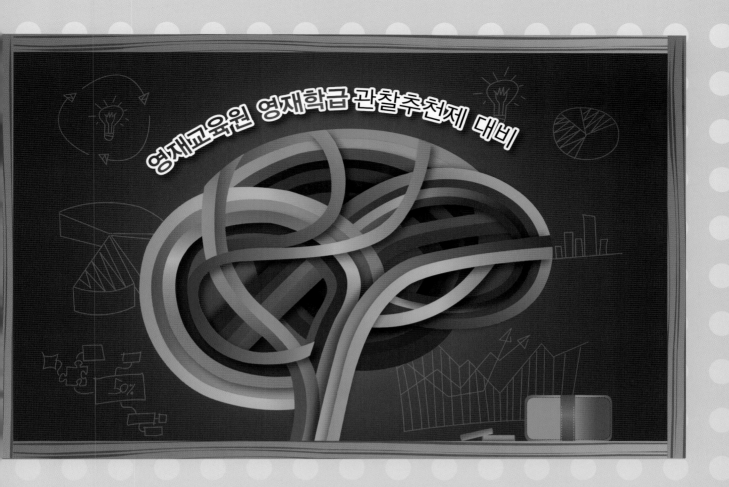

영재교육원 영재학급 관찰추천제 대비

안쌤의
「창의적 문제 해결력」 수학 과학 공통

모의고사

① 모의고사[4회]

- ○ 최근 시행된 전국 관찰추천제 **기출 완벽 분석 및 반영**
- ○ 서울권 창의적 문제해결력 **평가 대비**
- ○ 영재성검사, 학문적성검사, **창의적 문제해결력 검사 대비**

② 평가 가이드 및 부록

- ○ 영역별 점수에 따른 **학습 방향 제시와 차별화된 평가 가이드 수록**
- ○ 창의적 문제해결력 평가와 면접 기출유형 및 예시답안이 포함된 **관찰추천제 사용설명서 수록**

안쌤의
줄기과학 시리즈